U0721424

全国注册安全工程师执业资格考试辅导教材

安全生产技术

（2011 版）

中国安全生产协会注册安全工程师工作委员会
中国安全生产科学研究院
组织编写

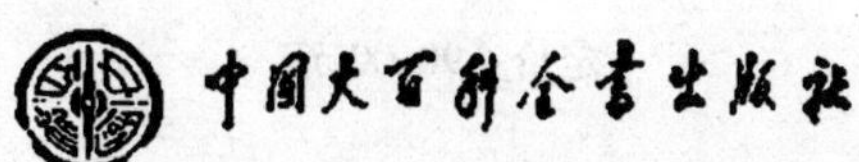

图书在版编目(CIP)数据

安全生产技术：2011版/中国安全生产协会注册安全工程师工作委员会，中国安全生产科学研究院组织编写. —3版. —北京：中国大百科全书出版社，2011. 5

全国注册安全工程师执业资格考试辅导教材
ISBN 978-7-5000-8561-4

Ⅰ. ①安… Ⅱ. ①中…②中… Ⅲ. ①安全生产-工程技术人员-资格考试-自学参考资料
Ⅳ. ①X931

中国版本图书馆CIP数据核字(2011)第070199号

责任编辑：罗　鑫　王　宇
责任印制：张新民

安全生产技术
中国大百科全书出版社出版发行
(北京阜成门北大街17号　邮编：100037　电话：010-68315606)
http：//www.ecph.com.cn
北京宏伟双华印刷有限公司印刷　新华书店经销
开本：787毫米×1092毫米　1/16　印张：30.5　字数：723千字
2011年5月第3版　2018年8月第12次印刷
ISBN 978-7-5000-8561-4
定价：90.00元

《安全生产技术》
编写人员

主　　编： 吴宗之

副 主 编： 樊晶光　吴庆善

编写人员： 张　军　姜　亢　钮英建　陈　克

孙岱华　钱新明　孙庆云　朱晓宁

王云海　唐　伟　王　浩　梁安娜

前　言

安全生产事关人民群众生命财产安全和社会稳定大局。近年来，在党中央、国务院的正确领导下，在各地区、各部门的共同努力下，全国安全生产状况保持了总体稳定、持续好转的发展态势，但安全生产形势依然严峻。在中国共产党第十七次全国代表大会的报告中，胡锦涛总书记强调安全生产关系群众切身利益，要站在推进以改善民生为重点的社会建设的高度，坚持安全发展，强化安全生产管理和监督，有效遏制重特大安全事故，保障人民生命财产安全。《国家中长期人才发展规划纲要（2010—2020）》确立了人才是我国经济社会发展的第一资源的理念。实行注册安全工程师执业资格制度，是深入贯彻和落实科学发展观，坚持安全发展，实施“人才兴安”战略的重要举措。

自2004年首次注册安全工程师执业资格考试以来，全国有近14.9万人通过考试取得注册安全工程师执业资格。他们主要分布在矿山、建筑施工和危险化学品等领域的企业，或是在安全评价机构、注册安全工程师事务所等专业机构执业。综合分析2010年之前历年考试合格人员的相关数据，专科以上学历占合格总人数的83.10%，年龄30~50岁的占84.20%。我国已经拥有一支学历较高、年富力强，并且富有实践经验的注册安全工程师队伍。

为推动注册安全工程师事业的健康发展，国家安全监管总局在不断健全规章制度、加强管理的基础上，积极推动注册安全工程师法制化进程，起草了《注册安全工程师条例》（送审稿），于2009年底报送国务院法制办。2010年6月9在日山东省青岛市举办的全国注册安全工程师工作座谈会上，确立了坚持以用为本，健全法制，创新机制，发展中介，充分发挥注册安全工程师作用的总体方针，明确了培养和打造一支适应新时期安全发展需要，规模适当、结构合理、素质过硬的注册安全工程师队伍的总体目标。

为了提升考试质量，逐步实现考试由“知识考核型”向“知识+能力考核型”转变，在2005年、2006年和2008年修订的基础上，依据国家出台的一些新的安全生产法律法规和标准，综合考虑广大考生及专家意见，国家安全监管总局组织专家对考试大纲进行第4次修订。

为了方便考生复习考试，中国安全生产协会注册安全工程师工作委员会和中国安全生产科学研究院根据修订后的2011版考试大纲，组织专家重新修订了全国注册安全工程师执业资格考试辅导教材。教材包括《安全生产法及相关法律知识》、《安全生产管理知识》、《安全生产技术》和《安全生产事故案例分析》四个科目。《安全生产法及相关法律知识》涵盖了与安全生产工作密切相关的法律、法规和部门规章。《安全生产管理知识》主要介绍了安全生产管理的基本原理、主要方法和主要内容。《安全生产技术》主要介绍综合性及矿山、建筑和危险化学品高危行业的安全生产技术。《安全生产事故案例分析》涵盖了安全生产实际工作中有关危险有害因素辨识、安全技术措施制定、安全生产规章制度制定、安全教育培训、事故应急救援、事故调查处理和安全生产统计分析等内容。

本套教材具有较强的针对性、实用性和可操作性，主要供专业技术人员参加注册安全工程师执业资格考试复习之用，也可用于指导安全生产管理和技术人员的日常工作。

在教材编写过程中，听取了不少读者的宝贵意见和建议，在此表示衷心感谢！由于时间紧，编者水平有限，教材难免存在疏漏之处，敬请批评指正，以便持续改进！

中国安全生产协会注册安全工程师工作委员会
中国安全生产科学研究院

2011年4月

目　录

第一章　机械安全技术

第一节　机械行业安全概要

机械是机器与机构的总称，是由若干相互联系的零部件按一定规律装配起来，能够完成一定功能的装置。一般机械装置由电气元件实现自动控制。很多机械装置采用电力拖动。

机械是现代生产和生活中必不可少的装备。机械在给人们带来高效、快捷和方便的同时，在其制造及运行、使用过程中，也会带来撞击、挤压、切割等机械伤害和触电、噪声、高温等非机械危害。

一、机械产品主要类别

机械设备种类繁多。机械设备运行时，其一些部件甚至其本身可进行不同形式的机械运动。机械设备由驱动装置、变速装置、传动装置、工作装置、制动装置、防护装置、润滑系统和冷却系统等部分组成。

机械行业的主要产品包括以下12类。

（1）农业机械：拖拉机、播种机、收割机械等。

（2）重型矿山机械：冶金机械、矿山机械、起重机械、装卸机械、工矿车辆、水泥设备等。

（3）工程机械：叉车、铲土运输机械、压实机械、混凝土机械等。

（4）石油化工通用机械：石油钻采机械、炼油机械、化工机械、泵、风机、阀门、气体压缩机、制冷空调机械、造纸机械、印刷机械、塑料加工机械、制药机械等。

（5）电工机械：发电机械、变压器、电动机、高低压开关、电线电缆、蓄电池、电焊机、家用电器等。

（6）机床：金属切削机床、锻压机械、铸造机械、木工机械等。

（7）汽车：载货汽车、公路客车、轿车、改装汽车、摩托车等。

（8）仪器仪表：自动化仪表、电工仪器仪表、光学仪器、成分分析仪、汽车仪器仪表、电料装备、电教设备、照相机等。

（9）基础机械：轴承、液压件、密封件、粉末冶金制品、标准紧固件、工业链条、齿轮、模具等。

（10）包装机械：包装机、装箱机、输送机等。

(11) 环保机械：水污染防治设备、大气污染防治设备、固体废物处理设备等。

(12) 其他机械。

非机械行业的主要产品包括铁道机械、建筑机械、纺织机械、轻工机械、船舶机械等。

二、机械设备的危险部位及防护对策

(一) 机械设备的危险部位

机械设备可造成碰撞、夹击、剪切、卷入等多种伤害。其主要危险部位如下：

(1) 旋转部件和成切线运动部件间的咬合处，如动力传输皮带和皮带轮、链条和链轮、齿条和齿轮等。

(2) 旋转的轴，包括连接器、心轴、卡盘、丝杠和杆等。

(3) 旋转的凸块和孔处，含有凸块或空洞的旋转部件是很危险的，如风扇叶、凸轮、飞轮等。

(4) 对向旋转部件的咬合处，如齿轮、混合辊等。

(5) 旋转部件和固定部件的咬合处，如辐条手轮或飞轮和机床床身、旋转搅拌机和无防护开口外壳搅拌装置等。

(6) 接近类型，如锻锤的锤体、动力压力机的滑枕等。

(7) 通过类型，如金属刨床的工作台及其床身、剪切机的刀刃等。

(8) 单向滑动部件，如带锯边缘的齿、砂带磨光机的研磨颗粒、凸式运动带等。

(9) 旋转部件与滑动之间，如某些平板印刷机面上的机构、纺织机床等。

(二) 机械传动机构安全防护对策

机床上常见的传动机构有齿轮啮合机构、皮带传动机构、联轴器等。这些机构高速旋转着，人体某一部位有可能被带进去而造成伤害事故，因而有必要把传动机构危险部位加以防护，以保护操作者的安全。

在齿轮传动机构中，两轮开始啮合的地方最危险，如图 1—1 所示。

在皮带传动机构中，皮带开始进入皮带轮的部位最危险，如图 1—2 所示。

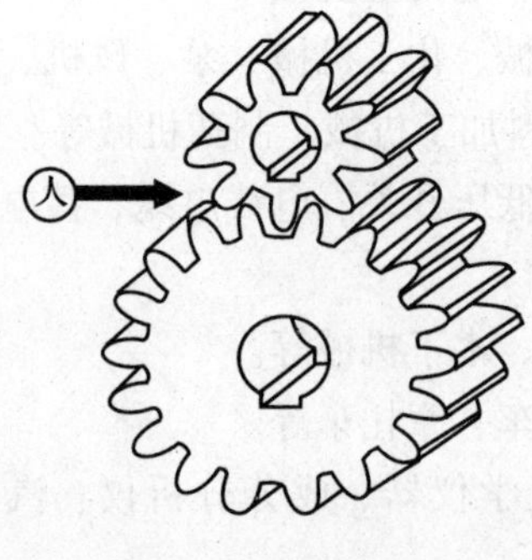

图 1—1　齿轮传动

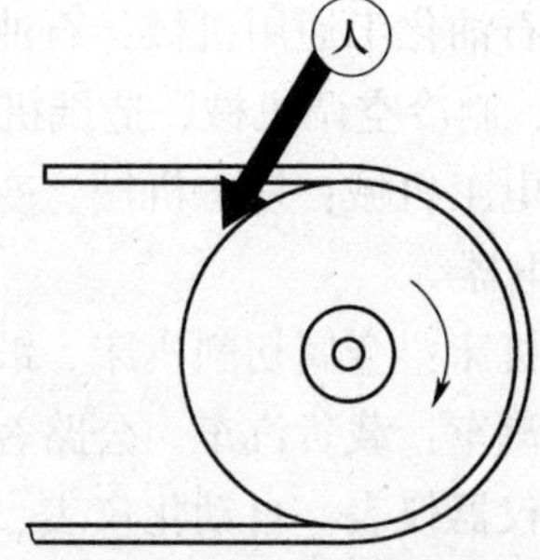

图 1—2　皮带传动

联轴器上裸露的突出部分有可能钩住工人衣服等，给工人造成伤害，如图 1—3 所示。

为了保证机械设备的安全运行和操作人员的安全和健康，所采取的安全技术措施一般可分为直接、间接和指导性三类。直接安全技术措施是在设计机器时，考虑消除机器本身的不安全因素；间接安全技术措施是在机械设备上采用和安装各种安全防护装置，克服在使用过程中产生的不安全因素；指导性安全措施是制定机器安装、使用、维修的安全规定及设置标志，以提示或指导操作程序，从而保证作业安全。

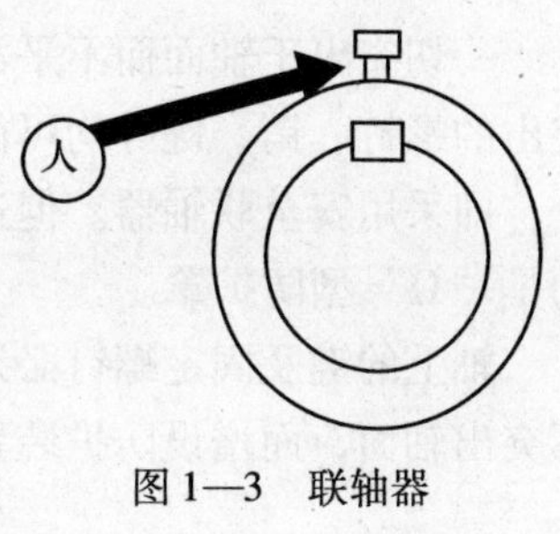

图1—3　联轴器

1. 齿轮传动的安全防护

啮合传动有齿轮（直齿轮、斜齿轮、伞齿轮、齿轮齿条等）啮合传动、蜗轮蜗杆和链条传动等。

齿轮传动机构必须装置全封闭型的防护装置。应该强调的是：机器外部绝不允许有裸露的啮合齿轮，不管啮合齿轮处于何种位置，因为即使啮合齿轮处于操作人员不常到的地方，但工人在维护保养机器时也有可能与其接触而带来不必要的伤害。在设计和制造机器时，应尽量将齿轮装入机座内，而不使其外露。对于一些历史遗留下来的老设备，如发现啮合齿轮外露，就必须进行改造，加上防护罩。齿轮传动机构没有防护罩不得使用。

防护装置的材料可用钢板或铸造箱体，必须坚固牢靠，保证在机器运行过程中不发生振动。要求装置合理，防护罩的外壳与传动机构的外形相符，同时应便于开启，便于机器的维护保养，即要求能方便地打开和关闭。为了引起人们的注意，防护罩内壁应涂成红色，最好装电气联锁，使防护装置在开启的情况下机器停止运转。另外，防护罩壳体本身不应有尖角和锐利部分，并尽量使之既不影响机器的美观，又起到安全作用。

2. 皮带传动的安全防护

皮带传动的传动比精确度较齿轮啮合的传动比差，但是当过载时，皮带打滑，起到了过载保护作用。皮带传动机构传动平稳、噪声小、结构简单、维护方便，因此广泛应用于机械传动中。但是，由于皮带摩擦后易产生静电放电现象，故不适用于容易发生燃烧或爆炸的场所。

皮带传动机构的危险部分是皮带接头处、皮带进入皮带轮的地方，如图1—4中箭头所指部位应加以防护。

皮带传动装置的防护罩可采用金属骨架的防护网，与皮带的距离不应小于50 mm，设计应合理，不应影响机器的运行。一般传动机构离地面2 m以下，应设防护罩。但在下列3种情况下，即使在2 m以上也应加以防护：皮带轮中心距之间的距离在3 m以上；皮带宽度在15 cm以上；皮带回转的速度在9 m/min以上。这样，万一皮带断裂，不至于伤人。

皮带的接头必须牢固可靠，安装皮带应松紧适宜。皮带传动机构的防护可采用将皮带全部遮盖起来的方法，或采用防护栏杆防护。

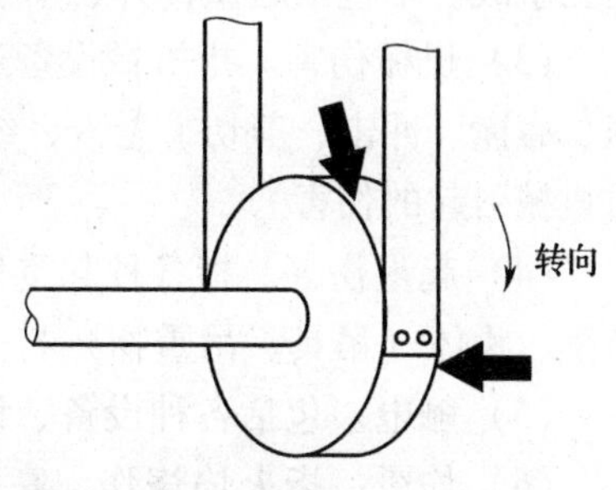

图1—4　皮带传动危险部位

3. 联轴器等的安全防护

一切突出于轴面而不平滑的物件（键、固定螺钉等）均增加了轴的危险性。联轴器上突出的螺钉、销、键等均可能给人们带来伤害。因此对联轴器的安全要求是没有突出的部分，即采用安全联轴器。但这样还没有彻底排除隐患，根本的办法就是加防护罩，最常见的是"Ω"型防护罩。

轴上的键及固定螺钉必须加以防护，为了保证安全，螺钉一般应采用沉头螺钉，使之不突出轴面，而增设防护装置则更加安全。

三、机械伤害类型及预防对策

（一）机械伤害类型

机械装置在正常工作状态、非正常工作状态乃至非工作状态都存在危险性。

机械在完成预定功能的正常工作状态下，存在着不可避免但却是执行预定功能所必须具备的运动要素，有可能造成伤害。例如，零部件的相对运动，锋利刀具的运转，机械运转的噪声、振动等，使机械在正常工作状态下存在碰撞、切割、环境恶化等对人员安全不利的危险因素。

机械装置的非正常工作状态是指在机械运转过程中，由于各种原因引起的意外状态，包括故障状态和检修保养状态。设备的故障，不仅可能造成局部或整机的停转，还可能对人员构成危险，如电气开关故障会产生机械不能停机的危险，砂轮片破损会导致砂轮飞出造成物体打击，速度或压力控制系统出现故障会导致速度或压力失控的危险等。机械的检修保养一般都是在停机状态下进行，但其作业的特殊性往往迫使检修人员采用一些非常规的做法，例如，攀高、进入狭小或几乎密闭的空间、将安全装置短路、进入正常操作不允许进入的危险区等，使维护或修理过程容易出现正常操作不存在的危险。

机械装置的非工作状态是机械停止运转时的静止状态。在正常情况下，非工作状态的机械基本是安全的，但不排除发生事故的可能性，如由于环境照度不够而导致人员发生碰撞，室外机械在风力作用下的滑移或倾翻，结构垮塌等。

在机械行业，存在以下主要危险和危害因素：

（1）物体打击。指物体在重力或其他外力的作用下产生运动，打击人体而造成人身伤亡事故。不包括主体机械设备、车辆、起重机械、坍塌等引发的物体打击。

（2）车辆伤害。指企业机动车辆在行驶中引起的人体坠落和物体倒塌、飞落、挤压等伤亡事故。不包括起重提升、牵引车辆和车辆停驶时发生的事故。

（3）机械伤害。指机械设备运动或静止部件、工具、加工件直接与人体接触引起的挤压、碰撞、冲击、剪切、卷入、绞绕、甩出、切割、切断、刺扎等伤害，不包括车辆、起重机械引起的伤害。

（4）起重伤害。指各种起重作业（包括起重机械安装、检修、试验）中发生的挤压、坠落、物体（吊具、吊重物）打击等。

（5）触电。包括各种设备、设施的触电，电工作业时触电，雷击等。

（6）灼烫。指火焰烧伤、高温物体烫伤、化学灼伤（酸、碱、盐、有机物引起的体内外的灼伤）、物理灼伤（光、放射性物质引起的体内外的灼伤）。不包括电灼伤和火灾引起的烧伤。

(7) 火灾。包括火灾引起的烧伤和死亡。

(8) 高处坠落。指在高处作业中发生坠落造成的伤害事故。不包括触电坠落事故。

(9) 坍塌。是指物体在外力或重力作用下，超过自身的强度极限或因结构稳定性破坏而造成的事故。如挖沟时的土石塌方、脚手架坍塌、堆置物倒塌、建筑物坍塌等。不适用于矿山冒顶片帮和车辆、起重机械、爆破引起的坍塌。

(10) 火药爆炸。指火药、炸药及其制品在生产、加工、运输、储存中发生的爆炸事故。

(11) 化学性爆炸。指可燃性气体、粉尘等与空气混合形成爆炸混合物，接触引爆源发生的爆炸事故（包括气体分解、喷雾爆炸等）。

(12) 物理性爆炸。包括锅炉爆炸、容器超压爆炸等。

(13) 中毒和窒息。包括中毒、缺氧窒息、中毒性窒息。

(14) 其他伤害。指除上述以外的伤害，如摔、扭、挫、擦等伤害。

（二）机械伤害预防对策措施

机械危害风险的大小除取决于机器的类型、用途、使用方法和人员的知识、技能、工作态度等因素外，还与人们对危险的了解程度和所采取的避免危险的措施有关。正确判断什么是危险和什么时候会发生危险是十分重要的。预防机械伤害包括两方面的对策。

1. 实现机械本质安全

(1) 消除产生危险的原因。

(2) 减少或消除接触机器的危险部件的次数。

(3) 使人们难以接近机器的危险部位（或提供安全装置，使得接近这些部位不会导致伤害）。

(4) 提供保护装置或者个人防护装备。

上述措施是依次序给出的，也可以结合起来应用。

2. 保护操作者和有关人员安全

(1) 通过培训，提高人们辨别危险的能力。

(2) 通过对机器的重新设计，使危险部位更加醒目，或者使用警示标志。

(3) 通过培训，提高避免伤害的能力。

(4) 采取必要的行动增强避免伤害的自觉性。

（三）通用机械安全设施的技术要求

1. 安全设施设计要素

设计安全装置时，应把安全人机学的因素考虑在内。疲劳是导致事故的一个重要因素，设计者应考虑下面几个因素，使人的疲劳降低到最小的程度，使操作人员健康舒适地进行劳动。

(1) 合理布置各种控制操作装置。

(2) 正确选择工作平台的位置及高度。

(3) 提供座椅。

（4）出入作业地点应方便。

在无法用设计来做到本质安全时，为了消除危险，应使用安全装置。设置安全装置，应考虑的因素主要有：

（1）强度、刚度、稳定性和耐久性。

（2）对机器可靠性的影响，例如固定的安全装置有可能使机器过热。

（3）可视性（从操作及安全的角度来看，需要机器的危险部位有良好的可见性）。

（4）对其他危险的控制，例如选择特殊的材料来控制噪声的强度。

2．机械安全防护装置的一般要求

（1）安全防护装置应结构简单、布局合理，不得有锐利的边缘和突缘。

（2）安全防护装置应具有足够的可靠性，在规定的寿命期限内有足够的强度、刚度、稳定性、耐腐蚀性、抗疲劳性，以确保安全。

（3）安全防护装置应与设备运转联锁，保证安全防护装置未起作用之前，设备不能运转；安全防护罩、屏、栏的材料及其至运转部件的距离，应符合《机械安全 防护装置 固定式和活动式防护装置设计与制造一般要求》（GB/T 8196—2008）的规定。

（4）光电式、感应式等安全防护装置应设置自身出现故障的报警装置。

（5）紧急停车开关应保证瞬时动作时，能终止设备的一切运动；对有惯性运动的设备，紧急停车开关应与制动器或离合器联锁，以保证迅速终止运行；紧急停车开关的形状应区别于一般开关，颜色为红色；紧急停车开关的布置应保证操作人员易于触及，不发生危险；设备由紧急停车开关停止运行后，必须按启动顺序重新启动才能重新运转。

3．机械设备安全防护罩的技术要求

（1）只要操作人员可能触及到的传动部件，在防护罩没闭合前，传动部件就不能运转。

（2）采用固定防护罩时，操作人员触及不到运转中的活动部件。

（3）防护罩与活动部件有足够的间隙，避免防护罩和活动部件之间的任何接触。

（4）防护罩应牢固地固定在设备或基础上，拆卸、调节时必须使用工具。

（5）开启式防护罩打开时或一部分失灵时，应使活动部件不能运转或运转中的部件停止运动。

（6）使用的防护罩不允许给生产场所带来新的危险。

（7）不影响操作，在正常操作或维护保养时不需拆卸防护罩。

（8）防护罩必须坚固可靠，以避免与活动部件接触造成损坏和工件飞脱造成的伤害。

（9）防护罩一般不准脚踏和站立，必须做平台或阶梯时，平台或阶梯应能承受1 500 N的垂直力，并采取防滑措施。

4．机械设备安全防护网的技术要求

防护罩应尽量采用封闭结构；当现场需要采用网状结构时，应满足《机械安全 防护装置 固定式和活动式防护装置设计与制造一般要求》（GB/T 8196—2008）对安全距离（防护罩外缘与危险区域——人体进入后，可能引起致伤危险的空间区域）的规定，见表1—1。

表1—1　不同网眼开口尺寸的安全距离　mm

防护人体通过部位	网眼开口宽度（直径及边长或椭圆形孔短轴尺寸）	安全距离
手指尖	<6.5	≥35
手指	<12.5	≥92
手掌（不含第一掌指关节）	<20	≥135
上肢	<47	≥460
足尖	<76（罩底部与所站面间隙）	150

四、机械安全设计与机器安全装置

机械安全设计是指在机械设计阶段，从零部件材料到零部件的合理形状和相对位置，限制操纵力、运动件的质量和速度到减少噪声和振动，采用本质安全技术与动力源，应用零部件间的强制机械作用原理，履行安全人机工程学原则等多项措施，通过选用适当的设计结构，尽可能避免或减小危险。也可以通过提高设备的可靠性、机械化或自动化程度，以及采取在危险区之外的调整、维修等措施，避免或减小危险。

（一）本质安全

本质安全是通过机械的设计者，在设计阶段采取措施来消除隐患的一种实现机械安全方法。

（1）采用本质安全技术。本质安全技术是指利用该技术进行机械预定功能的设计和制造，不需要采用其他安全防护措施，就可以在预定条件下执行机械的预定功能时满足机械自身的安全要求。包括：避免锐边、尖角和凸出部分，保证足够的安全距离，确定有关物理量的限值，使用本质安全工艺过程和动力源。

（2）限制机械应力。机械零件的机械应力不超过许用值，并保证足够的安全系数。

（3）提交材料和物质的安全性。用以制造机械的材料、燃料和加工材料在使用期间不得危及人员的安全或健康。材料的力学特性，如抗拉、抗剪、抗阻、抗弯强度和韧性等，应能满足执行预定功能的载荷作用要求；材料应能适应预定的环境条件，如有抗腐蚀、耐老化、耐磨损的能力；材料应具有均匀性，防止由于工艺设计不合理，使材料的金相组织不均匀而产生残余应力；应避免采用有毒的材料或物质，应能避免机械本身或由于使用某种材料而产生的气体、液体、粉尘、蒸气或其他物质造成的火灾和爆炸危险。

（4）履行安全人机工程学原则。在机械设计中，通过合理分配人机功能、适应人体特性、人机界面设计、作业空间的布置等方面履行安全人机工程学原则，提高机械设备的操作性和可靠性，使操作者的体力消耗和心理压力降到最低，从而减小操作差错。

（5）设计控制系统的安全原则。机械在使用过程中，典型的危险工况有：意外启动、速度变化失控、运动不能停止、运动机械零件或工件脱落飞出、安全装置的功能受阻等。控制系统的设计应考虑各种作业的操作模式或采用故障显示装置，使操作者可以安全地处理。

（6）防止气动和液压系统的危险。采用气动、液压、热能等装置的机械，必须通过设计来避免由于这些能量意外释放而带来的各种潜在危险。

（7）预防电气危害。用电安全是机械安全的重要组成部分，机械中电气部分应符合有关电气安全标准的要求。预防电气危害应注意防止电击、电烧伤、短路、过载和静电。

设计中，还应考虑到提高设备的可靠性，降低故障率，以降低操作人员查找故障和检修设备的频率；采用机械化和自动化技术，尽量使操作人员远离有危险的场所；应考虑到调整、维修的安全，以减少操作者进入危险区的需要。

（二）失效安全

设计者应该保证当机器发生故障时不出危险。相关装置包括操作限制开关、限制不应该发生的冲击及运动的预设制动装置、设置把手和预防下落的装置、失效安全的紧急开关等。

（三）定位安全

把机器的部件安置到不可能触及的地点，通过定位达到安全。但设计者必须考虑到在正常情况下不会触及到的危险部件，而在某些情况下可以接触到的可能，例如，登上梯子维修机器等情况。

（四）机器布置

车间合理的机器布局可以使事故明显减少。布局应考虑以下因素：

（1）空间。便于操作、管理、维护、调试和清洁。

（2）照明。包括工作场所的通用照明（自然光及人工照明，但应防止炫目）和为操作机器而特需的照明。

（3）管、线布置。不应妨碍在机器附近的安全出入，避免磕绊，有足够的上部空间。

（4）维护时的出入安全。

（五）机器安全防护装置

1. 固定安全防护装置

固定安全防护装置是防止操作人员接触机器危险部件的固定的安全装置。该装置能自动地满足机器运行的环境及过程条件，装置的有效性取决于其固定的方法和开口的尺寸，以及在其开启后距危险点有足够的距离。该安全装置只有用改锥、扳手等专用工具才能拆卸。

2. 联锁安全装置

联锁安全装置的基本原理：只有安全装置关合时，机器才能运转；而只有机器的危险部件停止运动时，安全装置才能开启。联锁安全装置可采取机械、电气、液压、气动或组合的形式。在设计联锁装置时，必须使其在发生任何故障时，都不使人员暴露在危险之中。例如，利用光电作用，人手进入冲压危险区，冲压动作立即停止。

3. 控制安全装置

为使机器能迅速地停止运动，可以使用控制装置。控制装置的原理是，只有控制装置完全闭合时，机器才能开动。当操作人员接通控制装置后，机器的运行程序才开始工作；如果控制装置断开，机器的运动就会迅速停止或者反转。通常在一个控制系统中，控制装置在机器运转时，不会锁定在闭合的状态。

4. 自动安全装置

自动安全装置的机制是把暴露在危险中的人体从危险区域中移开，仅限于在低速运动的机器上采用。

5. 隔离安全装置

隔离安全装置是一种阻止身体的任何部分靠近危险区域的设施，例如固定的栅栏等。

6. 可调安全装置

在无法实现对危险区域进行隔离的情况下，可以使用部分可调的安全装置。只要准确使用、正确调节以及合理维护，即能起到保护操作者的作用。

7. 自动调节安全装置

自动调节装置由于工件的运动而自动开启，当操作完毕后又回到关闭的状态。

8. 跳闸安全装置

跳闸安全装置的作用，是在操作到危险点之前，自动使机器停止或反向运动。该类装置依赖于敏感的跳闸机构，同时也有赖于机器能够迅速停止（使用刹车装置可以做到这一点）。

9. 双手控制安全装置

这种装置迫使操纵者应用两只手来操纵控制器，它仅能对操作者提供保护。

五、机械制造场所安全技术

（一）采光

生产场所采光是生产必须的条件，如果采光不良，长期作业，容易使操作者眼睛疲劳、视力下降，产生误操作或发生意外伤亡事故。同时，合理采光对提高生产效率和保证产品质量有直接的影响。因此，生产场所应有足够的光照度，以保证安全生产的正常进行。

（1）生产场所一般白天依赖自然采光，在阴天及夜间则由人工照明采光作为补充和代替。

（2）生产场所的内照明应满足《工业企业照明设计标准》的要求。

（3）对厂房一般照明的光窗设置要求：厂房跨度大于12 m时，单跨厂房的两边应有采光侧窗，窗户的宽度不应小于开间长度的一半。多跨厂房相连，相连各跨应有天窗，跨与跨之间不得有墙封死。车间通道照明灯应覆盖所有通道，覆盖长度应大于90%的车间安全通道长度。

（二）通道

通道包括厂区主干道和车间安全通道。厂区主干道是指汽车通行的道路，是保证厂内车辆行驶、人员流动以及消防灭火、救灾的主要通道；车间安全通道是指为了保证职工通行和安全运送材料、工件而设置的通道。

（1）厂区干道的路面要求。车辆双向行驶的干道宽度不小于5 m，有单向行驶标志的主干道宽度不小于3 m。进入厂区门口，危险地段需设置限速限高牌、指示牌和警示牌。

（2）车间安全通道要求。通行汽车的宽度 >3 m，通行电瓶车的宽度 >1.8 m，通行手推车、三轮车的宽度 >1.5 m，一般人行通道的宽度 >1 m。

(3) 通道的一般要求。通道标记应醒目，画出边沿标记，转弯处不能形成直角。通道路面应平整，无台阶、坑、沟和凸出路面的管线。道路土建施工应有警示牌或护栏，夜间应有红灯警示。

(三) 设备布局

车间生产设备设施的摆放、相互之间的距离以及与墙、柱的距离，操作者的空间，高处运输线的防护罩网，均与操作人员的安全有很大关系。如果设备布局不合理或错误，操作者空间窄小，当设备部件移动或工件、材料等飞出时，容易造成人员的伤害或意外事故。

车间生产设备分为大、中、小型三类。最大外形尺寸长度 >12 m 者为大型设备，6 ~ 12 m 者为中型设备，<6 m 者为小型设备。大、中、小型设备间距和操作空间的要求如下：

(1) 设备间距（以活动机件达到的最大范围计算），大型设备≥2 m，中型设备≥1 m，小型设备≥0.7m。大、小设备间距按最大的尺寸要求计算。如果在设备之间有操作工位，则计算时应将操作空间与设备间距一并计算。若大、小设备同时存在时，大、小设备间距按大的尺寸要求计算。

(2) 设备与墙、柱距离（以活动机件的最大范围计算），大型设备≥0.9 m，中型设备≥0.8 m，小型设备≥0.7 m，在墙、柱与设备间有人操作的应满足设备与墙、柱间和操作空间的最大距离要求。

(3) 高于 2 m 的运输线应有牢固的防护罩（网），网格大小应能防止所输送物件坠落至地面，对低于 2 m 高的运输线的起落段两侧应加设防护栏，栏高不低于 1.05 m。

(四) 物料堆放

生产场所的工位器具、工件、材料摆放不当，不仅妨碍操作，而且容易引起设备损坏和伤害事故。为此，要求：

(1) 生产场所应划分毛坯区，成品、半成品区，工位器具区，废物垃圾区。原材料、半成品、成品应按操作顺序摆放整齐，有固定措施，平衡可靠。一般摆放方位同墙或机床轴线平行，尽量堆垛成正方形。

(2) 生产场所的工位器具、工具、模具、夹具应放在指定的部位，安全稳妥，防止坠落和倒塌伤人。

(3) 产品坯料等应限量存入，白班存放为每班加工量的 1.5 倍，夜班存放为加工量的 2.5 倍，但大件不得超过当班定额。

(4) 工件、物料摆放不得超高，在垛底与垛高之比为 1:2 的前提下，垛高不超出 2 m（单位超高除外），砂箱堆垛不超过 3.5 m。堆垛的支撑稳妥，堆垛间距合理，便于吊装，流动物件应设垫块且楔牢。

(五) 地面状态

生产场所地面平坦、清洁是确保物料流动、人员通行和操作安全的必备条件。为此，要求：

(1) 人行道、车行道和宽度应符合规定的要求。

(2) 为生产而设置的深 >0.2 m、宽 >0.1 m 的坑、壕、池应有可靠的防护栏或盖板，夜间应有照明。

（3）生产场所工业垃圾、废油、废水及废物应及时清理干净，以避免人员通行或操作时滑跌造成事故。

（4）生产场所地面应平坦，无绊脚物。

第二节　金属切削机床及砂轮机安全技术

金属切削机床是用切削方法将毛坯加工成机器零件的设备。金属切削机床上装卡被加工工件和切削刀具，带动工件和刀具进行相对运动。在相对运动中，刀具从工件表面切去多余的金属层，使工件成为符合预定技术要求的机器零件。

机床的种类很多，机床的分类方法也很多，通常按加工性质和所用刀具进行分类。目前国家标准《金属切削机床型号编制方法》（GB/T 15375—2008）将机床分为 11 大类，包括车床、钻床、镗床、磨床、齿轮加工机床、螺纹加工机床、铣床、刨插床、拉床、锯床和其他机床。

一、金属切削机床的危险因素

1．机床的危险因素

（1）静止部件。切削刀具与刀刃，突出较长的机械部分，毛坯、工具和设备边缘锋利飞边及表面粗糙部分，引起滑跌坠落的工作台。

（2）旋转部件。旋转部分，轴，凸块和孔，研磨工具和切削刀具。

（3）内旋转咬合。对向旋转部件的咬合，旋转部件和成切线运动部件面的咬合，旋转部件和固定部件的咬合。

（4）往复运动或滑动。单向运动，往复运动或滑动，旋转与滑动组合，振动。

（5）飞出物。飞出的装夹具或机械部件，飞出的切屑或工件。

2．机床常见事故

（1）设备接地不良、漏电，照明没采用安全电压，发生触电事故。

（2）旋转部位楔子、销子突出，没加防护罩，易绞缠人体。

（3）清除铁屑无专用工具，操作者未戴护目镜，发生刺割事故及崩伤眼球。

（4）加工细长杆轴料时，尾部无防弯装置或托架，导致长料甩击伤人。

（5）零部件装卡不牢，可飞出击伤人体。

（6）防护保险装置、防护栏、保护盖不全或维修不及时，造成绞伤、碾伤。

（7）砂轮有裂纹或装卡不合规定，发生砂轮碎片伤人事故。

（8）操作旋转机床戴手套，易发生绞手事故。

二、金属切削机床的安全技术措施

1．机床运转异常状态

机床正常运转时，各项参数均稳定在允许范围内；当各项参数偏离了正常范围，就预示系统或机床本身或设备某一零件、部位出现故障，必须立即查明变化原因，防止事态发展引起事故。常见的异常现象有：

（1）温升异常。常见于各种机床所使用的电动机及轴承齿轮箱。温升超过允许值时，说明机床超负荷或零件出现故障，严重时能闻到润滑油的恶臭和看到白烟。

（2）转速异常。机床运转速度突然超过或低于正常转速，可能是由于负荷突然变化或机床出现机械故障。

（3）振动和噪声过大。机床由于振动而产生的故障率占整个故障的60%～70%。其原因是多方面的，如机床设计不良、机床制造缺陷、安装缺陷、零部件动作不平衡、零部件磨损、缺乏润滑、机床中进入异物等。

（4）出现撞击声。零部件松动脱落、进入异物、转子不平衡均可能产生撞击声。

（5）输入输出参数异常。表现为：加工精度变化；机床效率变化（如泵效率）；机床消耗的功率异常；加工产品的质量异常如球磨机粉碎物的粒度变化；加料量突然降低，说明生产系统有泄漏或堵塞；机床带病运转时输出改变等。

（6）机床内部缺陷。包括组成机床的零件出现裂纹、电气设备设施绝缘质量下降、由于腐蚀而引起的缺陷等。

以上种种现象，都是事故的前兆和隐患。事故预兆除利用人的听觉、视觉和感觉可以检测到一些明显的现象（如冒烟、噪声、振动、温度变化等）外，主要应使用安装在生产线上的控制仪器和测量仪表或专用测量仪器监测。

2. 运动机械中易损件的故障检测

一般机械设备的故障较多表现为容易损坏的零件成为易损件。运动机械的故障往往都是指易损件的故障。提高易损件的质量和使用寿命，及时更新报废件，是预防事故的重要任务。

（1）零部件故障检测的重点。包括传动轴、轴承、齿轮、叶轮，其中滚动轴承和齿轮的损坏更为普遍。

（2）滚动轴承的损伤现象及故障。损伤现象有滚珠砸碎、断裂、压坏、磨损、化学腐蚀、电腐蚀、润滑油结污、烧结、生锈、保持架损坏、裂纹等；检测参数有振动、噪声、温度、磨损残余物分析和组成件的间隙。

（3）齿轮装置故障。主要有齿轮本体损伤（包括齿和齿面损伤），轴、键、接头、联轴器的损伤，轴承的损伤；检测参数有噪声、振动，齿轮箱漏油、发热。

3. 金属切削机床常见危险因素的控制措施

（1）设备可靠接地，照明采用安全电压。

（2）楔子、销子不能突出表面。

（3）用专用工具，带护目镜。

（4）尾部安防弯装置及设料架。

（5）零部件装卡牢固。

（6）及时维修安全防护、保护装置。

（7）选用合格砂轮，装卡合理。

（8）加强检查，杜绝违章现象，穿戴好劳动防护用品。

三、砂轮机的安全技术要求

砂轮机是机械工厂最常用的机械设备之一，各个工种都可能用到它。砂轮质脆易碎、转速高、使用频繁，极易伤人。它的安装位置是否合理、是否符合安全要求，它的使用方法是否正确、是否符合安全操作规程，这些问题都直接关系到职工的人身安全，因此在实际使用中必须引起足够的重视。

（一）砂轮机安装

1. 安装位置

砂轮机禁止安装在正对着附近设备及操作人员或经常有人过往的地方。较大的车间应设置专用的砂轮机房。如果因厂房地形的限制不能设置专用的砂轮机房，则应在砂轮机正面装设不低于1.8 m 高度的防护挡板，并且挡板要求牢固有效。

2. 砂轮的平衡

砂轮不平衡造成的危害主要表现在两个方面：一方面在砂轮高速旋转时，引起振动；另一方面，不平衡加速了主轴轴承的磨损，严重时会造成砂轮的破裂，造成事故。直径大于或等于200 mm 的砂轮装上法兰盘后应先进行平衡调试，砂轮在经过整形修整后或在工作中发现不平衡时，应重复进行调试直到平衡。

3. 砂轮与卡盘的匹配

匹配问题主要是指卡盘与砂轮的安装配套问题。按标准要求，砂轮法兰盘直径不得小于被安装砂轮直径的1/3，且规定砂轮磨损到直径比法兰盘直径大10 mm 时应更换新砂轮。此外，在砂轮与法兰盘之间还应加装直径大于卡盘直径2 mm、厚度为1~2 mm 的软垫。

4. 砂轮机的防护罩

防护罩是砂轮机最主要的防护装置，其作用是当砂轮在工作中因故破坏时，能够有效地罩住砂轮碎片，保证人员的安全。砂轮防护罩的开口角度在主轴水平面以上不允许超过65°；防护罩的安装应牢固可靠，不得随意拆卸或丢弃不用。防护罩在主轴水平面以上开口大于、等于30°时必须设挡屑屏板，以遮挡磨削飞屑，避免伤及操作人员。它安装于防护罩开口正端，宽度应大于砂轮防护罩宽度，并且应牢固地固定在防护罩上。此外，砂轮圆周表面与挡板的间隙应小于6 mm。

5. 砂轮机的工件托架

托架是砂轮机常用的附件之一。砂轮直径在150 mm 以上的砂轮机必须设置可调托架。砂轮与托架之间的距离最大不应超过3 mm。

6. 砂轮机的接地保护

砂轮机的外壳必须有良好的接地保护装置。

（二）砂轮机使用

1. 禁止侧面磨削

按规定，用圆周表面做工作面的砂轮不宜使用侧面进行磨削。砂轮的径向强度较大，而轴向强度很小，且受到不平衡的侧向力作用，操作者用力过大会造成砂轮破碎，甚至伤人。

2. 不准正面操作

使用砂轮机磨削工件时，操作者应站在砂轮的侧面，不得在砂轮的正面进行操作，以免砂轮破碎飞出伤人。

3. 不准共同操作

2 人共用 1 台砂轮机同时操作，是一种严重的违章操作，应严格禁止。

第三节　冲压（剪）机械安全技术

冲压（剪）是指靠压力机和模具对板材、带材、管材和型材等施加外力，使之产生塑性变形或分离，从而获得所需形状和尺寸的工件（冲压件）的成形加工方法。板料，模具和设备是冲压加工的三要素。按冲压加工温度分为热冲压和冷冲压。

利用金属模具将钢材或坯料进行分离或变形加工的机械称为冲压机械。冲压（剪）机械设备包括剪板机、曲柄压力机和液压机等。

一、冲压作业的危险因素

根据发生事故的原因分析，冲压作业中的危险主要有以下几个方面：

1. 设备结构具有的危险

相当一部分冲压设备采用的是刚性离合器。这是利用凸轮或结合键机构使离合器接合或脱开，一旦接合运行，就一定要完成一个循环，才会停止。假如在此循环中的下冲程，手不能及时从模具中抽出，就必然会发生伤手事故。

2. 动作失控

设备在运行中还会受到经常性的强烈冲击和震动，使一些零部件变形、磨损以至碎裂，引起设备动作失控而发生危险的连冲事故。

3. 开关失灵

设备的开关控制系统由于人为或外界因素引起的误动作。

4. 模具的危险

模具担负着使工件加工成型的主要功能，是整个系统能量的集中释放部位。由于模具设计不合理或有缺陷，可增加受伤的可能性。有缺陷的模具则可能因磨损、变形或损坏等原因，在正常运行条件下发生意外而导致事故。

在冲压作业中，冲压机械设备、模具、作业方式对安全影响很大。冲压事故有可能发生在冲压设备的各个危险部位，但以发生在模具的下行程为绝大多数，且伤害部位主要是作业者的手部。当操作者的手处于模具行程之间时模块下落，就会造成冲手事故。这是设备缺陷和人的行为错误所造成的事故。相关人员必须识别冲压作业的危险性。

二、冲压作业安全技术措施

冲压作业的安全技术措施范围很广，包括改进冲压作业方式、改革冲模结构、实现机械化自动化、设置模具和设备的防护装置等。

1．使用安全工具

使用安全工具操作时，用专用工具将单件毛坯放入模内并将冲制后的零件、废料取出，实现模外作业，避免用手直接伸入上下模口之间，保证人体安全。采用劳动强度小、使用灵活方便的手工工具。

目前，使用的安全工具一般根据本企业的作业特点自行设计制造。按其不同特点，大致归纳为以下5类：弹性夹钳、专用夹钳（卡钳）、磁性吸盘、真空吸盘、气动夹盘。

2．模具作业区防护措施

模具防护的内容包括：在模具周围设置防护板（罩）；通过改进模具减少危险面积，扩大安全空间；设置机械进出料装置，以此代替手工进出料方式，将操作者的双手隔离在冲模危险区之外，实行作业保护。模具安全防护装置不应增大劳动强度。

实践证明，采用复合模、多工位连续模代替单工序的模具，或者在模具上设置机械进出料机构，实现机械化、自动化等，都能达到提高产品质量和生产效率、减轻劳动强度、方便操作、保证安全的目的，这是冲压技术的发展方向，也是实现冲压安全保护的根本途径。

3．冲压设备的安全装置

冲压设备的安全装置形式较多，按结构分为机械式、按钮式、光电式、感应式等。

（1）机械式防护装置。主要有以下3种类型：推手式保护装置，是一种与滑块联动的，通过挡板的摆动将手推离开模口的机械式保护装置；摆杆护手装置又称拨手保护装置，是运用杠杆原理将手拨开的装置；拉手安全装置，是一种用滑轮、杠杆、绳索将操作者的手动与滑块运动联动的装置。机械式防护装置结构简单、制造方便，但对作业干扰影响较大，操作人员不太喜欢使用，有局限性。

（2）双手按钮式保护装置。是一种用电气开关控制的保护装置。启动滑块时，强制将人手限制在模外，实现隔离保护。只有操作者的双手同时按下两个按钮时，中间继电器才有电，电磁铁动作，滑块启动。凸轮中开关在下死点前处于开路状态，若中途放开任何一个开关时，电磁铁都会失电，使滑块停止运动，直到滑块到达下死点后，凸轮开关才闭合，这时放开按钮，滑块仍能自动回程。

（3）光电式保护装置。是由一套光电开关与机械装置组合而成的。它是在冲模前设置各种发光源，形成光束并封闭操作者前侧、上下模具处的危险区。当操作者手停留或误入该区域时，使光束受阻，发出电信号，经放大后由控制线路作用使继电器动作，最后使滑块自动停止或不能下行，从而保证操作者人体安全。光电式保护装置按光源不同，可分为红外光电保护装置和白炽光电保护装置。

三、冲压作业的机械化和自动化

由于冲压作业程序多，有送料、定料、出料、清理废料、润滑、调整模具等操作，冲压作业的防护范围也很广，要实现不同程序上的防护是比较困难的。因此，冲压作业的机械化和自动化非常必要。冲压生产的产品批量一般都较大，操作动作比较单调，工人容易疲劳，特别是容易发生人身伤害事故。因此，冲压作业机械化和自动化是减轻工人劳动强度、保证人身安全的根本措施。

冲压作业机械化是指用各种机械装置的动作来代替人工操作的动作；自动化是指冲压的操作过程全部自动进行，并且能自动调节和保护，发生故障时能自动停机。

四、剪板机安全技术措施

剪板机是机加工工业生产中应用比较广泛的一种剪切设备，它能剪切各种厚度的钢板材料。常用的剪板机分为平剪、滚剪及震动剪 3 种类型，其中平剪床使用最多。剪切厚度小于 10 mm 的剪板机多为机械传动，大于 10 mm 的为液压传动。一般用脚踏或按钮操纵进行单次或连续剪切金属。操作剪板机时应注意：

1. 工作前应认真检查剪板机各部位是否正常，电气设备是否完好，润滑系统是否畅通，清除台面及周围放置的工具、量具等杂物以及边角废料。

2. 不应独自 1 人操作剪板机，应由 2 ~ 3 人协调进行送料、控制尺寸精度及取料等，并确定 1 个人统一指挥。

3. 应根据规定的剪板厚度，调整剪刀间隙。不准同时剪切两种不同规格、不同材质的板料，不得叠料剪切。剪切的板料要求表面平整，不准剪切无法压紧的较窄板料。

4. 剪板机的皮带、飞轮、齿轮以及轴等运动部位必须安装防护罩。

5. 剪板机操作者送料的手指离剪刀口的距离应最少保持 200 mm，并且离开压紧装置。在剪板机上安置的防护栅栏不能让操作者看不到裁切的部位。作业后产生的废料有棱角，操作者应及时清除，防止被刺伤、割伤。

第四节　木工机械安全技术

进行木材加工的机械统称为木工机械，是一种借助于锯、刨、车、铣、钻等加工方法，把木材加工成木模、木器及各类机械的机器。木工机械加工原理与金属切削加工基本类似，但由于木材的天然生长特性以及由此而造成的木工机械刀具运动的高速度，在木工机械上发生的工伤事故远远高于金属切削机床，其中平刨床、圆锯机和带锯机是事故发生率较高的几种木工机械。

木工机械有：跑车带锯机、轻型带锯机、纵锯圆锯机、横截锯机、平刨机、压刨机、木铣床、木磨床等。

一、木工机械危险有害因素

由于具有刀轴转速高、多刀多刃、手工进料、自动化水平低，加之木工机械切削过程中噪声大、振动大、粉尘大、作业环境差，工人的劳动强度大、易疲劳，操作人员不熟悉木工机械性能和安全操作技术或不按安全操作规程操纵机械，没有安全防护装置或安全防护装置失灵等种种原因，导致木工机械伤害事故多发。

1. 机械伤害

机械伤害主要包括刀具的切割伤害、木料的冲击伤害、飞出物的打击伤害，这些是木材加工中常见的伤害类型。如由于木工机械多采用手工送料，当用手推压木料送进时，往往遇到节疤、弯曲或其他缺陷，而使手与刀刃接触，造成伤害甚至割断手指；锯切木料时，剖锯后木料向重心稳定的方向运动；木料含水率高、木纹、疖疤等缺陷而引起夹锯；在刀具水平分力作用下，木料向侧面弹开；经加压处理变直的弯木料在加工中发生弹性复原等；刀具自身有缺陷（如裂纹、强度不够等）；刀具安装不正确，如锯条过紧或刨刀刀刃过高；重新加工有钉子等杂物的废旧木料等。

2. 火灾和爆炸

火灾危险存在于木材加工全过程的各个环节，木工作业场所是防火的重点。悬浮在空间的木粉尘在一定情况下还会发生爆炸。

3. 木材的生物、化学危害

木材的生物效应可分有毒性、过敏性、生物活性等，可引起许多不同发病症状和过程，例如皮肤症状、视力失调、对呼吸道黏膜的刺激和病变、过敏病状，以及各种混合症状。化学危害是因为木材防腐和粘接时采用了多种化学物质，其中很多会引起中毒、皮炎或损害呼吸道黏膜，甚至诱发癌症。

4. 木粉尘危害

木料加工产生大量的粉尘，小颗粒木尘沉积在鼻腔或肺部，可导致鼻黏膜功能下降，甚至导致木肺尘埃沉着病（俗称尘肺）。

5. 噪声和振动危害

木工机械是高噪声和高振动机械，加工过程中噪声大、振动大，使作业环境恶化，影响职工身心健康。

二、木工机械安全技术措施

在木材加工诸多危险因素中，机械伤害的危险性大，发生概率高，火灾爆炸事故更是后果严重。有的危险因素对人体健康构成长期的伤害。这些问题应在木材加工行业的综合治理中统筹考虑。

在设计上，就应使木工机械具有完善的安全装置，包括安全防护装置、安全控制装置和安全报警信号装置等。其安全技术要求为：

(1) 按照“有轮必有罩、有轴必有套和锯片有罩、锯条有套、刨（剪）切有挡”的安全要求，以及安全器送料的安全要求，对各种木工机械配置相应的安全防护装置。徒手操作者必须有安全防护措施。

(2) 对产生噪声、木粉尘或挥发性有害气体的机械设备，应配置与其机械运转相连接的消声、吸尘或通风装置，以消除或减轻职业危害，维护职工的安全和健康。

(3) 木工机械的刀轴与电器应有安全联控装置，在装卸或更换刀具及维修时，能切断电源并保持断开位置，以防止误触电源开关或突然供电启动机械，造成人身伤害事故。

(4) 针对木材加工作业中的木料反弹危险，应采用安全送料装置或设置分离刀、防反弹安全屏护装置，以保障人身安全。

(5) 在装设正常启动和停机操纵装置的同时，还应专门设置遇事故紧急停机的安全控制装置。按此要求，对各种木工机械应制定与其配套的安全装置技术标准。国产定型的木工机械，供货时必须配有完备的安全装置，并供应维修时所需的安全配件，以便在安全防护装置失效后予以更新；对早期进口或自制、非定型、缺少安全装置的木工机械，使用单位应组织力量研制和配置相应的安全装置，使所用的木工机械都有安全装置，特别是对操作者有伤害危险的木工机械。对缺少安全装置或安全装置失效的木工机械，应禁止使用。

1．带锯机安全装置

带锯机的各个部分，除了锯卡、导向辊的底面到工作台之间的工作部分外，都应用防护罩封闭。锯轮应完全封闭，锯轮罩的外圆面应该是整体的。锯卡与上锯轮罩之间的防护装置应罩住锯条的正面和两侧面，并能自动调整，随锯卡升降。锯卡应轻轻附着锯条，而不是紧卡着锯条，用手溜转锯条时应无卡塞现象。

带锯机主要采用液压可调式封闭防护罩遮挡高速运转的锯条，使裸露部分与锯割木料的尺寸相适应，既能有效地进行锯割，又能在锯条“放炮”或断条、掉锯时，控制锯条崩溅、乱扎，避免对操作者造成伤害，同时可以防止工人在操作过程中手指误触锯条造成伤害事故。对锯条裸露的切割加工部位，为便于操作者观察和控制，还应设置相应的网状防护罩，防止加工锯屑等崩弹，造成人身伤害事故。

带锯机停机时，由于受惯性力的作用将继续转动，此时手不小心触及锯条，就会造成误伤。为使其能迅速停机，应装设锯盘制动控制器。带锯机破损时，亦可使用锯盘制动器，使其停机。

2．圆锯机安全装置

为了防止木料反弹的危险，圆锯上应装设分离刀（松口刀）和活动防护罩。分离刀的作用是使木料连续分离，使锯材不会紧贴转动的刀片，从而不会产生木料反弹。活动罩的作用是遮住圆锯片，防止手过度靠近圆锯片，同时也能有效防止木料反弹。

圆锯机安全装置通常由防护罩、导板、分离刀和防木料反弹挡架组成。弹性可调式安全防护罩可随锯割木料尺寸大小而升降，既便于推料进锯，又能控制锯屑飞溅和木料反弹；过锯木料由分离刀扩张锯口防止因夹锯造成木材反弹，并有助于提高锯割效率。

圆锯机超限的噪声也是严重的职业危害，直接损害操作者的健康，应安装相应的消声装置。

3．木工刨床安全装置

刨床对操作者的人身伤害，一是徒手推木料容易伤害手指，二是刨床噪声产生职业危害。平刨伤手为多发性事故，一直未能很好解决。较先进的方法是采用光电技术保护操作者，当前国内应用效果不理想；较适用有效的方法是在刨切危险区域设置安全挡护装置，并限定与台面的间距，可阻挡手指进入危险区域，实际应用效果较好。降低噪声可采用开有小孔的定位垫片，能降低噪声 10 ~ 15 dB（A）。

总之，大多数木工机械都有不同程度的危险或危害。有针对性地增设安全装置，是保护操作者身心健康和安全，促进和实现安全生产的重要技术措施。

木工机械事故中，手压平刨上发生的事故占多数，因此在手压平刨上必须有安全防护装置。

为了安全，手压平刨刀轴的设计与安装须符合下列要求：

（1）必须使用圆柱形刀轴，绝对禁止使用方刀轴。

（2）压力片的外缘应与刀轴外圆相合，当手触及刀轴时，只会碰伤手指皮，不会被切断。

（3）刨刀刃口伸出量不能超过刀轴外径 1.1 mm。

（4）刨口开口量应符合规定。

第五节　铸造安全技术

铸造作为一种金属热加工工艺，将熔融金属浇注、压射或吸入铸型型腔中，待其凝固后而得到一定形状和性能铸件的方法。铸造作业一般按造型方法来分类，习惯上分为普通砂型铸造和特种铸造。

铸造设备就是利用这种技术将金属熔炼成符合一定要求的液体并浇进铸型里，经冷却凝固、清整处理后得到有预定形状、尺寸和性能的铸件的能用到的所有机械设备。铸造设备主要包括：

（1）砂处理设备，如碾轮式混砂机、逆流式混砂机、叶片沟槽式混砂矶、多边筛等。

（2）有造型造芯用的各种造型机、造芯机，如高、中、低压造型机、抛砂机、无箱射压造型机、射芯机、冷和热芯盒机等。

（3）金属冶炼设备，如冲天炉、电弧炉、感应炉、电阻炉、反射炉等。

（4）铸件清理设备，如落砂机、抛丸机、清理滚筒机等。

一、铸造作业危险有害因素

铸造作业过程中存在诸多的不安全因素，可能导致多种危害，需要从管理和技术方面采取措施，控制事故的发生，减少职业危害。

1. 火灾及爆炸

红热的铸件、飞溅铁水等一旦遇到易燃易爆物品，极易引发火灾和爆炸事故。

2. 灼烫

浇注时稍有不慎，就可能被熔融金属烫伤；经过熔炼炉时，可能被飞溅的铁水烫伤；经过高温铸件时，也可能被烫伤。

3. 机械伤害

铸造作业过程中，机械设备、工具或工件的非正常选择和使用，人的违章操作等，都可导致机械伤害。如造型机压伤，设备修理时误启动导致砸伤、碰伤。

4. 高处坠落

由于工作环境恶劣、照明不良，加上车间设备立体交叉，维护、检修和使用时，易从高处坠落。

5. 尘毒危害

在型砂、芯砂运输、加工过程中，打箱、落砂及铸件清理中，都会使作业地区产生大量的粉尘，因接触粉尘、有害物质等因素易引起职业病。冲天炉、电炉产生的烟气中含有大量对人体有害的一氧化碳，在烘烤砂型或砂芯时也有二氧化碳气体排出；利用焦炭熔化金属，以及铸型、浇包、砂芯干燥和浇铸过程中都会产生二氧化硫气体，如处理不当，将引起呼吸道疾病。

6. 噪声振动

在铸造车间使用的震实造型机、铸件打箱时使用的震动器，以及在铸件清理工序中，利用风动工具清铲毛刺，利用滚筒清理铸件等都会产生大量噪声和强烈的振动。

7. 高温和热辐射

铸造生产在熔化、浇铸、落砂工序中都会散发出大量的热量，在夏季车间温度会达到40℃或更高，铸件和熔炼炉对工作人员健康或工作极为不利。

二、铸造作业安全技术措施

由于铸造车间的工伤事故远较其他车间为多，因此，需从多方面采取安全技术措施。

（一）工艺要求

1. 工艺布置

应根据生产工艺水平、设备特点、厂区场地和厂房条件等，结合防尘防毒技术综合考虑工艺设备和生产流程的布局。污染较小的造型、制芯工段在集中采暖地区应布置在非采暖季节最小频率风向的下风侧，在非集中采暖地区应位于全面最小频率风向的下风侧。砂处理、清理等工段宜用轻质材料或实体墙等设施与其他部分隔开；大型铸造车间的砂处理、清理工段可布置在单独的厂房内。造型、落砂、清砂、打磨、切割、焊补等工序宜固定作业工位或场地，以方便采取防尘措施。在布置工艺设备和工作流程时，应为除尘系统的合理布置提供必要条件。

2. 工艺设备

凡产生粉尘污染的定型铸造设备（如混砂机、筛砂机、带式运输机等），制造厂应配置密闭罩，非标准设备在设计时应附有防尘设施。型砂准备及砂的处理应密闭化、机械化。输送散料状干物料的带式运输机应设封闭罩。混砂不宜采用扬尘大的爬式翻斗加料机和外置式定量器，宜采用带称量装置的密闭混砂机。炉料准备的称量、送料及加料应采用机械化装置。

3. 工艺方法

在采用新工艺、新材料时，应防止产生新污染。冲天炉熔炼不宜加萤石。应改进各种加热炉窑的结构、燃料和燃烧方法，以减少烟尘污染。回用热砂应进行降温去灰处理。

4. 工艺操作

在工艺可能的条件下，宜采用湿法作业。落砂、打磨、切割等操作条件较差的场合，宜采用机械手遥控隔离作业。

（1）炉料准备。炉料准备包括金属块料（铸铁块料、废铁等）、焦炭及各种辅料。在准备过程中最容易发生事故的是破碎金属块料。

（2）熔化设备。用于机器制造工厂的熔化设备主要是冲天炉（化铁）和电弧炉（炼钢）。

冲天炉熔炼过程是：从炉顶加料口加入焦炭、生铁、废钢铁和石灰石，高温炉气上升和金属炉料下降，伴随着底焦的燃烧，使金属炉料预热和熔化以及铁水过热，在炉气和炉渣及焦炭的作用下使铁水成分发生变化。所以，其安全技术主要从装料、鼓风、熔化、出渣出铁、打炉修炉等环节考虑。

（3）浇注作业。浇注作业一般包括烘包、浇注和冷却三个工序。浇注前检查浇包是否符合要求，升降机构、倾转机构、自锁机构及抬架是否完好、灵活、可靠；浇包盛铁水不得太满，不得超过容积的80%，以免洒出伤人；浇注时，所有与金属溶液接触的工具，如扒渣棒、火钳等均需预热，防止与冷工具接触产生飞溅。

（4）配砂作业。配砂作业的不安全因素有粉尘污染；钉子、铁片、铸造飞边等杂物扎伤；混砂机运转时，操作者伸手取砂样或试图铲出型砂，结果造成被打伤或被拖进混砂机等。

（5）造型和制芯作业。制造砂型的工艺过程叫做造型，制造砂芯的工艺过程叫做制芯。生产上常用的造型设备有震实式、压实式、震压式等，常用的制芯设备有挤芯机、射芯机等。很多造型机、制芯机都是以压缩空气为动力源，为保证安全，防止设备发生事故或造成人身伤害，在结构、气路系统和操作中，应设有相应的安全装置，如限位装置、联锁装置、保险装置。

（6）落砂清理作业。铸件冷却到一定温度后，将其从砂型中取出，并从铸件内腔中清除芯砂和芯骨的过程称为落砂。有时为提高生产率，若过早取出铸件，因其尚未完全凝固而易导致烫伤事故。

（二）建筑要求

铸造车间应安排在高温车间、动力车间的建筑群内，建在厂区其他不释放有害物质的生产建筑的下风侧。

厂房主要朝向宜南北向。厂房平面布置应在满足产量和工艺流程的前提下同建筑、结构和防尘等要求综合考虑。铸造车间四周应有一定的绿化带。

铸造车间除设计有局部通风装置外，还应利用天窗排风或设置屋顶通风器。熔化、浇注区和落砂、清理区应设避风天窗。有桥式起重设备的边跨，宜在适当高度位置设置能启闭的窗扇。

（三）除尘

1. 炉窑

（1）炼钢电弧炉。排烟宜采用炉外排烟、炉内排烟、炉内外结合排烟。通风除尘系统的设计参数应按冶炼氧化期最大烟气量考虑。电弧炉的烟气净化设备宜采用干式高效除尘器。

（2）冲天炉。冲天炉的排烟净化宜采用机械排烟净化设备，包括高效旋风除尘器、颗粒层除尘器、电除尘器。当粉尘的排放浓度在400 ~ 600mg/ m^3时，最好利用自然通风和喷淋装置进行排烟净化。

2. 破碎与碾磨设备

颚式破碎机上部，直接给料，落差小于1m时，可只做密闭罩而不排风。不论上部有无排风，当下部落差大于等于1m时，下部均应设置排风密封罩。球磨机的旋转滚筒应设在全密闭罩内。

3. 砂处理设备、筛选设备、输送设备

以上所列设备及制芯、造型、落砂及清理、铸件表面清理等均应通风除尘。

第六节 锻造安全技术

锻造是金属压力加工的方法之一，它是机械制造生产中的一个重要环节。根据锻造加工时金属材料所处温度状态的不同，锻造又可分为热锻、温锻和冷锻。热锻指被加工的金属材料处在红热状态（锻造温度范围内），通过锻造设备对金属施加的冲击力或静压力，使金属产生塑性变形而获得预想的外形尺寸和组织结构。

锻造车间里的主要设备有锻锤、压力机（水压机或曲柄压力机）、加热炉等。操作人员经常处在振动、噪声、高温灼热、烟尘，以及料头、毛坯堆放等不利的工作环境中。因此，应特别注意操作这些设备人员的安全卫生，避免在生产过程中发生各种事故，尤其是人身伤害事故。

一、锻造的特点

从安全和劳动保护的角度来看，锻造的特点是：

（1）锻造生产是在金属灼热的状态下进行的（如低碳钢锻造温度范围在750～1 250℃之间），由于有大量的手工作业，稍不小心就可能发生灼伤。

（2）锻造作业的加热炉和灼热的钢锭、毛坯及锻件，不断地发散出大量的辐射热（锻件在锻压终了时，仍然具有相当高的温度），工人经常受到热辐射的侵害。

（3）锻造作业的加热炉在燃烧过程中产生的烟尘排入车间的空气中，不但影响卫生，还降低了车间内的能见度（对于燃烧固体燃料的加热炉，情况就更为严重），增加了发生事故的可能性。

（4）锻造加工所使用的设备如空气锤、蒸汽锤、摩擦压力机等，工作时发出的都是冲击力。设备在承受这种冲击载荷时，本身容易突然损坏（如锻锤活塞杆的突然折断）而造成严重的伤害事故。压力机（如水压机、曲柄热模锻压力机、平锻机、精压机）、剪床等在工作时，冲击性虽然较小，但设备的突然损坏等情况也时有发生，操作者往往猝不及防，也有可能导致工伤事故。

（5）锻造设备在工作中的作用力是很大的，如曲柄压力机、拉伸锻压机和水压机这类锻压设备，它们的工作条件虽较平稳，但其工作部件所产生的力量却很大，如我国已制造和使用的12 000 t的锻造水压机。就是常见的100～150 t的压力机，所发出的力量已足够大。如果模子安装或操作时稍不正确，大部分的作用力就不是作用在工件上，而是作用在模子、工具或设备本身的部件上了。这样，某种安装调整上的错误或工具操作的不当，就可能引起机件的损坏以及其他严重的设备或人身事故。

（6）锻工的工具和辅助工具，特别是手锻和自由锻的工具、夹钳等，这些工具都放在一起。在工作中，工具的更换很频繁，存放往往非常杂乱，这就必然增加对这些工具检查的困难，当锻造中需用某一工具而又不能迅速找到时，有时会“凑合”使用类似的工具，为此往往会造成工伤事故。

(7) 由于锻造作业设备在运行中产生噪声和振动，使工作地点嘈杂，影响人的听觉和神经系统，分散了注意力，因而增加了发生事故的可能性。

二、锻造的危险有害因素

1. 在锻造生产中易发生的伤害事故，按其原因可分为3种：

(1) 机械伤害。锻造加工过程中，机械设备、工具或工件的非正常选择和使用，人的违章操作等，都可导致机械伤害。如锻锤锤头击伤；打飞锻件伤人；辅助工具打飞击伤；模具、冲头打崩、损坏伤人；原料、锻件等在运输过程中造成的砸伤；操作杆打伤、锤杆断裂击伤等。

(2) 火灾爆炸。红热的坯料、锻件及飞溅氧化皮等一旦遇到易燃易爆物品，极易引发火灾和爆炸事故。

(3) 灼烫。锻造加工坯料常加热至800～1 200℃，操作者一旦接触到红热的坯料、锻件及飞溅氧化皮等，必定被烫伤。

2. 职业危害加热炉和灼热的工件辐射大量热能，火焰炉使用的各种燃料燃烧产生炉渣、烟尘，对这些如不采取通风净化措施，将会污染工作环境，恶化劳动条件，容易引起伤害事故。

(1) 噪声和振动。锻锤以巨大的力量冲击坯料，产生强烈的低频率噪声和振动，可引起职工听力降低或患振动病。

(2) 尘毒危害。火焰炉使用的各种燃料燃烧生产的炉渣、烟尘，空气中存在的有毒有害物质和粉尘微粒。

(3) 热辐射。加热炉和灼热的工件辐射大量热能。

三、锻造的安全技术措施

锻压机械的结构不但应保证设备运行中的安全，而且应能保证安装、拆卸和检修等各项工作的安全；此外，还必须便于调整和更换易损件，便于对在运行中应取下检查的零件进行检查。

(1) 锻压机械的机架和突出部分不得有棱角或毛刺。

(2) 外露的传动装置（齿轮传动、摩擦传动、曲柄传动或皮带传动等）必须有防护罩。防护罩需用铰链安装在锻压设备的不动部件上。

(3) 锻压机械的启动装置必须能保证对设备进行迅速开关，并保证设备运行和停车状态的连续可靠。

(4) 启动装置的结构应能防止锻压机械意外地开动或自动开动。较大型的空气锤或蒸汽—空气自由锤一般是用手柄操纵的，应该设置简易的操作室或屏蔽装置。模锻锤的脚踏板也应置于某种挡板之下，操作者需将脚伸入挡板内进行操纵。设备上使用的模具都必须严格按照图样上提出的材料和热处理要求进行制造，紧固模具的斜楔应经退火处理，锻锤端部只允许局部淬火，端部一旦卷曲，则应停止使用或修复后再使用。

(5) 电动启动装置的按钮盒，其按钮上需标有“启动”、“停车”等字样。停车按钮为红色，其位置比启动按钮高 10 ~ 12 mm。

(6) 高压蒸汽管道上必须装有安全阀和凝结罐，以消除水击现象，降低突然升高的压力。

(7) 蓄力器通往水压机的主管上必须装有当水耗量突然增高时能自动关闭水管的装置。

(8) 任何类型的蓄力器都应有安全阀。安全阀必须由技术检查员加铅封，并定期进行检查。

(9) 安全阀的重锤必须封在带锁的锤盒内。

(10) 安设在独立室内的重力式蓄力器必须装有荷重位置指示器，使操作人员能在水压机的工作地点上观察到荷重的位置。

(11) 新安装和经过大修理的锻压设备应该根据设备图样和技术说明书进行验收和试验。

(12) 操作人员应认真学习锻压设备安全技术操作规程，加强设备的维护、保养，保证设备的正常运行。

第七节　安全人机工程基本知识

一、定义与研究内容

(一) 安全人机工程的定义

安全人机工程是运用人机工程学的理论和方法研究“人—机—环境”系统，并使三者在安全的基础上达到最佳匹配，以确保系统高效、经济地运行的一门综合性的科学。

(二) 安全人机工程的主要研究内容

安全人机工程主要研究内容包括如下 4 个方面：

1. 分析机械设备及设施在生产过程中存在的不安全因素，并有针对性地进行可靠性设计、维修性设计、安全装置设计、安全启动和安全操作设计及安全维修设计等。

2. 研究人的生理和心理特性，分析研究人和机器各自的功能特点，进行合理的功能分配，以建构不同类型的最佳人机系统。

3. 研究人与机器相互接触、相互联系的人机界面中信息传递的安全问题。

4. 分析人机系统的可靠性，建立人机系统可靠性设计原则，据此设计出经济、合理以及可靠性高的人机系统。

在人机系统中人始终处于核心，起主导作用，机器起着安全可靠的保证作用。解决安全问题的基本需求是实现生产过程的机械化和自动化，以便让工业机器人代替人的部分危险操作，从根本上将人从危险作业环境中彻底解脱出来，实现安全生产。

(三) 人机系统的类型

人机系统主要分两类，一类为机械化、半机械化控制的人机系统；另一类为全自动化控制的人机系统。

在机械化、半机械化控制的人机系统中，人机共体，或机为主体，系统的动力源由机器提供，人在系统中主要充当生产过程的操作者与控制者，即控制器主要由人来进行操作。在控制系统中设置监控装置，如果人操作失误，机器会拒绝执行或提出警告，其结构如图 1—5 所示；这是现代生产中应用最多的人机系统类型。系统的安全性主要取决于人机功能分配的合理性、机器的本质安全性及人为失误状况。

在全自动化控制的人机系统中，以机为主体，机器的正常运转完全依赖于闭环系统的机器自身的控制，人只是一个监视者和管理者，监视自动化机器的工作。只有在自动控制系统出现差错时，人才进行干预，采取相应的措施。其结构框图如图 1—6 所示。系统的安全性主要取决于机器的本质安全性、机器的冗余系统失灵以及人处于低负荷时应急反应变差等。

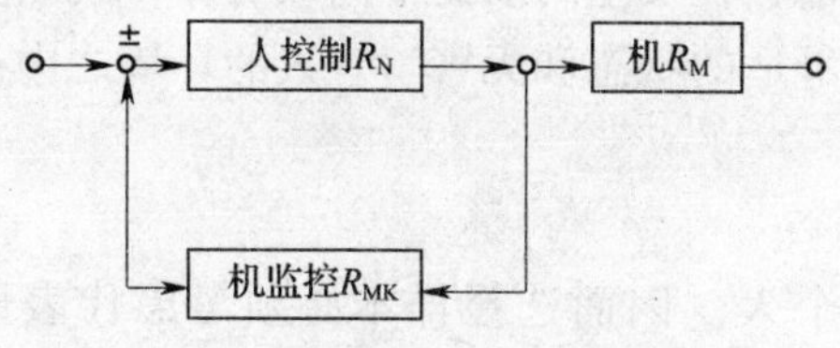

图 1—5　机械化、半机械化人机系统简图

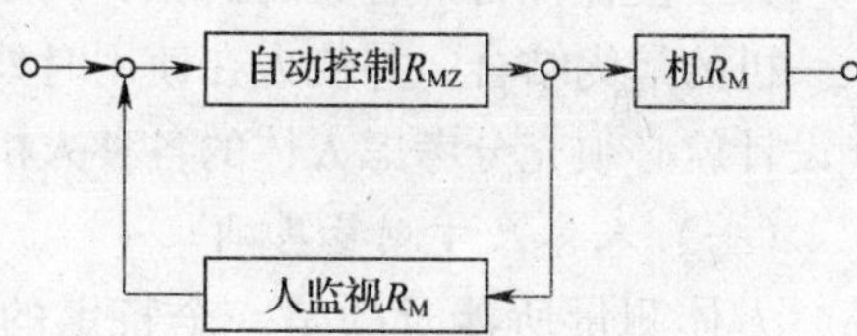

图 1—6　全自动化人机系统简图

二、机械设计本质安全

（一）机械设计本质安全的定义

机械设计本质安全是指机械的设计者，在设计阶段采取措施消除不安全隐患的一种实现机械安全的方法，包括在设计中排除危险部件，减少或避免在危险区工作，提供自动反馈设备并使运动的部件处于密封状态等。

（二）机械失效安全

机械设计者应该在设计中考虑到当发生故障时不出现危险。

这一类装置包括操作限制开关，限制不应该发生的冲击及运动的预设制动装置，设置把手和预防下落的装置，失效安全的限电开关等。

（三）机械部件的定位安全

把机械的部件安置到不可能触及的地点，通过定位达到安全的目的。设计者必须考虑到人在正常情况下不会触及到部件，而在某些情况下可能会接触到，例如蹬着梯子对机械进行维修等情况。

（四）机器的安全布置

在车间内对机器进行合理的安全布局，可以使事故明显减少。布局时要考虑如下因素：

1．空间

便于操作、管理、维护、调试和清洁。

2．照明

包括工作场所的通用照明（自然光及人工照明，但要防止炫目）和为操作机器而需的照明。

3．管、线布置

不要妨碍人员在机器附近的安全出入，避免磕绊，有足够的上部空间。保证维修时人员的出入安全。

第八节　人的特性

一、人体测量

为了使各种与人有关的机械、设备、产品等能够在安全的前提下高效工作，就须实现人—机的最优结合，并使人在使用时处于安全、舒适的状态和无害、宜人的环境之中；现代设计就必须充分考虑人体的各种人机学参数。

（一）人体尺寸测量基础

人体测量所涉及的是一个特定的群体而非个人。因而选择样本必须考虑代表性的群体，测量的结果要经过数理统计处理，以反映该群体的形态特征与差异程度。人体测量是通过测量人体各部位尺寸来确定个体之间和群体之间在人体尺寸上的差别，用以研究人的形态特征，从而为各种安全设计、工业设计和工程设计提供人体测量数据。

1．被测者姿势

（1）直立姿势。被测者挺胸直立，头部以眼耳平面定位，眼睛平视前方，肩部放松，上肢自然下垂，手伸直，手掌朝向体侧，手指轻贴大腿侧面，膝部自然伸直，左、右足后跟并拢，前端分开，使两足大致成45°夹角，体重均匀分布于两足。

（2）坐姿。被测者挺胸坐在被调节至腓骨头高度的平面上，头部以眼耳平面定位，眼睛平视前方，左右大腿大致平行，膝弯曲大致成直角，足平放在地面上，手放在大腿上。

2．测量基准面

人体测量基准面的定位是由三个互相垂直的轴（铅垂轴，纵轴和横轴）来决定的。

（1）矢状面。按前后方向将人体纵切为左、右两部分的所有断面，都可称为矢状面。

（2）正中矢状面。将人体分为左、右对等的两半的断面称作正中矢状面。

（3）冠状面。通过铅垂轴和横轴的平面及与其平行的所有平面都称为冠状面。

（4）水平面。与矢状面及冠状面同时垂直的所有平面都称为水平面。水平面将人体分成上、下两部分。

（5）眼耳平面。通过左、右耳屏点及眼眶下点的水平面称为眼耳平面或法兰克福平面。

3．测量方向

（1）在人体上、下方向上，将上方称为头侧端，将下方称为足侧端。

（2）在人体左、右方向上，将靠近正中矢状面的方向称为内侧，将远离正中矢状面的方向称为外侧。

(3) 在四肢上，将靠近四肢附着部位的称为近位，将远离四肢附着部位的称为远位。

(4) 对于上肢，将挠骨侧称为挠侧，将尺骨侧称为尺侧。

(5) 对于下肢，将胫骨侧称为胫侧，将腓骨侧称为腓侧。

4. 支承面和衣着

立姿时站立的地面或平台以及坐姿时的椅平面应是水平的、稳固的、不可压缩的。要求被测量者裸体或穿着尽量少的内衣（例如只穿内裤和汗背心）测量，在后者情况下，在测量胸围时，男性应撩起汗背心，女性应松开胸罩后进行测量。

5. 人体测量的主要仪器

在人体尺寸参数的测量中，所采用的人体测量仪器有：人体测高仪、人体测量用直脚规、人体测量用弯脚规、人体测量用三脚平行规、坐高椅、量足仪、角度计、软卷尺以及医用磅秤等。我国对人体尺寸测量专用仪器已制定了标准，而通用的人体测量仪器可采用一般的人体生理测量的有关仪器。

(1) 人体测高仪。主要是用来测量身高、坐高、立姿和坐姿的眼高以及伸手向上所及的高度等立姿和坐姿的人体各部位高度尺寸。

(2) 人体测量用直脚规。主要是用来测量两点间的直线距离，特别适宜测量距离较短的不规则部位的宽度或直径，如测量耳、脸、手、足等部位的尺寸。

(3) 人体测量用弯脚规。常常用于不能直接以直尺测量的两点间距离的测量，如测量肩宽、胸厚等部位的尺寸。

6. 人体测量主要统计函数

(1) 平均数。常用统计指标平均数亦称均值，可用 $\bar{x}$ 表示。对于 n 个样本的测量值 x_1 , $x_2 \cdots x_n$ ，其平均值 $\bar{x}$ 如式 1—1 所示：

$$\bar{x} = \frac{x_1 + x_2 + \cdots + x_n}{n} = \frac{1}{n}\sum_{i=1}^{n} x_i \tag{1—1}$$

(2) 方差。方差又叫均方差，一般用 S^2 表示，是描述测量数据在平均值上下波动程度大小的值。方差表明样本的测量值是变量，既趋向均值而又在一定范围内波动。对于 n 个样本的测量值 x_1 , $x_2 \cdots x_n$ ，方差的计算式为：

$$S^2 = \frac{1}{n-1}\sum_{i=1}^{n}(x_i - \bar{x})^2 \tag{1—2}$$

常用 $S^2 = \frac{1}{n-1}(\sum_{i=1}^{n} x_i^2 - n\bar{x}^2)$ 来简化计算。

(3) 标准差。为统一量纲，人们常用标准差 S 来表示样本相对平均值的波动情况，即测量值集中与离散的程度。对于 n 个样本的测量值 x_1 , $x_2 \cdots x_n$ ，标准差的计算式为：

$$S = \left[\frac{1}{n-1}(\sum_{i=1}^{n} x_i^2 - n\bar{x}^2)\right]^{\frac{1}{2}} \tag{1—3}$$

(4) 标准误差。标准误差又称抽样误差。由抽样的统计值来推测总体的统计值，而一般情况下，抽样与总体的统计值不可能完全相同，这种差别就是由抽样引起的，被称为标准误差或抽样误差。标准误差 $S_{\bar{x}}$ 的一般计算式为：

$$S_{\bar{x}} = \frac{S}{\sqrt{n}} \tag{1—4}$$

（5）百分位数。即百分位，是人体测量常用概念。表示某一测量数值所标志的群体数量与整个群体的百分比关系，最常用第 5、第 50、第 95 三种百分数位。以人的身高尺寸为例，第 5 百分位数是指有 5% 的人群身材尺寸小于此值，而有 95% 的人群身材大于此值；第 50 百分位数是指大于或小于此人群身材尺寸的各为 50%；第 95 百分位数是指有 95% 的人群身材尺寸小于此值，而有 5% 的人群身材大于此值。一般认为，人体尺寸统计数据基本符合正态分布规律，因此可用平均值 $\bar{x}$ 和标准差 S 来计算某一百分位所对应的人体尺寸数值 p_v。

$$p_v = \bar{x} \pm (S \times K) \tag{1—5}$$

式中 K 为变换系数。在求第 1 百分位数 ~ 第 50 百分位数据时，取负号；求第 50 百分位数 ~ 第 99 百分位数据时，取正号。常用的百分位和变换系数的关系见表 1—2。第 50 百分位数即中位数。

表 1—2　　　　百分位和变换系数

百分位（%）	K	百分位（%）	K
0.5	2.576	90	1.282
1.0	2.326	95	1.645
2.5	1.960	97.5	1.960
5	1.645	99.0	2.326
10	1.282	99.5	2.576
50	0.000		

利用正态分布理论，还可以求出某一测量数据所属的百分位数 P，即：

$$P = 0.5 + p \tag{1—6}$$

根据在正态分布概率数值表上的 z 值可查得对应概率数值 p，其中

$$z = \frac{x_i - \bar{x}}{S} \tag{1—7}$$

（二）静态测量

1. 静态测量方法

人体尺寸的静态测量属于传统的测量方法，用途很广。静态人体测量可采取不同的姿势，主要有立姿、坐姿、跪姿和卧姿等几种。制作衣服时人体尺寸的测量是常见的人体静态测量的方法，这种测量是在被测量者静态地站着或坐着的姿势下进行的。静态测量数据是动态测量的基础，是设计人机系统不可缺少的参数。

人体测量的数据是指人体不同部位的尺寸，在设计不同的设备或产品时，会涉及到人体不同部位的尺寸。不同的人给出的人体测量的定义可能略有出入。1986 年 Pheasant 给出了较权威的各种人体测量数据及其图示，见图 1—7。关于该图的有关解释可参照表 1—3。

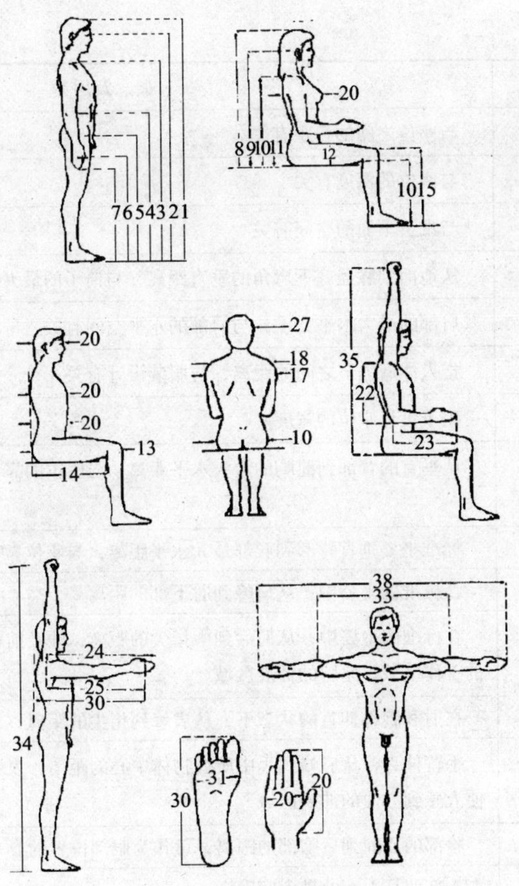

图 1—7　人体的静态尺寸

表 1—3　　　　　　　　**静态的主要人体尺寸说明**

编号	名称	概念及用途
1	身高	从地面到头顶的垂直距离（高度）
2	眼高	从地面到眼角的高度
3	肩高	从地面到肩峰的高度
4	肘高	从地面到肘关节的高度，用以决定工作台的高度
5	臀高	指人体站立时，从地面到臀部关节的高度
6	指节高	作为栏杆和手柄的参考
7	指尖高	与手指操作控件的最低可接受水平有关
8	坐高	从坐的平面到头顶的高度
9	坐眼高	指人体处于坐姿时，从坐立面到眼角的高度
10	坐肩高	指人体处于坐姿时，从坐立面到肩关节的高度
11	坐肘高	从座位的平面到肘下侧的高度，涉及扶手、桌面、键盘的高度设计
12	大腿厚	与座位和桌面之间的空间有关

续表

编号	名称	概念及用途
13	臀—膝长	与座位之间的行距有关
14	臀—腿弯度	与座位的深度有关
15	膝盖高	与桌子下面的空间有关
16	腿弯高	从地面到膝盖底下弯角的垂直距离，与椅子的最大的可接受的高度有关
17	肩宽	肩部的最大水平宽度，与肩部的水平空间有关
18	肩宽	指人体肩关节之间的距离，与服装设计有关
19	臀宽	用于设计座位的宽度
20	胸部厚	从垂直的背部到前胸的最大水平距离，与座位的靠背和障碍物之间的空间设计有关
21	腹部厚	标准坐姿垂直背部到腹部最大水平距离，与座位靠背和障碍物间空间设计有关
22	肩－肘长	在标准的坐姿中，从肩峰到肘下部的距离
23	肘－指尖长	在标准的坐姿中，从肘后到中指尖的距离，涉及前臂延伸的区域，用来定义正常的工作区域，胳膊的伸展区域
24	上肢长	在肘和腕都伸直的状态下，从肩峰到指尖的距离
25	手心长	手臂伸直，从肩峰到手中所握物体中心的距离，表示上肢的功能长度，用来确定使人感到方便的伸展区域
26	头部厚	脸部的眉间到后脑部的距离，可作为眼部位置的参考数据
27	头部宽	头部两耳上面的最大宽度
28	手长	在手保持僵直的状态下，从腕部的皱痕到中指尖的距离
29	手的宽度	通过手掌的最大宽度，在掌骨的末梢，与把手、控制杆的设计有关
30	脚长	从脚后跟到最长的脚趾尖的距离，平行于脚的轴心，用于脚的空间以及踏板的设计
31	脚宽	脚的最大水平宽度，与脚的轴线垂直，用于脚的空间以及踏板占据的空间设计
32	跨度	当两只手都向两边伸直时，两手指尖的最大水平距离（横向伸展开）
33	肘部跨度	当上臂向两边伸展，肘部弯曲使指尖触胸时，两肘尖的距离
34	站立手掌握点	人体站立时，胳膊向上举起时手掌可以握住的最高的圆棒中心
35	标准坐姿手掌握点	人体在保持坐姿时，手掌的最高握点

2．影响人体测量数据的因素

人体的结构尺寸随着区域、民族、性别、年龄和生活状况等因素的不同而有差异。

（1）民族因素。每个民族都有自己的人体数据，一般不能套用其他民族的测量结果来设计本民族的设备。例如，美国空军的驾驶舱在美国本土的适应范围在第5百分位和第95百分位之间，也就是说，适应90%的美国人；其对于法国人降为80%，对意大利人为69%，日本人为43%，泰国人为24%，越南人为14%。因此，不同民族具有不同的人体尺寸，在设计汽车、飞机等时，亦应参考使用者民族的统计数据。

（2）性别、年龄因素。统计资料显示，男性的平均身高比女性高 100mm。同时，人的体形也随着年龄的增长而变化，最为显著的是儿童期和青年期。一般而言，在 22 岁以前身高呈上升趋势，30 岁以后呈下降趋势。男性在其 20 岁左右身体尺寸发展到最高点，女性这一点大约在 17 岁。随着年龄的增长，人的身高在 40 岁时开始缩减，并且随年龄的增加这一过程也在加速（主要发生在脊柱）。而人的体重和某些宽度和周长尺寸却随着年龄的增长而增加。因此，在设计工作装置时，须了解所设计的工作装置是否适合于特定的年龄组使用。在使用人体尺寸数据时，也应明确作为这些数据来源的年龄组。

（3）职业因素。从大量的劳动科学和医学调查中可知，不同职业的人在体型和人体尺寸上存在着较大的差异。由于长期的职业活动，使他们身体的某些部分得到了特别锻炼及适应而改变了体型。体力劳动者和脑力劳动者在体型和身体的某些尺寸方面就有较大的差别。除了在身高和躯干与腿的比例上有差别外，在头部、腹部、身体各部分的周长以及全身脂肪的分布上也有差别。如运动员在身体尺寸和形态上都较一般人有不同。另外，一些职业对于雇员的体型会有一些特定的要求：例如飞行员、消防队员、模特、警察等。

（三）动态测量

1. 活动空间

要完成一项非常简单的任务，人体也需要某些部位运动，这就要求有足够的空间，即活动空间。人在劳动或运动时，人体空间位置与尺寸时刻在变化，这种变化是动态变化。动态测量就是测定人体动态变化时的数值。静态测量的数据，虽可解决许多产品设计问题，但人在劳动时，姿势和体位会频繁变化，就需用动态数据进行衡量。

活动空间的分配依赖于许多因素：使用的人群，任务，衣物，设备及作业性质等。所以一般没有固定的规则或模式。例如，一名消防队员在特定宽度的通道攀梯时，就要考虑他的衣服的不同、携带设备的不同，以及通道内是否还有另外的物体，如灯、其他仪器。在不同的情境要求下，需要不同尺寸的活动空间。

2. 伸展域

人在各种状况下工作时都需要有足够的活动空间。在工作中人常取站、坐、跪等作业姿势；立姿时人的活动空间不仅取决于身体的尺寸，而且也取决于保持身体平衡的微小平衡动作和肌肉。人在站立并保持脚的站立面不变时，手臂的活动空间用舒适伸展域来表示。伸展域可从立视图和平面图两个方面来看；主要有：通过肩部关节的正中矢状面的垂直部分；通过关节的横断面的水平部分；通过肩关节的沿着冠状缝平面的垂直部分。

设计人员更为关心的是人在工作时所涉及的区域；1963 年 Barnes 提出了此种情况的正常区域和最大区域的概念。下面以前臂伸展域为例进行说明。

（1）正常区域。将上肢轻松地垂直于体侧，曲肘，以肘关节为中心，前臂和手能自由到达的区域，在该范围内，人操作时能舒适、轻快地工作，即前臂活动正常范围。正常作业范围的大小、舒适度与工作台的高度、操作者的性别、民族因素、手的活动特征和运动方向等因素有关。

（2）最大区域。例如完全伸展整个上臂所能涉及的区域。手臂向外伸直，以肩关节为中心，臂的长度（半径不包括手长）所划过的弧形轨迹在水平面上的投影。在最大作业范围内操作时，静力负荷较大，长时间处于这种状态下操作，最容易引起疲劳。

除了手的水平作业范围之外，还有脚的作业范围。由于脚的生理特征，其作业范围不可能很大，其作业范围是以水平方向可能移动的尺寸来确定的。脚的舒适作业范围，要根据脚的出力、动作频率、操作姿势、机械作业的形式、作业内容等综合分析的结果来确定。

（四）人体测量数据的运用准则

在运用人体测量数据进行设计时，应遵循以下几个准则：

1. 最大最小准则。该准则要求根据具体设计目的选用最小或最大人体参数。如人体身高常用于通道和门的最小高度设计，为尽可能使所有人（99%以上）通过时不致发生撞头事件，通道和门的最小高度设计应使用高百分位身高数据；而操作力设计则应按最小操纵力准则设计。

2. 可调性准则。对与健康安全关系密切或减轻作业疲劳的设计应遵循可调性准则，在使用对象群体的5%～95%可调。如汽车座椅应在高度、靠背倾角、前后距离等尺度方向上可调。

3. 平均准则。虽然平均这个概念在有关人使用的产品、用具设计中不太合理，但诸如门拉手高、锤子和刀的手柄等，常用平均值进行设计更合理。同理，对于肘部平放高度设计数而言，由于主要是能使手臂得到舒适的休息，故选用第50百分位数据较合理，对于中国人而言，这个高度在14～27.9cm之间。

4. 使用最新人体数据准则。所有国家的人体尺度都会随着年代、社会经济的变化而不同。因此，应使用最新的人体数据进行设计。

5. 地域性准则。一个国家的人体参数与地理区域分布、民族等因素有关，设计时必须考虑实际服务的区域和民族分布等因素。

6. 功能修正与最小心理空间相结合准则。国家标准公布的有关人体数据是在裸体或穿单薄内衣的条件下测得的，测量时不穿鞋。而设计中所涉及的人体尺度是在穿衣服、穿鞋甚至戴帽条件下的人体尺寸。因此，考虑有关人体尺寸时，必须给衣服、鞋、帽留下适当的余量，也就是应在人体尺寸上增加适当的着装修正量。所有这些修正量总计为功能修正量。于是，产品的最小功能尺寸可由式1—8确定：

$$S_{min} = R_{\alpha} + \Delta_f \qquad (1—8)$$

式中 S_{min} ——最小功能尺寸；

R_{α} ——第a百分位人体尺寸数据；

Δ_f ——功能修正量。

功能修正量随产品不同而异，通常为正值，但有时也可能为负值。通常用实验方法求得功能修正量，但也可以通过统计数据获得。对于着装和穿鞋修正量可参照表1—4中的数据确定。对姿势修正量的常用数据是：立姿时的身高、眼高减10 mm；坐姿时的坐高、眼高减44 mm。考虑操作功能修正量时，应以上肢前展长为依据，而上肢前展长是后背至中指尖点的距离，因而对操作不同功能的控制器应作不同的修正。如对按钮开关可减12 mm；对推滑板推钮、扳动扳钮开关则减25 mm。

表 1—4　　正常人着装身材尺寸和穿鞋修正量值　　mm

项目	尺寸修正量	修正原因
站姿高	25～38	鞋高
坐姿高	3	裤厚
站姿眼高	36	鞋高
坐姿眼高	3	裤厚
肩宽	13	衣
胸宽	8	衣
胸厚	18	衣
腹厚	23	衣
立姿臀宽	13	衣
坐姿臀宽	13	衣
肩高	10	衣（包括坐高 3 及肩 7）
两肘间宽	20	手臂弯曲时，肩肘部衣服压紧
肩—肘	8	
臀—手	5	
大腿厚	13	
膝宽	8	
膝高	33	
臀—膝	5	
足宽	13～20	
足长	30～38	
足后跟	25～38	

另外，为了克服人们心理上产生的“空间压抑感”、“高度恐惧感”等心理感受，或者为了满足人们“求美”、“求奇”等心理需求，在产品最小功能尺寸上常附加一项增量，称为心理修正量。考虑了心理修正量的产品功能尺寸称为最佳功能尺寸，可表示为：

$$S_{\mathrm{opm}} = S_{\alpha} + \Delta_f + \Delta_p \quad (1—9)$$

式中　S_{opm} ——最佳功能尺寸；

S_{α} ——第 a 百分位人体尺寸数据；

Δ_f ——功能修正量；

Δ_p ——心理修正量。

心理修正量可用实验方法求得，一般是通过被试者主观评价表的评分结果进行统计分析求得心理修正量。

二、人的生理特性

（一）人的感觉与感觉器官

1．视觉

（1）几种常见的视觉现象

1）暗适应与明适应能力。人眼对光亮度变化的顺应性，称为适应，适应有明适应和暗适应两种。暗适应是指人从光亮处进入黑暗处，开始时一切都看不见，需要经过一定时间以后才能逐渐看清被视物的轮廓。暗适应的过渡时间较长，约需要 30 min 才能完全适应。明适应是指人从暗处进入亮处时，能够看清视物的适应过程，这个过渡时间很短，约需 1 min，明适应过程即趋于完成。人在明暗急剧变化的环境中工作，会因受适应性的限制，视力出现短暂的下降；若频繁地出现这种情况，会产生视觉疲劳，并容易引发事故。为此，在需要频繁改变光亮度的场所，应采用缓和照明，避免光亮度的急剧变化。

2）眩光。当人的视野中有极强的亮度对比时，由光源直射或由光滑表面反射出的刺激或耀眼的强烈光线，称为眩光。眩光可使人眼感到不舒服，使可见度下降，并引起视力明显下降。眩光造成的有害影响主要有：破坏暗适应，产生视觉后像；降低视网膜上的照度；减弱被观察物体与背景的对比度；观察物体时产生模糊感觉等，这些都将影响操作者的正常作业。

3）视错觉。人在观察物体时，光线不仅使神经系统产生反应，而且由于视网膜受到光线的刺激，会在横截面上产生扩大范围的影响，使得视觉印象与物体的实际大小、形状存在差异，这种现象称为视错觉。视错觉是普遍存在的现象，其主要类型有形状错觉、色彩错觉及物体运动错觉等。其中常见的形状错觉有长短错觉、方向错觉、对比错觉、大小错觉、远近错觉及透视错觉等；色彩错觉又有对比错觉、大小错觉、温度错觉、距离错觉及疲劳错觉等。在工程设计时，为使设计达到预期的效果，应考虑视错觉的影响。

（2）视觉损伤与视觉疲劳

1）视觉损伤。在生产过程中，除切屑颗粒、火花、飞沫、热气流、烟雾、化学物质等有形物质会造成对眼的伤害之外，强光或有害光也会造成对眼的伤害。眼睛能承受的可见光的最大亮度值约为 $10^6 cd/m^2$，如超过此值，人眼视网膜就会受到损伤。300 mm 以下的短波紫外线可引起紫外线眼炎；紫外线照射 4 ~ 5 h 后眼睛便会充血，10 ~ 12 h 后会使眼睛剧痛而不能睁眼，这一般是暂时性症状，大多可以治愈；常受红外线照射可引起白内障；直视高亮度光源（如激光、太阳光等），会引起黄斑烧伤，有可能造成无法恢复的视力减退；低照度或低质量的光环境，会引起各种眼的折光缺陷或提早形成老花。眩光或照度剧烈而频繁变化的光可引起视觉机能的降低。

2）视觉疲劳。人们长期从事近距离工作和精细作业，由于长时间看近物或细小物体，睫状肌必须持续地收缩以增加晶状体的白度。这将引起视觉疲劳，甚至导致睫状肌萎缩，使其调节能力降低。长期在劣质光照环境下工作，会引起眼睛局部疲劳和全身性疲劳。全身性疲劳表现为疲倦、食欲下降、肩上肌肉僵硬发麻等自律神经失调症状；眼部疲劳表现为眼痛、头痛、视力下降等症状。此外，作为眼睛调节肌肉的虹膜睫状肌的疲劳还可能导致近视。

（3）视觉的运动规律

人们在观察物体时，视线的移动对看清和看准物体有一定规律。掌握这些规律，有利于在工程设计中满足人机工程学的设计要求。

1）眼睛的水平运动比垂直运动快，即最容易看到水平方向的东西，对垂直方向的东西感受慢。所以，一般机器的外形常设计成横向长方形。

2）视线运动的顺序习惯于从左到右，从上到下，顺时针进行。

3）对物体尺寸和比例的估计，水平方向比垂直方向准确、迅速，且不易疲劳。

4）当眼睛偏离视中心时，在偏离距离相同的情况下，观察优先的顺序是左上、右上、左下、右下。

5）在视线突然转移的过程中，约有3%的视觉能看清目标，其余97%的视觉都是不真实的，所以在工作时，不应有突然转移视线的要求，否则会降低视觉的准确性。如需要人的视线突然转动时，也应要求慢一些才能引起视觉注意。为此，应给出一定标志，如利用箭头或颜色预先引起人的注意，以便把视线转移放慢，或者采用有节奏的结构等。

6）对于运动的目标，只有当角速度大于1′/s～2′/s时，且双眼的焦点同时集中在同一个目标上时，才能鉴别出其运动状态。

7）人眼看一个目标要得到视觉印象，最短的注视时间为0.07～0.3 s，这与照明的亮度有关。人眼视觉的暂停时间平均需要0.17 s。

2. 听觉

听觉的功能主要在于分辨声音的高低和强弱，还可判断环境中声源的方向和远近等。

(1) 听觉特性

1）听觉绝对阈限。听觉的绝对阈限是指人的听觉系统感受到的最弱声音和痛觉声音强度值，且与频率和声压有关。阈限以外，人耳感受性降低以致不能产生听觉。声波刺激作用的时间对听觉阈值有重要的影响，一般识别声音所需要的最短持续时间为20～50 ms。听觉的绝对阈限包括频率阈限、声压阈限和声强阈限。声强是指在垂直于声波传播方向上，单位时间内通过单位面积的平均声能，单位为W/m^2。当声音频率为20 Hz，其声压为2×10^{-5}Pa、声强为$10^{-12}W/m^2$的值为听阈；低于听阈的声音不能产生听觉。

2）听觉的辨别阈限。人耳具有区分不同频率和不同强度声音的能力。辨别阈限是指听觉系统能分辨出两个声音的最小差异。辨别阈限与声音的频率和强度都有关系。人耳对频率的感觉最灵敏，常常能感觉出频率的微小变化，而对强度的感觉次之，不如对频率的感觉灵敏。不过二者都是在低频、低强度时，辨别阈值较高。

3）辨别声音的方向和距离的能力。在正常情况下，人们双耳的听力是一致的。因此，根据声音到达两耳的强度和时间先后之差可以判断声源的方向。例如，声源在右侧时，距左耳稍远，声波到达左耳所需时间就稍长。声源与两耳间的距离每相差1 cm，传播时间就相差0.029 ms。这个时间差足以给判断声源的方位提供有效的信息。另外，由于头部的屏蔽作用及距离之差会使两耳感受到声强的差别，因此，同样可以判断声源的方位。以上这两种判断方法，只有声源恰好在听者的左方或右方时，才能确切判断声源的方位。如果声源在听者的上、下方或前、后方，就较难确定其方位。这时通过转动头部，以获得较明显的时差及声强差，加之头部转过的角度可判断其方位，在危险情况下，除了听到警戒声之外，如能识别出声源的方向，往往会避免事故的发生。判断声源的距离主要依靠声压和主观经验。在自由空间，距离每增加一倍，声压级将减少6 dB（A）。

(2) 听觉的掩蔽效应

当几种声强不同的声音传到人耳时只能听到最强的声音，较弱的声音则听不到，即弱声被掩盖了。一个声音由于其他声音的干扰而使人的听觉发生困难，只有提高该声音的强度才能使人产生听觉，这种现象称为听觉的掩蔽。被掩蔽声音阈值强度提高的现象即掩蔽效应。

3. 人的感觉与反应

人们在操纵机械或观察识别事物时，从观察、识别、开始操纵到采取行动，存在一个感知和执行的时间过程，即存在一段反应时间。

（1）反应时间。反应时间是指人从机器或外界获得信息，经过大脑加工分析发出指令到运动器官，运动器官开始执行动作所需的时间。反应时间是从包括感觉反应时间（从信息开始刺激到感觉器官有感觉所用时间）到开始动作所用时间（信息加工、决策、发令开始执行所用时间）的总和。

由于人的生理、心理因素的限制，人对刺激的反应速度是有限的。一般条件下，反应时间约为0.1～0.5 s。对于复杂的选择性反应时间达1～3 s，要进行复杂判断和认识的反应时间平均达3～5 s；具体的带有判别的反应时间 t 可用式1—10求得：

$$t = k\log_2(n+1) \tag{1—10}$$

式中，k 为常数；n 为等概率出现的选择对象数；$(n+1)$ 是考虑判明是否出现刺激。

在机器设计中为了保证安全作业，一方面应使操纵速度低于人的反应速度，另一方面应设法提高人的反应速度。

（2）减少反应时间的途径。一般来说，机器设备的情况、信息的强弱和信息状况等外界条件是影响反应时间的重要因素；而机器的外观造型和操纵机构是否适宜于人的操作要求，以及操作者的生物力学特性等，则是直接影响动作时间的重要因素。

1）合理地选择感知类型。比较各类感觉的反应时间发现，听觉反应时间最短，约0.1～0.2 s，其次是触觉和视觉。所以在设计各类机器时，应根据操纵控制情况，合理选择感觉通道，尽量利用反应时间短的器官通道进行控制。

2）适应人的生理、心理要求，按人机工程学原则设计机器。

3）操作者操作技术的熟练程度直接影响反应速度，应通过训练来提高人的反应速度。

（二）人体的特征参数

1. 人体特性参数

与产品设计和操纵机器有关的人体特性参数较多，归纳起来主要有如下4类：

（1）静态参数。静态参数是指人体在静止状态下测得的形态参数，也称人体的基本尺度，如人体高度及各部位长度尺寸等。

（2）动态参数。动态参数是指在人体运动状态下，人体的动作范围，主要包括肢体的活动角度和肢体所能达到的距离等两方面的参数。如手臂、腿脚活动时测得的参数等。

（3）生理学参数。生理学参数主要是指有关的人体各种活动和工作引起的生理变化，反映人在活动和工作时负荷大小的参数，包括人体耗氧量、心脏跳动频率、呼吸频率及人体表面积和体积等。

（4）生物力学参数。主要指人体各部分，如手掌、前臂、上臂、躯干（包括头、颈）、大腿和小腿、脚等出力大小的参数，如握力、拉力、推力、推举力、转动惯量等。

2. 人体劳动强度参数

（1）人体的能量代谢

人在作业过程中所需要的能量，是分别由三种不同的能源系统：ATP－CP（三磷酸腺苷—磷酸肌酸）系统、乳酸能系统和有氧氧化系统提供的。这三个系统的供能状况与体力劳动的关系如表 1—5 所示。

表 1—5　　**供能状况与体力劳动的关系**

名称	代谢需氧状况	供能速度	能源物质	产生 ATP 的量	体力劳动类型
ATP - CP 系统	无氧代谢	非常迅速	CP	很少	劳动之初和极短时间内的极强体力劳动供能
乳酸能系统	无氧代谢	迅速	糖原	有限	短时间内高强度体力劳动的功能
有氧氧化系统	有氧代谢	较慢	糖原、脂肪、蛋白质	几乎不受限制	持续时间长、强度小的各种劳动供能

1）人体能量代谢的测定方法

人体能量的产生和消耗称为能量代谢，常用的能量代谢测定方法有直接法和间接法两种。目前一般采用间接法，其基本原理是，能量代谢可通过人体的氧耗量反映出来，因此首先测得单位时间内糖、脂肪等能源物质在体内氧化时的氧耗量和二氧化碳的排出量，求得两者之比（呼吸商），由此再推算某一时间或某项作业所消耗的能量。

能耗量通常以千卡（kcal）表示。关于氧耗量有两种表示方法，一种以每分钟所消耗的氧气的容积表示，即每分钟耗氧多少升（L/min）；另一种以人体千克体重每分钟消耗的氧气量表示［cm^3/（kg · min）］。

$$1\ L/min = W \times 10^{-3}\ cm^3/(kg \cdot min)$$

从事劳动所需要的能量最终来源于糖、脂肪、蛋白质的氧化和分解，而且这三者在体内可以通过一定的生物化学机制相互转换，这在生物化学上被称为“三羧酸循环”。在能源物质的氧化分解过程中，人体必须不断地吸入氧，并不断地排出二氧化碳。不同的能源物质在体内氧化时，其呼吸商是不同的；同时，各种能源物质在体内氧化时，每消耗 1L 氧所产生的热量（氧热价）也是不同的。

2）能量代谢与能量代谢率

人体代谢所产生的能量等于消耗于体外做功的能量和在体内直接、间接转化为热的能量之和。在不对外做功的条件下，体内所产生的能量等于由身体发散出的能量，从而使体温维持在相对恒定的水平上。能量代谢分为三种，即基础代谢、安静代谢和活动代谢。

① 基础代谢。人体代谢的速率随所处的环境条件有所不同。生理学将人清醒、静卧、空腹（食后 10h 以上）、室温在 20℃左右这一条件定为基础条件。人体在基础条件下的能量代谢称为基础代谢。单位时间内的基础代谢量称为基础代谢率，是单位时间人体维持基本生命活动所消耗最低限度的能量；通常以每小时每平方米体表面积消耗的热量表示，记作 kcal/（h · m^2）。

② 安静代谢。安静代谢是作业或劳动开始之前，仅为保持身体各部位的平衡或某姿势条件下的能量代谢。安静代谢量应包括基础代谢量。测定安静代谢量一般是在作业前或作业后，被测者坐在椅子上并保持安静状态，通过呼气取样采用呼气分析法进行的。安静状态可通过呼吸次数或脉搏数判断，通常也可以常温下基础代谢量的 120% 作为安静代谢

量进行估算。

③ 活动代谢。活动代谢亦称为劳动代谢、作业代谢或工作代谢。它指人在从事特定活动过程中所进行的能量代谢。体力劳动是使能量代谢亢进的最主要原因。因为在实际活动中所测得的能量代谢率，不仅包括活动代谢，也包括基础代谢与安静代谢，所以一般应存在这样的关系：活动代谢率 = 实际代谢率 - 安静代谢率。活动代谢率的量纲为 kcal/（min · m^2）。活动代谢与体力劳动强度有直接对应关系，它对于劳动管理、劳动卫生具有极为重要的意义，是计算劳动者一天中所消耗的能量以及计算需要营养补给的热量的依据，也是评价劳动负荷合理性的重要指标。

④ 相对能量代谢率 RMR。体力劳动强度不同，则所消耗的能量也不同。由于劳动者性别、年龄、体力与体质方面存在着差异，从事同等强度的体力劳动，消耗的能量亦不同。为了消除劳动者个体之间的差异因素，常用活动代谢率与基础代谢率之比，即相对能量代谢率来衡量劳动强度的大小。相对能量代谢率 RMR 可表达为：

RMR = 活动代谢率/基础代谢率 =（作业时实际代谢率—安静代谢率）/基础代谢率

用 RMR 衡量劳动强度比较准确，目前在日本已被广泛使用。除利用实测方法之外，还可用简易方法近似计算人在一个工作日（8h）中的能量消耗，其计算公式为：

总代谢率 = 安静代谢率 + 活动代谢率 = 1.2 × 基础代谢率 + RMR × 基础代谢率
= 基础代谢率 ×（1.2 + RMR）

总能耗（kcal）=（1.2 + RMR）× 基础代谢率 × 体表面积 × 活动时间

3）影响能量代谢的因素

影响人体作业时能量代谢的因素很多，如作业类型、作业方法、作业姿势、作业速度等。

（2）耗氧量（L/min）

人在作业时因耗能量增加，需氧量也必然增多，每分钟的需氧量称为耗氧量。人体每分钟内能供应的最大氧量称为最大耗氧量，正常成人一般不超过 3 L，常锻炼者可达到 4 L 以上。最大耗氧量可用绝对数表示，单位 L/min；也可用相对数表示，单位是 mL/N · min。Bruce 于 1972 年给出了年龄与最大耗氧量间的经验公式，即：

$$Vo_2\max = 5.6592 - 0.0398A \qquad (1\text{—}11)$$

式中 $Vo_2\max$ ——最大耗氧量，ml/（N · min），$Vo_2\max$ 可作为允许最大体力消耗的标志；

A ——人的年龄（岁）。

（3）心率 F（$\min^{-1}$）

在其他条件相同时，有时也用心率的变化来评价劳动强度，巴斯奇尔克（Buskirk）1974 年给出了最大心率 $HR\max$ 与年龄之间的经验公式，即：

$$HR\max = 209.2 - 0.74A \qquad (1\text{—}12)$$

式中 $HR\max$ ——最大心率，次/min

A ——年龄（岁）。

（4）人的劳动强度

劳动强度是以作业过程中人体的能耗量、氧耗、心率、直肠温度、排汗率或相对代谢率等作为指标分级的。由于最紧张的脑力劳动的能量消耗一般不超过基础代谢的 10%，而体力劳动的能量消耗可高达基础代谢的 10～25 倍，因此，以能量消耗或相对代谢率作为指标制定的劳动强度分级，只适用于以体力劳动为主的作业。

1）国外的劳动强度分级

国外常用的克里斯坦森（Christensen）标准是以能耗量和氧耗量作为分级标准来划分不同劳动强度的，如表 1—6 所示。该标准所依据的为欧美人的平均值，即体重 70kg、体表面积 1.84m^2。所分等级为轻、中等、强、极强、过强共五级。对我国该标准显得过高。因此，有人建议将该标准按我国人体表面积减去 5%～20% 作为标准。

表 1—6　　按能耗和氧耗分级的劳动强度指标

劳动强度级	轻	中等	强	极强	过强
能耗下限（kcal/min）	2.5（10.5）	5.0（20.9）	7.5（31.4）	10.0（41.9）	12.5（52.3）
耗氧量下限（L/min）	0.5	1.0	1.5	2.0	2.5

2）我国的劳动强度分级

我国现使用的是 1997 年修订的国家标准《体力劳动强度分级》（GB 3869—1997）。该标准把作业时间和单项动作能量消耗比较客观合理地统一协调起来，能比较如实地反映工时较长、单项作业动作耗能较少的行业工种的全日体力劳动强度，同时亦兼顾到工时较短、单项作业动作耗能较多的行业工种的劳动强度，基本上克服了以往长期存在的“轻工业不轻”，“重工业不重”的行业工种之间分级定额不合理现象的问题。体现了体力劳动的体态、姿势和方式，提出了体力作业方式系数，充分考虑到性别差异，能比较全面地反映作业时人体负荷的大小。

1）劳动强度指数 *I*

劳动强度指数 *I* 是区分体力劳动强度等级的指标，指数大反映劳动强度大，指数小反映劳动强度小。体力劳动强度 *I* 按大小分为 4 级，见表 1—7。

表 1—7　　体力劳动强度分级表

体力劳动强度级别	体力劳动强度指数
Ⅰ级	$I \leqslant 15$
Ⅱ级	$I = 15 \sim 20$
Ⅲ级	$I = 20 \sim 25$
Ⅳ级	$I > 25$

体力劳动强度指数 *I* 的计算方法为：

$$I = T \cdot M \cdot S \cdot W \cdot 10 \tag{1—13}$$

式中 T——劳动时间率 = 工作日净劳动时间（min）/工作日总工时（min），%；

M——8h 工作日能量代谢率，kJ/min · m^2；

S——性别系数，男性 = 1，女性 = 1.3；

W——体力劳动方式系数，搬 = 1，扛 = 0.40，推/拉 = 0.05；

10——计算常数。

通过以上公式计算的 I，基本上能正确反映生理负荷大小。

能量代谢率、耗氧量、心率及劳动强度指数分级标准见表1—8。

表1—8 **劳动强度分级**

分级	能量消耗（大于基础代谢频率倍数）	耗氧量/（L·min^{-1}）	相当于 Vo_2max 的百分率/%	心率/（L·min^{-1}）	劳动强度指标 I
Ⅰ级	<3	<1.0	<25	<100	≤15
Ⅱ级	3~4.5	1.0~1.4	~50	~124	~20
Ⅲ级	4.6~7.0	1.5~2.0	~75	~150	~25
Ⅳ级	>7.0	>2.0	>75	>150	>25

（三）疲劳

1. 疲劳的定义

疲劳分为肌肉疲劳（或称体力疲劳）和精神疲劳（或称脑力疲劳）两种。肌肉疲劳是指过度紧张的肌肉局部出现酸痛现象，一般只涉及大脑皮层的局部区域。而精神疲劳则与中枢神经活动有关，是一种弥散的、不愿意再作任何活动的懒惰感觉，意味着肌体迫切需要休息。

2. 疲劳产生的原因及消除途径

（1）疲劳的原因。劳动过程中，人体承受了肉体或精神上的负荷，受工作负荷的影响产生负担，负担随时间推移，不断地积累就将引发疲劳。归结起来疲劳有两个方面的主要原因。

1）工作条件因素。泛指一切对劳动者的劳动过程产生影响的工作环境。

① 劳动制度和生产组织不合理。如作业时间过久、强度过大、速度过快、体位欠佳等。

② 机器设备和工具条件差，设计不良。如控制器、显示器不适合于人的心理及生理要求。

③ 工作环境很差。如照明欠佳，噪声太强，振动、高温、高湿以及空气污染等。

2）作业者本身的因素。作业者因素包括作业者的熟练程度、操作技巧、身体素质及对工作的适应性，营养、年龄、休息、生活条件以及劳动情绪等。这里，大多数影响因素都会带来生理疲劳，但是机体疲劳与主观疲劳感未必同时发生，有时机体尚未进入疲劳状态，却出现了主观疲劳感。如对工作缺乏兴趣时常常如此。有时机体早已疲劳却无疲劳感，如出于对工作具有高度责任感、特殊爱好或急中生智的情境之中时。造成心理疲劳的诱因主要有：

① 劳动效果不佳。在相当长时期内没有取得满意的成果，会引发心理疲劳。

② 劳动内容单调。作业动作单一、乏味，不能引起作业者的兴趣。如流水线上分工过细的专门操作，显示器前的监视工作等。

③ 劳动环境缺少安全感。涉及技术方面的安全防护设施和职业的稳定性，以及不适的督导和过分的暗示，造成心理压力与精神负担。

④ 劳动技能不熟练。当工作任务的繁复程度远远超过了劳动者能力水平。困难大，负担重，压力大，力不能负时，也易产生心理疲劳。

⑤ 劳动者本人的思维方式及行为方式导致的精神状态欠佳、人际关系不好，上下级关系紧张，以及家庭生活的不顺等都可能引起心理疲劳。

（2）消除疲劳的途径

消除疲劳的途径归纳起来有以下几方面。在进行显示器和控制器设计时应充分考虑人的生理心理因素；通过改变操作内容、播放音乐等手段克服单调乏味的作业；改善工作环境，科学地安排环境色彩、环境装饰及作业场所布局，保证合理的温湿度、充足的光照等；避免超负荷的体力或脑力劳动，合理安排作息时间，注意劳逸结合等。

3. 疲劳的测定

（1）主观感觉调查表法。列一个由若干组两种截然相反的状态组成的表，让劳动者作出回答的记号，以表明他在特定瞬间的主观感觉。

（2）分析脑电图。利用脑电图仪观测并记录大脑部分脑电波（α，β，γ，δ和θ等5种波形），记录其周期（波率）、振幅（波幅）和相位，以及波形分布、对称性、节率性等，可以判断劳动者肌体处于何种机能状态。通常把α波、θ波增加，β波减少，作为疲劳和思睡的指标。目前，由于遥控和遥测技术的发展，脑电图已能用于现场调查，并已成功地用于追踪坐姿操作，如对车辆驾驶人员的疲劳研究等。

（3）测定频闪值（CFF）。对于工作期间精神一直处于高度紧张状态的工种（如电话员、机场调度员等）、视力高度紧张的工种以及枯燥无味、单调重复的工种，测量其工作前后的闪光融合频率值，会发现有不同程度的变化，一般可达0.5～6 Hz；可以此判断疲劳程度。

（4）智能测验。智能测验包括理解能力、判断能力和运动反应等功能测验。例如通过测量劳动者的简单反应时间或复杂反应时间的变化，判定他是否出现疲劳。若出现疲劳，则反应时间会增加。再如测量握力和肌耐力，可以衡量运动反应功能，若全身乏力、疲倦，则握力和肌耐力则有所下降。

（5）精神测验。这项测验主要是测定劳动者的精神集中程度（即大脑皮层所处的机能状态）、视觉感知的准确性和运动反应的速度等。例如让劳动者计算一定难度的数学题，观察并比较劳动前后其完成的时间和正确率；测验劳动者记忆力的变化；测定其联想，即思维能力的变化，当疲劳时，思维能力也随之降低。

（6）连续拍摄人体动作的变化。在人的肢体上固定一个发光物体，将人在劳动中的动作连续拍摄下来。实验发现随着疲劳的增长，人的多余动作增多，动作速度变慢，动作幅度减小，动作周期性的准确程度降低。用此法可以对各种不同疲劳程度进行准确的测定。现已有由机器控制的测算人的动作速度的专用设备。将一台摄像机连接在上面，由计算机系统自动打印出该动作时间内动作速度偏离标准的数值，根据动作速度的变化情况来确定疲劳的程度。

4. 单调作业与轮班作业

（1）单调作业。单调作业是近代工业生产的特点之一。美国心理学家格雷（Gray）指出：工作的单调乏味，使美国工业每年损失千百万美元，而其中有许多可以设法避免。在现代企业的机械化和自动化水平下，许多单调的操作还不可能完全交给机器去完成，因此单调的工作仍是人机工程中有关人的因素的重大课题。单调作业是指内容单一、节奏较快、高度重复的作业。单调作业所产生的枯燥、乏味和不愉快的心理状态，称为单调感。

1）单调作业的分类。日本学者斋藤一将单调作业分为三类。

① Z 型作业。常见于一些自动化大工厂（如炼油厂、发电厂）控制室人员的作业。他们的主要作业是用视觉监视各种仪器仪表，用手在简单的控制面板上操纵开关和控制盘，进行远距离控制，以及填写作业日志和各种申报表格。

② Y 型作业。常见于用机器和工具进行简单的重复操作，如用铆钉机打铆钉和用锤煅铁等。

③ X 型作业。常见于各种部件组装工厂装配线上的工作，从事流水线作业产品检查和传送带生产（如家用电器装配流水线等）。

2）单调作业的特点。作业简单、变化少、刺激少，引不起兴趣；受制约多，缺乏自主性，容易丧失工作热情；对作业者技能、学识等要求不高，易造成作业者情绪消极；只完成工作的一小部分，对整个工作的目的、意义体验不到，自我价值实现程度低；作业只有少量单项动作，周期短，频率高，易引起身体局部出现疲劳乃至心理厌烦。

3）单调作业引起疲劳的原因。单调作业虽然不需要消耗很大的体力，但千篇一律重复出现着的刺激，使人的兴奋始终集中于局部区域，而其周围很快会产生抑制状态，并在大脑皮质中扩散，经过一段时间，便会出现疲劳现象。此外，随着技术不断进步，劳动分工越来越细，使作业在很小的范围内反复进行，这种高度单调的作业，压抑了作业者的工作兴趣，引起消极情绪乃至极度厌烦，从而导致心理疲劳。其主要表现为感觉体力不支、注意力不集中、思维迟缓、懒散、寂寞和欲睡等。

4）避免作业单调的措施

① 培养多面手。变换工种，基础作业工人兼做辅助或维修作业，或兼做基层管理工作。

② 工作延伸。按进程扩展工作内容，如参与研究、开发、制造，激发热情和创造力。

③ 操作再设计。根据人的生理心理特点重组工序，如合并动作、工序，使作业多样化。

④ 显示作业终极目标。设立作业的阶段目标，使作业者意识到单项操作是最终产品的基本组成。中间目标的到达，会给人以鼓舞，增强信心。

⑤ 动态信息报告。在工作地放置标识板，每隔相同时间向工人报告作业信息，让作业人员了解工作成果。

⑥ 推行消遣工作法。作业者在保证任务完成前提下，可自由支配时间如弹性工作制等。这样会使时间浪费减少，充分利用节约的时间去休息、学习、研究，提高工作与生活质量。

⑦ 改善工作环境。可利用照明、颜色、音乐等条件，调节工作环境尽可能适宜于人。

（2）轮班作业

轮班制分为单班制、两班制、三班制或四班制等。各个行业应当根据行业自身的特点、劳动性质及劳动者身心需要安排轮班方式。如纺织企业的“四班三运转”，煤炭企业的“四六轮班”，冶金、矿山企业的“四八交叉作业”。国外还实行“弹性工作制”、“变动工作班制”、“非全日工作制”、“紧缩工作班制”等轮班制度。

对于日夜轮班制度的研究，必须同时考虑工作效率和劳动者的身心健康。研究表明，夜班工作效率比白班约降低8%，夜班作业者的生理机能水平只有白班的70%，表现为体温、血压、脉搏降低，反应机能亦降低，从而使工作效率下降。凌晨3~4时工作错误率最高；凌晨2~4时，电话交换台值班员的答话速度比在白班时慢1倍。这是因为，人的生理内部环境不易逆转，而夜班破坏了劳动者的生物节律。夜班作业者疲劳自觉症状多，人体的负担程度大，连续3~4天夜班作业，就可以发现有疲劳累积的现象，甚至连上几周夜班，也难以完全习惯。另一原因是夜班作业者在白天难以得到充分休息；长此以往，这种疲劳将会给作业者身心健康带来不利影响。为使生物节律与休息时间相一致，可通过环境的明暗、喧闹与安静的交替来实现。环境的变化如强制性的颠倒，人的生理机制会通过新的适应，改变原节律；但这种适应却要较长时间。体温节律改变约需5天，脑电波节律改变要5天，呼吸功能节律改变要11天，钾代谢节律改变要25天等。因此，工作轮班制的确定须考虑合理性、可行性，尽量减少对生物节律的干扰，不得已时则应考虑改善夜班作业的场所及其劳动、生活条件。现在我国许多企业在劳动强度大、劳动条件差的生产岗位，都实行“四班三运转制”，这对改善生物节律干扰效果不错，工人作业时精神和体力都处于较好状态，缺勤者少、工效高。主要是因为每班只连续2天，8天中分为2天早班、2天中班、2天夜班和2天休息；其变化是延续而渐进的，减轻了机体不适应性疲劳的程度。

三、人的心理特性

事故统计资料表明，由人的心理因素而引发的事故约占70%~75%，或者更多。安全心理学的主要研究内容和范畴包括如下几个方面。

（一）能力

能力是指一个人完成一定任务的本领，或者说，能力是人们顺利完成某种任务的心理特征。能力标志着人的认识活动在反映外界事物时所达到的水平。影响能力的因素很多，主要有感觉、知觉、观察力、注意力、记忆力、思维想像力和操作能力等。

1．感觉、知觉和观察力

感觉是大脑对直接作用于感觉器官的客观事物个别属性的反映。知觉则是大脑对感觉的客观事物的整体反映，即对感觉到的客观事物所做出的反应。观察是有目的、有计划，比较持久地认识某种对象的知觉过程，是一个知觉、思维、言语等综合作用的智力活动过程，它在感知中占有很重要的地位。人们全面、深入、正确地观察事物的能力，叫做观察力。观察力是智力结构的重要组成因素之一。在工业生产和科研等活动中，要求安全监察人员具有敏锐的观察力，善于及时发现生产中的不安全因素和潜在的事故隐患，以便采取相应措施减少或避免事故的发生。

2．注意

注意是指心理活动对一定事物或活动的指向或集中。注意能保证人及时反映客观事物及其变化，使人更好地适应环境，“注意”在安全生产中有着特别重要的意义。工人在操作机器时必须能集中注意力，这是减少误操作、避免事故发生的重要保证和前提。

3．记忆

记忆是大脑对经历过的事物的反应，是过去感知过的事物在大脑中留下的痕迹。记忆是从认识开始的，并将感知的知识保持下来。根据保持的程度，分为永久性记忆和暂时性记忆。记忆的特征有：持久性、敏捷性、精确性、准确性等。在安全生产中记忆力强弱也是影响事故发生的可能因素之一。

4. 思维

思维就是以已有的知识、经验为中心，对客观现实的概括和间接的反应。思维是通过分析、综合、概括、抽象、比较、具体化和系统化等一系列过程，实现对感性材料进行加工并转化为理性知识和解决具体问题的过程。思维的基本形式是概括、判断和推理。思维的主要特征有广阔性、批判性、深刻性、灵活性、逻辑性和敏捷性等。思维能力的强弱与人的阅历（包括知识的深浅）、实践经验的丰富程度有密切关系，阅历越深，实践经验越丰富，思维能力越强。

5. 操作能力

操作是人通过运动器官执行大脑的指令对机器进行操纵控制的过程，操作能力水平的高低对安全监察人员及工人搞好本职工作极为重要，它将直接影响人身和设备的安全。以上所述的各种能力的总和就构成人的智力，它包括人的认识能力和活动能力。其中观察能力是智力结构的眼睛，记忆能力是智力结构的储存器，思维能力是智力结构的中枢，想象能力是智力结构的翅膀，操作能力是智力结构转化为物质力量的转换器。

（二）性格

性格是人们在对待客观事物的态度和社会行为方式中区别于他人所表现出来的那些比较稳定的心理特征的总和。道德品质和意志特点是构成性格的基础。

尽管人的性格有千差万别，但就其主要表现形式，可归纳为冷静型、活泼型、急躁型、轻浮型和迟钝型等5种。在安全生产中，有不少人就是由于鲁莽、高傲、懒惰、过分自信等不良性格促成了不安全行为而导致伤亡事故的。

安全心理学的任务是要深入挖掘和发展劳动者的一丝不苟、踏实细致、认真负责的工作作风，提倡养成原则性、纪律性、自觉性、谦虚、克己自制等良好性格；克服和制止粗枝大叶、得过且过、懈怠消极、狂妄、利己、自满、任性、优柔寡断等易于肇事的不良性格。

（三）气质

人们气质表现的典型特征有以下4种。

1. 精力旺盛、热情直率、刚毅不屈，往往倾向于性情急躁、主观任性；

2. 灵活机智、活泼好动、善于交际、性格开朗，亦倾向于情绪多变、轻举妄动；

3. 安静、不外露、沉着、从容不迫、耐心谨慎，亦倾向于因循守旧、动作缓慢、难以沟通；

4. 孤僻、消沉、行动迟缓、自卑退让，亦倾向于平易近人、容易相处、谦虚谨慎。

在安全生产工作中合理地选择不同气质的人担任不同类型的工作，可以充分发挥其所长，有利于完成任务，或可减少事故的发生。在进行安全教育时，必须从人的气质出发，使用不同的教育手段；否则，不仅难以达到教育的目的，而且往往会产生副作用。

（四）需要与动机

动机是由需要产生的，合理的需要能推动人以一定的方式，在一定的方面去进行积极的活动，达到有益的效果。

随着社会的发展，人们为了个体和社会的生存，对安全、教育、劳动、交往的需要比对衣、食、住、行的需要更为强烈。其中对安全的需要（免除灾害、意外事故、疾病等安全需要）更为突出。安全是每个人的需要，也是家庭、社会、企业和国家的需要，只有将安全意识提高到这个水平，安全管理人员才能各尽其责，操作人员才能自觉地遵守安全操作规程，才能杜绝重复事故的发生，达到满足安全需要的目的，同时实现企业最基本的获利需求。

（五）情绪与情感

情绪是由肌体生理需要是否得到满足而产生的体验，属于人和动物共有的；而情感则是人的社会性需要是否得到满足而产生的体验，属于人类所特有。情绪带有冲动性和明显的外部表现，而情感则较少冲动性，其外部表现也能加以控制。情绪带有情境性，它由一定的情境引起，并随情境的改变而消失，而情感则既有情境性，又有稳定性和长期性。

在生产实践中常会出现以下 2 种不安全情绪：

1. 急躁情绪

急躁情绪的表现特征是干活利索但毛躁，求成心切但欠谨慎，工作不够仔细，有章不循，手与心不一致等。

2. 烦躁情绪

烦躁情绪的特征表现为沉闷、不愉快、精神不集中，严重时自身器官及生理机能往往不能很好地协调，更难以与外界条件协调一致。

以上不良情绪发展到一定程度时，能够控制人的身体及活动，使人的意识范围变得狭窄，判断力降低，甚至失去理智和自制力。带着这种情绪操纵机器则极易导致不安全行为的发生。

（六）意志

意志是人自觉地确定目标并调节自己的行动，以克服困难、实现预定目标的心理过程，它是意识的能动作用与表现。人们在日常生活和工作中，尤其是在恶劣环境中工作时，必须有意志活动的参与，才能顺利地完成任务；所谓有志者事竟成，就是这个道理。

第九节　机械的特性

一、机械安全的定义及特性

（一）机械安全定义

从安全人机学的角度考虑，机械安全是指机器在预定使用条件下执行其功能和在对其进行运输、安装、调试、运行、维修、拆卸和处理时，不致对操作者造成损伤或危害其健康的能力。

它主要包括两个方面的内容。首先是在机械产品预定使用期间执行预定功能和在可预见的误用时，不会给人身带来伤害；其次是机械产品在整个寿命周期内，发生可预见的非正常情况下的任何风险事故时机器是安全的。

（二）机械安全特性

现代机械安全应具有以下几方面的特性。

1. 系统性

现代机械的安全应建立在心理、信息、控制、可靠性、失效分析、环境学、劳动卫生、计算机等科学技术基础上，并综合与系统地运用这些科学技术。

2. 防护性

通过针对机械危险的智能设计，应使机器在整个寿命周期内发挥预定功能，包括误操作时机器和人身均安全，使人对劳动环境、劳动内容和主动地位的保障得到不断改善。

3. 友善性

机械安全设计涉及到人和人所控制的机器，它在人与机器之间建立起一套满足人的生理特性、心理特性，充分发挥人的功能、提高人机系统效率的技术安全系统，在设计中通过减少操作者的紧张和体力来提高安全性，并以此改善机器的操作性能和提高其可靠性。

4. 整体性

现代机械的安全设计必须全面、系统地对可能导致危险的因素进行定性、定量分析和评价，寻求整体上降低风险的最优设计方案。

二、机械故障诊断技术

（一）机械设备状态监测及故障诊断模型

故障诊断是研究机械设备运行状态变化的信息，进而识别、预测和监视机械运行状态的技术方法。

故障诊断的基本模型如图1—8所示。图中 $S_t(f)$ 是载荷或应力向量，$M(f)$ 是故障机理传递函数，$E(f)$ 是异常模式向量，$X(f)$ 是设备状态向量，$H(f)$ 是 $E(f)$ 和 $X(f)$ 之间的传递函数。机器或设备在正常工作时 $M(f) = 1$，其状态向量 $X(f)$ 是由外因 $S_t(f)$ 和内因 $H(f)$ 共同决定的；当出现异常或故障时，即 $M(f)$ 不为1或 $S_t(f)$ 超过正常值；前者称为结构异常，后者称为偏离操作规范。$X(f)$ 除与外因 $S_t(f)$ 和内因 $H(f)$ 有关外，还与故障机理传递函数 $M(f)$ 有关。

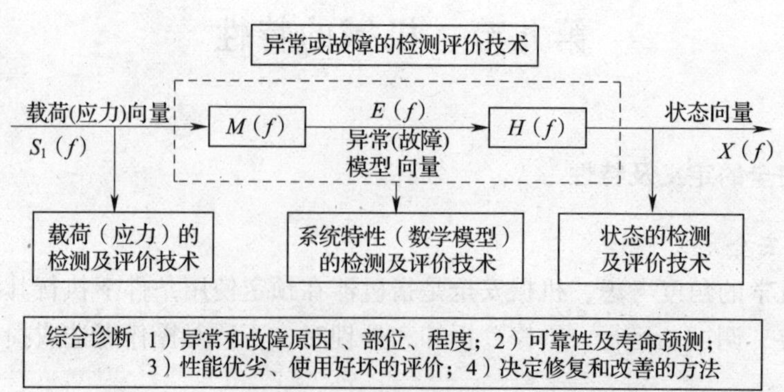

图1—8 故障诊断的基本模型

在设备状态监测和故障诊断中，设备的状态向量是设备异常或故障信息的重要载体，是设备故障诊断的客观依据；所以，及时而正确地掌握状态向量是进行诊断的先决条件，为此应使用传感器或其相应他检测手段进行状态信号的实时监测。

（二）故障诊断的基本流程及实施步骤

故障诊断的基本工艺流程如图 1—9 所示，它包括诊断文档建立和诊断实施两大部分。

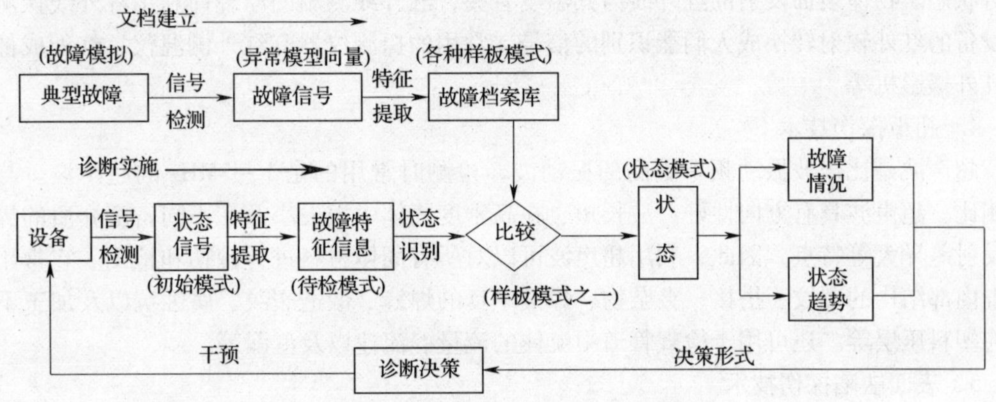

图 1—9　故障诊断的基本方法

诊断实施过程是故障诊断的中心工作，它可以细分为 4 个基本步骤：

1．信号检测

按不同的诊断目的选择最能表征设备状态的信号，对该类信号进行全面检测，并将其汇集在一起，形成一个设备工作状态信号子集，该子集称为初始模式向量。

2．特征提取（或称信号处理）

将初始模式向量进行维数变换、形式变换，去掉冗余信息，提取故障特征，形成待检模式。

3．状态识别

将待检模式与样板模式（故障档案）对比，进行状态分类。

4．诊断决策

根据判别结果采取相应的对策。对策主要是指对设备及其工作进行必要的预测和干预。

（三）故障诊断技术

1．振动信号的检测与分析

振动信号一般用位移、速度或加速度传感器等来测量。传感器应尽量安装在诊断对象敏感点或离核心部位最近的关键点。对于低频振动，一般要从 3 个相互垂直的方向上采样；对于高频振动，通常只从一个方向上进行检测即可。

2．油液分析技术

油液分析中，目前应用较多的有光谱油液分析和铁谱油液分析两种。光谱油液分析方法利用原子吸收光谱来分析润滑油中金属的成分和含量，进而判断零件磨损程度。物质的原子有其特定的吸收光谱谱线，利用元素的特征吸收光谱谱线及其强度可以分析润滑油中特定金属元素的含量。铁谱分析就是通过检查润滑油或液压系统的油液中所含磁性金属磨屑的成分、形态、大小及浓度，来判断和预测机器系统中零件的磨损情况。

3. 温度检测及红外线监测技术

温度是工业生产中最常用和最重要的热工参数，许多生产工艺过程都对温度进行监测和控制；另外，机电设备运行是否正常也可从温度上分析判断，可根据温度变化了解设备运行状态。物体表面发射的红外线与其温度有关，红外线测温的原理即利用红外线探测器将设备的红外辐射转换成人们能识别的信号。常用的探测仪器有红外测温仪、红外成像仪和红外摄影机等。

4. 超声探伤技术

超声波是比声波振动频率更高的振动波，检测时常用的是 1～5MHz 的超声波。与声波相比，超声波具有方向性好、波长短、在高密度固体中损失小及在不同密度介质的界面上反射差异大等特点。因此，利用超声波可以对所有固体材料进行探伤和检测。它常用来检查内部结构的裂纹、搭接、夹杂物、焊接不良的焊缝、锻造裂纹、腐蚀坑以及加工不适当的塑料压层等。还可用于检查管道中流体的流量、流速以及泄漏等。

5. 表面缺陷探伤技术

常见材料缺陷检测方法包括磁粉探伤、渗透探伤和涡流探伤等几种。磁粉探伤的原理是利用铁磁性试件的导磁性实现的。铁磁物质导磁性比空气强得多，因此表面缺陷处磁阻大，而易产生漏磁场，吸引磁粉，形成磁粉堆积。通过观察磁粉聚集情况就可以确定被探测工件的表面缺陷或近表面缺陷。渗透探伤依据的是物理化学中的液体对固体的润湿能力和毛细现象（渗透和上升）。检测时先将工件表面涂上具有高度渗透能力的渗透液，渗透液由于润湿作用及毛细现象而进入工件的表面缺陷中，然后将工件表面多余的渗透液清洗干净，再涂一层亲和力强的显像剂，将渗入裂纹中的渗透液吸出来，在显像剂上便显现出缺陷的形状和位置的鲜明图案。至于涡流探伤，当通电线圈接近被测表面时，导电的试件表面层将产生涡状电流（简称涡流），涡流又会产生交变磁场，交变磁场又会在激励线圈中感应出电流。由于涡流与表面状态有关，感应电流的大小、方向及相位等就会反映出表面缺陷的信息；涡流探伤就是利用这种信息来检测表面缺陷的。

三、机械的可靠性设计及维修性设计

（一）可靠性的定义及度量指标

1. 可靠性的定义

所谓可靠性，是指系统或产品在规定的条件和规定的时间内，完成规定功能的能力。

这里所说的规定条件包括产品所处的环境条件（温度、湿度、压力、振动、冲击、尘埃、雨淋、日晒等）、使用条件（载荷大小和性质、操作者的技术水平等）、维修条件（维修方法、手段、设备和技术水平等）。规定条件不同，同一产品的可靠性是不同的。

规定时间是指产品的可靠性与使用时间的长短有密切关系，产品随着使用时间或储存时间的推移，性能逐渐劣化，可靠性降低。所以，可靠性是时间的函数。这里所规定的时间是广义的，可以是时间，也可以用距离或循环次数等表示。

2. 可靠性度量指标

（1）可靠度。可靠度是可靠性的量化指标，即系统或产品在规定条件和规定时间内完成规定功能的概率。可靠度是时间的函数，常用 $R(t)$ 表示，称为可靠度函数。

产品出故障的概率是通过多次试验中该产品发生故障的频率来估计的。例如，取 N 个产品进行试验，若在规定时间 t 内共有 $N_f(t)$ 个产品出故障，则该产品可靠度的观测值可用下式近似表示：

$$R(t) \approx [N - N_f(t)]/N \tag{1—14}$$

与可靠度相反的一个参数叫不可靠度。它是系统或产品在规定条件和规定时间内未完成规定功能的概率，即发生故障的概率，所以也称累积故障概率。

不可靠度也是时间的函数，常用 $F(t)$ 表示。同样对 N 个产品进行寿命试验，试验到 t 瞬间的故障数为 $N_f(t)$，则当 N 足够大时，产品工作到 t 瞬间的不可靠度的观测值（即累积故障概率）可近似表示为：

$$F(t) \approx N_f(t)/N \tag{1—15}$$

可靠度数值应根据具体产品的要求来确定，一般原则是根据故障发生后导致事故的后果和经济损失而定。

（2）故障率（或失效率）。故障率是指工作到 t 时刻尚未发生故障的产品，在该时刻后单位时间内发生故障的概率。故障率也是时间的函数，记为 $\lambda(t)$，称为故障率函数。

产品的故障率是一个条件概率，它表示产品在工作到 t 时刻的条件下，单位时间内的故障概率。它反映 t 时刻产品发生故障的速率，称为产品在该时刻的瞬时故障率 $\lambda(t)$，习惯称故障率。故障率的观测值等于 N 个产品在 t 时刻后单位时间内的故障产品数 $\Delta N_f(t)/\Delta t$ 与在 t 时刻还能正常工作的产品数 $N_s(t)$ 之比，即：

$$\lambda(t) = \Delta N_f(t)/[N_s(t) \cdot \Delta t] \tag{1—16}$$

故障率（失效率）的常用单位为（$1/10^6$h）。

（3）平均寿命（或平均无故障工作时间）。对非维修产品称平均寿命，其观测值为产品发生失效前的平均工作时间，或所有试验产品都观察到寿命终了时，它们寿命的算术平均值；对于维修产品来说，称平均无故障工作时间或平均故障间隔时间，其观测值等于在使用寿命周期内的某段观察期间累积工作时间与发生故障次数之比。

（4）维修度。维修度是指维修产品发生故障后，在规定条件（备件储备、维修工具、维修方法及维修技术水平等）和规定时间内能修复的概率，它是维修时间 τ 的函数，用 $M(\tau)$ 表示，称为维修度函数。

（5）有效度。狭义可靠度 $R(t)$ 与维修度 $M(\tau)$ 的综合称为有效度，也称广义可靠度。其定义是，对维修产品，在规定的条件下使用，在规定维修条件下修理，在规定的时间内具有或维持其规定功能处于正常状态的概率为有效度。

（二）维修性设计

1. 维修及维修性

所谓维修是指使产品保持在正常使用和运行状态，以及为排除故障或缺陷所采取的一切措施，包括设备运行过程中的维护保养、设备状态监测与故障诊断以及故障检修、调整和最后的验收试验等直至恢复正常运行等一系列工作。简言之，为保持或恢复产品规定功能采取的技术措施叫做维修。

维修性是指对故障产品修复的难易程度，即在规定条件和规定时间内，完成某种产品维修任务的难易程度。

2. 产品结构的维修性设计

维修性设计是指产品设计时，设计师应从维修的观点出发，保证当产品一旦出故障，能容易地发现故障，易拆、易检修、易安装，即可维修度要高。维修度是产品的固有性质，它属于产品固有可靠性的指标之一。维修度的高低直接影响产品的维修工时、维修费用，影响产品的利用率。维修性设计中应考虑的主要问题大致包括：

（1）可达性。所谓可达性是指检修人员接近产品故障部位进行检查、修理操作、插入工具和更换零件等维修作业的难易程度。

（2）零组部件的标准化与互换性。产品设计时应力求选用标准件，以提高互换性，这将会给产品的使用维修带来很大方便。因为标准化零件质量有保证，品种和规格大大减少，于是就可以减少备件库存和资金积压，既能保证供应，又简化管理。

（3）维修人员的安全。产品在结构设计时除考虑操作人员的安全外，还必须考虑维修人员的安全，而这后一项工作往往最容易被人们忽视。

3. 可靠性设计与维修性设计的关系

可靠性设计和维修性设计是从不同的角度来保证产品的可靠性。前者着重从保证产品的工作性能出发，力求不出故障或少出故障，是解决本质安全问题，在方案设计和结构设计阶段就设法消除危险与有害因素；后者则是从维修的角度考虑，一旦产品发生故障，其本身就能自动及时发现故障，并且显示故障或发出警报信号，并能自动排除故障或中止故障的扩展。

第十节　人机作业环境

一、光环境

（一）光的度量

1. 光通量

光通量是最基本的光度量，它可定义为单位时间内通过的光量，是用国际照明组织规定的标准人眼视觉特性（光谱光效率函数）来评价的辐射通量，单位为流明（lm）。利用光电管可测量光通量。

2. 发光强度

发光强度简称光强，是指光源发出并包含在给定方向上单位立体角内的光通量，常用来描述点光源的发光特性。光强与光通量之间的关系由下式表示：

$$I = \frac{\Phi}{\Omega} \tag{1—17}$$

式中 I——光强，单位为坎德拉，cd；

Φ——光通量，lm；

Ω——立体角，球面度，Sr。

3．亮度

指发光面在指定方向的发光强度与发光面在垂直于所取方向的平面上的投影面积之比，亮度的单位为坎德拉每平方米（cd/m^2），亮度的定义式为：

$$L = \frac{I}{S \cdot \cos\theta} \tag{1—18}$$

式中　L——亮度，cd/m^2；

S——发光面面积，m^2；

I——取定方向光强，cd；

θ——取定方向与发光面法线方向的夹角。

亮度表示发光面的明亮程度。如果在取定方向上的发光强度越大，而在该方向看到的发光面积越小，则看到的明亮程度越高，即亮度越大。这里的发光面可以是直接辐射的面光源，也可以是被光照射的反射面或透射面。亮度可用亮度计直接测量。

4．照度

照度是被照面单位面积上所接受的光通量，单位为勒克司（lx）。照度的定义式为：

$$E = \frac{Q}{S} \tag{1—19}$$

式中　E——照度，lx；

Q——光通量，lm；

S——受照物体表面面积，m^2。

测定工作场所的照度，可以使用光电池照度计。工作场所内部空间的照度受人工照明、自然采光以及设备布置、反射系数等多方面因素的影响，因此应该考虑选择什么地方作为测定位置。一般站立工作的场所取地面上方85cm，坐位工作时取40cm处进行测定。

（二）照明对作业的影响

1．照明与疲劳

合适的照明，能提高近视力和远视力。因为在亮光下，瞳孔缩小，视网膜上成像更为清晰，视物清楚。当照明不良时，因反复努力辨认。易使视觉疲劳，工作不能持久。眼睛疲劳的自觉症状有：眼球干涩、怕光、眼病、视力模糊、眼充血、出眼屎、流泪等。视觉疲劳还会引起视力下降、眼球发胀、头痛以及其他疾病而影响健康，并会引起工作失误和造成工伤。视觉疲劳可通过闪光融合频率和反应时间等方法来测定。

2．照明与事故

事故的数量与工作环境的照明条件有密切的关系。事故统计资料表明，事故产生的原因虽然是多方面的，但照度不足则是重要的影响因素。如美国研究者对某企业因照明不良引起事故的调查表明，该企业照明条件差而事故频繁发生，改善了照明条件后事故率减少了16.5%。

视觉疲劳是产生事故和影响工效的主要原因。人眼在亮度对比过大或物体及其周围背景发出刺目和耀眼光线时，即在眩光状况下，会因瞳孔缩小而降低视网膜上的照度，并在大脑皮层细胞间产生相互作用，使视觉模糊。眩光在眼球介质内散射，也会减弱物体与背景间的对比，造成不舒适的视觉条件，进而导致视觉疲劳。

二、色彩环境

（一）颜色的特性

颜色的特性颜色具有色调、明度、彩度三个基本特性。

1. 色调。色调是指颜色所具有的彼此相互区别的特性，即色彩的相貌，是物体颜色在质方面的特征。人眼能分辨出大约160种色调。

2. 明度。明度指颜色的明暗程度，藉此区别颜色的明暗与深浅，是物体颜色在量方面的特征。这种感觉由于光线强度不同而引起视觉对反射光的反应程度也不同。白色明度大，纯白色反射100%的光；黑色明度小，纯黑色反射0%的光。各种染料，加入白色，可提高明度；加入黑色可降低明度。

3. 彩度。彩度也叫饱和度、纯洁度，是指颜色的鲜明程度。波长越单一，颜色也就越纯和、越鲜艳。光的颜色完全饱和很少见到，只有纯光谱的各种颜色彩度最大。

黑、白、灰是由许多不同波长的光混合而成，彩度最小。当某一色调浓度已达饱和状态，却无白色、灰色或黑色混入，则呈纯色（正色）；若混入白色，则呈未饱和色；若混入黑色、灰色，则呈过饱和色。颜色的三个特性中，只要其一发生变化，颜色即起变化。倘若两个颜色的三个特性相同，在视觉上将会产生同样的色彩感觉。

（二）色彩对人的影响

色彩可以引起人的情绪性反应，也影响人的行为。产生这种反应的原因，一是人的先天因素；二是人体过去经验的潜意识作用。

1. 色彩对生理的影响

色彩的生理作用主要表现在对视觉疲劳的影响。由于人眼对明度和彩度的分辨力差，在选择色彩对比时，常以色调对比为主。对引起眼睛疲劳而言，蓝、紫色最甚，红、橙色次之，黄绿、绿、绿蓝等色调不易引起视觉疲劳且认读速度快、准确度高。色彩对人体其他机能和生理过程也有影响。例如，红色色调会使人的各种器官机能兴奋和不稳定，有促使血压升高及脉搏加快的作用；而蓝色色调则会抑制各种器官的兴奋使机能稳定，起降低血压及减缓脉搏的作用。

2. 色彩对心理的影响

人类在漫长的生活实践中获得和形成了大量有关色彩的感受和联想，并赋予不同的情感和象征。它们虽因人的年龄、性别、经历、民族和习惯等有所差异，但共同的社会条件和生活环境也必然使其具有一般的共性。在色视觉传达设计中，应根据一般人对色彩感知的感情效果去选择和运用色彩。色彩感情主要表现在以下几个方面。

（1）色彩的冷暖感。色彩本身没有冷暖的性质，但由于人们从自然现象中得到的启迪和联想，便对色彩产生了“冷”与“暖”的感觉。如对红、橙、黄系列的颜色感觉温暖，称它们为暖色；对蓝、绿、紫系列的颜色感觉寒冷，称它们为冷色。

（2）色彩的轻重感。色彩的轻重感主要取决于颜色的明度，明度高的色（浅色）显得轻，而明度低的色（深色）则感觉重。色视觉传达设计中可利用色彩的轻重感来达到视觉平衡与稳定的需要，也可用来表现性格的需要，如轻飘、庄重等。

（3）色彩的尺度感。色彩在人的色视过程中，由于生理上的原因，明度高的色和暖色有扩散作用，使物像轮廓给人以胀大的感觉；而明度低的色和冷色有内聚作用，使物像轮廓给人以缩小的感觉。这种色彩轮廓胀缩的感觉是通过色彩的对比作用显示出来的。

（4）色彩的距离感。不同颜色在不同背景对比作用下，可使人对色彩的感觉产生距离上的变化，造成人对物体有进、退、凸、凹、远、近的不同感受。一般情况下高明度和暖色系的颜色具有前进、凸出、接近的感觉，而低明度和冷色系颜色有后退、凹陷、远离的感觉。但这种关系并不绝对，视其背景的变化而变化。一般主体色与背景色明度对比大时有进的感觉，反之则有退的感觉；主体色与背景色色相相近时有退的感觉，反之则有进的感觉。

（5）色彩的软硬感。物体的质地是通过表面的色彩和表面的组织构造来表现的，因此，色彩与物体质地表现的软硬密切相关，有的色给人以柔软感，有的色给人以坚固感。色彩的软硬感取决于色彩的明度和纯度，明色感软，暗色感硬；中等纯度的色感软，高纯度或低纯度色感硬；黑与白是坚固色，灰色是柔软色。

（6）色彩的情绪感。色彩不仅会使人产生冷暖、轻重、距离、尺度等物理感受，而且能引起人的情绪的变化。不同的颜色对人体产生的影响不同，悦目的色彩对神经系统会产生良好的刺激，使人保持朝气蓬勃的精神状态；反之，杂乱而刺目的色彩会损伤人的健康和正常的心理情绪。因此，在色视觉传达设计中，要合理地应用色彩的情绪感，营造适应人的情绪要求的色彩气氛。

三、微气候环境

（一）构成微气候的要素及相互联系

1．空气温度

空气温度是评价热环境的主要指标，它分为舒适温度和允许温度。

舒适温度是指人的主观感觉舒适的温度或指人体生理上的适宜温度。常用的是以人主观感觉到舒适的温度作为舒适温度。生理学上对舒适温度规定为，人坐着休息、穿薄衣、无强迫热对流，在通常地球引力和海平面的气压条件下，未经热习服（也称为热适应，指人长期在高温下生活和工作，相应习惯热环境）的人所感到的舒适温度。按照这一规定，舒适温度应在（21±3）℃范围内。

允许温度通常是指基本上不影响人的工作效率、身心健康和安全的温度范围。其温度范围一般是舒适温度±（3～5）℃。对人的工作效率有影响的低温，通常是在10℃以下。低温对人体最普遍的伤害是冻伤。除此之外，人体还会出现一系列的低温症状。首先出现的是心跳加快、颤抖等现象，接着出现头痛等不适反应。当人体的深部温度降到27℃以下时，人即濒临死亡。在低温下工作所消耗的体力，通常比在常温环境下要高。工作效率在人体不能保持体温时才起变化。低温对人的工作效率的影响最敏感的是手指的精细操作。

2．空气湿度

空气的干湿程度即空气湿度。湿度有绝对湿度和相对湿度两种。作业环境的湿度通常采用相对湿度来表示。相对湿度在80%以上称为高气湿，低于30%称为低气湿。空气相对湿度对人体的热平衡和温热感有重大作用，特别是在高温或低温的条件下，高气湿对人体的作用就更明显。高温高湿时，人体散热更加困难；低温高湿下人会感到更加阴冷。一般情况下，相对湿度在30% ~70%时感到舒适。

3. 气流速度

气流主要是在温度差形成的热压力作用下产生的。气流速度通常以米每秒表示。据测定，在室外的舒适温度范围内，一般气流速度为0.15 m/s时，人即可感到空气新鲜。在室内，即使温度适宜，由于空气流动速度小，也会有沉闷感。

4. 热辐射

热辐射包括太阳辐射和人体与其周围环境之间的辐射。任何两种不同温度的物体之间都有热辐射存在，它不受空气影响，直至两物体的温度相平衡为止。当物体温度高于人体皮肤温度时，热量从物体向人体辐射而使人体受热，称为正辐射；相反，热量从人体向物体辐射时，称为负辐射。人体对负辐射不很敏感，往往一时感觉不到，会因负辐射散失大量热量而受凉。但负辐射有利于人体散热，在防暑降温上有一定意义。

温度、湿度、风速和热辐射对人体的影响有时可以相互替代，某一条件的变化对人体的影响，可由另一条件的变化所补偿。例如，人体受热辐射所获得的热量可以被低气温抵消，当气温增高时，若气流速度加大，会使人体散热增加，从而使人并不感到酷热难耐。低温、高湿使人体散热增加，导致冻伤；高温、高湿使人体丧失蒸发散热机能，导致热疲劳乃至中暑。微气候对人的影响是由其构成因素共同作用而产生的，所以，实践中必须综合评价微气候的这些种类的条件。

（二）人体对微气候环境的感受与评价

1. 人体的热交换与平衡

尽管人所处的环境是千变万化的，可是人的体温却波动很小，为了维持生命，人体要经常围绕36.5℃的体温目标值进行自动调节。人体通过新陈代谢不断地从摄取的食物中制造能量，这些能量除用于生理活动和肌肉做功外，其余均转换为热能。人要保持体温，体内的产热量应与对环境的散热量及吸热量相平衡。如果不能实现这种平衡，则要随着散热量小于或大于产热量的变化，体温出现上升或下降，使人感到不舒适甚至生病。人体的热平衡方程式为：

$$S = M - W - H \tag{1—20}$$

式中 S——人体单位时间储热量；

M——人体单位时间能量代谢量；

W——人体单位时间所做的功；

H——人体单位时间向体外散发的热量。

当$M > W + H$时，人感到热；当$M < W + H$时，人感到冷；当$M = W + H$时，人处于热平衡状态，此时，人体皮肤温度在36.5℃左右，人感到舒适。人体单位时间向外散发的热量H，取决于人体的四种散热方式，即辐射热交换、对流热交换、蒸发热交换和传导热交换。

（1）人体单位时间辐射热交换量，取决于热辐射强度、面积、服装热阻值、反射率、平均环境温度和皮肤温度等。

（2）人体单位时间对流热交换量，取决于气流速度、皮肤表面积、对流传热系数、服装热阻值、气温及皮肤温度等。

（3）人体单位时间蒸发热交换量，取决于皮肤表面积、服装热阻值、蒸发散热系数及相对湿度等。蒸发散热主要是指从皮肤表面出汗和由肺部排出水分的蒸发作用带走热量。在热环境中，增加气流速度，降低湿度，可加快汗水蒸发，达到散热目的。

（4）人体单位时间传导热交换量取决于皮肤与物体温差和接触面积的大小及传导系数。不知不觉的散热可能对人体产生有害影响。因此需要用适当的材料构成人与物接触点（桌面、椅面、控制器、地板等）。

2．人体对微气候环境的主观感觉

衡量微气候环境的舒适程度是相当困难的，不同的人有不同的估价。一般认为，“舒适”有两种含义，一种是指主观感到的舒适；另一种是指人体生理上的适宜度。比较常用的是以人的主观感觉作为标准的舒适度。人的工作效率与所处环境舒适度感受通常为正相关。

（1）舒适的温度。人主观感到舒适的温度与许多因素有关，从客观环境来看，湿度越大，风速越小，则舒适温度偏低；反之则偏高。从主观条件看，体质、年龄、性别、服装、劳动强度、热习服等均对舒适温度有重要影响。

（2）舒适的湿度。舒适的湿度一般为 40% ~60%。湿度在 70% 以上为高气湿，在 30% 以下为低气湿。在不同的空气湿度下，人的感觉不同，温度越高，高湿度的空气对人的感觉和工作效率的消极影响越大。据舒伯特和希尔经过大量的研究证明，室内空气湿度 φ（%）与室内气温 t（℃）的关系为：

$$\varphi = 188 - 7.2t \quad (12.2 < t < 26) \tag{1—21}$$

例如室温 $t = 20$℃时，湿度最好是 $\varphi = 188 - 7.2 \times 20 = 44$，即44%。

（3）舒适的风速。在工作人数不多的房间里，空气的最佳速度为 0.3 m/s；而在拥挤的房间里为 0.4 m/s。室内温度和湿度很高时，空气流速最好是 1 ~2m/s。我国《采暖通风和空气调节设计规范》（GB 50019—2003）中规定的工作场所风速如表 1—9 所示。

表 1—9　　工作地点的温度和平均风速

热辐射照度（W/m²）	冬季		夏季	
	温度/℃	风速/（m/s）	温度/℃	风速/（m/s）
350 ~700	20 ~25	1 ~2	26 ~31	1.5 ~3
701 ~1400	20 ~25	1 ~3	26 ~30	2 ~4
1401 ~2100	18 ~22	2 ~3	25 ~29	3 ~5
2101 ~2800	18 ~22	3 ~4	24 ~28	4 ~6

3．微气候环境的综合评价

研究微气候环境对人体的影响，不能仅考虑其中某个因素，因为人进入作业场所时，要受温度、湿度、风速和热辐射等多种因素的综合影响。因此，要综合评价微气候环境。目前，评价微气候环境有四种方法或指标。

（1）有效温度（感觉温度）。它是美国采暖通风工程师协会研究提出的，是根据人的主诉温度感受所制定的经验性温度指标。已知干球温度、湿球温度和气流速度，就可求出有效温度。图4—6为穿正常衣服进行轻劳动时的有效温度图。如求干球温度为30℃、湿球温度为25℃、风速为0.5 m/s的环境从事轻劳动的有效温度，可在图1—10上分别找出干球温度30℃和湿球温度25℃，通过连接两点间虚线与风速为0.5 m/s曲线交点，即可求出有效温度26.6℃。图中央部分表示使人感到舒适的温度带，冬季偏下，夏季偏上。如其有效温度在舒适带内，则为良好状态，反之则为不良，应对该处诸因素进行综合改进。有效温度高时人的判断力减退，当有效温度超过32℃时，作业者读取误差增加，到35℃左右时，误差会增加4倍以上。

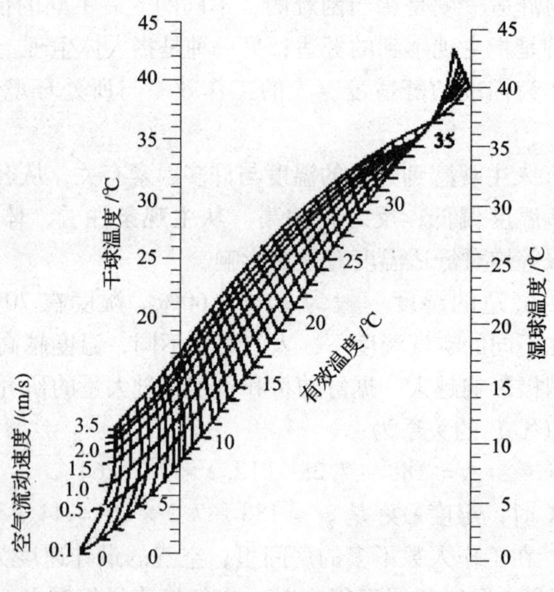

图1—10　有效温度图

(2) 不适指数。不适指数是由纽约气象局1959年发表的一项评价气候舒适程度的指标，它综合了气温和湿度两个因素。不适指数可由式1—22求出：

$$DI = (t_d + t_w) \times 0.72 + 40.6 \tag{1—22}$$

式中　DI——不适指数；

t_d——干球温度，℃；

t_w——湿球温度，℃。

(3) 三球温度指数（$WBGT$）。它是指用干球、湿球和黑球三种温度综合评价允许接触高温的阈值指标。当气流速度小于1．5 m/s的非人工通风条件时，采用式1—23计算：

$$WBGT = 0.7WB + 0.2GT + 0.1DBT \tag{1—23}$$

当气流速度大于1．5 m/s的人工通风条件时，采用式1—24计算：

$$WBGT = 0.63WB + 0.2GT + 0.17DBT \tag{1—24}$$

式中　WB——湿球温度，℃；

GT——黑球温度，℃；

DBT——干球温度，℃。

(4) 卡他度。卡他温度计是一种测定气温、湿度和风速三者综合作用的仪器。卡他度一般用来评价劳动条件舒适程度。卡他度 H 可通过测定卡他温度计的液柱由38℃降到35℃时所经过的时间（T）而求得。

$$H = \frac{F}{T} \tag{1—25}$$

式中 H——卡他度；

F——卡他计常数；

T——由38℃降至35℃所经过的时间（s）。

卡他度分为干卡他度和湿卡他度两种。干卡他度包括对流和辐射的散热效应。湿卡他度则包括对流、辐射和蒸发三者综合的散热效果。一般 H 值越大，散热条件越好。

（三）微气候环境对人体的影响

1. 高温作业环境对人体的影响

一般将热源散热量大于84kJ/（$m^2 \cdot h$）的环境叫高温作业环境。高温作业环境有三种类型：高温、强热辐射作业，特点为气温高，热辐射强度大，相对湿度较低；高温、高湿作业，特点为气温高、湿度大，如果通风不良就会形成湿热环境；夏季露天作业，如农民田间劳动、建筑施工等露天作业。高温作业环境对人的影响包括以下几个方面。

（1）高温环境使人心率和呼吸加快。人在高温环境下为了实现体温调节，必须增加血输出量，使心脏负担加重，脉搏加速，因此心率可以做为衡量热负荷的简便指标。另据研究，长期接触高温的工人，其血压比一般高温作业及非高温作业的工人高。

（2）湿热环境对中枢神经系统具有抑制作用。湿热环境下大脑皮层兴奋性降低，条件反射潜伏期延长，注意力不易集中。严重时会出现头晕、头痛、恶心、疲劳乃至虚脱等症状。

（3）高温环境下，人的水分和盐分大量丧失。在高温下进行重体力劳动时，平均每小时出汗量为0.75～2.0L，一个工作日可达5～10L。高温工作影响效率，人在27～32℃下工作，其肌部用力的工作效率下降，并且促使用力工作的疲劳加速。当温度高达32℃以上时，需要较大注意力的工作及精密工作的效率也开始受影响。另外，事故发生率与温度有关。据研究，意外事故率最低的温度为20℃左右；温度高于28℃或降到10℃以下时，意外事故增加30%。

2. 低温环境对人体的影响

人体在低温下，皮肤血管收缩，体表温度降低，使辐射和对流散热达到最小程度。在严重的冷暴露中，皮肤血管处于极度的收缩状态，流至体表的血流量显著下降或完全停滞，当局部温度降至组织冰点（－5℃）以下时，组织就发生冻结，造成局部冻伤。此外，最常见的是肢体麻木，特别是会影响手的精细运动灵巧度和双手的协调动作。手的操作效率和手温及手部皮肤温度密切相关。手的触觉敏感性临界皮温是10℃左右，操作灵巧度的临界皮肤温度在12～16℃之间，长时间暴露于10℃以下，手的操作效率会显著降低。

第十一节　人 机 系 统

一、人机信息及能量交换系统模型

人机系统的任何活动实质上是信息及能量的传递和交换。人机之间在进行信息及能量的传递和交换中，首先是人的感觉器官（眼、耳等）从显示装置上感受到机器及环境作用于人的信息，经大脑中枢神经的综合、分析、判断做出决策，然后命令运动器官（手或脚）向机器的控制器发出控制信息，即操纵机器相应的执行机构（手柄或按钮等）完成各种相应的运动机能（移动或转动），且将控制的效果反映在显示器上，构成一个信息及能量传递的闭环系统。到此，人机系统完成了一次功能循环，如图 1—11 所示。

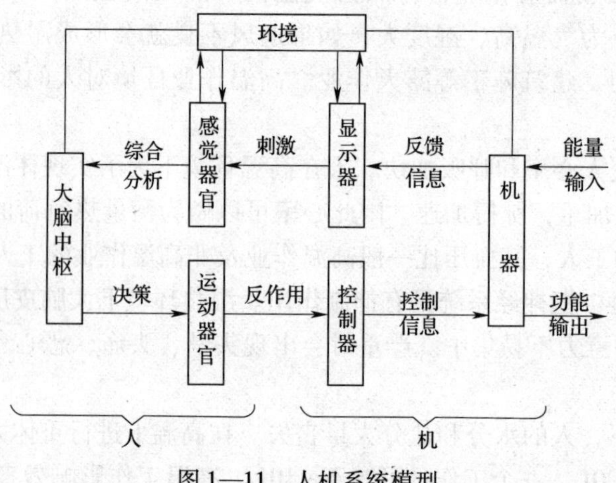

图 1—11　人机系统模型

在这个循环过程中，人机系统完成了人所希望的功能，达到人的预期目的。

二、人机功能分配

（一）人在人机系统中的主要功能

人在人机系统中主要有 3 种功能：

1．传感功能

通过人体感觉器官的看、听、摸等感知外界环境的刺激信息，如物体、事件、机器、显示器、环境或工作过程等，将这些刺激信息作为输入传递给人的中枢神经。

2．信息处理功能

大脑对感知的信息进行检索、加工、判断、评价，然后做出决策。

3．操纵功能

将信息处理的结果作为指令，指挥人的行动，即人对外界的刺激作出反应，如操纵控制器、使用工具、处理材料等，最后达到人的预期目的，如机器被开动运转、零件被加工成形、机器的故障已被排除、缺陷零件已被修复或者更换等。

（二）人机特性比较

人体本身就是一部复杂的、特殊的机器。人与机器的特性包括许多内容，但就从人机系统中信息及能量的接受、传递、转换过程来讲，我们可以归纳为以下4个方面来比较，即信息感受、信息处理和决策、操作反应、工作能力等，详见表1—10。从该表可见，人优于机器的能力主要有：信号检测、图像识别、灵活性、随机应变、归纳、推理、判断、创造性等；机器优于人的能力主要有反应和操作速度快、精确性高、输出功率大、耐久力强、重复性好、短期记忆、能同时完成多种操作、进行演绎推理以及能在恶劣环境下工作等。

表1—10　　人与机器的特性比较

能力种类	人的特性	机器的特性
信息感受	①感觉的信息种类和范围有限 ②能感觉微小刺激，敏感性高，绝对阈低 ③对刺激反应时间较长，最小值为200 ms ④能在高噪声环境下检出需要的信号 ⑤抗干扰性低，有主观倾向性 ⑥识别图形的能力强 ⑦能阅读和接受口头指令，灵活性很强 ⑧接受信息只能单通道	①能在人不能感觉的领域里工作，在感觉范围外（红外线、超声波、电磁波等）工作 ②很少有人那样低的感觉阈限，敏感性比人低 ③反应时间可达微秒级 ④较难检出噪声掩盖下的信号 ⑤抗干扰性高，重复性好 ⑥识别图形的能力弱 ⑦学习能力较低，灵活性很差 ⑧能够多通道同时接受信息
信息处理与决策	①计算速度慢，易出差错 ②能实现大容量的、长期的记忆，并能实现同时和几个对象联系，但短时记忆相对较差 ③有随机应变的能力，可利用不同的方法达到相同的目的 ④有归纳思维的能力，但不易得到战略的最佳效果 ⑤有创造能力，对尚未接触的事物可诱发进入决策。 ⑥能处理完全出乎预料之外的紧急事件，适应性强，有一定的预测能力 ⑦难以监控偶然发生的事件	①计算速度快，且准确、重复性好，但不会修正错误 ②能进行大容量短期的数据记忆和取出 ③无随机应变的能力，但对常规重复机能有很高的可靠性 ④只能理解特定的事物，但能用程序使事件得到最佳方案 ⑤没有自发的创造推理能力，只能作出是与否的简单决策 ⑥只能处理已知的事件，适应性弱，预测能力有很大的局限性 ⑦监控能力强
操作能力	①超精密重复操作差，可靠性较低 ②能够进行复杂的艺术性工作，有从经验中发现规律、利用经验改变操作的能力 ③易疲劳，对简单的重复动作厌烦，不能容忍长时间、大负荷的操作 ④输出功率有限，效率低，但能做精细调整 ⑤通用性强 ⑥要求环境舒适，但对特定的环境能很快适应	①能连续进行超精密重复操作和按程序进行常规操作，可靠性较高 ②只能进行特定的工作，不能利用经验数据 ③不疲劳，可不厌其烦地重复简单或复杂动作，能胜任长时间、大负荷的操作 ④输出功率可大可小，效率高，但较难进行精细调整 ⑤缺乏通用性，有的只能专用 ⑥可在恶劣环境下工作，不能随意改变工作条件

续表

能力种类	人的特性	机器的特性
工作能力	①短期内可在超负荷下坚持工作，但耐久性差，易疲劳 ②技术水平、熟练程度、生理状态、心理状态等的不稳定性均会影响可靠性	①耐久性好，维持保养良好时，可长期使用 ②在保证设计质量、加工质量等情况下，一般比人可靠

（三）人机功能分配原则

根据人机特性的比较，为了充分发挥各自的优点，人机功能合理分配的原则应该是：笨重的、快速的、持久的、可靠性高的、精度高的、规律性的、单调的、高价运算的、操作复杂的、环境条件差的工作，适合于机器来做；而研究、创造、决策、指令和程序的编排、检查、维修、故障处理及应付不测等工作，适合于人来承担。

三、人机系统可靠性计算

（一）系统中人的可靠度计算

由于人机系统中人的可靠性的因素众多且随机变化，因此人的可靠性是不稳定的。人的可靠度计算（定量计算）也是很困难的。

1. 人的基本可靠度

系统不因人体差错发生功能降低和故障时人的成功概率，称为人的基本可靠度，用 r 表示。人在进行作业操作时的基本可靠度可用下式表示：

$$r = a_1 a_2 a_3 \tag{1—26}$$

式中 a_1 ——输入可靠度，考虑感知信号及其意义时有失误；

a_2 ——判断可靠度，考虑进行判断时失误；

a_3 ——输出可靠度，考虑输出信息时运动器官执行失误，如按错开关。

上式是外部环境在理想状态下的可靠度值。a_1，a_2，a_3 各值如表 1—11 所示。

表 1—11　　可靠度计算

作业类别	内容	$a_1 \sim a_3$	a_2
简单	变量在 6 个以下，已考虑人机工程学原则	0.999 5 ~ 0.999 9	0.999
一般	变量在 10 个以下	0.999 0 ~ 0.999 5	0.995
复杂	变量在 10 个以上，考虑人机工程学不充分	0.990 ~ 0.999	0.990

人的作业方式可分为两种情况，一种是在工作时间内连续性作业，另一种是间歇性作业。

(1) 连续作业

在作业时间内连续进行监视和操纵的作业称为连续作业，例如控制人员连续观察仪表并连续调节流量；汽车司机连续观察线路并连续操纵方向盘等。

连续操作的人的基本可靠度可以用时间函数表示如下：

$$r(t) = \exp[-\int_0^{+\infty} l(t)dt] \tag{1—27}$$

式中　$r(t)$ ——连续性操作人的基本可靠度；

t ——连续工作时间；

$l(t)$ ——t 时间内人的差错率。

（2）间歇性作业

在作业时间内不连续地观察和作业，称为间歇性作业；例如，汽车司机观察汽车上的仪表，换挡、制动等。对间歇性作业一般采用失败动作的次数来描述可靠度，其计算公式为：

$$r = 1 - p(n/N) \tag{1—28}$$

式中　N ——总动作次数；

n——失败动作次数；

p——失败概率。

2. 人的作业可靠度

考虑了外部环境因素的人的可靠度 R_H 为：

$$R_H = 1 - b_1 \cdot b_2 \cdot b_3 \cdot b_4 \cdot b_5(1 - r) \tag{1—29}$$

式中　b_1——作业时间系数；

B_2——作业操作频率系数；

B_3——作业危险度系数；

b_4——作业生理和心理条件系数；

b_5——作业环境条件系数；

$(1-r)$ ——作业的基本失效概率或基本不可靠度。

r 可根据表 1—11 及式 1—26 求出。$b_1 \sim b_5$ 可根据表 1—12 来确定。

表 1—12　　可靠度 R_H 的系数（$b_1 \sim b_5$）

系数	作业时间系数 b_1	操作频率系数 b_2	危险度系数 b_3	生理心理条件系数 b_4	环境条件系数 b_5
1.0	宽余时间充分	适当	人身安全	良好	良好
1.0~3.0	宽余时间不充分	继续进行	有人身危险	不好	不好
3.0~10.0	无宽余时间	极少进行	可造成重大恶性事故	非常不好	非常不好

（二）人机系统的可靠度计算

人机系统组成的串联系统的可靠度可表达为：

$$R_s = R_H \cdot R_M \tag{1—30}$$

式中　R_S——人机系统可靠度；

R_H——人的操作可靠度；

R_M——机器设备可靠度。

人机系统可靠度采用并联方法来提高。常用的并联方法有并行工作冗余法和后备冗余法。并行工作冗余法是同时使用两个以上相同单元来完成同一系统任务，当一个单元失效时，其余单元仍能完成工作的并联系统。后备冗余法也是配备两个以上相同单元来完成同一系统的并联系统。它与并行工作冗余法不同之处在于后备冗余法有备用单元，当系统出现故障时，才启用备用单元。

1．两人监控人机系统的可靠度

当系统由两人监控时，控制如图1—12所示。一旦发生异常情况应立即切断电源。该系统有以下两种控制情形。

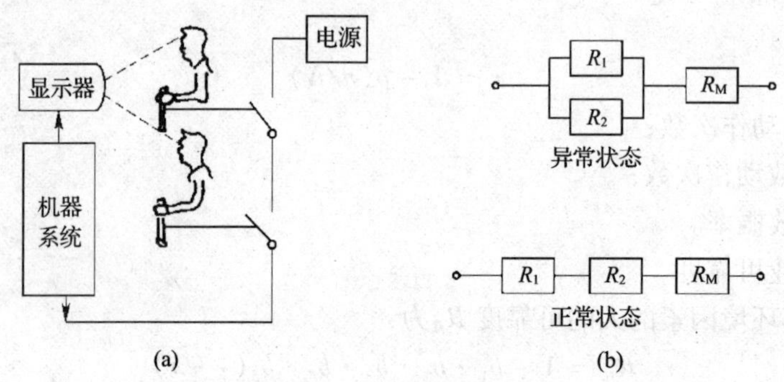

图1—12　两人监视系统

（a）系统结构；（b）系统简图

（1）异常状况时，相当于两人并联，可靠度比一人控制的系统增大了，这时操作者切断电源的可靠度为 R_{Hb}（正确操作的概率）：

$$R_{Hb} = 1 - (1 - R_1)(1 - R_2) \tag{1—31}$$

（2）正常状况时，相当于两人串联，可靠度比一人控制的系统减小了，即产生误操作的概率增大了，操作者不切断电源的可靠度 R_{Hc}（不产生误动作的概率）：

$$R_{Hc} = R_1 \cdot R_2 \tag{1—32}$$

从监视的角度考虑，首要问题是避免异常状况时的危险，即保证异常状况时切断电源的可靠度，而提高正常状况下不误操作的可靠度则是次要的，因此这个监控系统是可行的。所以两人监控的人机系统的可靠度度 R''_{Sr} 为：

正常情况时：

$$R''_{Sr} = R_{Hc} \cdot R_M = R_1 \cdot R_2 \cdot R_M \tag{1—33}$$

异常情况时：

$$R''_{Sr} = R_{Hb} \cdot R_M = [1 - (1 - R_1)(1 - R_2)]R_M \tag{1—34}$$

2．多人表决的冗余人机系统可靠度

上述两人监控作业是单纯的并联系统，所以正常操作和误操作两种概率都增加了，而由多数人表决的人机系统就可以避免这种情况。若由几个人构成控制系统，当其中 r 个人的控制工作同时失误时，系统才会失败，我们称这样的系统为多数人表决的冗余人机系统。设每个人的可靠度均为 R，则系统全体人员的操作可靠度 R_{Hn} 为：

$$R_{Hn} = \sum_{i=0}^{r-1} C_n^i (1 - R)^i \cdot R^{(n-1)} \tag{1—35}$$

式中的 C^i 为 n 个人中有 i 个人同意时事件数，$C_n^i = n!/[i!\cdot(n-i)!]$，且规定 $C_n^0 = 1$。多数人表决的冗余人机系统可靠度的计算公式为：

$$R_{\mathrm{Sd}} = [\sum_{i=0}^{r-1} C_n^i (1-R)^i \cdot R^{(n-1)}] \cdot R_{\mathrm{M}} \tag{1—36}$$

3．控制器监控的冗余人机系统可靠度

设监控器的可靠度为 R_{Mk}，则人机系统的可靠度 R_{Sk} 为：

$$R_{\mathrm{Sk}} = [1-(1-R_{\mathrm{Mk}}\cdot R_{\mathrm{H}})(1-R_{\mathrm{H}})]\cdot R_{\mathrm{M}} \tag{1—37}$$

4．自动控制冗余人机系统可靠度

设自动控制系统的可靠度为 R_{Mz}，则人机系统的可靠度 R_{Sz} 为：

$$R_{\mathrm{Sz}} = [1-(1-R_{\mathrm{Mz}}\cdot R_{\mathrm{H}})(1-R_{\mathrm{Mz}})]\cdot R_{\mathrm{M}} \tag{1—38}$$

四、人机系统可靠性设计基本原则

1．系统的整体可靠性原则

从人机系统的整体可靠性出发，合理确定人与机器的功能分配，从而设计出经济可靠的人机系统。一般情况下，机器的可靠性高于人的可靠性，实现生产的机械化和自动化，就可将人从机器的危险点和危险环境中解脱出来，从根本上提高了人机系统可靠性。

2．高可靠性组成单元要素原则

系统要采用经过检验的、高可靠性单元要素来进行设计。

3．具有安全系数的设计原则

由于负荷条件和环境因素随时间而变化，所以可靠性也是随时间变化的函数，并且随时间的增加，可靠性在降低。因此，设计的可靠性和有关参数应具有一定的安全系数。

4．高可靠性方式原则

为提高可靠性，宜采用冗余设计、故障安全装置、自动保险装置等高可靠度结构组合方式。

（1）系统“自动保险”装置。自动保险，就是即使是外行不懂业务的人或不熟练的人进行操作，也能保证安全，不受伤害或不出故障。这是机器设备设计和装置设计的根本性指导思想，是本质安全化追求的目标。要通过不断完善结构，尽可能地接近这个目标。

（2）系统“故障安全”结构。故障安全，就是即使个别零部件发生故障或失效，系统性能不变，仍能可靠工作。系统安全常常是以正常、准确地完成规定功能为前提，可是，由于组成零件产生故障而引起误动作，常常导致重大事故发生。为达到功能准确性，采用保险结构方法可保证系统的可靠性。

从系统控制的功能方面来看，故障安全结构有以下几种：①消极被动式。组成单元发生故障时，机器变为停止状态。②积极主动式。组成单元发生故障时，机器一面报警，一面还能短时运转。③运行操作式。即使组成单元发生故障，机器也能运行到下次的定期检查。通常在产业系统中，大多为消极被动式结构。

5．标准化原则

为减少故障环节，应尽可能简化结构，尽可能采用标准化结构和方式。

6．高维修度原则

为便于检修故障，且在发生故障时易于快速修复，同时为考虑经济性和备用方便，应采用零件标准化、部件通用化、设备系列化的产品。

7. 事先进行试验和进行评价的原则

对于缺乏实践考验和实用经验的材料和方法，必须事先进行试验和科学评价，然后再根据其可靠性和安全性而选用。

8. 预测和预防的原则

要事先对系统及其组成要素的可靠性和安全性进行预测。对已发现的问题加以必要的改善，对易于发生故障或事故的薄弱环节和部位也要事先制定预防措施和应变措施。

9. 人机工程学原则

从正确处理人—机—环境的合理关系出发，采用人类易于使用并且差错较少的方式。

10. 技术经济性原则

不仅要考虑可靠性和安全性，还必须考虑系统的质量因素和输出功能指标。其中还包括技术功能和经济成本。

11. 审查原则

既要进行可靠性设计，又要对设计进行可靠性审查和其他专业审查，也就是要重申和贯彻各专业各行业提出的评价指标。

12. 整理准备资料和交流信息原则

为便于设计工作者进行分析、设计和评价，应充分收集和整理设计者所需要的数据和各种资料，以有效地利用已有的实际经验。

13. 信息反馈原则

应对实际使用的经验进行分析之后，将分析结果反馈给有关部门。

14. 设立相应的组织机构

为实现高可靠性和高安全性的目的，应建立相应的组织机构，以便有力推进综合管理和技术开发。

第十二节　安全技术规范与标准

1.《机械安全 风险评价 第1部分：原则》（GB/T 16856.1—2008）

2.《金属切削机床 安全防护通用技术条件》（GB 15760—2004）

3.《磨削机械安全规程》（GB 4674—2009）

4.《普通磨具 安全规则》（GB 2494—2003）

5.《机械安全 带有防护装置的联锁装置设计和选择原则》（GB/T 18831—2010）

6.《机械安全 防护装置　固定式和活动式防护装置设计与制造一般要求》（GB/T 8196—2008）

7.《砂轮机 安全防护技术条件》（JB 8799—1998）

8.《冲压安全管理规程》（机械部机生字［1985］60A）

9.《木工平刨床安全管理规程》（机械部机生字［1985］60号B）

10.《冲压车间安全生产通则》（GB/T 8176—1997）
11.《压力机的安全装置技术条件》（GB 5091—1985）
12.《压力机用感应式安全装置技术条件》（GB 5092—2008）
13.《压力机用光电保护装置技术条件》（GB 4584—2007）
14.《机械压力机安全使用要求》（AQ 7001—2007）
15.《机械压力机 安全技术要求》（JB 3350—1993）
16.《剪切机械安全规程》（GB 6077—1985）
17.《剪板机 安全技术要求》（JB 8781—1998）
18.《联合冲剪机 安全技术条件》（JB 9962—1999）
19.《冷冲压安全规程》（GB 13887—2008）
20.《木工机床 安全通则》（GB 12557—2000）
21.《木工机械 安全使用要求》（AQ 7005—2008）
22.《木工（材）车间安全生产通则》（GB 15606—2008）
23.《铸造机械 安全要求》（GB 20905—2007）
24.《锻造生产安全与环保通则》（GB 13318—2003）
25.《锻压机械 安全技术条件》（GB 17120—1997）
26.《金属锯床 安全防护技术条件》（GB 16454—2008）

第二章　电气安全技术

第一节　电气危险因素及事故种类

根据能量转移论的观点，电气危险因素是由于电能非正常状态形成的。电气危险因素分为触电危险、电气火灾爆炸危险、静电危险、雷电危险、射频电磁辐射危害和电气系统故障等。按照电能的形态，电气事故可分为触电事故、雷击事故、静电事故、电磁辐射事故和电气装置事故。

一、触电

触电分为电击和电伤两种伤害形式。

1. 电击

电击是电流通过人体，刺激机体组织，使肌体产生针刺感、压迫感、打击感、痉挛、疼痛、血压异常、昏迷、心律不齐、心室颤动等造成伤害的形式。严重时会破坏人的心脏、肺部、神经系统的正常工作，形成危及生命的伤害。

（1）电击伤害机理。人体在正常能量之外的电能作用下，系统功能很容易遭受破坏。当电流作用于心脏或管理心脏和呼吸机能的脑神经中枢时，能破坏心脏等重要器官的正常工作。

（2）电流效应的影响因素（以下不加说明电流均指工频）。电流对人体的伤害程度是与通过人体电流的大小、种类、持续时间、通过途径及人体状况等多种因素有关。

1）电流值

①感知电流。指引起感觉的最小电流。感觉为轻微针刺，发麻等。就平均值（概率50%）而言，男性约为1.1 mA；女性约为0.7 mA。

②摆脱电流。指能自主摆脱带电体的最大电流。超过摆脱电流时，由于受刺激肌肉收缩或中枢神经失去对手的正常指挥作用，导致无法自主摆脱带电体。就平均值（概率50%）而言，男性约为16 mA；女性约为10.5 mA；就最小值（可摆脱概率99.5%）而言，男性约为9 mA；女性约为6 mA。

③室颤电流。指引起心室发生心室纤维性颤动的最小电流。动物实验和事故统计资料表明，心室颤动在短时间内导致死亡。室颤电流与电流持续时间关系密切。当电流持续时间超过心脏周期时，室颤电流仅为50 mA左右；当持续时间短于心脏周期时，室颤电流为数百mA。当电流持续时间小于0.1 s时，只有电击发生在心室易损期，500 mA以上乃至数A的电流才能够引起心室颤动。前述电流均指流过人体的电流，而当电流直接流过心脏

时，数十微安的电流即可导致心室颤动发生。室颤电流与电流持续时间的关系大致如图2—1（“Z”形曲线）所示。

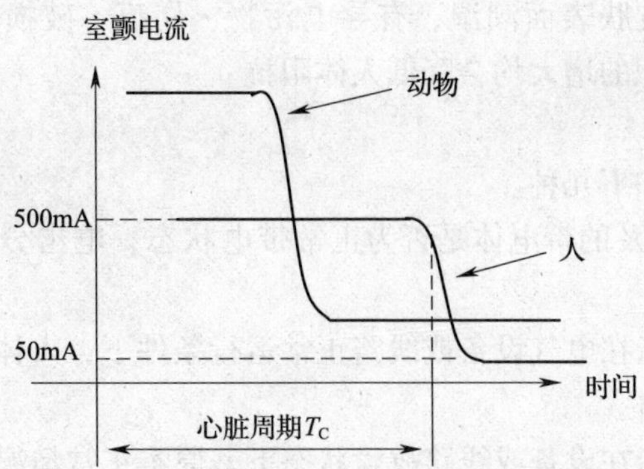

图 2—1　室颤电流与电流持续时间的关系

2）电流持续时间。通过人体的电流持续时间愈长，愈容易引起心室颤动，危险性就愈大。

3）电流途径。流经心脏的电流多、电流路线短的途径是危险性最大的途径。最危险的途径是：左手到前胸。判断危险性，既要看电流值，又要看途径。

4）电流种类。直流电流、高频交流电流、冲击电流以及特殊波形电流也都对人体具有伤害作用，其伤害程度一般较工频电流为轻。

5）个体特征。因人而异，健康情况、性别、年龄等。

(3) 人体阻抗

人体阻抗是定量分析人体电流的重要参数之一，是处理许多电气安全问题所必须考虑的基本因素。

1）组成和特征。人体皮肤、血液、肌肉、细胞组织及其结合部等构成了含有电阻和电容的阻抗。其中，皮肤电阻在人体阻抗中占有很大的比例。人体阻抗等值电路参见图 2—2。

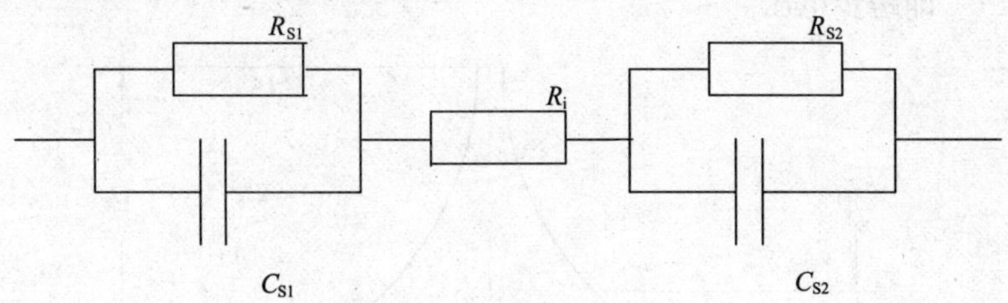

图 2—2　人体阻抗等值电路

R_{S1}、R_{S2}——皮肤电阻（皮肤外面的电极与真皮之间的电阻）

C_{S1}、C_{S2}——皮肤电容（皮肤外面的电极与真皮之间的电容，数 PF ~ 数 μF）

R_i——体内电阻

皮肤阻抗：决定于接触电压、频率、电流持续时间、接触面积、接触压力、皮肤潮湿程度和温度等。皮肤电容很小，在工频条件下，电容可忽略不计，将人体阻抗看作纯电阻。

体内电阻：基本上可以看作纯电阻，主要决定于电流途径和接触面积。

2）数值及变动范围。在除去角质层，干燥的情况下，人体电阻约为 1 000 ~ 3 000 Ω；

潮湿的情况下，人体电阻约为500～800 Ω。

3）影响因素。接触电压的增大、电流强度及作用时间的增大、频率的增加等因素都会导致人体阻抗下降。皮肤表面潮湿、有导电污物、伤痕、破损等也会导致人体阻抗降低。接触压力、接触面积的增大均会降低人体阻抗。

（4）电击类型

电击的分类方式有如下几种。

1）根据电击时所触及的带电体是否为正常带电状态，电击分为直接接触电击和间接接触电击两类。

①直接接触电击。指在电气设备或线路正常运行条件下，人体直接接触及了设备或线路的带电部分所形成的电击。

②间接接触电击。指在设备或线路故障状态下，原本正常情况下不带电的设备外露可导电部分或设备以外的可导电部分变成了带电状态，人体与上述故障状态下带电的可导电部分触及而形成的电击。

2）按照人体触及带电体的方式，电击可分为单相电击、两相电击和跨步电压电击三种。

①单相电击。指人体接触到地面或其他接地导体，同时，人体另一部位触及某一相带电体所引起的电击。根据国内外的统计资料，单相电击事故占全部触电事故的70%以上。因此，防止触电事故的技术措施应将单相电击作为重点。

②两相电击。指人体的两个部位同时触及两相带电体所引起的电击。此情况下，人体所承受的电压为线路电压，因其电压相对较高，其危险性也较大。

③跨步电压电击。指站立或行走的人体，受到出现于人体两脚之间的电压即跨步电压作用所引起的电击。跨步电压是当带电体接地，电流经接地线流入埋于土壤中的接地体，又通过接地体向周围大地流散时，在接地体周围土壤电阻上产生的电压梯度形成的。图2—3所示为接地体的对地电压曲线。曲线有双曲线特征。图中，U_E是接地体对地电压。对于集中式接地体，离接地体20 m处的对地电压接近于零。图中，人体两脚所处两点之间出现的电压U_N即跨步电压。

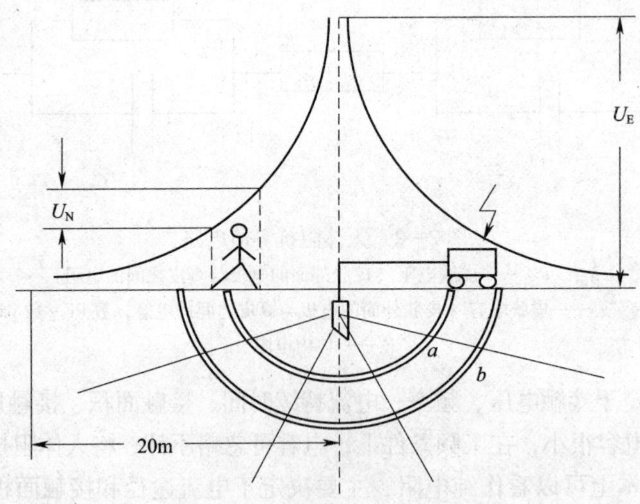

图2—3　跨步电压示意图

2. 电伤

电伤是电流的热效应、化学效应、机械效应等对人体所造成的伤害。伤害多见于机体的外部，往往在机体表面留下伤痕。能够形成电伤的电流通常比较大。电伤的危险程度决定于受伤面积、受伤深度、受伤部位等。

电伤包括电烧伤、电烙印、皮肤金属化、机械损伤、电光性眼炎等多种伤害。

（1）电烧伤。是最为常见的电伤。大部分触电事故都含有电烧伤成分。电烧伤可分为电流灼伤和电弧烧伤。

1）电流灼伤。指人体与带电体接触，电流通过人体时，因电能转换成的热能引起的伤害。由于人体与带电体的接触面积一般都不大，且皮肤电阻又比较高，因而产生在皮肤与带电体接触部位的热量就较多。因此，使皮肤受到比体内严重得多的灼伤。电流愈大、通电时间愈长、电流途径上的电阻愈大，则电流灼伤愈严重。电流灼伤一般发生在低压电气设备上。数百毫安的电流即可造成灼伤，数安的电流则会形成严重的灼伤。

2）电弧烧伤。指由弧光放电造成的烧伤，是最严重的电伤。电弧发生在带电体与人体之间，有电流通过人体的烧伤称为直接电弧烧伤；电弧发生在人体附近对人体形成的烧伤以及被熔化金属溅落的烫伤称为间接电弧烧伤。弧光放电时电流很大，能量也很大，电弧温度高达数千度，可造成大面积的深度烧伤。严重时能将机体组织烘干、烧焦。电弧烧伤既可以发生在高压系统，也可以发生在低压系统。在低压系统，带负荷（尤其是感性负荷）拉开裸露的闸刀开关时，产生的电弧会烧伤操作者的手部和面部；当线路发生短路，开启式熔断器熔断时，炽热的金属微粒飞溅出来会造成灼伤；因误操作引起短路也会导致电弧烧伤等。在高压系统，由于误操作，会产生强烈的电弧，造成严重的烧伤；人体过分接近带电体，其间距小于放电距离时，直接产生强烈的电弧，造成电弧烧伤，严重时会因电弧烧伤而死亡。

在全部电烧伤的事故当中，大部分的事故发生在电气维修人员身上。

（2）电烙印。指电流通过人体后，在皮肤表面接触部位留下与接触带电体形状相似的斑痕，如同烙印。斑痕处皮肤呈现硬变，表层坏死，失去知觉。

（3）皮肤金属化。是由高温电弧使周围金属熔化、蒸发并飞溅渗透到皮肤表层内部所造成的。受伤部位呈现粗糙、张紧，可致局部坏死。

（4）机械损伤。多数是由于电流作用于人体，使肌肉产生非自主的剧烈收缩所造成的。其损伤包括肌腱、皮肤、血管、神经组织断裂以及关节脱位乃至骨折等。

（5）电光性眼炎。其表现为角膜和结膜发炎。弧光放电时的红外线、可见光、紫外线都会损伤眼睛。在短暂照射的情况下，引起电光眼的主要原因是紫外线。

二、电气火灾和爆炸

电气火灾爆炸是由电气引燃源引起的火灾和爆炸。电气装置在运行中产生的危险温度、电火花和电弧是电气引燃源主要形式。在爆炸性气体、爆炸性粉尘环境及火灾危险环境，电气线路、开关、熔断器、插座、照明器具、电热器具、电动机等均可能引起火灾和爆炸。油浸电力变压器、多油断路器等电气设备不仅有较大的火灾危险，还有爆炸的危险。在火灾和爆炸事故中，电气火灾爆炸事故占有很大的比例。从我国一些大城市的火灾事故统计可知，就引起火灾的原因而言，电气原因已居首位。

1．电气引燃源

作为火灾和爆炸的电气引燃源，电气设备及装置在运行中产生的危险温度、电火花和电弧是电气火灾爆炸的要因。

（1）危险温度

形成危险温度的典型情况如下：

1）短路。指不同的电位的导电部分之间包括导电部分对地之间的低阻性短接。发生短路时，线路中电流增大为正常时的数倍乃至数十倍，由于载流导体来不及散热，温度急剧上升，除对电气线路和电气设备产生危害外，还形成危险温度。短路的暂态过程会产生很大的冲击电流，在流过设备的瞬间产生很大的电动力，造成电气设备损坏。

电气设备安装和检修中的接线和操作错误，可能引起短路；运行中的电气设备或线路发生绝缘老化、变质；或受过度高温、潮湿、腐蚀作用；或受到机械损伤等而失去绝缘能力，可能导致短路。由于外壳防护等级不够，导电性粉尘或纤维进入电气设备内部，也可能导致短路。因防范措施不到位，小动物、霉菌及其他植物也可能导致短路。由于雷击等过电压、操作过电压的作用，电气设备的绝缘可能遭到击穿而短路。

2）过载。电气线路或设备长时间过载也会导致温度异常上升，形成引燃源。过载的原因主要有如下几种情况。

①电气线路或设备设计选型不合理，或没有考虑足够的裕量，以致在正常使用情况下出现过热。

②电气设备或线路使用不合理，负载超过额定值或连续使用时间过长，超过线路或设备的设计能力，由此造成过热。

③设备故障运行造成设备和线路过负载，如三相电动机单相运行或三相变压器不对称运行均可能造成过负载。

④电气回路谐波能使线路电流增大而过载。如三相四线制电路三次及其奇数倍谐波电流会引起中性线过载危险。由于各相三次谐波电流在中性线上相位相同而互相叠加。如果三相负载不平衡，中性线再叠加上不平衡电流后发热将更为严重。在非线性负载日益增多，能产生大量三次谐波的气体放电灯等非线性负载大量使用的情况下，中性线的严重过载将带来火灾的隐患。

产生三次谐波的设备主要有：节能灯、荧光灯、计算机、变频空调、微波炉、镇流器、焊接设备、UPS 电源等。如节能荧光灯，因灯管内电弧的负阻特性产生的谐波电流主要为三次谐波电流。

3）漏电。电气设备或线路发生漏电时，因其电流一般较小，不能促使线路上的熔断器的熔丝动作。一般当漏电电流沿线路比较均匀地分布，发热量分散时，火灾危险性不大。而当漏电电流集中在某一点时，可能引起比较严重的局部发热，引燃成灾。

4）接触不良。电气线路或电气装置中的电路连接部位是系统中的薄弱环节，是产生危险温度的主要部位之一。

电气接头连接不牢、焊接不良或接头处夹有杂物，都会增加接触电阻而导致接头过热。刀开关、断路器、接触器的触点、插销的触头等，如果没有足够的接触压力或表面粗糙不平等，均可能增大接触电阻，产生危险温度。对于铜、铝接头，由于铜和铝的理化性能不同，接触状态会逐渐恶化，导致接头过热。

5）铁心过热。对于电动机、变压器、接触器等带有铁心的电气设备，如果铁心短路（片间绝缘破坏）或线圈电压过高，由于涡流损耗和磁滞损耗增加，使铁损增大，将造成铁心过热并产生危险温度。

6）散热不良。电气设备在运行时必须确保具有一定的散热或通风措施。如果这些措施失效，如通风道堵塞、风扇损坏、散热油管堵塞、安装位置不当、环境温度过高或距离外界热源太近等，均可能导致电气设备和线路过热。

7）机械故障。由交流异步电动机拖动的设备，如果转动部分被卡死或轴承损坏，造成堵转或负载转矩过大，都会因电流显著增大而导致电动机过热。交流电磁铁在通电后，如果衔铁被卡死，不能吸合，则线圈中的大电流持续不降低，也会造成过热。由电气设备相关的机械摩擦导致的发热。

8）电压异常。相对于额定值，电压过高和过低均属电压异常。电压过高时，除使铁心发热增加外，对于恒阻抗设备，还会使电流增大而发热。电压过低时，除可能造成电动机堵转、电磁铁衔铁吸合不上，使线圈电流大大增加而发热外，对于恒功率设备，还会使电流增大而发热。

9）电热器具和照明器具。其正常情况下的工作温度就可能形成危险温度，如：电炉电阻丝工作温度为800℃，电熨斗为500～600℃，白炽灯灯丝为2 000～3 000℃，100 W白炽灯泡表面为170～220℃。

10）电磁辐射能量。在连续发射或脉冲发射的射频（9 kHz～60 GHz）源的作用下，可燃物吸收辐射能量可能形成危险温度。

（2）电火花和电弧

电火花是电极间的击穿放电，电弧是大量电火花汇集而成的。在切断感性电路时，断路器触点分开瞬间，在触点之间的高电压形成的电场作用及触点上的高温引起热电子发射，使断开的触点之间形成密度很大的电子流和离子流，形成电弧和电火花。电弧形成后的弧柱温度可高达6 000～7 000℃，甚至10 000℃以上，不仅能引起可燃物燃烧，还能使金属熔化、飞溅，构成危险的火源。在有爆炸危险的场所，电火花和电弧是十分危险的因素。

电火花和电弧分为工作电火花及电弧、事故电火花及电弧。

1）工作电火花及电弧。指电气设备正常工作或正常操作过程中所产生的电火花。例如，刀开关、断路器、接触器、控制器接通和断开线路时会产生电火花；插销拔出或插入时的火花；直流电动机的电刷与换向器的滑动接触处、绕线式异步电动机的电刷与滑环的滑动接触处也会产生电火花等。切断感性电路时，断口处火花能量较大，危险性也较大。当该火花能量超过周围爆炸性混合物的最小引燃能量时，即可能引起爆炸。

2）事故电火花及电弧。包括线路或设备发生故障时出现的火花。如绝缘损坏、导线断线或连接松动导致短路或接地时产生的火花；电路发生故障，熔丝熔断时产生的火花；沿绝缘表面发生的闪络等。

电力线路和电气设备在投切过程中由于受感性和容性负荷的影响，可能会产生铁磁谐振和高次谐波，并引起过电压，这个过电压也会破坏电气设备绝缘造成击穿，并产生电弧。

事故火花还包括由外部原因产生的火花，如雷电直接放电及二次放电火花、静电火花、电磁感应火花等。

除上述外，电动机转子与定子发生摩擦（扫膛），或风扇与其他部件相碰也都会产生火花，这是由碰撞引起的机械性质的火花。

2. 电气装置及电气线路发生燃爆

（1）油浸式变压器火灾爆炸。变压器油箱内充有大量的用于散热、绝缘、防止内部元件和材料老化以及内部发生故障时熄灭电弧作用的绝缘油。变压器油的闪点在130～140℃之间。变压器发生故障时，在高温或电弧的作用下，变压器内部故障点附近的绝缘油和固态有机物发生分解，产生易燃气体。如故障持续时间过长，易燃气体愈来愈多，使变压器内部压力急剧上升，若安全保护装置（气体继电器、防爆管等）未能有效动作时，会导致油箱炸裂，发生喷油燃烧。燃烧会随着油流的蔓延而扩展，形成更大范围的火灾危害。造成停电、影响生产等重大经济损失、甚至造成人员的伤亡等重大事故。

除油浸变压器外，多油断路器等充油设备也可能发生爆炸。充油设备的绝缘油在高温电弧作用下气化和分解，喷出大量油雾和可燃气体，还可引起空间爆炸。

（2）电动机着火。异步电动机的火灾危险性是由于其内部和外部的诸如制造工艺和操作运行等种种原因造成的。其原因主要有：电源电压波动、频率过低；电机运行中发生过载、堵转、扫膛（转子与定子相碰）；电机绝缘破坏，发生相间、匝间短路；绕组断线或接触不良；以及选型和启动方式不当等。

三相异步电动机如果发生某相断线，则形成了缺相运行。此时，电动机绕组中的电流会明显上升，但又达不到保护电动机的熔断器的熔断电流值。因此，大电流长时间作用引起定子绕组过热，导致电动机烧毁。

异步电动机形成引燃的主要部位是绕组、铁心和轴承以及引线。其原因既有电气方面的原因也有机械方面的原因。而它们往往不是孤立的，电气原因可能引起机械方面的故障或事故，反之亦然，有时呈互为因果的恶性循环。

（3）电缆火灾爆炸。当导线电缆发生短路、过载、局部过热、电火花或电弧等故障状态时，所产生的热量将远远超过正常状态。火灾案例表明，有的绝缘材料是直接被电火花或电弧引燃；有的绝缘材料是在高温作用下，发生自燃；有的绝缘材料是在高温作用下，加速了热老化进程，导致热击穿短路，产生的电弧，将其引燃。

电缆火灾的常见起因如下：

1）电缆绝缘损坏。运输过程或敷设过程中造成了电缆绝缘的机械损伤、运行中的过载、接触不良、短路故障等都会使绝缘损坏，导致绝缘击穿而发生电弧。

2）电缆头故障使绝缘物自燃。施工不规范，质量差，电缆头不清洁等降低了线间绝缘。

3）电缆接头存在隐患。电缆接头的中间接头因压接不紧、焊接不良和接头材料选择不当，导致运行中接头氧化、发热、流胶；结缘剂质量不合格，灌注时盒内存有空气，电缆盒密封不好，进入了水或潮气等，都会引起绝缘击穿，形成短路设置发生爆炸。

4）堆积在电缆上的粉尘起火。积粉不清扫，可燃性粉尘在外界高温或电缆过负荷时，在电缆表面的高温作用下，发生自燃起火。

5）可燃气体从电缆沟窜入变、配电室。电缆沟与变、配电室的连通处未采取严密封堵措施，可燃气体通过电缆沟窜入变、配电室，引起火灾爆炸事故。

6）电缆起火形成蔓延。电缆受外界引火源作用一旦起火，火焰沿电缆延燃，使危害扩大。电缆在着火的同时，会产生有毒气体，对在场人员造成威胁。

三、雷电危害

1．雷电的种类、危害形式和事故后果

（1）雷电的种类

1）直击雷。雷云与大地目标之间的一次或多次放电称为对地闪击。闪击直接击于建筑物、其他物体、大地或外部防雷装置上，产生电效应、热效应和机械力者称为直击雷。直击雷的每次放电过程包括先导放电、主放电、余光三个阶段。大约50%的直击雷有重复放电特征。每次雷击有三四个冲击至数十个冲击。一次直击雷的全部放电时间一般不超过500 ms。

2）闪电感应。又称作雷电感应。闪电发生时，在附近导体上产生的静电感应和电磁感应，它可能使金属部件之间产生火花放电。

①闪电静电感应。是由于带电积云在架空线路导线或其他高大导体上感应出大量与雷云带电极性相反的电荷，在带电积云与其他客体放电后，感应电荷失去束缚，如没有就近泄入地中就会以大电流、高电压冲击波的形式，沿线路导线或导体传播。

②闪电电磁感应。是由于雷电放电时，迅速变化的雷电流在其周围空间产生瞬变的强电磁场，使附近导体上感应出很高的电动势。

3）球雷。球雷是雷电放电时形成的发红光、橙光、白光或其他颜色光的火球。从电学角度考虑，球雷应当是一团处在特殊状态下的带电气体。

此外，直击雷和闪电感应都能在架空线路、电缆线路或金属管道上产生沿线路或管道的两个方向迅速传播的闪电电涌（即雷电波）侵入。

（2）雷电的危害形式。雷电是大气中的一种放电现象。雷电具有雷电流幅值大、雷电流陡度大、冲击性强、冲击过电压高的特点。

雷电具有电性质、热性质和机械性质等三方面的破坏作用。

1）电性质的破坏作用。破坏高压输电系统，毁坏发电机、电力变压器等电气设备的绝缘，烧断电线或劈裂电杆，造成大规模停电事故；绝缘损坏可能引起短路，导致火灾或爆炸事故；二次放电的电火花也可能引起火灾或爆炸，二次放电也可能造成电击，伤害人命；形成接触电压电击和跨步电压导致触电事故；雷击产生的静电场突变和电磁辐射，干扰电视电话通讯，甚至使通讯中断；雷电也能造成飞行事故。

2）热性质的破坏作用。直击雷放电的高温电弧能直接引燃邻近的可燃物；巨大的雷电流通过导体能够烧毁导体；使金属熔化、飞溅引发火灾或爆炸。球雷侵入可引起火灾。

3）机械性质的破坏作用。巨大的雷电流通过被击物，使被击物缝隙中的气体剧烈膨胀，缝隙中的水分也急剧蒸发汽化为大量气体，导致被击物破坏或爆炸。雷击时产生的冲击波也有很强的破坏作用。此外，同性电荷之间的静电斥力、同方向电流的电磁作用力也会产生很强的破坏作用。

（3）雷电危害的事故后果。雷电能量释放所形成的破坏力可带来极为严重的后果。

1）火灾和爆炸。直击雷放电的高温电弧、二次放电、巨大的雷电流、球雷侵入可直接引起火灾和爆炸，冲击电压击穿电气设备的绝缘等可间接引起火灾和爆炸。

2）触电。积云直接对人体放电、二次放电、球雷打击、雷电流产生的接触电压和跨步电压可直接使人触电；电气设备绝缘因雷击而损坏，也可使人遭到电击。

3）设备和设施毁坏。雷击产生的高电压、大电流伴随的汽化力、静电力、电磁力可毁坏重要电气装置和建筑物及其他设施。

4）大规模停电。电力设备或电力线路破坏后可能导致大规模停电。

2. 雷电参数

雷电参数主要有雷暴日、雷电流幅值、雷电流陡度、冲击过电压等。

1）雷暴日。只要一天之内能听到雷声的就算一个雷暴日。年雷暴日数用来衡量雷电活动的频繁程度。雷暴日通常指一年内的平均雷暴日数，即年平均雷暴日，单位 d/a。

雷暴日数愈大，说明雷电活动愈频繁。例如：我国广东省的雷州半岛和海南岛一带雷暴日在 80 d/a 以上，北京一些地区、上海约为 40 d/a，天津、济南约为 30 d/a 等。我国把年平均雷暴日不超过 15 d/a 的地区划为少雷区，超过 40 d/a 划为多雷区。在防雷设计时，需要考虑当地雷暴日条件。

2）雷电流幅值。指雷云主放电时冲击电流的最大值。雷电流幅值可达数十千安至数百千安。

3）雷电流陡度。指雷电流随时间上升的速度。

雷电流冲击波波头陡度可达 50 kA/s，平均陡度约为 30 kA/s。雷电流陡度越大，对电气设备造成的危害也越大。

4）雷电冲击过电压。直击雷冲击过电压很高，可达数千千伏。

四、静电危害

1. 静电的危害形式和事故后果

静电危害是由静电电荷或静电场能量引起的。在生产工艺过程中以及操作人员的操作过程中，某些材料的相对运动、接触与分离等原因导致了相对静止的正电荷和负电荷的积累，即产生了静电。由此产生的静电其能量不大，不会直接使人致命。但是，其电压可能高达数十千伏以上容易发生放电，产生放电火花。静电的危害形式和事故后果有以下几个方面。

1）在有爆炸和火灾危险的场所，静电放电火花会成为可燃性物质的点火源，造成爆炸和火灾事故。

2）人体因受到静电电击的刺激，可能引发二次事故，如坠落、跌伤等。此外，对静电电击的恐惧心理还对工作效率产生不利影响。

3）某些生产过程中，静电的物理现象会对生产产生妨碍，导致产品质量不良，电子设备损坏。

2. 静电的特性

(1) 静电的产生

实验证明，只要两种物质紧密接触而后再分离时，就可能产生静电。静电的产生是同接触电位差和接触面上的双电层直接相关的。

1) 静电的起电方式

①接触—分离起电。两种物体接触，其间距离小于 25×10^{-8} cm 时，由于不同原子得失电子的能力不同，不同原子外层电子的能级不同，其间即发生电子的转移。因此，界面两侧会出现大小相等、极性相反的两层电荷。这两层电荷称为双电层，其间的电位差称为接触电位差。根据双电层和接触电位差的理论，可以推知两种物质紧密接触再分离时，即可能产生静电。

②破断起电。材料破断后能在宏观范围内导致正、负电荷的分离，即产生静电。这种起电称为破断起电。固体粉碎、液体分离过程的起电属于破断起电。

③感应起电。例举一种典型的感应起电过程。假设一导体 A 为带有负电荷的带电体，另有一导体 B 与一接地体相连时，在带电体 A 的感应下，B 的端部出现正电荷，B 由于接地，其对地电位仍然为零；而当 B 离开接地体时，B 成为了带正电荷带电体。

④电荷迁移。当一个带电体与一个非带电体接触时，电荷将发生迁移而使非带电体带电。例如，当带电雾滴或粉尘撞击导体时，便会产生电荷迁移；当气体离子流射在不带电的物体上时，也会产生电荷迁移。

2) 固体静电

固体静电可用双电层和接触电位差的理论来解释。双电层上的接触电位差是极为有限的，而固体静电电位可高达数万伏以上，其原因在于电容的变化。

将两种相接近的两个带电面看成是电容器的极板。可以推知，电容器上的电压 U 与电容器极间距离 d 成正比。两个带电面紧密接触时，其间距离 d 只有 25×10^{-8} cm。若二者分开为 1 cm，即 d 增大为 400 万倍。与其对应，如接触电位差为 0.01 V，则（在不考虑分开时电荷逆流的情况下），二者之间 U 可达 40,000 V。

橡胶、塑料、纤维等行业工艺过程中的静电高达数十千伏，甚至数百千伏，如不采取有效措施，很容易引起火灾。

3) 人体静电

人体静电引发的放电是酿成静电灾害的重要原因之一。人体静电的产生主要由摩擦、接触－分离和感应所致。人体在日常活动过程中，衣服、鞋以及所携带的用具与其他材料摩擦或接触—分离时，均可能产生静电。例如，当穿着化纤衣料服装的人从人造革面的椅子上起立时，由于衣服与椅面之间的摩擦和接触—分离，人体静电可达 10 000 V 以上。

4) 粉体静电

粉体实质是处在微小颗粒状态下的固体，其静电的产生也符合双电层的基本原理。当粉体物料被研磨、搅拌、筛分或处于高速运动时，由于粉体颗粒与颗粒之间及粉体颗粒与管道壁、容器壁或其他器具之间的碰撞、摩擦，或因粉体破断等都会产生危险的静电。

5）液体静电

液体在流动、过滤、搅拌、喷雾、喷射、飞溅、冲刷、灌注和剧烈晃动等过程中，由于静电荷的产生速度高于静电荷的泄漏速度，从而积聚静电荷，可能产生十分危险的静电。

6）蒸气和气体静电

蒸气或气体在管道内高速流动，以及由阀门、缝隙高速喷出时也会产生危险的静电。类似液体，蒸气产生静电也是由于接触、分离和分裂等原因产生的。

完全纯净的气体即使高速流动或高速喷出也不会产生静电，但由于气体内往往含有灰尘、铁末、液滴、蒸气等固体颗粒或液体颗粒，正是这些颗粒的碰撞、摩擦、分裂等过程产生了静电。例如，喷漆的过程实质上是将含有大量杂质的气体高速喷出，就会伴随比较强的静电产生。

（2）静电的消散

中和与泄漏是静电消失的两种主要方式，前者主要是通过空气发生的；后者主要是通过带电体本身及其相连接的其他物体发生的。

1）静电中和。空气中的自然存在的带电粒子极为有限，中和是极为缓慢的，一般不会被觉察到。带电体上的静电通过空气迅速的中和发生在放电时。

2）静电泄漏。表面泄漏和内部泄漏是绝缘体上静电泄漏的两种途径。静电表面泄漏过程其泄漏电流遇到的是表面电阻；静电内部泄漏过程其泄漏电流遇到的是体积电阻。

（3）静电的影响因素

1）材质和杂质的影响

一般情况下，杂质有增加静电的趋势。但如杂质能降低原有材料的电阻率，加入杂质则有利于静电的泄漏。

液体内含有高分子材料（如橡胶、沥青）的杂质时，会增加静电的产生。

液体内含有水分时，在液体流动、搅拌或喷射过程中会产生静电。液体内水珠的沉降过程中也会产生静电。如果油罐或油槽底部积水，经搅动后可能由静电引发爆炸事故。

2）工艺设备和工艺参数的影响

接触面积愈大，产生静电愈多，接触压力愈大或摩擦愈强烈，会增加电荷的分离，以致产生较多的静电。工艺速度越高，产生的静电越强。下列是容易产生和积累静电典型工艺过程：

①纸张与辊轴摩擦、传动皮带与皮带轮或辊轴摩擦等；橡胶的碾制、塑料压制、上光等；塑料的挤出、赛璐珞的过滤等。

②固体物质的粉碎、研磨过程；粉体物料的筛分、过滤、输送、干燥过程；悬浮粉尘的高速运动等。

③在混合器中各种高电阻率物质的搅拌。

④高电阻率液体在管道中流动且流速超过 1 m/s；液体喷出管口；液体注入容器发生冲击、冲刷和飞溅等。

⑤液化气体、压缩气体或高压蒸气在管道中流动和由管口喷出，如从气瓶放出压缩气体、喷漆等。

五、射频电磁场危害

射频指无线电波的频率或者相应的电磁振荡频率，泛指100 kHz以上的频率。射频伤害是由电磁场的能量造成的。射频电磁场的危害主要有：

1．在射频电磁场作用下，人体因吸收辐射能量会受到不同程度的伤害。过量的辐射可引起中枢神经系统的机能障碍，出现神经衰弱症候群等临床症状；可造成植物神经紊乱，出现心率或血压异常，如心动过缓、血压下降或心动过速、高血压等；可引起眼睛损伤，造成晶体浑浊，严重时导致白内障；可使睾丸发生功能失常，造成暂时或永久的不育症，并可能使后代产生疾患；可造成皮肤表层灼伤或深度灼伤等。

2．在高强度的射频电磁场作用下，可能产生感应放电，会造成电引爆器件发生意外引爆。感应放电对具有爆炸、火灾危险的场所来说是一个不容忽视的危险因素。此外，当受电磁场作用感应出的感应电压较高时，会给人以明显的电击。

六、电气装置故障危害

电气装置故障危害是由于电能或控制信息在传递、分配、转换过程中失去控制而产生的。断路、短路、异常接地、漏电、误合闸、误掉闸、电气设备或电气元件损坏、电子设备受电磁干扰而发生误动作、控制系统硬件或软件的偶然失效等都属于电气装置故障。其主要危害在于电气装置故障在一定条件下会引发或转化为造成人员伤亡及重大财产损失的事故。

1．引起火灾和爆炸

电气装置故障产生的危险温度、电火花、电弧等可能构成引燃源，引起火灾和爆炸的发生。

2．异常带电

电气系统中，原本不带电的部分因电路故障而异常带电，可导致触电事故发生。例如电气设备因绝缘不良产生漏电，使其金属外壳带电；高压故障接地时，在接地处附近呈现出较高的跨步电压，形成触电的危险条件。

3．异常停电

异常停电在某些特定场合会造成设备损坏和人身伤亡。如正在浇注钢水的吊车，因骤然停电而失控，导致钢水洒出引起人身伤亡事故；医院手术室可能因异常停电而被迫停止手术，因无法正常施救而危及病人生命；排放有毒气体的风机因异常停电而停转，致使有毒气体超过允许浓度危及人身安全等；公共场所发生异常停电，会引起妨碍公共安全的事故。发生大面积停电时，不仅造成企业停产、还会使电气铁路交通运输受阻，通讯中断，形成巨大的经济损失。

4．安全相关系统失效

在过程工业如石化、化工领域，基于电气/电子/可编程电子（E/E/PE）技术的安全相关系统，如紧急刹车（ESD）系统，用于对过程工业实施安全关键控制。如果因故障，安全相关系统在需要应急动作时不能实现所要求的安全功能，将会导致危险事故发生。

第二节　触电防护技术

所有电气装置都必须具备防止电击危害的直接接触防护和间接接触防护措施。

一、直接接触电击防护措施

绝缘、屏护和间距是直接接触电击的基本防护措施。其主要作用是防止人体触及或过分接近带电体造成触电事故以及防止短路、故障接地等电气事故。

1. 绝缘

绝缘是指利用绝缘材料对带电体进行封闭和隔离。良好的绝缘也是保证电气系统正常运行的基本条件。

（1）绝缘材料的电气性能

绝缘材料又称为电介质，其导电能力很小，但并非绝对不导电。工程上应用的绝缘材料电阻率一般都不低于 107 Ω · m。绝缘材料的主要作用是用于对带电的或不同电位的导体进行隔离，使电流按照确定的线路流动。

绝缘材料的品种很多，一般分为：

1）气体绝缘材料。常用的有空气和六氟化硫等。

2）液体绝缘材料。常用的有从石油原油中提炼出来的绝缘矿物油，十二烷基苯、聚丁二烯、硅油和三氯联苯等合成油以及蓖麻油。

3）固体绝缘材料。常用的有树脂绝缘漆、胶和熔敷粉末；纸、纸板等绝缘纤维制品；漆布、漆管和绑扎带等绝缘浸渍纤维制品；绝缘云母制品；电工用薄膜、复合制品和粘带；电工用层压制品；电工用塑料和橡胶；玻璃、陶瓷等。

每种绝缘材料都有其极限耐热温度，当超过这一极限温度时，其老化将加剧，电气设备的寿命就缩短。在电工技术中，常把电机电器中的绝缘结构和绝缘系统按耐热等级进行分类。表 2—1 是我国绝缘材料标准规定的绝缘耐热分级和极限温度。

表 2—1　　绝缘耐热分级和极限温度

耐热分级	极限温度 / ℃
Y	90
A	105
E	120
B	130
F	155
H	180
C	>180

（2）绝缘检测和绝缘试验

1）绝缘电阻试验

绝缘电阻是衡量绝缘性能优劣的最基本的指标。在绝缘结构的制造和使用中，经常需要测定其绝缘电阻。通过测定，可以在一定程度上判定某些电气设备的绝缘好坏，判断某些电气设备如电机、变压器的绝缘情况等。以防因绝缘电阻降低或损坏而造成漏电、短路、电击等电气事故。

2）绝缘电阻的测量

绝缘材料的电阻通常用兆欧表（摇表）测量。这里仅就应用兆欧表测量绝缘材料的电阻进行介绍。

兆欧表主要由作为电源的手摇发电机（或其他直流电源）和作为测量机构的磁电式比率计（双动线圈比率计）组成。测量时实际上是给被测物加上直流电压，测量其通过的泄漏电流，在表的盘面上读到的是经过换算的绝缘电阻值。

3）绝缘电阻指标

绝缘电阻随线路和设备的不同，其指标要求也不一样。就一般而言，高压较低压要求高；新设备较老设备要求高；室外设备较室内设备要求高，移动设备较固定设备要求高等。任何情况下绝缘电阻不得低于每伏工作电压 1 000 Ω，并应符合专业标准的规定。

2. 屏护和间距

屏护和间距是最为常用的电气安全措施之一。

（1）屏护

屏护是一种对电击危险因素进行隔离的手段，即采用遮栏、护罩、护盖、箱匣等把危险的带电体同外界隔离开来，以防止人体触及或接近带电体所引起的触电事故。屏护还起到防止电弧伤人、防止弧光短路或便利检修工作的作用。

尽管屏护装置是简单装置，但为了保证其有效性，须满足如下的条件：

1）屏护装置所用材料应有足够的机械强度和良好的耐火性能。为防止因意外带电而造成触电事故，对金属材料制成的屏护装置必须可靠连接保护线。

2）屏护装置应有足够的尺寸，与带电体之间应保持必要的距离。

遮栏高度不应低于 1.7 m，下部边缘离地不应超过 0.1 m。栅遮栏的高度户内不应小于 1.2 m、户外不应小于 1.5 m，栏条间距离不应大于 0.2 m；对于低压设备，遮栏与裸导体之间的距离不应小于 0.8 m。户外变配电装置围墙的高度一般不应小于 2.5 m。

3）遮栏、栅栏等屏护装置上，应有“止步，高压危险！”等标志。

4）必要时应配合采用声光报警信号和联锁装置。

（2）间距

间距是指带电体与地面之间、带电体与其他设备和设施之间、带电体与带电体之间必要的安全距离。间距的作用是防止人体触及或接近带电体造成触电事故；避免车辆或其他器具碰撞或过分接近带电体造成事故；防止火灾、过电压放电及各种短路事故，以及方便操作。在间距的设计选择时，既要考虑安全的要求，同时也要符合人—机工效学的要求。

不同电压等级、不同设备类型、不同安装方式、不同的周围环境所要求的间距不同。

1）线路间距

架空线路导线在弛度最大时与地面和水面的距离不应小于表 2—2 所示距离。

表2—2　导线与地面和水面的距离　m

线路经过地区	线路电压		
	≤1 kV	1~10 kV	35 kV
居民区	6	6.5	7
非居民区	5	5.5	6
不能通航或浮运的河、湖（冬季水面）	5	5	—
不能通航或浮运的河、湖（50年一遇的洪水水面）	3	3	—
交通困难地区	4	4.5	5
步行可以达到的山坡	3	4.5	5
步行不能达到的山坡或岩石	1	1.5	3

在未经相关管理部门许可的情况下，架空线路不得跨越建筑物。架空线路与有爆炸、火灾危险的厂房之间应保持必要的防火间距，且不应跨越具有可燃材料屋顶的建筑物。

2）用电设备间距

明装的车间低压配电箱底口距地面的高度可取1.2 m，暗装的可取1.4 m。明装电度表板底口距地面的高度可取1.8 m。

常用开关电器的安装高度为1.3~1.5 m；开关手柄与建筑物之间应保留150 mm的距离，以便于操作。墙用平开关离地面高度可取1.4 m。明装插座离地面高度可取1.3~1.8 m，暗装的可取0.2~0.3 m。

室内灯具高度应大于2.5 m；受实际条件约束达不到时，可减为2.2 m；低于2.2 m时，应采取适当安全措施。当灯具位于桌面上方等人碰不到的地方时，高度可减为1.5 m。户外灯具高度应大于3 m；安装在墙上时可减为2.5 m。

起重机具至线路导线间的最小距离，1 kV及1 kV以下者不应小于1.5 m，10 kV者不应小于2 m。

3）检修间距

低压操作时，人体及其所携带工具与带电体之间的距离不得小于0.1 m。

高压作业时，各种作业类别所要求的最小距离见表2—3。

表2—3　高压作业的最小距离　m

类别	电压等级	
	10 kV	35 kV
无遮栏作业，人体及其所携带工具与带电体之间①	0.7	1.0
无遮栏作业，人体及其所携带工具与带电体之间，用绝缘杆操作	0.4	0.6
线路作业，人体及其所携带工具与带电体之间②	1.0	2.5
带电水冲洗，小型喷嘴与带电体之间	0.4	0.6
喷灯或气焊火焰与带电体之间③	1.5	3.0

注：①距离不足时，应装设临时遮栏。

②距离不足时，邻近线路应当停电。

③火焰不应喷向带电体。

二、间接接触电击防护措施

1. IT 系统（保护接地）

IT 系统就是保护接地系统。其构成如图 2—4 所示。图中，L_1、L_2、L_3 是相线，N 是中性点，R_P是人体电阻，R_E是保护接地电阻，I_E是接地电流。保护接地的做法是将电气设备在故障情况下可能呈现危险电压的金属部位经接地线、接地体同大地紧密地连接起来；其安全原理是通过低电阻接地，把故障电压限制在安全范围以内。但应注意漏电状态并未因保护接地而消失。

IT 系统的字母 I 表示配电网不接地或经高阻抗接地，字母 T 表示电气设备外壳接地。

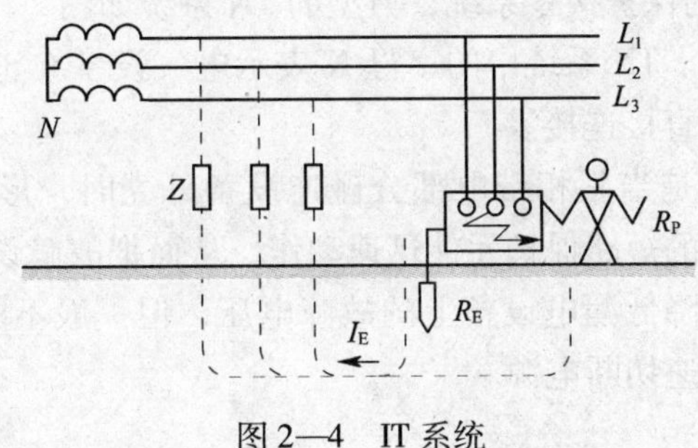

图 2—4　IT 系统

保护接地适用于各种不接地配电网，如某些 1 ~ 10 kV 配电网，煤矿井下低压配电网等。在这类配电网中，凡由于绝缘损坏或其他原因而可能呈现危险电压的金属部分，除另有规定外，均应接地。

在 380 V 不接地低压系统中，一般要求保护接地电阻 $R_E \leqslant 4\ \Omega$。当配电变压器或发电机的容量不超过 100 kV · A 时，要求 $R_E \leqslant 10\ \Omega$。

在不接地的 10 kV 配电网中，如果高压设备与低压设备共用接地装置，要求接地电阻不超过 10 Ω，并满足下式要求：

$$R_E \leqslant \frac{120}{I_E} \tag{2—1}$$

2. TT 系统

TT 系统如图 2—5 所示。图中，中性点的接地 R_N叫做工作接地，中性点引出的导线叫

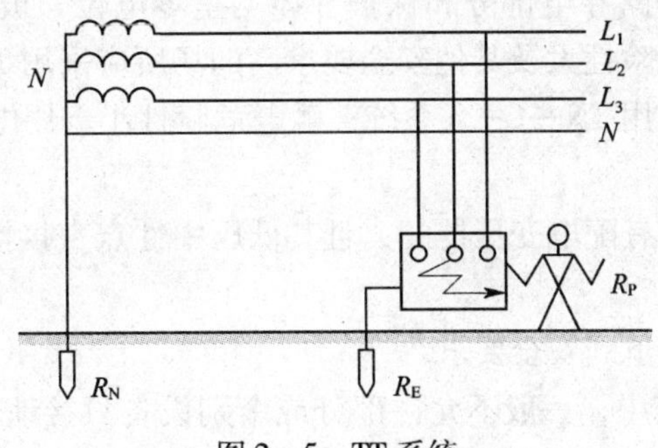

图 2—5　TT 系统

做中性线（也叫做工作零线）。TT 系统的第一个字母 T 表示配电网直接接地，第二个字母 T 表示电气设备外壳接地。

TT 系统的接地 R_E 虽然可以大幅度降低漏电设备上的故障电压，使触电危险性降低，但单凭 R_E 的作用一般不能将触电危险性降低到安全范围以内。另外，由于故障回路串联有 R_E 和 R_N，故障电流不会很大，可能不足以使保护电器动作，故障得不到迅速切除。因此，采用 TT 系统必须装设剩余电流动作保护装置或过电流保护装置，并优先采用前者。

TT 系统主要用于低压用户，即用于未装备配电变压器，从外面引进低压电源的小型用户。

3. TN 系统（保护接零）

TN 系统相当于传统的保护接零系统，典型的 TN 系统如图 2—6 所示。图中，*PE* 是保护零线，R_S 叫做重复接地。TN 系统中的字母 N 表示电气设备在正常情况下不带电的金属部分与配电网中性点之间直接连接。

保护接零的安全原理是当某相带电部分碰连设备外壳时，形成该相对零线的单相短路，短路电流促使线路上的短路保护元件迅速动作，从而把故障设备电源断开，消除电击危险。虽然保护接零也能降低漏电设备上的故障电压，但一般不能降低到安全范围以内。其第一位的安全作用是迅速切断电源。

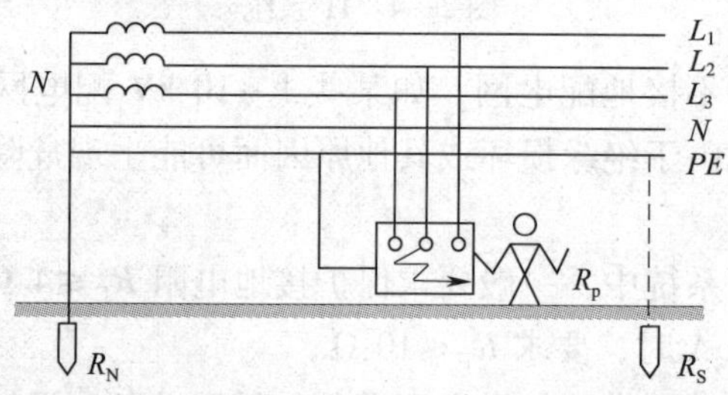

图 2—6　典型 TN 系统

TN 系统分为 TN—S，TN—C—S，TN—C 三种类型。如图 2—7 所示，TN—S 系统是 *PE* 线与 *N* 线完全分开的系统；TN—C—S 系统是干线部分的前一段 *PE* 线与 *N* 线共用为 *PEN* 线，后一段 *PE* 线与 *N* 线分开的系统；TN—C 系统是干线部分 *PE* 线与 *N* 线完全共用的系统。应当注意，支线部分的 *PE* 线是不能与 *N* 线共用的。TN—S 系统的安全性能最好，正常工作条件下，外露导电部分和保护导体均呈零电位，被称为是最“干净”的系统。有爆炸危险、火灾危险性大及其他安全要求高的场所应采用 TN—S 系统；厂内低压配电的场所及民用楼房应采用 TN—C—S 系统；触电危险性小、用电设备简单的场合可采用 TN—C 系统。

保护接零用于用户装有配电变压器的，且其低压中性点直接接地的 220/380 V 三相四线配电网。

应用保护接零应注意下列安全要求。

(1) 在同一接零系统中，一般不允许部分或个别设备只接地、不接零的做法；否则，当接地的设备漏电时，该接地设备及其他接零设备都可能带有危险的对地电压。如确有困难，个别设备无法接零而只能接地时，则该设备必须安装剩余电流动作保护装置。

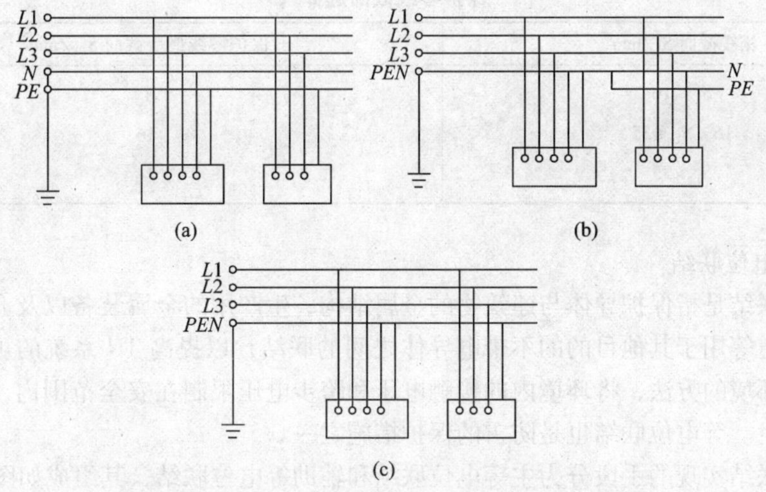

图 2—7　TN 系统三种类型

（a）TN—S 系统　（b）TN—C—S 系统　（c）TN—C 系统

（2）重复接地合格。重复接地指 *PE* 线或 *PEN* 线上除工作接地以外的其他点再次接地。重复接地的安全作用是：

1）减轻 *PE* 线和 *PEN* 线断开或接触不良的危险性；

2）进一步降低漏电设备对地电压；

3）缩短漏电故障持续时间；

4）改善架空线路的防雷性能。

电缆或架空线路引入车间或大型建筑物处，配电线路的最远端及每 1 km 处，高低压线路同杆架设时共同敷设的两端应作重复接地。每一重复接地的接地电阻不得超过 10 Ω；在低压工作接地的接地电阻允许不超过 10 Ω 的场合，每一重复接地的接地电阻允许不超过 30 Ω，但不得少于 3 处。

（3）发生对 *PE* 线的单相短路时能迅速切断电源。对于相线对地电压 220 V 的 TN 系统，手持式电气设备和移动式电气设备末端线路或插座回路的短路保护元件应保证故障持续时间不超过 0.4 s；配电线路或固定式电气设备的末端线路应保证故障持续时间不超过 5 s。

（4）工作接地合格。工作接地的主要作用是减轻各种过电压的危险。工作接地的接地电阻一般不应超过 4 Ω，在高土壤电阻率地区允许放宽至不超过 10 Ω。

（5）*PE* 线和 *PEN* 线上不得安装单极开关和熔断器；*PE* 线和 *PEN* 线应有防机械损伤和化学腐蚀的措施；*PE* 线支线不得串联连接，即不得用设备的外露导电部分作为保护导体的一部分。

（6）保护导体截面面积合格。当 *PE* 线与相线材料相同时，*PE* 线可以按表 2—4 选取。除应采用电缆心线或金属护套作保护线者外，有机械防护的 *PE* 线不得小于 2.5 mm^2，没有机械防护的不得小于 4 mm^2。铜质 *PEN* 线截面积不得小于 10 mm^2，铝质的不得小于 16 mm^2，如系电缆芯线，则不得小于 4 mm^2。

表 2—4　　保护零线截面选择表

相线截面 S_L/mm²	保护零线最小截面 S_{PE}/mm²
$S_L \leq 16$	S_L
$16 < S_L \leq 35$	16
$S_L > 35$	$S_L/2$

（7）等电位联结

等电位联结是指保护导体与建筑物的金属结构、生产用的金属装备以及允许用作保护线的金属管道等用于其他目的的不带电导体之间的联结，以提高 TN 系统的可靠性。通过构成等电位环境的方法，将环境内的接触电压和跨步电压限制在安全范围内，从而防止电气事故的发生。等电位联结也是防雷的保护措施之一。

等电位联结实现的手段分为主等电位联结和辅助等电位联结，其组成如图 2—8 所示。

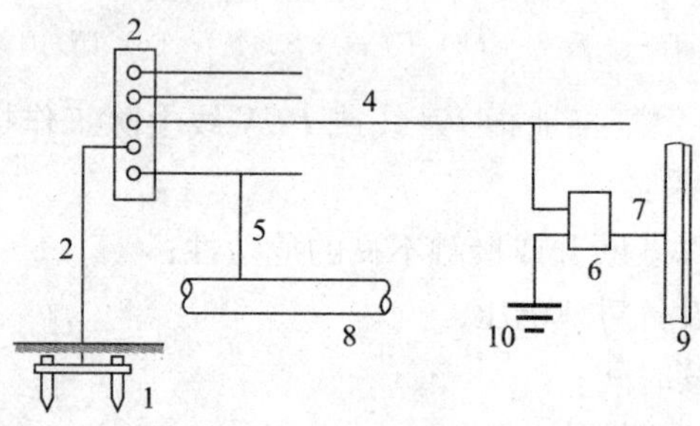

图 2—8　等电位联结

1—接地体　2—接地线　3—保护导体端子排　4—保护导体　5—主等电位联结导体　6—装置外露导电部分　7—辅助等电位联结导体　8—可连接的自然导体　9—装置以外的接零导体　10—重复接地

1）主等电位联结（即总等电位联结）。在建筑物的进线处将 PE 干线、设备 PE 干线、进水管、采暖和空调竖管、建筑物构筑物金属构件和其它金属管道、装置外露可导电部分等相连结。

2）辅助等电位联结。在某一局部将上述管道构件相连结。辅助等电位联结作为主等电位联结的补充，以进一步提高安全水平。

三、兼防直接接触和间接接触电击的措施

1. 双重绝缘

在介绍双重绝缘之前，首先需要了解电气设备的防触电保护分类。

（1）电气设备的防触电保护分类

1）0 类设备。仅靠基本绝缘作为防触电保护的设备，当设备有能触及的可导电部分时，该部分不与设施固定布线中的保护线相连接，一旦基本绝缘失效，则安全性完全取决于使用环境。这就要求设备只能在不导电环境中使用。比如木质地板和墙壁，且环境干燥的场所等。由于对于环境要求过于苛刻，使用范围受到局限。

2）OI 类设备和Ⅰ类设备。设备的防触电保护不仅靠基本绝缘，还包括一种附加的安全措施，即将能触及的可导电部分与设施固定布线中的保护线相连接。对于使用软电线或软电缆的设备，软电线或软电缆应具有一根保护芯线。这样，一旦基本绝缘失效，由于能够触及的可导电部分已经与保护线连接，因而人员的安全可以得到保护。OI 类设备的金属外壳上有接地端子；Ⅰ类设备的金属外壳上没有接地端子，但引出带有保护端子的电源插头。

3）Ⅱ类设备。设备的防触电保护不仅靠基本绝缘还具备像双重绝缘或加强绝缘类型的附加安全措施。这种设备不采用保护接地的措施，也不依赖于安装条件。

4）Ⅲ类设备。设备的防触电保护依靠安全特低电压（SELV）供电，且设备内可能出现的电压不会高于安全电压限值。三类设备是从电源方面就保证了安全。应注意Ⅲ类设备不得具有保护接地手段。

（2）双重绝缘和加强绝缘措施

双重绝缘和加强绝缘是在基本绝缘的直接接触电击防护基础上，通过结构上附加绝缘或绝缘的加强，使之具备了间接接触电击防护功能的安全措施。双重绝缘和加强绝缘典型结构见图 2—9 所示。

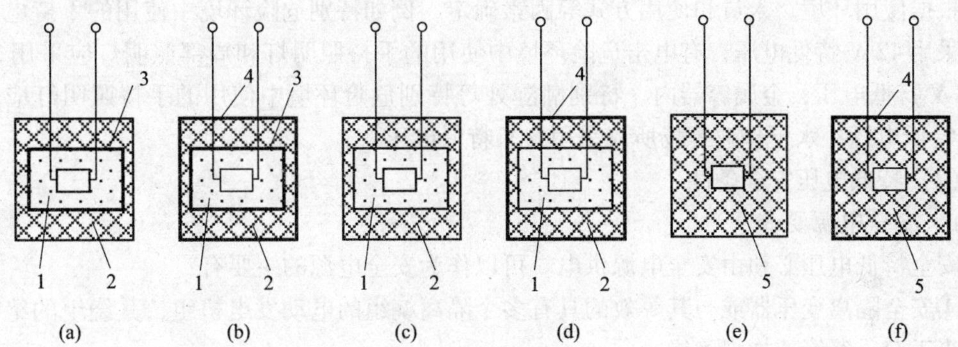

图 2—9　双重绝缘和加强绝缘典型结构

1—工作绝缘；2—保护绝缘；3—不可触及的金属；4—可触及的金属；5—加强绝缘

各种绝缘的意义如下：

1）工作绝缘。又称基本绝缘，是保证电气设备正常工作和防止触电的基本绝缘，位于带电体与不可触及金属件之间。

2）保护绝缘。又称附加绝缘，是在工作绝缘因机械破损或击穿等而失效的情况下，可防止触电的独立绝缘，位于不可触及金属件与可触及金属件之间。

3）双重绝缘。是兼有工作绝缘和附加绝缘的绝缘。

4）加强绝缘。是基本绝缘的改进，在绝缘强度和机械性能上具备了与双重绝缘同等防触电能力的单一绝缘，在构成上可以包含一层或多层绝缘材料。

具有双重绝缘和加强绝缘的设备属于Ⅱ类设备。

（3）双重绝缘和加强绝缘的安全条件

由于具有双重绝缘或加强绝缘，Ⅱ类设备无须再采取接地、接零等安全措施。双重绝缘和加强绝缘的设备其绝缘电阻应满足以下安全条件。

1）工作绝缘的绝缘电阻不得低于2 MΩ；保护绝缘的绝缘电阻不得低于5 MΩ；加强绝缘的绝缘电阻不得低于7 MΩ。

2）双重绝缘和加强绝缘标志。“回”作为Ⅱ类设备技术信息一部分标在设备明显位置上。

手持电动工具应优先选用Ⅱ类设备；在潮湿场所及金属构架上工作时，除选用特低电压工具外，也应尽量选用Ⅱ类设备。

2．安全电压

安全电压是属于兼有直接接触电击和间接接触电击防护的安全措施。其保护原理是：通过对系统中可能会作用于人体的电压进行限制，从而使触电时流过人体的电流受到抑制，将触电危险性控制在没有危险的范围内。由特低电压供电的设备属于Ⅲ类设备。

（1）特低电压的限值和额定值

1）安全电压额定值

我国国家标准规定了对应于特低电压的系列，其额定值（工频有效值）的等级为：42 V、36 V、24 V、12 V和6 V。

2）安全电压额定值的选用

根据使用环境、人员和使用方式等因素确定。例如特别危险环境中使用的手持电动工具应采用42 V特低电压；有电击危险环境中使用的手持照明灯和局部照明灯应采用36 V或24 V特低电压；金属容器内、特别潮湿处等特别危险环境中使用的手持照明灯应采用12 V特低电压；水下作业等场所应采用6 V特低电压。

（2）特低电压安全条件

1）安全电源要求

安全特低电压必须由安全电源供电。可以作为安全电源的主要有：

①安全隔离变压器或与其等效的具有多个隔离绕组的电动发电机组，其绕组的绝缘至少相当于双重绝缘或加强绝缘。

②电化电源或与高于特低电压回路无关的电源，如蓄电池及独立供电的柴油发电机等。

③即使在故障时仍能够确保输出端子上的电压（用内阻不小于3 kΩ的电压表测量）不超过特低电压值的电子装置电源等。

②回路配置要求

①回路的带电部分相互之间、回路与其它回路之间应实行电气隔离，其隔离水平不应低于安全隔离变压器输入与输出回路之间的电气隔离。

②回路的导线应与其他任何回路的导线分开敷设，保持适当的物理上的隔离。

3．剩余电流动作保护

剩余电流动作保护又称漏电保护，是利用剩余电流动作保护装置来防止电气事故的一种安全技术措施。所谓剩余电流，是指流过剩余电流动作保护装置主回路电流瞬时值的相量和（用有效值表示）。剩余电流动作保护装置简称RCD（Residual Current Operated Protective Device），主要用于防止人身电击，防止因接地故障引起的火灾和监测一相接地故障。剩余电流动作保护装置的主要功能是提供间接接触电击保护，而额定漏电动作电流不大于 30 mA 的剩余电流动作保护装置，在其他保护措施失效时，也可作为直接接触电击的补充保护，但不能作为基本的保护措施。

（1）剩余电流动作保护装置的工作原理

剩余电流动作保护装置的组成参见图 2—11 剩余电流动作保护装置组成框图。

剩余电流动作保护装置由检测元件、中间环节（包括放大元件和比较元件）、执行机构三个基本环节及辅助电源和试验装置构成。

1）检测元件。是一个零序电流互感器，参见图 2—10。图中，N_1是互感器的一次边，由被保护的主电路的相线和中性线穿过环行铁心构成；N_2为互感器的二次边，由均匀缠绕在环行铁心上的绕组构成。检测元件的作用是将漏电电流信号转换为电压或功率信号输出给中间环节。

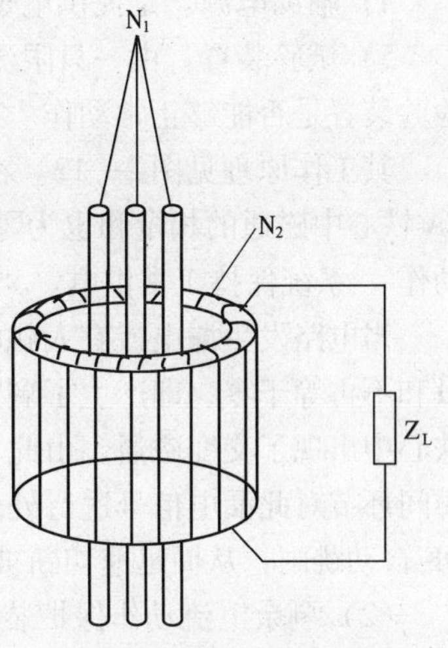

图 2—10　零序电流互感器

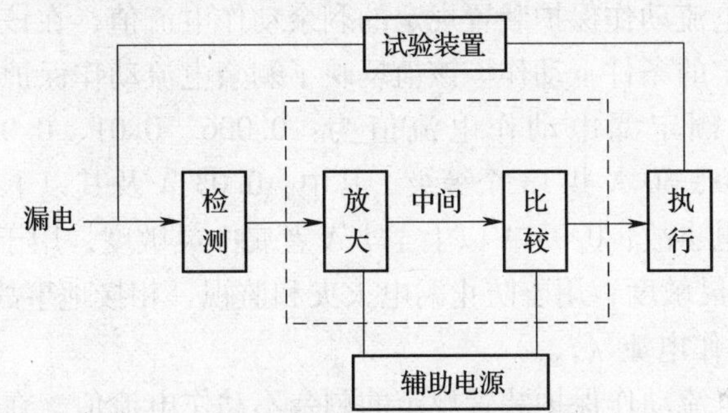

图 2—11　剩余电流动作保护装置组成框图

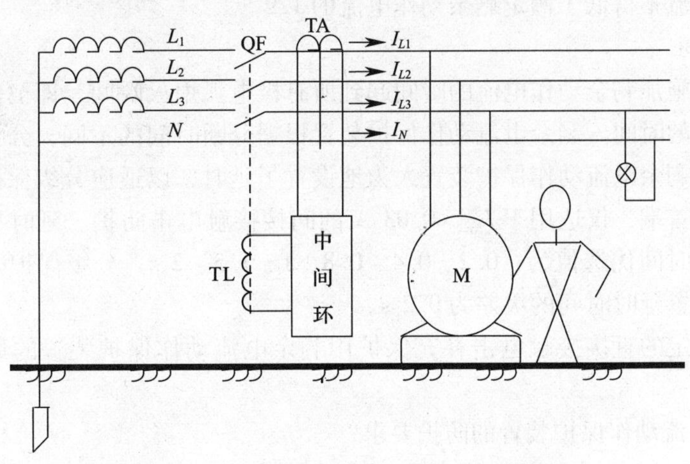

图 2—12　剩余电流动作保护工作原理

TA—零序电流互感器；QF—主开关；TL—主开关　QF 的分离脱扣器线圈

2）中间环节。通常含有放大器、比较器等，对来自零序电流互感器的漏电信号进行处理。

3）执行机构。指漏电动作脱扣器等，用于接收中间环节的指令信号，实施动作。

4）辅助电源。是提供电子电路工作所需的低压电源。

5）试验装置。由一只限流电阻和检查按钮相串联的支路构成，模拟漏电的路径，以检验装置是否能够正常动作。

其工作原理见图2—12。在电路正常的情况下，通过TA一次边电流的相量和等于零，TA铁心中磁通的相量和也为零，TA二次边不产生感应电动势，剩余电流动作保护装置不动作，系统保持正常供电。

当电路发生漏电或有人触电时，漏电电流的存在使通过TA一次边各相负荷电流的相量和不再等于零，即产生了剩余电流。此时，TA铁心中磁通的相量和也不再为零，即在铁心中出现了交变磁通。由此，使TA二次边线圈产生感应电动势，即得到漏电信号。经中间环节对此漏电信号进行处理和比较，当达到预定值时，漏电脱扣器动作，驱动主开关QF自动跳闸，从而迅速切断被保护电路的供电电源，实现保护。

（2）剩余电流动作保护装置的主要技术参数

剩余电流动作保护装置最基本的技术参数包括额定剩余电流动作电流和分断时间。

1）额定剩余动作电流（$I_{\Delta n}$）

是制造厂对剩余电流动作保护装置规定的剩余动作电流值，在该电流值时，剩余电流动作保护装置应在规定的条件下动作。该值反映了剩余电流动作保护装置的灵敏度。

我国标准规定的额定漏电动作电流值为：0.006、0.01、0.03、0.05、0.1、0.3、0.5、1、3、5、10、20、30 A共13个等级。其中，0.03 A及其以下者属高灵敏度、主要用于防止各种人身触电事故；0.03 A以上至1 A者属中灵敏度，用于防止触电事故和漏电火灾；1A以上者属低灵敏度，用于防止漏电火灾和监视一相接地事故。

2）额定剩余不动作电流（$I_{\Delta no}$）

是制造厂对剩余电流动作保护装置规定的剩余不动作电流值，在该电流值时，剩余电流动作保护装置应在规定的条件下不动作。为了防止误动作，剩余电流动作保护装置的额定剩余不动作电流不得低于额定剩余动作电流的1/2。

3）分断时间

是指从突然施加剩余动作电流的瞬间起到所有极电弧熄灭瞬间，即被保护电路完全被切断为止所经过的时间。剩余电流动作保护装置根据分断时间的不同，分为一般型和延时型两种。延时型剩余电流动作保护装置人为地设置了延时，以适应分级保护的需要，主要用于分级保护的首端，仅适用于$I_{\Delta n}>0.03$ A的间接接触电击防护。延时型剩余电流动作保护装置的延时时间优选值为：0.2、0.4、0.8、1、1.5、2 s。分级保护时，延时型剩余电流动作保护装置延时时间的级差为0.2 s。

我国标准规定的直接接触电击补充保护用剩余电流动作保护装置的最大分断时间见表2—5。

（3）剩余电流动作保护装置的防护要求

1）对直接接触电击事故的防护

在直接接触电击事故防护中，剩余电流保护装置只作为直接接触电击事故基本防护措施的补充保护措施。从剩余电流动作保护的机理可知，其保护并不包括对相与相、相与N线间形成的直接接触电击事故的防护。

表 2—5　　直接接触电击保护用剩余电流动作保护装置的最大分断时间

<table>
<tr><th rowspan="2">额定动作电流
$I_{\Delta n}$/A</th><th rowspan="2">额定电流
I_n/A</th><th colspan="3">最大分断时间/s</th></tr>
<tr><th>$I_{\Delta n}$</th><th>$2I_{\Delta n}$</th><th>0.25 A</th></tr>
<tr><td>0.006</td><td rowspan="3">任意值</td><td>5</td><td>1</td><td>0.04</td></tr>
<tr><td>0.010</td><td>5</td><td>0.5</td><td>0.04</td></tr>
<tr><td>0.030</td><td>0.5</td><td>0.2</td><td>0.04</td></tr>
</table>

2）对间接接触电击事故的防护

间接接触电击事故防护的主要措施是采用自动切断电源的保护方式，以防止由于电气设备绝缘损坏发生接地故障时，电气设备的外露可接近导体持续带有危险电压而产生电击事故。当电路发生绝缘损坏造成接地故障，其故障电流值小于过电流保护装置的动作电流值时，过电流保护装置不动作，不能消除电击危险，此时，需要依靠剩余电流动作保护装置的动作来切断电源，实现保护。

剩余电流动作保护装置用于间接接触电击事故防护时，应正确地与电网的系统接地型式相配合。在 TN 系统中，必须将 TN－C 系统改造为 TN－C－S、TN－S 系统或局部 TT 系统后，才可安装使用剩余电流动作保护装置。在 TN－C－S 系统中，剩余电流动作保护装置只允许用在 N 线与 PE 线分开部分。

3）对电气火灾的防护

为防止电气设备或线路因绝缘损坏形成接地故障引起的电气火灾，应装设当接地故障电流超过预定值时，能发出报警信号或自动切断电源的剩余电流动作保护装置。

为防止电气火灾发生而安装剩余电流动作电气火灾监控系统时，应对建筑物内防火区域作出合理的分布设计，确定适当的控制保护范围。该电气火灾监控系统的剩余电流动作的预定值和预定动作时间，应满足分级保护的动作特性相配合的要求。

（4）必须安装剩余电流动作保护装置的设备和场所

1）末端保护

①属于Ⅰ类的移动式电气设备；

②生产用的电气设备；

③施工工地的电气机械设备；

④安装在户外的电气装置；

⑤临时用电的电气设备；

⑥机关、学校、宾馆、饭店、企事业单位和住宅等除壁挂式空调电源插座外的其他电源插座或插座回路；

⑦游泳池、喷水池、浴池的电气设备；

⑧医院中可能直接接触人体的电气医用设备；

⑨其他需要安装剩余电流动作保护装置的场所。

2）线路保护

低压配电线路根据具体情况采用二级或三级保护时，在总电源端、分支线首端或线路末端（农村集中安装电能表箱、农业生产设备的电源配电箱）安装剩余电流动作保护装置。

(5) 剩余电流动作保护装置的运行和管理

为了确保剩余电流动作保护装置的正常运行，必须加强运行管理。剩余电流动作保护装置投入运行后，运行管理单位应建立相应的管理制度，并建立动作记录。

1）对使用中的剩余电流动作保护装置应定期用试验按钮检查其动作特性是否正常。雷击活动期和用电高峰期应增加试验次数。用于手持电动工具和移动式电气设备和不连续使用剩余电流动作保护装置，应在每次使用前进行试验。因各种原因停运的剩余电流动作保护装置再次使用前，应进行通电试验，检查装置的动作情况是否正常。对已发现的有故障的剩余电流动作保护装置应立即更换。

2）为检验剩余电流动作保护装置在运行中的动作特性及其变化，运行管理单位应配置专用测试仪器，并应定期进行动作特性试验。动作特性试验项目包括测试剩余动作电流值、测试分断时间、测试极限不驱动时间。进行特性试验时，应使用经国家有关部门检测合格的专用测试设备，由专业人员进行。严禁采用相线直接对地短路或利用动物作为试验物的方法进行试验。

3）电子式剩余电流动作保护装置，根据电子元器件有效工作寿命要求，工作年限一般为6年。超过规定年限应进行全面检测，根据检测结果，决定可否继续使用。

4）运行中剩余电流动作保护器动作后，应认真检查其动作原因，排除故障后再合闸送电。经检查未发现动作原因时，允许试送电一次。如果再次动作，应查明原因，找出故障，不得连续强行送电。必要时对其进行动作试验，经检查确认剩余电流保护装置本身发生故障时，应在最短时间内予以更换。严禁退出运行、私自撤除或强行送电。

5）剩余电流动作保护装置运行中遇有异常现象，应由专业人员进行检查处理，以免扩大事故范围。剩余电流动作保护装置损坏后，应由专业单位进行检查维护。

6）在剩余电流动作保护装置的保护范围内发生电击伤亡事故，应检查剩余电流动作保护装置的动作情况，分析未能起到保护作用的原因，在未调查前，不得拆动剩余电流动作保护装置。

第三节　电气防火防爆技术

一、危险物质及危险环境

(一) 危险物质分类、分组

对危险物质进行分类、分组，目的在于便于对不同的危险物质，采取有针对性的防范措施. 下面就危险物质的分类、分组进行介绍。

1. 危险物质分类

爆炸危险物质分如下三类。

(1) Ⅰ类：矿井甲烷（CH_4）；

(2) Ⅱ类：爆炸性气体、蒸气；

(3) Ⅲ类：爆炸性粉尘、纤维或飞絮。

2. Ⅱ类、Ⅲ类爆炸性物质的进一步分类（级）

（1）对于Ⅱ类爆炸性气体，按最大试验安全间隙（MESG）和最小引燃电流比（MICR）进一步划分为ⅡA、ⅡB和ⅡC三类。ⅡA、ⅡB和ⅡC各类对应的典型气体分别是丙烷、乙烯和氢气。其中，ⅡB类危险性大于ⅡA类；ⅡC类危险性大于前两者，最为危险。爆炸性气体MESG和MICR对应关系见表2—6。

表2—6　**各类爆炸性气体MESG和MICR对应表**

类别	MESG/mm	MICR
ⅡA	MESG≥0.9	MICR>0.8
ⅡB	0.9>MESG>0.5	0.8≥MICR≥0.45
ⅡC	MESG≤0.5	MICR<0.45

上述最大试验安全间隙（MESG）是指两个容器由长度25 mm的间隙连通，在规定试验条件下，一个容器内燃爆时，不会使另一个容器内燃爆的最大连通间隙的宽度。此参数是衡量爆炸性物品传爆能力的性能参数。上述最小点燃电流比（MICR）是指在规定试验条件下，气体、蒸气等爆炸性混合物的最小点燃电流与甲烷爆炸性混合物的最小点燃电流之比。

（2）对于Ⅲ类爆炸性粉尘、纤维或飞絮，进一步划分为ⅢA、ⅢB和ⅢC三类。

ⅢA：可燃性飞絮。指正常规格大于500μm的固体颗粒包括纤维，可悬浮在空气中，也可依靠自身质量沉淀下来。飞絮的实例包括人造纤维、棉花（包括棉绒纤维、棉纱头）、剑麻、黄麻、麻屑、可可纤维、麻絮、废打包木丝绵。

ⅢB：非导电粉尘。指电阻系数大于10^3 Ω·m的可燃性粉尘。

ⅢC：导电粉尘。指电阻系数等于或小于10^3 Ω·m的可燃性粉尘。

所谓可燃性粉尘是指正常规格500 μm或更准确细分的固体颗粒，可悬浮在空气中，也可依靠自身质量沉淀下来，可在空气中燃烧或焖燃，在大气压力和常温条件下可与空气形成爆炸性混合物。

其中，ⅢB类粉尘危险性大于ⅢA类，而ⅢC类导电粉尘一旦进入电气装置外壳可直接产生电火花形成引燃源，其危险性又大于ⅢB类，是最为危险的粉尘。

3. Ⅱ类、Ⅲ类爆炸性物质的分组

Ⅱ类爆炸性气体、蒸气和Ⅲ类爆炸性粉尘、纤维或飞絮按引燃温度（自燃点）分为6组：T1、T2、T3、T4、T5、T6。各组别对应的引燃温度表见2—7。

表2—7　**引燃温度分组**

组别	引燃温度T/℃
T1	450<T
T2	300<T≤450
T3	200<T≤300
T4	135<T≤200
T5	100<T≤135
T6	85<T≤100

部分爆炸性气体的分类和分组见表2—8。

表2—8　部分爆炸性气体的分类和分组

	最大实验安全间隙（MESG）mm	最小点燃电流比（MICR）	引燃温度及组别/℃					
			T1	T2	T3	T4	T5	T6
			T＞450	300＜T≤450	200＜T≤300	135＜T≤200	100＜T≤135	85＜T≤100
ⅡA	≥0.9	≥0.8	甲烷、乙烷、丙烷、丙酮、氯苯、苯乙烯、氯乙烯、甲苯、苯胺、甲醇、一氧化碳、乙酸乙酯、乙酸、丙烯腈	丁烷、乙醇、丙烯、丁醇、乙酸丁酯、乙酸戊酯、乙酸酐	戊烷、己烷、庚烷、癸烷、辛烷、汽油、硫化氢、环己烷	乙烯、乙醛	—	亚硝酸乙酯
ⅡB	0.5～0.9	0.45～0.8	乙甲醚、民用煤气、环丙烷	乙烯、环氧乙烷、环氧丙烷、丁二烯	异戊二烯	—	—	—
ⅡC	≤0.5	＜0.45	氢、水煤气、焦炉煤气	乙炔	—	—	二硫化碳	硝酸乙酯

（二）危险环境

对不同危险环境进行分区，目的是便于根据危险环境特点正确选用电气设备、电气线路及照明装置等的防护措施。

1. 爆炸性气体环境

爆炸性气体环境是指在一定条件下，气体或蒸气可燃性物质与空气形成的混合物，该混合物被点燃后，能够保持燃烧自行传播的环境。

（1）爆炸性气体环境危险场所分区

根据爆炸性气体混合物出现的频繁程度和持续时间，对危险场所分区，分为：0区、1区、2区。

1）0区。指正常运行时连续或长时间出现或短时间频繁出现爆炸性气体、蒸气或薄雾的区域。例如：油罐内部液面上部空间。

2）1区。指正常运行时可能出现（预计周期性出现或偶然出现）爆炸性气体、蒸气或薄雾的区域。例如：油罐顶上呼吸阀附近。

3）2区。指正常运行时不出现，即使出现也只可能是短时间偶然出现爆炸性气体、蒸气或薄雾的区域。例如：油罐外3 m内。

（2）释放源的等级

释放源的等级和通风条件对分区有直接影响。其中释放源是划分爆炸危险区域的基础。释放源有如下几种情况。

1）连续级释放源。连续释放、长时间释放或短时间频繁释放；

2）一级释放源。正常运行时周期性释放或偶然释放；

3）二级释放源。正常运行时不释放或不经常且只能短时间释放；

4）多级释放源。包含上述两种以上特征。

(3）通风类型划分

通风的有效性直接影响着爆炸性环境的存在和形成。不同的通风效果将直接影响危险环境区域最终划分结果。适当的通风可以加速爆炸性混合物在空气中的扩散和消散，良好的、有效的通风效果可以缩小危险环境的范围或使高一级的危险环境降为低一级的危险环境，甚至无爆炸危险环境。相反，无通风或差的通风效果也会扩大危险环境的范围，甚至可能使低一级的危险环境变成高一级的危险环境。因此，通风等级的确定也是确定环境的危险区域类型的重要因素之一。

1）通风的主要方式

通风主要有自然通风和人工通风两种类型。

①自然通风。指的是一种由风或温度的配合效果而引起的空气流动或新鲜空气的置换。户外开放场所、户外开放式建筑物或具备良好自然通风条件的户内环境（如空气对流通道）的通风都可列为自然通风。

②人工通风。指的是一种利用人工方法例如排气扇等使危险环境的空气流动或新鲜空气置换。人工通风是一种强制性通风，又分为对整体场所进行的普遍性强制通风和对局部场所进行的针对性强制通风。

2）通风的有效性

通风的有效性主要反映通风连续性的优劣，影响着爆炸危险环境的存在或形成。通风有效性分为“良好”、“一般”和“差”三个等级。

“良好通风”指的是通风连续地存在；

“一般通风”指的是在正常运行时，预计通风存在，允许短时，不经常的不连续通风；

“差的通风”指的是不能满足“良好”或“一般”标准的通风，但预计不会出现长时间的不连续通风。

与通风相对应的“无通风”，指的是不采取与新鲜空气置换措施的状态。

3）通风的等级

IEC 和我国有关标准将通风分为高、中、低三个等级。

高级通风（VH）——能够在释放源处瞬间降低其浓度，使其低于爆炸下限（LEL)，区域范围很小甚至可以忽略不计；

中级通风（VM）——能够控制浓度，使得区域界限外部的浓度稳定地低于爆炸下限，虽然释放源正在释放中，并且释放停止后，爆炸性环境持续存在时间不会过长；

低级通风（VL）——在释放源释放过程中，不能控制其浓度，并且在释放源停止释放后，也不能阻止爆炸性环境持续存在。

(4）爆炸性气体场所危险区域的划分

划分危险区域时，应综合考虑释放源级别和通风条件，并应遵循以下原则：

1）首先应按下列释放源级别划分区域：

存在连续级释放源的区域可划为 0 区；存在第一级释放源区域，可划为 1 区；存在第二级释放源的区域，可划为 2 区。

2）其次应根据通风条件调整区域划分

当通风良好时，应降低爆炸危险区域等级。良好的通风标志是混合物中危险物质的浓度被稀释到爆炸下限的 25% 以下。局部机械通风在降低爆炸性气体混合物浓度方面比自然通风和一般机械通风更为有效时，可采用局部机械通风降低爆炸性危险区域等级。

当通风不良时，应提高爆炸危险区域等级。在障碍物、凹坑、死角等处，由于通风不良，应局部提高的爆炸危险区域等级。

利用堤或墙等障碍物，可限制比空气重的爆炸性气体混合物的扩散，缩小爆炸危险范围。

（5）爆炸性气体环境危险区域的范围

爆炸性气体环境危险区域的范围应按下列要求确定：

1）爆炸危险区域的范围应根据释放源的级别和位置、易燃物质的性质、通风条件、障碍物及生产条件、运行经验，经技术经济比较综合确定。

2）建筑物内部，宜以厂房为单位划定爆炸危险区域的范围。但也应根据生产的具体情况，当厂房内空间大，释放源释放的易燃物质量少时，可按厂房内部分空间划定爆炸危险的区域范围。

3）当易燃物质可能大量释放并扩散到 15 m 以外时，爆炸危险区域的范围应划分附加 2 区。

4）在物料操作温度高于可燃液体闪点的情况下，可燃液体可能泄漏时，其爆炸危险区域的范围可适当缩小。

确定爆炸危险区域的等级和范围宜符合国家相关标准中爆炸性气体不同的密度和不同的通风条件下典型爆炸危险区域划分示例的规定，并应根据易燃物质的释放量、释放速度、沸点、温度、闪点、相对密度、爆炸下限、障碍等条件，结合实践经验确定。

2. 爆炸性粉尘环境

爆炸性粉尘环境是指在一定条件下，粉尘、纤维或飞絮的可燃性物质与空气形成的混合物被点燃后，能够保持燃烧自行传播的环境。

根据粉尘、纤维或飞絮的可燃性物质与空气形成的混合物出现的频率和持续时间及粉尘层厚度进行分类，将爆炸性粉尘环境分为 20 区、21 区和 22 区。

（1）20 区。在正常运行工程中，可燃性粉尘连续出现或经常出现其数量足以形成可燃性粉尘与空气混合物和/或可能形成无法控制和极厚的粉尘层的场所及容器内部。

（2）21 区。在正常运行过程中，可能出现粉尘数量足以形成可燃性粉尘与空气混合物但未划入 20 区的场所。该区域包括，与充入或排放粉尘点直接相邻的场所、出现粉尘层和正常操作情况下可能产生可燃浓度的可燃性粉尘与空气混合物的场所。

（3）22 区。在异常情况下，可燃性粉尘云偶尔出现并且只是短时间存在、或可燃性粉尘偶尔出现堆积或可能存在粉尘层并且产生可燃性粉尘空气混合物的场所。如果不能保证排除可燃性粉尘堆积或粉尘层时，则应划为 21 区。

3．火灾危险环境

火灾危险环境按下列规定分为21区、22区和23区。

（1）火灾危险21区。具有闪点高于环境温度的可燃液体，在数量和配置上能引起火灾危险的环境。

（2）火灾危险22区。具有悬浮状、堆积状的可燃粉尘或纤维，虽不可能形成爆炸混合物，但在数量和配置上能引起火灾危险的环境。

（3）火灾危险23区。具有固体状可燃物质，在数量和配置上能引起火灾危险的环境。

二、防爆电气设备和防爆电气线路

1．防爆电气设备

（1）防爆电气设备类型

爆炸性环境用电气设备与爆炸危险物质的分类相对应，被分为Ⅰ类、Ⅱ类、Ⅲ类。

1）Ⅰ类电气设备。用于煤矿瓦斯气体环境。

Ⅰ类防爆型式考虑了甲烷和煤粉的点燃及地下用设备的机械增强保护措施。

2）Ⅱ类电气设备。用于煤矿甲烷以外的爆炸性气体环境。具体分为ⅡA、ⅡB、ⅡC三类。ⅡB类的设备可适用于ⅡA类设备的使用条件，ⅡC类的设备可用于ⅡA或ⅡB类设备的使用条件。

3）Ⅲ类电气设备。用于爆炸性粉尘环境。具体分为ⅢA、ⅢB、ⅢC三类。ⅢB类的设备可适用于ⅢA设备的使用条件，ⅢC类的设备可用于ⅢA或ⅢB类设备的使用条件。

（2）设备保护等级（EPL）

引入设备保护等级（EPL）目的在于指出设备的固有点燃风险，区别爆炸性气体环境、爆炸性粉尘环境和煤矿有甲烷的爆炸性环境的差别。

用于煤矿有甲烷的爆炸性环境中的Ⅰ类设备EPL分为Ma、Mb两级。

用于爆炸性气体环境的Ⅱ类设备的EPL分为Ga、Gb、Gc三级。

用于爆炸性粉尘环境的Ⅲ类设备的EPL分为Da、Db、Dc三级。

其中，Ma、Ga、Da级的设备具有“很高”的保护等级，该等级具有足够的安全程度，使设备在正常运行过程中、在预期的故障条件下或者在罕见的故障条件下不会成为点燃源。对Ma级来说，甚至在气体突出时设备带电的情况下也不可能成为点燃源。

Mb、Gb、Db级的设备具有“高”的保护等级，在正常运行过程中，在预期的故障条件下不会成为点燃源。对Mb级来说，在从气体突出到设备断电的时间范围内预期的故障条件下不可能成为点燃源。

Gc、Dc级的设备具有爆炸性气体环境用设备。具有“加强”的保护等级，在正常运行过程中不会成为点燃源，也可采取附加保护，保证在点燃源有规律预期出现的情况下（例如灯具的故障），不会点燃。

（3）防爆电气设备防爆结构型式

1）爆炸性气体环境防爆电气设备结构型式及符号。

用于爆炸性气体环境的防爆电气设备结构型式及符号分别是：隔爆型（d）、增安型（e）、本质安全型（i，对应不同的保护等级分为ia、ib、ic）、浇封型（m，对应不同的保护等级分为ma、mb、mc)、无火花型(nA)、火花保护(nC)、限制呼吸型(nR)、限能型(nL)、油浸型(o)、正压型(p,对应不同的保护等级分为px、py、pz)、充砂型(q)等设备。各种防爆型式及符号的防爆电气设备有其各自对应的保护等级,供电气防爆设计时选用。Ⅰ类、Ⅱ类防爆电气设备结构型式与设备保护等级对应关系见表2—9。

表2—9　Ⅰ类、Ⅱ类防爆电气设备结构型式与设备保护等级(EPL)对应关系

型式	d	e	ia	ib	ic	ma	mb	mc	nA	nC	nR	nL	o	px	py	pz	q
EPL	Gb或Mb	Gb或Mb	Ga或Ma	Gb或Mb	Gc	Ga或Ma	Gb或Mb	Gc	Gc	Gc	Gc	Gc	Gb	Gb或Mb	Gb	Gc	Gb或Mb

2)爆炸性粉尘环境防爆电气设备结构型式及符号。

用于爆炸性粉尘环境的防爆电气设备结构型式及符号分别是:隔爆型(t,对应不同的保护等级分为ta、tb、tc)、本质安全型(i,对应不同的保护等级分为ia、ib、ic)、浇封型(m,对应不同的保护等级EPL分为ma、mb、mc)、正压型(p)等设备。Ⅲ类防爆电气设备结构型式与设备保护等级(EPL)对应关系见表2—10。

表2—10　Ⅲ类防爆电气设备结构型式与设备保护等级对应关系

型式	ta	tb	tc	ia	ib	ic	ma	mb	mc	p
EPL	Da	Db	Dc	Da	Db	Dc	Da	Db	Dc	Db或Dc

(4)防爆电气设备的标志

防爆电气设备的标志应设置在设备外部主体部分的明显地方,且应设置在设备安装之后能看到的位置。标志应包含:制造商的名称或注册商标、制造商规定的型号标识、产品编号或批号、颁发防爆合格证的检验机构名称或代码、防爆合格证号、Ex标志、防爆结构型式符号、类别符号、表示温度组别的符号(对于Ⅱ类电气设备)或最高表面温度及单位℃,前面加符号T(对于Ⅲ类电气设备)、设备的保护等级(EPL)、防护等级(仅对于Ⅲ类,例如IP54)。

表示Ex标志、防爆结构型式符号、类别符号、温度组别或最高表面温度、保护等级、防护等级的示例:

1)Ex d ⅡB T3 Gb——表示该设备为隔爆型"d",保护等级为Gb,用于ⅡB类T3组爆炸性气体环境的防爆电气设备。

2)Ex p ⅢC T120℃ Db IP65——表示该设备为正压型"p",保护等级为Db,用于有ⅢC导电性粉尘的爆炸性粉尘环境的防爆电气设备,其最高表面温度低于120℃,外壳防护等级为IP65。

用于煤矿的电气设备,其环境中除了甲烷外还可能含有其他爆炸性气体(即除甲烷外)时,应按照Ⅰ类和Ⅱ类相应可燃性气体的要求进行制造和检验。该类电气设备应有相应的标志(例如:"Ex d Ⅰ/ⅡB T3"或者"Ex d Ⅰ/Ⅱ (NH_3)"。

(5)爆炸危险环境中电气设备的选用

爆炸危险环境中电气设备的选用一般原则是:

1)应根据电气设备使用环境的区域、电气设备的种类、防护级别和使用条件等选择电气设备。

2）所选用的防爆电气设备的类别和组别不应低于该危险环境内爆炸性混合物的类别和组别。

Ⅱ类、Ⅲ类防爆电气设备的防护等级 EPL 与爆炸危险环境区域的对应关系见表2—11。爆炸性气体环境电气设备选型典型例子见表 2—12。

表 2—11　　Ⅱ类、Ⅲ类防爆电气设备的 EPL 与爆炸危险环境区域的对应关系

ELS	Ga	Gb	Gc	Da	Db	Dc
区域	0	1	2	20	21	22

表 2—12　　爆炸性气体环境电气设备选型

类别 / 电气设备	爆炸危险环境区别											
	0 区	1 区					2 区					
	本质安全	本质安全	隔爆	正压	充油	增安	本质安全	隔爆	正压	充油	增安	无火花型
鼠笼型感应电动机			○	○		△		○	○		○	○
开关、断路器			○					○				
熔断器			△					○				
控制开关及按钮	○	○	○		○		○	○		○		
操作箱、操作柜			○	○				○	○			
固定式灯			○					○			○	
移动式灯			△					○				

注：○表示适用，△表示尽量避免采用。

2. 防爆电气线路

在爆炸危险环境中，电气线路安装位置的选择、敷设方式的选择、导体材质的选择、连接方法的选择等均应根据环境的危险等级进行。

1）敷设位置。电气线路应当敷设在爆炸危险性较小或距离释放源较远的位置。

2）敷设方式。爆炸危险环境中电气线路主要采用防爆钢管配线和电缆配线，在敷设时的最小截面、接线盒、管子连接要求等方面应满足对应爆炸危险区域的防爆技术要求。

3）隔离密封。敷设电气线路的沟道以及保护管、电缆或钢管在穿过爆炸危险环境等级不同的区域之间的隔墙或楼板时，应采用非燃性材料严密堵塞。

4）导线材料选择。爆炸危险环境危险等级 1 区的范围内，配电线路应采用铜芯导线或电缆。在有剧烈振动处应选用多股铜芯软线或多股铜芯电缆。煤矿井下不得采用铝芯电力电缆。

爆炸危险环境危险等级 2 区的范围内，电力线路应采用截面积 4 mm^2 及以上的铝芯导线或电缆，照明线路可采用截面积 2. 5 mm^2 及以上的铝芯导线或电缆。

5）允许载流量。1 区、2 区绝缘导线截面和电缆截面的选择，导体允许载流量不应小于熔断器熔体额定电流和断路器长延时过电流脱扣器整定电流的 1. 25 倍。引向低压笼型感应电动机支线的允许载流量不应小于电动机额定电流的 1. 25 倍。

6）电气线路的连接。1 区和 2 区的电气线路的中间接头必须在与该危险环境相适应的防爆型的接线盒或接头盒内部。1 区宜采用隔爆型接线盒，2 区可采用增安型接线盒。

第四节　雷击和静电防护技术

一、防雷措施

1. 建筑物防雷的分类

防雷的分类是指建筑物按其重要性、生产性质、遭受雷击的可能性和后果的严重性所进行的分类，划分方法如下。

（1）第一类防雷建筑物

1）凡制造、使用或储存火炸药及其制品的危险建筑物，因电火花而引起爆炸、爆轰，会造成巨大破坏和人身伤亡者。

2）具有 0 区或 20 区爆炸危险场所的建筑物。

3）具有 1 区或 21 区爆炸危险场所的建筑物，因电火花而引起爆炸，会造成巨大破坏和人身伤亡者。

例如，火药制造车间、乙炔站、电石库、汽油提炼车间等。

（2）第二类防雷建筑物

1）国家级重点文物保护的建筑物。

2）国家级的会堂、办公建筑物、大型展览和博览建筑物、大型火车站和飞机场、国宾馆，国家级档案馆、大型城市的重要给水水泵房等特别重要的建筑物。

3）国家级计算中心、国际通讯枢纽等对国民经济有重要意义的建筑物。

4）国家特级和甲级大型体育馆。

5）制造、使用或储存火炸药及其制品的危险建筑物，且电火花不易引起爆炸或不致造成巨大破坏和人身伤亡者。

6）具有 1 区或 21 区爆炸危险场所的建筑物，且电火花不易引起爆炸或不致造成巨大破坏和人身伤亡者。

7）具有 2 区或 22 区爆炸危险场所的建筑物。

8）有爆炸危险的露天钢质封闭气罐。

9）预计雷击次数大于 0.05 次/a 的部、省级办公建筑物和其他重要或人员密集的公共建筑物以及火灾危险场所。

10）预计雷击次数大于 0.25 次/a 的住宅、办公楼等一般性民用建筑物或一般性工业建筑物。

（3）第三类防雷建筑物

1）省级重点文物保护的建筑物及省级档案馆。

2）预计雷击次数大于或等于 0.01 次/a 且小于或等于 0.05 次/a 的部、省级办公建筑物和其他重要或人员密集的公共建筑物以及火灾危险场所。

3）预计雷击次数大于或等于0.05次/a且小于或等于0.25次/a的住宅、办公楼等一般性民用建筑物或一般性工业建筑物。

4）在平均雷暴日大于15 d/a的地区，高度在15 m及以上的烟囱、水塔等孤立的高耸建筑物；在平均雷暴日小于或等于15 d/a的地区，高度在20 m及以上的烟囱、水塔等孤立的高耸建筑物。

2. 防雷技术分类

防雷主要分为外部防雷和内部防雷以及防雷击电磁脉冲。

1）外部防雷。即针对直击雷的防护，不包括防止外部防雷装置受到直接雷击时向其他物体的反击。

2）内部防雷。包括防雷电感应、防反击以及防雷击电涌侵入和防生命危险。

3）防雷击电磁脉冲。是对建筑物内电气系统和电子系统防雷电流引发的电磁效应，包含防经导体传导的闪电电涌和防辐射脉冲电磁场效应。

3. 防雷装置

建筑物防雷装置是指用于对建筑物进行雷电防护的整套装置，由外部防雷装置和内部防雷装置组成。

（1）外部防雷装置。指用于防直击雷的防雷装置，由接闪器、引下线和接地装置组成。

1）接闪器。接闪杆（以前称为避雷针）、接闪带（以前称为避雷带）、接闪线（以前称为避雷线）、接闪网（以前称为避雷网）以及金属屋面、金属构件等均为常用的接闪器。

接闪器是利用其高出被保护物的地位，把雷电引向自身，起到拦截闪击的作用，通过引下线和接地装置，把雷电流泄入大地，保护被保护物免受雷击。

接闪器的保护范围按滚球法确定。滚球法是假设以一定半径的球体，沿需要防直击雷的部位滚动，当球体只触及接闪器（包括被利用作为接闪器的金属物），和地面（包括与大地接触并能承受雷击的金属物），而不触及需要保护的部位时，则该部分就得到接闪器的保护。此时对应的球面线即保护范围的轮廓线。滚球的半径按建筑物防雷类别确定，一类为30 m、二类为45 m、三类为60 m。

2）引下线。是连接接闪器与接地装置的圆钢或扁钢等金属导体，用于将雷电流从接闪器传导至接地装置。引下线应满足机械强度、耐腐蚀和热稳定的要求。防直击雷的专设引下线距建筑物出入口或人行道边沿不宜小于3 m。

3）接地装置。是接地体和接地线的总合，用于传导雷电流并将其流散入大地。

除独立接闪杆外，在接地电阻满足要求的前提下，防雷接地装置可以和其他接地装置共用。

防雷接地电阻通常指冲击接地电阻。冲击接地电阻一般不等于工频接地电阻，这是因为极大的雷电流自接地体流入土壤时，接地体附近形成很强的电场，击穿土壤并产生火花，相当于增大了接地体的泄放电流面积，减小了接地电阻。冲击接地电阻一般都小于工频接地电阻。土壤电阻率越高，雷电流越大，以及接地体和接地线越短，则冲击接地电阻减小越多。就接地电阻值而言，独立接闪杆的冲击接地电阻不宜大于10 Ω；附设接闪器每根引下线的冲击接地电阻不应大于 10 Ω。为了防止跨步电压伤人，防直击雷的人工接地体距建筑物出入口和人行道不应小于 3 m。

（2）内部防雷装置。由屏蔽导体、等电位连接件和电涌保护器等组成。对于变配电设备，常采用避雷器作为防止雷电波侵入的装置。

1）屏蔽导体。通常指电阻率小的良导体材料，如建筑物的钢筋及金属构件；电气设备及电子装置金属外壳；电气及信号线路的外设金属管、线槽、外皮、网、膜等。由屏蔽导体可构成屏敝层，当空间干扰电磁波入射到屏蔽层金属体表面时，会产生反射和吸收，电磁能量被衰减，从而起到屏蔽作用。

2）等电位连接件。包括等电位连接带、等电位连接导体等。利用其可将分开的装置、诸导电物体连接起来以减小雷电流在它们之间产生的电位差。

3）电涌保护器（SPD）。指用于限制瞬态过电压和分泄电涌电流的器件。其作用是把窜入电力线、信号传输线的瞬态过电压限制在设备或系统所能承受的电压范围内，或将强大的雷电流泄流入地，防止设备或系统遭受闪电电涌冲击而损坏。

电涌保护器的类型和结构按不同的用途有所不同，但它至少包含一个非线性元件。放电间隙、充气放电管、晶体闸流管等非线性元器件在无电涌出现时为高阻抗，当出现电压电涌时突变为低阻抗，由这类非线性元件作为基本元件的电涌保护器称为“电压开关型”或“克罗巴型”电涌保护器。压敏电阻和抑制二极管等非线性元器件在无电涌出现时为高阻抗，随着电涌电流和电压的增加，阻抗跟着连续变小，由这类非线性元件作为基本元件的电涌保护器称为“限压型”或“箝压型”电涌保护器。由电压开关型元件和限压型元件组合而成的电涌保护器，其特性随所加电压的特性可以表现为电压开关型、限压型或两者皆有，被称为“组合型”电涌保护器。

4）避雷器。避雷器是用来防护雷电产生的过电压沿线路侵入变配电所或建筑物内，以免危及被保护电气设备的绝缘。按其结构，避雷器主要分为阀型避雷器和氧化锌避雷器等。阀型避雷器上端接在架空线路上，下端接地。正常时，避雷器对地保持绝缘状态；当雷电冲击波到来时，避雷器被击穿，将雷电引入大地；冲击波过去后，避雷器自动恢复绝缘状态。氧化锌避雷器利用了氧化锌阀片理想的非线性伏安特性，即在正常工频电压下呈高电阻特性，而在大电流时呈低电阻特性，限制了避雷器上的电压。其具有无间隙、无续流、残压低等优点，被广泛使用。

4. 防雷措施

各类防雷建筑物均应设置防直击雷的外部防雷装置并应采取防闪电电涌侵入的措施。此外，各类防雷建筑物还应设内部防雷装置。在建筑物的地下室或地面层处，建筑物金属体，金属装置，建筑物内系统，进出建筑物的金属管线等物体应与防雷装置做防雷等电位连接。并且，尚应考虑外部防雷装置与建筑物金属体、金属装置、建筑物内系统之间的间隔距离。

根据不同雷电种类，各类防雷建筑物所应采取的主要防雷措施要求如下。

（1）直击雷防护

第一类防雷建筑物、第二类防雷建筑物和第三类防雷建筑物均应设置防直击雷的外部防雷装置；高压架空电力线路、变电站等也应采取防直击雷的措施。

直击雷防护的主要措施是装设接闪杆、架空接闪线或网。接闪杆分独立接闪杆和附设接闪杆。独立接闪杆是离开建筑物单独装设的，接地装置应当单设。

第一类防雷建筑物的直击雷防护，要求装设独立接闪杆、架空接闪线或网。

第二类和第三类防雷建筑物的直击雷防护措施，宜采用装设在建筑物上的接闪网、接闪带或接闪杆，或由其混合组成的接闪器。

（2）闪电感应防护

第一类防雷建筑物和具有爆炸危险的第二类防雷建筑物均应采取防闪电感应的防护措施。闪电感应的防护主要有静电感应防护和电磁感应防护两方面。

1）静电感应防护——为了防止静电感应产生的过电压，应将建筑物内的设备、管道、构架、钢屋架、钢窗、电缆金属外皮等较大金属物和突出屋面的放散管、风管等金属物，均应与防闪电感应的接地装置相连。对第二类防雷建筑物可就近接至防直击雷接地装置或电气设备的保护接地装置上，可不单接接地装置。

2）电磁感应防护——为了防止电磁感应，平行敷设的管道、构架和电缆金属外皮等长金属物，其净距小于 100 mm 时，应采用金属线跨接，跨接点之间的距离不应超过 30 m；交叉净距小于 100 mm 时，其交叉处也应跨接。当长金属物的弯头、阀门、法兰盘等连接处的过渡电阻大于 0. 03 Ω 时，连接处也应用金属线跨接。在非腐蚀环境下，对于不少于 5 根螺栓连接的法兰盘可不跨接。防电磁感应的接地装置也可与其他接地装置共用。

（3）闪电电涌侵入防护

第一类防雷建筑物、第二类防雷建筑物和第三类防雷建筑物均应采取防闪电电涌侵入的防护措施。属于闪电电涌侵入造成的雷害事故很多。在低压系统，这种事故占总雷害事故的 70% 以上。

室外低压配电线路宜全线采用电缆直接埋地敷设，在入户处应将电缆的金属外皮、钢管接到等电位连接带或防闪电感应的接地装置上，在入户处的总配电箱内是否装设电涌保护器应根据具体情况按雷击电磁脉冲防护的有关规定确定。

当难于全线采用电缆时，不得将架空线路直接引入屋内，允许从架空线上换接一段有金属铠装（埋地部分的金属铠装要直接与周围土壤接触）的电缆或护套电缆穿钢管直接埋地引入。这时，电缆首端必须装设户外型电涌保护器并与绝缘子铁脚、金具、电缆金属外皮等共同接地，入户端的电缆金属外皮、钢管必须接到防闪电感应接地装置上。

（4）人身防雷

雷雨天气情况下，人身防雷应注意的要点如下。

1）为了防止直击雷伤人，应减少在户外活动时间，尽量避免在野外逗留。应尽量离开山丘、海滨、河边、池旁，不要暴露于室外空旷区域。不要骑在牲畜上或骑自行车行走；不要用金属杆的雨伞，不要把带有金属杆的工具如铁锹、锄头扛在肩上。避开铁丝网、金属晒衣绳。如有条件应进入有宽大金属构架、有防雷设施的建筑物或金属壳的汽车和船只。

2）为了防止二次放电和跨步电压伤人，要远离建筑物的接闪杆及其接地引下线；远离各种天线、电线杆、高塔、烟囱、旗杆、孤独的树木和没有防雷装置的孤立小建筑等。

3）雷雨天气情况下，室内人身防雷应注意的要点有：

①人体最好离开可能传来雷电侵入波的照明线、动力线、电话线、广播线、收音机和电视机电源线、收音机和电视机天线1.5 m以上，尽量暂时不用电器，最好拔掉电源插头。

②不要靠近室内的金属管线，如暖气片、自来水管、下水管等，以防止这些导体对人体的二次放电。

③关好门窗，防止球形雷窜入室内造成危害。

二、静电防护

1. 环境危险程度的控制

为了防止静电的危害，可采取以下控制所在环境爆炸和火灾危险性的措施。

(1) 取代易燃介质。例如，用三氯乙烯、四氯化碳、苛性钠或苛性钾代替汽油、煤油作洗涤剂，能够具有良好的防爆效果。

(2) 降低爆炸性气体、蒸气混合物的浓度。在爆炸和火灾危险环境，采用机械通风装置及时排出爆炸性危险物质。

(3) 减少氧化剂含量。充填氮、二氧化碳或其他不活泼的气体，减少爆炸性气体、蒸气或爆炸性粉尘中氧的含量，以消除燃烧条件。混合物中氧含量不超过8%时即不会引起燃烧。

2. 工艺控制

工艺控制是消除静电危害的重要方法。主要是从工艺上采取适当的措施，限制和避免静电的产生和积累。

(1) 材料的选用

在存在摩擦而且容易产生静电的工艺环节，生产设备宜使用与生产物料相同的材料，或采用位于静电序列中段的金属材料制成生产设备，以减轻静电的危害。

(2) 限制物料的运动速度

为了限制产生危险的静电，汽车罐车采用顶部装油时，装油鹤管应深入到槽罐的底部200 mm。油罐装油时，注油管出口应尽可能接近油罐底部，对于电导率低于50 pS/m的液体石油产品，初始流速不应大于1 m/s，当注入口浸没200 mm后，可逐步提高流速，但最大流速不应超过7 m/s。灌装铁路罐车时，烃类液体在鹤管内的容许流速按式（2—2）计算。式中V（单位：m/s）为烃类液体流速，D（单位：m）为鹤管内径的数值；灌装汽车罐车时，烃类液体在鹤管内的容许流速按式（2—3）计算。

$$VD \leqslant 0.8 \tag{2—2}$$

$$VD \leqslant 0.5 \tag{2—3}$$

(3) 加大静电消散过程

在输送工艺过程中，在管道的末端加装一个直径较大的缓和器，可大大降低液体在管道内流动时积累的静电。例如，液体石油产品从精细过滤器出口到储器应留有30 s的缓和时间。

为了防止静电放电，在液体灌装、循环或搅拌过程中不得进行取样、检测或测温操作。进行上述操作前，应使液体静置一定的时间，使静电得到足够的消散或松弛。

3. 静电接地

接地是防静电危害的最基本措施，它的目的是使工艺设备与大地之间构成电气上的泄漏通路，将产生在工艺过程的静电泄漏于大地，防止静电的积聚。在静电危险场所，所有属于静电导体的物体必须接地。

凡用来加工、储存、运输各种易燃液体、易燃气体和粉体的设备都必须接地。工厂或车间的氧气、乙炔等管道必须连成一个整体，并予以接地。可能产生静电的管道两端和每隔 200 ~ 300 m 处均应接地。平行管道相距 10 cm 以内时，每隔 20 m 应用连接线互相连接起来。管道与管道或管道与其他金属物件交叉或接近，其间距离小于 10 cm 时，也应互相连接起来。

汽车槽车、铁路槽车在装油之前，应与储油设备跨接并接地；装、卸完毕先拆除油管，后拆除跨接线和接地线。

因为静电泄漏电流很小，所有单纯为了消除导体上静电的接地，其防静电接地电阻原则上不得超过 1 MΩ 即可；但出于检测方便等考虑，规程要求接地电阻不应大于 100 Ω。

4．增湿

局部环境的相对湿度宜增加至 50% 以上。增湿的作用主要是增强静电沿绝缘体表面的泄漏。增湿并非对绝缘体都有效果，关键是要看其能否在表面形成水膜。只有当随湿度的增加，表面容易形成水膜的绝缘体如醋酸纤维、纸张、橡胶等，才能有效消除静电。

5．抗静电添加剂

抗静电添加剂是具有良好导电性或较强吸湿性的化学药剂。加入抗静电添加剂之后，材料能降低体积电阻率或表面电阻率。

6．静电中和器

静电中和器是指将气体分子进行电离，产生消除静电所必要的离子（一般为正、负离子对）的机器，也称为静电消除器。使用静电中和器，让与带电物体上静电荷极性相反的离子去中和带电物体上的静电，以减少物体上的带电量。

7．为了防止人体静电的危害，在气体爆炸危险场所的等级属 0 区及 1 区时，作业人员应穿防静电工作服，防静电工作鞋、袜，佩戴防静电手套。禁止在静电危险场所穿脱衣物、帽子及类似物，并避免剧烈的身体运动。

第五节　电气装置安全技术

一、变配电站安全

变配电站是企业的动力枢纽。变配电站装有变压器、互感器、避雷器、电力电容器、高低压开关、高低压母线、电缆等多种高压设备和低压设备。变配电站发生事故，不仅使整个生产活动不能正常进行，还可能导致火灾和人身伤亡事故。

1．变配电站位置

变配电站位置应符合供电、建筑、安全的基本原则。从安全角度考虑，变配电站应避开易燃易爆环境；变配电站宜设在企业的上风侧，并不得设在容易沉积粉尘和纤维的环境；变配电站不应设在人员密集的场所。变配电站的选址和建筑应考虑灭火、防蚀、防污、防水、防雨、防雪、防振的要求。地势低洼处不宜建变配电站。变配电站应有足够的消防通道并保持畅通。

2. 建筑结构

高压配电室、低压配电室、油浸电力变压器室、电力电容器室、蓄电池室应为耐火建筑。蓄电池室应隔离。室内油量600 kg以上的充油设备必须有事故蓄油设施。储油坑应能容纳100%的油。

变配电站各间隔的门应向外开启；门的两面都有配电装置时，应两边开启。门应为非燃烧体或难燃烧体材料制作的实体门。长度超过7 m的高压配电室和长度超过10 m的低压配电室至少应有两个门。

3. 间距、屏护和隔离

变配电站各部间距和屏护应符合专业标准的要求。室外变、配电装置与建筑物应保持规定的防火间距。室内充油设备油量60 kg以下者允许安装在两侧有隔板的间隔内，油量60～600 kg者须装在有防爆隔墙的间隔内，600 kg以上者应安装在单独的间隔内。

4. 通道

变配电站室内各通道应符合要求。高压配电装置长度大于6 m时，通道应设两个出口；低压配电装置两个出口间的距离超过15 m时，应增加出口。

5. 通风

蓄电池室、变压器室、电力电容器室应有良好的通风。

6. 封堵

门窗及孔洞应设置网孔小于10 mm×10 mm的金属网，防止小动物钻入。通向站外的孔洞、沟道应予封堵。

7. 标志

变配电站的重要部位应设有“止步，高压危险!”等标志。

8. 联锁装置

断路器与隔离开关操动机构之间、电力电容器的开关与其放电负荷之间应装有可靠的联锁装置。

9. 电气设备正常运行

电流、电压、功率因数、油量、油色、温度指示应正常；连接点应无松动、过热迹象；门窗、围栏等辅助设施应完好；声音应正常，应无异常气味；瓷绝缘不得掉瓷、有裂纹和放电痕迹并保持清洁；充油设备不得漏油、渗油。

10. 安全用具和灭火器材

变配电站应备有绝缘杆、绝缘夹钳、绝缘靴、绝缘手套、绝缘垫、绝缘站台、各种标示牌、临时接地线、验电器、脚扣、安全带、梯子等各种安全用具。变配电站应配备可用于带电灭火的灭火器材。

11. 技术资料

变配电站应备有高压系统图、低压系统图、电缆布线图、二次回路接线图、设备使用说明书、试验记录、测量记录、检修记录、运行记录等技术资料。

12. 管理制度

变配电站应建立并执行各项行之有效的规章制度，如工作票制度、操作票制度、工作许可制度、工作监护制度、值班制度、巡视制度、检查制度、检修制度及防火责任制、岗位责任制等规章制度。

二、主要变配电设备安全

除上述变配电站的一般安全要求外，变压器等设备尚需满足以下安全要求。

1．电力变压器

（1）变压器的安装

1）变压器各部件及本体的固定必须牢固。

2）电气连接必须良好，铝导体与变压器的连接应采用铜铝过渡接头。

3）在不接地的 10 kV 系统中，变压器的接地一般是其低压绕组中性点、外壳及其阀型避雷器三者共用的接地（见图 2—13）。接地必须良好，接地线上应有可断开的连接点。

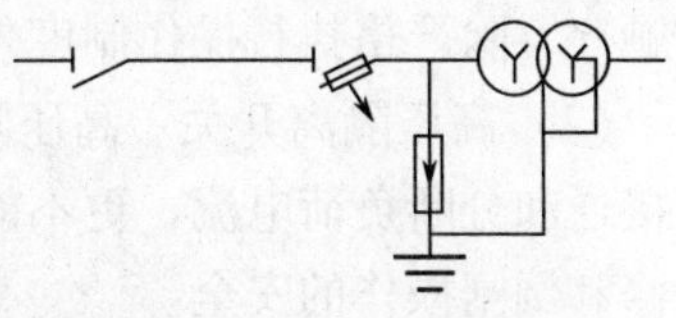

图 2—13　变压器接地

4）变压器防爆管喷口前方不得有可燃物体。

5）位于地下的变压器室的门、变压器室通向配电装置室的门、变压器室之间的门均应为防火门。

6）居住建筑物内安装的油浸式变压器，单台容量不得超过 400 kV·A。

7）10 kV 变压器壳体距门不应小于 1 m，距墙不应小于 0.8 m（装有操作开关时不应小于 1.2 m）。

8）采用自然通风时，变压器室地面应高出室外地面 1.1 m。

9）室外变压器容量不超过 315 kV·A 者可柱上安装，315 kV·A 以上者应在台上安装；一次引线和二次引线均应采用绝缘导线；柱上变压器底部距地面高度不应小于 2.5 m，裸导体距地面高度不应小于 3.5 m；变压器台高度一般不应低于 0.5 m，其围栏高度不应低于 1.7 m，变压器壳体距围栏不应小于 1 m，变压器操作面距围栏不应小于 2 m。

10）变压器室的门和围栏上应有"止步，高压危险！"的明显标志。

（2）变压器的运行

运行中变压器高压侧电压偏差不得超过额定值的 ±5%，低压最大不平衡电流不得超过额定电流的 25%。上层油温一般不应超过 85℃；冷却装置应保持正常，呼吸器内吸潮剂的颜色应为淡蓝色；通向气体继电器的阀门和散热器的阀门应在打开状态，防爆管的膜片应完整，变压器室的门窗、通风孔、百叶窗、防护网、照明灯应完好；室外变压器基础不得下沉，电杆应牢固，不得倾斜。

干式变压器的安装场所应有良好的通风，且空气相对湿度不得超过 70%。

2．高压开关

高压开关主要包括高压断路器、高压负荷开关和高压隔离开关。高压开关用以完成电路的转换，有较大的危险性。

（1）高压断路器。高压断路器是高压开关设备中最重要、最复杂的开关设备。高压断路器有强力灭弧装置，既能在正常情况下接通和分断负荷电流，又能借助继电保护装置在故障情况下切断过载电流和短路电流。

断路器分断电路时，如电弧不能及时熄灭，不但断路器本身可能受到严重损坏，还可能迅速发展为弧光短路，导致更为严重的事故。

按照灭弧介质和灭弧方式，高压断路器可分为少油断路器、多油断路器、真空断路器、六氟化硫断路器、压缩空气断路器、固体产气断路器和磁吹断路器。

高压断路器必须与高压隔离开关或隔离插头串联使用，由断路器接通和分断电流，由隔离开关或隔离插头隔断电源。因此，切断电路时必须先拉开断路器，后拉开隔离开关；接通电路时必须先合上隔离开关，后合上断路器。为确保断路器与隔离开关之间的正确操作顺序，除严格执行操作制度外，10 kV 系统中常安装机械式或电磁式联锁装置。

（2）高压隔离开关。高压隔离开关简称刀闸。隔离开关没有专门的灭弧装置，不能用来接通和分断负荷电流，更不能用来切断短路电流。隔离开关主要用来隔断电源，以保证检修和倒闸操作的安全。

隔离开关安装应当牢固，电气连接应当紧密、接触良好，与铜、铝导体连接须采用铜铝过渡接头。

隔离开关不能带负荷操作。拉闸、合闸前应检查与之串联安装的断路器是否在分闸位置。

运行中的高压隔离开关连接部位温度不得超过75℃，机构应保持灵活。

（3）高压负荷开关。高压负荷开关有比较简单的灭弧装置，用来接通和断开负荷电流。负荷开关必须与有高分断能力的高压熔断器配合使用，由熔断器切断短路电流。

高压负荷开关分断负荷电流时有强电弧产生，因此，其前方不得有可燃物。

三、配电柜（箱）

配电柜（箱）分动力配电柜（箱）和照明配电柜（箱），是配电系统的末级设备。

1．配电柜（箱）安装

（1）配电柜（箱）应用不可燃材料制作。

（2）触电危险性小的生产场所和办公室，可安装开启式的配电板。

（3）触电危险性大或作业环境较差的加工车间、铸造、锻造、热处理、锅炉房、木工房等场所，应安装封闭式箱柜。

（4）有导电性粉尘或产生易燃易爆气体的危险作业场所，必须安装密闭式或防爆型的电气设施。

（5）配电柜（箱）各电气元件、仪表、开关和线路应排列整齐、安装牢固、操作方便，柜（箱）内应无积尘、积水和杂物。

（6）落地安装的柜（箱）底面应高出地面 50～100 mm，操作手柄中心高度一般为 1.2～1.5 m，柜（箱）前方 0.8～1.2 m 的范围内无障碍物。

（7）保护线连接可靠。

（8）柜（箱）以外不得有裸带电体外露，装设在柜（箱）外表面或配电板上的电气元件，必须有可靠的屏护。

2．配电柜（箱）运行

配电柜（箱）内各电气元件及线路应接触良好、连接可靠，不得有严重发热、烧损现象。配电柜（箱）的门应完好，门锁应有专人保管。

四、用电设备和低压电器

1. 电气设备外壳防护

电气设备的外壳防护包括：固体异物进入壳内设备的防护、人体触及内部危险部件的防护、水进入内部的防护。

外壳防护等级按如下方法标志：

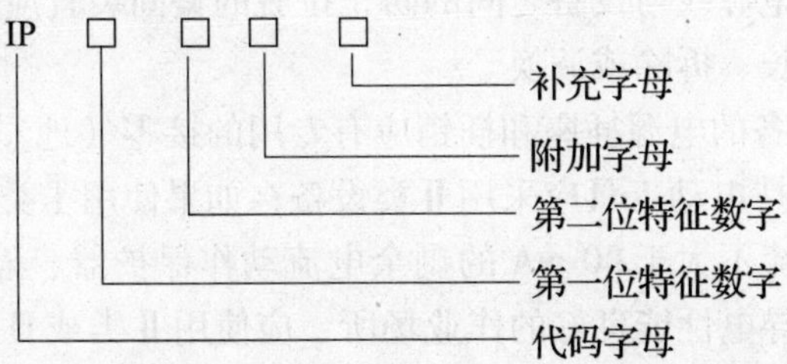

第一位特征数字所代表的防护等级见表 2—13；第二位特征数字所代表的防护等级见表 2—14。不要求规定特征数字时，其位置由字母“X”代替；附加字母和（或）补充字母可省略。

表 2—13　　第一位特征数字所代表的防护等级简要说明

第一位特征数字	简要说明
0	无防护
1	防止手背接近危险部件；防止直径不小于 50 mm 固体异物
2	防止手指接近危险部件；防止直径不小于 12.5 mm 固体异物
3	防止工具接近危险部件；防止直径不小于 2.5 mm 固体异物
4	防止直径不小于 1.0 mm 的金属线接近危险部件；防止直径不小于 1.0 mm 固体异物
5	防止直径不小于 1.0 mm 的金属线接近危险部件；防尘
6	防止直径不小于 1.0 mm 的金属线接近危险部件；尘密

表 2—14　　第二位特征数字所代表的防护等级简要说明

第一位特征数字	简要说明
0	无防护
1	防止垂直方向滴水
2	防止当外壳在 15°范围内倾斜时垂直方向的滴水
3	防淋水
4	防溅水
5	防喷水
6	防猛烈喷水
7	防短时间浸水
8	防持续浸水

2. 手持电动工具和移动式电气设备

手持电动工具包括手电钻、手砂轮、冲击电钻、电锤、手电锯等工具。移动式设备包括蛙夯、振捣器、水磨石磨平机等电气设备，其安全使用条件如下。

（1）Ⅱ类、Ⅲ类设备没有保护接地或保护接零的要求；Ⅰ类设备必须采取保护接地或保护接零措施。设备的保护线应接保护干线。

（2）移动式电气设备的保护零线（或地线）不应单独敷设，而应当与电源线采取同样的防护措施，即采用带有保护心线的橡皮套软线作为电源线。电源线不得有破损或龟裂，中间不得有接头，电源线与设备之间的防止拉脱的紧固装置应保持完好。设备的软电缆及其插头不得任意接长、拆除或调换。

（3）移动式电气设备的电源插座和插销应有专用的接零（地）插孔和插头。

（4）一般场所，手持电动工具应采用Ⅱ类设备；如果使用Ⅰ类工具，则应在电气线路中采用额定剩余动作电流不大于30 mA 的剩余电流动作保护器、隔离变压器等保护措施。在潮湿或金属构架上等导电性能良好的作业场所，应使用Ⅱ类或Ⅲ类设备。在锅炉内、金属容器内、管道内等狭窄的特别危险场所，应使用Ⅲ类设备。如果使用Ⅱ类设备，则必须装设额定漏电动作电流不大于15 mA、动作时间不大于0.1 s 的漏电保护器，而且，Ⅲ类设备的隔离变压器、Ⅱ类设备的漏电保护器以及Ⅱ、Ⅲ类设备控制箱和电源连接器等必须放在作业场所的外面。在狭窄作业场所操作时，应有人在外监护。

（5）使用Ⅰ类设备应配用绝缘手套、绝缘鞋、绝缘垫等安全用具。

（6）设备的电源开关不得失灵、不得破损并应安装牢固，接线不得松动，转动部分应灵活。

（7）绝缘电阻合格，带电部分与可触及导体之间的绝缘电阻Ⅰ类设备不低于2 MΩ，Ⅱ类设备不低于7 MΩ。

3. 电焊设备

手工电弧焊应用很广，其危险因素也比较多。其主要安全要求如下：

（1）电弧熄灭时焊钳电压较高，为了防止触电及其他事故，电焊工人应当戴帆布手套、穿胶底鞋。在金属容器中工作时，还应戴上头盔、护肘等防护用品。电焊工人的防护用品还应能防止烧伤和射线伤害。

（2）在高度触电危险环境中进行电焊时，可以安装空载自停装置。

（3）固定使用的弧焊机的电源线与普通配电线路同样要求，移动使用的弧焊机的电源线应按临时线处理。弧焊机的二次线路最好采用两条绝缘线。

（4）弧焊机的电源线上应装设隔离电器、主开关和短路保护电器。

（5）电焊机外露导电部分应采取保护接零（或接地）措施。为了防止高压窜入低压造成的危险和危害，交流弧焊机二次侧应当接零（或接地）。但必须注意二次侧接焊钳的一端是不允许接零或接地的，二次侧的另一条线也只能一点接零（或接地），以防止部分焊接电流经其他导体构成回路。

（6）弧焊机一次绝缘电阻不应低于1 MΩ，二次绝缘电阻不应低于0.5 MΩ。弧焊机应安装在干燥、通风良好处，不应安装在易燃易爆环境、有腐蚀性气体的环境、有严重尘垢的环境或剧烈振动的环境。室外使用的弧焊机应采取防雨雪措施，工作地点下方有可燃物品时应采取适当的安全措施。

（7）移动焊机时必须停电。

4. 低压保护电器

低压保护电器主要用来获取、转换和传递信号，并通过其他电器对电路实现控制。熔断器和热继电器属于最常见的低压保护电器。

（1）熔断器。熔断器有管式熔断器、插式熔断器、螺塞式熔断器等多种形式。管式熔断器有两种：一种是纤维材料管，由纤维材料分解大量气体灭弧；一种是陶瓷管，管内填充石英砂，由石英砂冷却和熄灭电弧。管式熔断器和螺塞式熔断器都是封闭式结构，电弧不容易与外界接触，适用范围较广。管式熔断器多用于大容量的线路。螺塞式熔断器和插式熔断器用于中、小容量线路。

熔断器熔体的热容量很小，动作很快，宜于用作短路保护元件。在照明线路及其他没有冲击载荷的线路中，熔断器也可用作过载保护元件。

熔断器的防护型式应满足生产环境的要求，其额定电压符合线路电压，其额定电流满足安全条件和工作条件的要求，其极限分断电流大于线路上可能出现的最大故障电流。

对于单台笼型电动机，熔体额定电流按式（2—4）选取：

$$I_{FU} = (1.5 \sim 2.5) I_N \quad (2—4)$$

式中　I_{FU}——熔体额定电流，A；

I_N——电动机额定电流，A。

对于没有冲击负荷的线路，熔体额定电流可按式（2—5）选取：

$$I_{FU} = (0.85 \sim 1) I_W \quad (2—5)$$

式中　I_W——线路导线许用电流，A。

同一熔断器可以配用几种不同规格的熔体，但熔体的额定电流不得超过熔断器的额定电流。熔断器各接触部位应接触良好。爆炸危险的环境不得装设电弧可能与周围介质接触的熔断器，一般环境也必须考虑防止电弧飞出的措施。不得轻易改变熔体的规格，不得使用不明规格的熔体。

（2）热继电器。热继电器也是利用电流的热效应制成的。它主要由热元件、双金属片、控制触头等组成。热继电器的热容量较大，动作不快，只用于过载保护。

热元件的额定电流原则上按电动机的额定电流选取。对于过载能力较低的电动机，如果启动条件允许，可按其额定电流的60%～80%选取；对于工作繁重的电动机，可按其额定电流的110%～125%选取；对于照明线路，可按负荷电流的0.85～1倍选取。

第六节　安全技术规程、规范与标准

1.《用电安全导则》（GB/T 13869—2008）

2.《建筑物电气装置 第4－41部分：安全防护—电击防护》（GB 16895.21—2004）

3.《电击防护 装置和设备的通用部分》（GB/T 17045—2008）

4.《剩余电流动作保护装置安装和运行》（GB 13955—2005）

5.《电气装置安装工程接地装置施工及验收规范》（GB 50169—2006）
6.《低压配电设计规范》（GB 50054—1995）
7.《电力变压器 第1部分 总则》（GB 1094. 1—1996）
8.《建筑物防雷设计规范》（GB 50057—2010）
9.《建筑物防雷工程施工与质量验收规范》（GB 50601—2010）
10.《石油与石油设施雷电安全规范》（GB 15599—2009）
11.《防止静电事故通用导则》（GB 12158—2006）
12.《爆炸和火灾危险环境电力装置设计规范》（GB 50058—1992）
13.《爆炸性气体环境电气设备 第0部分：一般要求》（IEC60079 - 0：2007 第5版）
14.《手持式电动工具的管理、使用、检查和维修安全技术规程》（GB/T 3787—2006）
15.《外壳防护等级》（IP代码）（GB 4208—2008）

第三章　特种设备安全技术

第一节　特种设备事故的类型

一、特种设备的基本概念

根据《特种设备安全监察条例》，特种设备是指涉及生命安全、危险性较大的锅炉、压力容器（含气瓶，下同）、压力管道、电梯、起重机械、客运索道、大型游乐设施和场（厂）内专用机动车辆。

特种设备依据其主要工作特点，分为承压类特种设备和机电类特种设备。

1. 承压类特种设备：是指承载一定压力的密闭设备或管状设备，包括锅炉、压力容器（含气瓶）、压力管道。

（1）锅炉。是指利用各种燃料、电能或者其他能源，将所盛装的液体加热到一定的参数，并对外输出热能的设备，其范围规定为容积大于或者等于 30 L 的承压蒸汽锅炉；出口水压大于或者等于 0.1 MPa（表压），且额定功率大于或者等于 0.1 MW 的承压热水锅炉；有机热载体锅炉。

（2）压力容器。是指盛装气体或者液体，承载一定压力的密闭设备，其范围规定为最高工作压力大于或者等于 0.1 MPa（表压），且压力与容积的乘积大于或者等于 2.5 MPa · L的气体、液化气体和最高工作温度高于或者等于标准沸点的液体的固定式容器和移动式容器；盛装公称工作压力大于或者等于 0.2 MPa（表压），且压力与容积的乘积大于或者等于 1.0 MPa · L 的气体、液化气体和标准沸点等于或者低于 60℃ 液体的气瓶；氧舱等。

（3）压力管道。是指利用一定的压力，用于输送气体或者液体的管状设备，其范围规定为最高工作压力大于或者等于 0.1 MPa（表压）的气体、液化气体、蒸汽介质或者可燃、易爆、有毒、有腐蚀性、最高工作温度高于或者等于标准沸点的液体介质，且公称直径大于 25 mm 的管道。

2. 机电类特种设备：是指必须由电力牵引或驱动的设备，包括电梯、起重机械、客运索道、大型游乐设施、场（厂）内专用机动车辆。

（1）电梯。是指动力驱动，利用沿刚性导轨运行的箱体或者沿固定线路运行的梯级（踏步），进行升降或者平行运送人、货物的机电设备，包括载人（货）电梯、自动扶梯、自动人行道等。

（2）起重机械。是指用于垂直升降或者垂直升降并水平移动重物的机电设备，其范围规定为额定起重量大于或者等于 0.5 t 的升降机；额定起重量大于或者等于 1 t，且提升高度大于或者等于2 m的起重机和承重形式固定的电动葫芦等。

(3) 客运索道。是指动力驱动，利用柔性绳索牵引箱体等运载工具运送人员的机电设备，包括客运架空索道、客运缆车、客运拖牵索道等。

(4) 大型游乐设施。是指用于经营目的，承载乘客游乐的设施，其范围规定为设计最大运行线速度大于或者等于2 m/s，或者运行高度距地面高于或者等于2 m的载人大型游乐设施。

(5) 场（厂）内专用机动车辆。是指除道路交通、农用车辆以外仅在工厂厂区、旅游景区、游乐场所等特定区域使用的专用机动车辆。

二、锅炉基础知识

1. 锅炉

锅炉是指利用燃料燃烧释放的热能或其他热能加热水或其他工质，以生产规定参数(温度、压力）和品质的蒸汽、热水或其他工质的设备。

2. 锅炉工作原理及工作特性

(1) 工作原理。锅炉由“锅”和“炉”以及相配套的附件、自控装置、附属设备组成。“锅”是指锅炉接受热量，并将热量传给水、汽、导热油等工质的受热面系统，是锅炉中储存或输送水或蒸汽的密闭受压部分。“锅”主要包括锅筒（或锅壳)、水冷壁、过热器、再热器、省煤器、对流管束及集箱等。“炉”是指燃料燃烧产生高温烟气，将化学能转化为热能的空间和烟气流通的通道——炉膛和烟道。“炉”主要包括燃烧设备和炉墙等。

(2) 工作特性

1) 爆炸危害性。锅炉具有爆炸性。锅炉在使用中发生破裂，使内部压力瞬时降至等于外界大气压的现象叫爆炸。

2) 易于损坏性。锅炉由于长期运行在高温高压的恶劣工况下，因而经常受到局部损坏，如不能及时发现处理，会进一步导致重要部件和整个系统的全面受损。

3) 使用的广泛性。由于锅炉为整个社会生产提供了能源和动力，因而其应用范围极其广泛。

4) 连续运行性。锅炉一旦投用，一般要求连续运行，而不能任意停车，否则会影响一条生产线、一个厂甚至一个地区的生活和生产，其间接经济损失巨大，有时还会造成恶劣的后果。

3. 锅炉的分类

(1) 按用途分为电站锅炉、工业锅炉。用锅炉产生的蒸汽带动汽轮机发电用的锅炉称为电站锅炉。产生的蒸汽或热水主要用于工业生产和/或民用的锅炉称为工业锅炉。

(2) 按锅炉产生的蒸汽压力分为超临界压力锅炉、亚临界压力锅炉、超高压锅炉、高压锅炉、中压锅炉、低压锅炉。

1) 出口蒸汽压力超过水蒸气的临界压力（22.1 MPa）的锅炉为超临界压力锅炉。

2) 出口蒸汽压力低于但接近于临界压力，一般为15.7 ~ 19.6 MPa的锅炉为亚临界压力锅炉。

3）出口蒸汽压力一般为 11.8～14.7 MPa 的锅炉为超高压锅炉。

4）出口蒸汽压力一般为 7.84～10.8 MPa 的锅炉为高压锅炉。

5）出口蒸汽压力一般为 2.45～4.90 MPa 的锅炉为中压锅炉。

6）出口蒸汽压力一般不大于 2.45 MPa 的锅炉为低压锅炉。

(3) 按锅炉的蒸发量分为大型、中型、小型锅炉。

1）蒸发量大于 75t/h 的锅炉称为大型锅炉。

2）蒸发量为 20～75 t/h 的锅炉称为中型锅炉。

3）蒸发量小于 20 t/h 的锅炉称为小型锅炉。

(4) 按载热介质分为蒸汽锅炉、热水锅炉和有机热载体锅炉。

1）锅炉出口介质为饱和蒸汽或者过热蒸汽的锅炉称为蒸汽锅炉。

2）锅炉出口介质为高温水（>120℃）或者低温水（120℃以下）的锅炉称为热水锅炉。

3）以有机质液体作为热载体工质的锅炉称为有机热载体锅炉。

(5) 按热能来源分为燃煤锅炉、燃油锅炉、燃气锅炉、废热锅炉、电热锅炉。

(6) 按锅炉结构分为锅壳锅炉、水管锅炉。

三、压力容器基础知识

1．压力容器

压力容器，一般泛指在工业生产中盛装用于完成反应、传质、传热、分离和储存等生产工艺过程的气体或液体，并能承载一定压力的密闭设备。它被广泛用于石油、化工、能源、冶金、机械、轻纺、医药、国防等工业领域。

2．压力容器工作特性

(1) 结构特点。

压力容器一般由筒体（又称壳体）、封头（又称端盖）、法兰、密封元件、开孔与接管（人孔、手孔、视镜孔、物料进出口接管）、附件（液位计、流量计、测温管、安全阀等）和支座等所组成。

(2) 压力。

压力容器的压力可以来自两个方面，一是在容器外产生（增大）的，二是在容器内产生（增大）的。

1）最高工作压力，多指在正常操作情况下，容器顶部可能出现的最高压力。

2）设计压力，系指在相应设计温度下用以确定容器壳体厚度及其元件尺寸的压力，即标注在容器铭牌上的设计压力。压力容器的设计压力值不得低于最高工作压力。

(3) 温度。

1）工作温度，是指容器内部工作介质在正常操作过程中的温度，即介质温度。

2）金属温度，系指容器受压元件沿截面厚度的平均温度。任何情况下，元件金属的表面温度不得超过钢材的允许使用温度。

3）设计温度，系指容器在正常操作时，在相应设计压力下，壳壁或元件金属可能达到的最高或最低温度。当壳壁或元件金属的温度低于－20℃，按最低温度确定设计温度；除此之外，设计温度一律按最高温度选取。

（4）介质

生产过程所涉及的介质品种繁多，分类方法也有多种。按物质状态分类，有气体、液体、液化气体、单质和混合物等；按化学特性分类，则有可燃、易燃、惰性和助燃4种；按它们对人类毒害程度，又可分为极度危害（Ⅰ）、高度危害（Ⅱ）、中度危害（Ⅲ）、轻度危害（Ⅳ）4级；按它们对容器材料的腐蚀性可分为强腐蚀性、弱腐蚀性和非腐蚀性。

3. 压力容器的分类

压力容器有众多分类方法，可以按压力等级分，按在生产中的作用分，按安装方式分，按制造许可分，按安全技术管理（基于危险性）分类等。

（1）按压力等级划分。

按承压方式分类，压力容器可以分为内压容器和外压容器，内压容器按设计压力（P）可以划分为低压、中压、高压和超高压四个压力等级：

1）低压容器，0.1 MPa$\leqslant P<$1.6 MPa；

2）中压容器，1.6 MPa$\leqslant P<$10.0 MPa；

3）高压容器，10.0 MPa$\leqslant P<$100.0 MPa；

4）超高压容器，$P\geqslant$100.0 MPa。

外压容器中，当容器的内压力小于一个绝对大气压（约0.1 MPa）时，又称为真空容器。

（2）按容器在生产中的作用划分。

1）反应压力容器：主要是用于完成介质的物理、化学反应的压力容器，如各种反应器、反应釜、聚合釜、合成塔、变换炉、煤气发生炉等；

2）换热压力容器：主要是用于完成介质的热量交换的压力容器，如各种热交换器、冷却器、冷凝器、蒸发器等；

3）分离压力容器：主要是用于完成介质的流体压力平衡缓冲和气体净化分离的压力容器，如各种分离器、过滤器、集油器、洗涤器、吸收塔、干燥塔、汽提塔、分汽缸、除氧器等；

4）储存压力容器：主要是用于储存、盛装气体、液体、液化气体等介质的压力容器，如各种型式的储罐、缓冲罐、消毒锅、印染机、烘缸、蒸锅等。

（3）按安装方式划分。

1）固定式压力容器：指安装在固定位置使用的压力容器，如生产车间内的储罐、球罐、塔器、反应釜等。

2）移动式压力容器：是指单个或多个压力容器罐体与行走装置、定型汽车底盘或者无动力半挂行走机构或框架组成，采用永久性连接，适用于铁路、公路、水路的运输装备，包括汽车罐车、铁路罐车、罐式集装箱、长管拖车等。这类压力容器使用时不仅承受内压或外压载荷，搬运过程中还会受到由于内部介质晃动引起的冲击力，以及运输过程中带来的外部撞击和振动载荷，因而在结构、使用和安全方面均有特殊的要求。

（4）按制造许可划分。

国家质量监督检验检疫总局颁布的《锅炉压力容器制造监督管理办法》中，以制造难度、结构特点、设备能力、工艺水平、人员条件等为基础，将压力容器划分为A、B、C、D共4个许可级别。

1）制造许可 A 级：超高压容器、高压容器（A1），第三类低、中压容器（A2），球形储罐现场组焊或球壳板制造（A3），非金属压力容器（A4），医用氧舱（A5）；

2）制造许可 B 级：无缝气瓶（B1），焊接气瓶（B2），特种气瓶（B3）；

3）制造许可 C 级：铁路罐车（C1），汽车罐车或长管拖车（C2），罐式集装箱（C3）；

4）制造许可 D 级：第一类压力容器（D1），第二类低、中压容器（D2）。

（5）为便于安全监察、使用管理和检验检测，按《固定式压力容器安全技术监察规程》将压力容器划分为三类（Ⅰ、Ⅱ、Ⅲ类）。划分办法如下：

1）首先将压力容器的介质分为两组。

第一组介质：毒性程度为极度危害、高度危害的化学介质，易爆介质，液化气体，见图 3—1。

第二组介质：由除第一组以外的介质组成，如毒性程度为中度危害以下的化学介质，包括水蒸气、氮气等，见图 3—2。

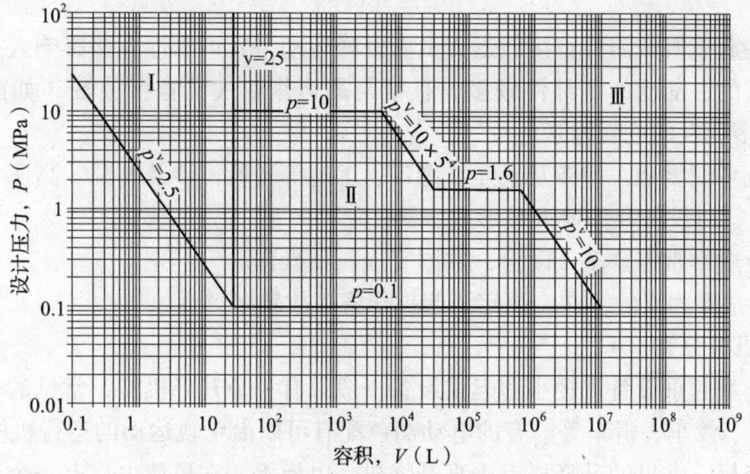

图 3—1　压力容器分类图——第一组介质

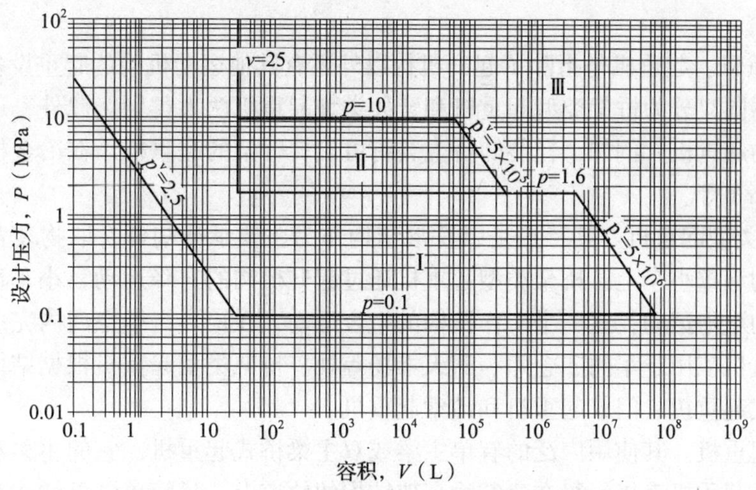

图 3—2　压力容器分类图——第二组介质

2）按照介质特性分组后选择分类图，再根据设计压力 p（单位 MPa）和容积 V（单位 L），标出坐标点，确定容器类别。

四、起重机械基础知识

1. 起重机械

起重机械，是指用于垂直升降或者垂直升降并水平移动重物的机电设备。

2. 起重机械工作特点

（1）起重机械通常具有庞大的结构和比较复杂的机构，作业过程中常常是几个不同方向的运动同时操作，操作技术难度较大。

（2）能吊运的重物多种多样，载荷是变化的。有的重物重达上百吨，体积大且不规则，还有散粒、热融和易燃易爆危险品等，使吊运过程复杂而危险。

（3）需要在较大的范围内运行，活动空间较大，一旦造成事故，影响的面积也较大。

（4）有些起重机械需要直接载运人员做升降运动，其可靠性直接影响人身安全。

（5）暴露的、活动的零部件较多，且常与吊运作业人员直接接触（如吊钩、钢丝绳等），潜在许多偶发的危险因素。

（6）作业环境复杂，如涉及企业、港口、工地等场所，涉及高温、高压、易燃易爆等环境危险因素，对设备和作业人员形成威胁。

（7）作业中常常需要多人配合，共同完成一项操作。

上述诸多危险因素的存在，决定了起重伤害事故较多。

3. 起重机械分类

（1）轻小型起重设备。轻小型起重设备一般只有一个升降机构，常见的有千斤顶、电动或手拉葫芦、绞车、滑车等。有的电动葫芦配有可以沿单轨运动的运行机构。

（2）升降机。常见的升降机有垂直升降机、电梯等。它虽然也只有一个升降机构，但由于配有完善的安全装置及其他附属装置，其复杂程度是轻小起重设备不能比拟的，故列为单独一类。

（3）起重机。起重机是指除了起升机构以外还有其他运动机构的起重设备。根据水平运动形式的不同，分为桥架类型起重机和臂架类型起重机两大类别。此外，还有桥架与臂架类型综合的起重机，例如，在装卸桥上装有可旋转臂架的起重机，在冶金桥式起重机上装有可旋转小车等。

1）桥架类型起重机。其特点是以桥形结构作为主要承载构件，取物装置悬挂在可以沿主梁运行的起重小车上。桥架类型起重机通过起升机构的升降运动、小车运行机构和大车运行机构的水平运动，这三个工作机构的组合运动，在矩形三维空间内完成物料搬运作业。这类起重机应用于车间、仓库、露天堆场等处。桥架类型起重机根据结构型式不同还可以分为桥式起重机、门式起重机和缆索起重机。

①桥式起重机。其使用广泛的有单主梁或双主梁桥式起重机，它的主梁和两个端梁组成桥架，整个起重机直接运行在建筑物高架结构的轨道上。最简单的是梁式起重机，采用电动葫芦在工字钢梁或其他简单梁上运行。

②门式起重机，又被称为带腿的桥式起重机。其主梁通过支撑在地面轨道上的两个刚性支腿或刚性—柔性支腿，形成一个可横跨铁路轨道或货场的门架，外伸到支腿外侧的主梁悬臂部分可扩大作业面积。门式起重机有时制造成单支腿的半门式起重机。装卸桥是专门用于装卸作业的门式起重机，供货站、港口等部门进行散粒物料的堆取，其特点是小车运行速度大、跨度大（一般为60~90 m以上），生产率高（可达500~1 000 t/h或更高）。集装箱门式起重机是20世纪80年代发展起来的机种，是专门用来进行集装箱的堆垛和装卸作业的门式起重机，如卸船上集装箱的门式起重机。

③绳索起重机。它适用于跨度大、地形复杂的货场、水库或工地作业。由于跨度大，固定在两个塔架顶部的缆索取代了桥形主梁。悬挂在起重小车上的取物装置被牵引索高速牵引，沿承载索往返运行，两塔架分别在相距较远的两岸轨道上，可以低速运行。

2）臂架类型起重机。其结构都有一个悬伸、可旋转的臂架作为主要受力构件，除了起升机构外，通常还有旋转机构和变辐机构，通过起升机构、变辐机构、旋转机构和运行机构等四大机构的组合运动，可以实现在圆形或长圆形空间的装卸作业。臂架式起重机可装设在车辆或其他运输工具上，构成了常见的各种运行臂架式起重机，例如，门座起重机、塔式起重机、铁路起重机、流动式起重机。

①流动式起重机。它包括汽车起重机、轮胎起重机、履带起重机，采用充气轮胎或履带作运行装置，可以在无轨路面长距离移动。最常见的汽车起重机安装在汽车底盘上，其优点是机动性好，可与汽车一起编队运行。

②塔式起重机。其结构特点是悬架长（服务范围大）、塔身高（增加升降高度）、设计精巧，可以快速安装、拆卸。轨道临时铺设在工地上，以适应经常搬迁的需要。

③门座式起重机。它是回转臂架安装在门形座架上的起重机，沿地面轨道运行的门座架下可通过铁路车辆或其他车辆，多用于港口装卸作业，或造船厂进行船体与设备装配。

4. 起重机械安全正常工作的条件

（1）金属结构和机械零部件应具有足够的强度、刚性和抗屈曲能力。

（2）整机必须具有必要的抗倾覆稳定性。

（3）原动机具有满足作业性能要求的功率，制动装置提供必需的制动力矩。

五、场（厂）内专用机动车辆基础知识

1. 场（厂）内专用机动车辆

场（厂）内机动车辆，是指利用动力装置驱动或牵引的，在特定区域内作业和行驶、最大行驶速度（设计值）超过5 km/h的；或者具有起升、回转、翻转、搬运等功能的专用作业车辆。受道路交通管理部门和农业管理部门管理的车辆除外。

2. 场（厂）内专用机动车辆工作特点

（1）场（厂）内机动车辆种类繁多，同类厂内机动车辆的规格差别很大。机构复杂，作业过程中常常伴随着行驶操作，操作技术难度较大。

（2）场（厂）内机动车辆承载的重物多种多样，载荷是变化的，体积不规则，还有散

粒和易燃易爆危险品等，使作业过程复杂而危险。

（3）需要在较大的范围内运行，机动性强，易造成事故，影响的面积也较大。

（4）属于暴露的、活动的工作装置，且常与吊运作业人员直接接触（货叉、铲斗等），潜在许多偶发的危险因素。

（5）作业环境复杂，如涉及企业、港口、工地等场所，涉及高温、高压、易燃易爆等环境危险因素，对设备和作业人员形成威胁。

（6）各类产品之间具有使用成套性。作业中常常需要多人配合，共同完成一项操作。

（7）一机具有多种可换的工作装置。

（8）对行驶路面，作业环境有要求。

（9）对于专用搭载乘客的场（厂）内机动车辆，如游览车、摆渡车等，载客人数多，安全性要求高。

3. 场（厂）内专用机动车辆分类

（1）按动力特点分类

1）内燃车辆。由内燃机驱动的车辆。

2）电动车辆。由电动机驱动，由蓄电池或者电网供给能量的车辆。

3）内燃电动车辆。由内燃机带动发电机，再由电动机驱动的车辆。

（2）按照功能、结构特征分类

1）汽车。为机场、港口、游览场所、工矿企业等场内载货、载客运行的车辆。

2）轨道式搬运车辆。应用于工厂、矿山、建筑工地、铁路和港口货场、林区等处对成件货物进行短距离运输。主要包括工矿内燃机车、工矿电机车和电动平车。

3）工程建筑机械

①工业搬运车辆，包括各类叉车、牵引车、搬运车、起升车辆、跨车等。

②挖掘机械，包括挖掘土方、石方的挖掘机等。

③铲土运输机械，包括推土机、装载机、铲运机、平地机、翻斗车等。

④工程起重机械，包括汽车起重机、轮胎式起重机、履带式起重机等。

⑤压实机械，包括压路机、夯实机两大类。

⑥桩工机械，包括打夯机、钻孔机等。

⑦装修车辆，包括地面修整机、屋面施工机械等。

⑧凿岩机械，包括凿岩机、破碎锤等。

⑨路面机械，包括路面施工机械、养护机械等。

⑩混凝土机械，包括搅拌机、混凝土运输车等。

⑪市政工程机械，包括绿化机械、垃圾收集机械、街道清扫机械等。

4. 场（厂）内专用机动车辆正常工作条件

（1）车辆的技术性能、动力性能、制动性能、承载能力、运行方向的控制能力和产品标识符合要求。

（2）满载作业时的纵向、横向稳定性，满载运行时的纵向稳定性，空载运行时的横向稳定性满足要求。

（3）车辆的动力输出能力、工作装置的控制和标识符合要求。

（4）车辆的各种安全保护装置，监测、指示、仪表、报警等自动报警、信号装置应完好齐全。

（5）操作人员能够正确操作和维护车辆。

六、特种设备事故的类型

（一）锅炉事故

1. 锅炉事故特点

（1）锅炉在运行中受高温、压力和腐蚀等的影响，容易造成事故，且事故种类呈现出多种多样的形式。

（2）锅炉一旦发生故障，将造成停电、停产、设备损坏，其损失非常严重。

（3）锅炉是一种密闭的压力容器，在高温和高压下工作，一旦发生爆炸，将摧毁设备和建筑物，造成人身伤亡。

2. 锅炉事故发生原因

（1）超压运行。如安全阀、压力表等安全装置失灵，或者在水循环系统发生故障，造成锅炉压力超过许用压力，严重时会发生锅炉爆炸。

（2）超温运行。由于烟气流差或燃烧工况不稳定等原因，使锅炉出口汽温过高、受热面温度过高，造成金属烧损或发生爆管事故。

（3）锅炉水位过低会引起严重缺水事故；锅炉水位过高会引起满水事故，长时间高水位运行，还容易使压力表管口结垢而堵塞，使压力表失灵而导致锅炉超压事故。

（4）水质管理不善。锅炉水垢太厚，又未定期排污，会使受热面水侧积存泥垢和水垢，热阻增大，而使受热面金属烧坏；给水中带有油质或给水呈酸性，会使金属壁过热或腐蚀；碱性过高，会使钢板产生苛性脆化。

（5）水循环被破坏。结垢会造成水循环被破坏；锅炉碱度过高，锅筒水面起泡沫、汽水共腾易使水循环遭到破坏。水循环被破坏，锅内的水况紊乱，有的受热面管子将发生倒流或停滞，或者造成“汽塞”，在停滞水流的管子内产生泥垢和水垢堵塞，从而烧坏受热面管子或发生爆炸事故。

（6）违章操作。锅炉工的误操作，错误的检修方法和不对锅炉进行定期检查等都可能导致事故的发生。

3. 锅炉事故应急措施

（1）锅炉一旦发生事故，司炉人员一定要保持清醒的头脑，不要惊慌失措，应立即判断和查明事故原因，并及时进行事故处理。发生重大事故和爆炸事故时应启动应急预案，保护现场，并及时报告有关领导和监察机构。

（2）发生锅炉爆炸事故时，必须设法躲避爆炸物和高温水、汽，在可能的情况下尽快将人员撤离现场；爆炸停止后立即查看是否有伤亡人员，并进行救助。

（3）发生锅炉重大事故时，要停止供给燃料和送风，减弱引风；熄灭和清除炉膛内的燃料（指火床燃烧锅炉），注意不能用向炉膛浇水的方法灭火，而用黄砂或湿煤灰将红火压灭；打开炉门、灰门，烟风道闸门等，以冷却炉子；切断锅炉同蒸汽总管的联系，打开锅筒上放空排放或安全阀以及过热器出口集箱和疏水阀；向锅炉内进水，放水，以加速锅炉的冷却；但是发生严重缺水事故时，切勿向锅炉内进水。

4．典型锅炉事故及预防

（1）锅炉爆炸事故

1）水蒸气爆炸。锅炉中容纳水及水蒸气较多的大型部件，如锅筒及水冷壁集箱等，在正常工作时，或者处于水汽两相共存的饱和状态，或者是充满了饱和水，容器内的压力则等于或接近锅炉的工作压力，水的温度则是该压力对应的饱和温度。一旦该容器破裂，容器内液面上的压力瞬间下降为大气压力，与大气压力相对应的水的饱和温度是100℃。原工作压力下高于100℃的饱和水此时成了极不稳定、在大气压力下难于存在的“过饱和水”，其中的一部分即瞬时汽化，体积骤然膨胀许多倍，在空间形成爆炸。

2）超压爆炸。超压爆炸指由于安全阀、压力表不齐全、损坏或装设错误，操作人员擅离岗位或放弃监视责任，关闭或关小出汽通道，无承压能力的生活锅炉改作承压蒸汽锅炉等原因，致使锅炉主要承压部件筒体、封头、管板、炉胆等承受的压力超过其承载能力而造成的锅炉爆炸。

超压爆炸是小型锅炉最常见的爆炸情况之一。预防这类爆炸的主要措施是加强运行管理。

3）缺陷导致爆炸。缺陷导致爆炸指锅炉承受的压力并未超过额定压力，但因锅炉主要承压部件出现裂纹、严重变形、腐蚀、组织变化等情况，导致主要承压部件丧失承载能力，突然大面积破裂爆炸。

缺陷导致的爆炸也是锅炉常见的爆炸情况之一。预防这类爆炸，除加强锅炉的设计、制造、安装、运行中的质量控制和安全监察外，还应加强锅炉检验，发现锅炉缺陷及时处理，避免锅炉主要承压部件带缺陷运行。

4）严重缺水导致爆炸

锅炉的主要承压部件如锅筒、封头、管板、炉胆等，不少是直接受火焰加热的。锅炉一旦严重缺水，上述主要受压部件得不到正常冷却，甚至被烧，金属温度急剧上升甚至被烧红。这样的缺水情况是严禁加水的，应立即停炉。如给严重缺水的锅炉上水，往往酿成爆炸事故。长时间缺水干烧的锅炉也会爆炸。

防止这类爆炸的主要措施也是加强运行管理。

（2）缺水事故

1）锅炉缺水的后果。当锅炉水位低于水位表最低安全水位刻度线时，即形成了锅炉缺水事故。锅炉缺水时，水位表内往往看不到水位，表内发白发亮。缺水发生后，低水位警报器动作并发出警报，过热蒸汽温度升高，给水流量不正常地小于蒸汽流量。锅炉缺水是锅炉运行中最常见的事故之一，常常造成严重后果。严重缺水会使锅炉蒸发受热面管子过热变形甚至烧塌，胀口渗漏，胀管脱落，受热面钢材过热或过烧，降低或丧失承载能力，管子爆破，炉墙损坏。如锅炉缺水处理不当，甚至会导致锅炉爆炸。

2）常见的锅炉缺水原因。① 运行人员疏忽大意，对水位监视不严；或者操作人员擅离职守，放弃了对水位及其他仪表的监视。

② 水位表故障造成假水位，而操作人员未及时发现。

③ 水位报警器或给水自动调节器失灵而又未及时发现。

④ 给水设备或给水管路故障，无法给水或水量不足。

⑤ 操作人员排污后忘记关排污阀，或者排污阀泄漏。

⑥ 水冷壁、对流管束或省煤器管子爆破漏水。

3）锅炉缺水的处理。发现锅炉缺水时，应首先判断是轻微缺水还是严重缺水，然后酌情予以不同的处理。通常判断缺水程度的方法是“叫水”。“叫水”的操作方法是：打开水位表的放水旋塞冲洗汽连管及水连管，关闭水位表的汽连接管旋塞，关闭放水旋塞。如果此时水位表中有水位出现，则为轻微缺水。如果通过“叫水”水位表内仍无水位出现，说明水位已降到水连管以下甚至更严重，属于严重缺水。

轻微缺水时，可以立即向锅炉上水，使水位恢复正常。如果上水后水位仍不能恢复正常，应立即停炉检查。严重缺水时，必须紧急停炉。在未判定缺水程度或者已判定属于严重缺水的情况下，严禁给锅炉上水，以免造成锅炉爆炸事故。

“叫水”操作一般只适用于相对容水量较大的小型锅炉，不适用于相对容水量很小的电站锅炉或其他锅炉。对相对容水量小的电站锅炉或其他锅炉，以及最高火界在水连管以上的锅壳锅炉，一旦发现缺水，应立即停炉。

（3）满水事故

1）锅炉满水的后果。锅炉水位高于水位表最高安全水位刻度线的现象，称为锅炉满水。

锅炉满水时，水位表内也往往看不到水位，但表内发暗，这是满水与缺水的重要区别。满水发生后，高水位报警器动作并发出警报，过热蒸汽温度降低，给水流量不正常地大于蒸汽流量。严重满水时，锅水可进入蒸汽管道和过热器，造成水击及过热器结垢。因而满水的主要危害是降低蒸汽品质，损害以致破坏过热器。

2）常见的满水原因

① 运行人员疏忽大意，对水位监视不严；或者运行人员擅离职守，放弃了对水位及其他仪表的监视。

② 水位表故障造成假水位，而运行人员未及时发现。

③ 水位报警器及给水自动调节器失灵而又未能及时发现，等等。

3）锅炉满水的处理。发现锅炉满水后，应冲洗水位表，检查水位表有无故障；一旦确认满水，应立即关闭给水阀停止向锅炉上水，启用省煤器再循环管路，减弱燃烧，开启排污阀及过热器、蒸汽管道上的疏水阀；待水位恢复正常后，关闭排污阀及各疏水阀；查清事故原因并予以消除，恢复正常运行。如果满水时出现水击，则在恢复正常水位后，还须检查蒸汽管道、附件、支架等，确定无异常情况，才可恢复正常运行。

（4）汽水共腾

1）汽水共腾的后果。锅炉蒸发表面（水面）汽水共同升起，产生大量泡沫并上下波动翻腾的现象，叫汽水共腾。发生汽水共腾时，水位表内也出现泡沫，水位急剧波动，汽水界线难以分清；过热蒸汽温度急剧下降；严重时，蒸汽管道内发生水冲击。汽水共腾与满水一样，会使蒸汽带水，降低蒸汽品质，造成过热器结垢及水击振动，损坏过热器或影响用汽设备的安全运行。

2）形成汽水共腾的原因

① 锅水品质太差。由于给水品质差、排污不当等原因，造成锅水中悬浮物或含盐量太高，碱度过高。由于汽水分离，锅水表面层附近含盐浓度更高，锅水黏度很大，气泡上升阻力增大。在负荷增加、汽化加剧时，大量气泡被黏阻在锅水表面层附近来不及分离出去，形成大量泡沫，使锅水表面上下翻腾。

② 负荷增加和压力降低过快。当水位高、负荷增加过快、压力降低过速时，会使水面汽化加剧，造成水面波动及蒸汽带水。

3）汽水共腾的处理。发现汽水共腾时，应减弱燃烧力度，降低负荷，关小主汽阀；加强蒸汽管道和过热器的疏水；全开连续排污阀，并打开定期排污阀放水，同时上水，以改善锅水品质；待水质改善、水位清晰时，可逐渐恢复正常运行。

（5）锅炉爆管

1）爆管后果。炉管爆破指锅炉蒸发受热面管子在运行中爆破，包括水冷壁、对流管束管子爆破及烟管爆破。炉管爆破时，往往能听到爆破声，随之水位降低，蒸汽及给水压力下降，炉膛或烟道中有汽水喷出的声响，负压减小，燃烧不稳定，给水流量明显地大于蒸汽流量，有时还有其他比较明显的症状。

2）爆管原因

① 水质不良、管子结垢并超温爆破。

② 水循环故障。

③ 严重缺水。

④ 制造、运输、安装中管内落入异物，如钢球、木塞等。

⑤ 烟气磨损导致管减薄。

⑥ 运行或停炉的管壁因腐蚀而减薄。

⑦ 管子膨胀受阻碍，由于热应力造成裂纹。

⑧ 吹灰不当造成管壁减薄。

⑨ 管路缺陷或焊接缺陷在运行中发展扩大。

3）爆管处理。炉管爆破时，通常必须紧急停炉修理。

由于导致炉管爆破的原因很多，有时往往是几方面的因素共同影响而造成事故，因而防止炉管爆破必须从搞好锅炉设计、制造、安装、运行管理、检验等各个环节入手。

（6）省煤器损坏

1）省煤器损坏的后果。省煤器损坏指由于省煤器管子破裂或省煤器其他零件损坏所造成的事故。

省煤器损坏时，给水流量不正常地大于蒸汽流量；严重时，锅炉水位下降，过热蒸汽温度上升；省煤器烟道内有异常声响，烟道潮湿或漏水，排烟温度下降，烟气阻力增大，引风机电流增大。

省煤器损坏会造成锅炉缺水而被迫停炉。

2）省煤器损坏原因

① 烟速过高或烟气含灰量过大，飞灰磨损严重。

② 给水品质不符合要求，特别是未进行除氧，管子水侧被严重腐蚀。

③ 省煤器出口烟气温度低于其酸露点，在省煤器出口段烟气侧产生酸性腐蚀。

④ 材质缺陷或制造安装时的缺陷导致破裂。

⑤ 水击或炉膛、烟道爆炸剧烈振动省煤器并使之损坏等。

3）省煤器损坏处理。省煤器损坏时，如能经直接上水管给锅炉上水，并使烟气经旁通烟道流出，则可不停炉进行省煤器修理，否则必须停炉进行修理。

(7) 过热器损坏

1）过热器损坏的后果。过热器损坏主要指过热器爆管。这种事故发生后，蒸汽流量明显下降，且不正常地小于给水流量；过热蒸汽温度上升，压力下降；过热器附近有明显声响，炉膛负压减小，过热器后的烟气温度降低。

2）过热器损坏的原因

① 锅炉满水、汽水共腾或汽水分离效果差而造成过热器内进水结垢，导致过热爆管。

② 受热偏差或流量偏差使个别过热器管子超温而爆管。

③ 启动、停炉时对过热器保护不善而导致过热爆管。

④ 工况变动（负荷变化、给水温度变化、燃料变化等）使过热蒸汽温度上升，造成金属超温爆管。

⑤ 材质缺陷或材质错用（如在需要用合金钢的过热器上错用了碳素钢）。

⑥ 制造或安装时的质量问题，特别是焊接缺陷。

⑦ 管内异物堵塞。

⑧ 被烟气中的飞灰严重磨损。

⑨ 吹灰不当，损坏管壁等。

由于在锅炉受热面中过热器的使用温度最高，致使过热蒸汽温度变化的因素很多，相应造成过热器超温的因素也很多。因此过热器损坏的原因比较复杂，往往和温度工况有关，在分析问题时需要综合各方面的因素考虑。

3）过热器损坏处理。过热器损坏通常需要停炉修理。

(8) 水击事故

1）水击事故的后果。水在管道中流动时，因速度突然变化导致压力突然变化，形成压力波并在管道中传播的现象，叫水击。发生水击时管道承受的压力骤然升高，发生猛烈振动并发出巨大声响，常常造成管道、法兰、阀门等的损坏。

2）水击事故原因。锅炉中易于产生水击的部位有：

① 给水管道、省煤器、过热器、锅筒等。给水管道的水击常常是由于管道阀门关闭或开启过快造成的。比如阀门突然关闭，高速流动的水突然受阻，其动压在瞬间转变为静压，造成对内门、管道的强烈冲击。

② 省煤器管道的水击分两种情况：一种是省煤器内部分水变成了蒸汽，蒸汽与温度较低的（未饱和）水相遇时，水将蒸汽冷凝，原蒸汽区压力降低，使水速突然发生变化并造成水击；另一种则和给水管道的水击相同，是由阀门的突然开闭造成的。

③ 过热器管道的水击常发生在满水或汽水共腾事故中，在暖管时也可能出现。造成水击的原因是蒸汽管道中出现了水，水使部分蒸汽降温甚至冷凝，形成压力降低区，蒸汽携水向压力降低区流动，使水速突然变化而产生水击。

④ 锅筒的水击也有两种情况：一是上锅筒内水位低于给水管出口而给水温度又较低时，大量低温进水造成蒸汽凝结，使压力降低而导致水击；二是下锅筒内采用蒸汽加热时，进汽速度太快，蒸汽迅速冷凝形成低压区，造成水击。

3）水击事故的预防与处理。为了预防水击事故，给水管道和省煤器管道的阀门启闭不应过于频繁，开闭速度要缓慢；对可分式省煤器的出口水温要严格控制，使之低于同压力下的饱和温度40℃；防止满水和汽水共腾事故，暖管之前应彻底疏水；上锅筒进水速度应缓慢，下锅筒进汽速度也应缓慢。发生水击时，除立即采取措施使之消除外，还应认真检查管道、阀门、法兰、支撑等，如无异常情况，才能使锅炉继续运行。

(9) 炉膛爆炸事故

1）炉膛爆炸事故。炉膛爆炸是指炉膛内积存的可燃性混合物瞬间同时爆燃，从而使炉膛烟气侧压力突然升高，超过了设计允许值而造成水冷壁、刚性梁及炉顶、炉墙破坏的现象，即正压爆炸。此外还有负压爆炸，即在送风机突然停转时，引风机继续运转，烟气侧压力急降，造成炉膛、刚性梁及炉墙破坏的现象。

炉膛爆炸（外爆）要同时具备三个条件：一是燃料必须以游离状态存在于炉膛中，二是燃料和空气的混合物达到爆燃的浓度，三是有足够的点火能源。炉膛爆炸常发生于燃油、燃气、燃煤粉的锅炉。不同可燃物的爆炸极限和爆炸范围各不相同。

由于爆炸过程中火焰传播速度非常快，每秒达数百米甚至数千米，火焰激波以球面向各方向传播，邻近燃料同时被点燃，烟气容积突然增大，因来不及泄压而使炉膛内压力陡增而发生爆炸。

2）引起炉膛爆炸的主要原因

① 在设计上缺乏可靠的点火装置、可靠的熄火保护装置及连锁、报警和跳闸系统，炉膛及刚性梁结构抗爆能力差，制粉系统及燃油雾化系统有缺陷。

② 在运行过程中操作人员误判断、误操作，此类事故占炉膛爆炸事故总数的90%以上。有时因采用“爆燃法”点火而发生爆炸。此外，还有因烟道闸板关闭而发生炉膛爆炸事故。

3）炉膛爆炸事故预防。为防止炉膛爆炸事故的发生，应根据锅炉的容量和大小，装设可靠的炉膛安全保护装置，如防爆门、炉膛火焰和压力检测装置，联锁、报警、跳闸系统及点火程序，熄火程序控制系统。同时，尽量提高炉膛及刚性梁的抗爆能力。此外应加强使用管理，提高司炉工人技术水平。在启动锅炉点火时要认真按操作规程进行点火，严禁采用“爆燃法”，点火失败后先通风吹扫5～10 min后才能重新点火；在燃烧不稳，炉膛负压波动较大时，如除大灰，燃料变更，制粉系统及雾化系统发生故障，低负荷运行时应精心控制燃烧，严格控制负压。

(10) 尾部烟道二次燃烧

1）尾部烟道二次燃烧事故结果。尾部烟道二次燃烧主要发生在燃油锅炉上。当锅炉运行中燃烧不完好时，部分可燃物随着烟气进入尾部烟道，积存于烟道内或黏附在尾部受热面上，在一定条件下这些可燃物自行着火燃烧。尾部烟道二次燃烧常将空气预热器、省煤器破坏。引起尾部烟道二次燃烧的条件是：在锅炉尾部烟道上有可燃物堆积下来，并达到一定的温度，有一定量的空气可供燃烧。这3个条件同时满足时，可燃物就有可能自燃或被引燃着火。

2）尾部烟道二次燃烧事故原因。尾部烟道二次燃烧易在停炉之后不久发生。

① 可燃物在尾部烟道积存。锅炉启动或停炉时燃烧不稳定、不完全，可燃物随烟气进入尾部烟道，积存在尾部烟道；燃油雾化不良，来不及在炉膛完全燃烧而随烟气进入尾部烟道；鼓风机停转后炉膛内负压过大，引风机有可能将尚未燃烧的可燃物吸引到尾部烟道上。

② 可燃物着火的温度条件是：刚停炉时尾部烟道上尚有烟气存在，烟气流速很低甚至不流动，受热面上沉积有可燃物，传热系数差，难以向周围散热；在较高温度的情况下，可燃物自氧化加剧放出一定能量，从而使温度更进一步上升。

③ 保持一定空气量。尾部烟道门孔和挡板关闭不严密；空气预热器密封不严，空气泄漏。

3）尾部烟道二次燃烧的预防。为防止产生尾部二次燃烧，要提高燃烧效率，尽可能减少不完全燃烧损失，减少锅炉的启停次数；加强尾部受热面的吹灰；保证烟道各种门孔及烟气挡板的密封良好；应在燃油锅炉的尾部烟道上装设灭火装置。

（11）锅炉结渣

1）锅炉结渣结果。锅炉结渣，指灰渣在高温下黏结于受热面、炉墙、炉排之上并越积越多的现象。燃煤锅炉结渣是个普遍性的问题，层燃炉、沸腾炉、煤粉炉都有可能结渣。由于煤粉炉炉膛温度较高，煤粉燃烧后的细灰呈飞腾状态，因而更易在受热面上结渣。结渣使受热面吸热能力减弱，降低锅炉的出力和效率；局部水冷壁管结渣会影响和破坏水循环，甚至造成水循环故障；结渣会造成过热蒸汽温度的变化，使过热器金属超温；严重的结渣会妨碍燃烧设备的正常运行，甚至造成被迫停炉。结渣对锅炉的经济性、安全性都有不利影响。

2）锅炉结渣原因。产生结渣的原因主要是：煤的灰渣熔点低，燃烧设备设计不合理，运行操作不当等。

3）锅炉结渣预防。预防结渣的主要措施有：

① 在设计上要控制炉膛燃烧热负荷，在炉膛中布置足够的受热面，控制炉膛出口温度，使之不超过灰渣变形温度；合理设计炉膛形状，正确设置燃烧器，在燃烧器结构性能设计中充分考虑结渣问题；控制水冷壁间距不要太大，而要把炉膛出口处受热面管间距拉开；炉排两侧装设防焦集箱等。

② 在运行上要避免超负荷运行；控制火焰中心位置，避免火焰偏斜和火焰冲墙；合理控制过量空气系数和减少漏风。

③ 对沸腾炉和层燃炉，要控制送煤量，均匀送煤，及时调整燃料层和煤层厚度。

④ 发现锅炉结渣要及时清除。清渣应在负荷较低、燃烧稳定时进行，操作人员应注意防护和安全。

（二）压力容器事故

1．压力容器事故特点

（1）压力容器在运行中由于超压、过热，而超出受压元件可以承受的压力，或腐蚀、磨损，而造成受压元件承受能力下降到不能承受正常压力的程度，发生爆炸、撕裂等事故。

（2）压力容器发生爆炸事故后，不但事故设备被毁，而且还波及周围的设备、建筑和人群。其爆炸所直接产生的碎片能飞出数百米远，并能产生巨大的冲击波，其破坏力与杀伤力极大。

（3）压力容器发生爆炸、撕裂等重大事故后，有毒物质的大量外溢会造成人畜中毒的恶性事故；而可燃性物质的大量泄漏，还会引起重大的火灾和二次爆炸事故，后果也十分严重。

2．压力容器事故发生原因

（1）结构不合理、材质不符合要求、焊接质量不好、受压元件强度不够以及其他设计制造方面的原因。

（2）安装不符合技术要求，安全附件规格不对、质量不好，以及其他安装、改造或修理方面的原因。

（3）在运行中超压、超负荷、超温，违反劳动纪律、违章作业、超过检验期限没有进行定期检验、操作人员不懂技术，以及其他运行管理不善方面的原因。

3．压力容器事故应急措施

（1）压力容器发生超压超温时要马上切断进汽阀门；对于反应容器停止进料；对于无毒非易燃介质，要打开放空管排汽；对于有毒易燃易爆介质要打开放空管，将介质通过接管排至安全地点。

（2）如果属超温引起的超压，除采取上述措施外，还要通过水喷淋冷却以降温。

（3）压力容器发生泄漏时，要马上切断进料阀门及泄漏处前端阀门。

（4）压力容器本体泄漏或第一道阀门泄漏时，要根据容器、介质不同使用专用堵漏技术和堵漏工具进行堵漏。

（5）易燃易爆介质泄漏时，要对周边明火进行控制，切断电源，严禁一切用电设备运行，并防止静电产生。

4．典型压力容器事故及预防

（1）压力容器爆炸事故及危害

1）压力容器爆炸。压力容器爆炸分为物理爆炸现象和化学爆炸现象。物理爆炸现象是容器内高压气体迅速膨胀并以高速释放内在能量。化学爆炸现象是容器内的介质发生化学反应，释放能量生成高压、高温，其爆炸危害程度往往比物理爆炸现象严重。

2）压力容器爆炸的危害

①冲击波及其破坏作用。冲击波超压会造成人员伤亡和建筑物的破坏。

压力容器因严重超压而爆炸时，其爆炸能量远大于按工作压力估算的爆炸能量，破坏和伤害情况也严重得多。

②爆破碎片的破坏作用。压力容器破裂爆炸时，高速喷出的气流可将壳体反向推出，有些壳体破裂成块或片向四周飞散。这些具有较高速度或较大质量的碎片，在飞出过程中具有较大的动能，会造成较大的危害。

碎片还可能损坏附近的设备和管道，引起连续爆炸或火灾，造成更大危害。

③介质伤害。主要是有毒介质的毒害和高温蒸汽的烫伤。

在压力容器所盛装的液化气体中有很多是毒性介质，如液氨、液氯、二氧化硫、二氧化氮、氢氟酸等。盛装这些介质的容器破裂时，大量液体瞬间气化并向周围大气扩散，会造成大面积的毒害，不但造成人员中毒，致死致病，也严重破坏生态环境，危及中毒区的动植物。

其他高温介质泄放气化会灼烫伤害现场人员。

④二次爆炸及燃烧危害。当容器所盛装的介质为可燃液化气体时，容器破裂爆炸在现场形成大量可燃蒸气，并迅即与空气混合形成可爆性混合气，在扩散中遇明火即形成二次爆炸。

可燃液化气体容器的这种燃烧爆炸，常使现场附近变成一片火海，造成严重的后果。

⑤压力容器快开门事故危害。快开门式压力容器开关盖频繁，在容器泄压未尽前或带压下打开端盖，以及端盖未完全闭合就升压，极易造成快开门式压力容器产生爆炸事故。

(2) 压力容器泄漏事故及危害

1) 压力容器泄漏。压力容器的元件开裂、穿孔、密封失效等造成容器内的介质泄漏的现象。

2) 压力容器泄漏的危害。

①有毒介质伤害。压力容器盛装的是毒性介质时，这些介质会从容器破裂处泄漏，大量液体瞬间气化并扩散，会造成大面积的毒害，造成人员中毒，破坏生态环境。

有毒介质由容器泄放气化后，体积增大100～250倍。所形成的毒害区的大小及毒害程度，取决于容器内有毒介质的质量、容器破裂前的介质温度和压力、介质毒性。

②爆炸及燃烧危害。

容器盛装的是可燃介质时，这些介质会从容器破裂处泄漏，液化气会瞬间气化，在现场形成大量可燃气体，并迅即与空气混合，达到爆炸极限时，遇明火即会造成空间爆炸。未达到爆炸极限，遇明火即会形成燃烧，此时的燃烧往往会造成周边的容器产生爆炸，进而造成严重的后果。

③高温灼烫伤。主要是高温介质泄放气化灼烫伤害现场人员，如高温蒸汽的烫伤等。

(3) 压力容器事故的预防

为防止压力容器发生爆炸、泄漏事故，应采取下列措施：

1) 在设计上，应采用合理的结构，如采用全焊透结构，能自由膨胀等，避免应力集中、几何突变。针对设备使用工况，选用塑性、韧性较好的材料。强度计算及安全阀排量计算符合标准。

2) 制造、修理、安装、改造时，加强焊接管理，提高焊接质量并按规范要求进行热处理和探伤；加强材料管理，避免采用有缺陷的材料或用错钢材、焊接材料。

3) 在压力容器的使用过程中，加强管理，避免操作失误、超温、超压、超负荷运行、失检、失修、安全装置失灵等。

4) 加强检验工作，及时发现缺陷并采取有效措施。

5) 在压力容器的使用过程中，发生下列异常现象时，应立即采取紧急措施，停止容器的运行：

① 超温、超压、超负荷时，采取措施后仍不能得到有效控制。

② 压力容器主要受压元件发生裂纹、鼓包、变形等现象。

③ 安全附件失效。

④ 接管、紧固件损坏，难以保证安全运行。

⑤ 发生火灾、撞击等直接威胁压力容器安全运行的情况。

⑥ 充装过量。

⑦ 压力容器液位超过规定，采取措施仍不能得到有效控制。

⑧ 压力容器与管道发生严重振动，危及安全运行。

（三）起重机械事故

1. 起重机械事故特点

（1）事故大型化、群体化，一起事故有时涉及多人，并可能伴随大面积设备设施的损坏。

（2）事故类型集中，一台设备可能发生多起不同性质的事故。

（3）事故后果严重，只要是伤及人，往往是恶性事故，一般不是重伤就是死亡。

（4）伤害涉及的人员可能是司机、司索工和作业范围内的其他人员，其中司索工被伤害的比例最高。

（5）在安装、维修和正常起重作业中都可能发生事故，其中，起重作业中发生的事故最多。

（6）事故高发行业中，建筑、冶金、机械制造和交通运输等行业较多，与这些行业起重设备数量多、使用频率高、作业条件复杂有关。

（7）重物坠落是各种起重机共同的易发事故；汽车起重机易发生倾翻事故；塔式起重机易发生倒塔折臂事故；室外轨道起重机在风载作用下易发生脱轨翻倒事故；大型起重机易发生安装事故等。

2. 起重机械事故发生原因

起重机机械事故的发生原因主要包括人的因素、设备因素和环境因素等几个方面，其中人的因素主要是由于管理者或使用者心存侥幸、省事和逆反等心理原因从而产生非理智行为；物的因素主要是由于设备未按要求进行设计、制造、安装、维修和保养，特别是未按要求进行检验，带“病”运行，从而埋下安全隐患。占比例较大的起重机械事故起因主要有：

（1）重物坠落。吊具或吊装容器损坏、物件捆绑不牢、挂钩不当、电磁吸盘突然失电、起升机构的零件故障（特别是制动器失灵，钢丝绳断裂）等都会引发重物坠落。上吨重的吊载意外坠落，或起重机的金属结构件破坏、坠落，都可能造成严重后果。

（2）起重机失稳倾翻。起重机失稳有两种类型：一是由于操作不当（例如超载、臂架变幅或旋转过快等）、支腿未找平或地基沉陷等原因使倾翻力矩增大，导致起重机倾翻；二是由于坡度或风载荷作用，使起重机沿路面或轨道滑动，导致脱轨翻倒。

（3）金属结构的破坏。庞大的金属结构是各类桥架起重机、塔式起重机和门座起重机的重要构成部分，作为整台起重机的骨架，不仅承载起重机的自重和吊重，而且构架了起重作业的立体空间。金属结构的破坏常常会导致严重伤害，甚至群死群伤的恶果。

（4）挤压。起重机轨道两侧缺乏良好的安全通道或与建筑结构之间缺少足够的安全距离，使运行或回转的金属结构机体对人员造成夹挤伤害；运行机构的操作失误或制动器失灵引起溜车，造成碾压伤害等。

(5) 高处跌落。人员在离地面大于 2 m 的高度进行起重机的安装、拆卸、检查、维修或操作等作业时，从高处跌落造成的伤害。

(6) 触电。起重机在输电线附近作业时，其任何组成部分或吊物与高压带电体距离过近，感应带电或触碰带电物体，都可以引发触电伤害。

(7) 其他伤害。其他伤害是指人体与运动零部件接触引起的绞、碾、戳等伤害；液压起重机的液压元件破坏造成高压液体的喷射伤害；飞出物件的打击伤害；装卸高温液体金属、易燃易爆、有毒、腐蚀等危险品，由于坠落或包装捆绑不牢破损引起的伤害等。

3．起重机械事故应急措施

(1) 由于台风、超载等非正常载荷造成起重机械倾翻事故时，应及时通知有关部门和起重机械制造、维修单位维保人员到达现场，进行施救。当有人员被压埋在倾倒起重机下面时，应先切断电源，采取千斤顶、起吊设备、切割等措施，将被压人员救出，在实施处置时，必须指定 1 名有经验的人员进行现场指挥，并采取警戒措施，防止起重机倒塌、挤压事故的再次发生。

(2) 发生火灾时，应采取措施施救被困在高处无法逃生的人员，并应立即切断起重机械的电源开关，防止电气火灾的蔓延扩大；灭火时，应防止二氧化碳等中毒窒息事故的发生。

(3) 发生触电事故时，应及时切断电源，对触电人员应进行现场救护，预防因电气而引发火灾。

(4) 发生从起重机械高处坠落事故时，应采取相应措施，防止再次发生高处坠落事故。

(5) 发生载货升降机故障，致使货物被困轿厢内，操作员或安全管理员应立即通知维保单位，由维保单位专业维修人员进行处置。维保单位不能很快到达的，由经过培训取得特种设备作业人员证书的作业人员，依照规定步骤释放货物。

4．典型起重机械事故及预防

(1) 重物失落事故。起重机械重物失落事故是指起重作业中，吊载、吊具等重物从空中坠落所造成的人身伤亡和设备毁坏的事故，简称失落事故。常见的失落事故有以下几种类型：

1) 脱绳事故。脱绳事故是指重物从捆绑的吊装绳索中脱落溃散发生的伤亡毁坏事故。

造成脱绳事故的主要原因有：重物的捆绑方法与要领不当，造成重物滑脱；吊装重心选择不当，造成偏载起吊或吊装中心不稳，使重物脱落；吊载遭到碰撞、冲击而摇摆不定，造成重物失落等。

2) 脱钩事故。脱钩事故是指重物、吊装绳或专用吊具从吊钩口脱出而引起的重物失落事故。

造成脱钩事故的主要原因有：吊钩缺少护钩装置；护钩保护装置机能失效；吊装方法不当，吊钩钩口变形引起开口过大等。

3) 断绳事故。断绳事故是指起升绳和吊装绳因破断造成的重物失落事故。

造成起升绳破断的主要原因有：超载起吊拉断钢丝绳；起升限位开关失灵造成过卷拉断钢丝绳；斜吊、斜拉造成乱绳挤伤切断钢丝绳；钢丝绳因长期使用又缺乏维护保养，造成疲劳变形、磨损损伤；达到或超过报废标准仍然使用等。

造成吊装绳破断的主要原因有：吊钩上吊装绳夹角太大（>120°），使吊装绳上的拉力超过极限值而拉断；吊装钢丝绳品种规格选择不当，或仍使用已达到报废标准的钢丝绳捆绑吊装重物，造成吊装绳破断；吊装绳与重物之间接触处无垫片等保护措施，造成棱角割断钢丝绳。

4）吊钩断裂事故。吊钩断裂事故是指吊钩断裂造成的重物失落事故。

造成吊钩断裂事故的原因有吊钩材质有缺陷；吊钩因长期磨损，使断面减小；已达到报废极限标准却仍然使用或经常超载使用，造成疲劳断裂。

起重机械失落事故主要是发生在起升机构取物缠绕系统中，如脱绳、脱钩、断绳和断钩。每根起升钢丝绳两端的固定也十分重要，如钢丝绳在卷筒上的极限安全圈是否能保证在2圈以上，是否有下降限位保护，钢丝绳在卷筒装置上的压板固定及楔块固定是否安全可靠。另外钢丝绳脱槽（脱离卷筒绳槽）或脱轮（脱离滑轮），也会造成失落事故。

（2）挤伤事故。挤伤事故是指在起重作业中，作业人员被挤压在两个物体之间，造成挤伤、压伤、击伤等人身伤亡事故。

造成此类事故的主要原因是起重作业现场缺少安全监督指挥管理人员，现场从事吊装作业和其他作业人员缺乏安全意识和自我保护措施，野蛮操作等。挤伤事故多发生在吊装作业人员和检修维护人员上。挤伤事故主要有以下几种：

1）吊具或吊载与地面物体间的挤伤事故。在车间、仓库等室内场所，地面作业人员处于大型吊具或吊载与机器设备、土建墙壁、牛腿立柱等障碍物之间的狭窄地带，在进行吊装、指挥、操作或从事其他作业时，由于指挥失误或误操作，作业人员躲闪不及被挤压在大型吊具（吊载）与各种障碍物之间，造成挤伤事故。或者由于吊装不合理，造成吊载剧烈摆动，冲撞作业人员致伤。

2）升降设备的挤伤事故。电梯、升降货梯、建筑升降机的维修人员或操作人员，不遵守操作规程，发生被挤压在轿箱、吊笼与井壁、井架之间而造成挤伤的事故也时有发生。

3）机体与建筑物间的挤伤事故。这类事故多发生在高空从事桥式起重机维护检修人员中，被挤在起重机端梁与支承、承轨梁的立柱或墙壁之间，或在高空承轨梁侧通道通过时被运行的起重机击伤。

4）机体回转挤伤事故。这类事故多发生在野外作业的汽车、轮胎和履带起重机作业中，往往由于此类作业的起重机回转时配重部分将吊装、指挥和其他作业人员撞伤，或把上述人员挤压在起重机配重与建筑物之间致伤。

5）翻转作业中的挤伤事故。从事吊装、翻转、倒个作业时，由于吊装方法不合理，装卡不牢，吊具选择不当，重物倾斜下坠，吊装选位不佳，指挥及操作人员站位不好，造成吊载失稳、吊载摆动冲击，造成翻转作业中的砸、撞、碰、挤、压等各种伤亡事故。

（3）坠落事故

坠落事故主要是指从事起重作业的人员，从起重机机体等高空处坠落至地面的摔伤事故。也包括工具、零部件等从高空坠落，使地面作业人员受伤的事故。

1）从机体上滑落摔伤事故。这类事故多发生于在高空起重机上进行维护、检修作业中。一些检修作业人员缺乏安全意识，作业时不戴安全带，由于脚下滑动、障碍物绊倒或起重机突然启动造成晃动，使作业人员失稳从高空坠落于地面而受伤。

2）机体撞击坠落事故。这类事故多发生在检修作业中，因缺乏严格的现场安全监督制度，检修人员遭到其他作业的起重机端梁或悬臂撞击，从高空坠落受伤。

3）轿箱坠落摔伤事故。这类事故多发生在载客电梯、货梯或建筑升降机升降运转中，由于起升钢丝绳破断、钢丝绳固定端脱落，使乘客及操作者随轿箱、货箱一起坠落，造成人员伤亡事故。

4）维修工具零部件坠落砸伤事故。在高空起重机上从事检修作业时，常常因不小心，使维修更换的零部件或维护检修工具从起重机机体上滑落，造成砸伤地面作业人员和机器设备等事故。

5）振动坠落事故。这类事故不经常发生。起重机个别零部件因安装连接不牢，如螺栓未能按要求拧入一定的深度，螺母锁紧装置失效，或因年久失修个别连接环节松动，当起重机遇到冲击或振动时，就会出现因连接松动造成某一零部件从机体脱落，造成砸伤地面作业人员或砸伤机器设备的事故。

6）制动下滑坠落事故。这类事故产生的主要原因是起升机构的制动器性能失效，多为制动器制动环或制动衬料磨损严重而未能及时调整或更换，导致刹车失灵，或制动轴断裂，造成重物急速下滑坠落于地面，砸伤地面作业人员或机器设备。坠落事故形式较多，近些年发生的严重事故大多是吊笼、简易客货梯的坠落事故。

（4）触电事故。触电事故是指从事起重操作和检修作业人员，因触电而导致人身伤亡的事故。触电事故可以按作业场所分为以下 2 大类型：

1）室内作业的触电事故。室内起重机的动力电源是电击事故的根源，遭受触电电击伤害者多为操作人员和电气检修作业人员。产生触电事故的原因，从人的因素分析，多为缺乏起重机基本安全操作规程知识、起重机基本电气控制原理知识、起重机电气安全检查要领，不重视必要的安全保护措施，如不穿绝缘鞋、不带试电笔进行电气检修等。从起重机自身的电气设施角度看，发生触电事故多为起重机电气系统及周围相应环境缺乏必要的触电安全保护。

2）室外作业的触电事故。随着土木建筑工程的发展，在室外施工现场从事起重运输作业的自行式起重机，如汽车起重机、轮胎起重机和履带起重机越来越多，虽然这些起重机的动力源非电力，但出现触电事故并不少见。这主要是在作业现场往往有裸露的高压输电线，由于现场安全指挥监督混乱，常有自行起重机的臂架或起升钢丝绳摆动触及高压输电线，使机体连电，进而造成操作人员或吊装作业人员间接遭到高压电线中的高压电击伤。近些年，我国和日本连续发生过数起野外施工作业中自行式起重机悬臂触及高压电线，造成操作人员触电致死的事故。

3）触电安全防护措施：

①保证安全电压。为保证人体触电不致造成严重伤害与伤亡，触电的安全电压必须在 50 V 以下。目前起重机应采用低压安全操作，常采用的安全低压操作电压为 36 V 或42 V。

②保证绝缘的可靠性。起重机电气系统虽有绝缘保护措施，但是环境温度、湿度、化学腐蚀、机械损伤以及电压变化等都会使绝缘材料减小电阻值，或者出现因绝缘材料老化造成漏电的现象，因此必须经常用摇表测量检查各种绝缘环节的可靠性。

③加强屏护保护。对起重机上的某些无法加装绝缘装置的部分，如馈电的裸露滑触线等，必须加设护栏、护网等屏护设施。

④严格保证配电最小安全净距。起重机电气的设计与施工必须规定出保证配电安全的合理距离。

⑤保证接地与接零的可靠性。电气设备一旦漏电，起重机的金属部分就会带有一定电压，作业人员若触及起重机金属部分就可能发生触电事故。如果接地和接零措施安全可靠，就可以防止这类触电事故。

⑥加强漏电触电保护。除了在起重机电气系统中采用电压型漏电保护装置、零序电流型漏电保护装置和泄漏电流型漏电保护装置来防止漏电之外，还应设有绝缘站台（司机室采用木制或橡胶地板），规定作业人员穿戴绝缘鞋等进行操作与检修。

（5）机体毁坏事故。机体毁坏事故是指起重机因超载失稳等产生结构断裂、倾翻造成结构严重损坏及人身伤亡的事故。常见机体毁坏事故有以下几种类型：

1）断臂事故。各种类型的悬臂起重机，由于悬臂设计不合理、制造装配有缺陷或者长期使用已有疲劳损坏隐患，一旦超载起吊就易造成断臂或悬臂严重变形等毁机事故。

2）倾翻事故。倾翻事故是自行式起重机的常见事故，自行式起重机倾翻事故大多是由起重机作业前支承不当引发，如野外作业场地支承地基松软，起重机支腿未能全部伸出等。起重量限制器或起重力矩限制器等安全装置动作失灵、悬臂伸长与规定起重量不符、超载起吊等因素也都会造成自行式起重机倾翻事故。

3）机体摔伤事故。在室外作业的门式起重机、门座起重机、塔式起重机等，由于无防风夹轨器，无车轮止垫或无固定锚链等，或者上述安全设施机能失效，当遇到强风吹击时，可能会倾倒、移位，甚至从栈轿上翻落，造成严重的机体摔伤事故。

4）相互撞毁事故。在同一跨中的多台桥式类型起重机由于相互之间无缓冲碰撞保护措施，或缓冲碰撞保护设施毁坏失效，易因起重机相互碰撞致伤。在野外作业的多台悬臂起重机群中，悬臂回转作业中也难免相互撞击而出现碰撞事故。

（6）起重机械事故的预防措施

1）加强对起重机械的管理。认真执行起重机械各项管理制度和安全检查制度，做好起重机械的定期检查、维护、保养，及时消除隐患，使起重机械始终处于良好的工作状态。

2）加强对起重机械操作人员的教育和培训，严格执行安全操作规程，提高操作技术能力和处理紧急情况的能力。

3）起重机械操作过程中要坚持“十不吊”原则，即：①指挥信号不明或乱指挥不吊；②物体质量不清或超负荷不吊；③斜拉物体不吊；④重物上站人或有浮置物不吊；⑤工作场地昏暗，无法看清场地、被吊物及指挥信号不吊；⑥遇有拉力不清的埋置物时不吊；⑦工件捆绑、吊挂不牢不吊；⑧重物棱角处与吊绳之间未加衬垫不吊；⑨结构或零部件有影响安全工作的缺陷或损伤时不吊；⑩钢（铁）水装得过满不吊。

（四）场（厂）内专用机动车辆事故

1．场（厂）内专用机动车辆事故特点

（1）场（厂）内机动车辆事故不但会造成车辆的损失和人员伤亡，还会影响场（厂）内的正常生产秩序。

（2）事故主要发生在车辆行驶、装卸作业、车辆维修和非驾驶员驾车等过程。

（3）事故类型繁多，不同车辆会造成不同事故，难以预防。

（4）伤害涉及的人员可能是司机、乘客、作业辅助人员和作业范围内的其他人员，其中伤害他人的比例最高。

（5）游览区、机场等的乘人车辆发生事故，乘客受到伤害对社会造成不良影响。

（6）事故高发行业中，建筑、冶金、制造生产企业、铁路公路建设工地、仓储物流、旅游观光等行业较多，与这些行业相关的场（厂）内机动车辆数量多、使用频率高、作业条件复杂。

（7）易发生倾翻、货物坠落、工作装置损坏、起步伤人、行驶伤人、作业伤人等事故。

（8）部分事故与道路环境有关。

2．场（厂）内专用机动车辆事故发生原因

（1）车辆安全技术状况不良。我国对场（厂）内机动车辆的安全管理起步较晚，对场（厂）内机动车辆的技术标准、检验要求、有关安全管理的法规等也不健全。因此，造成很多场（厂）对场（厂）内机动车辆只顾使用，不进行维修保养，使车辆的技术状况越来越坏的结果。

1）车辆的安全装置存在问题。

2）蓄电池车调速失控，造成飞车。

3）翻斗车举升装置锁定机构工作不可靠。

4）吊车起重机的安全防护装置，如制动器、限位器等工作不可靠。

5）车辆维护修理不及时，带病行驶。车辆制动不合格，个别车辆一点制动也没有，还在行驶。转向不合格的车辆也占很大的比例。另外，车辆的灯光、声响等信号损坏、失灵，车辆各传动部位严重失油，各部位跑冒滴漏等现象也十分普遍。这样就给场（厂）内运输的安全带来了很大的隐患。

（2）驾驶员的安全技术素质不高。驾驶员的安全技术素质的高低，是影响场（厂）内运输安全的关键因素。驾驶员的安全技术素质，又包括了遵守安全操作规程的自觉性、驾驶技术、对设备各部位技术状况的了解、排除故障的能力、运输安全规则的掌握程度等。

（3）场（厂）内的作业环境复杂

1）道路条件差。厂区道路和厂房内、库房内通道狭窄、曲折，不但弯路多，而且急转弯多，再加之路面两侧的大量物品的堆放，占用道路，致使车辆通行困难，装卸作业受限，在这种情况下，如驾驶员精神不集中或不认真观察情况，行车安全很难保证。

2）视线不良。由于厂区内建筑物较多，特别是车间内、仓库之间的通道狭窄，且交叉和弯道较频繁，致使驾驶员在驾车行驶中的视距、视野大大受限，特别是在观察前方横向路两侧时的盲区较多，这在客观上给驾驶员观察判断造成了很大的困难，对于突然出现的情况，往往不能及时发现判断，缺乏足够的缓冲空间，措施不及时而导致事故。

3）因风、雪、雨、雾等自然环境的变化，在恶劣的气候条件下驾驶车辆，使驾驶员视线、视距、视野以及听觉力受到影响，往往造成判断情况不及时，再加之雨水、积雪、冰冻等自然条件下，会造成刹车制动时摩擦系数下降，制动距离变长，或产生横滑，这些也是造成事故的因素。

（4）管理不到位

1）管理规章制度或操作规程不健全，车辆安全行驶制度不落实。没有定期的安全教育和车辆维护修理制度等都会造成驾驶员无章可循的局面或带来安全管理的漏洞，从而导致事故的发生。由于执行不力、落实不好，或有章不循，对发生的事故或险兆事故不去认真分析和处理，而是大事化小，小事化了，那么各种制度如同虚设，就会淡化驾驶员的安全意识，这是导致车辆伤害事故不断发生或重复发生的重要原因之一。

2）非驾驶员驾车。按照有关规定，场（厂）内机动车驾驶员须经过专业培训、考核，取得合法资格后方准驾车。在车辆伤害事故中，由于无证驾车，造成事故率较高，事故后果严重。无证驾驶车辆肇事之所以难以杜绝，屡禁不止，主要是无证驾车人法制观念淡薄，但根本原因还在于场（厂）安全管理不到位，处理不严，甚至有的竟是个别领导违章指挥所致。一般情况下，多数是无证者由于好奇私自驾车或驾驶员违反规定私自将车交给无证人员驾驶造成的。

3）交通信号、标志、设施缺陷。有的场（厂）对此认识不足，不同程度地存在着标志、信号、设施不全或设置不合格的情况，这样驾驶员就难以根据在不同的道路情况下或在某些特殊情况下，按具体要求做到谨慎驾驶，安全行车。

3. 场（厂）内专用机动车辆事故应急措施

（1）车辆一旦肇事，驾驶员应努力减少事故损失，并配合有关部门及人员做好以下几项工作：

1）迅速停车，积极抢救伤者，并迅速向主管部门报告。

2）要抢救受损物资，尽量减轻事故的损失程度，设法防止事故扩大。若车辆或运载的物品着火，应根据火情、部位，使用相应的灭火器和其他有效措施进行补救。

3）在不妨碍抢救受伤人员和物资的情况下，尽最大努力保护好事故现场。对受伤人员和物资需移动时，必须在原地点做好标志；肇事车辆非特殊情况不得移位，以便为勘察现场提供确切的资料。肇事车驾驶员有保护事故现场的责任，直至有关部门人员到达现场。

（2）事故单位的领导或主管部门接到事故报告后，应立即赶赴事故现场，组织人员抢救伤员、物资，保护好事故现场，根据人员的伤势程度，按规定程序逐级上报。事故单位的安全管理部门，可在不破坏事故现场的情况下，对现场初步进行勘察，尤其是在主要干路上易被破坏的痕迹，物品的勘察应抓紧进行。事故现场勘察主要有下列几项内容：

1）保护现场，首先应观察事故现场全貌，确定现场范围，并将现场封闭，禁止车辆和其他无关人员入内。如现场有易燃、易爆或剧毒、放射性物品，应设法采取措施防止事态扩大。

2）寻找证人。尽快查找到事故发生时的直接目击者、证人，获得第一手资料。

3）看护肇事者，对重大伤亡事故的肇事者必须指定专人看护隔离，防止发生意外。

4）测量事故现场。

4．典型场（厂）内专用机动车辆事故及预防

（1）场（厂）内专用机动车辆事故的种类

1）按车辆事故的事态分：有碰撞、碾轧、刮擦、翻车、坠车、爆炸、失火、出轨和搬运、装卸中的坠落及物体打击等。

2）按厂区道路分：有交叉路口、弯道、直行、坡道、铁路道口、狭窄路面、仓库、车间等行车事故。

3）按伤害程度分：有车损事故、轻伤事故、重伤事故、死亡事故。

（2）典型（厂）内机动车辆事故

1）超速造成事故。装载机在码头超速行驶，为躲避前方情况，操作不当，坠入海中；叉车转弯不减速，车辆侧翻、倾翻造成事故；汽车载货高速转弯，货物甩出。

2）无证驾驶造成事故。搬运工无证驾驶电瓶车，由于对车辆性能不熟，车辆启动过猛，将旁人挤压造成事故；无证驾驶铲车，违章指挥自翻伤亡。

3）违章载人造成事故。站在货车脚踏板上违章乘车，行使途中掉下，或车未停稳就跳下车，造成人员伤亡；前翻斗车载人，车厢翻起人落，造成事故；货车车厢中同时载物载人，行使途中货物挤压人，或者转弯时将人甩出。

4）违章作业造成事故。汽车起重机臂杆触电，造成事故。检修时，自动倾卸车不落斗，货斗坠落造成事故。装载机司机误操作，升降臂下降造成事故；货车不关车帮，造成事故；履带拖拉机自溜，造成事故；履带起重机超载，倾翻事故。

5）设备故障造成事故。叉车货叉断裂，造成事故；刹车失灵，造成事故。

（3）场（厂）内机动车辆事故的预防措施

1）加强对场（厂）内机动车辆的管理。认真执行场（厂）内机动车辆各项管理制度和安全检查制度，做好场（厂）内机动车辆的定期检查、维护、保养，及时消除隐患，使场（厂）内机动车辆始终处于良好的工作状态。

2）加强对场（厂）内机动车辆操作人员的教育和培训，严格执行安全操作规程，提高操作技术能力和处理紧急情况的能力。

3）各种场（厂）内机动车辆操作过程中要严格遵守安全操作规程。

4）加强厂区直路行车、企业内交叉路口、企业内倒车、装卸过程、夜间行车、信号灯和交通标识等环节的管理。

第二节　锅炉和压力容器安全技术

一、锅炉压力容器使用安全管理

1．使用许可厂家的合格产品

国家对锅炉压力容器的设计制造有严格的要求，实行许可生产制度。锅炉压力容器的制造单位，必须具备保证产品质量所必需的加工设备、技术力量、检验手段和管理水平，并取得特种设备制造许可证，才能生产相应种类的锅炉或者压力容器。购置、选用的锅炉压力容器应是许可厂家的合格产品，并有齐全的技术文件、产品质量合格证明书、监督检验证书和产品竣工图。

2. 登记建档

锅炉压力容器在正式使用前，必须到当地特种设备安全监察机构登记，经审查批准登记建档、取得使用证方可使用。使用单位也应建立锅炉压力容器的设备档案，保存设备的设计、制造、安装、使用、修理、改造和检验等过程的技术资料。

3. 专责管理

使用锅炉压力容器的单位，应对设备进行专责管理。应建立起完整的管理机构，单位技术负责人对锅炉压力容器的安全管理负责，并指定具有专业知识，熟悉国家相关法规标准的工程技术人员负责锅炉压力容器的安全管理工作。

4. 建立制度

使用单位必须建立一套科学、完整、切实可行的锅炉压力容器管理制度。管理制度应该包括管理制度和操作规程两方面。

5. 持证上岗

锅炉司炉、水质化验人员及压力容器操作人员，应分别接受专业安全技术培训并考试合格，持证上岗。

6. 照章运行

锅炉压力容器必须严格依照操作规程及其他法规操作运行，任何人在任何情况下不得违章作业。

7. 定期检验

定期检验是指在设备的设计使用期限内，每隔一定的时间对其承压部件和安全装置进行检测检查，或做必要的试验。

实行定期检验是及早发现缺陷、消除隐患、保证设备安全运行的一项行之有效的措施。

使用单位应按照锅炉压力容器的检验周期，按时向须取得国家质量监督检验检疫总局核准资格的特种设备检验机构申请检验。

8. 监控水质

水中杂质会使锅炉结垢、腐蚀及产生汽水共腾，降低锅炉效率、寿命及供汽质量。必须严格监督、控制锅炉给水及锅水水质，使之符合锅炉水质标准的规定。

9. 报告事故

锅炉压力容器在运行中发生事故，除紧急妥善处理外，应按规定及时、如实上报主管部门及当地特种设备安全监察部门。

二、锅炉压力容器安全附件

（一）锅炉安全附件

1. 安全阀

安全阀是锅炉上的重要安全附件之一，它对锅炉内部压力极限值的控制及对锅炉的安全保护起着重要的作用。安全阀应按规定配置，合理安装，结构完整，灵敏、可靠。应每年对其检验、定压一次并铅封完好，每月自动排放试验一次，每周手动排放试验一次，做好记录并签名。

2. 压力表

压力表用于准确地测量锅炉上所需测量部位压力的大小。

（1）锅炉必须装有与锅筒（锅壳）蒸汽空间直接相连接的压力表。

（2）根据工作压力选用压力表的量程范围，一般应在工作压力的1.5～3倍。

（3）表盘直径不应小于100 mm，表的刻盘上应划有最高工作压力红线标志。

（4）压力表装置齐全（压力表、存水弯管、三通旋塞）。应每半年对其校验一次，并铅封完好。

3. 水位计

水位计用于显示锅炉内水位的高低。水位计应安装合理，便于观察，且灵敏可靠。每台锅炉至少应装两只独立的水位计，额定蒸发量小于等于0.2 t/h的锅炉可只装一只。水位计应设置放水管并接至安全地点。玻璃管式水位计应有防护装置。

4. 温度测量装置

温度是锅炉热力系统的重要参数之一，为了掌握锅炉的运行状况，确保锅炉的安全、经济运行，在锅炉热力系统中，锅炉的给水、蒸汽、烟气等介质均需依靠温度测量装置进行测量监视。

5. 保护装置

（1）超温报警和联锁保护装置。超温报警装置安装在热水锅炉的出口处，当锅炉的水温超过规定的水温时，自动报警，提醒司炉人员采取措施减弱燃烧。超温报警和联锁保护装置联锁后，还能在超温报警的同时，自动切断燃料的供应和停止鼓、引风，以防止热水锅炉发生超温而导致锅炉损坏或爆炸。

（2）高低水位警报和低水位联锁保护装置。当锅炉内的水位高于最高安全水位或低于最低安全水位时，水位警报器就自动发出警报，提醒司炉人员采取措施防止事故发生。

（3）超压报警装置。当锅炉出现超压现象时，能发出警报，并通过联锁装置控制燃烧，如停止供应燃料、停止通风，使司炉人员能及时采取措施，以免造成锅炉超压爆炸事故。

（4）锅炉熄火保护装置。当锅炉炉膛熄火时，锅炉熄火保护装置作用，切断燃料供应，并发出相应信号。

6. 排污阀或放水装置。排污阀或放水装置的作用是排放锅水蒸发而残留下的水垢、泥渣及其他有害物质，将锅水的水质控制在允许的范围内，使受热面保持清洁，以确保锅炉的安全、经济运行。

7. 防爆门。为防止炉膛和尾部烟道再次燃烧造成破坏，常采用在炉膛和烟道易爆处装设防爆门。

8. 锅炉自动控制装置。通过工业自动化仪表对温度、压力、流量、物位、成分等参数进行测量和调节，达到监视、控制、调节生产的目的，使锅炉在最安全、经济的条件下运行。

（二）压力容器安全附件

1．安全阀

安全阀是一种由进口静压开启的自动泄压阀门，它依靠介质自身的压力排出一定数量的流体介质，以防止容器或系统内的压力超过预定的安全值。当容器内的压力恢复正常后，阀门自行关闭，并阻止介质继续排出。安全阀分全启式安全阀和微启式安全阀。根据安全阀的整体结构和加载方式可以分为静重式、杠杆式、弹簧式和先导式4种。

安全阀如果出现故障，尤其是不能开启时，有可能会造成压力容器失效甚至爆炸的严重后果。安全阀的主要故障有：

（1）泄漏。在压力容器正常工作压力下，阀瓣与阀座密封面之间发生超过允许程度的泄漏。

（2）到规定压力时不开启。安全阀锈死、阀瓣与阀座黏住、杠杆被卡住等都会造成安全阀不开启；如果安全阀定压不准，也会造成到规定压力时不开启。

（3）不到规定压力时开启。安全阀定压不准，或者弹簧老化。

（4）排气后压力继续上升。选用的安全阀排量太小，或者排气管截面积太小，不能满足压力容器的安全泄放量要求。

（5）排放泄压后阀瓣不回座。阀杆、阀瓣安装位置不正或者被卡住。

2．爆破片

爆破片装置是一种非重闭式泄压装置，由进口静压使爆破片受压爆破而泄放出介质，以防止容器或系统内的压力超过预定的安全值。

爆破片又称为爆破膜或防爆膜，是一种断裂型安全泄放装置。与安全阀相比，它具有结构简单、泄压反应快、密封性能好、适应性强等特点。

3．安全阀与爆破片装置的组合

安全阀与爆破片装置并联组合时，爆破片的标定爆破压力不得超过容器的设计压力。安全阀的开启压力应略低于爆破片的标定爆破压力。

当安全阀进口和容器之间串联安装爆破片装置时，应满足下列条件：安全阀和爆破片装置组合的泄放能力应满足要求；爆破片破裂后的泄放面积应不小于安全阀进口面积，同时应保证爆破片破裂的碎片不影响安全阀的正常动作；爆破片装置与安全阀之间应装设压力表、旋塞、排气孔或报警指示器，以检查爆破片是否破裂或渗漏。

当安全阀出口侧串联安装爆破片装置时，应满足下列条件：容器内的介质应是洁净的，不含有胶着物质或阻塞物质；安全阀的泄放能力应满足要求；当安全阀与爆破片之间存在背压时，阀仍能在开启压力下准确开启；爆破片的泄放面积不得小于安全阀的进口面积；安全阀与爆破片装置之间应设置放空管或排污管，以防止该空间的压力累积。

4．爆破帽

爆破帽为一端封闭，中间有一薄弱层面的厚壁短管，爆破压力误差较小，泄放面积较小，多用于超高压容器。超压时其断裂的薄弱层面在开槽处。由于其工作时通常还有温度影响，因此，一般均选用热处理性能稳定，且随温度变化较小的高强度材料（如$34CrNi_3Mo$等）制造，其破爆压力与材料强度之比一般为0.2～0.5。

5. 易熔塞

易熔塞属于“熔化型”（“温度型”）安全泄放装置，它的动作取决于容器壁的温度，主要用于中、低压的小型压力容器，在盛装液化气体的钢瓶中应用更为广泛。

6. 紧急切断阀

紧急切断阀是一种特殊结构和特殊用途的阀门，它通常与截止阀串联安装在紧靠容器的介质出口管道上。其作用是在管道发生大量泄漏时紧急止漏，一般还具有过流闭止及超温闭止的性能，并能在近程和远程独立进行操作。紧急切断阀按操作方式的不同，可分为机械（或手动）牵引式、油压操纵式、气压操纵式和电动操纵式等多种，前两种目前在液化石油气槽车上应用非常广泛。

7. 减压阀

减压阀的工作原理是利用膜片、弹簧、活塞等敏感元件改变阀瓣与阀座之间的间隙，在介质通过时产生节流，因而压力下降而使其减压的阀门。

8. 压力表

压力表是指示容器内介质压力的仪表，是压力容器的重要安全装置。按其结构和作用原理，压力表可分为液柱式、弹性元件式、活塞式和电量式四大类。活塞式压力计通常用作校验用的标准仪表，液柱式压力计一般只用于测量很低的压力，压力容器广泛采用的是各种类型的弹性元件式压力计。

9. 液位计

液位计又称液面计，是用来观察和测量容器内液体位置变化情况的仪表。特别是对于盛装液化气体的容器，液位计是一个必不可少的安全装置。

10. 温度计

温度计是用来测量物质冷热程度的仪表，可用来测量压力容器介质的温度。对于需要控制壁温的容器，还必须装设测试壁温的温度计。

三、锅炉压力容器使用安全技术

（一）锅炉使用安全技术

1. 锅炉启动步骤

（1）检查准备。对新装、移装和检修后的锅炉，启动之前要进行全面检查。主要内容有：检查受热面、承压部件的内外部，看其是否处于可投入运行的良好状态；检查燃烧系统各个环节是否处于完好状态；检查各类门孔、挡板是否正常，使之处于启动所要求的位置；检查安全附件和测量仪表是否齐全、完好并使之处于启动所要求的状态；检查锅炉架、楼梯、平台等钢结构部分是否完好；检查各种辅机特别是转动机械是否完好。

（2）上水。从防止产生过大热应力出发，上水温度最高不超过90℃，水温与筒壁温差不超过50℃。对水管锅炉，全部上水时间在夏季不小于1 h，在冬季不小于2 h。冷炉上水至最低安全水位时应停止上水，以防止受热膨胀后水位过高。

（3）烘炉。新装、移装、大修或长期停用的锅炉，其炉膛和烟道的墙壁非常潮湿，一旦骤然接触高温烟气，将会产生裂纹、变形，甚至发生倒塌事故。为防止此种情况发生，此类锅炉在上水后，启动前要进行烘炉。

（4）煮炉。对新装、移装、大修或长期停用的锅炉，在正式启动前必须煮炉。煮炉的目的是清除蒸发受热面中的铁锈、油污和其他污物，减少受热面腐蚀，提高锅水和蒸汽品质。

（5）点火升压。一般锅炉上水后即可点火升压。点火方法因燃烧方式和燃烧设备而异。层燃炉一般用木材引火，严禁用挥发性强烈的油类或易燃物引火，以免造成爆炸事故。

对于自然循环锅炉来说，其升压过程与日常的压力锅升压相似，即锅内压力是由烧火加热产生的，升压过程与受热过程紧紧地联系在一起。

（6）暖管与并汽。暖管，即用蒸汽慢慢加热管道、阀门、法兰等部件，使其温度缓慢上升，避免向冷态或较低温度的管道突然供入蒸汽，以防止热应力过大而损坏管道、阀门等部件；同时将管道中的冷凝水驱出，防止在供汽时发生水击。并汽也叫并炉、并列，即新投入运行锅炉向共用的蒸汽母管供汽。并汽前应减弱燃烧，打开蒸汽管道上的所有疏水阀，充分疏水以防水击；冲洗水位表，并使水位维持在正常水位线以下；使锅炉的蒸汽压力稍低于蒸汽母管内气压，缓慢打开主汽阀及隔绝阀，使新启动锅炉与蒸汽母管连通。

2．点火升压阶段的安全注意事项

（1）防止炉膛爆炸。锅炉点火时需防止炉膛爆炸。锅炉点火前，锅炉炉膛中可能残存有可燃气体或其他可燃物，也可能预先送入可燃物，如不注意清除，这些可燃物与空气的混合物遇明火即可能爆炸，这就是炉膛爆炸。燃气锅炉、燃油锅炉、煤粉锅炉等点火时必须特别注意防止炉膛爆炸。

防止炉膛爆炸的措施是：点火前，开动引风机给锅炉通风 5 ~ 10 min，没有风机的可自然通风 5 ~ 10 min，以清除炉膛及烟道中的可燃物质。点燃气、油、煤粉炉时，应先送风，之后投入点燃火炬，最后送入燃料。一次点火未成功需重新点燃火炬时，一定要在点火前给炉膛烟道重新通风，待充分清除可燃物之后再进行点火操作。

（2）控制升温升压速度。升压过程也就是锅水饱和温度不断升高的过程。由于锅水温度的升高，锅筒和蒸发受热面的金属壁温也随之升高，金属壁面中存在不稳定的热传导，需要注意热膨胀和热应力问题。

为防止产生过大的热应力，锅炉的升压过程一定要缓慢进行。点火过程中，应对各热承压部件的膨胀情况进行监督。发现有卡住现象应停止升压，待排除故障后再继续升压。发现膨胀不均匀时也应采取措施消除。

（3）严密监视和调整仪表。点火升压过程中，锅炉的蒸汽参数、水位及各部件的工作状况在不断地变化，为了防止异常情况及事故的出现，必须严密监视各种指示仪表，将锅炉压力、温度和水位控制在合理的范围之内。同时，各种指示仪表本身也要经历从冷态到热态、从不承压到承压的过程，也要产生热膨胀，在某些情况下甚至会产生卡住、堵塞、转动或开关不灵等，使得无法投入运行或工作不可靠的故障。因此点火升压过程中，保证指示仪表的准确可靠十分重要。

在一定的时间内压力表上的指针应离开原点。如锅炉内已有压力而压力表指针不动，则须将火力减弱或停息，校验压力表并清洗压力表管道，待压力表正常后，方可继续升压。

(4) 保证强制流动受热面的可靠冷却。自然循环锅炉的蒸发面在锅炉点火后开始受热，即产生循环流动。由于启动过程加热比较缓慢，蒸发受热面中产生的蒸汽量较少，水循环还不正常，各水冷壁受热不均匀的情况也比较严重，但蒸发受热面一般不至于在启动过程中烧坏。

由于锅炉在启动中不向用户提供蒸汽及不连续经省煤器上水，省煤器、过热器等强制流动受热面中没有连续流动的水汽介质冷却，因而可能被外部连续流过的烟气烧坏。所以，必须采取可靠措施，保证强制流动受热面在启动过程中不致过热损坏。

对过热器的保护措施是：在升压过程中，开启过热器出口集箱疏水阀、对空排气阀，使一部分蒸汽流经过热器后被排除，从而使过热器得到足够的冷却。

对省煤器的保护措施是：对钢管省煤器，在省煤器与锅筒间连接再循环管，在点火升压期间，将再循环管上的阀门打开，使省煤器中的水经锅筒、再循环管（不受热）重回省煤器，进行循环流动。但在上水时应将再循环管上的阀门关闭。

3. 锅炉正常运行中的监督调节

(1) 锅炉水位的监督调节。锅炉运行中，运行人员应不间断地通过水位表监督锅内的水位。锅炉水位应经常保持在正常水位线处，并允许在正常水位线上下 50 mm 内波动。

由于水位的变化与负荷、蒸发量和气压的变化密切相关，因此水位的调节常常不是孤立地进行，而是与气压、蒸发量的调节联系在一起的。

为了使水位保持正常，锅炉在低负荷运行时，水位应稍高于正常水位，以防负荷增加时水位降得过低；锅炉在高负荷运行时，水位应稍低于正常水位，以免负荷降低时水位升得过高。

(2) 锅炉气压的监督调节。在锅炉运行中，蒸汽压力应基本上保持稳定。锅炉气压的变动通常是由负荷变动引起的，当锅炉蒸发量和负荷不相等时，气压就要变动。若负荷小于蒸发量，气压就上升；负荷大于蒸发量，气压就下降。所以，调节锅炉气压就是调节其蒸发量，而蒸发量的调节是通过燃烧调节和给水调节来实现的。运行人员根据负荷变化，相应增减锅炉的燃料量、风量、给水量来改变锅炉蒸发量，使气压保持相对稳定。

对于间断上水的锅炉，为了保持气压稳定，要注意上水均匀。上水间隔的时间不宜过长，一次上水不宜过多。在燃烧减弱时不宜上水，人工烧炉在投煤、扒渣时也不宜上水。

(3) 气温的调节。锅炉负荷、燃料及给水温度的改变，都会造成过热气温的改变。过热器本身的传热特性不同，上述因素改变时气温变化的规律也不相同。

(4) 燃烧的监督调节。燃烧调节的任务是：使燃料燃烧供热适应负荷的要求，维持气压稳定；使燃烧完好正常，尽量减少未完全燃烧损失，减轻金属腐蚀和大气污染；对负压燃烧锅炉，维持引风和鼓风的均衡，保持炉膛一定的负压，以保证操作安全和减少排烟损失。

(5) 排污和吹灰。锅炉运行中，为了保持受热面内部清洁，避免锅水发生汽水共腾及蒸汽品质恶化，除了对给水进行必要而有效的处理外，还必须坚持排污。

燃煤锅炉的烟气中含有许多飞灰微粒，在烟气流经蒸发受热面、过热器、省煤器及空气预热器时，一部分烟灰就积沉到受热面上，不及时吹扫清理，往往越积越多。由于烟灰的导热能力很差，受热面上积灰会严重影响锅炉传热，降低锅炉效率，影响锅炉运行工况特别是蒸汽温度，对锅炉安全也造成不利影响。因此，应定期吹灰。

4．停炉及停炉保养

（1）停炉。正常停炉是预先计划内的停炉。停炉中应注意的主要问题是防止降压降温过快，以避免锅炉部件因降温收缩不均匀而产生过大的热应力。

停炉操作应按规程规定的次序进行。锅炉正常停炉的次序应该是先停燃料供应，随之停止送风，减少引风；与此同时，逐渐降低锅炉负荷，相应地减少锅炉上水，但应维持锅炉水位稍高于正常水位。对于燃气、燃油锅炉，炉膛停火后，引风机至少要继续引风 5 min 以上。锅炉停止供汽后，应隔断与蒸汽母管的连接，排气降压。为保护过热器，防止其金属超温，可打开过热器出口集箱疏水阀适当放气。降压过程中，司炉人员应连续监视锅炉，待锅内无气压时，开启空气阀，以免锅内因降温形成真空。

停炉时应打开省煤器旁通烟道，关闭省煤器烟道挡板，但锅炉进水仍需经省煤器。对钢管省煤器，锅炉停止进水后，应开启省煤器再循环管；对无旁通烟道的可分式省煤器，应密切监视其出口水温，并连续经省煤器上水、放水至水箱中，使省煤器出口水温低于锅筒压力下饱和温度20℃。

为防止锅炉降温过快，在正常停炉的 4～6 h 内，应紧闭炉门和烟道挡板。之后打开烟道挡板，缓慢加强通风，适当放水。停炉 18～24 h，在锅水温度降至70℃以下时，方可全部放水。

锅炉遇有下列情况之一者，应紧急停炉：锅炉水位低于水位表的下部可见边缘；不断加大向锅炉进水及采取其他措施，但水位仍继续下降；锅炉水位超过最高可见水位（满水），经放水仍不能见到水位；给水泵全部失效或给水系统故障，不能向锅炉进水；水位表或安全阀全部失效；设置在汽空间的压力表全部失效；锅炉元件损坏，危及操作人员安全；燃烧设备损坏、炉墙倒塌或锅炉构件被烧红等，严重威胁锅炉安全运行；其他异常情况危及锅炉安全运行。

紧急停炉的操作次序是：立即停止添加燃料和送风，减弱引风；与此同时，设法熄灭炉膛内的燃料，对于一般层燃炉可以用砂土或湿灰灭火，链条炉可以开快挡使炉排快速运转，把红火送入灰坑；灭火后即把炉门、灰门及烟道挡板打开，以加强通风冷却；锅内可以较快降压并更换锅水，锅水冷却至70℃左右允许排水。因缺水紧急停炉时，严禁给锅炉上水，并不得开启空气阀及安全阀快速降压。

紧急停炉是为防止事故扩大，不得不采用的非常停炉方式，有缺陷的锅炉应尽量避免紧急停炉。

（2）停炉保养。锅炉停炉以后，本来容纳水汽的受热面及整个汽水系统，依旧是潮湿的或者残存有剩水。由于受热面及其他部件置于大气之中，空气中的氧有充分的条件与潮湿的金属接触或者更多地溶解于水，使金属的电化学腐蚀加剧。另外，受热面的烟气侧在运行中常常黏附有灰粒及可燃质，停炉后在潮湿的气氛下，也会加剧对金属的腐蚀。实践表明，停炉期的腐蚀往往比运行中的腐蚀更为严重。

停炉保养主要指锅内保养，即汽水系统内部为避免或减轻腐蚀而进行的防护保养。常用的保养方式有：压力保养、湿法保养、干法保养和充气保养。

（二）压力容器使用安全技术

1. 压力容器安全操作

（1）基本要求。

1）平稳操作。加载和卸载应缓慢，并保持运行期间载荷的相对稳定。

压力容器开始加载时，速度不宜过快，尤其要防止压力的突然升高。过高的加载速度会降低材料的断裂韧性，可能使存在微小缺陷的容器在压力的快速冲击下发生脆性断裂。

高温容器或工作壁温在0℃以下的容器，加热和冷却都应缓慢进行，以减小壳壁中的热应力。

操作中压力频繁和大幅度地波动，对容器的抗疲劳强度是不利的，应尽可能避免，保持操作压力平稳。

2）防止超载。防止压力容器过载主要是防止超压。压力来自外部（如气体压缩机、蒸汽锅炉等）的容器，超压大多是由于操作失误而引起的。为了防止操作失误，除了装设联锁装置外，可实行安全操作挂牌制度。在一些关键性的操作装置上挂牌，牌上用明显标记或文字注明阀门等的开闭方向、开闭状态、注意事项等。对于通过减压阀降低压力后才进气的容器，要密切注意减压装置的工作情况，并装设灵敏可靠的安全泄压装置。

由于内部物料的化学反应而产生压力的容器，往往因加料过量或原料中混入杂质，使反应后生成的气体密度增大或反应过速而造成超压。要预防这类容器超压，必须严格控制每次投料的数量及原料中杂质的含量，并有防止超量投料的严密措施。

储装液化气体的容器，为了防止液体受热膨胀而超压，一定要严格计量。对于液化气体储罐和槽车，除了密切监视液位外，还应防止容器意外受热，造成超压。如果容器内的介质是容易聚合的单体，则应在物料中加入阻聚剂，并防止混入可促进聚合的杂质。物料储存的时间也不宜过长。

除了防止超压以外，压力容器的操作温度也应严格控制在设计规定的范围内，长期的超温运行也可以直接或间接地导致容器的破坏。

（2）压力容器运行期间的检查。压力容器专职操作人员在容器运行期间应经常检查容器的工作状况，以便及时发现设备上的不正常状态，采取相应的措施进行调整或消除，防止异常情况的扩大或延续，保证容器安全运行。

对运行中的容器进行检查，包括工艺条件、设备状况以及安全装置等方面。

在工艺条件方面，主要检查操作压力、操作温度、液位是否在安全操作规程规定的范围内，容器工作介质的化学组成，特别是那些影响容器安全（如产生应力腐蚀、使压力升高等）的成分是否符合要求。

在设备状况方面，主要检查各连接部位有无泄漏、渗漏现象，容器的部件和附件有无塑性变形、腐蚀以及其他缺陷或可疑迹象，容器及其连接道有无振动、磨损等现象。

在安全装置方面，主要检查安全装置以及与安全有关的计量器具是否保持完好状态。

（3）压力容器的紧急停止运行。压力容器在运行中出现下列情况时，应立即停止运行：容器的操作压力或壁温超过安全操作规程规定的极限值，而且采取措施仍无法控制，并有继续恶化的趋势；容器的承压部件出现裂纹、鼓包变形、焊缝或可拆连接处泄漏等危及容器安全的迹象；安全装置全部失效，连接管件断裂，紧固件损坏等，难以保证安全操作；操作岗位发生火灾，威胁到容器的安全操作；高压容器的信号孔或警报孔泄漏。

2. 压力容器的维护保养

做好压力容器的维护保养工作，可以使容器经常保持完好状态，提高工作效率，延长容器使用寿命。

容器的维护保养主要包括以下几方面的内容：

（1）保持完好的防腐层。工作介质对材料有腐蚀作用的容器，常采用防腐层来防止介质对器壁的腐蚀，如涂漆、喷镀或电镀、衬里等。如果防腐层损坏，工作介质将直接接触器壁而产生腐蚀，所以要常检查，保持防腐层完好无损。若发现防腐层损坏，即使是局部的，也应该先经修补等妥善处理以后再继续使用。

（2）消除产生腐蚀的因素。有些工作介质只有在某种特定条件下才会对容器的材料产生腐蚀。因此要尽力消除这种能引起腐蚀的、特别是应力腐蚀的条件。例如，一氧化碳气体只有在含有水分的情况下才可能对钢制容器产生应力腐蚀，应尽量采取干燥、过滤等措施；碳钢容器的碱脆需要具备温度、拉伸应力和较高的碱液浓度等条件，介质中含有稀碱液的容器，必须采取措施消除使稀液浓缩的条件，如接缝渗漏，器壁粗糙或存在铁锈等多孔性物质等；盛装氧气的容器，常因底部积水造成水和氧气交界面的严重腐蚀，要防止这种腐蚀，最好使氧气经过干燥，或在使用中经常排放容器中的积水。

（3）消灭容器的“跑、冒、滴、漏”，经常保持容器的完好状态。“跑、冒、滴、漏”不仅浪费原料和能源，污染工作环境，还常常造成设备的腐蚀，严重时还会引起容器的破坏事故。

（4）加强容器在停用期间的维护。对于长期或临时停用的容器，应加强维护。停用的容器，必须将内部的介质排除干净，腐蚀性介质要经过排放、置换、清洗等技术处理。要注意防止容器的“死角”积存腐蚀性介质。

要经常保持容器的干燥和清洁，防止大气腐蚀。试验证明，在潮湿的情况下，钢材表面有灰尘、污物时，大气对钢材才有腐蚀作用。

（5）经常保持容器的完好状态。容器上所有的安全装置和计量仪表，应定期进行调整校正，使其始终保持灵敏、准确；容器的附件、零件必须保持齐全和完好无损，连接紧固件残缺不全的容器，禁止投入运行。

四、锅炉压力容器检验检修安全技术

（一）锅炉检验检修安全技术

1. 锅炉定期检验类别

按照锅检质检总局颁布的《锅炉定期检验规则》，锅炉定期检验工作包括外部检验、内部检验和水压试验三种：

（1）外部检验是指锅炉在运行状态下对锅炉安全状况进行的检验。

（2）内部检验是指锅炉在停炉状态下对锅炉安全状况进行的检验。

（3）水压试验是指以水为介质，以规定的试验压力对锅炉受压部件强度和严密性进行的检验。

2. 锅炉定期检验周期

锅炉的外部检验一般每年进行一次，内部检验一般每两年进行一次，水压试验一般每六年进行一次。

除进行正常的定期检验外，还应进行下述的检验：

（1）锅炉有下列情况之一时，应进行外部检验：

1）移装锅炉开始投运时。

2）锅炉停止运行一年以上恢复运行时。

3）锅炉的燃烧方式和安全自控系统有改动后。

（2）锅炉有下列情况之一时，应进行内部检验：

1）新安装的锅炉在运行一年后。

2）移装锅炉投运前。

3）锅炉停止运行一年以上恢复运行前。

4）受压元件经重大修理或改造后及重新运行一年后。

5）根据上次内部检验结果和锅炉运行情况，对设备安全可靠性有怀疑时。

6）根据外部检验结果和锅炉运行情况，对设备安全可靠性有怀疑时。

（3）锅炉有下列情况之一时，应进行水压试验：

1）移装锅炉投运前。

2）受压元件经重大修理或改造后。

3. 锅炉定期检验内容

（1）内部检验内容

1）检验锅炉承压部件是否在运行中出现裂纹、起槽、过热、变形、泄漏、腐蚀、磨损、水垢等影响安全的缺陷。承压部件包括：锅筒（壳）、封头、管板、炉胆、回燃室、水冷壁、烟管、对流管束、集箱、过热器、省煤器、外置式汽水分离器、导汽管、下降管、下脚圈、冲天管和锅炉范围内的管道等部件。对于高温承压部件还应进行金属监测，检验材质劣化情况。

2）检验承受锅炉本身质量的主要支撑件是否有过热、过烧、变形等现象。

3）检验燃烧设备（如：燃烧器、炉排等）是否有烧损、变形；炉拱、保温是否有脱落；炉排是否有卡死；燃油、燃气锅炉是否有漏油、气现象。

4）检验成型件和阀体（如：水位示控装置、安全阀、排污阀、主蒸汽阀等）的外部件是否有明显缺陷。

5）检验安全附件是否有明显缺陷。

（2）外部检验内容。外部检验包括锅炉管理检查、锅炉本体检验、安全附件、自控调节及保护装置检验、辅机和附件检验、水质管理和水处理设备检验等方面；检验方法以宏观检验为主，并配合对一些安全装置、设备的功能确认。

（3）水压试验内容。缓慢升压至工作压力，检查是否有泄漏或异常现象；继续升压至试验压力，至少保持20分钟，再缓慢降压至工作压力，检查所有参加水压试验的承压部件表面、焊缝、胀口等处是否有渗漏、变形，以及管道、阀门、仪表等连接部位是否有渗漏。

4. 锅炉定期检验结论

(1) 内部检验结论

1) 允许运行：内部检验合格，未发现缺陷或只有轻度不影响安全的缺陷。

2) 整改后运行：发现影响锅炉安全运行的缺陷，必须对缺陷部位进行处理。

3) 限制条件运行：不能保证锅炉在原额定参数下安全运行，或需缩短检验周期。

4) 停止运行：锅炉损坏严重，不能保证锅炉安全运行。

(2) 外部检验结论

1) 允许运行：未发现或只有轻度不影响安全的缺陷问题。

2) 监督运行：发现一般缺陷问题，经使用单位采取措施后能保证锅炉安全运行。

3) 停止运行：发现严重的缺陷问题，不能保证锅炉安全运行。

(3) 水压试验结论

检查结果符合下列情况时判定为合格。

1) 在受压元件金属壁和焊缝上没有不珠和水雾。

2) 当降到工作压力后胀口处不滴水珠。

3) 铸铁锅炉锅片的密封处在到额定出水压力后不滴水珠。

4) 水压试验后，没有明显残余变形。如果出现不符合上述结果的情况，水压试验为不合格。水压试验不合格的锅炉不得投入运行。

5. 锅炉检验检修前的准备工作

(1) 锅炉检修前，要让锅炉按正常停炉程序停炉，缓慢冷却，用锅水循环和炉内通风等方式，逐步把锅内和炉膛内的温度降低下来。当锅水温度降到80℃以下时，把被检验锅炉上的各种门孔打开。打开门孔时注意防止被蒸汽、热水或烟气烫伤。

(2) 风、烟、水、汽、电和燃料系统必须可靠隔断；将被检验锅炉上蒸汽、给水、排污等管道，与热力系统和其他运行中锅炉相应管道的通路隔断，并切断电源。被检验锅炉的燃烧室和烟道，要与总烟道或其他运行锅炉相通的烟道隔断。烟道闸门要关严密，并于隔断后进行通风。隔断用的盲板要有足够的强度，以免被运行中的高压介质鼓破。隔断位置要明确指示出来。对于燃油、燃气的锅炉还须可靠地隔断油、气来源，并进行通风置换。

(3) 检验部位的人孔门、手孔盖全部打开，并经通风换气冷却。

(4) 拆除妨碍检查的汽水挡板、分离装置及给水、排污装置等锅筒内件，炉膛及后部受热面清理干净，露出金属表面。

(5) 清理锅炉内的垢渣、炉渣、烟灰等污物；拆除受检部位的保温材料。

(6) 根据检验检修需要搭设必要的脚手架。

(7) 准备好安全照明和工作电源。

6. 检验检修中的安全注意事项

(1) 注意通风和监护。在进入锅筒、炉膛、烟道前，必须将人孔和集箱上的手孔全部打开，使空气对流一定时间，充分通风。进入锅筒、炉膛、烟道进行检验时，器外必须有人监护。在进入烟道或燃烧室检查前，也必须进行通风。

(2) 注意用电安全。在锅筒和潮湿的烟道内检验而用电灯照明时，照明电压不应超过24 V；在比较干燥的烟道内，在有妥善的安全措施情况下，可采用不高于36 V的照明电压。检验仪器和修理工具的电源电压超过 36 V 时，必须采用绝缘良好的软线和可靠的接地线。锅炉内严禁采用明火照明。

（3）禁止带压拆装连接部件。检验检修锅炉时，如需要卸下或上紧承压部件的紧固件，必须将压力全部泄放以后方能进行，不能在器内有压力的情况下卸下或上紧螺栓或其他紧固件，以防发生意外事故。

（二）压力容器检验检修安全技术

1. 压力容器定期检验类别

压力容器定期检验分为年度检查和全面检验。

（1）年度检查，是指为了确保压力容器在检验周期内的安全而实施的运行过程中的在线检查，每年至少一次。

（2）全面检验是指压力容器停机时的检验。

2. 压力容器定期检验周期

（1）全面检验的检验周期为：

压力容器一般应当于投用满 3 年时进行首次全面检验。下次的全面检验周期，由检验机构根据本次全面检验结果按照下列规定确定：

1）安全状况等级为 1、2 级的，一般每 6 年一次。

2）安全状况等级为 3 级的，一般 3 ~ 6 年一次。

3）安全状况等级为 4 级的，应当监控使用，其检验周期由检验机构确定，累计监控使用时间不得超过 3 年。

（2）有以下情况之一的压力容器，全面检验周期应当适当缩短：

1）介质对压力容器材料的腐蚀情况不明或者介质对材料的腐蚀速率每年大于 0.25 mm，以及设计者所确定的腐蚀数据与实际不符的。

2）材料表面质量差或者内部有缺陷的。

3）使用条件恶劣或者使用中发现应力腐蚀现象的。

4）使用超过 20 年，经过技术鉴定或者由检验人员确认按正常检验周期不能保证安全使用的。

5）停止使用时间超过 2 年的。

6）改变使用介质并且可能造成腐蚀现象恶化的。

7）设计图样注明无法进行耐压试验的。

8）检验中对其他影响安全的因素有怀疑的。

9）介质为液化石油气且有应力腐蚀现象的，每年或根据需要进行全面检验。

10）采用“亚铵法”造纸工艺，且无防腐措施的蒸球根据需要每年至少进行一次全面检验。

11）球形储罐（使用标准抗拉强度下限大于等于 540 MPa 材料制造的，投用一年后应当开罐检验）。

12）搪玻璃设备。

3. 压力容器定期检验内容

（1）年度检查内容。压力容器年度检查包括对使用单位压力容器安全管理情况检查、压力容器本体及运行状况检查和压力容器安全附件检查等。

检查方法以宏观检查为主，必要时进行测厚、壁温检查和腐蚀介质含量测定、真空度测试等。

安全附件的检验包括对压力表、液位计、测温仪表、爆破片装置、安全阀的检查和校验，安全阀一般每年至少校验一次。

（2）全面检验内容。检验的具体项目包括宏观（外观、结构以及几何尺寸）、保温层隔热层衬里、壁厚、表面缺陷、埋藏缺陷、材质、紧固件、强度、安全附件以及其他必要的项目。

检验压力容器的筒体、封头（端盖）、人孔盖、人孔法兰、人孔接管、膨胀节、开孔补强圈、设备法兰，球罐的球壳板，换热器的管板和换热管，M36 以上的设备主螺栓及公称直径大于等于 250mm 的接管和法兰等主要受压元件，是否在运行中出现裂纹、过热、变形、泄漏、腐蚀、磨损等影响安全的缺陷，是否存在明显的应力腐蚀、晶间腐蚀、表面脱碳、渗碳、石墨化、蠕变、氢损伤等材质劣化倾向，甚至已产生不可修复的缺陷或者损伤，是否存在有不合理结构。

检验安全附件是否有明显缺陷，是否在校验有效期内。

定期检验的方法以宏观检查、壁厚测定、表面无损检测为主，必要时可以采用超声检测、射线检测、硬度测定、金相检验、材质分析、涡流检测、强度校核或者应力测定、耐压试验、声发射检测、气密性试验等。

有以下情况之一的压力容器，定期检验时应当进行耐压试验：

（1）用焊接方法更换主要受压元件的。

（2）主要受压元件补焊深度大于二分之一厚度的。

（3）改变使用条件，超过原设计参数并且经过强度校核合格的。

（4）需要更换衬里的（耐压试验在更换衬里前进行）。

（5）停止使用 2 年后重新复用的。

（6）从外单位移装或者本单位移装的。

（7）使用单位或者检验机构对压力容器的安全状况有怀疑，认为应当进行耐压试验的。

4．压力容器定期检验结论

（1）年度检查结论

1）允许运行，系指未发现或者只有轻度不影响安全的缺陷。

2）监督运行，系指发现一般缺陷，经过使用单位采取措施后能保证安全运行，结论中应当注明监督运行需解决的问题及完成期限。

3）暂停运行，仅指安全附件的问题逾期仍未解决的情况。问题解决并且经过确认后，允许恢复运行。

4）停止运行，系指发现严重缺陷，不能保证压力容器安全运行的情况，应当停止运行或者由检验机构持证的压力容器检验人员做进一步检验。

年度检查一般不对压力容器安全状况等级进行评定，但如果发现严重问题，应当由检验机构持证的检验人员按规定进行评定，适当降低压力容器安全状况等级。

（2）全面检验结论。全面检验工作完成后，检验人员根据实际检验情况，结合耐压试验结果，按相关规定评定压力容器的安全状况等级，出具检验报告，给出允许运行的参数及下次全面检验的日期。

（3）压力容器的安全状况等级划分。按照《锅炉压力容器使用登记管理办法》的规定，根据压力容器的安全状况，将新压力容器划分为1、2、3级三个等级，在用压力容器划分为2、3、4、5四个等级，每个等级划分原则如下：

1）新压力容器

1级：压力容器出厂技术资料齐全；设计、制造质量符合有关法规和标准的要求；在规定的定期检验周期内，在设计条件下能安全使用。

2级：出厂技术资料齐全；设计、制造质量基本符合有关法规和要求，但存在某些不危及安全且难以纠正的缺陷，出厂时已取得设计单位、使用单位和使用单位所在地安全监察机构同意；在规定的定期检验周期内，在设计规定的操作条件下能安全使用。

3级：出厂技术资料基本齐全；主体材料、强度、结构基本符合有关法规和标准的要求；但制造时存在的某些不符合法规和标准的问题或缺陷，出厂时已取得设计单位、使用单位和使用单位所在地安全监察机构同意；在规定的定期检验周期内，在设计规定的操作条件下能安全使用。

2）在用压力容器

2级：技术资料基本齐全；设计制造质量基本符合有关法规和标准的要求；根据检验报告，存在某些不危及安全且不易修复的一般性缺陷；在规定的定期检验周期内，在规定的操作条件下能安全使用。

3级：技术资料不够齐全；主体材料、强度、结构基本符合有关法规和标准的要求；制造时存在的某些不符合法规和标准的问题或缺陷，焊缝存在超标的体积性缺陷，根据检验报告，未发现缺陷发展或扩大；其检验报告确定在规定的定期检验周期内，在规定的操作条件下能安全使用。

4级：主体材料不符合有关规定，或材料不明，或虽属选用正确，但已有老化倾向；主体结构有较严重的不符合有关法规和标准的缺陷，强度经校核尚能满足要求；焊接质量存在线性缺陷；根据检验报告，未发现缺陷由于使用因素而发展或扩大；使用过程中产生了腐蚀、磨损、损伤、变形等缺陷，其检验报告确定为不能在规定的操作条件下或在正常的检验周期内安全使用。必须采取相应措施进行修复和处理，提高安全状况等级，否则只能在限定的条件下短期监控使用。

5级：无制造许可证的企业或无法证明原制造单位具备制造许可证的企业制造的压力容器；缺陷严重、无法修复或难于修复、无返修价值或修复后仍不能保证安全使用的压力容器，应予以判废，不得继续作承压设备使用。

5．压力容器检验检修前的准备工作

（1）影响全面检验的附属部件或者其他物件，应当按检验要求进行清理或者拆除。

（2）为检验而搭设的脚手架、轻便梯等设施必须安全牢固（对离地面3m以上的脚手架设置安全护栏）。

（3）需要进行检验的表面，特别是腐蚀部位和可能产生裂纹性缺陷的部位，必须彻底清理干净，母材表面应当露出金属本体，进行磁粉、渗透检测的表面应当露出金属光泽。

（4）被检容器内部介质必须排放、清理干净，用盲板从被检容器的第一道法兰处隔断所有液体、气体或者蒸汽的来源，同时设置明显的隔离标志。禁止用关闭阀门代替盲板隔断。

（5）盛装易燃、助燃、毒性或者窒息性介质的，使用单位必须进行置换、中和、消毒、清洗，取样分析，分析结果必须达到有关规范、标准的规定。取样分析的间隔时间，应当在使用单位的有关制度中做出规定。盛装易燃介质的，严禁用空气置换。

（6）人孔和检查孔打开后，必须清除所有可能滞留的易燃、有毒、有害气体。压力容器内部空间的气体含氧量应当在18% ~23%（体积比）之间。必要时，还应当配备通风、安全救护等设施。

（7）高温或者低温条件下运行的压力容器，按照操作规程的要求缓慢地降温或者升温，使之达到可以进行检验工作的程度，防止造成伤害。

（8）能够转动的或者其中有可动部件的压力容器，应当锁住开关，固定牢靠。移动式压力容器检验时，应当采取措施防止移动。

（9）切断与压力容器有关的电源，设置明显的安全标志。检验照明用电不超过24 V，引入容器内的电缆应当绝缘良好，接地可靠。

（10）如果需现场射线检测时，应当隔离出透照区，设置警示标志。

6. 检验检修中的安全注意事项

（1）注意通风和监护。进入压力容器进行检验时，容器外必须有人监护，并且有可靠的联络措施。

（2）注意用电安全。在容器内检验而用电灯照明时，照明电压不应超过24 V。检验仪器和修理工具的电源电压超过36 V时，必须采用绝缘良好的软线和可靠的接地线。容器内严禁采用明火照明。

（3）禁止带压拆装连接部件。检验检修压力容器时，如需要卸下或上紧承压部件的紧固件，必须将压力全部泄放以后方能进行，不能在容器内有压力的情况下卸下或上紧螺栓或其他紧固件，以防发生意外事故。

（4）检验时，使用单位压力容器管理人员和相关人员到场配合，协助检验工作，负责安全监护。

（三）锅炉压力容器检验检测技术

锅炉压力容器的种类、结构、类型繁多，其设计参数和使用条件各不相同，压力容器所盛装的介质可能具有不同程度的腐蚀或磨损性。因此，对它们进行检验时，必须采用各种不同的检验方法，这样才能对特种设备的安全使用性能作出全面、正确的评价。

1. 宏观检查

直观检查和量具检查通常称为宏观检查，是对在用承压类特种设备进行内、外部检验常用的检验方法。宏观检查的方法简单易行，可以直接发现和检验容器内、外表面比较明显的缺陷，为进一步利用其他方法做详细的检验提供线索和依据。

（1）直观检查。直观检查是承压类特种设备最基本的检验方法，通常在采用其他检验方法之前进行，是进一步检验的基础。它主要是凭借检验人员的感觉器官，对容器的内、外表面进行检查，以判别其是否有缺陷。

1）检查内容。直观检查要求检查容器的本体和受压元件的结构是否合理，承压类特种设备的连接部位、焊缝、胀口、衬里等部位是否存在渗漏，承压类特种设备表面是否存在腐蚀的深坑或斑点、明显的裂纹、重皮折叠、磨损的沟槽、凹陷、鼓包等局部变形和过热的痕迹，焊缝是否有表面气孔、弧坑、咬边等缺陷，容器内、外壁的防腐层、保温层、耐火隔热层或衬里等是否完好等。

2）检查工具。用于直观检查的检查工具有手电筒、5~10 倍放大镜、反光镜、内窥镜等。

3）检查方法

①通常采用肉眼检查。肉眼能够迅速扫视大面积范围，并且能够察觉细微的颜色和结构的变化。

②当被检查的部位比较狭窄（例如长度较长的管壳式容器，以及气瓶等），无法直接观察时，可以利用反光镜或内窥镜伸入容器内进行检查。

③当怀疑设备表面有裂纹时，可用砂布将被检部位打磨干净，然后用浓度为 10% 的硝酸酒精溶液将其浸湿，擦净后用放大镜观察。

④对具有手孔或较大接管而人又无法进到内部用肉眼检查的小型设备，可将手从手孔或接管口伸入，触摸内表面，检查内壁是否光滑，有无凹坑、鼓包。

直观检查时，往往会在锅炉、压力容器表面发现各种形态的缺陷，检验人员应予以综合判断，并分别予以适当的处置。

（2）量具检查。采用简单的工具和量具对直观检查所发现的缺陷进行测量，以确定缺陷的严重程度，是直观检查的补充手段。

1）检查内容。量具检查，要求检查设备表面腐蚀的面积和深度，变形程度，沟槽和裂纹的长度，以及设备本体和受压元件的结构尺寸（如容器的平直度、管板的不平度等）是否符合要求等。

2）检查工具。主要有直尺、样板、游标卡尺、塞尺等。

3）检查方法

①用拉线或量具检查设备的结构尺寸。例如，用钢卷尺围出筒体的周长，用计算圆周长的公式和筒体的实际壁厚值算出筒体的平均内直径，以求得筒体的内径偏差；测量筒体同一断面的不圆度等。

②用平直尺紧靠设备、管板等的表面，用游标卡尺或塞尺检查设备的平直度，腐蚀、磨损、鼓包的深度（高度），管板的不平度等。

③用预先按受压元件的某部分做成的样板紧靠其表面，检查它们的形状、尺寸是否符合设计要求（例如角焊缝的焊脚高度、封头的曲率尺寸等），或测量变形、腐蚀的程度。

④在器壁发生均匀腐蚀、片状腐蚀或密集斑点腐蚀的部位，目前通常采用超声波测厚仪测量容器的剩余壁厚。

2．无损检测

在承压类特种设备构件的内部，常常存在着不易发现的缺陷，如焊缝中的未熔合、未焊透、夹渣、气孔、裂纹等。要想知道这些缺陷的位置、大小、性质，对每一台设备进行破坏性检查是不可能的，为此出现了无损探伤法，它是在不损伤被检工件的情况下，利用材料和材料中缺陷所具有的物理特性探查其内部是否存在缺陷的方法。

（1）射线检测

1）射线检测原理。射线照射在工件上，透射后的射线强度根据物质的种类、厚度和密度而变化，利用射线的照相作用、荧光作用等特性，将这个变化记录在胶片上，经显影后形成底片的黑度变化，根据底片黑度的变化可了解工件内部结构状态，达到检查出缺陷的目的。常用射线检测方法有 X 射线和 γ 射线两种。

2）射线检测的特点。用这种检查方法可以获得缺陷直观图像，定性准确，对长度、宽度尺寸的定量也较准确；检测结果有直接记录，可以长期保存；对体积型缺陷（气孔、夹渣类）检出率高，对面积性缺陷（裂纹、未熔合类）如果照相角度不适当，容易漏检；适宜检验厚度较薄的工件，不适宜较厚的工件；适宜检验对接焊缝，不适宜检验角焊缝以及板材、棒材和锻件等；对缺陷在工件中厚度方向的位置、尺寸（高度）的确定较困难；检测成本高、速度慢；射线对人体有害。

3）射线的安全防护。射线的安全防护主要是采用时间防护、距离防护和屏蔽防护 3 大技术。

时间防护，即尽量缩短人体与射线接触的时间。如果到射线源的距离增大 2 倍，射线的强度会降低 3/4。利用这一原理，我们可以采用机械手、远距射线源操作等方法进行距离防护。还可在人体与射线源之间隔上一层屏蔽物，以阻挡射线，即为屏蔽防护。

（2）超声波检测

1）超声波检测原理。超声波是一种超出人听觉范围的高频率机械振动波。超声波在同一均匀介质中传播时速度不变，传播方向也不变，如果传播过程中遇到另一种介质，就会发生反射、折射或绕射的现象。锅炉压力容器使用的钢材可视为均匀介质，如果内部存在缺陷，则缺陷会使超声波产生反射现象，根据反射波幅的大小、方位，就能判断和测定缺陷的存在。

2）超声波检测特点。超声波检测对面积性缺陷的检出率较高，而体积性缺陷检出率较低；适宜检验厚度较大的工件；适用于各种试件，包括对接焊缝、角焊缝、板材、管材、棒材、锻件以及复合材料等；检验成本低、速度快，检测仪器体积小、质量轻，现场使用方便；检测结果无直接见证记录；对位于工件厚度方向上的缺陷定位较准确；材质、晶粒度对检测有影响。

（3）磁粉检测

1）磁粉检测原理。铁磁性材料被磁化后，其内部产生很强的磁感应强度，磁力线密度增大几百倍到几千倍。如果材料中存在不连续，磁力线会发生畸变，部分磁力线有可能逸出材料表面，从空间穿过，形成漏磁场。因空气的磁导率远低于零件的磁导率，使磁力线受阻，一部分磁力线挤到缺陷的底部，一部分穿过裂纹，一部分排挤出工件的表面后再进入工件。这后两部分磁力线形成磁性较强的漏磁场。如果这时在工件上撒上磁粉，漏磁场就会吸附磁粉，形成与缺陷形状相近的磁粉堆积从而显示缺陷。我们称这种堆积为磁痕。

2）磁粉检测特点。磁粉检测适宜铁磁材料探伤，不能用于非铁磁材料；可以检出表面和近表面缺陷，不能用于检测内部缺陷；检测灵敏度很高，可以发现极细小的裂纹以及其他缺陷；检测成本很低，速度快；工件的形状和尺寸有时因难以磁化而对探伤有影响。

（4）渗透检测

1）渗透检测原理。渗透检测的原理是零件表面被施涂含有荧光染料或着色染料的渗透液后，在毛细管作用下，经过一定的时间，渗透液可以渗进表面开口的缺陷中；除去零件表面多余的渗透液后，再在零件表面施涂显像剂，同样在毛细管的作用下，显像剂将吸引缺陷中保留的渗透液，渗透液渗到显像剂中，在一定的光源下，缺陷中的渗透液痕迹被显示，从而探出缺陷的形貌及分布状态。

2）渗透检测特点。除了疏松多孔性材料外任何种类的材料，如钢铁材料、有色金属、陶瓷材料和塑料等材料的表面开口缺陷都可用渗透检测；形状复杂的部件也可用渗透检测，并一次操作就可大致做到全面检测；同时存在几个方向的缺陷，用一次操作就可完成检测；形状复杂的缺陷也可容易地观察到显示的痕迹；不需大型设备，携带式喷罐着色渗透检测不需水、电，十分方便现场检测；试件表面粗糙度对检测结果影响大，探伤结果往往易受操作人员技术水平的影响；可以检出表面张口的缺陷，但对埋藏缺陷或闭口型的表面缺陷无法检出；检测程序多，速度慢；较磁粉检测而言，检测灵敏度低，材料较贵，成本高；有些材料易燃、有毒。

（5）涡流检测

1）涡流检测原理。在工件中的涡流方向与给试件加交流电磁场的线圈（称为初级线圈或激励线圈）的电流方向相反。而涡流产生的交流磁场又使得激励线圈中的电流增加。假如涡流变化，这个增加的部分（反作用电流）也变化，测定这个变化，可得到工件表面的信息。

2）涡流检测的特点。检测时与工件不接触，所以检测速度很快，易于实现自动化检测；涡流检测不仅可以探伤，而且可以揭示尺寸变化和材料特性，例如电导率和磁导率的变化，利用这个特点可综合评价容器消除应力热处理的效果，检测材料的质量以及测量尺寸；受集肤效应的限制，很难发现工件深处的缺陷；缺陷的类型、位置、形状不易估计，需辅以其他无损检测的方法来进行缺陷的定位和定性；不能用于绝缘材料的检测。

（6）声发射探伤法

1）声发射探伤法原理。声发射技术是根据设备受力时材料内部发出的应力波，判断容器内部结构损伤程度的一种新的无损检测方法。

2）声发射探伤特点。它与射线、超声波等常规检测方法的主要区别在于声发射技术是一种动态无损检测方法。它能连续监视容器内部缺陷发展的全过程。

（7）磁记忆检测。磁记忆检测的原理是处于地磁环境下的铁制工件受工作载荷的作用，其内部会发生具有磁致伸缩性质的磁畴组织定向的和不可逆转的重新取向，并在应力与变形集中区形成最大的漏磁场的变化。这种磁状态的不可逆变化在工作载荷消除后继续保留。从而通过漏磁场法向分量的测定，便可以准确地推断工件的应力集中区。

3．测厚

厚度测量是承压类特种设备检验中常见的检测项目。由于锅炉压力容器是闭合和壳体，测厚只能从一面进行，所以需要采用特殊的物理方法，最常用的是超声波。

4. 化学成分分析

钢铁材料元素分析的方法有原子发射光谱分析法和化学分析法两种。在用锅炉压力容器检验中进行化学成分分析的目的，主要在于复核和验证材料的元素含量是否符合材料的技术标准，或者在焊接或返修补焊时借此制定焊接工艺，或者用于鉴定在用锅炉压力容器壳体材质在运行一段时间后是否发生变化。

5. 金相检验

金相检验的目的主要是为了检查设备运行后受温度、介质和应力等因素的影响，其材质的金相组织是否发生了变化，是否存在裂纹、过烧、疏松、应力腐蚀、晶间腐蚀、表面脱碳、渗碳、石墨化、蠕变、氢损伤等缺陷。

金相检验可以观察到设备的局部金相组织。对于材料的金相检验，根据有关标准，可以判定钢材脱碳层深度，测定低碳钢的游离渗碳体，亚共析钢的带状组织和魏式组织，以及晶粒度等。断口金相检验，还可以帮助我们判定腐蚀、断裂的类型，分析造成锅炉压力容器失效的原因。

6. 硬度测试

材料硬度值与强度存在一定的比例关系。材料化学成分中，大多数合金元素都会使材料的硬度升高，其中碳的影响最直接，材料中含碳量越大，其硬度越高，因此硬度测试有时用来判断材料强度等级或鉴别材质；材料中不同金属组织具有不同的硬度，故通过硬度值可大致了解材料的金相组织，以及材料在加工过程中的组织变化和热处理效果。

7. 断口分析

断口分析是指人们通过肉眼或使用仪器观察与分析金属材料或金属构件损坏后的断裂截面，来探讨与材料或构件损坏有关的各种问题的一种技术。

断口是构件破坏后两个偶合断裂截面的通称。人们通过对断口形态的观察、研究和分析，去寻求断裂的起因、断裂方式、断裂性质、断裂机制、断裂韧性以及裂纹扩展速率等各种断裂基本问题，以使人们正确地判断引起断裂的真实原因究竟是起源于材料质量、构件的制造工艺、构件使用的环境因素影响，还是构件使用的操作因素等等。

8. 耐压试验

承压类特种设备的耐压试验即通常所说的液压试验（水压试验）和气压试验，是一种验证性的综合检验。它不仅是产品竣工验收时必须进行的试验项目，也是定期进行锅炉压力容器全面检验的主要检验项目。耐压试验主要用于检验设备承受静压强度的能力。

9. 气密试验

气密试验又称为致密性试验或泄漏试验。介质毒性程度为极度、高度危害或设计上不允许有微量泄漏的压力容器，必须进行气密试验。气密性试验应在液压试验合格后进行。

容器致密性的检查方法：

（1）在被检查的部位涂（喷）刷肥皂水，检查肥皂水是否鼓泡。

（2）检查试验系统和容器上装设的压力表，其指示数字是否下降。

（3）在试验介质中加入体积分数为1%的氨气，将被检查部位表面用5%硝酸汞溶液浸过的纸带覆盖，如果有不致密的地方，氨气就会透过而使纸带的相应部位形成黑色的痕迹，此法较为灵敏方便。

（4）在试验介质中充入氦气，如果有不致密的地方，就可利用氦气检漏仪在被检查部位表面检测出氦气。目前的氦气检漏仪可以发现气体中含有千万分之一的氦气存在，相当于在标准状态下漏氦气率为 1 cm^3/a，因此，其灵敏度较高。

（5）小型容器可浸入水中检查，被检部位在水面下约 20～40 mm 深处，检查是否有气泡逸出。

10. 爆破试验

爆破试验是对压力容器的设计与制造质量，以及其安全性和经济性进行综合考核的一项破坏性验证试验。通常气瓶在制造过程中按批抽查进行爆破试验。

11. 力学性能试验

力学性能试验的目的是检测材料及焊接接头的力学性能。检测方法有拉力试验、弯曲试验、常温和低温冲击试验、压扁试验等。

12. 应力应变测试

应力应变测试的目的是测出构件受载后表面的或内部各点的真实应力状态。应力应变测试的方法主要有电阻应变测量法（简称“电测法”）、光弹性方法、应变脆性涂层法和密栅云纹法等，每种测试方法都有各自的特点和适用范围。

电测法是将作为传感元件的电阻应变片粘贴或安装在被测的承压设备表面上，然后将其接入测量电路，当设备受载变形时，应变片的敏感栅相应变形并将应变转换成电阻改变量，再通过电阻应变仪直接得到所测量的应变值。根据应力与应变关系的物理方程，即可将测得的应变值换算成被测点的实际应力值。电测法可以进行大规模的多点应变测量，准确测定承压设备构件表面上任一点的静态到 500 kHz 的动态应变，还可测得平面应力状态下某些点的主应力大小和方向。但是，此法只能测试承压设备表面的应力，不能显示容器表面整体应力场中应力梯度的情况。

13. 应力分析

分析构件在载荷的作用下，各应力分量。如分析一次总体薄膜应力、一次局部薄膜应力、一次弯曲应力、二次应力、峰值应力等。

14. 合于使用评价（安全评定）

大型关键性在用压力容器，经定期检验，发现难于修复的超标缺陷。使用单位因生产急需，无法立即进行缺陷修复时，可以通过缺陷安全评定来判定能否监控使用到下一检验周期。

合于使用评价（也可称作安全评定、完整性和适用性评价）是指根据合理的失效准则，依据有关标准规定，对带超标缺陷的压力容器进行符合使用条件的安全性评定，是研究具体结构或构件中原有缺陷、使用中新产生的或扩展缺陷对可靠性的影响，判断结构是否适合于继续使用，或是按预测的剩余寿命监控使用，或是降级使用，或是返修或报废的定量评价。合于使用评价所评定的缺陷都是不满足法规标准要求的所谓“超标缺陷”，安全评定的目的是科学分析带超标缺陷压力容器的安全性能。

15. 基于风险的检验（Risk－Based Inspection）

目前，企业为了增加核心竞争力，压力容器必须长周期运行，并且维护和检验成本必须最小化。基于风险的检验（RBI）就是为了兼顾压力容器的安全性和经济性，在追求系统安全性与经济性统一的理念基础上建立起来的一种优化检验策略的方法，其实质就是对危险事件发生的可能性（概率）和事故后果造成的严重程度（经济损失）进行分析与排序综合考虑，发现主要问题与薄弱环节，确保本质安全，将设备划分成不同的风险等级，并依据风险等级，确定经济合理的检验策略，减少检验和维护费用，达到安全性与经济性统一。

第三节 起重机械安全技术

一、起重机械使用安全管理

1. 使用许可厂家的合格产品

国家对起重机械的设计制造有严格的要求，实行许可生产制度。起重机械的制造单位，必须具备保证产品质量所必需的加工设备、技术力量、检验手段和管理水平，并取得特种设备制造许可证，才能生产相应种类的起重机械。购置、选用的起重机械应是许可厂家的合格产品，并有齐全的技术文件、产品质量合格证明书、监督检验证书和产品竣工图。

2. 登记建档

起重机械在正式使用前，必须到当地特种设备安全监察机构登记，经审查批准登记建档、取得使用证方可使用。

3. 安全管理制度

安全管理规章制度的项目包括：司机守则；起重机械安全操作规程；起重机械维护、保养、检查和检验制度；起重机械安全技术档案管理制度；起重机械作业和维修人员安全培训、考核制度。

4. 技术档案

起重机械安全技术档案的内容包括：设备出厂技术文件；安装、修理记录和验收资料；使用、维护、保养、检查和试验记录；安全技术监督检验报告；设备及人身事故记录；设备的问题分析及评价记录。

5. 作业人员

起重作业是由指挥人员、起重机司机和司索工群体配合的集体作业，要求起重作业人员不仅应具备基本文化和身体条件，还必须了解有关法规和标准，学习起重作业安全技术理论和知识，掌握实际操作和安全救护的技能。起重机司机必须经过专门考核并取得合格证，方可独立操作。指挥人员与司索工也应经过专业技术培训和安全技能训练，了解所从事工作的危险和风险，并有自我保护和保护他人的能力。

6. 定期检验制度

在用起重机械安全定期检验周期为 2 年。起重机械使用单位应按期向所在地具有资格的检验机构申请在用起重机械的安全技术检验。

7. 使用单位还应进行起重机的自我检查、每日检查、每月检查和年度检查。

（1）年度检查。每年对所有在用的起重机械至少进行 1 次全面检查。停用 1 年以上、遇 4 级以上地震或发生重大设备事故、露天作业的起重机械经受 9 级以上的风力后的起重机，使用前都应做全面检查。

（2）每月检查。检查项目包括：安全装置、制动器、离合器等有无异常，可靠性和精度；重要零部件（如吊具、钢丝绳滑轮组、制动器、吊索及辅具等）的状态，有无损伤，是否应报废等；电气、液压系统及其部件的泄漏情况及工作性能；动力系统和控制器等。停用一个月以上的起重机构，使用前也应做上述检查。

（3）每日检查。在每天作业前进行，应检查各类安全装置、制动器、操纵控制装置、紧急报警装置，轨道的安全状况，钢丝绳的安全状况。检查发现有异常情况时，必须及时处理。严禁带病运行。

二、起重机械安全装置

1. 位置限制与调整装置

位置限制装置是用来限制机构在一定空间范围内运行的安全防护装置。这类安全防护装置有的是通过机构运行到极限位置时触发一个电气开关，切断机构的动力电源，使电动机停止运行，同时机构的制动装置动作，使机构停止在安全位置中。

（1）上升极限位置限制器。《起重机械安全规程》（GB 6067. 1—2010）规定，凡是动力驱动的起重机，其起升机构（包括主副起升机构）均应装设上升极限位置限制器。

（2）运行极限位置限制器。凡是动力驱动的起重机，其运行极限位置都应装设运行极限位置限制器。

（3）偏斜调整和显示装置。《起重机械安全规程》要求，跨度等于或超过 40 m 的装卸桥和门式起重机，应装偏斜调整和显示装置。

（4）缓冲器。《起重机械安全规程》要求，桥式、门式起重机和装卸桥，以及门座起重机或升降机等都要装设缓冲器。

2. 防风防爬装置

《起重机械安全规程》规定，露天工作于轨道上运行的起重机，如门式起重机、装卸桥、塔式起重机和门座起重机，均应装设防风防爬装置。

此外，在露天跨工作的桥架式或门式起重机因环境因素的影响，可能出现地形风。它持续时间较短，但风力很强，足以吹动起重机做较长距离的滑行，并可能撞毁轨道端部止挡，造成脱轨或跌落。所以《起重机械安全规程》规定，在露天跨工作的桥式起重机也宜装设防风夹轨器和锚定装置或铁鞋。

起重机防风防爬装置主要有 3 类：夹轨器、锚定装置和铁鞋。按照防风装置的作用方式不同，可分为自动作用与非自动作用两类。

3. 安全钩、防后倾装置和回转锁定装置

（1）安全钩。单主梁起重机，由于起吊重物是在主梁的一侧进行，重物等对小车产生一个倾翻力矩，由垂直反轨轮或水平反轨轮产生的抗倾翻力矩使小车保持平衡，不能倾翻。但是，只靠这种方式不能保证在风灾、意外冲击、车轮破碎、检修等情况时的安全。因此，这种类型的起重机应安装安全钩。安全钩根据小车和轨轮形式的不同，也设计成不

同的结构。

（2）防后倾装置。用柔性钢丝绳牵引吊臂进行变幅的起重机，当遇到突然卸载等情况时，会产生使吊臂后倾的力，从而造成吊臂超过最小幅度，发生吊臂后倾的事故。因此，这类起重机应安装防后倾装置。吊臂后倾主要由几种原因造成：起升用的吊具、索具或起升用钢丝绳存在缺陷，在起吊过程中突然断裂，使重物突然坠落；或者由于起重工绑挂不当，起吊过程中重物散落、脱钩。这些情况都会形成突然卸载，造成吊臂反弹后倾事故。为了防止这类事故，《起重机械安全规程》明确规定，流动式起重机和动臂式塔式起重机上应安装防后倾装置（液压变幅除外）。

（3）回转锁定装置。回转锁定装置是指臂架起重机处于运输、行驶或非工作状态时，锁住回转部分，使之不能转动的装置。

回转锁定器常见形式有机械锁定器和液压锁定器两种。其结构比较简单，通常是用锁销插入方法、压板顶压方法或螺栓紧定方式等。液压式锁定器通常用双作用活塞式油缸对转台进行锁定。回转锁定装置的原理基本相同。

4. 起重量限制器

起重量限制器也称超载限制器，它是用来限制起重机的起升机构起吊起重量的安全防护装置。它的工作原理是：当起升机构吊起的质量超过预警质量时，装置能发出报警信号；当吊起的质量超过允许的起重量时，能切断起升机构的工作电源，使起重机停止运行。

超载限制器按其功能形式可以分为：自动停止型、报警型、综合型等三大类型。按结构形式可以分为机械式、电子式和液压式等。综合型超载保护装置是在起升质量超过额定起重量时，能停止起重机向不安全方向继续动作，并发出声光报警信号，同时能允许起重机向安全方向动作。

5. 力矩限制器

常用的起重力矩限制器有机械式和电子式等。臂架式起重机的工作特点是它的工作幅度可以改变，工作幅度是臂架式起重机的一个重要参数。起重量与工作幅度的乘积称为起重力矩。当起重力矩大于允许的极限力矩时，会造成臂架折弯或折断，甚至还会造成起重机整机失稳而倾覆或倾翻。臂架式起重机在设计时，已为其起重量与工作幅度之间求出了一条力矩极限关系曲线，即起重机特性曲线。起重量与工作幅度的对应点在该曲线以下时该点为安全点；对应点在该曲线以上时该点为超载点；对应点在该曲线上时该点为极限点。起重机械设置力矩限制器后，应根据其性能和精良情况进行调整或标定，当载荷力矩达到额定起重力矩时，能自动切断起升动力源，并发出禁止性报警信号，其综合误差不应大于额定力矩的10%。

小车变幅式塔式起重机常用的是全力矩法机械式起重力矩限制器。全力矩法机械式起重力矩限制器并不直接控制起重力矩，而是测取和限制吊臂上所有载荷对臂根铰点力矩的大小。此时，被控制的起重力矩要符合臂根铰点力矩的要求。

6. 防坠安全器

防坠安全器是非电气、气动和手动控制的防止吊笼或对重坠落的机械式安全保护装置，主要用于施工升降机等起重设备上，其作用是限制吊笼的运行速度，防止吊笼坠落，保证人员设备安全。安全器在使用过程中必须按规定进行定期坠落实验及周期检定。设备正常工作时，防坠安全器不应动作。当吊笼超速运行，其速度达到防坠安全器的动作速度时，防坠安全器应立即动作，并可靠地制停吊笼。在安全器发生作用的同时切断传动装置的电源。

7. 导电滑线防护措施

桥式起重机采用裸露导电滑线供电时，在以下部位应设置导电滑线防护板。

（1）司机室位于起重机电源引入滑线端时，通向起重机的梯子和走台与滑线间应设防护板，以防司机通过时发生触电事故。

（2）起重机导电滑线端的起重机端梁上应设置防护板（通常称为挡电架），以防止吊具或钢丝绳等摆动与导电滑线接触而发生意外触电事故。

（3）多层布置的桥式起重机，下层起重机应在导电滑线全长设置防电保护设施。

其他使用滑线引入电源的起重机，对于易发生触电危险的部位都应设置防护装置。

8. 防碰装置

同层多台起重机同时作业比较普遍，还有两层、甚至三层起重机共同作业的场所。在这种工况环境中，单凭行程开关、安全尺，或者单凭起重机操作员目测等传统方式来防止碰撞，已经不能保证安全。目前，在上述环境使用的起重机上要求安装防撞装置，用来防止上述起重机在交会时发生碰撞事故。防撞装置通常采用红外线、超声波、微波等无触点式开关与起重机电气控制系统相配合，当某台起重机运行到距离另一台起重机达到一定长度时，防撞装置的无触点式开关会及时发出警号或直接切断运行机构的动力源，由起重机的操作员操作或由机构自动停止工作，达到确保起重机安全运行的目的。这些防撞装置具有：可同时设定多个报警距离、精度高、功能全、环境适应能力强的特点。

防碰装置的结构形式主要有：

（1）反射型。由发射器、接收器、控制器和反射板组成。

（2）直射型。检测波不经过反射板反射的产品统称为直射型。

9. 登机信号按钮

对于司机室设置在运动部分（与起重机自身有相对运动的部位）的起重机，应在起重机上容易触及的安全位置安装登机信号按钮，对于司机室安装在塔式起重机上部，司机室安装架设在有相对运动部位的门座起重机及特大型桥式起重机必要时也应安装登机信号按钮。其作用是用于司机和维修人员在登机时，按钮按动后在司机室明显部位显示信号，使司机能注意到有人登机，防止意外事故发生。

10. 危险电压报警器

臂架型起重机在输电线附近作业时，由于操作不当，臂架、钢丝绳等过于接近甚至碰触电线，都会造成感电或触电事故。为了防止这类事故，东欧各国和日本等国从 20 世纪 70 年代起研制危险电压报警器，目前已进入系列化生产阶段。

三、起重机械使用安全技术

1. 吊运前的准备

吊运前的准备工作包括：

（1）正确佩戴个人防护用品，包括安全帽、工作服、工作鞋和手套，高处作业还必须佩戴安全带和工具包。

（2）检查清理作业场地，确定搬运路线，清除障碍物；室外作业要了解当天的天气预报；流动式起重机要将支撑地面垫实垫平，防止作业中地基沉陷。

（3）对使用的起重机和吊装工具、辅件进行安全检查；不使用报废元件，不留安全隐患；熟悉被吊物品的种类、数量、包装状况以及周围联系。

（4）根据有关技术数据（如质量、几何尺寸、精密程度、变形要求），进行最大受力计算，确定吊点位置和捆绑方式。

（5）编制作业方案（对于大型、重要的物件的吊运或多台起重机共同作业的吊装，事先要在有关人员参与下，由指挥、起重机司机和司索工共同讨论，编制作业方案，必要时报请有关部门审查批准）。

（6）预测可能出现的事故，采取有效的预防措施，选择安全通道，制定应急对策。

2. 起重机司机安全操作技术

认真交接班，对吊钩、钢丝绳、制动器、安全防护装置的可靠性进行认真检查，发现异常情况及时报告。

（1）开机作业前，应确认处于安全状态方可开机：所有控制器是否置于零位；起重机上和作业区内是否有无关人员，作业人员是否撤离到安全区；起重机运行范围内是否有未清除的障碍物；起重机与其他设备或固定建筑物的最小距离是否在0.5 m以上；电源断路装置是否加锁或有警示标牌；流动式起重机是否按要求平整好场地，支脚是否牢固可靠。

（2）开车前，必须鸣铃或示警；操作中接近人时，应给断续铃声或示警。

（3）司机在正常操作过程中，不得利用极限位置限制器停车；不得利用打反车进行制动；不得在起重作业过程中进行检查和维修；不得带载调整起升、变幅机构的制动器，或带载增大作业幅度；吊物不得从人头顶上通过，吊物和起重臂下不得站人。

（4）严格按指挥信号操作，对紧急停止信号，无论何人发出，都必须立即执行。

（5）吊载接近或达到额定值，或起吊危险器（液态金属、有害物、易燃易爆物）时，吊运前认真检查制动器，并用小高度、短行程试吊，确认没有问题后再吊运。

（6）起重机各部位、吊载及辅助用具与输电线的最小距离应满足安全要求。

（7）有下述情况时，司机不应操作：起重机结构或零部件（如吊钩、钢丝绳、制动器、安全防护装置等）有影响安全工作的缺陷和损伤；吊物超载或有超载可能，吊物质量不清；吊物被埋置或冻结在地下、被其他物体挤压；吊物捆绑不牢，或吊挂不稳，被吊重物棱角与吊索之间未加衬垫；被吊物上有人或浮置物；作业场地昏暗，看不清场地、吊物情况或指挥信号。在操作中不得歪拉斜吊。

（8）工作中突然断电时，应将所有控制器置零，关闭总电源。重新工作前，应先检查起重机工作是否正常，确认安全后方可正常操作。

（9）有主、副两套起升机构的，不允许同时利用主、副钩工作（设计允许的专用起重机除外）。

（10）用两台或多台起重机吊运同一重物时，每台起重机都不得超载。吊运过程应保持钢丝绳垂直，保持运行同步。吊运时，有关负责人员和安全技术人员应在场指导。

(11) 露天作业的轨道起重机，当风力大于6级时，应停止作业；当工作结束时，应锚定住起重机。

3. 司索工安全操作技术

司索工主要从事地面工作，例如准备吊具、捆绑挂钩、摘钩卸载等，多数情况还担任指挥任务。司索工的工作质量与整个搬运作业安全关系极大。其操作工序要求如下：

(1) 准备吊具。对吊物的质量和重心估计要准确，如果是目测估算，应增大20%来选择吊具；每次吊装都要对吊具进行认真的安全检查，如果是旧吊索应根据情况降级使用，绝不可侥幸超载或使用已报废的吊具。

(2) 捆绑吊物。对吊物进行必要的归类、清理和检查，吊物不能被其他物体挤压，被埋或被冻的物体要完全挖出。切断与周围管、线的一切联系，防止造成超载；清除吊物表面或空腔内的杂物，将可移动的零件锁紧或捆牢，形状或尺寸不同的物品不经特殊捆绑不得混吊，防止坠落伤人；吊物捆扎部位的毛刺要打磨平滑，尖棱利角应加垫物，防止起吊吃力后损坏吊索；表面光滑的吊物应采取措施来防止起吊后吊索滑动或吊物滑脱；吊运大而重的物体应加诱导绳，诱导绳长应能使司索工既可握住绳头，同时又能避开吊物正下方，以便发生意外时司索工可利用该绳控制吊物。

(3) 挂钩起钩。吊钩要位于被吊物重心的正上方，不准斜拉吊钩硬挂，防止提升后吊物翻转、摆动；吊物高大需要垫物攀高挂钩、摘钩时，脚踏物一定要稳固垫实，禁止使用易滚动物体（如圆木、管子、滚筒等）做脚踏物。攀高必须佩戴安全带，防止人员坠落跌伤；挂钩要坚持“五不挂”，即起重或吊物质量不明不挂，重心位置不清楚不挂，尖棱利角和易滑工件无衬垫物不挂，吊具及配套工具不合格或报废不挂，包装松散捆绑不良不挂等，将不安全隐患消除在挂钩前；当多人吊挂同一吊物时，应由一专人负责指挥，在确认吊挂完备，所有人员都离开站在安全位置以后，才可发起钩信号；起钩时，地面人员不应站在吊物倾翻、坠落可波及的地方；如果作业场地为斜面，则应站在斜面上方（不可在死角），防止吊物坠落后继续沿斜面滚移伤人。

(4) 摘钩卸载。吊物运输到位前，应选择好安置位置，卸载不要挤压电气线路和其他管线，不要阻塞通道；针对不同吊物种类应采取不同措施加以支撑、垫稳、归类摆放，不得混码、互相挤压、悬空摆放，防止吊物滚落、侧倒、塌垛；摘钩时应等所有吊索完全松弛再进行，确认所有绳索从钩上卸下再起钩，不允许抖绳摘索，更不许利用起重机抽索。

(5) 搬运过程的指挥。无论采用何种指挥信号，必须规范、准确、明了；指挥者所处位置应能全面观察作业现场，并使司机、司索工都可清楚看到；在作业进行的整个过程中（特别是重物悬挂在空中时），指挥者和司索工都不得擅离职守，应密切注意观察吊物及周围情况，发现问题，及时发出指挥信号。

4. 高处作业的安全防护

起重机金属结构高大，司机室往往设在高处，很多设备也安装在高处结构上，因此，起重司机正常操作、高处设备的维护和检修以及安全检查，都需要登高作业。为防止人员从高处坠落，防止高处坠落的物体对下面人员造成打击伤害，在起重机上，凡是高度不低于2 m的一切合理作业点，包括进入作业点的配套设施，如高处的通行走台、休息平台、转向用的中间平台，以及高处作业平台等，都应予以防护。安全防护的结构和尺寸应根据人体参数确定。其强度、刚度要求应根据走道、平台、楼梯和栏杆可能受到的最不利载荷考虑。

四、起重机械检验检修安全技术

1．检验类别

按照起重机械定期检验规则的规定，检验类别分为首次检验和定期检验。

首次检验是指设备投入使用前的检验。

定期检验是指在使用单位进行经常性日常维护保养和自行监察的基础上，由检验机构进行的定期检验。

2．检验周期

在用起重机械定期检验周期如下：

（1）塔式起重机、升降机、流动式起重机每年1次；

（2）轻小型起重设备、桥式起重机、门式起重机、门座起重机、缆索起重机、桅杆起重机、铁路起重机、旋臂起重机、机械式停车设备每2年1次，其中吊运熔融金属和炽热金属的起重机每年1次。

性能试验中的额定载荷试验、静载荷试验、动载荷试验项目，首检和首次定期检验时必须进行，额定载荷试验项目，以后每间隔1个检验周期进行1次。

3．检验内容

（1）定期检验的内容

1）技术文件审查，作业环境和外观检查，司机室检查。

2）金属结构检查：主要受力构件（如主梁、端梁、吊具横梁等）无明显变形，金属结构的连接焊缝无明显可见的焊接缺陷，螺栓和销轴等连接无松动，无缺件、损坏等缺陷，箱型起重臂（伸缩式）侧向单面调整间隙符合相关标准的规定。

3）检查起重机械大车、小车轨道是否存在明显松动，是否影响其运行；检查电气与控制系统，液压系统，主要零部件（主要零部件包括吊钩、钢丝绳、滑轮、减速器、开式齿轮、车轮、联轴器、卷筒、环链等）。

4）安全保护和防护装置检查：包括制动器，超速保护装置，起升高度（下降深度）限位器，料斗限位器，运行机构行程限位器，起重量限制器，力矩限制器，防风防滑装置，防倾翻安全钩，缓冲器和止挡装置，应急断电开关，扫轨板下端（距轨道），偏斜显示（限制）装置，连锁保护装置，防后翻装置和自动锁紧装置，断绳（链）保护装置，强迫换速装置，回转限制装置，防脱轨装置，起重量起升速度转换连锁保护装置，专项安全保护和防护装置等。

5）性能试验：空载试验，额定载荷试验。

（2）首次检验的内容。除了上述定期检验内容外，还应附加下列检验项目：

1）产品技术文件

①起重机械设计文件，包括总图、主要受力结构件图、机械传动图和电气、液压系统原理图。

②产品技术文件，包括设计文件、产品质量合格证明、安装使用维修说明等。

③安全保护装置型式试验合格证明。

④产品制造监督检验证明。

2）性能试验

①静载荷试验。

②动载荷试验。

4．检验结论

检验结论分为合格、复检合格、不合格和复检不合格四种。

（1）检验项目全部合格，综合判定为合格。检验项目有不合格项，不能满足使用要求的，综合判定为不合格。

（2）对于检验结论为不合格的起重机械，使用单位对不合格项目进行整改后，由检验机构对该起重机械进行复检，原不合格项目全部合格，综合判定为复检合格；原不合格项目仍有不合格项，不能满足使用要求的，综合判定为复检不合格。

5．起重机械检验前的准备工作

（1）检验人员到达检验现场，应当首先确认使用单位的检验准备工作：

1）拆卸需要拆卸才能进行检验的零部件、安全保护和防护装置，拆除受检部位妨碍检验的部件或者其他物品。

2）将起重机械主要受力部件、主要焊缝，严重腐蚀部位，以及检验人员指定部位和部件清理干净，露出金属表面。

3）需要登高进行检验（高于地面或固定平面 3 m 以上）的部位，采取可靠安全的登高措施。

4）满足检验和安全需要的安全照明、工作电源，以及必要的检验辅助工具或者器械。

5）需要固定后方可进行检验的可转动部件（包括可动结构），固定牢靠。

6）需要进行载荷试验的，配备满足载荷试验所规定质量和相应型式的试验载荷。

7）现场的环境和场地条件符合检验要求，没有影响检验的物品、设施，并且设置相应的警示标志。

8）需要进行现场射线检测时，隔离出透照区，设置安全标志。

9）防爆设备现场，具有良好的通风，确保环境空气中的爆炸性气体或者可燃性粉尘物质浓度低于爆炸下限的相应规定。

10）环境温度符合相关标准要求。

11）电网输入电压正常，电压波动范围能满足被检设备正常运行的要求。

12）检验现场清洁，不应有影响检验正常进行的物品、设备和人员，并放置表明现场正在进行检验的警示牌。

13）落实其他必要的安全保护和防护措施。

（2）检验人员在检验现场，应当认真执行使用单位有关动火、用电、高空作业、安全防护、安全监护等规定，配备和穿戴检验必需的个体防护用品，确保检验工作安全。

检验人员应要求使用单位的起重机械安全管理人员和相关人员到场配合、协助检验工作，负责现场安全监护。

6. 起重机械检修前的准备工作

（1）应制定设备检修作业方案，落实人员、组织和安全措施。

（2）对参加检修作业的人员进行安全教育，主要包括：检修作业必须遵守的有关安全规章制度，作业现场和施工过程中可能存在或出现的不安全因素及对策，作业过程中个体防护用具和用品的正确佩戴和使用，施工项目、任务、方案和安全措施等。

（3）检修作业使用的脚手架、起重机械、电气焊用具、手持电动工具、扳手、管钳、锤子等各种工器具应进行检查，凡不符合作业安全要求的工器具不得使用。

（4）对检修作业使用的气体防护器材、消防器材、通信设备、照明设备等器材设备应经专人检查，保证完好可靠，并合理放置。

（5）对检修现场的爬梯、栏杆、平台、铁篦子、盖板等应进行检查，保证安全可靠。

（6）对检修现场的坑、井、洼、沟、陡坡等应填平或铺设与地面平齐的盖板，也可设置围栏和警告标志，并设夜间警示红灯。

（7）应将检修现场的易燃易爆物品、障碍物、油污、冰雪、积水、废弃物等影响检修安全的杂物清理干净。

（8）检查、清理检修现场的消防通道、行车通道，保证畅通无阻。

（9）需夜间检修的作业场所，应设有足够亮度的照明装置。

（10）检修作业个体防护装备要求

1）工作时必须穿合适的工作服、工作鞋。不得带戒指及其他饰物。

2）当使用电钻、切割、焊接、浇筑巴氏合金时；在空气中含有较多尘屑的地方工作时，都必须使用保护面罩，保护眼镜。

3）在搬运物件时，必须戴上手套，但切勿戴手套接近运动中的器械。

4）除非已经提供某些防护措施，当工作场地高度超过两米而有坠落危险时，必须戴上安全帽，安全带必须系在牢固物件上。

7. 起重机械检修作业中的安全要求

（1）机械设备检修的安全要求

1）设备检修必须严格执行各项安全制度和操作规程。检修人员应熟悉相关的图样、资料及操作工艺。

2）检修设备时，并严格执行设备检修操作牌制度。

3）确保设备的安全防护、信号和联锁装置齐全、灵敏、可靠。

4）检修中应按规定方案拆除安全装置，并有安全防护措施。检修完毕，安全装置应及时恢复。安全防护装置的变更，应经安全部门同意，并作好记录、及时归档。

5）焊接或切割作业的场所，应通风良好。电、气焊割之前，应清除工作场所的易燃物。

6）高处作业，应设安全通道、梯子、支架、吊台或吊架。楼板、吊台上的作业孔，应设置护栏和盖板。脚手架、斜道板、跳板和交通运输道路，应有防滑措施并经常清扫。高处作业时，应佩戴安全带、安全帽。

7）不准跨越正在运转的设备，不准横跨运转部位传递物件，不准触及运转部位；不准站在旋转工件或可能爆裂飞出物件、碎屑部位的正前方进行操作、调整、检查设备，不准超限使用设备机具；禁止在起吊物下行走。

8）在检修机械设备前，应在切断的动力开关处设置“有人工作，严禁合闸”的警示牌。必要时应设专人监护或采取防止电源意外接通的技术措施。非工作人员禁止摘牌合闸。一切动力开关在合闸前应细心检查，确认无人员检修时方准合闸。

9）出现紧急情况和事故状态时，按有关抢险规程和应急预案处置。

（2）电气设备检修的安全要求

1）保证安全距离。在 10 kV 及其以下电气线路检修时，操作人员及其所携带的工具等与带电体之间的距离不应小于 1 m。

2）清理作业现场。应对检修现场妨碍作业的障碍物进行清理，以利检修人员的现场操作和进出活动。

3）断电防护。采取可靠的断电措施，切断需检修设备上的电源，并经启动复查确认无电后，在电源开关处挂上“禁止启动”的安全标志并加锁。

4）防止外来侵害。检修现场情况十分复杂，在检修作业前，应巡视一下周围，看有无可能出现外来侵害，如带电线路的有效安全距离如何，检修现场建筑物拆旧施工防护如何等。如果存在外来侵害，应在检修前做好安全防护。

5）集中精力。检修作业中不做与检修作业无关的事，不谈论与检修作业无关的话题，特别是进行紧急抢修作业时更是如此。

6）谨慎登高。如果在高处作业，使用的脚手架要牢固可靠，并且人员要站稳。在2 m以上的脚手架上检修作业，要使用安全带及其他保护措施。

7）防火措施。检修过程中，若需要用火时，要检查一下动火现场有无禁火标志，有无可燃气体或燃油类。当确认没有火灾隐患时，方能动火。如果用火时间长、温度高、范围大，还应预先准备好灭火器具，以防不测。

8）防止群体作业相互伤害。如果确需多人共同作业，要预先分析一下可能发生危险的位置和方向，并采取相应的对策后再进行作业。多人作业时，相互之间要保持一定的距离，以防相互碰伤。如果作业人员手中持有利器进行作业，其受力方向应引向体外，并且在作业前看一下周围，提醒他人不得靠近。

第四节　场（厂）内专用机动车辆安全技术

一、场（厂）内专用机动车辆使用安全管理

1．使用许可厂家的合格产品

国家对场（厂）内机动车辆的设计制造有严格的要求，实行许可生产制度。场（厂）内机动车辆的设计、制造单位，必须取得生产许可证或者安全认可证，才能生产相应种类的场（厂）内机动车辆。场（厂）内机动车辆出厂时应附有出厂合格证、使用维护说明书、备品备件和专用工具清单，合格证上除标有主要参数外，还应标明车辆主要部件（如

发动机、底盘）的型号和编号。

试制场（厂）内机动车辆新产品或者部件，必须由认可的型式试验机构进行整机或者部件的型式试验，合格后方可提供用户使用。

场（厂）内机动车辆的维修保养、改造单位实行安全认可证制度，必须取得相应资格证书后，方可承担其认可项目的维修保养、改造业务。

2. 登记建档

新增、大修、改造的场（厂）内机动车辆在正式使用前，首先必须进行验收检验，合格后到当地特种设备安全监察机构登记，经审查批准登记建档、取得场（厂）内机动车辆牌照，方可使用。

3. 安全管理制度

安全管理制度的项目包括：司机守则；场（厂）内机动车辆安全操作规程；场（厂）内机动车辆维护、保养、检查和检验制度；场（厂）内机动车辆安全技术档案管理制度；场（厂）内机动车辆作业和维修人员安全培训、考核制度。

4. 技术档案

场（厂）内机动车辆安全技术档案的内容包括：车辆出厂技术文件；安装、修理记录和验收资料；使用、维护、保养、检查和试验记录；安全技术监督检验报告；车辆及人身事故记录；车辆的问题分析及评价记录。

5. 作业人员

要求作业人员不仅应具备基本文化和身体条件，还必须了解有关法规和标准，学习作业安全技术理论和知识，掌握实际操作和安全救护的技能。司机必须经过专门考核并取得特种设备作业人员操作证，方可独立操作。

6. 定期检验制度

在用场（厂）内机动车辆安全定期检验周期为 1 年。场（厂）内机动车辆使用单位应按期向所在地的取得资格的检验机构申请在用场（厂）内机动车辆的安全技术检验。

7. 使用单位还应进行场（厂）内机动车辆的自我检查、每日检查、每月检查和年度检查。

（1）年度检查。每年对所有在用的场（厂）内机动车辆至少进行 1 次全面检查。停用 1 年以上、发生重大车辆事故等的场（厂）内机动车辆，使用前都应做全面检查。

（2）每月检查。检查项目包括：安全装置、制动器、离合器等有无异常，可靠性和精度；重要零部件（如吊具、货叉、制动器、铲、斗及辅具等）的状态，有无损伤，是否应报废等；电气、液压系统及其部件的泄漏情况及工作性能；动力系统和控制器等。停用一个月以上的场（厂）内机动车辆，使用前也应做上述检查。

（3）每日检查。在每天作业前进行，应检查各类安全装置、制动器、操纵控制装置、紧急报警装置的安全状况，检查发现有异常情况时，必须及时处理。严禁带病作业。

二、场（厂）内专用机动车辆涉及安全的主要部件

1. 高压胶管

叉车等车辆的液压系统，一般都使用中高压供油，高压油管的可靠性不仅关系车辆的

正常工作，而且一旦发生破裂将会危害人身安全。因此高压胶管必须符合相关标准，并通过耐压试验、长度变化试验、爆破试验、脉冲试验、泄漏试验等试验检测。

2. 货叉

安装在叉车货叉梁上的L形承载装置，也称取物装置。货叉必须符合相关标准，并通过重复加载的载荷试验检测。

3. 链条

起升货叉架的链条，主要有板式链和套筒滚子链两种。需进行极限拉伸载荷和检验载荷试验。

4. 转向器

控制车辆行驶方向的部件。当左右转动方向盘时，转向力通过转向器传递到转向传动机构使车辆改变行驶方向。

5. 制动器

产生阻止车辆运动或运动趋势的力的部件。分为行车制动器和停车制动器。

6. 轮胎

轮胎是支撑车辆，实现车辆行驶，减小地面冲击、振动的部件。表面的花纹能提高车辆行驶附着能力。分为充气轮胎和实芯轮胎。

7. 安全阀

液压系统中，可能由于超载或者油缸到达终点油路仍未切断，以及油路堵塞引起压力突然升高，造成液压系统破坏。因此系统中必须设置安全阀，用于控制系统最高压力。最常用的是溢流安全阀。

8. 护顶架

对于叉车等起升高度超过1.8 m的工业车辆，必须设置护顶架，以保护司机免受重物落下造成伤害。护顶架一般都是由型钢焊接而成，必须能够遮掩司机的上方，还应保证司机有良好的视野。护顶架应进行静态和动态两种载荷试验检测。

9. 其他

挡货架，为防止货物向后坠落而设置的框架。货物稳定器，压住货叉上的货物，以防货物倒塌、滑落的属具。（翻）料斗锁定装置，使料斗锁定在运料位置的装置。前倾自锁阀，当油泵停止工作或发生其他故障时，自动锁闭门架倾斜油路的阀。下降限速阀，控制下降速度的阀。稳定支腿，装卸作业时，为保证和增加车辆的稳定性而设置的辅助支腿。

三、场（厂）内专用机动车辆使用安全技术

1. 作业前的准备

（1）正确佩戴个人防护用品，包括安全帽、工作服、工作鞋和手套，高处作业还必须佩戴安全带和工具包。

（2）检查清理作业场地，确定搬运路线，清除障碍物；室外作业要了解天气情况。

（3）对使用的场（厂）内专用机动车辆和辅助工具、辅件进行安全检查；不使用报废元件，不留安全隐患；熟悉物品的种类、数量、包装状况以及周围环境。

（4）场（厂）内专用机动车辆必须按照出厂使用说明书规定的技术性能、承载能力和

使用条件，正确操作，合理使用，严禁超载作业或任意扩大使用范围。

(5) 场（厂）内专用机动车辆上的各种安全防护装置及监测、指示、仪表、报警等自动报警、信号装置应完好齐全，有缺损时应及时修复。安全防护装置不完整或已失效的场（厂）内专用机动车辆不得使用。

(6) 预测可能出现的事故，采取有效的预防措施，选择安全通道，制定应急对策。

(7) 启动前应进行重点检查。灯光、喇叭、指示仪表等应齐全完整；燃油、润滑油、冷却水等应添加充足；各连接件不得松动；轮胎气压应符合要求，确认无误后，方可启动。

(8) 起步前，车旁及车下应无障碍物及人员。

2. 典型场（厂）内专用机动车辆安全操作技术

(1) 单斗挖掘机

1) 单斗挖掘机的作业和行走场地应平整坚实，对松软地面应垫以枕木或垫板，沼泽地区应先作路基处理，或更换湿地专用履带板。

2) 轮胎式挖掘机使用前应支好支腿并保持水平位置，支腿应置于作业面的方向，转向驱动桥应置于作业面的后方。采用液压悬挂装置的挖掘机，应锁住两个悬挂液压缸。履带式挖掘机的驱动轮应置于作业面的后方。

3) 平整作业场地时，不得用铲斗进行横扫或用铲斗对地面进行夯实。

4) 挖掘机正铲作业时，除松散土壤外，其最大开挖高度和深度，不应超过机械本身性能规定。在拉铲或反铲作业时，履带距工作面边缘距离应大于 1.0 m，轮胎距工作面边缘距离应大于 1.5 m。

5) 作业时，挖掘机应保持水平位置，将行走机构制动。

6) 在汽车未停稳或铲斗需越过驾驶室而司机未离开前不得装车。

7) 作业中，当液压缸伸缩将达到极限位时，应动作平稳，不得冲撞极限块。

8) 作业中，当发现挖掘力突然变化，应停机检查，严禁在未查明原因前擅自调整分配阀压力。

9) 作业中不得打开压力表开关，且不得将工况选择阀的操纵手柄放在高速档位置。

10) 作业中，履带式挖掘机作短距离行走时，主动轮应在后面，斗臂应在正前方与履带平行，制动住回转机构，铲斗应离地面 1 m。

11) 轮胎式挖掘机行驶前，应收回支腿并固定好，工作装置应处于行驶方向的正前方，铲斗应离地面 1 m。长距离行驶时，应采用固定销将回转平台锁定，并将回转制动板踩下后锁定。

12) 履带式挖掘机转移工地应采用平板拖车装运。短距离自行转移时，应低速缓行，每行走 500 ~1 000 m 应对行走机构进行检查和润滑。

(2) 叉车。

1) 叉装物件时，被装物件质量应在该机允许载荷范围内。当物件质量不明时，应将该物件叉起离地 100 mm 后检查机械的稳定性，确认无超载现象后，方可运送。

2) 叉装时，物件应靠近起落架，其重心应在起落架中间，确认无误，方可提升。

3) 物件提升离地后，应将起落架后仰，方可行驶。

4）两辆叉车同时装卸一辆货车时，应有专人指挥联系，保证安全作业。

5）不得单叉作业和使用货叉顶货或拉货。

6）叉车在叉取易碎品、贵重品或装载不稳的货物时，应采用安全绳加固，必要时，应有专人引导，方可行驶。

7）以内燃机为动力的叉车，进入仓库作业时，应有良好的通风设施。严禁在易燃、易爆的仓库内作业。

8）严禁货叉上载人。驾驶室除规定的操作人员外，严禁其他任何人进入或在室外搭乘。

（3）平板拖车

1）运输超限物件时，必须向交通管理部门办理通行手续，在规定时间内按规定路线行驶。超限部分白天应插红旗，夜晚应挂红灯。超高物体应有专人照管，并应配电工随带工具保护途中输电线路，保证运行安全。

2）拖车搭设的跳板应坚实，与地面夹角：在装卸履带式起重机、挖掘机、压路机时，不应大于15°；装卸履带式推土机、拖拉机时，不应大于25°。

3）装卸能自行上下拖车的机械，应由机长或熟练的驾驶人员操作，并应由专人统一指挥。

4）装运履带式起重机，其起重臂应拆短，使之不超过机棚最高点，起重臂向后，吊钩不得自由晃动。拖车转弯时应降低速度。

5）装运推土机时，当铲刀超过拖车宽度时，应拆除铲刀。

6）使用随车卷扬机装卸物件时，应有专人指挥，拖车应制动住，并应将车轮楔紧。

（4）自卸汽车

1）自卸汽车应保持顶升液压系统完好，工作平稳，操纵灵活，不得有卡阻现象。各节液压缸表面应保持清洁。

2）非顶升作业时，应将顶升操纵杆放在空挡位置。顶升前，应拔出车厢固定销。作业后，应插入车厢固定销。

3）配合挖装机械装料时，自卸汽车就位后应拉紧手制动器，在铲斗需越过驾驶室时，驾驶室内严禁有人。

4）卸料前，车厢上方应无电线或障碍物，四周应无人员来往。卸料时，应将车停稳，不得边卸边行驶。

5）向坑洼地区卸料时，应和坑边保持安全距离，防止塌方翻车。严禁在斜坡侧向倾卸。

6）卸料后，应及时使车厢复位，方可起步，不得在倾斜情况下行驶。严禁在车厢内载人。

（5）静作用压路机

1）压路机碾压的工作面，应经过适当平整，对新填的松软路基，应先用羊足碾或打夯机逐层碾压或夯实后，方可用压路机碾压。

2）当土的含水量超过30%时不得碾压，含水量少于5%时，宜适当洒水。

3）应根据碾压要求选择机重。当光轮压路机需要增加机重时，可在滚轮内加砂或水。

当气温降至0℃时，不得用水增重。

4）在新建道路上进行碾压时，应从中间向两侧碾压。碾压时，距路基边缘不应少于0.5m。

5）碾压傍山道路时，应由里侧向外侧碾压，距路基边缘不应少于1 m。

6）两台以上压路机同时作业时，前后间距不得小于3 m，在坡道上不得纵队行驶。

7）对有差速器锁住装置的三轮压路机，当只有一只轮子打滑时，方可使用差速器锁住装置，但不得转弯。

8）压路机转移工地距离较远时，应采用汽车或平板拖车装运，不得用其他车辆拖拉牵运。

（6）振动压路机

1）作业时，压路机应先起步后才能起振。

2）严禁压路机在坚实的地面上进行振动。

3）碾压松软路基时，应先在不振动情况下碾压1~2遍，然后再振动辗压。

4）碾压时，振动频率应保持一致。对可调振频的振动压路机，应先调好振动频率后再作业，不得在没有起振情况下调整振动频率。

5）压路机在高速行驶时不得接合振动。

6）停机时应先停振。

（7）轮胎式装载机

1）装载机工作距离不宜过大，超过合理运距时，应由自卸汽车配合装运作业。

2）装载机不得在倾斜度超过出厂规定的场地上作业。作业区内不得有障碍物及无关人员。

3）起步前，宜将铲斗提升离地0.5 m。除规定的操作人员外，不得搭乘其他人员，严禁铲斗载人。

4）装料时，应根据物料的密度确定装载量，铲斗应从正面铲料，不得使铲斗单边受力。卸料时，举臂翻转铲斗应低速缓慢动作。

5）在松散不平的场地作业时，应把铲臂放在浮动位置，使铲斗平稳地推进。

6）不得将铲斗提升到最高位置运输物料。运载物料时，宜保持铲臂下铰点离地面0.5 m，并保持平稳行驶。

7）铲装或挖掘应避免铲斗偏载，不得在收斗或半收斗而未举臂时前进。铲斗装满后，应举臂到距地面约0.5 m时，再后退、转向、卸料。

8）在向自卸汽车装料时，铲斗不得在汽车驾驶室上方越过。当汽车驾驶室顶无防护板，装料时，驾驶室内不得有人。

（8）推土机

1）不得用推土机推石灰、烟灰等粉尘物料和用作碾碎石块的作业。

2）推土机行驶前，严禁有人站在履带或刀片的支架上，机械四周应无障碍物，确认安全后，方可开动。

3）填沟作业驶近边坡时，铲刀不得越出边缘。后退时，应先换档，方可提升铲刀进行倒车。

4）在深沟、基坑或陡坡地区作业时，应有专人指挥，其垂直边坡高度不应大于2 m。

5）推树时，树干不得倒向推土机及高空架设物。推屋墙或围墙时，其高度不宜超过2.5 m。严禁推带有钢筋或与地基基础连接的混凝土桩等建筑物。

6）推土机长途转移工地时，应采用平板拖车装运。短途行走转移时，距离不宜超过10 km，并在行走过程中应经常检查和润滑行走装置。

（9）蓄电池车辆

1）行驶前要检查蓄电池壳体有否裂纹，极板是否提起，电解质是否渗漏，电解液密度是否合适。

2）叉车的蓄电池一般为铅酸蓄电池，电解质为硫酸和水溶液，其为酸性、有毒物质，因此，在蓄电池周围工作时，应穿防护服，戴防护镜。

3）不要把蓄电池暴露在火花和明火中，以免引起爆炸。

四、场（厂）内专用机动车辆检验检修安全技术

1．检验类别

按照《厂内机动车辆监督检验规程》的规定，场（厂）内专用机动车辆检验分为验收检验和定期检验两种。

验收检验：对新增、大修或改造的场（厂）内专用机动车辆，投入使用前的检验。

定期检验：对在用的场（厂）内专用机动车辆，每年进行一次的检验。

2．检验周期

定期检验：每年进行一次。

3．检验内容

验收检验、定期检验检验内容相同。

（1）整车检查。车辆必须具有国家统一制定的牌照，有关技术资料及档案齐全。车辆按国家标准设置的各种仪表应齐全有效。装载运输易燃易爆、剧毒等危险品的车辆或行驶于危险场所的车辆，必须符合相应特殊安全要求。

（2）动力系检验。发动机的安装应牢固可靠，连接部位无松动、脱落、损坏。点火系、燃料系、润滑系、冷却系应性能良好，工作正常，安装牢固；线路、管路无漏电、漏水、漏油现象。

（3）灯光电气检验。各种车辆灯光的配置应符合设计技术要求。蓄电池车辆，蓄电池金属盖板与蓄电池带电部分之间必须有15 mm以上的空间，如盖板和带电部分之间具有绝缘层时，则其间隙至少要有10 mm。绝缘层必须牢固，以免在正常使用时发生绝缘层脱落或移动。

（4）传动系检验。

（5）行驶系检验。

（6）转向系检验。

（7）制动系检验。电瓶车的制动联锁装置应齐全、可靠，制动时联锁开关须切断行车电动机的电源。

（8）工作装置检验

1）叉车门架应设有防止货叉架升到最高位时脱出的限位装置。货叉在叉架上的固定必须可靠，能防止货叉从叉架上脱落和货叉横向滑移和脱落。

2）属具在叉架上固定必须可靠，能防止属具从叉架上脱落和防止属具横向移动。

3）货叉架下降速度在任何情况下，不得超过600 mm/s。货叉自然下滑量不大于100 mm，门架（或货叉）倾角的自然变化量不大于2°。

4）货叉不得有裂纹，如发现货叉表面有裂纹，应停止使用。货叉两叉尖应该等高，两叉尖高度差不得超过水平段长度的3%。货叉由于使用磨损，货叉水平段和垂直的厚度不得小于原值的90%及以下。

（9）专用机械检验

1）升降倾斜油缸。油缸应密封良好，无裂纹和漏油现象。油缸应达到额定的工作压力和动作时间，倾斜油缸应灵活可靠地使属具倾斜；升降油缸应能平稳地升降属具及载荷，支承载荷时，油缸柱塞的回缩量应符合设计规定值。

2）锁止机件齐全，无裂纹、变形。开启、锁止灵敏可靠。

3）专用机具（叉、铲、斗、吊钩、滚、轮、链、轴、销）结构件（门架、扩顶架、臂架、支撑台架）应完整，无裂纹，无变形，磨损不超限，连接配合良好，工作灵敏可靠。

4）液压系统管路必须畅通，密封良好，与其他机件不磨不碰，液压分配器上必须有铭牌和功能指示牌，液压元件应配合良好，无泄漏。

5）操纵手柄（杆）无变形，轻便灵活，工作可靠。

6）安全阀动作灵敏可靠，功能元件齐全有效。

7）工作部件在额定速度范围内不应有爬行、停滞和明显的冲动，应符合设计要求。

4. 检验结论

检验结论分为合格、不合格、复检合格、复检不合格四种。

(1) 合格：重要项目全部合格，一般项目中不合格项不超过5项的判定为合格。

不合格：不满足合格条件的判定不合格。

(2) 对于检验结论为不合格的，使用单位对不合格项目进行整改后，由检验机构对该场（厂）内专用机动车辆进行复检，满足合格条件，判定为复检合格；不能满足合格条件的，综合判定为复检不合格。

5. 检验前的准备

(1) 按被检场（厂）内专用机动车辆的类别和复杂程度，准备相应的检验工具和仪器。

(2) 露天检验应在无雨情况下进行。

(3) 检验现场具有足够的承载能力，坡度不超过10%。

(4) 检验现场环境符合相关标准中对检验场地的要求。

(5) 检验现场（主要指试车场地、车辆检验场地等）应清洁，不应有与场（厂）内专用机动车辆检验无关的物品和车辆，并应放置表明现场正在进行检验的警示牌。

(6) 被检场（厂）内专用机动车辆应安置在适当的位置，避开周围障碍物。

(7) 检验人员穿戴好防护用品。

（8）检验人员应将场（厂）内专用机动车辆定期检验记录等技术资料准备齐全。

6．检验中的安全注意事项

（1）检验场（厂）内专用机动车辆的支撑地面应平整、坚实，不应在有暗沟、防空洞等地下建筑上面进行检验，坡道的坡度不超过10%。

（2）检验场（厂）内专用机动车辆场地应有足够的空间，避开周围障碍物

（3）试验时环境温度须在－15～40℃的范围内进行。

7．场（厂）内机动车辆检修前的准备工作

（1）应制定车辆检修作业方案，落实人员、组织和安全措施。

（2）对参加检修作业的人员进行安全教育，主要包括：检修作业必须遵守的有关安全规章制度，作业现场和施工过程中可能存在或出现的不安全因素及对策，作业过程中个体防护用具和用品的正确佩戴和使用，施工项目、任务、方案和安全措施等。

（3）检修作业使用的脚手架、起重机、电气焊用具、手持电动工具、扳手、管钳、锤子等各种工器具应进行检查，凡不符合作业安全要求的工器具不得使用。

（4）对检修作业使用的气体防护器材、消防器材、通信车辆、照明车辆等器材车辆应经专人检查，保证完好可靠，并合理放置。

（5）对检修现场的爬梯、栏杆、平台、铁篦子、盖板等应进行检查，保证安全可靠。

（6）对检修现场的坑、井、洼、沟、陡坡等应填平或铺设与地面平齐的盖板，也可设置围栏和警告标志，并设夜间警示红灯。

（7）应将检修现场的易燃易爆物品、障碍物、油污、冰雪、积水、废弃物等影响检修安全的杂物清理干净。

（8）检查、清理检修现场的消防通道、行车通道，保证畅通无阻。

（9）需夜间检修的作业场所，应设有足够亮度的照明装置。

（10）检修作业个体防护装备要求

1）工作时必须穿合适的工作服、工作鞋。不得带戒指及其他饰物。

2）当使用电钻、切割、焊接、浇筑巴氏合金时，和在空气中含有较多尘屑的地方工作时，都必须使用保护面罩，保护眼镜。

3）在搬运物件时，必须戴上手套，但切勿戴手套接近运动中的器械。

4）当工作场地高度超过2 m而有坠落危险时，必须戴上安全帽，安全带必须系在牢固物件上。

8．场（厂）内机动车辆检修作业中的安全要求

（1）车辆检修必须严格执行各项安全生产规章制度和操作规程。检修人员应熟悉相关的图样、资料及操作工艺。

（2）检修车辆时，并严格执行车辆检修操作牌制度。

（3）确保车辆的安全防护、信号和联锁装置齐全、灵敏、可靠。

（4）检修中应按规定方案拆除安全装置，并有安全防护措施。检修完毕，安全装置应及时恢复。安全防护装置的变更，应经安全部门同意，并作好记录、及时归档。

（5）焊接或切割作业的场所，应通风良好。电、气焊割之前，应清除工作场所的易燃物。

（6）高处作业，应设安全通道、梯子、支架、吊台或吊架。楼板、吊台上的作业孔，应设置护栏和盖板。脚手架、斜道板、跳板和交通运输道路，应有防滑措施并经常清扫。高处作业时，应佩戴安全带、安全帽。

（7）不准跨越正在运转的车辆，不准横跨运转部位传递物件，不准触及运转部位；不准站在旋转工件或可能爆裂飞出物件、碎屑部位的正前方进行操作、调整、检查车辆，不准超限使用车辆机具；禁止在起吊物下行走。

（8）出现紧急情况和事故状态时，按有关抢险规程和应急预案处置。

（9）在车底下进行保养、检修时，应将内燃机熄火、拉紧手制动器并将车轮垫起固定牢靠。

（10）装载机转向架未锁闭时，严禁站在前后车架之间进行检修保养。

（11）装载机铲臂升起后，在进行润滑或调整等作业之前，应装好安全销，或采取其他措施支住铲臂。

（12）在推土机下面检修时，内燃机必须熄火，铲刀应放下或垫稳。

（13）车厢举升后需进行检修、润滑等作业时，应将车厢支撑牢靠后，方可进入车厢下面工作。

（14）保养或检修挖掘机时，除检查内燃机运行状态外，必须将内燃机熄火，并将液压系统卸荷，铲斗落地。

（15）利用铲斗将底盘顶起进行检修时，应使用垫木将抬起的轮胎垫稳，并用木楔将落地轮胎楔牢，然后将液压系统卸荷，否则严禁进入底盘下工作。

（16）车辆经修理后需要试车时，应由合格人员驾驶，车上不得载人、载物，当需在道路上试车时，应挂交通管理部门颁发的试车牌照。

第四章 防火防爆安全技术

第一节 火灾爆炸事故机理

一、燃烧与火灾

（一）燃烧和火灾的定义、条件

1．燃烧的定义

燃烧是物质与氧化剂之间的放热反应，它通常同时释放出火焰或可见光。

2．火灾定义

《消防基本术语：第一部分》（GB 5907—1986）将火灾定义为：在时间和空间上失去控制的燃烧所造成的灾害。以下情况也列入火灾的统计范围：

（1）民用爆炸物品引起的火灾。

（2）易燃或可燃液体、可燃气体、蒸气、粉尘以及其他化学易燃易爆物品爆炸和爆炸引起的火灾（地下矿井部分发生的爆炸，不列入火灾统计范围）。

（3）破坏性试验中引起非实验体燃烧的事故。

（4）机电设备因内部故障导致外部明火燃烧需要组织扑灭的事故，火灾引起其他物件燃烧的事故。

（5）车辆、船舶、飞机以及其他交通工具发生的燃烧事故，火灾由此引起的其他物件燃烧的事故（飞机因飞行事故而导致本身燃烧的除外）。

3．燃烧和火灾发生的必要条件

同时具备氧化剂、可燃物、点火源，即火的三要素。这三个要素中缺少任何一个，燃烧都不能发生或持续。获得三要素是燃烧的必要条件。在火灾防治中，阻断三要素的任何一个要素就可以扑灭火灾。

（二）燃烧和火灾过程和形式

1．燃烧过程

可燃物质的聚集状态不同，其受热后所发生的燃烧过程也不同。除结构简单的可燃气体（如氢气）外，大多数可燃物质的燃烧并非是物质本身在燃烧，而是物质受热分解出的气体或液体蒸气在气相中的燃烧。

由可燃物质燃烧过程可以看出，可燃气体最容易燃烧，其燃烧所需要的热量只用于本身的氧化分解，并使其达到自燃点而燃烧。可燃液体首先蒸发成蒸气，其蒸气进行氧化分解后达到自燃点而燃烧。在固体燃烧中，如果是简单物质硫、磷等，受热后首先熔化，蒸发成蒸气进行燃烧，没有分解过程；如果是复杂物质，在受热时首先分解为气态或液态产物，其气态和液态产物的蒸气进行氧化分解着火燃烧。有的可燃固体如焦炭等，不能分解为气态物质，在燃烧时则呈炽热状态，没有火焰产生。

可燃物质的燃烧过程包括许多吸热、放热的化学过程和传热的物理过程。在燃烧发生的整个过程中，热量通过热传导、热辐射和热对流三种方式进行传播。在凝聚相中，主要是吸热过程，而在气相燃烧中则是放热过程。大多数情况下，凝聚相中发生的过程是靠气相燃烧放出的热量来实现的，在所有反应区域内，若放热量大于吸热量，燃烧则持续进行，反之燃烧则中断。

可燃物质燃烧过程中，温度变化是很复杂的。最初一段时间，加热的大部分热量用于对燃烧物质的熔化、蒸发或分解，可燃物质的温度上升缓慢。当温度达到氧化开始温度时，可燃物质开始进行氧化反应。此时由于温度尚低，氧化反应速度不快，氧化所产生的热量还不足以抵消系统向外界的散热，此时停止加热，可燃物质温度会降低，不会发生燃烧。继续加热，温度的上升则很快，到氧化产生的热量和系统向外界散失的热量相等，温度再稍升高一点，则打破了这种平衡状态，这时即使停止加热，可燃物质温度亦会自行升高，达到某个温度，就会出现火焰并燃烧起来。因此，这个温度可视为可燃物质理论上的自燃点，是开始出现火焰的温度，即通常实际测得的自燃点。

2. 燃烧形式

气态可燃物通常为扩散燃烧，即可燃物和氧气边混合边燃烧；液态可燃物（包括受热后先液化后燃烧的固态可燃物）通常先蒸发为可燃蒸气，可燃蒸气与氧化剂发生燃烧；固态可燃物先是通过热解等过程产生可燃气体，可燃气体与氧化剂再发生燃烧。

根据可燃物质的聚集状态不同，燃烧可分为以下 4 种形式：

(1) 扩散燃烧。可燃气体（氢、甲烷、乙炔以及苯、酒精、汽油蒸气等）从管道、容器的裂缝流向空气时，可燃气体分子与空气分子互相扩散、混合，混合浓度达到爆炸极限范围内的可燃气体遇到火源即着火并能形成稳定火焰的燃烧，称为扩散燃烧。

(2) 混合燃烧。可燃气体和助燃气体在管道、容器和空间扩散混合，混合气体的浓度在爆炸范围内，遇到火源即发生燃烧，混合燃烧是在混合气体分布的空间快速进行的，称为混合燃烧。煤气、液化石油气泄漏后遇到明火发生的燃烧爆炸即是混合燃烧，失去控制的混合燃烧往往能造成重大的经济损失和人员伤亡。

(3) 蒸发燃烧。可燃液体在火源和热源的作用下，蒸发出的蒸气发生氧化分解而进行的燃烧，称为蒸发燃烧。

(4) 分解燃烧。可燃物质在燃烧过程中首先遇热分解出可燃性气体，分解出的可燃性气体再与氧进行的燃烧，称为分解燃烧。

(三) 火灾的分类

1.《火灾分类》(GB/T 4968—2008) 按物质的燃烧特性将火灾分为 6 类：

A 类火灾：指固体物质火灾，这种物质通常具有有机物质，一般在燃烧时能产生灼热灰烬，如木材、棉、毛、麻、纸张火灾等；

B 类火灾：指液体火灾和可熔化的固体物质火灾，如汽油、煤油、柴油、原油、甲醇、乙醇、沥青、石蜡火灾等；

C 类火灾：指气体火灾，如煤气、天然气、甲烷、乙烷、丙烷、氢气火灾等；

D 类火灾：指金属火灾，如钾、钠、镁，钦、锆、锉、铝镁合金火灾等；

E 类火灾：指带电火灾，是物体带电燃烧的火灾，如发电机、电缆、家用电器等；

F 类火灾：指烹饪器具内烹饪物火灾，如动植物油脂等。

2. 按照一次火灾事故造成的人员伤亡、受灾户数和财产直接损失金额，火灾划分为 3 类：

（1）具有以下情况之一的为特大火灾：死亡 10 人以上（含本数，下同）；重伤 20 人以上；死亡、重伤 20 人以上；受灾户数 50 户以上；烧毁财物损失 100 万元以上。

（2）具有以下情况之一的为重大火灾：死亡 3 人以上；重伤 10 人以上；死亡、重伤 10 人以上；受灾户 30 户以上；烧毁财产损失 30 万元以上。

（3）不具有前两项情形的燃烧事故，为一般火灾。

（四）火灾基本概念及参数

1. 闪燃

可燃物表面或可燃液体上方在很短时间内重复出现火焰一闪即灭的现象。闪燃往往是持续燃烧的先兆。

2. 阴燃

没有火焰和可见光的燃烧。

3. 爆燃

伴随爆炸的燃烧波，以亚音速传播。

4. 自燃

是指可燃物在空气中没有外来火源的作用下，靠自热或外热而发生燃烧的现象。根据热源的不同，物质自燃分为自热自燃和受热自燃两种。

5. 闪点

在规定条件下，材料或制品加热到释放出的气体瞬间着火并出现火焰的最低温度。闪点是衡量物质火灾危险性的重要参数。一般情况下闪点越低，火灾危险性越大。

6. 燃点

在规定的条件下，可燃物质产生自燃的最低温度。燃点对可燃固体和闪点较高的液体具有重要意义，在控制燃烧时，需将可燃物的温度降至其燃点以下。一般情况下燃点越低，火灾危险性越大。

7. 自燃点

在规定条件下，不用任何辅助引燃能源而达到引燃的最低温度。液体和固体可燃物受热分解并析出来的可燃气体挥发物越多，其自燃点越低。固体可燃物粉碎得越细，其自燃点越低。一般情况下，密度越大，闪点越高而自燃点越低。比如，下列油品的密度：汽油＜煤油＜轻柴油＜重柴油＜蜡油＜渣油，而其闪点依次升高，自燃点则依次降低。

8. 引燃能、最小点火能

引燃能是指释放能够触发初始燃烧化学反应的能量，也叫最小点火能，影响其反应发生的因素包括温度、释放的能量、热量和加热时间。

9. 着火延滞期（诱导期）

对着火延滞期时间一般有下列 2 种描述：着火延滞期时间指可燃性物质和助燃气体的混合物在高温下从开始暴露到起火的时间；混合气着火前自动加热的时间称为诱导期，在燃烧过程中又称为着火延滞期或着火落后期，单位用 ms 表示。

（五）典型火灾的发展规律

通过对大量的火灾事故的研究分析得出，典型火灾事故的发展分为初起期、发展期、最盛期、减弱期和熄灭期。初起期是火灾开始发生的阶段，这一阶段可燃物的热解过程至关重要，主要特征是冒烟、阴燃；发展期是火势由小到大发展的阶段，一般采用 T 平方特征火灾模型来简化描述该阶段非稳态火灾热释放速率随时间的变化，即假定火灾热释放速率与时间的平方成正比，轰燃就发生在这一阶段；最盛期的火灾燃烧方式是通风控制火灾，火势的大小由建筑物的通风情况决定；熄灭期是火灾由最盛期开始消减直至熄灭的阶段，熄灭的原因可以是燃料不足、灭火系统的作用等。由于建筑物内可燃物、通风等条件的不同，建筑火灾有可能达不到最盛期，而是缓慢发展后就熄灭了。典型的火灾发展过程如图 4—1 所示。

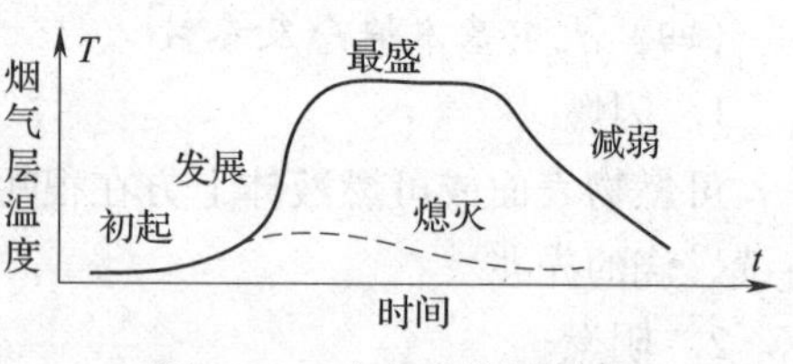

图 4—1　火灾的发展过程

（六）燃烧机理

燃烧作为一种化学反应，对反应物的组分浓度、引燃能的大小及反应的温度和压力均有一定的要求。在这些情况下，若可燃物没有达到一定浓度，或氧化剂的量不足，或引燃能不够大，燃烧反应也不会发生。例如，氢气在空气中的浓度低于 4% 时便不能点燃，当空气中氧气含量低于 14% 时常见可燃物不会燃烧，而一根火柴的能量不足以点燃大煤块。

实际上，当可燃物和氧化剂开始发生燃烧后，为了使化学反应能够持续下去，反应区内还必须能够不断生成活性基团。因为可燃物与氧化剂之间的反应不是直接发生的，而是经过生成活性基团和原子等中间物质，通过链反应进行。如果除去活性基团，链反应中断，连续的燃烧也会停止。

1. 活化能理论

物质分子间发生化学反应。首要的条件是相互碰撞。在标准状态下，单位时间、单位体积内气体分子相互碰撞约 10^{28} 次。但相互碰撞的分子不一定发生反应，而只有少数具有一定能量的分子相互碰撞才会发生反应，这种分子称为活化分子。活化分子所具有的能量要比普通分子高，这一能量超出值可使分子活化并参加反应。使普通分子变为活化分子所必需的能量称为活化能。

气体分子总是按直线轨迹不断地运动，其运动速度取决于温度；温度越高，气体分子运动越快，反之，温度越低，气体分子运动也越慢。在任一气流中，都有大量的气体分子，当它们进行无规律运动时，许多分子会互相碰撞、弹开和改变方向，随着气体温度和能级的提高，这些碰撞会变得更加频繁和剧烈。

2. 过氧化物理论

气体分子在各种能量（例如热能、辐射能、电能、化学反应能等）作用下可被活化。在燃烧反应中，首先是氧分子在热能作用下活化，被活化的氧分子形成过氧键 $-O-O-$，这种基团加在被氧化物的分子上成为过氧化物。此种过氧化物是强氧化剂，不仅能氧化形成过氧化物的物质，而且也能氧化其他较难氧化的物质。例如在氢和氧的反应中，先生成过氧化氢，而后过氧化氢再与氢反应生成 H_2O，其反应式如下：

$$H_2 + O_2 = H_2O_2$$

$$H_2O_2 + H_2 = 2H_2O$$

有机过氧化物，通常可看作是过氧化氢 H—O—O—H 的衍生物，即其中有一个或两个氢原子被烷基所取代而生成 R—O—O—H。所以过氧化物是可燃物质被氧化的最初产物，是不稳定的化合物，能在受热、撞击、摩擦等情况分解甚至引起燃烧或爆炸。如蒸馏乙醚的残渣中，常由于形成过氧化醚（C_2H_5—O—O—C_2H_5）而引起自燃或爆炸。

烃类氧化时是以破坏氧的一个键而不是破坏氧的两个键而进行的，因为要同时破坏两个氧的键需 489kJ 的能量，而破坏一个键只需要 293 ~ 334kJ 的能量。因此，烃类氧化首先生成的是烃的过氧化物或过氧化物自由基 R—O—O—，而过氧化物也会分解为自由基。随着自由基的产生，反应具有链反应性质，因而可以自动延续并且由于出现分支而自动加速。整个燃烧前的氧化过程是一连串有自由基参加的链反应。

3. 链反应理论

根据上述原理，一个活化分子（基）只能与一个分子起作用。但为什么在知道氯化氢的反应过程中，引入一个光子能生成十万个氯化氢分子呢？这就是由于连锁反应（链反应）的结果。链式反应理论也称连锁反应理论。该理论认为：气态分子之间的作用，不是两个分子直接作用生成最后产物，而是活性分子先离解成自由基（游离基），然后自由基与另一分子作用产生一个新的自由基，新基又与分子反应生成另一新基……如此延续下去形成一系列的反应，直至反应物耗尽或因某种因素使链中断而造成反应终止。

链反应通常分直链反应与支链反应两种。直链反应的基本特点是：每个自由基与其他分子反应后只生成一个新自由基。氯与氢的反应就是典型的直链反应，其主要反应式如下：

$Cl_2 + hr$（光量子）$\rightarrow 2Cl\cdot$　　链的引发

$Cl\cdot + H_2 \rightarrow HCl + H\cdot$　　链的发展

$H\cdot + Cl_2 \rightarrow HCl + Cl\cdot$　　链的传递

$Cl\cdot + H_2 \rightarrow HCl + H\cdot$

$H\cdot + Cl_2 \rightarrow HCl + Cl\cdot$

依次类推

$Cl\cdot + Cl\cdot = Cl_2$

$H\cdot + H\cdot = H_2$

支链反应是指在反应中一个游离基能生成一个以上的新的游离基，如氢和氧的连锁反应属于此类反应，其反应历程为：

$$H_2 + O_2 = 2OH\cdot$$

$$OH\cdot + H_2 = H_2O + H\cdot$$

链式反应一般可以分为链的引发，链的发展（含链的传递）及链的终止三个阶段。

（1）引发阶段，需有外界能量（如本例中的光子，其他加热、催化、射线照射等）

使分子键破坏生成第一批自由基，使链反应开始。

（2）发展阶段，自由基很不稳定，易与反应物分子作用生成燃烧产物分子和新的自由基，使链式反应得以持续下去。

（3）终止阶段，自由基减少、消失，使链反应终止。造成自由基消失的原因有：自由基相互碰撞生成分子；自由基撞击器壁将能量散失或被吸附等。在压力较高时，以前者为主；压力较低时，则以后者为主。

二、爆炸

（一）爆炸及其分类

广义地讲，爆炸是物质系统的一种极为迅速的物理的或化学的能量释放或转化过程，是系统蕴藏的或瞬间形成的大量能量在有限的体积和极短的时间内，骤然释放或转化的现象。在这种释放和转化的过程中，系统的能量将转化为机械功以及光和热的辐射等。

一般说来，爆炸现象具有以下特征：

·爆炸过程高速进行；

·爆炸点附近压力急剧升高，多数爆炸伴有温度升高；

·发出或大或小的响声；

·周围介质发生震动或邻近的物质遭到破坏。

爆炸最主要的特征是爆炸点及其周围压力急剧升高。

爆炸可以由不同的原因引起，但不管是何种原因引起的爆炸，归根结底必须有一定的能量。按照能量的来源，爆炸可分为三类：物理爆炸、化学爆炸和核爆炸。

按照爆炸反应相的不同，爆炸可分为以下3类。

1. 气相爆炸

包括可燃性气体和助燃性气体混合物的爆炸；气体的分解爆炸；液体被喷成雾状物在剧烈燃烧时引起的爆炸，称喷雾爆炸；飞扬悬浮于空气中的可燃粉尘引起的爆炸等。气相爆炸的分类见表4—1。

表4—1　　气相爆炸类别

类别	爆炸机理	举例
混合气体爆炸	可燃性气体和助燃气体以适当的浓度混合，由于燃烧波或爆炸的传播而引起的爆炸	空气和氢气、丙烷、乙醚等混合气的爆炸
气体的分解爆炸	单一气体由于分解反应产生大量的反应热引起的爆炸	乙炔、乙烯、氯乙烯等在分解时引起的爆炸
粉尘爆炸	空气中飞散的易燃性粉尘，由于剧烈燃烧引起的爆炸	空气中飞散的铝粉、镁粉、亚麻、玉米淀粉等引起的爆炸
喷雾爆炸	空气中易燃液体被喷成雾状物，在剧烈的燃烧时引起的爆炸	油压机喷出的油雾、喷漆作业引起的爆炸

2．液相爆炸

包括聚合爆炸、蒸发爆炸以及由不同液体混合所引起的爆炸。例如硝酸和油脂，液氧和煤粉等混合时引起的爆炸；熔融的矿渣与水接触或钢水包与水接触时，由于过热发生快速蒸发引起的蒸汽爆炸等。液相爆炸举例见表4—2。

3．固相爆炸

包括爆炸性化合物及其他爆炸性物质的爆炸（如乙炔铜的爆炸）；导线因电流过载，由于过热，金属迅速气化而引起的爆炸等。固相爆炸举例见表4—2。

表4—2　　液相、固相爆炸类别

类别	爆炸机理	举例
混合危险物质的爆炸	氧化性物质与还原性物质或其他物质混合引起爆炸	硝酸和油脂、液氧和煤粉、高锰酸钾和浓酸、无水顺丁烯二酸和烧碱等混合时引起的爆炸
易爆化合物的爆炸	有机过氧化物、硝基化合物、硝酸酯等燃烧引起爆炸和某些化合物的分解反应引起爆炸	丁酮过氧化物、三硝基甲苯、硝基甘油等的爆炸；偶氧化铅、乙炔铜的爆炸
导线爆炸	在有过载电流流动时，使导线过热，金属迅速气化而引起爆炸	导线因电流过载而引起的爆炸
蒸气爆炸	由于过热，发生快速蒸发而引起爆炸	熔融的矿渣与水接触，钢水与水混合产生蒸气爆炸
固相转化时造成的爆炸	固相相互转化时放出热量，造成空气急速膨胀而引起爆炸	无定形锑转化成结晶锑时，由于放热而造成爆炸

爆炸过程表现为两个阶段：在第一阶段中，物质的（或系统的）潜在能以一定的方式转化为强烈的压缩能；第二阶段，压缩物质急剧膨胀，对外做功，从而引起周围介质的变化和破坏。不管由何种能源引起的爆炸，它们都同时具备两个特征，即能源具有极大的密度和极大的能量释放速度。

（二）爆炸破坏作用

1．冲击波

爆炸形成的高温、高压、高能量密度的气体产物，以极高的速度向周围膨胀，强烈压缩周围的静止空气，使其压力、密度和温度突跃升高，像活塞运动一样推向前进，产生波状气压向四周扩散冲击。这种冲击波能造成附近建筑物的破坏，其破坏程度与冲击波能量的大小有关，与建筑物的坚固程度及其与产生冲击波的中心距离有关。

2．碎片冲击

爆炸的机械破坏效应会使容器、设备、装置以及建筑材料等的碎片，在相当大的范围内飞散而造成伤害。碎片的四处飞散距离一般可达数十道到数百米。

3．震荡作用

爆炸发生时，特别是较猛烈的爆炸往往会引起短暂的地震波。例如，某市的亚麻发生麻尘爆炸时，有连续三次爆炸，结果在该市地震局的地震检测仪上，记录了在7 s之内的曲线上出现有三次高峰。在爆炸波及的范围内，这种地震波会造成建筑物的震荡、开裂、松散倒塌等危害。

4. 次生事故

发生爆炸时，如果车间、库房（如制氢车间、汽油库或其他建筑物）里存放有可燃物，会造成火灾；高空作业人员受冲击波或震荡作用，会造成高处坠落事故；粉尘作业场所轻微的爆炸冲击波会使积存在地面上的粉尘扬起，造成更大范围的二次爆炸等。

（三）可燃气体爆炸

1. 分解爆炸性气体爆炸

某些气体如乙炔、乙烯、环氧乙烷等，即使在没有氧气的条件下，也能被点燃爆炸，其实质是一种分解爆炸。除上述气体外，分解爆炸性气体还有臭氧、联氨、丙二烯、甲基乙炔、乙烯基乙炔、一氧化氮、二氧化氮、氰化氢、四氟乙烯等。

分解爆炸性气体在温度和压力的作用下发生分解反应时，可产生相当数量的分解热，这为爆炸提供了能量。一般说来，分解热在 80 $kJ \cdot mol^{-1}$ 以上的气体，在一定条件（温度和压力）下遇火源即会发生爆炸。分解热是引起气体爆炸的内因，一定的温度和压力则是外因。

以乙炔为例，当乙炔受热或受压时，容易发生聚合、加成、取代或爆炸性分解等反应。当温度达到 200 ~ 300℃时，乙炔分子开始发生聚合反应，形成较为复杂的化合物（如苯）并放出热量，参见下式。

$$3C_2H_2 = C_6H_6 + 630\ J \cdot mol^{-1}$$

放出的热量使乙炔温度升高，又加速了聚合反应，放出更多的热量……如此循环下去，当温度达到700℃时，未聚合的乙炔就会发生爆炸性分解，碳与氢元素化合为乙炔时需要吸收大量热量，当乙炔分解时则放出这部分热量，分解时生成细微固体碳及氢气，参见下式。

$$C_2H_2 = 2C + H_2 + 226.04\ J \cdot mol^{-1}$$

如果乙炔分解是在密闭容器（如乙炔储罐、乙炔发生器或乙炔瓶等）内发生的，则由于温度的升高，使压力急剧增大 10 ~ 13 倍而引起爆炸。由此可知，如果在此过程中能设法及时导出大量的热，则可避免分解爆炸的发生。

乙炔是常见的分解爆炸气体，因火焰、火花引起分解爆炸情况较多，也有因开关阀门所伴随的绝热压缩产生热量或其他情况下发火爆炸的案例。当乙炔压力较高时，应加入氮气等惰性气体加以稀释。此外。乙炔易与铜、银、汞等重金属反应生成爆炸性的乙炔盐，这些乙炔盐只需轻微的撞击便能发生爆炸而使乙炔着火。如某化工厂一个乙炔发生器出气接头损坏后，焊工用紫铜做成接头使用。一次因出气孔被堵塞，工人用铁丝去捅，捅时发生爆炸，该工人当场被炸死。经调查确认事故原因是由于铁丝与接头出气孔内壁的乙炔铜相互摩擦，引起乙炔铜分解爆炸。所以为防止乙炔分解爆炸，安全规程中规定：不能用含铜量超过70%的铜合金制造盛乙炔的容器；在用乙炔焊接时，不能使用含银焊条。

分解爆炸的敏感性与压力有关。分解爆炸所需的能量，随压力升高而降低。在高压下较小的点火能量就能引起分解爆炸，而压力较低时则需要较高的点火能量才能引起分解爆炸，当压力低于某值时，就不再产生分解爆炸，此压力值称为分解爆炸的极限压力（临界压力）。

乙烯分解爆炸所需的发火能比乙炔的要大，所以低压下未曾发生过事故，但用高压法工艺制造聚乙烯时。由于压力高达 200MPa 以上，分解爆炸事故却屡有发生。

环氧乙烷分解爆炸的临界压力为 40kPa，所以对环氧乙烷的生产与储运都要严加小心。

2．可燃性混合气体爆炸

一般说来，可燃性混合气体与爆炸性混合气体难以严格区分。由于条件不同，有时发生燃烧；有时发生爆炸，在一定条件下两者也可能转化。

燃烧与化学爆炸的区别在于燃烧反应（氧化反应）的速度不同。那么决定反应速度的条件是什么呢？

燃烧反应过程一般可以分为三个阶段：

（1）扩散阶段。可燃气分子和氧气分子分别从释放源通过扩散达到相互接触。所需时间称为扩散时间；

（2）感应阶段。可燃气分子和氧化分子接受点火源能量，离解成自由基或活性分子。所需时间称为感应时间；

（3）化学反应阶段自由基与反应物分子相互作用。生成新的分子和新的自由基，完成燃烧反应。所需时间称为化学反应时间。

三段时间相比，扩散阶段时间远远大于其余两阶段时间，因此是否需要经历扩散过程，就成了决定可燃气体燃烧或爆炸的主要条件。

例如：煤气由管道喷出后在空气中燃烧，是典型的扩散燃烧。如图 4—2 所示。火焰的明亮层是扩散区，火焰中心发暗的锥形空间叫燃料锥。空气中的氧分子由火焰外围空间向内扩散，煤气分子由燃料锥向外扩散，煤气分子与氧分子在扩散区相遇，完成化学反应。由于化学反应速度比扩散速度快得多，没有多余的氧气分子窜入燃料管道口内，煤气分子也不能逃出扩散区而散到外部空间，所以火焰只能在管道口附近平稳燃烧。这时火焰传播速度较低，一般不到 $0.5\ m \cdot s^{-1}$。

如果煤气和空气一定比例混合均匀，那么燃烧反应的扩散阶段在点燃前已经完成，此时整个空间充满了预混气，一遇火源，整个空间立即燃烧起来，由于反应速度很快，热量来不及散失，温度急剧上升，气体因高热而急剧膨胀，即形成爆炸。

如图 4—3 所示。爆炸时火焰传播速度每秒可达几十至几百米。

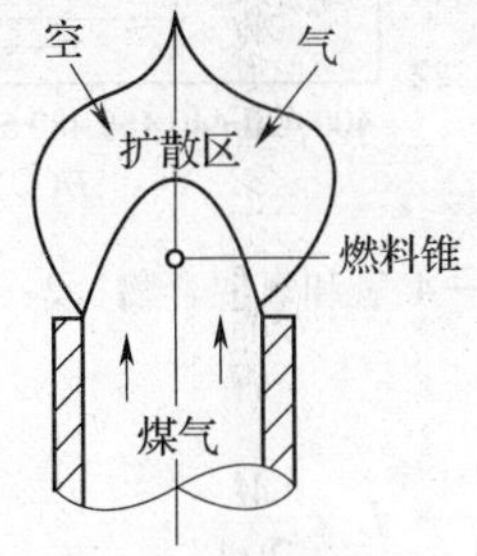

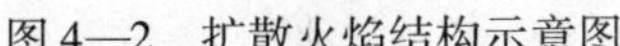

图 4—2　扩散火焰结构示意图

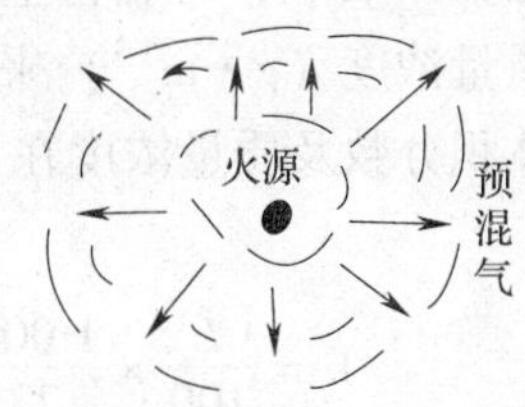

图 4—3　预混合气体爆炸示意图

在工业生产及日常生产中，很多爆炸事故都是由可燃气体与空气形成爆炸性混合物引起的。如可燃气体从工艺装置、设备管线泄漏到空气中；或空气渗入存有可燃气体的设备管线中，都会形成爆炸性混合物，遇到点火源就会发生爆炸事故。这类爆炸事故应当作为预防工作的重点。

3．爆炸反应历程

许多可燃混合气的爆炸可以用热着火机理解释，燃烧和爆炸都是可燃物与氧化剂之间的化学反应，当系统的温度升高到一定程度时，反应的速率将迅速加快，于是便引发了燃烧或爆炸。不过有一些爆炸现在用热着火理论是无法解释的，而根据着火的链式反应理论则可以给出合理的说明。至于什么情况下发生热反应，什么情况下发生链式反应，需根据具体情况而定，甚至同一爆炸性混合物在不同条件下有时也会有所不同。图2—3表示的是氢和氧按完全反应的浓度（$2H_2+O_2$）组成的混合气发生爆炸的温度和压力区间。从图中可以看出，当压力很低且温度不高时（如在温度500℃和压力不超过200 Pa时），由于游离基很容易扩散到器壁上销毁，此时连锁中断速度超过支链产生速度，因而反应进行较慢，混合物不会发生爆炸；当温度为500 ℃，压力升高到200 Pa和6666 Pa之间时（如图中的a和b点之间），由于产生支链速度大于销毁速度，链反应很猛烈，就会发生爆炸；当压力继续提高，超过b点（大于6666 Pa）以后，由于混合物内分子的浓度增高，容易发生链中断反应，致使游离基销毁速度又超过链产生速度，链反应速度趋于缓和，混合物又不会发生爆炸了。

图4—4中a和b点时的压力，即200 Pa和6666 Pa，分别是混合物在500℃时的爆炸低限和爆炸高限。随着温度增加，爆炸极限会变宽。

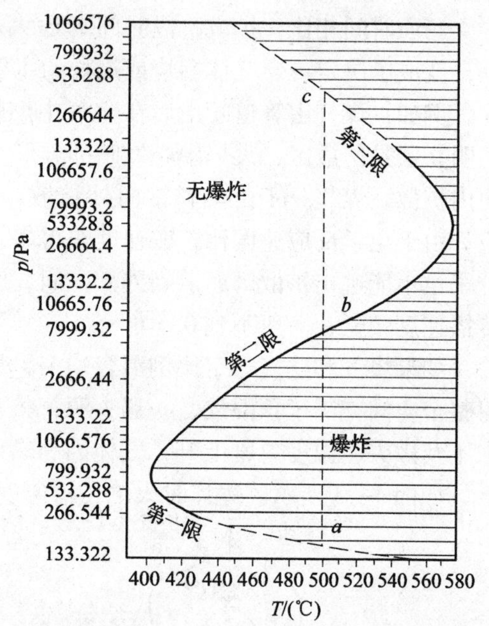

图4—4 氢和氧混合物（2：1）爆炸区间

（四）物质爆炸浓度极限

1．爆炸极限的基本理论及其影响因素

爆炸极限是表征可燃气体、蒸气和可燃粉尘危险性的主要指标之一。当可燃性气体、蒸气或可燃粉尘与空气（或氧）在一定浓度范围内均匀混合，遇到火源发生爆炸的浓度范围称为爆炸浓度极限，简称爆炸极限。

将这一浓度范围的混合气体（或粉尘）称作爆炸性混合气体（或粉尘）。可燃性气体、蒸气的爆炸极限一般用可燃气体或蒸气在混合气体中所占体积分数来表示；可燃粉尘的爆炸极限用混合物的质量浓度（$g\cdot m^{-3}$）来表示。

可燃气体的体积分数及质量浓度在20℃时的换算公式如下：

$$Y=\frac{L}{100}\times\frac{1\,000\,M}{22.4}\times\frac{273}{273+20}=L\times\frac{M}{2.4} \tag{4—1}$$

式中 L——体积分数；

Y——质量浓度，$g\cdot m^{-3}$；

M——可燃性气体或蒸气的相对分子质量；

22.4——标准状态下（0℃，1 atm）1 mol物质气化时的体积。

能够爆炸的最低浓度称作爆炸下限；能发生爆炸的最高浓度称作爆炸上限。用爆炸上

限、下限之差与爆炸下限浓度之比值表示其危险度 H，即

$$H = (L_{上} - L_{下})/L_{下} \text{ 或 } H = (Y_{上} - Y_{下})/Y_{下} \tag{4—2}$$

一般情况下，H 值越大，表示可燃性混合物的爆炸极限范围越宽，其爆炸危险性越大。

可燃性气体、蒸气或粉尘在爆炸极限范围内遇到引燃源，火焰瞬间传播于整个混合气体（或混合粉尘）空间，化学反应速度极快，同时释放大量的热，生成很多气体，气体受热膨胀，形成很高的温度和很大的压力，具有很强的破坏力。

可燃性气体、蒸气或粉尘爆炸极限的概念可以用热爆炸理论来解释。当可燃性气体、蒸气或粉尘的浓度小于爆炸下限时，由于在混合物中含有过量的空气，过量空气的冷却作用及可燃物浓度的不足，导致系统得热小于失热，反应不能延续下去；同样，当可燃性气体（或粉尘）的浓度大于爆炸上限时，则会有过量的可燃物，过量的可燃物不仅因缺氧而不能参与反应、放出热量，反而起冷却作用，阻止了火焰的蔓延。当然，也还有爆炸上限达100%的可燃气体、蒸气（如环氧乙烷、硝化甘油等）和可燃性粉尘（如火炸药粉尘）。这类物质在分解时会自身供氧，使反应持续进行下去。随着气体压力和温度的升高，越容易引起分解爆炸。

爆炸极限值不是一个物理常数，它随条件的变化而变化。在判断某工艺条件下的爆炸危险性时，需根据危险物品所处的条件来考虑其爆炸极限，如在火药、起爆药、炸药烘干工房内可燃蒸气的爆炸极限与其他工房在正常温度下的极限是不一样的，在受压容器和在正常压力下的爆炸极限亦有所不同；其他因素如点火源的能量，容器的形状、大小，火焰的传播方向，惰性气体与杂质的含量等均对爆炸极限有影响。

（1）温度的影响。混合爆炸气体的初始温度越高，爆炸极限范围越宽，则爆炸下限越低，上限越高，爆炸危险性增加。这是因为，在温度增高的情况下，活化分子增加，分子和原子的动能也增加，使活化分子具有更大的冲击能量，爆炸反应容易进行，使原来含有过量空气（低于爆炸下限）或可燃物（高于爆炸上限）而不能使火焰蔓延的混合物浓度变成可以使火焰蔓延的浓度，从而扩大了爆炸极限范围。丙酮的爆炸极限受温度影响的情况见表4—3。

表4—3　　丙酮爆炸极限受温度的影响

混合物温度/℃	爆炸下限/%	爆炸上限/%
0	4.2	8.0
50	4.0	9.8
100	3.2	10.0

（2）压力的影响。混合气体的初始压力对爆炸极限的影响较复杂。在0.1～2.0 MPa的压力下，对爆炸下限影响不大，对爆炸上限影响较大；当压力大于2.0 MPa时，爆炸下限变小，爆炸上限变大，爆炸范围扩大。一般而言，初始压力增大，气体爆炸极限也变大，爆炸危险性增加。这是因为，在高压下混合气体的分子浓度增大，反应速度加快，放热量增加，且在高气压下，气体分子间热传导性好，热损失小，有利于可燃气体的燃烧或爆炸。甲烷混合气初始压力对爆炸极限的影响见表4—4。

表 4—4　　甲烷混合气初始压力对爆炸极限的影响

初始压力/MPa	爆炸下限/%	爆炸上限/%
0.1	5.6	14.3
1	5.9	17.2
5	5.4	29.4
12.5	5.7	45.7

值得重视的是，当混合物的初始压力减小时，爆炸极限范围缩小；当压力降到某一数值时，则会出现下限与上限重合，这就意味着初始压力再降低时，不会使混合气体爆炸。把爆炸极限范围缩小为零的压力称为爆炸的临界压力。甲烷在 3 个不同的初始温度下，爆炸极限随压力下降而缩小的情况如图 4—5 所示。因此，密闭设备进行减压操作对安全是有利的。

（3）惰性介质的影响。在混合气体中加入惰性气体（如氮、二氧化碳、水蒸气、氩、氦等），随着惰性气体含量的增加，爆炸极限范围缩小。当惰性气体的浓度增加到某一数值时，爆炸上下限趋于一致，使混合气体不发生爆炸。这是因为，加入惰性气体后，使可燃气体的分子和氧分子隔离，它们之间形成一层不燃烧的屏障，而当氧分子冲击惰性气体时，活化分子失去活化能，使反应键中断。若在某处已经着火，则放出热量被惰性气体吸收，火焰不能蔓延到可燃气分子上去，可起到抑制作用。惰性气体氩、氦，阻燃性气体二氧化碳及水蒸气、四氯化碳的浓度对甲烷气体爆炸极限的影响如图 4—6 所示。

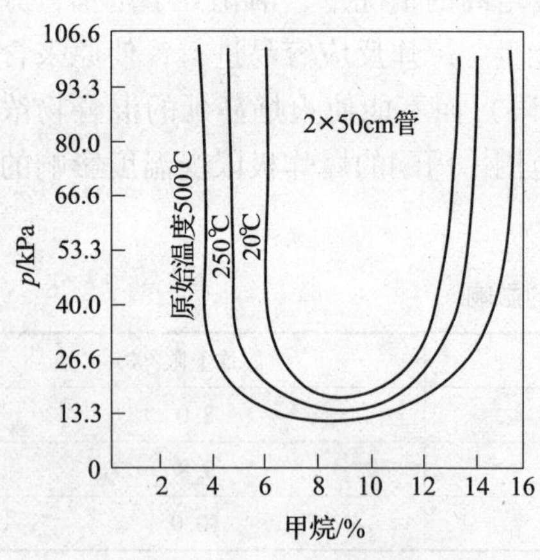

图 4—5　甲烷在减压下的爆炸极限

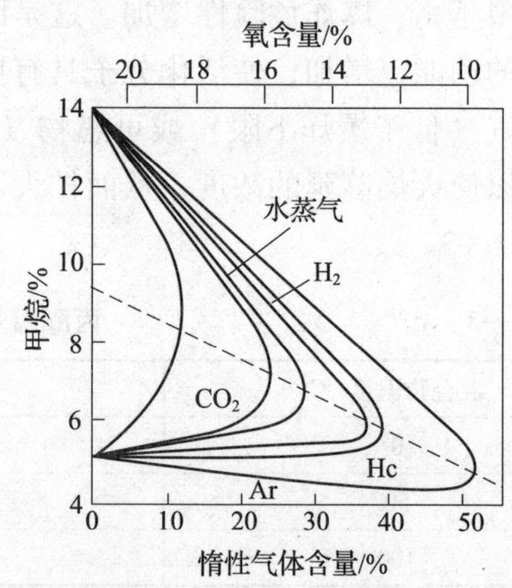

图 4—6　惰性气体浓度对甲烷爆炸极限的影响

图 4—6 可知，混合气体中惰性气体浓度的增加，使空气的浓度相对减少，在爆炸上限时，可燃气体浓度大，空气浓度小，混合气中氧浓度相对减少，故惰性气体更容易把氧分子和可燃气体分子隔开，对爆炸上限产生较大的影响，使爆炸上限迅速下降。同理，混合气体中氧含量的增加，爆炸极限扩大，尤其对爆炸上限提高得更多。可燃气体在空气中和纯氧中的爆炸极限比较见表 4—5。

表 4—5　　可燃气体在空气和纯氧中的爆炸极限

物质名称	在空气中的爆炸极限	在纯氧中的爆炸极限
甲烷	4.9 ~ 15	5 ~ 61
乙烷	3 ~ 15	3 ~ 66
丙烷	2.1 ~ 9.5	2.3 ~ 55
丁烷	1.5 ~ 8.5	1.8 ~ 49
乙烯	2.75 ~ 34	3 ~ 80
乙炔	2.55 ~ 80	2.3 ~ 93
氢	4 ~ 75	4 ~ 95
氨	15 ~ 28	13.5 ~ 79
一氧化碳	12 ~ 74.5	15.5 ~ 94

（4）爆炸容器对爆炸极限的影响。爆炸容器的材料和尺寸对爆炸极限有影响。若容器材料的传热性好，管径越细，火焰在其中越难传播，爆炸极限范围变小。当容器直径或火焰通道小到某一数值时，火焰就不能传播下去。这一直径称为临界直径或最大灭火间距。如甲烷的临界直径为 0.4 ~ 0.5 mm，氢和乙炔为 0.1 ~ 0.2 mm。目前一般采用直径为 50 mm 的爆炸管或球形爆炸容器。

（5）点火源的影响。点火源的活化能量越大，加热面积越大，作用时间越长，爆炸极限范围也越大。图 4—7 是点火能量对甲烷、空气混合气体爆炸极限的影响。从图中可以看出，当火花能量达到某一数值时，爆炸极限范围受点火能量的影响较小。图 4—7 中，当点火能量为 10 J 时，其爆炸极限范围趋于稳定值。为 6% ~ 15%。所以，一般情况下，爆炸极限均在较高的点火能量下测得。如测甲烷与空气混合气体的爆炸极限时，用 10 J 以上的点火能量，其爆炸极限为 5% ~ 15%。

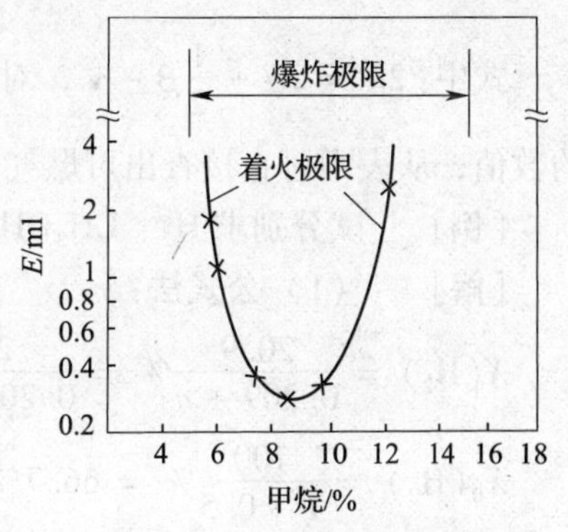

图 4—7　点火能量对甲烷爆炸极限的影响

2. 爆炸反应浓度、爆炸温度和压力的计算

（1）爆炸完全反应浓度计算。爆炸混合物中的可燃物和助燃物完全反应的浓度也就是理论上完全燃烧时在混合物中可燃物的含量，根据化学反应方程式可以计算可燃气体或蒸气的完全反应浓度。现举例如下：

［例］　求乙炔在氧气中完全反应的浓度。

［解］　写出乙炔在氧气中的燃烧反应式：

$$2C_2H_2 + 5O_2 = 4CO_2 + 2H_2O + Q$$

根据反应式得知，参加反应物质的总体积为 2 + 5 = 7。若以 7 这个总体积为 100 计，则 2 个体积的乙炔在总体积中占：

$$X_0 = \frac{2}{7} = 28.6\%$$

即乙炔在氧气中完全反应的浓度为28.6%。

可燃气体或蒸气的化学当量浓度，也可用以下方法计算。

可燃气体或蒸气分子式一般用 $C_\alpha H_\beta O_\gamma$ 表示，设燃烧 1 mol 气体所必需的氧的物质的量为 n，则燃烧反应式可写为：

$$C_\alpha H_\beta O_\gamma + nO_2 \longrightarrow \text{生成气体}$$

如果把空气中的氧气的浓度取为20.9%，则在空气中可燃气体完全反应的浓度 X（%）一般可用下式表示：

$$X = \frac{1}{1+\frac{n}{0.209}} = \frac{20.9}{0.209+n}\% \tag{4—3}$$

又设在氧气中可燃气体完全反应的浓度为 X_0（%），即：

$$X_0 = \frac{100}{1+n}\% \tag{4—4}$$

式（4—3）和（4—4）表示出 X 和 X_0 与 n 或 $2n$ 之间的关系（$2n$ 表示反应中氧的原子数）。

在完全燃烧的情况下，燃烧反应式为：

$$C_\alpha H_\beta O_\gamma + nO_2 \longrightarrow \alpha CO_2 + \frac{1}{2}\beta H_2O$$

式中：$2n = 2\alpha + \frac{1}{2}\beta - \gamma$，对于石蜡烃 $\beta = 2\alpha + 2$。因此 $2n = 3\alpha + 1 - \gamma$。根据 $2n$ 的数值，从表中可直接查出可燃气体或蒸气在空气（氧气）中完全反应的浓度。

[例]　试分别求 H_2、CH_3OH、C_3H_8、C_6H_6 在空气中和氧气中完全反应的浓度。

[解]　（1）公式法：

$$X(H_2) = \frac{20.9}{0.209+n}\% = \frac{20.9}{0.209+0.5}\% = 29.48\%$$

$$X_0(H_2) = \frac{100}{1+0.5}\% = 66.7\%$$

$$X(CH_3OH) = \frac{20.9}{0.209+n}\% = \frac{20.9}{0.209+1.5}\% = 12.23\%$$

$$X_0(CH_3OH) = \frac{100}{1+1.5}\% = 40\%$$

$$X(C_3H_8) = \frac{20.9}{0.209+n}\% = \frac{20.9}{0.209+5}\% = 4.01\%$$

$$X_0(C_3H_8) = \frac{100}{1+5}\% = 16.7\%$$

$$X(C_6H_6) = \frac{20.9}{0.209+n}\% = \frac{20.9}{0.209+7.5}\% = 2.71\%$$

$$X_0(C_6H_6) = \frac{100}{1+7.5}\% = 11.8\%$$

（2）查表法。根据可燃物分子式，用公式 $2n = 2\alpha + \frac{1}{2}\beta - \gamma$，求出其 $2n$ 值，由 $2n$ 数

值，直接从表4—6中分别查出它们在空气（氧气）中完全反应的浓度。

由公式 $2n = 2\alpha + \frac{1}{2}\beta - \gamma$，依分子式分别求出 $2n$ 值如下：

H_2　　$2n = 1$

CH_3OH　　$2n = 3$

C_3H_8　　$2n = 10$

C_6H_6　　$2n = 15$

由 $2n$ 值直接从表4—6中分别查出它们的 X 和 X_0 值；

$X(H_2) = 29.48\%$　　$X_0(H_2) = 66.7\%$

$X(CH_3OH) = 12.23\%$　　$X_0(CH_3OH) = 40\%$

$X(C_3H_8) = 4.01\%$　　$X_0(C_3H_8) = 16.7\%$

$X(C_6H_6) = 2.71\%$　　$X_0(C_6H_6) = 11.8\%$

表4—6　　可燃气体（蒸气）在空气（氧气）中完全反应的浓度

氧分子数	氧原子数 $2n$	完全反应的浓度（%）		可燃物举例
		在空气中 $X = \frac{20.9}{0.209 + n}$	在氧气中 $X_0 = \frac{100}{1 + n}$	
1	0.5	45.5	80.0	氢气、一氧化碳
	1.0	29.5	66.7	
	1.5	11.8	57.2	
	2.0	17.3	50.0	
2	2.5	14.3	44.5	甲醇、二硫化碳 甲烷、醋酸
	3.0	12.2	40.0	
	3.5	10.7	36.4	
	4.0	9.5	33.3	
3	4.5	8.5	30.8	乙炔、乙醛 乙烷、乙醇
	5.0	7.7	28.6	
	5.5	7.1	26.7	
	6.0	6.5	25.0	
4	6.5	6.1	23.5	氯乙烷 乙烷、甲酸乙酯 丙酮
	7.0	5.6	22.2	
	7.5	5.3	21.1	
	8.0	5.0	20.0	
5	8.5	4.7	19.0	丙烯、丙醇 丙烷、乙酸乙酯
	9.0	4.5	18.2	
	9.5	4.2	17.4	
	10.0	4.0	16.7	

续表

氧分子数	氧原子数 2n	完全反应的浓度（%）		可燃物举例
		在空气中 $X=\frac{20.9}{0.209+n}$	在氧气中 $X_0=\frac{100}{1+n}$	
6	10.5 11.0 11.5 12.0	3.82 3.72 3.50 3.36	16.0 15.4 14.8 14.3	丁酮 乙醚、丁烯、丁醇
7	12.5 13.0 13.5 14.0	3.23 3.10 3.00 2.89	13.8 13.3 12.9 12.5	丁烷、甲酸丁酯 二氯苯
8	14.5 15.0 15.5 16.0	2.80 2.70 2.62 2.54	12.12 11.76 11.42 11.10	溴苯、氯苯 苯、戊醇 戊烷、乙酸丁酯
9	16.5 17.0 17.5 18.0	2.47 2.39 2.33 2.26	10.81 10.52 10.26 10.0	苯甲醇、甲酚 环已烷、庚烷
10	18.5 19.0 19.5 20.0	2.20 2.15 2.10 2.05	9.76 9.52 9.30 9.09	甲苯胺已烷 丙酸丁酯 甲基环已醇

（2）爆炸温度计算

1）根据反应热计算爆炸温度，理论上的爆炸最高温度可根据反应热计算。

[例]　求乙醚与空气混合物的爆炸温度。

[解]（1）先列出乙醚在空气中燃烧的反应方程式：

$$C_4H_{10}O + 6O_2 + 22.6N_2 \longrightarrow 4CO_2 + 5H_2O + 22.6N_2$$

式中，氮的摩尔数是按空气中 N_2：O_2 = 79：21 的比例确定的，即 $6O_2$ 对应的 N_2 应为：

$$6 \times (79/21) = 22.6$$

由反应方程式可知，爆炸前的分子数为 29.6，爆炸后的 31.6。

（2）计算燃烧各产物的热容。气体平均摩尔定容热容计算式见表 4—7。

表4—7　　　　　　**气体平均摩尔定容热容计算式**

气体	热容/［4186.8J·(kmol·℃)$^{-1}$］
单原子气体（Ar、He、金属蒸气等）	4.93
双原子气体（N_2、O_2、H_2、CO、NO等）	4.80+0.000 45t
CO_2、SO_2	9.0+0.000 58t
H_2O、H_2S	4.0+0.002 15t
所有四原子气体（NH_3及其他）	10.00+0.000 45t
所有五原子气体（CH_4及其他）	12.00+0.000 45t

根据表中所列计算式，燃烧产物各组分的热容为：

N_2的摩尔定容热容［(4.80+0.000 45t)×4 186.8］J·(kmol·℃)$^{-1}$

H_2O的摩尔定容热容［(4.0+0.002 15t)×4 186.8］J·(kmol·℃)$^{-1}$

CO_2的摩尔定容热容［(9.0+0.000 58t)×4 186.8］J·(kmol·℃)$^{-1}$

燃烧产物的热容为：

［22.6(4.80+0.000 45t)×4 186.8］J·(kmol·℃)$^{-1}$=［(454+0.042 t)×10^3］J·(kmol·℃)$^{-1}$

［5(4.0+0.002 15t)×4 186.8］J·(kmol·℃)$^{-1}$=［(83.7+0.045 t)×10^3］J·(kmol·℃)$^{-1}$

［4(9.0+0.000 58t)×4 186.8］J·(kmol·℃)$^{-1}$=［(150.7+0.009 7 t)×10^3］J·(kmol·℃)$^{-1}$

燃烧产物的总热容为(688.4+0.096 7 t)×10^3J·(kmol·℃)$^{-1}$。这里的热容是定容热容，符合于密闭容器中的爆炸情况。

(3)求爆炸最高温度。先查得乙醚的燃烧热为2.7×10^6J·kmol^{-1}。

因为爆炸速度极快，是在近乎绝热情况下进行的，所以全部燃烧热可近似地看作用于提高燃烧产物的温度，也就是等于燃烧产物热容与温度的乘积，即

$$2.7\times10^9=[(688.4+0.096\,7\,t)\times10^3]\cdot t$$

解上式得爆炸最高温度t=2 826℃。

上面计算式将原始温度视为0℃。爆炸最高温度非常高，虽然与实际值有若干度的误差，但对计算结果的准确性无显著的影响。

2）根据燃烧反应方程式与气体的内能计算爆炸温度。

可燃气体或蒸气的爆炸温度可利用能量守恒定律估算，即根据爆炸后个生成物内能之和与爆炸前各种物质内能及物质的燃烧热的总和相等的规律进行计算。用公式表达为：

$$\sum u_2=\sum Q+\sum u_1$$

式中　$\sum u_2$——燃烧后产物的内能之总和；

$\sum u_1$——燃烧前物质的内能之总和；

$\sum Q$——燃烧物质的燃烧热之总和。

［例］　已知CO在空气中的浓度为20%，求CO与空气混合物的爆炸温度。爆炸混合物的最初温度为300 K。

［解］　通常空气中氧占21%，氮占79%，所以混合物中氧和氮的比例为：

氧　$$\frac{21}{100}\times\frac{100-20}{100}=16.8\%$$

氮　$$\frac{79}{100}\times\frac{100-20}{100}=63.2\%$$

由于气体体积之比等于其摩尔数之比，所以将体积百分比换算成摩尔数，即1 mol混合物中应有0.2 mol一氧化碳、0.168 mol氧和0.632 mol氮。

从表4—8查得一氧化碳、氧、氮在300K时，其摩尔内能分别为6 238.33 $J\cdot mol^{-1}$、6 238.33 $J\cdot mol^{-1}$和6 238.33 $J\cdot mol^{-1}$，混合物的摩尔内能为：

表4—8　　不同温度下几种气体和蒸气的摩尔内能　　$J\cdot mol^{-1}$

T/K	H_2	O_2	N_2	CO	CO_2	H_2O
200	4 061.2	4 144.93	4 144.93	4 144.93	–	–
300	6 028.99	6 238.33	6 238.33	6 238.33	6 950.09	7 494.37
400	8 122.39	8 373.60	8 289.86	8 331.73	10 048.32	10 090.19
600	12 309.19	12 937.21	12 602.27	12 631.58	17 333.35	15 114.35
800	16 537.86	17 877.64	17 082.14	17 207.75	25 581.35	21 227.08
1 000	20 850.26	23 069.27	21 855.10	22 064.44	34 541.10	27 549.14
1 400	29 935.62	33 996.82	32 029.02	32 405.83	53 591.04	39 439.66
1 800	39 690.86	45 217.44	42 705.36	43 249.64	74 106.36	57 359.16
2 000	44 798.76	51 288.30	48 273.80	48 859.96	84 573.36	65 732.76
2 200	48 985.56	57 359.16	54 009.72	54 470.27	95 040.36	74 106.36
2 400	55 265.76	63 220.68	59 452.56	60 143.38	105 507.36	82 898.64
2 600	60 708.60	69 500.88	65 314.08	65 816.50	116 893.04	91 690.92
2 800	66 570.12	75 362.40	70 756.92	71 594.28	127 278.72	100 901.88
3 000	72 012.96	81 642.60	76 618.44	77 455.80	138 164.40	110 112.84
3 200	77 874.48	88 341.48	82 479.96	83 317.32	149 050.08	119 742.48

$$\sum u_1=(0.2\times 6\,238.33+0.168\times 6\,238.33+0.632\times 6\,238.33)\text{J}=6\,238.33\text{J}$$

一氧化碳的燃烧热为285 624J，则0.2mol一氧化碳的燃烧热为：

$$(0.2\times 285\,624)\text{J}=57124.8\text{J}$$

燃烧后各生成物内能之后应为：

$$\sum u_2=(6\,238.33+57\,124.8)\text{J}=63\,363.13\text{J}$$

从一氧化碳燃烧反应式$2CO+O_2=2CO_2$可以看出，0.2 mol一氧化碳燃烧时生成0.2 mol二氧化碳，消耗0.1 mol氧。1 mol混合物中，原有0.168 mol氧，燃烧后应剩下

0. 168 - 0. 1 = 0. 068 mol 氧，氧的数量不发生变化，则燃烧产物的组成是：二氧化碳 0. 2 mol，氧 0. 068 mol、氮 0. 632 mol。

假定爆炸温度为 2 400 K，由表 4—8 查得二氧化碳、氧和氮摩尔内能分别为 105 507. 36 $J \cdot mol^{-1}$、63 220. 68 $J \cdot mol^{-1}$和 59 452. 56 $J \cdot mol^{-1}$，则燃烧产物的内能为：

$$\sum u_2' = (0.2 \times 105\,507.36 + 0.068 \times 63\,220.68 + 0.632 \times 59\,452.56)\mathrm{J} = 62\,974.5\mathrm{J}$$

说明爆炸温度高于2400K，于是再假定爆炸温度为2600K，则内能之和应为：

$$\sum u_2'' = (0.2 \times 116\,893.04 + 0.068 \times 69\,500.88 + 0.632 \times 65\,314.08)\mathrm{J} = 69\,383.17\mathrm{J}$$

$\sum u_2''$值又大于 $\sum u_2$ 值，因相差不太大，所以准确的爆炸温度可用内插法求得：

$$T = [2\,400 + \frac{2\,600 - 2\,400}{69\,383.17 - 62\,974.5}(63\,363.13 - 62\,974.5)]\mathrm{K} = (2\,400 + 12)\ \mathrm{K} = 2\,412\ \mathrm{K}$$

以摄氏温度表示为：

$$t = (T - 273)℃ = 2\,139℃$$

（3）爆炸压力的计算。可燃性混合物爆炸产生的压力与初始压力、初始温度、浓度、组分以及容器的形状、大小等因素有关。爆炸时产生的最大压力可按压力与温度及摩尔数成正比的规律确定，根据这个规律有下列关系式：

$$\frac{P}{P_0} = \frac{T}{T_0} \times \frac{n}{m} \tag{4—5}$$

式中 P、T 和 n ——爆炸后的最大压力、最高温度和气体摩尔数；

P_0、T_0 和 m ——爆炸前的初始压力、初始温度和气体摩尔数。

由此可以得出爆炸压力计算公式：

$$P = \frac{Tn}{T_0 m} \cdot P_0 \tag{4—6}$$

[例] 设 P_0 = 0. 1 MPa，T_0 = 27℃，T = 2 411 K，求一氧化碳与空气混合物的最大爆炸压力。

[解] 当可燃物的浓度等于或稍高于完全反应的浓度时，爆炸产生的压力最大，所以计算时采用完全反应的浓度。

先按一氧化碳的燃烧反应式计算爆炸前后的气体摩尔数：

$$2CO + O_2 + 3.76N_2 = 2CO_2 + 3.76\ N_2$$

由此可得出 m = 6. 76，n = 5. 76，代入式（4—6），得：

$$P = \frac{2411 \times 5.76 \times 0.1}{300 \times 6.76} = 0.69\ \mathrm{MPa}$$

以上计算的爆炸温度与压力都没有考虑热损失，是按理论的空气量计算的，所得的数值都是最大值。

3. 爆炸极限计算

（1）爆炸上限和下限的计算。

1）根据完全燃烧反应所需氧原子数，估算碳氢化合物的爆炸下限和上限，其经验公式如下：

$$L_{下} = \frac{100}{4.76(N-1)+1} \tag{4—7}$$

$$L_{上} = \frac{4 \times 100}{4.76N+4} \tag{4—8}$$

式中 $L_{下}$——碳氢化合物的爆炸上限,%；

$L_{上}$——碳氢化合物的爆炸上限,%；

N——每摩尔可燃气体完全燃烧所需氧原子数。

［例］ 试求乙烷在空气中的爆炸下限和上限。

［解］ 写出乙烷的燃烧反应式，求出 N 值：

$$C_2H_6 + 3.5O_2 = 2CO_2 + 2H_2O$$

则 $N=7$。

将 N 值分别代入式（4—7）及式（4—8），得：

$$L_{下} = \frac{100}{4.76(7-1)+1} = 3.38\%$$

$$L_{上} = \frac{4 \times 100}{4.76 \times 7+4} = 10.7\%$$

乙烷在空气中的爆炸下限浓度为3.38%，爆炸上限浓度为10.7%。

实验测得乙烷的爆炸下限为3.0%，爆炸上限为12.5%，对比上述估算结果，可知用此方法估算的爆炸上限值小于实验测得的值。

2）根据爆炸性混合气体完全燃烧时摩尔分数，确定有机物的爆炸下限及上限。计算公式如下：

$$L_{下} = 0.55X_0 \tag{4—9}$$

$$L_{上} = 4.8\sqrt{X_0} \tag{4—10}$$

式中 X_0 为可燃气体摩尔分数，也就是完全燃烧时在混合气体中该可燃气体的含量。

（2）多种可燃气体组成的混合物的爆炸极限计算。

由多种可燃气体组成爆炸性混合气体的爆炸极限，可根据各组分的爆炸极限进行计算，其计算公式如下：

$$L_m = \frac{100}{\frac{V_1}{L_1}+\frac{V_2}{L_2}+\frac{V_3}{L_3}+\cdots} \tag{4—11}$$

式中 L_m——爆炸性混合物的爆炸极限,%；

L_1、L_2、L_3——组成混合气各组分的爆炸极限,%；

V_1、V_2、V_3——各组分在混合气中的浓度,%。

例如，某种天然气的组分如下：甲烷80%，乙烷15%，丙烷4%，丁烷1%。各组分相应的爆炸下限分别为5%、3.22%、2.37%和1.86%，则求出天然气的爆炸下限为：

$$L_m = \frac{100}{\frac{80}{5}+\frac{15_2}{3.22}+\frac{4}{2.37}+\frac{1}{1.86}} = 4.37\%$$

将各组分的爆炸上限代入式 4—11，可求出天然气的爆炸上限。

式（4—14）用于煤气、水煤气、天然气等混合气爆炸极限的计算比较准确，而对于氢与乙烯，氢与硫化氢、甲烷与硫化氢等混合气及一些二硫化碳的混合气体，计算的误差较大。

（3）含有惰性气体组成混合物的爆炸极限计算。如果爆炸性混合气体中含有惰性气体如氮、二氧化碳等，计算爆炸极限时，可先求出混合物中由可燃气体和惰性气体分别组成的混合比，再从图 4—8 和图 4—9 中找出它们的爆炸极限，并分别代入式（4—11）中求得。

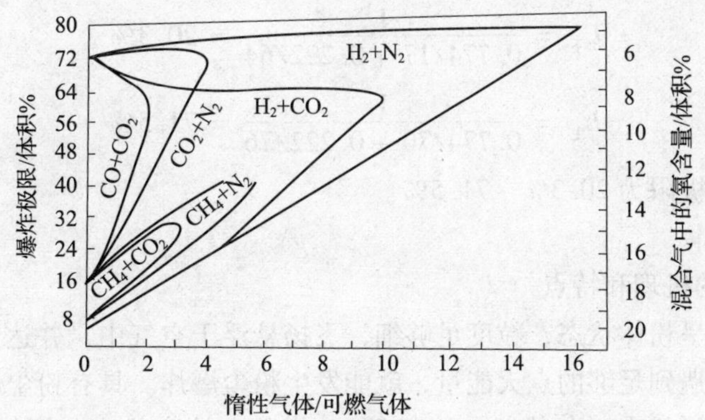

图 4—8　氢、一氧化碳、甲烷和氮、二氧化碳混合气爆炸极限

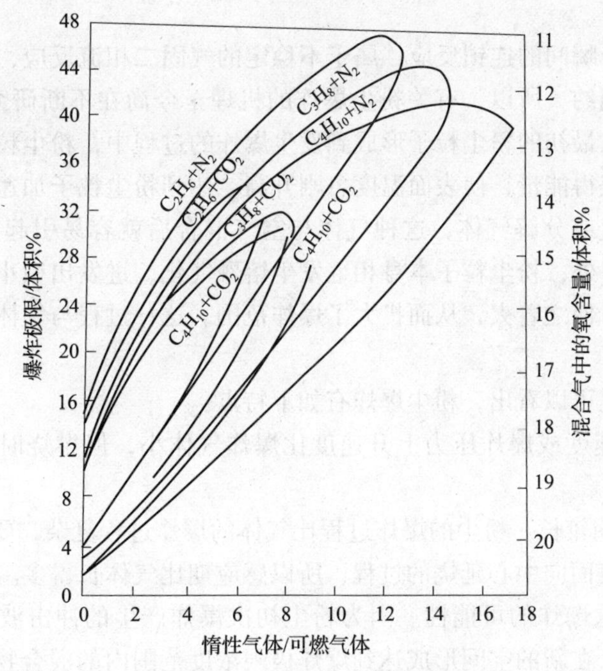

图 4—9　乙烷、丙烷、丁烷和氮、二氧化碳混合气爆炸极限

［例］　求某回收煤气的爆炸极限，其组分为：CO58%，$CO_2$19.4%，$N_2$20.7%，O_2 0.4%，$H_2$1.5%。

[解]　将煤气中的可燃气体和惰性气体组合为两组：

(1) CO 和 CO_2，即 58（CO）+19.4（CO_2）=77.4%（CO + CO_2）

其中，惰性气体/可燃气体 = CO_2/ CO = 19.4/58 = 0.33

由图 4—10 中查得 $L_上$ = 70%，$L_下$ = 17%。

(2) N2 和 H_2，即 1.5（H_2）+20.7（N_2）=22.2%（N_2+H_2）

其中，惰性气体/可燃气体 = N_2/H_2 = 20.7/1.5 = 13.8

由图 4—10 查得　$L_上$ = 76%，$L_下$ = 64%

将上述数据代入式（4—11）即可求得煤气的爆炸极限：

$$L_下 = \frac{1}{0.774/17 + 0.222/64} = 20.3\%$$

$$L_上 = \frac{1}{0.774/70 + 0.222/76} = 71.5\%$$

该煤气的爆炸极限为 20.3% ~71.5%。

（五）粉尘爆炸

1. 粉尘爆炸的机理和特点

当可燃性固体呈粉体状态，粒度足够细，飞扬悬浮于空气中，并达到一定浓度，在相对密闭的空间内，遇到足够的点火能量，就能发生粉尘爆炸。具有粉尘爆炸危险性的物质较多，常见的有金属粉尘（如镁粉、铝粉等）、煤粉、粮食粉尘、饲料粉尘、棉麻粉尘、烟草粉尘、纸粉、木粉、火炸药粉尘和大多数含有 C、H 元素及与空气中氧反应能放热的有机合成材料粉尘等。

粉尘爆炸是一个瞬间的连锁反应，属于不稳定的气固二相流反应，其爆炸过程比较复杂，受诸多因素的制约。所以，有关粉尘爆炸的机理至今尚在不断研究和不断完善之中。有一种观点认为，从最初的粉尘粒子形成到发生爆炸的过程中，粉尘粒子表面通过热传导和热辐射，从火源获得能量，使表面温度急剧升高，达到粉尘粒子加速分解的温度和蒸发温度，形成粉尘蒸气或分解气体，这种气体与空气混合后就容易引起点火（气相点火），如图 4—10 所示。另外，粉尘粒子本身相继发生熔融气化，迸发出微小火花，成为周围未燃烧粉尘的点火源。使之着火，从而扩大了爆炸范围。这一过程与气体爆炸相比就复杂得多。

从粉尘爆炸过程可以看出，粉尘爆炸有如下特点：

(1) 粉尘爆炸速度或爆炸压力上升速度比爆炸气体小，但燃烧时间长，产生的能量大，破坏程度大。

(2) 爆炸感应期较长。粉尘的爆炸过程比气体的爆炸过程复杂，要经过尘粒的表面分解或蒸发阶段及由表面向中心延烧的过程，所以感应期比气体长得多。

(3) 有产生二次爆炸的可能性。因为粉尘初次爆炸产生的冲击波会将堆积的粉尘扬起，悬浮在空气中，在新的空间形成达到爆炸极限浓度范围内的混合物，而飞散的火花和辐射热成为点火源，引起第二次爆炸。这种连续爆炸会造成严重的破坏。粉尘有不完全燃烧现象，在燃烧后的气体中含有大量的 CO 及粉尘（如塑料粉）自身分解的有毒气体，会伴随中毒死亡的事故。

2. 粉尘爆炸的条件及爆炸过程

（1）粉尘爆炸的条件

1）粉尘本身具有可燃性。

2）粉尘虚浮在空气中并达到一定浓度。

3）有足以引起粉尘爆炸的起始能量。

（2）爆炸过程。与可燃气体（蒸气）与空气的混合物一样，可燃粉尘与空气混合物也遇点火源也可能发生爆炸；其也具有爆炸极限，包括上限及下限，但有实际应用意义的主要是下限。可燃粉尘的爆炸极限一般以其单位体积混合物中的质量（$g \cdot cm^{-3}$）来表示：如铝粉在空气中的爆炸极限为 $40\ g \cdot cm^{-3}$。

粉尘爆炸同样是一种链式连锁反应，当外界热量足够时，火焰传播速度将越来越快，最后引起爆炸；若热量不足，火焰则会熄灭。

粉尘爆炸时粉尘粒子表面分子与氧气分子发生化学反应引起的。具体过程如图 4—10。

1）供给粒子表面以热能，使其稳定上升，见图 4—10（a）。

2）粒子表面的分子由于热分解或干馏作用，而生成气体分布在粒子周围，见图 4—10（b）。

3）分解（或干馏）气体与空气混合生成爆炸性混合气体，遇火产生火焰（发生反应），见图 4—10（c）。

4）由于反应产生的热，加速了粉尘粒子的分解，放出气体，与空气混合，继续发火传播……见图 4—10（d）。

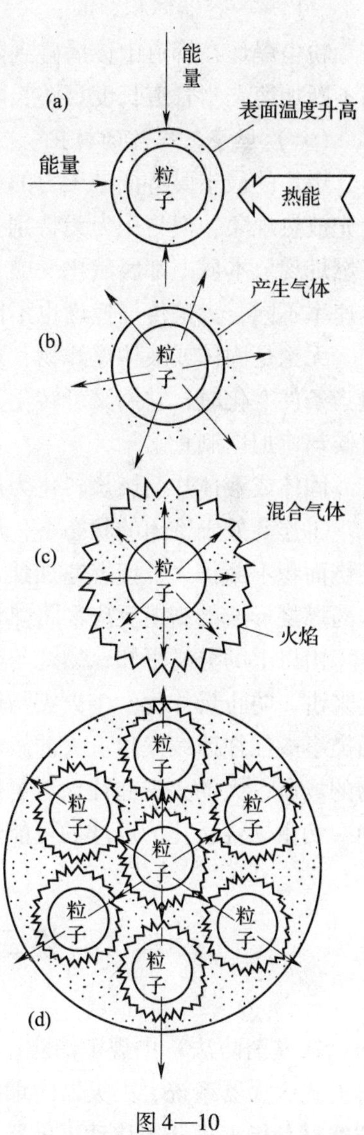

图 4—10

粉尘爆炸过程与可燃气爆炸相似，但有两点区别：一是粉尘爆炸所需的发火能要得的多；二是在可燃气爆炸中，促使稳定上升的传热方式主要是热传导；而在粉尘爆炸中，热辐射的作用大。

3. 粉尘爆炸的特性及影响因素

评价粉尘爆炸危险性的主要特征参数是爆炸极限、最小点火能量、最低着火温度、粉尘爆炸压力及压力上升速率。

粉尘爆炸极限不是固定不变的，它的影响因素主要有粉尘粒度、分散度、湿度、点火源的性质、可燃气含量、氧含量、惰性粉尘和灰分温度等。一般来说，粉尘粒度越细，分散度越高，可燃气体和氧的含量越大，火源强度、初始温度越高，湿度越低，惰性粉尘及灰分越少，爆炸极限范围越大，粉尘爆炸危险性也就越大。

粉尘爆炸压力及压力上升速率（dP/dt）主要受粉

尘粒度、初始压力、粉尘爆炸容器、湍流度等因素的影响。粒度对粉尘爆炸压力上升速率的影响比粉尘爆炸压力大得多。

当粉尘粒度越细，比表面越大，反应速度越快，爆炸上升速率就越大。随初始压力的增大，对密闭容器的粉尘爆炸压力及压力上升速率也增大，当初始压力低于压力极限时（如数十毫巴），粉尘则不再可能发生爆炸。与可燃气爆炸一样，容器尺寸会对粉尘爆炸压力及压力上升速率有很大的影响。大量可燃粉尘的试验研究证明，当容积≥0.04 m^3时，粉尘爆炸强度遵循如下规律：

$$K_{st} = (dP/dt)_{max} \cdot \sqrt[3]{V} \tag{4—12}$$

式中 K_{st}——粉尘爆炸强度，$10^5 Pa \cdot m \cdot s^{-1}$；

$(dP/dt)_{max}$——最大压力上升速率，$10^5 Pa \cdot s^{-1}$；

V——容器体积，m^3。

粉尘爆炸在管道中传播碰到障碍片时，因湍流的影响，粉尘呈漩涡状态，使爆炸波阵面不断加速。当管道长度足够长时，甚至会转化为爆轰。

（六）燃烧、爆炸的转化

爆炸的最主要特征是压力的急剧上升，并不一定着火（发光、放热）；而燃烧一定有发光放热现象，但与压力无特别关系。化学爆炸，其中绝大多数是氧化反应引起的爆炸，与燃烧现象本质上都属氧化反应，也同样有温度与压力的升高现象。但两者反应速度、放热速率不同，火焰传播速度也不同，前者比后者快得多。

无论是固体或液体爆炸物，还是气体爆炸混合物，都可以在一定的条件下进行燃烧，但当条件变化时，它们又可转化为爆炸。这种转化，有时候人们要加以有益的利用，但有时候却应加以制止。

固体或液体炸药燃烧转化为爆炸的主要条件有三条：

①炸药处于密闭的状态下，燃烧产生的高温气体增大了压力，使燃烧转化为爆炸；②燃烧面积不断扩大，使燃速加快，形成冲击波，从而使燃烧转化为爆炸；③药量较大时，炸药燃烧形成的高温反应区将热量传给了尚未反应的炸药，使其余的炸药受热爆炸。

由以上的分析可知，燃烧与爆炸是爆炸物具有的紧密相关的两个特性。从安全技术角度来讲，防止爆炸物发生火灾与爆炸事故就成了紧密相关的问题。一般来说，火灾与爆炸两类事故往往连续发生。大的爆炸之后常伴随有巨大的火灾；存在有爆炸物质和燃爆混合物的场所，大的火灾往往创造了爆炸的条件。因此，了解燃烧与爆炸的关系，从技术上杜绝一切由燃烧转化为爆炸的可能性，则是防火防爆技术的一个重要方面。

第二节　消防设施与器材

新《消防法》中规定消防设施是指火灾自动报警系统、自动灭火系统、消火栓系统、可提式灭火器系统、灭火器防烟排烟系统以及应急广播和应急照明、安全疏散设施等。消防器材是指灭火器等移动灭火器材和工具。

一、消防设施

（一）火灾自动报警系统

自动消防系统应包括探测、报警、联动、灭火、减灾等功能。火灾自动报警系统主要完成探测和报警功能，控制和联动等功能主要由联动控制系统来完成。联动控制系统是由联动控制器与现场的主动型设备和被动型设备组成。现场主动型设备是指在火灾参数的作用下，设备自主执行某种动作；现场被动型设备是指在控制器或人为的控制下才能动作。所以消防系统中有三种控制方式：自动控制、联动控制、手动控制。

火灾自动报警系统是由触发装置、火灾报警装置、火灾警报装置和电源等部分组成的通报火灾发生的全套设备，如图4—11所示，复杂系统还包括消防控制设备。

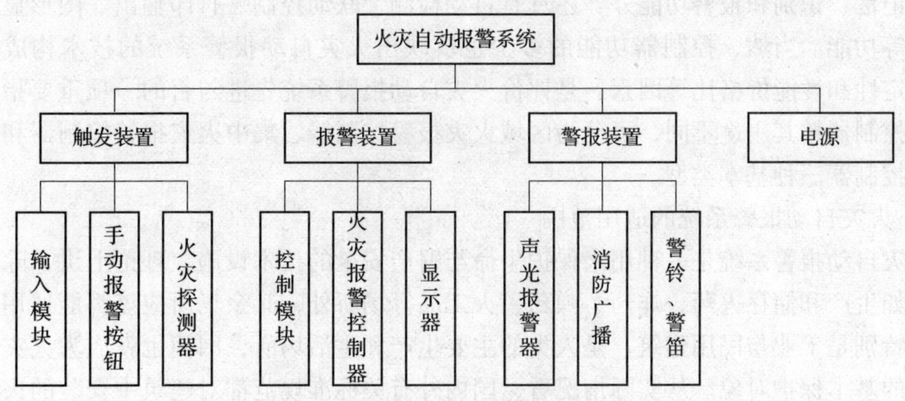

图4—11 火灾自动报警系统的组成

在火灾自动报警系统中，自动或手动产生火灾报警信号的器件称为触发器件，主要包括火灾探测器和手动火灾报警按钮；用以接收、显示和传递火灾报警信号，并能发出控制信号和具有其他辅助功能的控制指示称为火灾报警装置，火灾报警控制器就是其中最基本的一种；用以发出区别于环境声、光的火灾警报信号的装置称为火灾警报装置，火灾警报器就是一种最基本的火灾警报装置，它以声、光音响方式向报警区域发出火灾警报信号，以警示人们采取安全疏散、灭火救灾措施；在火灾自动报警系统中，当接收到来自触发器件的火灾报警信号，能自动或手动启动相关消防设备并显示其状态的设备，称为消防控制设备。

1. 系统分类

根据工程建设的规模、保护对象的性质、火灾报警区域的划分和消防管理机构的组织形式，将火灾自动报警系统划分为三种基本形式：区域火灾报警系统、集中报警系统和控制中心报警系统。区域报警系统一般适用于二级保护对象；集中报警系统一般适用于一、二级保护对象；控制中心系统一般适用于特级、一级保护对象。

区域报警系统包括火灾探测器、手动报警按钮、区域火灾报警控制器、火灾警报装置和电源等部分。这种系统比较简单，但使用很广泛，例如行政事业单位，工矿企业的要害部门和娱乐场所均可使用。

集中报警系统由一台集中报警控制器、两台以上的区域报警控制器、火灾警报装置和电源等组成。高层宾馆、饭店、大型建筑群一般使用的都是集中报警系统。集中报警控制器设在消防控制室，区域报警控制器设在各层的服务台处。对于总线控制火灾报警控制系统，区域报警控制器就是重复显示屏。

控制中心报警系统除了集中报警控制器、区域报警控制器、火灾探测器外，在消防控制室内增加了消防联动控制设备。被联动控制的设备包括火灾警报装置、火警电话、火灾应急照明、火灾应急广播、防排烟、通风空调、消防电梯和固定灭火控制装置等。也就是说集中报警系统加上联动的消防控制设备就构成控制中心报警系统。控制中心报警系统用于大型宾馆、饭店、商场、办公室、大型建筑群和大型综合楼工程等。

2. 火灾报警控制器

火灾报警控制器（以下简称控制器）是火灾自动报警系统中的主要设备，它除了具有控制、记忆、识别和报警功能外，还具有自动检测、联动控制、打印输出、图形显示、通信广播等功能。当然，控制器功能的多少也反映出火灾自动报警系统的技术构成、可靠性、稳定性和性能价格比等因素，是评价火灾自动报警系统先进与否的一项重要指标。火灾报警控制器按其用途不同，可分为区域火灾报警控制器、集中火灾报警控制器和通用火灾报警控制器三种基本类型。

3. 火灾自动报警系统的适用范围

火灾自动报警系统是一种用来保护生命与财产安全的技术设施。理论上讲，除某些特殊场所如生产和储存火药、炸药、弹药、火工品等场所外，其余场所应该都能适用。由于建筑，特别是工业与民用建筑，是人类的主要生产和生活场所，因而也就成为火灾自动报警系统的基本保护对象。从实际情况看，国内外有关标准规范都对建筑中安装的火灾自动报警系统作了规定，我国现行国家标准《火灾自动报警系统设计规范》明确规定："本规定适用于工业与民用建筑和场所内设置的火灾自动报警系统，不适用于生产和储存火药、炸药、弹药、火工品等场所设置的火灾自动报警系统。"

（二）自动灭火系统

1. 水灭火系统

水灭火系统包括室内外消火栓系统、自动喷水灭火系统、水幕和水喷雾灭火系统。

2. 气体自动灭火系统

以气体作为灭火介质的灭火系统称为气体灭火系统。气体灭火系统的使用范围是由气体灭火剂的灭火性质决定的。灭火剂应当具有的特性是：化学稳定性好、耐储存、腐蚀性小、不导电、毒性低、蒸发后不留痕迹、适用于扑救多种类型火灾。

3. 泡沫灭火系统

泡沫灭火系统指空气机械泡沫系统。按发泡倍数泡沫系统可分为低倍数泡沫灭火系统、中倍数泡沫灭火系统和高倍数泡沫灭火系统。发泡倍数在 20 倍以下的称低倍数，发泡倍数 21 ~ 200 倍之间的称中倍数泡沫，发泡倍数在 201 ~ 1 000 倍之间的称高倍数泡沫。

（三）防排烟与通风空调系统

火灾产生的烟气是十分有害的。火场的烟气，包括烟雾、有毒气体和热气，不但影响到消防人员的扑救，而且会直接威胁人身安全。火灾时，水平和垂直分布的各种空调系统、通风管道及竖井、楼梯间、电梯井等是烟气蔓延的主要途径。要把烟气排出建筑物外，就要设置防排烟系统，机械排烟系统可以减少火层烟气及其向其他部位的扩散，利用加压送风有可能建立无烟区空间，可防止烟气越过挡烟屏障进入压力较高的空间。因此，防排烟系统能改善着火地点的环境，使建筑内的人员能安全撤离现场，使消防人员能迅速靠近火源，用最短的时间抢救濒危的生命，用最少的灭火剂在损失最小的情况下将火扑灭。此外，它还能将未燃烧的可燃性气体在尚未形成易燃烧混合物之前加以驱散，避免轰燃或烟气爆炸的产生；将火灾现场的烟和热及时排去，减弱火势的蔓延，排除灭火的障碍，是灭火的配套措施。

排烟有自然排烟和机械排烟两种形式。排烟窗、排烟井是建筑物中常见的自然排烟形式，它们主要适用于烟气具有足够大的浮力、可能克服其他阻碍烟气流动的驱动力的区域。机械排烟可克服自然排烟的局限，有效地排出烟气。

（四）火灾应急广播与警报装置

火灾警报装置（包括警铃、警笛、警灯等）是发生火灾时向人们发出警告的装置，即告诉人们着火了，或者有什么意外事故。火灾应急广播，是火灾时（或意外事故时）指挥现场人员进行疏散的设备。为了及时向人们通报火灾，指导人们安全、迅速地疏散，火灾事故广播和警报装置按要求设置是非常必要的。

二、消防器材

消防器材主要包括灭火器、火灾探测器等。

（一）灭火器

1. 灭火剂

灭火剂是能够有效地破坏燃烧条件，中止燃烧的物质。一切灭火措施都是为了破坏已经产生的燃烧条件，并使燃烧的连锁反应中止。灭火剂被喷射到燃烧物和燃烧区域后，通过一系列的物理、化学作用，可使燃烧物冷却、燃烧物与氧气隔绝、燃烧区内氧的浓度降低、燃烧的连锁反应中断，最终导致维持燃烧的必要条件受到破坏，停止燃烧反应，从而起到灭火作用。

(1) 水和水系灭火剂。水是最常用的灭火剂，它既可以单独用来灭火，也可以在其中添加化学物质配制成混合液使用，从而提高灭火效率，减少用水量。这种在水中加入化学物质的灭火剂称为水系灭火剂。水能从燃烧物中吸收很多热量，使燃烧物的温度迅速下降，使燃烧中止。水在受热汽化时，体积增大 1 700 多倍，当大量的水蒸气笼罩于燃烧物的周围时，可以阻止空气进入燃烧区，从而大大减少氧的含量，使燃烧因缺氧而窒息熄灭。在用水灭火时，加压水能喷射到较远的地方，具有较大的冲击作用，能冲过燃烧表面而进入内部，从而使未着火的部分与燃烧区隔离开来，防止燃烧物继续分解燃烧。同时水能稀释或冲淡某些液体或气体，降低燃烧强度；能浸湿未燃烧的物质，使之难以燃烧；还能吸收某些气体、蒸气和烟雾，有助于灭火。

不能用水扑灭的火灾主要包括：

1）密度小于水和不溶于水的易燃液体的火灾，如汽油、煤油、柴油等。苯类、醇类、醚类、酮类、酯类及丙烯腈等大容量储罐，如用水扑救，则水会沉在液体下层，被加热后会引起爆沸，形成可燃液体的飞溅和溢流，使火势扩大。

2）遇水产生燃烧物的火灾，如金属钾、钠、碳化钙等，不能用水，而应用砂土灭火。

3）硫酸、盐酸和硝酸引发的火灾，不能用水流冲击，因为强大的水流能使酸飞溅，流出后遇可燃物质，有引起爆炸的危险。酸溅在人身上，能灼伤人。

4）电气火灾未切断电源前不能用水扑救，因为水是良导体，容易造成触电。

5）高温状态下化工设备的火灾不能用水扑救，以防高温设备遇冷水后骤冷，引起形变或爆裂。

（2）气体灭火剂。气体灭火剂的使用始于19世纪末期。由于气体灭火剂具有释放后对保护设备无污染、无损害等优点，其防护对象逐步向各种不同领域扩充。由于二氧化碳的来源较广，利用隔绝空气后的窒息作用可成功抑制火灾，因此早期的气体灭火剂主要采用二氧化碳。由于二氧化碳不含水、不导电、无腐蚀性，对绝大多数物质无破坏作用，所以可以用来扑灭精密仪器和一般电气火灾。它还适于扑救可燃液体和固体火灾，特别是那些不能用水灭火以及受到水、泡沫、干粉等灭火剂的玷污容易损坏的固体物质火灾。但是二氧化碳不宜用来扑灭金属钾、镁、钠、铝等及金属过氧化物（如过氧化钾、过氧化钠）、有机过氧化物、氯酸盐、硝酸盐、高锰酸盐、亚硝酸盐、重铬酸盐等氧化剂的火灾。因为二氧化碳从灭火器中喷射出时，温度降低，使环境空气中的水蒸气凝聚成小水滴，上述物质遇水即发生反应，释放大量的热量，同时释放出氧气，使二氧化碳的窒息作用受到影响。因此，上述物质用二氧化碳灭火效果不佳。

在研究二氧化碳灭火系统的同时，国际社会及一些西方发达国家不断地开发新型气体灭火剂，卤代烷1211、1301灭火剂具有优良的灭火性能，因此在一段时间内卤代烷灭火剂基本统治了整个气体灭火领域。后来，人们逐渐发现释放后的卤代烷灭火剂与大气层的臭氧发生反应，致使臭氧层出现空洞，使生存环境恶化。因此，国家环保局于1994年专门发出《关于非必要场所停止再配置卤代烷灭火器的通知》。

淘汰卤代烷灭火剂，促使人们寻求新的环保气体替代。被列为国际标准草案ISO14520的替代物有14种。综合各种替代物的环保性能及经济分析，七氟丙烷灭火剂最具推广价值。该灭火剂属于含氢氟烃类灭火剂，国外称为FM－200，具有灭火浓度低、灭火效率高、对大气无污染的优点。另外，混合气体IG－541灭火剂同样对大气层具有无污染的特点，现已逐步开始使用。由于其是由氮气、氩气、二氧化碳自然组合的一种混合物，平时以气态形式储存，所以喷放时，不会形成浓雾或造成视野不清，使人员在火灾时能清楚地分辨逃生方向，且它对人体基本无害。

（3）泡沫灭火剂。泡沫灭火剂有两大类型，即化学泡沫灭火剂和空气泡沫灭火剂。化学泡沫是通过硫酸铝和碳酸氢钠的水溶液发生化学反应，产生二氧化碳，而形成泡沫。空气泡沫是由含有表面活性剂的水溶液在泡沫发生器中通过机械作用而产生的，泡沫中所含的气体为空气。空气泡沫也称为机械泡沫。

空气泡沫灭火剂种类繁多，根据发泡倍数的不同可分为低倍数泡沫、中倍数泡沫和高倍数泡沫灭火剂。高倍数泡沫灭火系统替代低倍数泡沫灭火系统是当今的发展趋势。高倍数泡沫的应用范围远比低倍数泡沫广泛得多。高倍数泡沫灭火剂的发泡倍数高（201～1000倍），能在短时间内迅速充满着火空间，特别适用于大空间火灾，并具有灭火速度快的优点；而低倍数泡沫则与此不同，它主要靠泡沫覆盖着火对象表面，将空气隔绝而灭火，且伴有水渍损失，所以它对液化烃的流淌火灾和地下工程、船舶、贵重仪器设备及物品的灭火无能为力。高倍数泡沫灭火技术已被各工业发达国家应用到石油化工、冶金、地下工程、大型仓库和贵重仪器库房等场所，尤其在近 10 年来，高倍数泡沫灭火技术多次在油罐区、液化烃罐区、地下油库、汽车库、油轮、冷库等场所扑救失控性大火起到决定性作用。

（4）干粉灭火剂。干粉灭火剂由一种或多种具有灭火能力的细微无机粉末组成，主要包括活性灭火组分、疏水成分、惰性填料，粉末的粒径大小及其分布对灭火效果有很大的影响。窒息、冷却、辐射及对有焰燃烧的化学抑制作用是干粉灭火效能的集中体现，其中化学抑制作用是灭火的基本原理，起主要灭火作用。干粉灭火剂中的灭火组分是燃烧反应的非活性物质，当进入燃烧区域火焰中时，捕捉并终止燃烧反应产生的自由基，降低了燃烧反应的速率，当火焰中干粉浓度足够高，与火焰的接触面积足够大，自由基中止速率大于燃烧反应生成的速率，链式燃烧反应被终止，从而火焰熄灭。

干粉灭火剂与水、泡沫、二氧化碳等相比，在灭火速率、灭火面积、等效单位灭火成本效果三个方面有一定优越性，因其灭火速率快，制作工艺过程不复杂，使用温度范围宽广，对环境无特殊要求，以及使用方便，不需外界动力、水源，无毒、无污染、安全等特点，目前在手提式灭火器和固定式灭火系统上得到广泛的应用，是替代哈龙灭火剂的一类理想环保灭火产品。

2. 灭火器种类及其使用范围

灭火器由筒体、器头、喷嘴等部件组成，借助驱动压力可将所充装的灭火剂喷出，达到灭火目的。灭火器由于结构简单，操作方便，轻便灵活，使用面广，是扑救初起火灾的重要消防器材。

灭火器的种类很多，按其移动方式分为手提式、推车式和悬挂式；按驱动灭火剂的动力来源可分为储气瓶式、储压式、化学反应式；按所充装的灭火剂则又可分为清水、泡沫、酸碱、二氧化碳、卤代烷、干粉、7150 等。

（1）清水灭火器。清水灭火器充装的是清洁的水，并加入适量的添加剂，采用储气瓶加压的方式，利用二氧化碳钢瓶中的气体作动力，将灭火剂喷射到着火物上，达到灭火的目的。其主要由筒体、筒盖、喷射系统及二氧化碳储气瓶等部件组成。清水灭火器适用于扑救可燃固体物质火灾，即 A 类火灾。

（2）泡沫灭火器。泡沫灭火器包括化学泡沫灭火器和空气泡沫灭火器两种，分别是通过筒内酸性溶液与碱性溶液混合后发生化学反应或借助气体压力，喷射出泡沫覆盖在燃烧物的表面上，隔绝空气起到窒息灭火的作用。泡沫灭火器适合扑救脂类、石油产品等 B 类火灾以及木材等 A 类物质的初起火灾，但不能扑救 B 类水溶性火灾，也不能扑救带电设备及 C 类和 D 类火灾。

化学泡沫灭火器内充装有酸性和碱性两种化学药剂的水溶液，使用时，两种溶液混合引起化学反应生成泡沫，并在压力的作用下，喷射出去灭火。按使用操作可分为手提式、舟车式、推车式。值得注意的是，随着《化学泡沫灭火器用灭火剂》（GB 4395—1992）标准的颁布实施，原 YP 型化学泡沫灭火剂因其泡沫黏稠，流动性差，灭火性能差而被淘汰，目前开发和使用的化学泡沫灭火剂产品是由硫酸铝、碳酸氢钠及复合添加剂和水组成的。因此，原产品一律禁止生产、销售和使用。

空气泡沫灭火器充装的是空气泡沫灭火剂，具有良好的热稳定性，抗烧时间长，灭火能力比化学泡沫高3~4倍，性能优良，保存期长，使用方便，是取代化学泡沫灭火器的更新换代产品。它可根据不用需要分别充装蛋白泡沫、氟蛋白泡沫、聚合物泡沫、轻水（水成膜）泡沫和抗溶泡沫等，用来扑救各种油类及极性溶剂的初起火灾。

（3）酸碱灭火器。

酸碱灭火器是一种内部装有65%的工业硫酸和碳酸氢钠的水溶液作灭火剂的灭火器。使用时，两种药液混合发生化学反应，产生二氧化碳压力气体，灭火剂在二氧化碳气体压力下喷出进行灭火。该类灭火器适用于扑救A类物质的初起火灾，如木、竹、织物、纸张等燃烧的火灾。它不能用于扑救B类物质燃烧的火灾，也不能用于扑救C类可燃气体或D类轻金属火灾。同时也不能用于带电场合火灾的扑救。

（4）二氧化碳灭火器。二氧化碳灭火器是利用其内部充装的液态二氧化碳的蒸气压将二氧化碳喷出灭火的一种灭火器具，其利用降低氧气含量，造成燃烧区窒息而灭火。一般当氧气的含量低于12%或二氧化碳浓度达30%~35%时，燃烧中止。1 kg的二氧化碳液体，在常温常压下能生成500 L左右的气体，这些足以使1m^{3}空间范围内的火焰熄灭。由于二氧化碳是一种无色的气体，灭火不留痕迹，并有一定的电绝缘性能等特点，因此，更适宜于扑救600 V以下带电电器、贵重设备、图书档案、精密仪器仪表的初起火灾，以及一般可燃液体的火灾。

（5）卤代烷灭火器。凡内部充入卤代烷灭火剂的灭火器，统称为卤代烷灭火器。卤代烷灭火剂主要通过抑制燃烧的化学反应过程，使燃烧中断达到灭火目的。其作用是通过除去燃烧连锁反应中的活性基因来完成，这一过程称抑制灭火。卤代烷灭火剂的种类较多，按其种类不同，相应地可分为1211灭火器、1301灭火器、2402灭火器、1202灭火器等等。由于2402灭火剂和1202灭火剂的毒性较大，对金属筒体的腐蚀性亦大，因此在我国不推广使用。我国只生产1211和1301灭火器。

1211灭火器主要用于扑救易燃、可燃液体、气体及带电设备的初起火灾，也能对固体物质如竹、木、纸、织物等的表面火灾进行补救。尤其适用于扑救精密仪器、计算机、珍贵文物及贵重物资仓库等处的初起火灾。也能用于扑救飞机、汽车、轮船、宾馆等场所的初起火灾。

（6）干粉灭火器。干粉灭火器以液态二氧化碳或氮气作动力，将灭火器内干粉灭火剂喷出进行灭火。该类灭火器主要通过抑制作用灭火，按使用范围可分为普通干粉和多用干粉两大类。普通干粉也称BC干粉，是指碳酸氢钠干粉、改性钠盐、氨基干粉等，主要用于扑灭可燃液体、可燃气体以及带电设备火灾；多用干粉也称ABC干粉，是指磷酸铵盐干粉、聚磷酸铵干粉等，它不仅适用于扑救可燃液体、可燃气体和带电设备的火灾，还适用于扑救一般固体物质火灾，但都不能扑救轻金属火灾。

（二）火灾探测器

物质在燃烧过程中，通常会产生烟雾，同时释放出称之为气溶胶的燃烧气体，它们与空气中的氧发生化学反应，形成含有大量红外线和紫外线的火焰，导致周围环境温度逐渐升高。这些烟雾、温度、火焰和燃烧气体称为火灾参量。

火灾探测器的基本功能就是对烟雾、温度、火焰和燃烧气体等火灾参量作出有效反应，通过敏感元件，将表征火灾参量的物理量转化为电信号，送到火灾报警控制器。根据对不同的火灾参量响应和不同的响应方法，分为若干种不同类型的火灾探测器。主要包括感光式火灾探测器、感烟式火灾探测器、感温式火灾探测器、复合式火灾探测器和可燃气体火灾探测器等。

1. 感光式火灾探测器

感光探测器适用于监视有易燃物质区域的火灾发生，如仓库、燃料库、变电所、计算机房等场所，特别适用于没有阴燃阶段的燃料火灾（如醇类、汽油、煤气等易燃液、气体火灾）的早期检测报警。按检测火灾光源的性质分类，有红外火焰火灾探测器和紫外火焰火灾探测器两种。

红外线波长较长，烟粒对其吸收和衰减能力较弱，致使有大量烟雾存在的火场，在距火焰一定距离内，仍可使红外线敏感元件（Pbs 红外光敏管）感应，发出报警信号。因此这种探测器误报少，响应时间快，抗干扰能力强，工作可靠。

紫外火焰探测器适用于有机化合物燃烧的场合，例如油井、输油站、飞机库、可燃气罐、液化气罐、易燃易爆品仓库等，特别适用于火灾初期不产生烟雾的场所（如生产储存酒精、石油等场所）。有机化合物燃烧时，辐射出波长约为 250 nm 的紫外光。火焰温度越高，火焰强度越大，紫外光辐射强度也越高。

2. 感烟式火灾探测器

感烟火灾探测器是一种感知燃烧和热解产生的固体或液体微粒的火灾探测器。用于探测火灾初期的烟雾，并发出火灾报警讯号的火灾探测器。它具有能早期发现火灾、灵敏度高、响应速度快、使用面较广等特点。

感烟火灾探测器分为点型感烟火灾探测器和线型感烟火灾探测器。

（1）点型感烟火灾探测器。点型感烟火灾探测器是对警戒范围中某一点周围的烟参数响应的火灾探测器，分为离子感烟火灾探测器和光电感烟火灾探测器两种。

离子感烟火灾探测器是核电子学与探测技术的结晶，应用烟雾粒子改变探测器中电离室原有电离电流。离子感烟火灾探测器最显著的优点是它对黑烟的灵敏度非常高，特别是能对早期火警反应特别快而受到青睐。但因为其内必须装设放射性元素，特别是在制造、运输以及弃置等方面对环境造成污染，威胁着人的生命安全。因此，这种产品在欧洲现已开始禁止使用，在我国也终将成为淘汰产品。

光电式感烟火灾探测器是利用烟雾粒子对光线产生散射、吸收原理的感烟火灾探测器。光电式感烟火灾探测器有一个很大的缺点就是对黑烟灵敏度很低，对白烟灵敏度较高，因此，这种探测器适用于火情中所发出的烟为白烟的情况，而大部分的火情早期所发出的烟都为黑烟，所以大大地限制了这种探测器的使用范围。

（2）线型感烟火灾探测器。目前生产和使用的线型感烟火灾探测器都是红外光束型的感烟火灾探测器，它是利用烟雾粒子吸收或散射红外线光束的原理对火灾进行监测。

3. 感温式火灾探测器

感温火灾探测器是对警戒范围中的温度进行监测的一种探测器，物质在燃烧过程中释放出大量热，使环境温度升高，探测器中的热敏元件发生物理变化，将物理变化转变成的电信号传输给火灾报警控制器，经判别发出火灾报警信号。感温火灾探测器种类繁多，根据其感热效果和结构型式，可分为定温式、差温式和差定温组合式三类。

（1）定温火灾探测器。定温火灾探测器是在火灾现场的环境温度达到预定值及其以上时，即能响应动作，发出火警信号的火灾探测器。这种探测器有较好的可靠性和稳定性，保养维修也方便，只是响应过程长些，灵敏度低些。根据工作原理的不同，定温火灾探测器又可分为双金属片定温探测器、热敏电阻定温探测器、低熔点合金探测器等。

（2）差温火灾探测器。差温探测器是一种环境升温速率超过预定值，即能响应的感温探测器。根据工作原理不同，可分为电子差温探测器、膜盒感温探测器等。

（3）差定温火灾探测器。差定温火灾探测器是一种既能响应预定温度报警，又能响应预定温升速率报警的火灾探测器。

4. 可燃气体火灾探测器

可燃性气体包括天然气、煤气、烷、醇、醛、炔等，当其在某场所的浓度超过一定值时，偶遇明火便会发生燃烧或爆炸（轰燃），是非常危险的。可燃物质燃烧时除有大量烟雾、热量和火光之外，还有许多可燃性气体产生，如一氧化碳、氢气、甲烷、乙醇、乙炔等。利用可燃气体探测器监视这些可燃气体浓度值，及时发出火灾报警信号，及时采取灭火措施，是非常必要的。

可燃性气体探测器主要应用在有可燃气体存在或可能发生泄漏的易燃易爆场所，或应用于居民住宅（有煤气或天然气存在或易发生泄漏的地方）。

安装使用可燃气体探测器应注意以下几点：

（1）应按所监测的可燃气体的密度选择安装位置。监测密度大于空气的可燃气体（如石油液化气、汽油、丙烷、丁烷等）时，探测器应安装在泄漏可燃气体处的下部，距地面不应超过0.5 m。监测密度小于空气的可燃气体（如煤气、天然气、一氧化碳、氨气、甲烷、乙烷、乙烯、丙烯、苯等）时，探测器应安装在可能泄漏处的上部或屋内顶棚上。总之，探测器应安装在经常容易泄漏可燃气体处的附近，或安装在泄漏出来的气体容易流过、滞留的场所。

（2）对于经常有风速0.5 m/s以上气流存在、可燃气体无法滞留的场所，或经常有热气、水滴、油烟的场所，或环境温度经常超过40℃的场所，不适宜安装可燃气体探测器。有铅离子（Pb^+）存在的场所，或有硫化氢气体存在的场所，不能使用可燃气体探测器，否则会出现气敏元件中毒而失效。在有酸、碱等腐蚀性气体存在的场所，也不宜使用可燃气体探测器。

（3）应至少每季检查一次可燃气体探测器是否工作正常。例如可用棉球蘸酒精去靠近探测器检测。

5. 复合式火灾探测器

复合式火灾探测器包括复合式感温感烟火灾探测器、复合式感温感光火灾探测器、复合式感温感烟感光火灾探测器、分离式红外光束感温感光火灾探测器。

（三）消防梯

消防梯是消防队队员扑救火灾时，登高灭火，救人或翻越障碍物的工具。目前普通使用的有单杠梯、挂钩梯、拉梯三种。按使用的材料分为木梯、竹梯、铝合金梯等。

（四）消防水带

消防水带是火场供水或输送泡沫混合液的必备器材，广泛应用于各种消防车消防泵消火栓等消防设备上。按材料不同分为麻织、锦织涂胶、尼龙涂胶。按口径不同分为50mm、65 mm 、75 mm 、90 mm；按承压不同分为甲、乙、丙、丁四级各承受的水压强度不同，水带承受工作压力分别为大于 1 MPa、0. 8 ~ 0. 9 MPa 、0. 6 ~ 0. 7 MPa、小于 0. 6 MPa 几种。按照水带长度不同分为 15m、20 m、25 m、30 m。

（五）消防水枪

消防水枪是灭火时用来射水的工具。其作用是加快流速，增大和改变水流形状。按照水枪口径不同分为 13 mm、16 mm、19 mm、22 mm、25 mm…；按照水枪开口形式不同分为直流水枪、开花水枪、喷雾水枪、开花直流水枪几种。

（六）消防车

目前我国的消防车有水罐泵浦车、泡沫消防车、干粉消防车、CO_2消防车、干粉泡沫水罐泵浦联用消防车、火灾照明车、曲臂登高消防车。

第三节　防火防爆技术

一、火灾爆炸预防基本原则

1. 防火基本原则

根据火灾发展过程的特点，应采取如下基本技术措施：

（1）以不燃溶剂代替可燃溶剂。

（2）密闭和负压操作。

（3）通风除尘。

（4）惰性气体保护。

（5）采用耐火建筑材料。

（6）严格控制火源。

（7）阻止火焰的蔓延。

（8）抑制火灾可能发展的规模。

（9）组织训练消防队伍和配备相应消防器材。

2. 防爆基本原则

防爆的基本原则是根据对爆炸过程特点的分析采取相应的措施，防止第一过程的出现，控制第二过程的发展，削弱第三过程的危害。主要应采取以下措施：

（1）防止爆炸性混合物的形成。

（2）严格控制火源。

（3）及时泄出燃爆开始时的压力。

（4）切断爆炸传播途径。

（5）减弱爆炸压力和冲击波对人员、设备和建筑的损坏。

（6）检测报警。

二、点火源及其控制

工业生产过程中，存在着多种引起火灾和爆炸的着火源，例如化工企业中常见的着火源有明火、化学反应热、化工原料的分解自燃、热辐射、高温表面、摩擦和撞击、绝热压缩、电气设备及线路的过热和火花、静电放电、雷击和日光照射等。消除着火源是防火和防爆的最基本措施，控制着火源对防止火灾和爆炸事故的发生具有极其重要的意义。

1. 明火

明火是指敞开的火焰、火星和火花等，如生产过程中的加热用火、维修焊接用火及其他火源是导致火灾爆炸最常见的原因。

（1）加热用火的控制。加热易燃物料时，要尽量避免采用明火设备，而宜采用热水或其他介质间接加热，如蒸汽或密闭电气加热等加热设备，不得采用电炉、火炉、煤炉等直接加热。明火加热设备的布置，应远离可能泄漏易燃气体或蒸气的工艺设备和储罐区，并应布置在其上风向或侧风向。对于有飞溅火花的加热装置，应布置在上述设备的侧风向。如果存在一个以上的明火设备，应将其集中于装置的边缘。如必须采用明火，设备应密闭且附近不得存放可燃物质。熬炼物料时，不得装盛过满，应留出一定的空间。工作结束时，应及时清理不得留下火种。

（2）维修焊割用火的控制。焊接切割时，飞散的火花及金属熔融碎粒低的温度高达1 500～2 000 ℃，高空作业时飞散距离可达20 m远。此类用火除用于正常停工、检修外，还往往被用来处理生产过程中临时堵漏，或在生产现场增加必要的设施，所以这类作业多为临时性的，容易成为起火原因。因此，在焊割时必须注意以下几点：

1）在输送、盛装易燃物料的设备、管道上，或在可燃可爆区域内动火时，应将系统和环境进行彻底的清洗或清理。如该系统与其他设备连通时，应将相连的管道拆下断开或加堵金属盲板隔绝，再进行清洗。然后用惰性气体进行吹扫置换，气体分析合格后方可动焊。同时可燃气体应符合爆炸下限大于4 %（体积百分数）的可燃气体或蒸气，浓度应小于0.5 %；爆炸下限小于4%的可燃气体或蒸气，浓度应小于0.2 %的标准。

2）动火现场应配备必要的消防器材，并将可燃物品清理干净。在可能积存可燃气体的管沟、电缆沟、深坑、下水道内及其附近，应用惰性气体吹扫干净，再用非燃体，如石棉板进行遮盖。

3）气焊作业时，应将乙炔发生器放置在安全地点，以防回火爆炸伤人或将易燃物引燃。

4）电杆线破残应及时更换或修理，不得利用与易燃易爆生产设备有联系的金属构件作为电焊地线，以防止在电路接触不良的地方产生高温或电火花。

（3）其他明火。存在火灾和爆炸危险的场所，如厂房、仓库、油库等地，不得使用蜡烛、火柴或普通灯具照明；汽车、拖拉机一般不允许进入，如确需进入，其排气管上应安装火花熄灭器。在有爆炸危险的车间和仓库内，禁止吸烟和携带火柴、打火机等，为此，应在醒目的地方张贴警示标记以引起注意。明火与有火灾爆炸危险的厂房和仓库相邻时，应保证足够的安全距离，例如化工厂内的火炬与甲、乙、丙生产装置、油罐和隔油池应保持 100 m 的防火间距。

2．摩擦和撞击

摩擦和撞击往往是可燃气体、蒸气和粉尘、爆炸物品等着火爆炸的根源之一。例如机器轴承的摩擦发热、铁器和机件的撞击、钢铁工具的相互撞击、砂轮的摩擦等都能引起火灾；甚至铁桶容器裂开时，亦能产生火花，引起逸出的可燃气体或蒸气着火。

在易燃易爆场合应避免这种现象的发生，如工人应禁止穿钉鞋，不得使用铁器制品。搬运储存可燃物体和易燃液体的金属容器时，应当用专门的运输工具，禁止在地面上滚动、拖拉或抛掷，并防止容器的互相撞击，以免产生火花，引起燃烧或容器爆裂造成事故。吊装可燃易爆物料用的起重设备和工具，应经常检查，防止吊绳等断裂下坠发生危险。如果机器设备不能用不发生火花的各种金属制造，应当使其在真空中或惰性气体中操作。

在有爆炸危险的生产中，机件的运转部分应该用两种材料制作，其中之一是不发生火花的有色金属材料（如铜、铝）。机器的轴承等转动部分，应该有良好的润滑，并经常清除附着的可燃物污垢。敲打工具应用铍铜合金或包铜的钢制作。地面应铺沥青、菱苦土等较软的材料。输送可燃气体或易燃液体的管道应做耐压试验和气密性检查，以防止管道破裂、接口松脱而跑漏物料，引起着火。

3．电气设备

电气设备或线路出现危险温度、电火花和电弧时，就成为引起可燃气体、蒸气和粉尘着火、爆炸的一个主要着火源。电气设备发生危险温度是由于在运行过程中设备和线路的短路、接触电阻过大、超负荷或通风散热不良等造成的。发生上述情况，设备的发热量增加，温度急剧上升，出现大大超过允许温度范围，不仅能使绝缘材料、可燃物质和积落的可燃灰尘燃烧，而且能使金属熔化，酿成电气火灾。

电火花可分为工作火花和事故火花两类，前者是电气设备（如直流电焊机）正常工作时产生的火花，后者是电气设备和线路发生故障或错误作业出现的火花。电火花一般具有较高的温度，特别是电弧的温度可达 5000～6000 ℃，不仅能引起可燃物质燃烧，还能使金属熔化飞溅，构成危险的火源。电气设备或线路出现危险温度、电火花和电弧时，便成为引起可燃气体、蒸气和粉尘着火、爆炸的一个主要火源。

保证电气设备的正常运行，防止出现事故火花和危险温度，对防火防爆有着重要意义。要保证电气设备的正常运行，则需保持电气设备的电压、电流、温升等参数不超过允许值，保持电气设备和线路绝缘能力以及良好的连接等。电气设备和电线的绝缘，不得受到生产过程中产生的蒸气及气体的腐蚀，因此电线应采用铁管线，电线的绝缘材料要具有防腐蚀的性能。在运行中，应保持设备及线路各导电部分连接的可靠，活动触头的表面要光滑，并要保证足够的触头压力，以保证接触良好。固定接头时，特别是铜、铝接头要接触紧密，保持良好的导电性能。在具有爆炸危险的场所，可拆卸的连接应有防松措施。铝导线间的连接应采用压接、熔焊或钎焊，不得简单地采用缠绕接线。电气设备应保持清洁，因为灰尘堆积和其他脏污既降低电气设备的绝缘，又妨碍通风和冷却，还可能由此引起着火。因此，应定期清扫电气设备，以保持清洁。具有爆炸危险的厂房内，应根据危险程度的不同，采用防爆型电气设备。按照防爆结构和防爆性能的不同特点，防爆电气设备可分为隔爆型、充油型、充砂型、通风充气型、本质安全型、无火花型等。隔爆型是指在电气设备发生爆炸时，其外壳能承受爆炸性混合物在壳内爆炸时产生的压力，并能阻止爆炸火焰传播到外壳的周围，不致引起外部爆炸性混合物爆炸的电气设备，如隔爆型电动机。

充油型是指可能产生火花的电气设备、电弧或危险温度的带电部分浸在绝缘油里，从而不会引起油面上爆炸性混合物爆炸的电气设备。

通风充气型是指向设备内通入新鲜空气或惰性气体，并使其保持正压强，能阻止外部爆炸性混合物进入内部引起爆炸的电气设备。

本质安全型是在正常工作或故障情况下产生电火花，其电流值均小于所在场所爆炸性混合物的最小引爆电流，而不会引起爆炸的电气设备。

应根据爆炸危险区域的特征选择防爆电气设备的类型；根据危险区域内危险物品的理化性能选择防爆电气设备的级别。

有可燃气体或蒸气爆炸危险的场所，防爆电气设备外壳的表面最高温度（极限温度和极限温升）不得超过表 4—9 的规定。在有粉尘或纤维爆炸性混合物的场所内，电气设备外壳的表面温度不应超过 125 ℃。如必须采用超过该温度的电气设备时，则其温度必须比粉尘或纤维混合物的自燃点低，即低于75 ℃或低于自燃点的2/3，所用防爆型设备外壳的表面温度不得超过 200 ℃。工厂用防爆电气设备的环境温度为 40 ℃，煤矿用的为 35 ℃。

表 4—9　　爆炸危险场所电气设备的极限温度和极限温升

爆炸性混合物的组别	防爆电气设备的外壳表面及可能与爆炸性混合物直接接触的零部件		充油型的油面	
	极限温度	极限温升	极限温度	极限温升
T1	360	320	100	60
T2	240	200	100	60
T3	160	120	100	60
T4	110	70	100	60
T5	80	40	80	40

注：极限温度指环境温度为 40 ℃时的允许温升。

4. 静电放电

生产工艺过程中产生的静电有时会带来严重的危害，有些甚至造成巨大的灾害。防止和消除静电危险十分重要。生产过程中产生的静电电压可达到几万伏以上，静电除可能引起多种爆炸性混和物发生爆炸外还可能造成电击。

为防止静电放电火花引起的燃烧爆炸，可根据生产过程中的具体情况采取相应的防静电措施。如以下几种措施：

（1）控制流速。流体在管道中的流速必须加以控制，例如易燃液体在管道中的流速不宜超过4～5 m/s，可燃气体在管道中的流速不宜超过6～8 m/s。灌注液体时，应防止产生液体飞溅和剧烈的搅拌现象。向储罐输送液体的导管，应放在液面之下或将液体沿容器的内壁缓慢流下，以免产生静电。易燃液体灌装结束时，不能立即进行取样等操作，因为在液面上积聚的静电荷不会很快消失，易燃液体蒸气也比较多，因此应经过一段时间，待静电荷松弛后，再进行操作，以防静电放电火花引起着火爆炸。

（2）保持良好接地。接地是消除静电危害最为常用的方法之一。下列生产设备应有可靠的接地装置：输送可燃气体和易燃液体的管道以及各种阀门、灌油设备和油槽车（包括灌油桥台、铁轨、油桶、加油用鹤管和漏斗等）；通风管道上的金属网过滤器；生产或加工易燃液体和可燃气体的设备储罐；输送可燃粉尘的管道和生产粉尘的设备以及其他能够产生静电的生产设备。为消除各部件的电位差，可采用等电位措施。例如在管道法兰之间加装跨接导线，既可以消除两者之间的电位差，又可以造成良好的电气通路，以防止静电放电火花。

（3）采用静电消散技术。工艺过程中产生的静电总是伴随着产生和消散两个区域，静电电荷在这里依照电荷守恒定律进行着交换。在静电产生区域是把静电分离成相等的正、负电荷，在静电消散区，带电物体上的电荷经过泄漏而消散。显然，通过增强消散过程可以使静电危害得以减轻和消除。

流体在管道输送过程中，一般来说管道部分是产生静电的区域，管道末端的容器（对液体输送而言）或料斗、料仓（对粉体输送而言）等接受容器则是静电消散区域。我们已经在管道上采取了一些静电接地措施，消散了部分静电电荷，为进一步提高安全系数，在有条件的情况下，如果在管道的末端再加装一直径较大的“松弛容器”，还可大大地消除流体在管内流动时所积累的静电。当液体输送管线上装有过滤器时，甲、乙类液体输送自过滤器至装料之间应有30 s的缓冲时间。如满足不了缓冲时间，可配置缓和器或采取其他防静电措施。

（5）人体静电防护。在静电场中，人体是一个活动的静电导体，很容易由静电感应而导致火花放电，因此要特别注意防止其他人员过分接近正在操作有爆炸危险品的工作人员，以避免不必要的静电放电现象的发生。生产和工作人员应尽量避免穿尼龙或的确良等易产生静电的工作服，而且为了导除人身上积累的静电，最好穿布底鞋或导电橡胶底胶鞋。工作地点宜采用水泥地面。

⑤其他技术。在具有爆炸危险的厂房内，一般不允许采用平皮带传动，可以采用三角皮带传动。但最好的方法是安设单独的防爆式电动机，即电动机和设备之间用轴直接传动或经过减速器传动。采用皮带传动时，为防止传动皮带在运转中产生静电发生危险时，可每隔3～5天在皮带上涂抹一次防静电的涂料。此外，还应防止皮带下垂，皮带与金属接地物的距离不得小于20～30 cm，以减小对接地金属物放电的可能性。

增高厂房或设备内空气的湿度，也是防止静电的基本措施之一。当相对湿度在65%～70%以上时，能防止静电的积累。对于不会因空气湿度而影响产品质量的生产，可用喷水或喷水蒸气的方法增加空气湿度。

5. 化学能和太阳能

有些物质在常温下能与空气发生氧化反应放出热量而引起自燃，因此，应保存在水中

（液封），避免与空气接触；有些物质与水作用能够分解放出可燃气体，如电石与水作用可分解放出乙炔气体，金属钠与水作用分解放出氢气，五硫化磷与水作用分解放出硫化氢等，这类物质应特别注意采用防潮措施；有的物质受热升温能分解放出具有催化作用的气体，如硝化棉、赛璐璐等受热能放出氧化氮和热量，氧化氮对其进一步分解有催化作用，以至发生燃烧和爆炸。对上述各类物质要特别注意防热、通风。直射的太阳光通过凸透镜、圆形玻璃瓶、有气泡的玻璃等会聚焦形成高温焦点，能够点燃易燃易爆物质。有爆炸危险的厂房和库房必须采取遮阳措施，窗户采用磨砂玻璃，以避免形成点火源。

三、爆炸控制

爆炸造成的后果大多非常严重。在化工生产作业中，爆炸的压力和火灾的蔓延不仅会使生产设备遭受损失，而且使建筑物破坏，甚至致人死亡。因此，科学防爆是非常重要的一项工作。防止爆炸的一般原则：一是控制混合气体中的可燃物含量处在爆炸极限以外；二是使用惰性气体取代空气；三是使氧气浓度处于其极限值以下。为此应防止可燃气向空气中泄漏，或防止空气进入可燃气体中；控制、监视混合气体各组分浓度；装设报警装置和设施。

在生产过程中，应根据可燃易燃物质的燃烧爆炸特性，以及生产工艺和设备等的条件，采取有效的措施，预防在设备和系统里或在其周围形成爆炸性混合物。这类措施主要有设备密闭、厂房通风、惰性介质保护、以不燃溶剂代替可燃溶剂、危险物品隔离储存等。

1. 惰性气体保护

由于爆炸的形成需要有可燃物质、氧气以及一定的点火能量，用惰性气体取代空气，避免空气中的氧气进入系统，就消除了引发爆炸的一大因素，从而使爆炸过程不能形成。在化工生产中，采取的惰性气体（或阻燃性气体）主要有氮气、二氧化碳、水蒸气、烟道气等。如下情况通常需考虑采用惰性介质保护：

（1）可燃固体物质的粉碎、筛选处理及其粉末输送时，采用惰性气体进行覆盖保护。

（2）处理可燃易爆的物料系统，在进料前用惰性气体进行置换，以排除系统中原有的气体，防止形成爆炸性混合物。

（3）将惰性气体通过管线与火灾爆炸危险的设备、储槽等连接起来，在万一发生危险时使用。

（4）易燃液体利用惰性气体充压输送。

（5）在有爆炸性危险的生产场所，对有可能引起火灾危险的电器、仪表等采用充氮正压保护。

（6）易燃易爆系统检修动火前，使用惰性气体进行吹扫置换。

（7）发现易爆易爆气体泄漏时，采用惰性气体（水蒸气）冲淡。发生火灾时，用惰性气体进行灭火。

向可燃气体、蒸气或粉尘与空气的混合物中加入惰性气体，可以达到两种效果，一是缩小甚至消除爆炸极限范围，二是将混合物冲淡。例如，易燃固体物质的压碎、研磨、筛分、混合以及粉状物料的输送，可以在惰性气体的覆盖下进行；当厂房内充满可燃性物质而具有危险时（如发生事故使车间、库房充满有爆炸危险的气体或蒸气），应向这一地区放送大量惰性气体加以冲淡；在生产条件允许的情况下，可燃混合物在处理过程中亦应加入惰性气体作为保护气体；还有用惰性介质充填非防爆电气、仪表；在停车检修或开工生产前，用惰性气体吹扫设备系统内的可燃物质等。总之，合理利用惰性气体，对防火防爆具有很大的实际作用。采用烟道气时应经过冷却，并除去氧及残余的可燃组分。氮气等惰性气体在使用前应经过气体分析，其中含氧量不得超过2%。

惰性气体的需用量取决于允许的最高含氧量（氧限值）。可燃物质与空气的混合物中加入氮或二氧化碳，成为无爆炸性混合物时氧的浓度，见表4—10。

表4—10　可燃混合物不发生爆炸时氧的最高含量

可燃物质	氧的最大安全浓度（%）		可燃物质	氧的最大安全浓度（%）	
	CO_2稀释剂	N_2稀释剂		CO_2稀释剂	N_2稀释剂
甲烷	14.6	12.1	丁二烯	13.9	10.4
乙烷	13.4	11.0	氢	5.9	5.0
丙烷	14.3	11.4	一氧化碳	5.9	5.6
丁烷	14.5	12.1	丙酮	15	13.5
戊烷	14.4	12.1	苯	13.9	11.2
己烷	14.5	11.9	煤粉	16	
汽油	14.4	11.6	麦粉	12	
乙烯	11.7	10.6	硬橡胶粉	13	
丙烯	14.1	11.5	硫	11	

惰性气体的需用量，可根据表4—10中的数值用下列公式计算：

$$X = \frac{21-\omega_0}{\omega_0}V \qquad (4—13)$$

式中　X——惰性气体的需用量，L；

ω_0——从表中查得的最高含氧量，%；

V——设备内原有空气容积（即空气总量，其中氧占21%）。

例如，假若氧的最高含量为12%，设备内原有空气容积为100 L，则 $X = \frac{21-12}{12} \times 100 = 75$ L。这就是说，必须向空气容积为100 L的设备输入75 L的惰性气体，然后才能进行操作。而且在操作中每输入或渗入100 L的空气，必须同时输入75 L的惰性气体，才能保证安全。

必须指出，以上计算的惰性气体是不含有氧和其他可燃物的，如使用的惰性气体中含有氧。则惰性气体的用量用下式计算：

$$X = \left(\frac{21-\omega_0}{\omega_0-\omega_0'}\right)V \qquad (4—14)$$

式中，ω_0' 为惰性气体中的含氧量百分比。例如在前述条件下，若所加入的惰性气体中含氧6%，则：

$$X = \left(\frac{21-12}{12-6}\right) \times 100 = 150 \text{ L}$$

在向有爆炸危险的气体或蒸气中加入惰性气体时，应避免惰性气体的漏失以及空气渗入其中。

2. 系统密闭和正压操作

装盛可燃易爆介质的设备和管路，如果气密性不好，就会由于介质的流动性和扩散性，造成跑、冒、滴、漏现象，逸出的可燃易爆物质，在设备和管路周围空间形成爆炸性混合物。同样的道理，当设备或系统处于负压状态时，空气就会渗入，使设备或系统内部形成爆炸性混合物。设备密闭不良是发生火灾和爆炸事故的主要原因之一。

容易发生可燃易燃物质泄漏的部位主要有设备的转轴与壳体或墙体的密封处，设备的各种孔（人孔、手孔、清扫孔）盖及封头盖与主体的连接处，以及设备与管道、管件的各个连接处等。

为保证设备和系统的密闭性，在验收新的设备时，在设备修理之后及在使用过程中，必须根据压力计的读数用水压试验来检查其密闭性，测定其是否漏气并进行气体分析。此外，可于接缝处涂抹肥皂液进行充气检测。为了检查无味气体（氢、甲烷等）是否漏出，可在其中加入显味剂（硫醇、氨等)。

当设备内部充满易爆物质时，要采用正压操作，以防外部空气渗入设备内。设备内的压力必须加以控制，不能高于或低于额定的数值。压力过高，轻则渗漏加剧，重则破裂导致大量可燃物质排出；压力过低，就有渗入空气、发生爆炸的可能。通常可设置压力报警器，在设备内压力失常时及时报警。

对爆炸危险度大的可燃气体（如乙炔、氢气等）以及危险设备和系统，在连接处应尽量采用焊接接头，减少法兰连接。

3. 厂房通风

要使设备达到绝对密闭是很难办到的，总会有一些可燃气体、蒸气或粉尘从设备系统中泄漏出来，而且生产过程中某些工艺（如喷漆）会大量释放可燃性物质。因此，必须用通风的方法使可燃气体、蒸气或粉尘的浓度不致达到危险的程度，一般应控制在爆炸下限1/5以下。如果挥发物既有爆炸性又对人体有害，其浓度应同时控制到满足《工业企业设计卫生标准》的要求。

在设计通风系统时，应考虑到气体的相对密度。某些比空气重的可燃气体或蒸气，即使是少量物质，如果在地沟等低洼地带积聚，也可能达到爆炸极限。此时，车间或厂房的下部亦应设通风口，使可燃易爆物质及时排出。从车间排出含有可燃物质的空气时，应设防爆的通风系统，鼓风机的叶片应采用碰击时不会产生火花的材料制造，通风管内应设有防火遮板，使一处失火时迅速隔断管路，避免波及他处。

4. 以不燃溶剂代替可燃溶剂

以不燃或难燃的材料代替可燃或易燃材料，是防火与防爆的根本性措施。因此，在满足生产工艺要求的条件下，应当尽可能地用不燃溶剂或火灾危险性小的物质代替易燃溶剂或火灾危险性较大的物质，这样可防止形成爆炸性混合物，为生产创造更为安全的条件。常用的不燃溶剂主要有甲烷和乙烷的氯衍生物，如四氯化碳、三氯甲烷和三氯乙烷等。使用汽油、丙酮、乙醇等易燃溶剂的生产，可以用四氯化碳、三氯乙烷或丁醇、氯苯等不燃溶剂或危险性较低的溶剂代替。又如四氯化碳用于代替溶解脂肪、沥青、橡胶等所采用的易燃溶剂。但这类不燃溶剂具有毒性，在发生火灾时能分解放出光气，因此应采取相应的安全措施。例如，为避免泄漏，必须保证设备的气密性，严格控制室内的蒸气浓度，使之不得超过卫生标准规定的浓度等。

评价生产中所使用溶剂的火灾危险性时，饱和蒸气压和沸点是很重要的参数。饱和蒸气压越大，蒸发速度越快，闪点越低，则火灾危险性越大；沸点较高（例如沸点在110 ℃以上）的液体，在常温（18～20 ℃）时所挥发出来的蒸气是不会达到爆炸危险浓度的。危险性较小的液体的沸点和蒸气压见表4—11。

表4—11　　危险性较小的物质的沸点及蒸气压

物质名称	沸点（℃）	20℃时的蒸气压（Pa）	物质名称	沸点（℃）	20℃时的蒸气压（Pa）
戊醇	130	267	乙二醇	126	1 067
丁醇	114	534	氯苯	130	1 200
醋酸戊醇	130	800	二甲苯	135	1 333

5．危险物品的储存

性质相互抵触的危险化学物品如果储存不当，往往会酿成严重的事故。例如，无机酸本身不可燃，但与可燃物质相遇能引起着火及爆炸；铝酸盐与可燃的金属相混时能使金属着火或爆炸；松节油、磷及金属粉末在卤素中能自行着火等。由于各种危险化学品的性质不同，因此，他们的储存条件也不相同。为防止不同性质物品在储存中相互接触而引起火灾和爆炸事故，禁止一起储存的物品见表4—12。

表4—12　　禁止一起储存的物品

组别	物品名称	禁止储存的物品	备注
1	爆炸物品： 苦味酸、梯恩梯、硝化棉、硝化甘油、硝铵炸药、雷汞等	不准与任何其他类的物品共储，必须单独隔离储存	起爆药、雷管与炸药必须隔离储存
2	易燃液体： 汽油、苯、二硫化碳、丙酮、乙醚、甲苯、酒精、硝基漆、煤油	不准与其他种类物品共同储存	如数量甚少，允许与固体易燃物品隔开后存放
3	易燃气体： 乙炔、氢、氯化甲烷、硫化氢、氨等	除惰性气体外，不准和其他种类的物品共储	
	惰性气体：氮、二氧化碳、二氧化硫、氟利昂等	除易燃气体、助燃气体、氧化剂和有毒物品外，不准和其他种类物品共储	
	助燃气体：氧、氟、氯等	除惰性气体和有毒物品外，不准和其他物品共储	氯兼有毒害性

续表

组别	物品名称	禁止储存的物品	备注
4	遇水或空气能自燃的物品： 钾、钠、电石、磷化钙、锌粉、铝粉、黄磷等	不准与其他种类的物品共储	钾、钠须浸入石油中，黄磷浸入水中，均单独储存
5	易燃固体：赛璐珞、电影胶片、赤磷、萘、樟脑、硫磺、火柴等	不准与其他种类的物品共储	赛璐珞、胶片、火柴均须单独隔离储存
6	氧化剂： 能形成爆炸混合物物品、氯酸钾、氯酸钠、硝酸钾、硝酸钠、硝酸钡、次硝酸钙、亚硝酸钠、过氧化钠、过氧化钠、过氧化氢（30%）等；	除惰性气体外，不准与其他种类的物品共储	过氧化物遇水有发热爆炸危险，应单独储存过氧化氢应储存在阴凉处所
	能引起燃烧的物品： 溴、硝酸、铬酸、高锰酸钾、重硝酸钾	不准与其他种类的物品共储	与氧化剂亦应隔离
7	有毒物品： 光气、三氧化二砷、氰化钾、氰化钠等	除惰性气体外，不准与其他种类的物品共储	

6. 防止容器或室内爆炸的安全措施

（1）抗爆容器。对已知的爆炸结果做系统的评定表明，在符合一定结构要求的前提下，即使容器和设备没有附加的防护措施，也能承受一定的爆炸压力。若选择这种结构形式的设备在剧烈爆炸下没有被炸碎，而只产生部分变形，那么设备的操作人员就可以安然无恙，这也就达到了最重要的防护目的。

（2）爆炸卸压。通过固定的开口及时进行泄压，则容器内部就不会产生高爆炸压力，因而也就不必使用能抗这种高压的结构。把没有燃烧的混合物和燃烧的气体排放到大气里去，就可把爆炸压力限制在容器材料强度所能承受的某一数值。卸压装置可分为一次性（如爆破膜）和重复使用的装置（如安全阀）。

（3）房间泄压。它主要是用来保护容器和装置的，能使被保护设备不被炸毁和使用人员不受伤害。它可用卸压措施来保护房间，但不能保护房间里的人。这种情况下，房间内的设施必须是遥控的，并在运行期间严禁人员进入房间。一般可以通过窗户、外墙和建筑物的房顶来进行卸压。

7. 爆炸抑制

爆炸抑制系统由能检测初始爆炸的传感器和压力式的灭火剂罐组成，灭火剂罐通过传感装置动作。在尽可能短的时间内，把灭火剂均匀地喷射到应保护的容器里，于是，爆炸燃烧被扑灭，控制住爆炸的发生。爆炸燃烧能自行进行检测，并在停电后的一定时间里仍能继续进行工作。

四、防火防爆安全装置及技术

为防止火灾爆炸的发生，阻止其扩展和减少破坏，已研制出许多防火防爆和防止火焰、爆炸扩展的安全装置，并在实际生产中广泛使用，取得了良好的安全效果。防火防爆安全装置可以分为阻火隔爆装置与防爆泄压装置两大类。下面分别加以介绍。

1. 阻火及隔爆技术

阻火隔爆是通过某些隔离措施防止外部火焰窜入存有可燃爆炸物料的系统、设备、容器及管道内，或者阻止火焰在系统、设备、容器及管道之间蔓延。按照作用机理，可分为机械隔爆和化学抑爆两类。机械隔爆是依靠某些固体或液体物质阻隔火焰的传播；化学抑爆主要是通过释放某些化学物质来抑制火焰的传播。

机械阻火隔爆装置主要有工业阻火器、主动式隔爆装置和被动式隔爆装置等。其中工业阻火器装于管道中，形式最多，应用也最为广泛。

(1) 工业阻火器。工业阻火器分为机械阻火器、液封和料封阻火器。工业阻火器常用于阻止爆炸初期火焰的蔓延。一些具有复合结构的机械阻火器也可阻止爆轰火焰的传播。

(2) 主动式隔爆装置。主动式、被动式隔爆装置是靠装置某一元件的动作来阻隔火焰，这与工业阻火器靠本身的物理特性来阻火是不同的。另一方面工业阻火器在工业生产过程中时刻都在起作用，对流体介质的阻力较大，而主、被动式隔爆装置只是在爆炸发生时才起作用，因此他们在不动作时对流体介质的阻力小，有些隔爆装置甚至不会产生任何压力损失。另外，工业阻火器对于纯气体介质才是有效的，对气体中含有杂质（如粉尘、易凝物等）的输送管道，应当选用主、被动式隔爆装置为宜。

主动式（监控式）隔爆装置由一灵敏的传感器探测爆炸信号，经放大后输出给执行机构，控制隔爆装置喷洒抑爆剂或关闭阀门，从而阻隔爆炸火焰的传播。被动式隔爆装置是由爆炸波来推动隔爆装置的阀门或闸门来阻隔火焰。

(3) 被动式隔爆装置。被动式隔爆装置主要有自动断路阀、管道换向隔爆等形式。

(4) 其他阻火隔爆装置。

1) 单向阀。单向阀又称止逆阀，止回阀。它的作用是仅允许液体（气体或液体）向一个方向流动，遇到倒流时即自行关闭，从而避免在燃气或燃油系统中发生液体倒流，或高压窜入低压造成容器管道的爆裂，或发生回火时火焰倒吸和蔓延等事故。

在工业生产上，通常在系统中流体的进口和出口之间，与燃气或燃油管道及设备相连接的辅助管线上，高压与低压系统之间的低压系统上，或压缩机与油泵的出口管线上安置单向阀。生产中用的单向阀有升降式、摇板式、球式等几种。

2) 阻火阀门。阻火阀门是为了阻止火焰沿通风管道或生产管道蔓延而设置的阻火装置。在正常情况下，阻火闸门受环状或者条状的易熔金属的控制，处于开启状态。一旦着火，温度升高，易熔金属即会熔化，此时闸门失去控制，受重力作用自动关闭，将火阻断在闸门一边。易熔金属元件通常由铋、铅、锡、汞等金属按一定比例组成的低熔点金属制成。由于赛璐珞、尼龙、塑料等有机材料在高温时也容易燃烧或者失去强度，所以也有用这类材料代替易熔合金来控制阻火阀门。

3) 火星熄灭器（防火罩、防火帽）。由烟道或车辆尾气排放管飞出的火星也可能引起火灾。因此，通常在可能产生火星设备的排放系统，如加护热炉的烟道，汽车、拖拉机的尾气排放管上等，安装火星熄灭器，用以防止飞出的火星引燃可燃物料。

火星熄灭器熄火的基本方法主要有以下几种：

①当烟气由管径较小的管道进入管径较大的火星熄灭器中，气流由小容积进入大容积，致使流速减慢、压力降低，烟气中携带的体积、质量较大的火星就会沉降下来，不会从烟道飞出。

②在火星熄灭器中设置网格等障碍物，将较大、较重的火星挡住；或者采用设置旋转叶轮等方法改变烟气流动方向，增加烟气所走的路程，以加速火星的熄灭或沉降。

③用喷水或通水蒸气的方法熄灭火星。

（5）化学抑制防爆（简称化学抑爆、抑制防爆）装置。化学抑爆是在火焰传播显著加速的初期通过喷洒抑爆剂来抑制爆炸的作用范围及猛烈程度的一种防爆技术。它可用于装有气相氧化剂中可能发生爆燃的气体、油雾或粉尘的任何密闭设备。例如：加工设备（如反应容器、混合器、搅拌器、研磨机、干燥器、过滤器及除尘器等）、储藏设备（如常压或低压罐、高压罐等）、装卸设备（如气动输送机、螺旋输送机、斗式提升机等）、试验室和中间试验厂的设备（如通风柜、试验台等）以及可燃粉尘气力输送系统的管道等。

爆炸抑制系统主要由爆炸探测器、爆炸抑制器和控制器三部分组成。其作用原理是：高灵敏度的爆炸探测器探测到爆炸发生瞬间的危险信号后，通过控制器启动爆炸抑制器，迅速将抑爆剂喷入被保护的设备中，将火焰扑灭从而抑制爆炸进一步发展。

化学抑爆技术可以避免有毒或易燃易爆物料以及灼热物料、明火等窜出设备，对设备强度的要求较低。适用于泄爆易产生二次爆炸，或无法开设泄爆口的设备以及所处位置不利于泄爆的设备。常用的抑爆剂有化学粉末、水、卤代烷和混合抑爆剂等。

2. 防爆泄压技术

生产系统内一旦发生爆炸或压力骤增时，可通过防爆泄压设施将超高压力释放出去，以减少巨大压力对设备、系统的破坏或者减少事故损失。防爆泄压装置主要有安全阀、爆破片、防爆门等。

（1）安全阀。安全阀的作用是为了防止设备和容器内压力过高而爆炸，包括防止物理性爆炸（如锅炉、蒸馏塔等的爆炸）和化学性爆炸（如乙炔发生器的乙炔受压分解爆炸等）。当容器和设备内的压力升高超过安全规定的限度时，安全阀即自动开启，泄出部分介质，降低压力至安全范围内再自动关闭，从而实现设备和容器内压力的自动控制，防止设备和容器的破裂爆炸。安全阀在泄出气体或蒸气时，产生动力声响，还可起到报警的作用。

安全阀按其结构和作用原理可分为杠杆式、弹簧式和脉冲式等。按气体排放方式分为全封闭式、半封闭式和敞开式三种。安全阀的分类、作用原理、结构特点及适用范围见表4—13。

设置安全阀时应注意以下几点：

1）新装安全阀，应有产品合格证；安装前应由安装单位继续复校后加铅封，并出具安全阀校验报告。

2）当安全阀的入口处装有隔断阀时，隔断阀必须保持常开状态并加铅封。

表 4—13　　安全阀的分类、作用原理、结构特点及适用范围

分类方式	类别	作用原理	结构特点及适用范围
按整体结构及加载方式分	杠杆式	利用加载机构（重锤和杠杆）来平衡介质作用载阀瓣上的力	加载机构中重锤质量和位置的变化可以获得较大的开启或关闭力，调整容易而且较正确
			所加载不因阀瓣的升高而增加
			加载机构对振动敏感，常因振动产生泄漏
			结构简单但笨重，限于中、低压系统
			适于温度较高的系统
			不适于持续运行的系统
	弹簧式	利用压缩弹簧的力来平衡介质作用载阀瓣上的力	通过调整螺母来调整弹簧压缩量，从而按需要来校正安全阀的开启压力
			弹簧力随阀的开启高度而变化，不利于阀的迅速开启
			结构紧凑，灵敏度较高，安装位置无严格限制，应用广泛
			对振动的敏感性小，可用于移动式的压力容器
			长期高温会影响弹簧力，不适用于高温系统
	脉冲式	通过辅阀上的加载机构（杠杆式或弹簧式）动作产生的脉冲作用带动主阀动作	结构复杂，通常只使用于安全泄放量很大的系统或者用于高压系统
按气体排放方式分	全封闭式		排出的气体全部通过排放管排放，介质不外泄，主要用于存有毒或易燃气体的系统
	半封闭式		排出的气体部分通过排放管排放，其他部分从阀盖或阀杆之间的空隙漏出，多用于存有对环境无害气体的系统
	敞开式		没有安装排气管的连接结构，排出的气体从安全阀出口直接排到大气中。多用于存有压缩空气、水蒸气的系统

3）压力容器的安全阀最好直接装设在容器本体上。液化气体容器上的安全阀应安装于气相部分，防止排出液体物料，发生事故。

4）如安全阀用于排泄可燃气体，直接排入大气，则必须引至远离明火或易燃物，而且通风良好的地方，排放管必须逐段用导线接地以消除静电作用。如果可燃气体的温度高于它的自燃点，应考虑防火措施或将气体冷却后再排入大气。

5）安全阀用于泄放可燃液体时，宜将排泄管接入事故储槽、污油罐或其他容器；用于泄放高温油气或易燃、可燃气体等遇空气可能立即着火的物质时，宜接入密闭系统的放空塔或事故储槽。

6）一般安全阀可放空，但要考虑放空口的高度及方向的安全性。室内的设备，如蒸馏塔、可燃气体压缩机的安全阀、放空口宜引出房顶，并高于房顶 2 m 以上。

（2）爆破片（又称防爆膜、防爆片）。爆破片是一种断裂型的安全泄压装置，当设备、容器及系统因某种原因压力超标时，爆破片即被破坏，使过高的压力泄放出来，以防止设备、容器及系统受到破坏。爆破片与安全阀的作用基本相同，但安全阀可根据压力自行开关，如一次因压力过高开启泄放后，待压力正常即自行关闭；而爆破片的使用则是一次性的，如果被破坏，需要重新安装。

爆破片的另一个作用是，如果压力容器的介质不洁净、易于结晶或聚合，这些杂质或结晶体有可能堵塞安全阀，使得阀门不能按规定的压力开启，失去了安全阀泄压作用，在此情况下就只得用爆破片作为泄压装置。此外，对于工作介质为剧毒气体或可燃气体（蒸气）里含有剧毒气体的压力容器，其泄压装置也应采用爆破片而不宜用安全阀，以免污染环境。因为对于安全阀来说，微量的泄漏是难免的。

爆破片的防爆效率取决于它的厚度、泄压面积和膜片材料的选择。

设备和容器运行时，爆破片需长期承受工作压力、温度或腐蚀，还要保证设备的气密性，而且遇到爆炸增压时必须立刻破裂。这就要求泄压膜材料要有一定的强度，以承受工作压力；有良好的耐热、耐腐蚀性；同时还应具有脆性，当受到爆炸波冲击时，易于破裂；厚度要尽可能地薄，但气密性要好。

正常工作时操作压力较低或没有压力的系统，可选用石棉、塑料、橡皮或玻璃等材质的爆破片；操作压力较高的系统可选用铝、铜等材质；微负压操作时可选用 2 ~ 3 mm 厚的橡胶板。应特别注意的是，由于钢、铁片破裂时可能产生火花，存有燃爆性气体的系统不宜选其作爆破片。在存有腐蚀性介质的系统，为防止腐蚀，可以在爆破片上涂一层防腐剂。

爆破片应有足够的泄压面积，以保证膜片破裂时能及时泄放容器内的压力，防止压力迅速增加而致容器发生爆炸。一般按 1 m^3 容积取 0.035 ~ 0.18 m^2，但对氢和乙炔的设备则应大于 0.4 m^2。

爆破片的厚度可按下式计算：

$$\delta = \frac{pD}{K} \tag{4—15}$$

式中 δ——爆破片厚度，mm；

P——设计的爆破压力，Pa；

D——泄压孔直径，mm；

K——应力系数，根据不同材料选择，铝为 $2.4\times10^3\sim2.9\times10^3$（温度<100 ℃），铜为 $7.7\times10^3\sim8.8\times10^3$（温度<200 ℃）。

当材料完全退火时，膜片厚度较薄时，K 值取下限值。

爆破片爆破压力的选定，一般为设备、容器及系统最高工作压力的 1.15～1.3 倍。压力波动幅度较大的系统，其比值还可增大。但是任何情况下，爆破片的爆破压力均应低于系统的设计压力。

爆破片一定要选用有生产许可证单位制造的合格产品，安装要可靠，表面不得有油污；运行中应经常检查法兰连接处有无泄漏；爆破片一般 6～12 个月更换一次。此外如果在系统超压后未破裂的爆破片以及正常运行中有明显变形的爆破片应立即更换。

凡有重大爆炸危险性的设备、容器及管道，都应安装爆破片（例如气体氧化塔、球磨机、进焦煤炉的气体管道、乙炔发生器等）

(3) 防爆门（窗）

防爆门（窗）一般设置在使用油、气或燃烧煤粉的燃烧室外壁上，在燃烧室发生爆燃或爆炸时用于泄压，以防设备遭到破坏。泄压面积与厂房体积的比值（m^2/m^3）宜采用 0.05～0.22。爆炸介质威力较强或爆炸压力上升速度较快的厂房应尽量加大比值。为防止燃烧火焰喷出时将人烧伤或者翻开的门（窗）盖将人打伤，防爆门（窗）应设置在人不常到的地方，高度最好不低于 2 m。

第四节　烟花爆竹安全技术

一、概述

（一）烟花爆竹的定义

现代的烟花爆竹是以烟火药为原料，经过工艺制作，在燃放时能够产生特种效果的产品。

（二）烟花爆竹的组成及性质

1．烟花爆竹的组成

烟火药最基本的组成是氧化剂和可燃剂。氧化剂提供燃烧反应时所需要的氧，可燃剂提供燃烧反应赖以进行所需的热。但仅有单一的氧化剂和可燃剂组成的二元混合物，很难在工程应用上获得理想的烟火效应。因此，实际应用的烟火药除氧化剂和可燃剂外，还包括制品具有一定强度的黏结剂，产生特种烟火效应的功能添加剂（如使火焰着色的物质，增加烟雾浓度的发烟物质，增加火焰亮度的其他可燃物质，燃速缓慢的惰性添加物质）等。

(1) 氧化剂。烟火药所用的氧化剂通常要求是富氧的离子型固体，能在中等温度下即可分解放出氧。氧化剂质量含量一般不低于 98%～99%。水分含量应该不高于 0.5%。不含有增强药剂机械感度或降低药剂化学安定性和影响烟火效应的杂质。

（2）可燃剂。烟火药的可燃剂可分为：金属可燃剂、非金属可燃剂和有机化合物可燃剂。可燃剂选择以获得最佳烟火效应为前提，同时要兼顾其经济性和实用性。

（3）黏结剂。烟火药组分中的黏结剂主要起增强制品机械强度、减缓药剂燃速、降低药剂敏感度和改善药剂物理化学安定性等作用。其含量一般以5%～10%为宜。

（4）功能添加剂。烟火药组分中的功能添加剂主要包括使火焰着色的染焰剂、加快或减缓燃速的调速剂、增强物理化学安定性的安定剂、降低机械感度的钝感剂以及增强各种烟火效应的添加物质等。

2. 烟花爆竹的性质

烟花爆竹的组成决定了它具有燃烧和爆炸的特性。

燃烧是可燃物质（包括可燃固体、可燃液体和可燃气体）发生强烈的氧化还原反应，同时发出热和光的现象。其主要特性有：

（1）能量特征。它是标志火药做功能力的参量，一般是指1 kg火药燃烧时气体产物所做的功。

（2）燃烧特性。它标志火药能量释放的能力，主要取决于火药的燃烧速率和燃烧表面积。燃烧速率与火药的组成和物理结构有关，还随初温和工作压力的升高而增大。加入增速剂、嵌入金属丝或将火药制成多孔状，均可提高燃烧速率。加入降速剂，可降低燃烧速率。燃烧表面积主要取决于火药的几何形状、尺寸和对表面积的处理情况。

（3）力学特性。它是指火药要具有相应的强度，满足在高温下保持不变形、低温下不变脆，能承受在使用和处理时可能出现的各种力的作用，以保证稳定燃烧。

（4）安定性。它是指火药必须在长期储存中保持其物理化学性质的相对稳定。为改善火药的安定性，一般在火药中加入少量的化学安定剂，如二苯胺等。

（5）安全性。由于火药在特定的条件下能发生爆轰，所以要求在配方设计时必须考虑火药在生产、使用和运输过程中安全可靠。

（三）烟花爆竹行业存在的问题及事故频发的主要原因

1. 烟花爆竹行业存在的问题

烟花爆竹产业的发展，对满足民俗需要，繁荣市场经济，出口创汇，解决一部分人的就业问题等方面都起到一定的作用。但是，象征吉祥如意的烟花爆竹在给人们带来绚丽的视觉愉悦和听觉享受的同时，由于它固有的危险性，在生产、运输、储存、销售和燃放等过程发生的燃烧和爆炸事故，也造成了严重的人员伤亡和财产损失。所以，烟花爆竹生产历来是一个高度危险性的行业。

（1）重大、特大伤亡事故频繁地发生。随着党中央和国务院有关部门对安全生产工作的重视和科学技术的不断发展，现在烟花爆竹的安全生产得到很大的改善。采用了比较先进的生产工艺和科学的管理模式，国家和行业主管部门也制定和颁布了一系列关于烟花爆竹的安全、质量标准和管理规范，使烟花爆竹的火灾、爆炸事故在一定程度上得到控制。但是仍有一些烟花爆竹生产企业为追求利润，而忽视了安全工作的重要性，导致重大、特大伤亡事故频繁地发生。

表 4—14　　近五年主要烟花爆竹爆炸重大、特大伤亡事故

时间	地点	事故	死亡	受伤	失踪
2006. 7. 10	湖南省郴州市宜章县栗源镇逕口村	烟花爆竹爆炸	7		
2007. 10. 22	重庆市秀山土家族苗族自治县洪安镇	烟花爆竹爆炸	17	15	2
2007. 11. 10	湖南省浏阳市达浒花炮总厂	爆炸	10	2	1
2008. 12. 21	安徽省宿州市泗县大杨乡曹安村	烟花爆竹爆炸	4	4	
2009. 1. 3	山东省潍坊市潍城区于河街道前王村	烟花爆竹爆炸	13	2	
2009. 5. 2	山东省德州市庆云县庆云镇杨庄子村	烟花爆竹爆炸	13	2	
2010. 2. 26	广东揭阳市普宁市军埠镇石桥头村	烟花爆炸	19	50	
2010. 8. 16	黑龙江省伊春市华利实业有限公司	烟花爆竹爆炸	34	153	3

（2）产品安全质量差，对安全生产和安全燃放构成严重威胁。据国家质量技术监督检验检疫总局2010年1月28日发布的2009年烟花爆竹产品质量国家监督专项抽查质量公告，其检查主要依据《烟花爆竹安全与质量》（GB 10631—2004）等强制性国家标准的要求，重点检验了禁用药物、含药量、燃放性能、主体平稳性、引火线、包装、标志等重点项目。市场上的烟花爆竹产品质量抽检不合格率占到了39. 2%。如此低劣的产品安全质量，必然导致在烟花爆竹生产和燃放过程中不断地发生事故。

烟花爆竹产品安全质量方面存在的问题主要表现在以下几个方面：

1）烟火药配料中使用国家明令禁用的氯酸盐。由于氯酸盐的安全性能很不稳定，尤其是与硫磺或有机物混合后，稍微受到摩擦或撞击就会着火起爆，而烟花爆竹的生产，很多工序都是手工操作，难免有摩擦或撞击，造成燃烧爆炸事故是难以避免的。

2）烟花爆竹的引火线长度长短不一。国家标准《烟花爆竹安全与质量》规定，吐珠类产品引火线应在6～10 s引燃主体，小礼花弹类引火线应在8～12 s引燃主体，其他各类产品的引火线应在3～6 s引燃主体。但抽检发现，因引线不合格的占了24. 6%。根据有关技术标准，引燃时间小于2 s的烟花爆竹产品属于有致命缺陷的产品，不到1 s的引爆速度，更是不管谁遇上都难逃被炸伤的厄运。而引火线过长，则容易误导燃放者以为未点燃或不会爆炸而靠近烟花爆竹，同样严重威胁燃放者人身安全。

3）爆竹越做越大，药量严重超标。有些企业盲目追求产品的爆炸威力，无视安全要求，随意加大产品中烟火药的用量，最大药量甚至达到国家标准规定的4倍。药量越大，烟花爆竹的威力加大了，但引发事故的概率也相应提高，事故的后果也越严重。甚至有个别企业还将爆竹的外壳由纸管变成塑料管，而塑料管被炸成碎片后具有很强的杀伤力，极易造成严重的人身伤害事故。

4）空中礼花类产品。低爆空中礼花升空不到3 m就爆炸了。这样的烟花落地时还有火星，很容易烧伤人和引起火灾。有的烟花产品甚至在地面上突然整体爆炸，这样的烟花产品的杀伤力更大、更危险。

2. 烟花爆竹行业事故频发原因

近年来，我国烟花爆竹生产厂家屡屡发生重大、特大火灾爆炸和伤亡事故，在给人民的生命财产造成严重损失的同时，严重影响了社会稳定。

分析近年来烟花爆竹行业生产安全事故频发的主要原因，大致有以下几类：

（1）非法生产现象严重。在市场经济条件下，一些经营者为了追求眼前经济利益，置国家有关法律、法规于不顾，未经批准就非法生产烟花爆炸。

（2）不具备基本的安全条件。相当多的烟花爆竹生产企业工厂选址、厂房布局不符合安全要求，没有必要的消防设施。生产设备简陋，操作方法原始，生产场所储存药量超标、作业人员数量超限。有的甚至在居住区生产烟花爆竹。这些不具备基本安全条件的烟花爆竹生产企业，发生事故必然造成群死群伤的后果。

（3）安全管理制度不健全。相当多的烟花爆竹生产经营者本身就缺乏必要的安全生产知识，对国家的有关安全卫生法规和标准不甚了解，以致企业安全管理制度不健全，无章可循或有章不循，安全生产管理工作处于混乱状态。

（4）从业人员素质差。相当多的烟花爆竹生产企业没有技术人员，没有合格的安全生产管理人员，还随意招收未经安全教育和技术培训的工人上岗作业，甚至使用童工。从业人员安全意识差，生产操作中违反安全技术规程现象严重。

（5）烟火药配方中使用禁、限用原料。仍存在烟火药配方中使用禁用药物，单个产品装药量超标等严重威胁生产和燃放安全的问题。

（6）缺乏质量安全保障能力。烟花爆竹劳动安全技术规程规定，烟火药的原材料进厂后，应经化验和工艺鉴定合格后方可使用。中间产品和产品的安全质量也需要有一定的检测手段来保证。实际上，现有的大多数烟花爆竹生产厂家是乡镇集体企业，有的是挂靠在村委会的私营或个体企业，甚至是家庭作坊。他们缺乏必要的检测能力，没有严格的安全质量保证体系。烟花爆竹原料和产品的安全质量没有必要的保证措施，必然会导致生产、经营、运输、储存和燃放过程中燃烧爆炸事故的频繁发生。

二、烟花爆竹基本安全知识

（一）烟花爆竹、原材料和半成品的感度及影响因素

从生产状况来看，烟花爆竹的敏感度主要有热感度和机械感度两个方面，是生产技术管理的核心内容。

1. 热感度

烟花爆竹药剂在热（直接加热、高温、热辐射、电火花、火焰等）能作用下，发生爆炸变化的能力称为炸药的热感度，在使用上常以炸药的爆发点和火焰感度来表示，静电火花感度则常用引燃能量（焦尔）来表示。

（1）爆发点。使炸药开始爆炸变化，介质所需的加热到最低温度叫做炸药的爆发点。爆发点越低则表示炸药对热的感度越高（敏感），反之就低。炸药的爆发点并不是一个严格稳定的量，它与实验条件密切相关，即取决于炸药的数量、粒度、实验仪器与实际操作程序及其他决定反应进行的热输出和自动加速条件等。

（2）火焰感度。炸药在火焰作用下，发生爆炸变化的能力叫做炸药的火焰感度。火焰感度是一个距离概念。

（3）最小引燃能量（最小引爆电流）。最小引燃能量是引起爆炸性混合物发生爆炸的最小电火花所具有的能量。工业粉尘最小引燃能量多在 10 ~ 100 mJ，如硫粉为 15 mJ。最

小引爆电流是引起爆炸物爆炸的最小电火花所具备的电流。

静电火花感度是一个热感度概念，静电放电火花的热能，是引燃烟火药、黑火药、鞭炮药发生爆炸的一个不可忽视的因素。

(4) 热安定性。烟花爆炸药剂，包括成品和化工原料，其热安定性（稳定性）是指其在长期储存中保持其物理化学性质不变的能力。热安定性是由于温度升高引起火炸药分解以致燃烧爆炸的性质。但烟火剂的自催化机理的解释还未得到公认。热安全性的试验有75℃或100℃、48 h减量百分比试验、较精确的差热分析试验以及长期储存减量试验等

2. 机械感度

烟花爆竹药剂在机械力作用下（冲击、摩擦、针刺等）发生爆炸的能力，称为机械感度。

一般用落锤实验结果来表示炸药的冲击感度，用摩擦感度摆或其他形式的摩擦仪的试验结果来表示炸药的摩擦感度。

(1) 冲击感度。烟花爆炸药剂在冲击和摩擦作用下发生爆炸的原因，是由于炸药内部产生了所谓"热点"，也叫灼热核。这些热点的温度超过了炸药的爆发点，成为爆炸的初始中心。热点的温度一般在400～500℃，热点的直径一般为10^{-5}～10^{-3} cm，热点持续时间（炸药从加热到爆炸的时间）约10^{-5}～10^{-3} s。一般来说，热点的半径越小，临界温度越高；炸药的敏感度越低，临界温度越高。

(2) 摩擦感度。摩擦感度的测定，一般用摩擦感度摆或其他形式的摩擦仪进行，是依照生产实践中摩擦运动引发危险物爆炸的机理，基本都是将受试的炸药放在一可以滑动硬物的平面下（如钢板、钢柱或油石等），加上一定压力，再由另一摆锤，以某种高度下落时失去此硬物作相对滑动，从而引起炸药爆炸，就此得出在某种压力与摆锤的高度下，发生摩擦爆炸的爆炸百分率。

烟花爆竹药剂感度的影响因素如下：

(1) 温度。炸药温度升高，各种感度毫无例外地会增高，当温度接近炸药的爆发点时，很小的外界作用就可以引起爆炸。如黑火药，随温度的上升敏感度也随之提高，40℃以上时，黑火药对任何外界冲击作用都很敏感。

(2) 物理状态。同一种炸药在凝胶状态的爆轰感度比非凝胶状态低得多。压装炸药的爆轰感度比同种炸药熔装的高得多。

(3) 结晶粒子的大小。炸药的结晶粒度愈细，爆轰感度愈大。这是由于结晶愈细，表面积愈大，吸收冲击波的能量愈多，另外还有孔隙的绝热压缩产生的热点较多，因此爆轰感度较高。

(4) 密度。炸药超过一定的密度后，密度增加时炸药的爆轰感度总体是下降的，即需要更大一些的起爆强度才能起爆，这主要是由于密度过大使燃烧转爆炸的过程困难。

(5) 杂质。炸药中掺有惰性物质，感度会发生巨大变化，杂质主要影响炸药的机械感度。不同的杂质对炸药感度有着不同的影响。提高感度的杂质为敏化剂，减低感度的杂质为钝化剂。

(二) 烟花爆竹、烟火药安全生产的安全措施

1. 烟火药制造过程中的防火防爆措施主要有

（1）烟火药原材料应符合质量标准。

（2）粉碎应在单独工房进行，粉碎前后应筛掉机械杂质，筛选时不得采用铁质、塑料等产生火花和静电的工具。

（3）黑火药原料的粉碎，应将硫磺和木炭两种原料混合粉碎。

（4）铝粉、镁铝合金粉、氯酸盐、赤磷等高感度原料的粉碎，必须在专用工房中，使用专用设备和专用工具，并有专人操作。

（5）粉碎和筛选原料时应坚持做到：

①三固定：固定工房、固定设备、固定最大粉碎药量。

②四不准：不准混用工房、不准混用设备和工具、不准超量投料、不准在工房内存放粉碎好的药物。

③所有粉碎和筛选设备应接地，电气设备必须是防爆型的，要做到远距离操作，进出料时必须停机停电，工房应注意通风。

（6）烟火药的配制与混合时要严把领药、称药、混药三道关口。

（7）压药与造粒工房要做到定机定员，药物升温不得超过20℃，机械造粒时应有防爆墙隔离和连锁装置等。

（8）药物干燥时要控制药量、温度，严禁明火。

2. 烟花爆竹生产过程中的防火防爆措施主要包括

（1）领药时要按照“少量、多次、勤运走”的原则限量领药。

（2）装、筑药应在单独工房操作。装、筑不含高感度烟火药时，每间工房定员2人；装、筑高感度烟火药时，每间工房定员1人。半成品、成品要及时转运，工作台应靠近出口窗口。装、筑药工具应采用木、铜、铝制品或不产生火花的材质制品，严禁使用铁质工具。工作台上等冲击部位必须垫上接地导电橡胶板。

（3）钻孔与切割有药半成品时，应在专用工房内进行，每间工房定员2人，人均使用工房面积不得少于3.5m²，严禁使用不合格工具和长时间使用同一件工具。

（4）贴筒标和封口时，操作间主通道宽度不得小于1.2 m，人均使用面积不得少于3.5 m²，半成品停滞量的总药量，人均不得超过装、筑药工序限量的2倍。

（5）手工生产硫酸盐引火线时，应在单独工房内进行，每间工房定员2人，人均使用工房面积不得少于3.5m²，每人每次限量领药1 kg；机器生产硝酸盐引火线时，每间工房不得超过两台机组，工房内药物停滞量不得超过2.5 kg；生产氯酸盐引火线时，无论手工或机器生产，都限于单独工房、单机、单人操作，药物限量0.5 kg。

（6）干燥烟火爆竹时，一般采用日光、热风散热器、蒸气干燥，或用红外线、远红外线烘烤，严禁使用明火。

（三）烟花爆竹工厂的布局和建筑安全要求

1. 工厂布局

（1）生产、储存爆炸物品的工厂、仓库应建在远离城市的独立地带，禁止设立在城市市区和其他居民聚集的地方及风景名胜区。厂、库建筑与周围的水利设施、交通枢纽、桥梁、隧道、高压输电线路、通信线路、输油管道等重要设施的安全距离，必须符合国家有关安全规定。

（2）生产爆炸物品的工厂在总体规划和设计时，应严格按照生产性质及功能进行分区、布置，并使各分区与外部目标、各区之间保持必要的外部距离。

2. 工厂平面布置

（1）主厂区内应根据工艺流程、生产特性，在选定的区域范围内，充分利用有利安全的自然地形，按危险与非危险分开原则，加以区划、布置。主厂区应布置在非危险区的下风侧。

（2）总仓库区应远离工厂住宅区和城市等目标，有条件最好布置在单独的山沟或其他有利地形处。

（3）销毁厂应选择在有利的自然地形，如山沟、丘陵、河滩等地，在满足安全距离的条件下，确定销毁场地和有关建筑的位置。

3. 工艺布置

（1）在生产工艺方面应尽量采用新技术，实现机械化、自动化、连续化、遥控化，做到人机隔离、远距离操作，并应减少厂房的存药量和操作人员。

（2）在生产工艺流程中，需区分开危险生产工序与非危险生产工序，且宜分别设置厂房。

（3）在厂房内工艺布置时，宜将危险生产工序布置在一端，接着布置危险较低的生产工序。危险生产工序的一端宜位于行人稀少的偏僻地段。危险品暂存间亦宜布置在地处偏僻的一端。

（4）危险品生产厂房和库房在平面上宜布置成简单的矩形，不宜设计成形复杂的凹型、L 型等。

（5）危险品生产厂房库房要充分考虑人员的紧急疏散问题。

（6）有泄爆要求的工艺设备，在布置时应使其泄爆方向不直接对着其他建筑特或主要道路。

（7）抗爆间的设置要符合安全规范的要求。

4. 工厂安全距离的定义及安全距离的确定

（1）工厂安全距离的定义。烟花爆竹工厂的安全距离实际上是危险性建筑物与周围建筑物之间的最小允许距离，包括工厂危险品生产区内的危险性建筑物与其周围村庄、公路、铁路、城镇和本厂住宅区等的外部距离，以及危险品生产区内危险性建筑物之间以及危险建筑物与周围其他建（构）筑物之间的内部距离。安全距离作用是：保证一旦某座危险性建筑物内的爆炸品发生爆炸时，不至于使邻近的其他建（构）筑物造成严重破坏和造成人员伤亡。

（2）安全距离的确定。烟花爆炸工厂的内、外部安全距离是根据危险性建筑物的计算药量、建筑物的危险性等级和防护情况确定的。

《烟花爆竹工程设计安全规范》（GB 50161—2009）规定：烟花爆竹工厂建筑物的计算药量是该建筑物内（含生产设备、运输设备和器具里）所存放的黑火药、烟火药、在制品、半成品、成品等能形成同时爆炸或燃烧的危险品最大药量，这里所指建筑物包括厂房和仓库。确定计算药量时应注意以下几点：

1）防护屏障内的危险品药量，应计入该屏障内的危险性建筑物的计算药量；

2）抗爆间室的危险品药量可不计入危险性建筑物的计算药量；

3）厂房内采取了分隔防护措施，相互间不会引起同时爆炸或燃烧的药量可分别计算，取其最大值。

停滞量（停滞药量）《烟花爆竹劳动安全技术规程》（GB 11652—1989）中对停滞量的定义是：暂时搁置时，允许存放的最大药量。

由以上定义可以看出，厂房计算药量和停滞药量规定，实际上都是烟花爆竹生产建筑物中暂时搁置时允许存放的最大药量。

5. 生产烟花爆竹建筑物的安全要求

（1）一般规定

1）各级危险性建筑物的耐火等级不应低于现行国家标准《建筑设计防火规范》中二级耐火等级的规定，面积小于 20 m^2 的 A 级建筑物或面积不超过 300 m^2 的 C 级建筑物的耐火等级可为三级。建筑物应有适当的净空，室内梁或板中的最低净空高度不宜小于 2. 8 m，并应满足正常的采光和通风要求。

2）生产区应设有代 A、C 级建筑内操作人员使用的洗涤、淋浴、更衣、卫生间等辅助用室和办公用室。

3）生产区的办公用室和辅助用室，宜独立建设。当附建时，A 级厂房不应附设除更衣室外的辅助用室和办公用室，C 级厂房可附高辅助用室和办公用室，但应布置在厂房较完全的一端，并采用防火墙与生产工作间隔开。办公用室和辅助用室应为单层建筑，其门窗不宜面向相邻厂房危险性工作间的泄爆面。

（2）厂房的结构造型和构造

1）A 级厂房宜采用钢筋混凝土框架结构。面积小于 20m^2 且操作人员不超过 2 人的 A 级厂房，或室内无人操作的厂房，可采用砖墙承重结构。

2）A、C 级厂房不应采用独立砖柱承重。厂房砖墙厚度不应小于 24 cm，并不宜采用空斗墙和毛石墙。

3）A、C 级厂房屋盖宜采用轻质易碎屋盖。

4）有易燃易爆粉尘的厂房，宜采用外形平整、不易积尘的结构件和结构。

5）A、C 级厂房梁、柱构造。

①在梁底标高处，沿外墙和内横墙设置现浇钢筋混凝土闭合圈梁。

②梁与墙或柱锚固，或圈梁联成整体。

③围护砖墙和柱，或纵横砖墙体之间加强连接。

④门窗洞口应采用钢筋混凝土过梁，过梁的支承长度不应小于 25 cm。当门洞口大于 2 700 mm 时宜设置钢筋混凝土门框架或门樘。

⑤砌体承重结构的外墙四角及单元内外墙交接处应设构造柱。

（3）厂房的安全疏散

1）A、C 级厂房每一危险性工作间大于 18 m^2时，安全出口的数目不应少于 2 个。当面积小于 9 m^2，且同一时间内的和生产人员不超过 2 人时，可设一个。当面积小于 18 m^2，且同一时间内的生产人员不超过 3 人时，也可设一个，但必须设安全窗。

2）须穿过危险性工作间才能到达室外的出口，不应作为本工作间的安全出口。防护土堤内厂房的安全出口，应布置在防护土堤的开口方向。

3）A、C级厂房外墙上宜设置安全窗。安全窗可作为安全出口，但不得计入安全出口的数目。

4）每一危险工作间内，由最远工作点至外部出口的距离，A级厂房不应超过5 m，C级厂房不应超过8 m。

5）厂房内的主要通道宽度，不应小于1.2 m，每排操作岗位间的通道宽度和工作间内的通道宽度，不应小于1.0 m。

疏散门设置：

①向外开户，室内不得装插销。

②设置门斗时，应采用外门斗，门的开户方向应与疏散门一致。

③危险性工作间的外门口不应设置台阶，应作成防滑坡道。

（4）厂房的建筑构造

1）A、C级厂房的门应采用向外开启的平开门，门宽不应小于1.2 m。危险性工作间的门不应与其他房间的门直对设置，门宽不应小于1.0 m，并不得设置门槛。

2）黑火药和烟火药生产厂房应采用木门窗。门窗的小五金，应采用相互碰撞或摩擦时不产生火花的材料。

3）安全窗。

①窗口宽度，不应小于1.0 m。

②窗扇高度，不应小于1.5 m。

③窗台高度，不应高出室内地面0.5 m。

④窗扇应向外平开，不得设置中挺。

⑤窗扇不宜设插销，应利于快速开启。

⑥双层安全窗的窗扇，应能同时向外开启。

4）危险性工作间地面。

①对火花能引起危险品燃烧、爆炸的工作间，应采用不发生火花的地面；

②当工作间内的危险品对撞击、摩擦特别敏感时，应采用不发生火花的柔性地面；

③当工作间内的危险品对静电作用特别敏感时，应采用不发生火花的导静电地面。

5）有易燃易爆粉尘的工作间，不宜设置吊顶。若设置吊顶，吊顶上不应有孔洞，墙体应砌至屋面板或梁的底部。

6）危险性工作间的内墙应抹灰。有易燃易爆粉尘的工作间，其地面、内墙面、顶棚面应平整、光滑，不得有裂缝，所有凹角宜抹成圆弧。易燃易爆粉尘较少的工作间宜用湿布擦洗，内墙面应刷1.5~2.0 m高油漆墙裙，经常冲洗的工作间，其顶棚及内墙面应刷油漆，油漆颜色与危险品颜色应有所区别。

（5）仓库的建筑结构

1）仓库应根据当地气候和存放物品的要求，采取防潮、隔热、通风、防小动物等措施。

2）仓库可采用砖墙承重，屋盖宜采用轻质易碎结构。黑火药的总仓库应采用轻质易碎屋盖。

3）仓库的安全出口，不应少于2个。当面积小于100 m^2，且长度小于18 m时，可设1个。仓库内任一点至安全出口的距离，不应大于15 m。

4）仓库的门应向外平开，不得设门槛，门洞的宽度不宜小于1.5 m。储存期较长的总仓库的门宜为双层，内层门为通风用门，两层门均应外开启。

5）总仓库的窗应能开启，宜配置铁栅和金属网。在勒脚处宜设置进风窗。

6）仓库的地面，应符合《危险性工作间地面》规定。当危险品已装箱并不在库内开箱时，可采用一般地面。

（6）消防设施

1）烟花爆竹生产项目和经验批发仓库必须设置消防给水设施。消防给水可采用消火栓、手抬机动消防泵等不同形式的给水系统。

2）消防供水水源必须充足可靠。利用天然水源时，在枯水期应有可靠的取水设施。当采用市政给水管网或自备水源井，而厂区无消防蓄水设备时，消防给水管网宜设计成环状，并有两条输水干管接自市政给水管网，当采用自备水源井时，应设置消防蓄水设施。

3）厂区内设置蓄水池、水塔或有天然河、湖、池塘可利用时，宜设有固定式消防泵组或手抬机动泵。消防泵宜设有备用泵。

4）室外消防用水量，应按《建筑设计防火规范》规定执行。当每个建筑物的体积均超过300 m^3，可按10 L/s，消防延续时间可按2 h计算。

5）易发生燃烧事故的厂房，宜设置自动喷水灭火设施，并应：

①存药量大于1 kg且单人操作的工作间内，在工作台上方宜设置手动控制的水喷淋系统或翻斗水箱。

②作业人员少于6人，建筑面积大于9 m^{2}且小于60 m^{2}的工作间内，宜设手动控制的水喷淋系统及水塔或气压水罐供水设备，消防延续时间应按30min计算。

③雨淋灭火系统的喷水强度不宜低于16 L/（min · m^2），最不利点的喷头压力不宜低于0.05 MPa。

6）产品或原料与水接触能引起燃烧、爆炸或助长火热蔓延的厂房内，不应设置用水灭火的设备，应根据产品和原料的特性选择灭火剂和消防设施。

7）总仓库区根据当地消防供水条件，可设消防蓄水池、高位水池、室外消火栓或利用天然河、塘。消防用水量应按现行国家标准《建筑设计防火规范》（GB 50016）中甲类仓库的规定执行。消防延续时间应按3h计。消防蓄水池的保护半径不应大于150 m。

8）消防储备水应有平时不被动用的措施。使用后的补给恢复时间不应超过48 h。

9）烟花爆竹生产项目和经营批发仓库宜按现行国家标准《建筑灭火器配置设计规范》（GB 50140）的有关规定配置灭火器。

（四）烟花爆竹工厂电气安全要求

1. 电气设备防爆

（1）对于Ⅰ类（F_0区）场所，即炸药、起爆药、击发药、火工品的储存场所，黑火药、烟花药制造加工、储存场所，不应安装电气设备；烟火药、黑火药的Ⅰ类危险场所采用的仪表，应选择适应本场所的本质安全型。电气照明采用安装在建筑外墙壁龛灯或装在室外的投光灯。

（2）对于Ⅱ类（F_1区）场所，即起爆药、击发药、火工品制造的场所，电气设备表面温度不得超过允许表面温度（有140℃、100℃等），且符合防爆电气设备的有关规定：应优先采用防粉尘点火型，或尘密结构型、Ⅱ类B级隔爆型、本质安全型、增安型（仅限于灯类及控制按钮）。当生产设备采用电力传动时，电动机应安装在无危险场所，采取隔墙传动。

（3）对Ⅲ类（F_2区）场所，即理化分析成品试验站，选用密封型、防水防尘型设备。

2. 防雷电措施

对于危险品的生产和储存的爆炸危险性建筑物，应按相应的防雷类别（第一类、第二类），采取防直击雷、防雷电感应、防雷电波侵入和防雷击电磁脉冲的措施，实施总等电位连接，以减少和预防雷电危害。

3. 防静电措施

为防止静电火花引起危险品燃烧爆炸事故的发生，应按照静电危险环境的级别（EA、EB、EC）控制静电危害，并采取直接和间接静电接地措施，部分危险场所（职黑火药生产厂房、黑火药及电雷管库的地面和台面）应采用防静电措施。

4. 通讯

生产区和总仓库区应设置畅通的固定电话。电话设备选型及线路的技术要求应符合本规范的有关规定

（五）烟花爆竹及其原料储存和运输安全要求

1. 储存

（1）仓库设置为化工原料、黑火药、烟火药、纸张、附加材料、半成品、成品、成箱及其他等仓库。

（2）入库要登记登记，并且入库的原材料、半成品应贴有明显的标签，包括名称、产地、出厂日期、危险登记和重量等。

（3）库房堆码要求：库墙与堆垛之间、堆垛与堆垛之间应留有适当的间距作为通道和通风巷，主要通道宽度不少于2 m。

（4）库房内木地板，垛架和木箱上使用的铁钉，钉头要低于木板表面3 mm以上，钉孔要用油灰填实。

（5）无木地板的仓库，地面要设置30 cm高的垛架，铺以防潮材料。

（6）木质包装严禁在库房内进行拆箱、钉箱和其他可能引起爆炸的作业。

（7）库房内应有测温、测湿计，每天进行检查登记，做好防潮、降温、通风处理。

（8）库房内应分别设置相应的消防栓、水池、灭火器材料等消防工具。

（9）烟火药化工原材料应按功效分类。

（10）烟火药的原材料和产品的储存条件要符合相应的条件。

2. 运输

烟火药、烟花爆竹半成品和成品如果运输过程操作不当，很容易发生事故，根据《烟花爆竹安全管理条例》规定，国家对烟花爆竹的运输实行许可证制度。未经许可任何单位或个人不得进行烟花爆竹运输活动。

经由道路运输烟花爆竹的应该注意以下事项：

（1）随车携带《烟花爆竹道路运输许可证》。

（2）不得违反运输许可事项。

（3）运输车辆悬挂或安装符合国家标准的易燃易爆危险物品警示标志。

（4）烟花爆竹的装载符合国家有关标准和规范。

（5）装载烟花爆竹的车厢不得载人。

（6）运输车辆限速行驶，途中经停必须有专人看守。

（7）出现危险情况立即采取必要的措施，并报告当地公安部门。

厂内运输烟花爆竹应注意：

（1）运输车辆

1）搬运烟火药的运输车辆应使用汽车、板车、手推车，不许使用三轮车和畜力车，禁止使用翻斗车和各种挂车。运输时，遮盖要严密。

2）手推车、板车的轮盘必须是橡胶制品，应以低速行驶，机动车的速度不得超过10 km/h。

3）进入仓库区的机动车辆，必须设防火花装置。

（2）装卸

烟花爆竹装卸作业中，只许单件搬运，不得碰撞、拖拉、摩擦、翻滚和剧烈振动，不许使用铁锹等铁质工具。

（3）途中

1）运输中不得强行抢道，车距应不少于20 m，烟火药装车堆码应不超过车厢高度。

2）厂区不在一处，厂区之间原材料，半成品的运输应遵守厂外危险品运输规定。

三、烟花爆竹生产安全管理要求

为加强烟火爆竹企业安全生产工作，根据《安全生产法》和《安全生产许可证条例》，国家有关部门颁布《烟花爆竹生产企业安全生产许可证实施办法》等管理规定，提出烟花爆竹企业安全生产应满足下列安全生产要求：

1. 烟花爆竹生产企业必须依照有关规定取得安全生产许可证。未取得安全生产许可证的，不得从事生产活动。

2. 烟花爆竹生产企业应当建立、健全主要负责人、分管负责人、安全生产管理人员、职能部门、岗位安全生产责任制，制定下列安全管理制度和操作规程：

（1）安全目标管理制度、安全奖惩制度、安全检查制度、安全技术措施审批制度。

（2）事故隐患整改制度、安全设施设备管理制度、从业人员安全教育培训制度、动火作业管理制度、安全投入保障制度、重大危险源检查监控和安全评估制度、防护用品（具）管理制度，以及原材料、辅助材料购买、检验、使用和保管制度。

（3）职业卫生管理制度。

（4）符合有关规程要求的安全操作规程。

3. 烟花爆竹生产企业的安全投入应符合安全生产要求。

4. 烟花爆竹生产企业应当设置安全生产管理机构，配备专职安全生产管理人员，并符合下列要求：

（1）确定安全生产主管人员。

（2）烟花爆竹生产企业配备占本企业从业人员总数1%以上且至少有1名专职安全生产管理人员。

（3）配备相当数量的兼职安全生产管理人员。

5. 烟花爆竹生产企业主要负责人、安全生产管理人员的安全生产知识和管理能力应当经考核合格。烟花爆竹药物混合、造粒、筛选、装药、筑药、压药、切引等工序的特种作业人员应当接受烟花爆竹专业知识培训，并经考核合格取得操作资格证书。其他岗位从业人员须经本岗位安全生产知识教育和培训并考核合格。

6. 烟花爆竹生产企业生产设施应当符合以下安全生产条件。

（1）具有与生产规模、产品品种相适应并符合安全生产要求的生产厂房和储存仓库。

（2）生产厂房、储存仓库、燃放试验场的内外部安全距离和厂房布局、建筑结构、生产工艺布置、安全疏散条件、消防设施以及防爆、防雷、防静电等安全设施符合《烟花爆竹工程设计安全规范》（GB 50161—2009）的要求。

（3）危险品生产区与办公区（生活区）、有火源区与禁火区、生产车间与仓库（中转库或收发室）、危险工序与普通工序应当分离。

（4）不得改变工厂设计方案规定的厂房、仓库的功能和用途。

（5）A_1级建筑物应设有安全防护屏障。

（6）A_2级建筑物应单人单栋使用。

（7）A_3级建筑物应单人单间使用，并且每栋同时作业人员的数量不得超过2人。

（8）C级建筑物的人均使用面积不得少于3.5 m^2。

（9）工房按规定的用途进行标识。

（10）生产厂房和仓库的周边应有相应的防火隔离措施。

（11）生产区域有明显的安全警示标志和警示标语，危险工序现场应牢固张贴安全管理制度和操作规程。

（12）具有保证安全生产和产品质量的设备、仪器和工艺装备。

（13）用于加工药物或与药物接触的设备应符合《烟花爆竹工程设计安全规范》（GB 50161—2009）的要求。

（14）电器设备及机械加工设备中的电器部分应符合《烟花爆竹工程设计安全规范》（GB 50161—2009）的要求。

（15）机械制造含高氯酸盐引火线的每栋工房内不得超过2台机组，制造硝酸盐引火线的每栋工房内不得超过4台机组，机组间应当用实墙隔离，每栋工房定员1人；其他工序（如机械造粒、混合、压药、筑药等直接机械加工药物工序）每栋工房内不得超过1台机组。

（16）特种设备应定期检验并符合有关法律法规、国家标准和行业规定的条件。

（17）严禁在危险场所架设临时性电气设施。

7. 烟花爆竹工厂设计和厂址、厂房、储存仓库等设施的设计与测绘应当符合下列条件：

（1）由具有相应资质的专业机构承担设计和测绘工作。

（2）专业机构提供的文件、图样、技术资料等应符合国家有关法律、法规和国家标准、行业标准的要求。

（3）设计图样和测绘图样应有设计单位、测绘单位及其设计人员、技术人员和审核单位及审核人的签章。

8．烟花爆竹生产企业工厂周边安全防护距离应符合国家有关规定。

9．烟花爆竹生产企业应当采取下列职业危害预防措施：

（1）为从业人员配备符合国家标准或行业标准的劳动防护用品。

（2）对重大危险源进行检测、评估，采取监控措施。

（3）为从业人员定期进行健康检查。

（4）在安全区内设立独立的操作人员更衣室。

10．烟花爆竹生产企业应当依法进行安全评价。

11．烟花爆竹生产企业应当建立生产安全事故应急救援组织，指定事故应急预案，配备应急救援人员和必要的应急救援器材和设备。

12．烟花爆竹生产企业在建设、生产和经营中，应当符合相应的标准和规范，如《烟花爆竹工程设计安全规范》（GB 50161—2009）、《烟花爆竹劳动安全技术规程》（GB 11652—1989）、《烟花爆竹安全与质量》（GB 10631—2004）、《建筑设计防火规范》（GB 50016—2006）、《建筑物防雷设计规范》（GB 50057—2010）等国家标准、行业标准规定的其他条件。

四、烟花爆竹行业安全规范与技术标准

1．烟花爆竹安全与质量

《烟花爆竹安全与质量》（GB 10631—2004）规定了烟花爆（炮）竹产品分类、安全与质量要求、试验方法和验收规则，还规定了产品的标志、包装、运输和储存要求。

引用标准包括《烟花爆竹设计抽样检查规则》（GB 10632—2004）

为进一步提高烟花爆竹安全与质量，国家颁布了一些新的标准。如下：

《花爆竹　黑火药爆竹（爆竹类产品）》（GB 21552—2008）

《花爆竹　双响（升空类产品）》（GB 21555—2008）

《花爆竹　火箭（升空类产品）》（GB 21553—2008）

《花爆竹　标志》（GB 24426—2009）

《烟花爆竹用纸》（GB/T 22928—2008）

《烟花爆竹．检验规程》（GB/T 22810—2008）

《烟花爆竹．安全性能检测规程》（GB/T 22809—2008）

2．烟花爆竹劳动安全技术规范

《烟花爆竹劳动安全技术规范》（GB 11652—1989）规定了烟花爆竹企业在生产和储运过程中的劳动安全技术要求。本标准适用于烟花爆竹生产企业（含引火线厂、烟火药厂）也适用于外加工厂。

3．烟花爆竹生产企业安全生产许可证实施办法

烟花爆竹生产企业必须依照本实施办法的规定取得安全生产许可证。未取得安全生产许可证的，不得从事生产活动。安全生产许可证的颁发管理工作实行企业申请、一级发证、属地监管的原则。

烟花爆竹生产企业生产设施应当符合下列条件：

(1) 具有与生产规模、产品品种相适应并符合安全生产要求的生产厂房和储存仓库。

(2) 生产厂房、储存仓库、燃放试验场的内外部安全距离和厂房布局、建筑结构、生产工艺布置、安全疏散条件、消防设施及防爆、防雷、防静电等安全设施符合《烟花爆竹工程设计安全规范》(GB 50161—2009) 的要求。

已经建成投产的烟花爆竹生产企业在申请安全生产许可证期间，应当依法进行生产，确保安全；不具备安全生产条件的，应当进行整改并制定安全保障措施；经整改仍不具备安全生产条件的，不得进行生产。

4. 颁布的新标准和规范

针对烟花爆竹行业的生产现状，减少或杜绝安全事故的发生，除了国家颁布的标准和规范外，国家安全生产监督管理总局也颁布了一些新的标准与规范：

《烟花爆竹企业安全监控系统通用技术条件》(AQ 4101—2008)

《烟花爆竹流向登记通用规范》(AQ 4102—2008)

《烟花爆竹. 烟火药认定方法》(AQ 4103—2008)

《烟花爆竹. 烟火药安全性指标及测定方法》(AQ 4104—2008)

《烟花爆竹机械. 引线机》(AQ 4108—2008)

《烟花爆竹机械. 爆竹插引机》(AQ 4109—2008)

《烟花爆竹机械. 结鞭机》(AQ 4110—2008)

《烟花爆竹作业场所机械电器安全规范》(AQ 4111—2008)

《烟花爆竹出厂包装检验规程》(AQ 4112—2008)

《烟花爆竹企业安全评价规范》(AQ 4113—2008)

第五节　民用爆破器材安全技术

一、民用爆破器材生产安全基础知识

民用爆破器材是用于非军事目的的各种炸药（起爆药、猛炸药、火药、烟火药）及其制品和火工品的总称。

(一) 民用爆破器材的分类

民用爆破器材是广泛用于矿山、开山辟路、水利工程、地质探矿和爆炸加工等许多工业领域的重要消耗材料。但是，由于这类器材本身存在着燃烧爆炸特性，在生产、储运、经营、使用过程中具有火灾爆炸危险性，因而以防火防爆为主要内容的安全生产工作具有特殊的重要性。

民用爆破器材包括：

1. 工业炸药

如硝化甘油炸药、铵梯炸药、铵油炸药、乳化炸药、水胶炸药及其他工业炸药等。

2. 起爆器材

起爆器材可分为起爆材料和传爆材料两大类。火雷管、电雷管、磁电雷管、导爆管雷管、继爆管及其他雷管属起爆材料；导火索、导爆索、导爆管等属传爆材料。

3. 专用民爆器材

如油气井用起爆器、射孔弹、复合射孔器、修井爆破器材、点火药盒，地震勘探用震源药柱、震源弹，特种爆破用矿岩破碎器材、中继起爆具、平炉出钢口穿孔弹、果林增效爆破具等。

（二）民用爆破器材的火灾爆炸危险因素

由于民用爆破器材种类繁多，不同类别和品种的爆破器材在生产、储存、运输和使用过程中的危险因素不尽相同，因而不能分门别类加以阐述。这里仅以粉状乳化炸药的生产为例，说明民用爆破器材生产的火灾爆炸危险性。

粉状乳化炸药是将水相和油相在高速的运转和强剪切力作用下，借助乳化剂的乳化作用而形成乳化基质，再经过敏化剂敏化得到的一种油包水型的爆炸性物质。粉状乳化炸药的生产工艺可以简单概括为以下几个步骤：油相制备，水相制备，乳化，喷雾制粉，装药包装。制药所用的原材料和辅助材料，如硝酸铵、复合蜡（含乳化剂）等都具有易燃易爆性；成品粉状乳化炸药具有较高的爆轰和殉爆特性，制造过程中还有形成爆炸性粉尘的可能。另外，生产过程中需要采用较高温度和压力的蒸汽，乳化设备中有转动摩擦的部件，喷雾制粉过程中需要使用特种输送泵和功率较大的风机等。因此，粉状乳化炸药生产线存在着火灾爆炸的风险。

粉状乳化炸药生产的火灾爆炸危险因素主要来自物质危险性，如生产过程中的高温、撞击摩擦、电气和静电火花、雷电引起的危险性。

粉状乳化炸药生产原料或成品在储存和运输中存在以下危险因素：

1. 硝酸铵储存过程中会发生自然分解，放出热量。当环境具备一定的条件时热量聚集，当温度达到爆发点时引起硝酸铵燃烧或爆炸。

2. 油相材料都是易燃危险品，储存时遇到高温、氧化剂等，易发生燃烧而引起燃烧事故。

3. 包装后的乳化炸药仍具有较高的温度，炸药中的氧化剂和可燃剂会缓慢反应，当热量得不到及时散发时易发生燃烧而引起爆炸。

4. 危险品的运输可能发生的翻车、撞车、坠落、碰撞及摩擦等险情，会引起危险品的燃烧或爆炸。

（三）民用爆破器材基本安全知识

1. 火药燃烧的特性及炸药爆炸三特征

（1）火药燃烧的特性主要有 5 个方面

1）能量特征。它是标志火药做功能力的参量，一般是指 1 kg 火药燃烧时气体产物所做的功。

2）燃烧特性。它标志火药能量释放的能力，主要取决于火药的燃烧速率和燃烧表面积。燃烧速率与火药的组成和物理结构有关，还随初温和工作压力的升高而增大。加入增速剂、嵌入金属丝或将火药制成多孔状，均可提高燃烧速率。加入降速剂，可降低燃烧速率。燃烧表面积主要取决于火药的几何形状、尺寸和对表面积的处理情况。

3）力学特性。它是指火药要具有相应的强度，满足在高温下保持不变形、低温下不变脆，能承受在使用时可能出现的各种力的作用，以保证稳定燃烧。

4）安定性。它是指火药必须在长期储存中保持其物理化学性质的相对稳定。为改善火药的安定性，一般在火药中加入少量的化学安定剂，如二苯胺等。

5）安全性。由于火药在特定的条件下能发生爆轰，所以要求在配方设计时必须考虑火药在生产、使用和运输过程中安全可靠。

（2）炸药爆炸三特征。炸药的爆炸是一种化学过程，但与一般的化学反应过程相比，具有三大特征。

1）反应过程的放热性。在炸药的爆炸变化过程中，炸药的化学能转变成热能。热的释放是爆炸变化过程的发生和自行传播的必要条件。爆炸变化过程所放出的热量称爆炸热（或爆热），常用炸药的爆热在 3 700 ~ 7 500 kJ/kg。

2）反应过程的高速度。炸药中氧化剂和还原剂事先充分混合和接近，许多炸药的氧化剂和还原剂共存于一个分子内，能够发生快速的逐层传递的化学反应，使爆炸过程以极快的速度进行，通常为每秒几百米或几千米。

3）反应生成物必定含有大量的气态物质。

2. 危险物质的燃烧爆炸敏感度及其影响因素

（1）起爆器材、工业炸药的燃烧爆炸敏感度。热、电、光、冲击波、机械摩擦和撞击等外界作用可激发火炸药发生爆炸。火炸药在外界作用下引起燃烧和爆炸的难易程度称为火炸药的敏感程度，简称火炸药的感度。火炸药有各种不同的感度，一般有火焰感度、热感度、机械感度（撞击感度、摩擦感度、针刺感度）、电感度（交直流电感度、静电感度、射频感度）、光感度（可见光感度、激光感度）、冲击波感度、爆轰感度。

起爆药最容易受外界微波的能量激发而发生燃烧或爆炸，并能极迅速地形成爆轰。

工业炸药属猛炸药，这类炸药在一定的外界激发冲量作用下能引起爆轰。

（2）火炸药爆炸影响因素。影响火炸药爆炸的因素很多，主要有炸药的性质、装药的临界尺寸、炸药层的厚度和密度、炸药的杂质及含量、周围介质的气体压力和壳体的密封、环境温度和湿度等。

3. 爆炸冲击波的破坏作用和防护措施

（1）爆炸冲击波的破坏作用。爆炸所产生的空气冲击波的初始压力（波面压力）可达 100 MPa 以上。其峰值超压达到一定值时，对建（构）筑物、人身及其他各种有生力量（动物等）构成一定程度的破坏或损伤。

（2）防护措施

1）生产、储存爆炸物品的工厂、仓库应建在远离城市的独立地带，禁止设立在城市市区和其他居民聚集的地方及风景名胜区。厂库建筑与周围的水利设施、交通枢纽、桥梁、隧道、高压输电线路、通信线路、输油管道等重要设施的安全距离，必须符合国家有关安全规定。

2）生产爆炸物品的工厂在总体规划和设计时，应严格按照生产性质及功能进行分区、布置，并使各分区与外部目标、各区之间保持必要的外部距离。

（3）工厂平面布置

1）主厂区内应根据工艺流程、生产特性，在选定的区域范围内，充分利用有利安全的自然地形，按危险与非危险分开原则，加以区划、布置。主厂区应布置在非危险区的下风侧。

2）总仓库区应远离工厂住宅区和城市等目标，有条件最好布置在单独的山沟或其他有利地形处。

3）销毁厂应选择在有利的自然地形，如山沟、丘陵、河滩等地，在满足安全距离的条件下，确定销毁场地和有关建筑的位置。

（4）安全距离。为保证爆炸事故发生后冲击波对建（构）筑物等的破坏不超过预定的破坏标准，危险品生产区、总仓库区、销毁场等区域内的建筑物应留有足够的安全距离，称为内部安全距离。危险品生产区、总仓库区、销毁场等与该区域外的村庄、居民建筑、工厂、城镇、运输线路、输电线路等必须保持足够的安全防护距离，称作外部安全距离。

（5）工艺布置

1）在生产工艺方面应尽量采用新技术，实现机械化、自动化、连续化、遥控化，做到人机隔离、远距离操作，并应减少厂房的存药量和操作人员。

2）在生产工艺流程中，需区分开危险生产工序与非危险生产工序，且宜分别设置厂房。

3）在厂房内工艺布置时，宜将危险生产工序布置在一端，接着布置危险较低的生产工序。危险生产工序的一端宜位于行人稀少的偏僻地段。危险品暂存间亦宜布置在地处偏僻的一端。

4）危险品生产厂房和库房在平面上宜布置成简单的矩形，不宜设计成形复杂的凹型、L型等。

5）危险品生产厂房库房要充分考虑人员的紧急疏散问题。

6）有泄爆要求的工艺设备，在布置时应使其泄爆方向不直接对着其他建筑特或主要道路。

7）抗爆间的设置要符合安全规范的要求。

（6）电气设备防爆

1）对于Ⅰ类（F_0区）场所，即炸药、起爆药、击发药、火工品的储存场所，黑火药、烟火药制造加工、储存场所，不应安装电气设备；烟火药、黑火药的Ⅰ类危险场所采用的仪表，应选择适应本场所的本质安全型。电气照明采用安装在建筑外墙壁龛灯或装在室外的投光灯。

2）对于Ⅱ类（F_1区）场所，即起爆药、击发药、火工品制造的场所，电气设备表面温度不得超过允许表面温度（有140℃、100℃等），且符合防爆电气设备的有关规定：应优先采用防粉尘点火型，或尘密结构型、Ⅱ类B级隔爆型、本质安全型、增安型（仅限于灯类及控制按钮）。当生产设备采用电力传动时，电动机应安装在无危险场所，采取隔墙传动。

3）对于Ⅲ类（F_2区）场所，即理化分析成品试验站，选用密封型、防水防尘型设备。

（7）防雷电措施。对于危险品的生产和储存的爆炸危险性建筑物，应按相应的防雷类别（第一类、第二类），采取防直击雷、防雷电感应、防雷电波侵入和防雷击电磁脉冲的措施，实施总等电位连接，以减少和预防雷电危害。

（8）防静电措施。为防止静电火花引起危险品燃烧爆炸事故的发生，应按照静电危险环境的级别（EA、EB、EC）控制静电危害，并采取直接和间接静电接地措施，部分危险场所（职黑火药生产厂房、黑火药及电雷管库的地面和台面）应采用防静电措施。

（9）自动快速雨淋灭火。烟火药和火炸药燃速极快，在数秒内就能造成难以扑救的火灾及爆炸事故，所以，在烟火药和火炸药生产工房，需广泛采用自动快速灭火装置，如快速雨淋设备。快速雨淋设备主要由光敏探测系统及雨淋管网组成。其工作原理是：当工房内起火时，光照骤然增大，光敏电阻的电阻值变小，控制系统电流增大，通过电子放大器、继电器，使电磁阀打开，雨淋管网喷水灭火。

（10）火灾报警系统。火灾报警系统是根据火灾酝酿期和发展期陆续出现的烟、热流、火光、气味等火灾信息，通过感温报警器、感烟器、光电报警器等，发出声、光警报，及早发现，采取灭火措施。火灾自动报警系统：由触发器件、火灾报警装置、火灾警报装置、以及具有其他辅助功能的装置组成的火灾报警系统。它能够在火灾初期，将燃烧产生的烟雾、热量和光辐射等物理量，通过感温。感烟和感光等火灾探测器变成电信号，传输到火灾报警控制器，并同时显示出火灾发生的部位，记录火灾发生的时间。一般火灾自动报警系统和自动喷水灭火系统、室内消火栓系统、防排烟系统、通风系统、空调系统、防火门、防火卷帘、挡烟垂壁等相关设备联动，自动或手动发出指令、启动相应的装置。

4. 预防燃烧爆炸事故的主要措施

（1）民用爆破器材的生产工艺技术应是成熟、可靠或经过技术鉴定的。

（2）凡从事民用爆破器材生产、储存的企业，应制定能指导正常生产作业的工艺技术规程和安全操作规程。

（3）可能引起燃烧事故的机械化作业，应根据危险程度设置自动报警、自动停机、自动卸爆、应急等安全措施。

（4）所有与危险品接触的设备、器具、仪表应相容。

（5）有危及生产安全的专用设备应按有关规定进行安全鉴定。

（6）预防火炸药生产中混入杂质。

（7）在生产、储存、运输时，不允许使用明火，不得接触明火或表面高温物。特殊情况需要使用时，在工艺资料中应做出明确说明，并应限制在一定的安全范围内，且遵守用火细则。

（8）在生产、储存、运输等过程中，要防止摩擦和撞击。

（9）要有防止静电产生和积累的措施。

（10）火炸药生产厂房内的所有电气设备都应采用防爆电气设备，所有设施都应满足防爆要求。

（11）生产、储存工房均应设置避雷设施，所有建筑物都必须在避雷针的保护范围内。

（12）在火炸药的生产过程中，避免空气受到绝热压缩。

（13）要及时预防机械和设备故障。

（14）生产用设备在停工检修时，要彻底清理残存的火炸药；需要电焊时，除采用相应的安全措施外，还要采取消除杂散电流的措施。

二、民用爆破器材生产安全管理要求

为加强民用爆破器材企业安全生产工作，根据《安全生产法》和《安全生产许可证条例》，国家有关部门相继颁布《民用爆破器材安全生产许可证实施细则》等管理规定，提出民用爆破器材企业安全生产应满足下列安全生产要求：

1. 民用爆破器材生产企业必须依照有关规定取得安全生产许可证。未取得安全生产许可证的，不得从事生产活动。

2. 民用爆破器材生产企业应当建立、健全主要负责人、分管负责人、安全生产管理人员、职能部门、岗位安全生产责任制，制定下列安全管理制度和操作规程。

1）安全目标管理制度、安全奖惩制度、安全检查制度、安全技术措施审批制度。

2）事故隐患整改制度、安全设施设备管理制度、从业人员安全教育培训制度、动火作业管理制度、安全投入保障制度、重大危险源检查监控和安全评估制度、防护用品（具）管理制度，以及原材料、辅助材料购买、检验、使用和保管制度。

3）职业卫生管理制度。

4）符合有关规程要求的安全操作规程。

3. 民用爆破器材生产企业的安全投入应符合安全生产要求。

4. 民用爆破器材生产企业应当设置安全生产管理机构，配备专职安全生产管理人员，并符合下列要求。

（1）确定安全生产主管人员。

（2）民用爆破器材按有关规定专职安全生产管理人员。

（3）配备相当数量的兼职安全生产管理人员。

5. 民用爆破器材生产企业主要负责人、安全生产管理人员的安全生产知识和管理能力应当经考核合格。

6. 民用爆破器材生产企业生产设施应当符合以下安全生产条件。

（1）具有与生产规模、产品品种相适应并符合《民用爆破器材工厂设计安全规范》（GB 50089—2007）要求的生产厂房和储存仓库。

（2）生产厂房、储存仓库、燃放试验场的内外部安全距离和厂房布局、建筑结构、生产工艺布置、安全疏散条件、消防设施以及防爆、防雷、防静电等安全设施符合《民用爆破器材工厂设计安全规范》（GB 50089—2007）的要求。

（3）生产区域应有明显的安全警示标志或警示标语，危险工序现场应牢固张贴安全管理制度和操作规程。

（4）具有保证安全生产和产品质量的设备、仪器和工艺装备。

（5）电气设备及机械加工设备中的电器部分应符合《民用爆破器材工厂设计安全规范》（GB 50089—2007）的要求。

（6）特种设备应定期检验并符合有关法律法规、国家标准和行业标准规定的条件。

7. 民用爆破器材工厂设计和厂址、厂房、储存仓库等设施的设计与测绘应当符合下列条件。

（1）由具有相应资质的专业机构承担设计和测绘工作。

（2）专业机构提供的文件、图样、技术资料等应符合国家有关法律、法规和国家标准、行业标准的要求。

（3）设计图样和测绘图样应有设计单位、测绘单位及其设计人员、技术人员和审核单位及审核人的签章。

8. 民用爆破器材生产企业工厂周边安全防护距离应符合国家有关规定。

9. 民用爆破器材生产企业应当采取下列职业危害预防措施。

（1）为从业人员配备符合国家标准或行业标准的劳动防护用品。

（2）对重大危险源进行检测、评估，采取监控措施。

（3）为从业人员定期进行健康检查。

（4）在安全区内设立独立的操作人员更衣室。

10. 民用爆破器材生产企业应当依法进行安全评价。

11. 民用爆破器材生产企业应当建立生产安全事故应急救援组织，指定事故应急预案，配备应急救援人员和必要的应急救援器材和设备。

12. 民用爆破器材生产企业在建设、生产和经营中，应当符合相应的标准和规范，如《民用爆破器材工厂设计安全规范》（GB 50089—2007）、《建筑设计防火规范》（GB 50016—2006）、《建筑物防雷设计规范》（GB 50057—1994）等国家标准、行业标准规定的其他条件。

如《民用爆破器材工厂设计安全规范》（GB 50089—2007）中要求：

（1）在为民用爆破器材工厂设计中，贯彻“安全第一，预防为主”的方针，采用技术手段，保障安全生产，防止发生爆炸和燃烧事故，保护国家和人民的生命财产，减少事故损失，促进生产建设的发展。

（2）本规范适用于民用爆破器材工厂的新建、改建、扩建和技术改造工程。

（3）民用器材爆破工厂的设计除应符合本规范外，尚应符合国家现行的有关强制性标准的规定。

第五章　职业危害控制技术

第一节　职业危害控制基本原则和要求

一、防尘、防毒基本原则和要求

对于作业场所存在粉尘、毒物的企业防尘、防毒的基本原则是：优先采用先进的生产工艺、技术和无毒（害）或低毒（害）的原材料，消除或减少尘、毒职业性有害因素。对于工艺、技术和原材料达不到要求的，应根据生产工艺和粉尘、毒物特性，设计相应的防尘、防毒通风控制措施，使劳动者活动的工作场所有害物质浓度符合相关标准的要求；如预期劳动者接触浓度不符合要求的，应根据实际接触情况，采取有效的个人防护措施。

1. 原材料选择应遵循无毒物质代替有毒物质，低毒物质代替高毒物质的原则。

2. 对产生粉尘、毒物的生产过程和设备（含露天作业的工艺设备），应优先采用机械化和自动化，避免直接人工操作。为防止物料跑、冒、滴、漏，其设备和管道应采取有效的密闭措施，密闭形式应根据工艺流程、设备特点、生产工艺、安全要求及便于操作、维修等因素确定，并应结合生产工艺采取通风和净化措施。对移动的扬尘和逸散毒物的作业，应与主体工程同时设计移动式轻便防尘和排毒设备。

3. 对于逸散粉尘的生产过程，应对产尘设备采取密闭措施；设置适宜的局部排风除尘设施对尘源进行控制；生产工艺和粉尘性质可采取湿式作业的，应采取湿法抑尘。当湿式作业仍不能满足卫生要求时，应采用其他通风、除尘方式。

4. 在生产中可能突然逸出大量有害物质或易造成急性中毒或易燃易爆的化学物质的室内作业场所，应设置事故通风装置及与事故排风系统相连锁的泄漏报警装置。在放散有爆炸危险的可燃气体、粉尘或气溶胶等物质的工作场所，应设置防爆通风系统或事故排风系统。

5. 可能存在或产生有毒物质的工作场所应根据有毒物质的理化特性和危害特点配备现场急救用品，设置冲洗喷淋设备、应急撤离通道、必要的泄险区以及风向标。

二、防噪声与振动基本原则和要求

（一）防噪声

作业场所存在噪声危害的企业应采用行之有效的新技术、新材料、新工艺、新方法控制噪声。对于生产过程和设备产生的噪声，应首先从声源上进行控制，使噪声作业劳动者接触噪声声级符合相关标准的要求。采用工程控制技术措施仍达不到相关标准要求的，应根据实际情况合理设计劳动作息时间，并采取适宜的个人防护措施。

1. 产生噪声的车间与非噪声作业车间、高噪声车间与低噪声车间应分开布置。产生噪声的车间，应在控制噪声发生源的基础上，对厂房的建筑设计采取减轻噪声影响的措施，注意增加隔声、吸声措施。

2. 在满足工艺流程要求的前提下，宜将高噪声设备相对集中，并采取相应的隔声、吸声、消声、减振等控制措施。

3. 为减少噪声的传播，宜设置隔声室。隔声室的天棚、墙体、门窗均应符合隔声、吸声的要求。

（二）防振动

作业场所存在振动危害的企业应采用新技术、新工艺、新方法避免振动对健康的影响，应首先控制振动源，使振动强度符合相关标准的要求。采用工程控制技术措施仍达不到要求的，应根据实际情况合理设计劳动作息时间，并采取适宜的个人防护措施。

三、防非电离辐射与电离辐射基本原则和要求

辐射分为非电离辐射和电离辐射。

（一）防非电离辐射

非电离辐射的主要防护措施有场源屏蔽、距离防护、合理布局以及采取个人防护措施等。

1. 产生工频电磁场的设备安装地址（位置）的选择应与居住区、学校、医院、幼儿园等保持一定的距离，使上述区域电场强度控制在最高容许接触水平以下。

2. 在选择极低频电磁场发射源和电力设备时，应综合考虑安全性、可靠性以及经济社会效益；新建电力设施时，应在不影响健康、社会效益以及技术经济可行的前提下，采取合理、有效的措施以降低极低频电磁场的接触水平。

3. 对于在生产过程中有可能产生非电离辐射的设备，应制定非电离辐射防护规划，采取有效的屏蔽、接地、吸收等工程技术措施及自动化或半自动化远距离操作，如预期不能屏蔽的应设计反射性隔离或吸收性隔离措施，使劳动者非电离辐射作业的接触水平符合相关标准的要求。

4. 企业在设计劳动定员时应考虑电磁辐射环境对装有心脏起搏器病人等特殊人群的健康影响。

（二）防电离辐射

电离辐射的防护，也包括辐射剂量的控制和相应的防护措施。

四、防高温基本原则和要求

作业场所存在高温作业的企业应优先采用先进的生产工艺、技术和原材料，工艺流程的设计宜使操作人员远离热源，同时根据其具体条件采取必要的隔热、通风、降温等措施，消除高温职业危害。对于工艺、技术和原材料达不到要求的，应根据生产工艺、技术、原材料特性以及自然条件，通过采取工程控制措施和必要的组织措施，如减少生产过程中的热和水蒸气释放、屏蔽热辐射源、加强通风、减少劳动时间、改善作业方式等，使室内和露天作业地点 WBGT 指数符合相关标准的要求。对于劳动者室内和露天作业 WBGT

指数不符合标准要求的，应根据实际接触情况采取有效的个人防护措施。

第二节　生产性粉尘危害控制技术

一、生产性粉尘的来源和分类

（一）来源

生产性粉尘来源十分广泛，如固体物质的机械加工、粉碎；金属的研磨、切削；矿石的粉碎、筛分、配料或岩石的钻孔、爆破和破碎等；耐火材料、玻璃、水泥和陶瓷等工业中原料加工；皮毛、纺织物等原料处理；化学工业中固体原料加工处理，物质加热时产生的蒸气、有机物质的不完全燃烧所产生的烟尘。此外，粉末状物质在混合、过筛、包装和搬运等操作时产生的粉尘，以及沉积的粉尘二次扬尘等。

（二）分类

生产性粉尘分类方法有几种，根据生产性粉尘的性质可将其分为3类。

1. 无机性粉尘

无机性粉尘包括矿物性粉尘，如硅石、石棉、煤等；金属性粉尘，如铁、锡、铝等及其化合物；人工无机性粉尘，如水泥、金刚砂等。

2. 有机性粉尘

有机性粉尘包括植物性粉尘，如棉、麻、面粉、木材；动物性粉尘，如皮毛、丝、骨质粉尘；人工合成有机粉尘，如有机染料、农药、合成树脂、炸药和人造纤维等。

3. 混合性粉尘

混合性粉尘是上述各种粉尘的混合存在，一般包括两种以上的粉尘。生产环境中最常见的就是混合性粉尘。

二、生产性粉尘的理化性质

粉尘对人体的危害程度与其理化性质有关，与其生物学作用及防尘措施等也有密切关系。在卫生学上，常用的粉尘理化性质包括粉尘的化学成分、分散度、溶解度、密度、形状、硬度、荷电性和爆炸性等。

（一）粉尘的化学成分

粉尘的化学成分、浓度和接触时间是直接决定粉尘对人体危害性质和严重程度的重要因素。根据粉尘化学性质不同，粉尘对人体可有致纤维化、中毒、致敏等作用，如游离二氧化硅粉尘的致纤维化作用。对于同一种粉尘，它的浓度越高，与其接触的时间越长，对人体危害越重。

（二）分散度

粉尘的分散度是表示粉尘颗粒大小的一个概念，它与粉尘在空气中呈浮游状态存在的持续时间（稳定程度）有密切关系。在生产环境中，由于通风、热源、机器转动以及人员走动等原因，使空气经常流动，从而使尘粒沉降变慢，延长其在空气中的浮游时间，被人吸入的机会就越多。直径小于 5μm 的粉尘对机体的危害性较大，也易于达到呼吸器官的深部。

（三）溶解度与密度

粉尘溶解度大小与对人危害程度的关系，因粉尘作用性质不同而异。主要呈化学毒副作用的粉尘，随溶解度的增加其危害作用增强；主要呈机械刺激作用的粉尘，随溶解度的增加其危害作用减弱。

粉尘颗粒密度的大小与其在空气中的稳定程度有关。尘粒大小相同，密度大者沉降速度快、稳定程度低。在通风除尘设计中，要考虑密度这一因素。

（四）形状与硬度

粉尘颗粒的形状多种多样。质量相同的尘粒因形状不同，在沉降时所受阻力也不同，因此，粉尘的形状能影响其稳定程度。坚硬并外形尖锐的尘粒可能引起呼吸道黏膜机械损伤，如某些纤维状粉尘（如石棉纤维）。

（五）荷电性

高分散度的尘粒通常带有电荷，与作业环境的湿度和温度有关。尘粒带有相异电荷时，可促进凝集、加速沉降。粉尘的这一性质对选择除尘设备有重要意义。荷电的尘粒在呼吸道可被阻留。

（六）爆炸性

高分散度的煤炭、糖、面粉、硫磺、铝、锌等粉尘具有爆炸性。发生爆炸的条件是高温（火焰、火花、放电）和粉尘在空气中达到足够的浓度。可能发生爆炸的粉尘最小浓度为：各种煤尘为 30 ~ 40 g/m^3，淀粉、铝及硫磺为 7 g/m^3，糖为 10.3 g/m^3。

三、生产性粉尘治理的技术措施

采用工程技术措施消除和降低粉尘危害，是治本的对策，是防止尘肺发生的根本措施。

（一）改革工艺过程

通过改革工艺流程使生产过程机械化、密闭化、自动化，从而消除和降低粉尘危害。

（二）湿式作业

湿式作业防尘的特点是防尘效果可靠，易于管理，投资较低。该方法已为厂矿广泛应用，如石粉厂的水磨石英和陶瓷厂、玻璃厂的原料水碾、湿法拌料、水力清砂、水爆清砂等。

（三）密闭、抽风、除尘

对不能采取湿式作业的场所应采用该方法。干法生产（粉碎、拌料等）容易造成粉尘飞扬，可采取密闭、抽风、除尘的办法，但其基础是首先必须对生产过程进行改革，理顺生产流程，实现机械化生产。在手工生产、流程紊乱的情况下，该方法是无法奏效的。密闭、抽风、除尘系统可分为密闭设备、吸尘罩、通风管、除尘器等几个部分。

（四）个体防护

当防、降尘措施难以使粉尘浓度降至国家标准水平以下时，应佩戴防尘护具。

另外，应加强对员工的教育培训、现场的安全检查以及对防尘的综合管理等。

第三节　生产性毒物危害控制技术

一、生产性毒物的来源与存在形态

（一）来源

在生产过程中，生产性毒物主要来源于原料、辅助材料、中间产品、夹杂物、半成品、成品、废气、废液及废渣，有时也可能来自加热分解的产物，如聚氯乙烯塑料加热至160～170℃时可分解产生氯化氢。

（二）毒物形态

生产性毒物可以固体、液体、气体的形态存在于生产环境中。

1．气体

在常温、常压条件下，散发于空气中的气体，如氯、溴、氨、一氧化碳和甲烷等。

2．蒸气

固体升华、液体蒸发时形成蒸气，如水银蒸气和苯蒸气等。

3．雾

混悬于空气中的液体微粒，如喷洒农药和喷漆时所形成雾滴，镀铬和蓄电池充电时逸出的铬酸雾和硫酸雾等。

4．烟

直径小于0.1μm 的悬浮于空气中的固体微粒，如熔铜时产生的氧化锌烟尘，熔镉时产生的氧化镉烟尘，电焊时产生的电焊烟尘等。

5．粉尘

能较长时间悬浮于空气中的固体微粒，直径大多数为0.1～10 μm。固体物质的机械加工、粉碎、筛分、包装等可引起粉尘飞扬。

悬浮于空气中的粉尘、烟和雾等微粒，统称为气溶胶。了解生产性毒物的存在形态，有助于研究毒物进入机体的途径，发病原因，且便于采取有效的防护措施，以及选择车间空气中有害物采样方法。

生产性毒物进入人体的途径主要是经呼吸道，也可经皮肤和消化道进入。

另外，对于密闭空间作业职业危害防护，也应明确规范相关管理规定。密闭空间是指与外界相对隔离，进出口受限，自然通风不良，足够容纳一人进入并从事非常规、非连续作业的有限空间。如炉、塔、釜、罐、槽车以及管道、烟道、隧道、下水道、沟、坑、井、池、涵洞、船舱、地下仓库、储藏室、地窖、谷仓等。在职业活动中可能引起死亡、失去知觉、丧失逃生及自救能力、伤害或引起急性中毒的环境，可以有以下一种或几种情形：

1．可燃性气体、蒸气和气溶胶的浓度超过爆炸下限（LEL）的10%；

2．空气中爆炸性粉尘浓度达到或超过爆炸下限的30%；

3．空气中氧含量低于18%或超过22%；

4. 空气中有害物质的浓度超过工作场所有害因素职业接触限值；

5. 其他任何含有有害物浓度超过立即威胁生命或健康（IDLH）浓度的环境条件。

对于立即威胁生命或健康的浓度和环境规定了准入条件，密闭空间必须具备能容许劳动者进入并能保证其工作安全的条件。

二、生产性毒物危害治理措施

生产过程的密闭化、自动化是解决毒物危害的根本途径。采用无毒、低毒物质代替有毒或高毒物质是从根本上解决毒物危害的首选办法。

常用的生产性毒物控制措施如下：

（一）密闭—通风排毒系统

该系统由密闭罩、通风管、净化装置和通风机构成。采用该系统必须注意以下2点。

1. 整个系统必须注意安全、防火、防爆问题；

2. 正确地选择气体的净化和回收利用方法，防止二次污染，防止环境污染。

（二）局部排气罩

就地密闭，就地排出，就地净化，是通风防毒工程的一个重要的技术准则。排气罩就是实施毒源控制，防止毒物扩散的具体技术装置。局部排气罩按其构造分为3种类型。

1. 密闭罩

在工艺条件允许的情况下，尽可能将毒源密闭起来，然后通过通风管将含毒空气吸出，送往净化装置，净化后排放大气。

2. 开口罩

在生产工艺操作不可能采取密闭罩排气时，可按生产设备和操作的特点，设计开口罩排气。按结构形式，开口罩分为上吸罩、侧吸罩和下吸罩。

3. 通风橱

通风橱是密闭罩与侧吸罩相结合的一种特殊排气罩。可以将产生有害物的操作和设备完全放在通风橱内，通风橱上设有开启的操作小门，以便于操作。为防止通风橱内机械设备的扰动、化学反应或热源的热压、室内横向气流的干扰等原因而引起的有害物逸出，必须对通风橱实行排气，使橱内形成负压状态，以防止有害物逸出。

（三）排出气体的净化

工业的无害化排放，是通风防毒工程必须遵守的重要准则。根据输送介质特性和生产工艺的不同，可采用不同的有害气体净化方法。有害气体净化方法大致分为洗涤法、吸附法、袋滤法、静电法、燃烧法和高空排放法。确定净化方案的原则是：①设计前必须确定有害物质的成分、含量和毒性等理化指标；②确定有害物质的净化目标和综合利用方向，应符合卫生标准和环境保护标准的规定；③净化设备的工艺特性，必须与有害介质的特性相一致；④落实防火、防爆的特殊要求。

1. 洗涤法

洗涤法也称吸收法，是通过适当比例的液体吸收剂处理气体混合物，完成沉降、降温、聚凝、洗净、中和、吸收和脱水等物理化学反应，以实现气体的净化。洗涤法是一种常用的净化方法，在工业上已经得到广泛的应用。它适用于净化 CO、SO_2、NO_x、HF、

SiF_4、HCl、Cl_2、NH_2、Hg 蒸气、酸雾、沥青烟及有机蒸气。如冶金行业的焦炉煤气、高炉煤气、转炉煤气、发生炉煤气净化，化工行业的工业气体净化，机电行业的苯及其衍生物等有机蒸气净化，电力行业的烟气脱硫净化等等。

2. 吸附法

吸附法是使有害气体与多孔性固体（吸附剂）接触，使有害物（吸附质）黏附在固体表面上（物理吸附）。当吸附质在气相中的浓度低于吸附剂上的吸附质平衡浓度时，或者有更容易被吸附的物质达到吸附表面时，原来的吸附质会从吸附剂表面上脱离而进入气相，实现有害气体的吸附分离。吸附剂达到饱和吸附状态时，可以解吸、再生、重新使用。吸附法多用于低浓度有害气体的净化，并实现其回收与利用。如机械、仪表、轻工和化工等行业，对苯类、醇类、酯类和酮类等有机蒸气的气体净化与回收工程，已广泛应用，吸附效率在90%～95%。

3. 袋滤法

袋滤法是粉尘通过过滤介质受阻，而将固体颗粒物分离出来的方法。在袋滤器内，粉尘将经过沉降、聚凝、过滤和清灰等物理过程，实现无害化排放。袋滤法是一种高效净化方法，主要适用工业气体的除尘净化，如以金属氧化物（Fe_2O_3等）为代表的烟气净化。该方法还可以用做气体净化的前处理及物料回收装置。

4. 静电法

静电法是粒子在电场作用下，带荷电后，粒子向沉淀极移动，带电粒子碰到集尘极即释放电子而呈中性状态附着于集尘板上，从而被捕捉下来，完成气体净化的方法。静电法分为干式净化工艺和湿式净化工艺，按其构造形式又可分为卧式和立式。以静电除尘器为代表的静电法气体净化设备清灰方法，在供电设备清灰和粉尘回收等方面应用较多。

5. 燃烧法

燃烧法是将有害气体中的可燃成分与氧结合，进行燃烧，使其转化为CO_2和H_2O，达到气体净化与无害物排放的方法。燃烧法适用于有害气体中含有可燃成分的条件，其中直接燃烧法是在一般方法难以处理，且危害性极大，必须采取燃烧处理时采用，如净化沥青烟、炼油厂尾气等；催化燃烧法主要用于净化机电、轻工行业产生的苯、醇、酯、醚、醛、酮、烷和酚类等有机蒸气。

（四）个体防护

对接触毒物作业的工人，进行个体防护有特殊意义。毒物通过呼吸道、皮肤侵入人体，因此凡是接触毒物的作业都应规定有针对性的个人卫生制度，必要时应列入操作规程，比如不准在作业场所吸烟、吃东西，班后洗澡，不准将工作服带回家中等等。个体防护制度不仅保护操作者自身，而且可避免家庭成员，特别是儿童间接受害。

属于作业场所的防护用品有防腐服装、防毒口罩和防毒面具。

三、密闭空间作业管理

对于密闭空间作业有两种形式的管理规定，一是经定时监测和持续进行机械通风，能保证在密闭空间内安全作业，并不需要办理准入证的密闭空间，称为无需准入密闭空间；具有包含可能产生职业有害因素，或包含可能对进入者产生吞没危害，或具有内部结构，易使进入者落入引起窒息或迷失，或包含其他严重职业病危害因素等特征的密闭空间称为需要准入密闭空间。

进入密闭空间作业应由用人单位实施安全作业准入。用人单位应采取综合措施，消除或减少密闭空间的职业危害以满足安全作业条件，主要有以下几点：

明确密闭空间作业负责人、被批准进入作业的劳动者和外部监护或监督人员及其职责。

在密闭空间外设置警示标识，告知密闭空间的位置和所存在的危害。

提供有关的职业安全卫生培训。

当实施密闭空间作业前，须评估密闭空间可能存在的职业危害，以确定该密闭空间是否准入作业。

采取有效措施，防止未经容许的劳动者进入密闭空间。

提供密闭空间作业的合格的安全防护设施、个体防护用品及报警仪器。

提供应急救援保障。

第四节　物理因素危害控制技术

作业场所存在的物理性职业危害因素，有噪声、振动、辐射和异常气象条件（气温、气流、气压）等。

一、噪声

（一）生产性噪声的特性、种类、来源及其危害

在生产中，由于机器转动、气体排放、工件撞击与摩擦所产生的噪声，称为生产性噪声或工业噪声。生产性噪声可归纳为以下 3 类。

1. 空气动力噪声，是由于气体压力变化引起气体扰动，气体与其他物体相互作用所致。例如，各种风机、空气压缩机、风动工具、喷气发动机和汽轮机等，由于压力脉冲和气体排放发出的噪声。

2. 机械性噪声，是由于机械撞击、摩擦或质量不平衡旋转等机械力作用下引起固体部件振动所产生的噪声。例如，各种车床、电锯、电刨、球磨机、砂轮机和织布机等发出的噪声。

3. 电磁性噪声，是由于磁场脉冲，磁致伸缩引起电气部件振动所致。如电磁式振动台和振荡器、大型电动机、发电机和变压器等产生的噪声。

生产性噪声一般声级较高，有的作业地点可高达 120 ~ 130 dB（A）。由于长时间接触噪声导致的听阈升高、不能恢复到原有水平的称为永久性听力阈移，临床上称噪声聋。噪声不仅对听觉系统有影响，对非听觉系统如神经系统、心血管系统、内分泌系统、生殖系统及消化系统等都有影响。

（二）噪声的控制措施

以下是控制生产性噪声的 3 项措施。

1. 消除或降低噪声、振动源，如铆接改为焊接、锤击成型改为液压成型等。为防止振动，使用隔绝物质，如用橡皮、软木和砂石等隔绝噪声。

2. 消除或减少噪声、振动的传播，如吸声、隔声、隔振、阻尼。

3. 加强个人防护和健康监护。

二、振动

（一）产生振动的机械

在生产过程中，生产设备、工具产生的振动称为生产性振动。产生振动的机械有锻造机、冲压机、压缩机、振动机、送风机和打夯机等。在生产中手臂振动所造成的危害，较为明显和严重，国家已将手臂振动病列为职业病。

存在手臂振动的生产作业主要有以下几类。①操作锤打工具，如操作凿岩机、空气锤、筛选机、风铲、捣固机和铆钉机等；②手持转动工具，如操作电钻、风钻、喷砂机、金刚砂抛光机和钻孔机等；③使用固定轮转工具，如使用砂轮机、抛光机、球磨机和电锯等；④驾驶交通运输车辆与使用农业机械，如驾驶汽车、使用脱粒机。

（二）振动的控制措施

1. 控制振动源。应在设计、制造生产工具和机械时采用减振措施，使振动降低到对人体无害水平。

2. 改革工艺，采用减振和隔振等措施。如采用焊接等新工艺代替铆接工艺；采用水力清砂代替风铲清砂；工具的金属部件采用塑料或橡胶材料，减少撞击振动。

3. 限制作业时间和振动强度。

4. 改善作业环境，加强个体防护及健康监护。

三、辐射

电磁辐射广泛存在于宇宙空间和地球上。当一根导线有交流电通过时，导线周围辐射出一种能量，这种能量以电场和磁场形式存在，并以波动形式向四周传播，人们把这种交替变化的，以一定速度在空间传播的电场和磁场，称为电磁辐射或电磁波。

电磁辐射分为射频辐射、红外线、可见光、紫外线、X 射线及 α 射线等。由于其频率、波长、量子能量不同，对人体的危害作用也不同。当量子能量达到 12 eV 以上时，对物体有电离作用，能导致机体的严重损伤，这类辐射称为电离辐射。量子能量小于 12 eV 的不足以引起生物体电离的电磁辐射，称为非电离辐射。

（一）非电离辐射的来源与防护

1. 非电离辐射的来源及其危害

（1）射频辐射。射频辐射又称为无线电波，量子能量很小。按波长和频率，射频辐射可分成高频电磁场、超高频电磁场和微波 3 个波段。

高频作业，如高频感应加热金属的热处理、表面淬火、金属熔炼、热轧及高频焊接等。高频介质加热对象是不良导体，广泛用于塑料热合、棉纱与木材的干燥、粮食烘干及橡胶硫化等。高频等离子技术用于高温化学反应和高温熔炼。

工人作业地带的高频电磁场主要来自高频设备的辐射源，如高频振荡管、电容器、电感线圈及馈线等部件。无屏蔽的高频输出变压器常是工人操作岗位的主要辐射源。

微波作业，如微波加热广泛用于食品、木材、皮革及茶叶等加工，医药与纺织印染等行业。烘干粮食、处理种子及消灭害虫是微波在农业方面的重要应用。医疗卫生上主要用于消毒、灭菌与理疗等。

生产场所接触微波辐射多由于设备密闭结构不严，造成微波能量外泄或由各种辐射结构（天线）向空间辐射的微波能量。

一般来说，射频辐射对人体的影响不会导致组织器官的器质性损伤，主要引起功能性改变，并具有可逆性特征，在停止接触数周或数月后往往可恢复。但在大强度长期射频辐射的作用下，心血管系统的征候持续时间较长，并有进行性倾向。

（2）红外线辐射。在生产环境中，加热金属、熔融玻璃及强发光体等可成为红外线辐射源。炼钢工、铸造工、轧钢工、锻钢工、玻璃熔吹工、烧瓷工及焊接工等可受到红外线辐射。红外线辐射对机体的影响主要是皮肤和眼睛。

（3）紫外线辐射。生产环境中，物体温度达 1 200℃ 以上的辐射电磁波谱中即可出现紫外线。随着物体温度的升高，辐射的紫外线频率增高，波长变短，其强度也增大。常见的辐射源有冶炼炉（高炉、平炉、电炉）、电焊、氧乙炔气焊、氩弧焊和等离子焊接等。

强烈的紫外线辐射作用可引起皮炎，表现为弥漫性红斑，有时可出现小水泡和水肿，并有发痒、烧灼感。在作业场所比较多见的是紫外线对眼睛的损伤，即由电弧光照射所引起的职业病——电光性眼炎。此外在雪地作业、航空航海作业时，受到大量太阳光中紫外线照射，可引起类似电光性眼炎的角膜、结膜损伤，称为太阳光眼炎或雪盲症。

（4）激光。激光不是天然存在的，而是用人工激活某些活性物质，在特定条件下受激发光。激光也是电磁波，属于非电离辐射。被广泛应用于工业、农业、国防、医疗和科研等领域。在工业生产中主要利用激光辐射能量集中的特点，用于焊接、打孔、切割和热处理等。在农业中激光可应用于育种、杀虫。

激光对人体的危害主要是由它的热效应和光化学效应造成的。激光对皮肤损伤的程度取决于激光强度、频率和肤色深浅、组织水分、角质层厚度等。激光能烧伤皮肤。

2. 非电离辐射的控制与防护

高频电磁场的主要防护措施有场源屏蔽、距离防护和合理布局等。对微波辐射的防护，是直接减少源的辐射、屏蔽辐射源、采取个人防护及执行安全规则。对红外线辐射的防护，重点是对眼睛的保护，减少红外线暴露和降低炼钢工人等的热负荷，生产操作中应戴有效过滤红外线的防护镜。对紫外线辐射的防护是屏蔽和增大与辐射源的距离，佩戴专用的防护用品。对激光的防护，应包括激光器、工作室及个体防护三方面。激光器要有安全设施，在光束可能泄漏处应设置防光封闭罩；工作室围护结构应使用吸光材料，色调要暗，不能裸眼看光；使用适当个体防护用品并对人员进行安全教育等。

（二）电离辐射来源与防护

1. 电离辐射来源

凡能引起物质电离的各种辐射称为电离辐射。其中 α、β 等带电粒子都能直接使物质电离，称为直接电离辐射；γ 光子、中子等非带电粒子，先作用于物质产生高速电子，继而由这些高速电子使物质电离，称为非直接电离辐射。能产生直接或非直接电离辐射的物质或装置称为电离辐射源，如各种天然放射性核素、人工放射性核素和X线机等。

随着原子能事业的发展，核工业、核设施也迅速发展，放射性核素和射线装置在工业、农业、医药卫生和科学研究中已经广泛应用。接触电离辐射的人员也日益增多。

2. 电离辐射的防护

电离辐射的防护，主要是控制辐射源的质和量。电离辐射的防护分为外照射防护和内照射防护。外照射防护的基本方法有时间防护、距离防护和屏蔽防护，通称“外防护三原则”。内照射防护的基本防护方法有围封隔离、除污保洁和个人防护等综合性防护措施。

四、异常气象条件

（一）异常气象条件的种类

1. 高温作业

生产场所的热源可来自各种熔炉、锅炉、化学反应釜、机械摩擦和转动产热以及人体散热；空气湿度的影响主要来自各种敞开液面的水分蒸发或蒸汽放散，如造纸、印染、缫丝、电镀、潮湿的矿井、隧道以及潜涵等相对湿度大于80%的高湿的作业环境。风速、气压和辐射热都会对生产作业场所的环境产生影响。

2. 高温强热辐射作业

高温强热辐射作业是指工作地点气温在30℃以上或工作地点气温高于夏季室外气温2℃以上，并有较强的辐射热作业。如冶金工业的炼钢、炼铁车间，机械制造工业的铸造、锻造，建材工业的陶瓷、玻璃、搪瓷、砖瓦等窑炉车间，火力电厂的锅炉间等。

3. 高温高湿作业

高温高湿作业，如印染、缫丝、造纸等工业中，液体加热或蒸煮，车间气温可达35℃以上，相对湿度达90%以上。有的煤矿深井井下气温可达30℃，相对湿度95%以上。

4. 其他异常气象条件作业

其他异常气象条件作业，如冬天在寒冷地区或极地从事野外作业，冷库或地窖工作的低温作业，潜水作业和潜涵作业等高气压作业，高空、高原低气压环境中进行运输、勘探、筑路及采矿等低气压作业。

（二）异常气象条件防护措施

1. 高温作业防护

对于高温作业，首先应合理设计工艺流程，改进生产设备和操作方法，这是改善高温作业条件的根本措施。如钢水连珠、轧钢及铸造等生产自动化可使工人远离热源；采用开放或半开放式作业，利用自然通风，尽量在夏季主导风向下风侧对热源隔离等。

2. 隔热

隔热是防止热辐射的重要措施，可利用水来进行。

3. 通风降温

通风降温方式有自然通风和机械通风两种方式。

4. 保健措施

供给饮料和补充营养，暑季供应含盐的清凉饮料是有特殊意义的保健措施。

5．个体防护

使用耐热工作服等。低温的防护，要防寒和保暖，加强个体防护用品使用。

6．异常气压的预防

可通过采取一些措施预防异常气压：技术革新，如采用管柱钻孔法代替沉箱，工人不必在水下高压作业；遵守安全操作规程；保健措施，高热量、高蛋白饮食等。应注意有职业禁忌症者不能从事此类工作。

第六章　运输安全技术

第一节　运输事故主要类型与预防技术

一、公路运输事故主要类型与预防技术

（一）公路运输事故主要类型

公路运输事故主要包括碰撞、碾压、刮擦、翻车、坠车、爆炸、失火和撞固定物等类别，按事故严重程度分为特大事故、重大事故、一般事故和轻微事故4类。

1. 碰撞

碰撞指交通强者的正面部分与他方接触。碰撞主要发生在机动车之间，机动车与非机动车之间，机动车与行人之间，非机动车之间，非机动车与行人之间，以及车辆与其他物之间。根据碰撞的运动情况，机动车之间的碰撞可分为正面碰撞、迎头碰撞、侧面相撞、追尾相撞、左转弯相撞和右转弯相撞。

2. 碾压

碾压指作为交通强者的机动车对交通弱者的推碾和压过。

3. 刮擦

刮擦指相对交通强者的车辆侧面与他方接触。刮擦与碰撞的判断均从强者着眼，不管弱者，若有强者正面的部分接触即为碰撞。

4. 翻车

翻车指两个以上的侧面车轮离开地面，在没有发生其他事态的情况下而造成的车辆翻转。翻车一般分为侧翻（两个车轮离开地面）和大翻（四个车轮均离开地面）两种。

5. 坠车

坠车通常理解为车辆掉下去。坠车与翻车的区别主要看车辆驶出路外翻车的全部过程是否始终与地面接触，如果始终与地面接触，不论翻得多深或情况多么严重均属于翻车；如果离开地面的落体过程，便可认为是坠车。

6. 爆炸

爆炸指由于把爆炸物品带入车内，在行驶过程中因为振动等原因引起爆炸造成事故。行驶过程中由于轮胎爆炸引起的事故，不应理解为爆炸。

7. 失火

失火指车辆在行驶过程中由于人为的、车辆的原因引起的火灾。引起火灾的原因很多，人为原因如吸烟、明火、违反操作规程等；车辆的原因如发动机回火或排气管过热，并且其上有可燃物，电路系统漏电产生火花等。

8．撞固定物

撞固定物指车辆与道路上的作业结构物、路肩上的灯杆、交通标志杆、广告牌杆、建筑物以及路旁的树木等相撞。

（二）公路运输事故预防技术

1．人为因素控制

人作为交通活动的主体，既是交通事故的制造者又是交通事故的直接受害者。人为因素是导致公路运输事故的主要因素，因此，对人为因素的控制非常重要。对人为因素的控制与预防包括：提高驾驶人的交通道德水平、思想意识和技术水平；增加非机动车骑行人和行人对自身通行权和违章危险性的认知，加强对非机动车骑行人和行人违章执法的力度，增强非机动车骑行人和行人遵守交通法规的自觉性；强化交通参与者的适应能力；合理调节交通参与者的心理状态；强化和提高交通参与者的安全行为，改变和抑制交通参与者的异常行为。

2．车辆因素控制

加强车辆安全性能的研究，通过对车辆的主动安全性和被动安全性的研究分析，使车辆的设计充分体现人机性能的匹配。加强车辆的日常维护与技术检查，建立完善的汽车安全检测制度和基于检测的车辆维修制度，出车前应彻底检查转向系和制动系，认真做好车辆的日常修理工作，及时消除隐患，保证车况良好，杜绝带病车上路行驶，严把车辆技术性能关。

3．道路因素控制

加强道路设计的安全性，通过对道路的路线、路基路面、排水、平面交叉和出入口、互通交叉与高速公路出入口、交通工程及沿线设施、结构物的合理设计，使道路符合安全行车的要求。完善道路安全设施，不断改善道路条件，加强道路交通管理，优化道路交通安全环境，严格按照《道路交通标志和标线》（GB 5768—2009）、《公路工程技术标准》（JTG B01—2003），整改不符合要求的交通标志、标线以及各种交通安全设施；改善和提高道路通行环境，夜间易出事的路段应增设“凸起路标”和照明设备。

4．道路交通安全管理

建立和完善道路交通管理法律法规以及规章制度。加大执法力度，使交通参与者认识到不安全行为对道路交通带来的影响和危害。运用高科技手段及时查处违章车辆，排除事故隐患。在事故多发路段，以及在桥梁、急转弯、立交桥、匝道等复杂路面，易积水地点设置警告牌。在雨、雾、雪天等灾害气候条件下应制定交通管制预案，合理控制交通流量，疏导好车辆通行；在城市道路，应实现人车分流，进行合理的交通渠化，科学地控制道路的进、出口；在交通量超过道路通行能力的路段，可以通过限制交通流量的方法来保证交通安全，同时路段的管理者在流量调整阶段，向车辆发布分流信息，提供最佳绕行路线。

5．智能交通运输系统的使用

充分利用智能交通运输系统与交通安全有关的功能，包括：交通管理系统（在途驾驶人信息、路径诱导、交通控制、突发事件管理、公铁路交叉口管理等）、应急管理系统（紧急事件通告与人员安全、应急车辆管理）、商用车辆运营系统（自动路侧安全监测、车载安全监测、危险品应急响应等)、车辆控制与安全系统等，提高人、车辆、道路环境等的安全水平，减少事故的发生。

二、铁路运输事故主要类型与预防技术

(一) 铁路运输事故主要类型

铁路运输事故主要类型包括行车事故、客运事故、货运事故和路外伤亡事故四大类。

1. 行车事故

凡在行车工作中，因违反规章制度、违反劳动纪律、或技术设备不良及其他原因，造成人员伤亡、设备损坏，影响行车及危及行车安全的，均构成行车事故。行车事故分为列车事故和调车事故。

列车事故分为以下情况：列车与其他调车作业的机车、车辆等互相冲撞而发生的事故；调车机车进入区间（跟踪、越出站界调车除外）发生的事故；客运列车在中途站进行摘挂（包括摘挂本务机车）或转线作业发生的事故，以及客运列车或客运列车摘下本务机车后的车列，被其他列车、机车、车辆冲撞造成的事故。

调车事故是指列车以调车方式进行摘挂或转线而发生的事故。

不论是列车运行事故还是调车事故，都是机车、车辆和列车在线路上运行过程中发生的事故，由于铁路运输生产过程的特点，旅客和货物必须依附并伴随着列车的运行而共同移动才能实现位移，因此，行车事故往往会直接牵连或波及到旅客和货物的安全。有相当一部分的客运事故和货运事故都是因为行车事故引起的。

行车事故主要有冲突（包括列车冲突、调车冲突和其他冲突）、脱轨（包括列车脱轨、调车脱轨和机车车辆脱轨）、列车火灾、电气化铁路接触网触电以及机车车辆伤害等。铁路对行车事故按其造成的设备损坏程度、人员伤亡情况以及对行车影响的程度，分为特别重大事故、重大事故、大事故、险性事故、一般事故 5 个等级。

2. 客运事故

铁路客运事故包括旅客伤亡事故和行李包裹事故两类。其中，旅客伤亡事故是旅客在运输过程中发生的人身事故，分为死亡、重伤和轻伤 3 种；行李包裹事故分为火灾、被盗、丢失、破损、票货分离或票货不符、误交付和其他 7 种，并按损失程度分为重大事故，大事故和一般事故 3 类。

3. 货运事故

铁路货运事故是指货物在铁路运输过程中（含交付完毕后点回保管）发生丢失、短少、变质、污染、损坏以及严重的办理差错，按损失程度分为重大事故、大事故和一般事故 3 类。

4. 路外伤亡事故

路外伤亡事故包括道口事故在内，是铁路机车车辆在运行过程中与行人、机动车、非机动车、牲畜及其他障碍物相撞造成的事故。

(二) 典型事故主要隐患分析

1. 机车车辆冲突事故的主要隐患

机车车辆冲突事故的隐患主要是车务、机务两方面：车务方面主要是作业人员向占用

线接入列车，向占用区间发出列车，停留车辆未采取防溜措施导致车辆溜逸，违章调车作业等；机务方面主要是机车乘务员运行中擅自关闭“三项设备”盲目行车，作业中不认真确认信号盲目行车，区间非正常停车后再开时不按规定行车，停留机车不采取防溜措施。

2. 机车车辆脱轨事故的主要隐患

机车车辆脱轨事故的主要隐患有：机车车辆配件脱落，机车车辆走行部构件、轮对等限度超标，线路及道岔限度超标，线路断轨胀轨，车辆装载货物超限或坠落，线路上有异物侵限等。

3. 机车车辆伤害事故的主要隐患

机车车辆伤害事故的主要隐患有：作业人员安全思想不牢，违章抢道，走道心、钻车底；自我保护意识不强，违章跳车、爬车，以车代步，盲目图快，避让不及，下道不及时；作业防护不到位，作业中不加保护措施，线路上作业不设防护或防护不到位等。

4. 电气化铁路接触网触电伤害事故的主要隐患

电气化铁路接触网触电伤害事故的主要隐患有：电化区段作业安全意识不牢，作业中违章上车顶或超出安全距离接近带电部位；接触网网下作业带电违章作业；接触网检修作业中安全防护不到位，不按规定加装地线，或作业防护、绝缘工具失效；电力机车错误进入停电检修作业区等。

5. 营业线施工事故的主要隐患

营业线施工事故的主要隐患有：施工组织缺乏安全意识和防范措施，施工安全责任制不落实，施工人员缺乏资质；施工前准备工作滞后，施工中安全防护不到位，施工后线路开通条件不具备，盲目放行列车；施工监理不严格，施工质量把关不严，施工监护不落实等。

（三）典型铁路运输事故预防技术

1. 防止机车车辆冲突脱轨事故的安全措施

严格执行行车作业的标准化，认真落实非正常行车安全措施，加强机车车辆检修和机车出库、车辆列检的检查质量，提高线路道岔养护质量，加强货物装载加固措施和商检检查作业标准等。对车辆转向架侧架、摇枕实行寿命管理，凡使用年限超过25年的配件全部报废；车辆入厂、段修转向架除锈后进行翻转分解探伤，重点检查；加强制动梁端轴分解探伤检查等安全措施。

加强停留机车车辆的防溜措施。编组站、区段站在到发线、调车线以外线路上停留车辆，应连挂在一起，并须拧紧两端车辆的手制动机，或以铁鞋牢靠固定。中间站停留车辆，无论停留线路是否有坡道，均应连挂在一起，拧紧两端车辆的手制动机，并以铁鞋牢靠固定。车站对停留车辆防溜措施执行情况每天要实行定期检查。机车在中间站停留时，乘务员不得擅自离开机车，并保持机车制动。

2. 防止电气化铁路接触网触电伤害事故的安全措施

电气化铁路上网作业前必须先停电后作业，并落实接地和作业区段安全防护措施，作业人员防护设施和绝缘工具必须检测可靠良好；车站对作业区段的进路、道岔要落实锁闭，防止电力机车错误进入停电检修作业区。在列车发生火灾爆炸等事故及车辆顶部和货物发生异常情况时，必须先断电后处理，并及时将肇事车辆调入无电线路，待处理妥当，人员撤离后方可恢复供电。

3．防止机车车辆伤害事故的安全措施

提高安全意识和自我保护意识，确保作业人员班前充分休息；班中严格遵章作业，线上施工作业确保2人以上，加强安全防护，来车按规定提前下道等。健全道口安全管理制度，认真落实道口员岗位责任制，加强瞭望和防护，提前立岗；完善道口报警和防护安全设施；开展治安联防，加强与地方的安全联控，共同落实道口安全防范措施。

4．防止营业线施工事故的安全措施

施工实行分级管理，分别由负责部门领导（干部）负责对施工计划安排、组织实施、安全防范、现场指挥和质量验收，实行全过程组织实施和监督把关，落实责任，确保安全。严格按施工计划组织施工，实行施工组织单一指挥；按规定距离设置防护信号，保证施工联系畅通，加强施工中相关工作的联系协调，严格落实施工安全措施。施工后必须严格确认具备放行列车的开通条件，方可按允许运行速度放行列车。原则上施工后放行第一趟列车不安排旅客列车；线路允许速度必须根据运行条件逐步提高，严禁盲目臆测放行列车。施工机具、设备必须统一管理，专人负责检修、保养及使用，保证状态良好。机具、设备下道必须存放稳妥，严禁侵入限界；机具、设备上道使用，必须落实专人防护措施。

三、航空运输事故主要类型与预防技术

（一）航空运输事故的主要类型

航空运输事故主要包括民用航空器事故和民用航空器飞行事故征候两类。

1．人为事故

人为事故指主要由人为因素造成的航空运输事故，包括：飞机驾驶员操作失误，机械师的维修失误，空中管制员的口误等。

2．机械事故

机械事故指主要由机械因素造成的航空运输事故，包括：飞机轮胎爆胎、飞机起落架失灵、飞机通信中断等。

3．自然灾害事故

自然灾害事故指主要由于自然环境原因造成的航空运输事故，包括由暴雨、大雾、大雪等恶劣天气造成的事故。

4．安全管理事故

此类事件又可分为两小类，一类是由于民航相关组织本身的管理所造成的事故，包括：飞行人员配置不合理，安全管理部门职责不清等造成的事故。另一类是由于人们主观意愿产生，会危及航空运输安全的突发事件，比如劫机事件、恐怖事件等等。

（二）航空运输事故预防措施

1．人为因素控制

据国内外相关资料统计，航空运输事故发生的主要原因是人为因素和机械设备的故障。随着新技术的广泛应用和产品质量的不断提高，飞行总事故率逐渐下降。但是，人为因素引起的事故率在总事故率中的比例却逐渐上升，成为造成飞行事故的主要原因。为了预防和减少飞行事故的发生，应加强对飞行员、地勤人员和地面保障人员的培训，努力提

高航空运输参与人员的素质。

利用地面飞行模拟器对飞行员进行故障飞行模拟训练与研究，通过故障飞行模拟训练，使飞行员了解和掌握故障发生时飞机的操纵感觉和反应特点，以便准确判断故障的性质、发生的原因和采取何种处置方法，从而有效避免航空运输事故的发生。

2．飞机因素控制

加强对飞机安全性能及部件故障检测与诊断技术的研究。加强对飞机的日常维护与技术检查。

3．环境因素控制

及时发现与处理机场周围可能威胁航空运输安全的因素。不安全因素包括：超高障碍物、近低空的不固定漂浮物等。

4．机场安全管理

建立健全机场管理相关的规章制度，规范机场工作人员的作业。加强对旅客行李和货物的安全检查，避免危险品上飞机。加强对机场各功能区的实时监控，实现对各种隐患的及时识别和预警。

四、水路运输事故主要类型与预防技术

（一）水路运输事故的主要类型

世界各国对海事的分类都有规定，尽管细节不同，但基本原则相同。我国《水上交通事故统计办法》对水运交通事故进行了界定，水路运输事故的类型主要包括碰撞事故、搁浅事故、触礁事故、触损事故、浪损事故、火灾爆炸事故、风灾事故、自沉事故和其他事故。

1．碰撞事故

碰撞事故是指两艘以上船舶之间发生撞击造成损害的事故。碰撞事故可能造成人员伤亡、船舶受损、船舶沉没等后果。碰撞事故的等级按照人员伤亡或直接经济损失确定。

2．搁浅事故

搁浅事故是指船舶搁置在浅滩上，造成停航或损害的事故。搁浅事故的等级按照搁浅造成的停航时间确定：停航在 24 h 以上 7 d 以内的，确定为“一般事故”；停航在 7 d 以上 30 d 以内的，确定为“大事故”；停航在 30 d 以上的，确定为“重大事故”。

3．触礁事故

触礁事故是指船舶触碰礁石，或者搁置在礁石上，造成损害的事故。触礁事故的等级参照搁浅事故等级的计算方法确定。

4．触损事故

触损事故是指触碰岸壁、码头、航标、桥墩、浮动设施、钻井平台等水上水下建筑物或者沉船、沉物、木桩渔棚等碍航物并造成损害的事故。触损事故可能造成船舶本身和岸壁、码头、航标、桥墩、浮动设施、钻井平台等水上水下建筑物的损失。

5．浪损事故

浪损事故是指船舶因其他船舶兴波冲击造成损害的事故。也有人称之为“非接触性碰

撞”，因此，浪损事故的损害计算方法可参照碰撞事故的计算方法。

6．火灾、爆炸事故

火灾、爆炸事故是指因自然或人为因素致使船舶失火或爆炸造成损害的事故。同样，火灾、爆炸事故可能造成重大人员伤亡、船舶损失等。

7．风灾事故

风灾事故是指船舶遭受较强风暴袭击造成损失的事故。

8．自沉事故

自沉事故是指船舶因超载、积载或装载不当、操作不当、船体漏水等原因或者不明原因造成船舶沉没、倾覆、全损的事故；但其他事故造成的船舶沉没不属于自沉事故。

9．其他引起人员伤亡、直接经济损失的水运交通事故。

船舶因外来原因使舱内进水、失去浮力，导致船舶沉没；船舶因外来原因造成严重损害，导致船舶全损等。

船舶污染事故（非因交通事故引起）、船员工伤、船员或旅客失足落水以及船员、旅客自杀或他杀事故不作为水运交通事故。

（二）水路运输事故预防技术

1．加强对水路运输环境的监测与评价，监测与评价运输区域内水运环境的安全度、水运交通运输活动与船舶航行面临和可能面临的不利环境变动。

2．加强对水路运输运载工具船舶安全状态的监测与评价，明确并预先控制交通工具的技术安全状态。

3．加强对水路运输中人为因素的监测与评价，评价水路运输中的操纵人的驾驶行为水平程度。

4．加强对水路运输组织（交通管理部门、企业）安全管理活动的监测与评价，明确安全管理活动的可靠状态和运行趋势。

第二节　公路运输安全技术

一、道路交通安全基础知识

（一）道路交通系统基本要素

道路交通系统的基本要素是指人（包括驾驶人、行人、乘客等）、车（包括机动车和非机动车等）、路（包括公路、城市道路、出入口道路及其相关设施）和环境（路外的境观、管理设施和气候条件等）。在四要素中，驾驶人是系统的理解者和指令的发出者及操作者，它是系统的核心，其他因素必须通过人才能起作用。四要素协调运动才能实现道路交通系统的安全性要求。

（二）各种车辆的安全运行要求

1．客货运输车辆的安全运行要求

（1）运输车辆的安全要求。车辆满足安全行驶要求是减少交通事故的必要前提。行驶安全性包括主动安全性和被动安全性。主动安全性指车辆本身防止或减少交通事故的能力，它主要与车辆的制动性、动力性、操纵稳定性、舒适性、结构尺寸、视野和灯光等因素有关；被动安全性是指发生事故后，车辆本身所具有的减少人员伤亡和货物受损的能力。提高机动车被动安全性的措施有：配置安全带、安全气囊，安装安全玻璃，设置安全门、配备灭火器等。

为督促车主保持良好的车况、确保行车安全、减少能耗和环境污染，应按有关规定对机动车进行安全检验。国家质量监督检验检疫总局于 2004 年 7 月 12 日发布了国家标准《机动车运行安全技术条件》（GB 7258—2004）。该标准规定了机动车的整车及主要总成、安全防护装置等有关安全运行的基本要求及安全检验方法。

（2）旅客运输安全运行要求。客运班车、旅游客车应当按照县级以上人民政府交通行政主管部门批准的线路、站点和班次运行，不得擅自变更或者停运。客运经营者应当按照客票标明的日期、车次、地点运送旅客，无正当理由不得中途更换车辆、停止运行或者将旅客移交他人的车辆运送，不得违反规定超载运输。旅客必须持有效客票乘车，不得携带易燃品、易爆品及其他违禁品进站、乘车。

（3）货物运输安全运行要求。道路运输经营者应当根据拥有车辆的车型和技术条件，承运适合装载的货物；运输货物装载量必须在车辆标记核载重量范围之内，超载的货物运输车辆必须就地卸货。危险货物和大型物件运输车辆，应当到当地县级以上人民政府交通行政主管部门办理审批手续。搬运装卸危险货物和大型物件，应当具备相应的设施和防护设备，并到当地县级以上人民政府交通行政主管部门办理审批手续。搬运装卸经营者应当按照有关安全操作规程组织搬运装卸，禁止违章操作。

（4）客货运输车辆驾驶人安全运行要求。从事道路运输的机动车驾驶人，应当经过职业培训，取得交通行政主管部门核发的营运驾驶从业资格证书。

2. 特种车辆或特殊用途车辆的安全运行要求

（1）特种车辆的安全运行要求。《中华人民共和国道路交通安全法》对特种车辆做了如下规定：警车、消防车、救护车、工程救险车执行紧急任务时，可以使用警报器、标志灯具；在确保安全的前提下，不受行驶路线、行驶方向、行驶速度和信号灯的限制，其他车辆和行人应当让行。

警车、消防车、救护车、工程救险车非执行紧急任务时，不得使用警报器、标志灯具，不享有前款规定的道路优先通行权。

道路养护车辆、工程作业车进行作业时，在不影响过往车辆通行的前提下，其行驶路线和方向不受交通标志、标线限制，过往车辆和人员应当注意避让。

洒水车、清扫车等机动车应当按照安全作业标准作业；在不影响其他车辆通行的情况下，可以不受车辆分道行驶的限制，但是不得逆向行驶。

《机动车安全运行技术条件》中规定，特种车辆除要满足一般的机动车安全运行技术条件外还要符合一些附加要求。例如，规定消防车的车身颜色应为符合《漆膜颜色标准》（GB/T 3181－2008）规定的大红色，标志灯具为红色回转式；救护车的车身颜色应为白色，标志灯具为蓝色回转式。

（2）特殊用途车辆的安全运行要求。运送易燃和易爆物品的专用车，应在驾驶室上方安装红色标志灯，并在车身两侧喷有明显的“禁止烟火”字样或标记；车上必须备有消防器材，并且有相应的安全措施；排气管应装在车身前部，车辆尾部应安装接地装置。座位数大于9的客车应装备灭火器。

3．超限运输车辆的安全运行要求

超限运输车辆是指在公路上行驶的、有下列情形之一的运输车辆：①车货总高度从地面算起4 m以上；②车货总长18 m以上；③车货总宽度2.5 m以上；④单车、半挂列车、全挂列车车货总质量40 000 kg以上，集装箱半挂列车车货总质量46 000 kg以上；⑤车辆轴载重量在下列规定值以上：单轴（每侧单轮胎）载重量6 000 kg，单轴（每侧双轮胎）载重量10 000 kg，双联轴（每侧单轮胎）载重量10 000 kg，双联轴（每侧各一单轮胎，双轮胎）载重量14 000 kg，双联轴（每侧双轮胎）载重量18 000 kg；三联轴（每侧单轮胎）载重量12 000kg，三联轴（每侧双轮胎）载重量22 000 kg。

按《中华人民共和国道路交通安全法》，机动车运载超限物品，应经公安机关批准后，按指定的时间、路线、速度行驶，悬挂警示标志并采取必要的安全措施。

（三）道路交通安全设施

交通安全设施对于保障行车安全、减轻潜在事故严重程度起重要作用。道路交通安全设施包括：交通标志、路面标线、护栏、隔离栅、照明设备、视线诱导标、防眩设施等。

1．交通标志

道路交通标志有警告标志、禁令标志、指示标志、指路标志、旅游区标志、道路施工安全标志、辅助标志等。设置交通标志的目的是给道路通行人员提供确切的信息，保证交通安全畅通。

2．路面标线

路面标线有禁止标线、指示标线、警告标线，是直接在路面上用涂料喷刷或用混凝土预制块等铺列成线条、符号，与道路标志配合的交通管制设施。路面标线种类较多，有行车道中线、停车线标线、路缘线等。标线有连续线、间断线、箭头指示线等，多使用白色或黄色。

3．护栏

护栏按地点不同可分为路侧护栏、中央隔离带护栏和特殊地点护栏3种；按结构可分为柔性护栏、半刚性护栏和刚性护栏3类。公路上的安全护栏既要阻止车辆越出路外，防止车辆穿越中央分隔带闯入对向车道，同时要具备诱导驾驶人视线的功能。

4．隔离栅

隔离栅是阻止人畜进入高速公路的基础设施之一，它使高速公路全封闭得以实现。它可有效地排除横向干扰，避免由此产生的交通延误或交通事故，保障高速公路运行安全和效益的发挥。隔离栅按其使用材料的不同，可分为金属网、钢板网、刺铁丝和常青绿篱几大类。

5．照明设施

道路照明的主要作用是保证夜间交通的安全与畅通，可分为连续照明、局部照明及隧道照明。照明条件对道路交通安全有着很大的影响，根据英、美、瑞士等国道路照明的调查，安装照明设施后，高速道路的事故率下降 40%～60%，一般公路下降 30%～70%，城市道路下降 20%～50%。

6. 视线诱导标

视线诱导标一般沿道路两侧设置，具有明示道路线形、诱导驾驶人视线等用途。

7. 防眩设施

防眩设施的用途是遮挡对向车前照灯的眩光，分防眩网和防眩板两种。防眩网通过网股的宽度和厚度阻挡光线穿过，减少光束强度而达到防止对向车前照灯炫目的目的；防眩板是通过其宽度部分阻挡对向车前照灯的光束。

二、道路交通安全影响因素分析

（一）人员因素

人员因素是影响道路交通安全的最关键因素，包括驾驶人、行人、乘客等。

1. 驾驶人

驾驶人在驾驶车辆过程中，通过感官（主要是眼、耳）从外界接收信息，产生感觉（主要是视觉和听觉），然后经过大脑一系列综合反映产生知觉，在此基础上形成所谓“深度知觉”。驾驶人就是凭借这种“深度知觉”形成判断（如目测距离、估计车速等）。可见，驾驶人的生理、心理素质及反应特性对保障交通安全起着至关重要的作用。据统计，大约 90% 的道路交通事故与驾驶人有关。

2. 行人

行人的遵章意识、交通行为会对道路交通安全产生明显影响。一些交通事故就是由于行人不遵守交通规则而导致的。加强行人的法律法规教育，规范他们的行为，将会对保障道路交通安全产生重要作用。

3. 乘客

乘客的行为也会对道路交通安全状况产生影响。乘客具备较强的安全意识，一旦事故发生能够采取必要的自救措施，有助于减少事故发生或降低事故的损害程度。

（二）车辆因素

车辆具有良好的行驶安全性，是减少交通事故的必要前提。车辆的行驶安全性包括主动安全性和被动安全性。

（三）道路因素

1. 路面

为满足车辆的安全运行要求，路面应具有以下性能：强度和刚度、稳定性、表面平整度、表面抗滑性、耐久性等。路面状况尤其是抗滑性能与交通事故发生率密切相关，二者的关系可参见表 6—1 所示。

表 6—1　　不同路面状况同交通事故率的关系

路面状况	干燥	湿滑	路面不湿而滑	路面积雪结冰	合计
粗糙化前/%	21	44	15	2	82
粗糙化后/%	18	5	4	0	27

2．视距

视距是指为了保证行车安全，司机应能看到行车路线前方一定距离的道路，以便超车、错车、发现障碍物或迎面来车时，采取停车、避让等措施，在完成这些操作过程中所必需的最短时间里汽车的行驶路程。在道路平面和纵面设计中应保证足够的行车视距，以确保行车安全。

3．线形

道路几何线形要素的构成是否合理，线形组合是否协调，对交通安全有很大影响。

（1）平曲线。平曲线与交通事故关系很大，曲率越大事故率越高。

（2）竖曲线。道路竖曲线半径过小时，易造成驾驶人视野变小，视距变短，从而影响驾驶人的观察和判断，易产生事故。

（3）坡度。据前苏联调查资料，平原、丘陵与山地 3 类道路交通事故率分别为 7%、18% 和 25%，主要原因是下坡来不及制动或制动失灵。

（4）线形组合。交通安全的可靠性不仅与平面线形、纵坡有关，而且与线形组合是否协调有密切的关系，即使线形标准都符合规范，但组合不好仍然会导致事故增加。

4．交叉口特性

当两条或两条以上走向不同的道路相交时便产生交叉口，分平面交叉口和立体交叉口两类。立体交叉口上不同交通流在空间上是分离的，彼此之间不发生冲突，而平面交叉口由于存在不同车流的冲突，易导致交通事故。因此，为保障交通安全，减少事故发生，在车流量较大的交叉口应尽量设置立体交叉。

5．安全设施

安全设施和道路交通安全有很大关系，交通安全设施包括交通标志、路面标线、护拦、隔离栅、照明设施、视线诱导标、防眩设施等。安全设施一方面能够有效地对驾驶人和其他出行者进行引导和约束，使驾驶人对车辆的操纵安全而规范，使其他出行者与机动车流保持合理的隔离，从而降低事故的发生率；另一方面能够在车辆出现操控异常后，有效地对车辆进行缓冲和防护，尽可能地减少人员伤亡和财产损失。

（四）环境因素

环境因素是气象、管理等的总称，其中管理是影响道路交通安全工作的重要因素之一，科学健全和统一高效的道路安全管理体制是减少事故，防患于未然的必要条件。我国道路交通安全的管理目前涉及多个部门，各部门的侧重点不同。其中，公安部门担负道路安全立法、维护交通秩序、处理交通事故及安全宣传教育等职责；交通部门担负道路发展规划、科研设计、建设养护、路政及制定相应标准法规等职责，负责标志、标线等安全设施的设置和监督管理；国家安全生产监督管理部门负责宏观安全监管工作；城建管理部门则参与城区道路发展规划、科研设计、建设养护、城市公共交通及定制相应标准法规等工作。

道路交通是我国交通运输体系中主要运输方式之一，现代交通运输所追求的快速、高效、安全、准时，在相当大的程度上受气象因素制约。交通运输属于对气象具高度敏感的行业。伴随道路运输的繁忙而来的就是道路交通事故的增加，其中很大一部分的交通事故与恶劣天气有关。不利的气象条件引起的道路交通事故数量居高不下，对公众的生命和财产安全构成巨大威胁。道路防灾、减灾是关系到国计民生的大事，良好的防灾减灾能力的形成是建立在大量数据分析、教训总结和成功经验推广的基础上的。道路防灾减灾能力的全面提高依赖于针对我国道路交通特点的气象灾害和由此引发的地质灾害等方面规律的研究。

三、道路交通安全技术措施

道路交通安全技术包括道路交通安全设计技术、道路交通安全监控与检测技术、道路交通安全救援技术和道路交通安全评价技术四大类。

（一）道路交通安全设计技术

通过设计从源头上减少事故发生，是保障交通安全的最佳手段。道路交通安全设计技术包括道路线形设计、路面设计和安全设施设计。

1．道路线形设计

道路线形设计要考虑线形与地区的土地利用相协调，同时要使道路线形连续、协调，并能满足施工、维修管理、经济、交通等各方面的要求。最小曲率半径的确定要考虑行驶在道路曲线部分上的汽车所受到的离心力、重力与地面提供的横向摩擦力之间的平衡。在曲线部分，应根据实地情况适当地超高。纵断面线形的设计必须符合规范。

2．路面设计

为保证安全，路面应具有一定的平整度和粗糙程度。路面的平整度直接影响到行车平稳性、舒适性、轮胎磨损程度等；为保障车辆的行驶性能和制动性能，路面还需保持一定的粗糙度。

行车道的设计必须满足相关标准对行车道宽度、紧急停车带设计、爬坡道和变速车道设计等方面的规定和要求。

3．安全设施的设计

交通安全设施的设计应以《道路交通标志和标线》（GB 5768—2009）、交通部行业标准《高速公路交通安全设施设计施工技术规范》（JTJ 074—1994）为依据，设置完善的交通安全设施。

（1）交通标志。交通标志平面布设严格按照《道路交通标志和标线》（GB 5768—2009）及有关规范进行。交通标志的结构支撑方式分为柱式、悬臂式、门架式和附着式等几种，设计中可依据车型构成、标志板面尺寸及标志布设位置进行选择。结构设计中的荷载，除恒载外，活载主要考虑风荷载。

（2）标线。交通标线包括各种路面标线、导向箭头、突起路标等。标线应与标志相配合，所选标线材料应具有良好的反光性、防滑性及耐久性。

（3）安全护栏。路侧护栏能防止失控车辆冲出路外，碰撞路边障碍物或其他设施，其设置主要以路侧事故严重度为依据，间断布设，具体布设地点为：路堤填土高度大于 3 m 的路段；路侧有河流、池塘等危险路段；互通立交进出口三角地带及小半径匝道外侧；路侧有需要提供保护的结构物（桥墩、大型标志柱、紧急电话等）；路侧护栏最小设置长度为 70 m。

（二）道路交通安全监控与检测技术

道路交通安全监控与检测技术分两大类，一类是基于事故预防的监控与检测技术，一类是基于维护和维修的检修与诊断技术。

1．基于事故预防的监控与检测技术

（1）驾驶警报系统。由于驾驶人疲劳或注意力不集中而导致车辆发生事故的情况比较常见。为解决这一问题，可用监视转向盘和车辆位置的办法检查驾驶人状态，并通过“刺激”方法给予驾驶人警告，以便及时纠正驾驶人状态，减少事故发生。

（2）视觉增强系统。如为使风窗玻璃在雨天保持良好清洁的视野，需采用降水防护薄膜等措施；为解决盲区视野问题，需在现有灯光系统上增加额外措施等。

（3）汽车行驶记录仪。汽车行驶记录仪是安装在汽车上，记录、存储、显示、打印车辆运行速度、时间、里程以及有关车辆运行安全的其他状态信息的数字式电子记录装置。这些记录的信息在遏止疲劳驾驶、车辆超速等严重交通违法行为，预防道路交通事故，保障车辆行驶安全，提高营运管理水平等方面发挥着重要的作用，并将为事故分析鉴定提供原始数据。

（4）车辆导航系统。车辆导航系统是一种以 GPS 为基础的技术扩展。导航系统可根据驾驶人的目的地、交通密集程度及其他环境因素，通过信号站和卫星信号选择最佳交通路线，从而可提高交通运输效率、节约旅行时间，有益交通安全。

（5）速度控制系统。为使行驶在同一条路线上的车辆始终保持一定距离，车辆可装有速度控制装置。该装置可调节车速，使跟随车辆始终与前面车辆保持正确的距离，以减轻驾驶人劳动强度并避免事故发生。

2．基于维护和维修的检测与诊断技术

（1）汽车检测。汽车检测是对汽车技术状况和工作能力进行检查，目的是判别汽车技术状况是否处于规定水平，是否达到合格指标。检测内容包括：侧滑检验、制动检验、车速表检验、前照灯检验、噪声检验、CO 检验、烟度检验等。

（2）道路的养护。定期检查道路的负载能力、路面粗糙度、平整度等，对路基、路面实行定期养护，以保持道路的安全要求。经常清扫路面，保持路面整洁；降雪或路面结冰时，撒盐或加防滑链；路基损坏、路面坍塌凹陷，应及时修复。

（3）安全设施的维护与管理。道路安全设施应定期保养，及时修理和更换损坏部分。设施不全或没有设施的公路，应根据公路性质、技术等级和使用要求，有计划、有步骤地增设。

1）护栏的维护与管理。除日常巡回检查外，还应每隔 2～3 个月对护栏进行定期检查。护栏的检查内容包括各类护栏的损坏或变形状况、立柱与水平构件的紧固状况、污秽程度及腐蚀损坏状况等。护栏如有缺损或变形，应及时予以调整；

2）交通标志的维护与管理。除日常检查外，还应对交通标志进行定期检查，如遇暴风雨等异常气候或自然灾害时，应进行及时检查。交通标志有污秽时，应进行清洗；标志牌变形、支柱弯曲、倾斜应尽快修复；标志牌或支柱松动，应及时紧固；由于腐蚀、破损而造成视认性能下降的标志，应予更换；

3）交通标线的维护和管理。公路交通标线设置以后，应保持完整、齐全、鲜明。路面标线污秽，影响辨认性能时，应及时进行清扫或冲洗；路面标线磨损严重或脱落，应重新施划修复；

4）隔离栅的维护和管理。除日常巡回检查外，每季度还应对隔离栅进行一次定期检查。污秽严重的隔离栅，应定期清洗；损坏部分应及时修复或更换；

5）防眩设施的维护和管理。在日常巡回检查中应经常检查遮光栅有无缺损歪斜，钢质有无锈蚀，支柱有无变形。防眩设施的损坏部分应及时修复，歪斜的应扶正；锈蚀和变形严重的应予更换；

6）视线诱导设施的维护和管理。经常清扫其凸起部位周围的杂物以保持其反射性能；保持完好的反射角度，发现损坏松动的应予修复或更换。

（三）道路交通事故救援技术

道路交通事故救援包括事故调查和救护救援两部分。

1. 交通事故调查

（1）事故的分类与等级划分。我国公安部将交通事故类别按事故形态分为侧面相撞、正面相撞、尾随相撞、对向刮擦、同向刮擦、撞固定物、翻车、碾压、坠车、失火和其他11种。按事故原因分为意外（主要是机动车、自然灾害）、机动车驾驶人、非机动车驾驶人、行人与乘车人、道路和其他6大类。按事故严重程度分为特大、重大、一般和轻微4类。同时，根据我国《特别重大事故调查程序暂行规定》，一次死亡30人及其以上或直接经济损失在500万元及其以上的道路交通事故为特别重大事故。

（2）事故调查的目的。道路交通事故调查的总体目标是通过事故调查，研究道路交通安全状况，并据此提出改善措施。其具体目的包括以下方面：研究整个路网的道路安全状况，制定路网安全改善战略规划；路网级的黑点鉴别与改造计划；项目级黑点鉴别与改造技术设计；为道路安全评价及其他道路安全项目研究提供基础数据，积累经验。

（3）事故调查的方法。道路交通事故的调查方法有以下几种：到有关管理部门收集数据资料（包括交警事故登记、保险公司、医院等），现场观测与沿线调研，问卷调查，专题试验研究。

（4）事故调查的内容。事故调查的内容包括事故本身和环境两部分。事故本身的调查内容有事故地点、对象、类型、结果、原因等；环境方面的调查涉及道路设施、交通设施与管理、天气气候条件、照明条件、路侧环境、交通环境等多个方面。

2. 事故的救护救援

（1）事故救援的组织。根据我国国情，应由当地人民政府协调公安机关及保险公司，组织医院和急救中心，建立具有快速反应能力的交通事故紧急救援系统。交通事故紧急救援系统的正常运行需要有快捷的通信网络作保障。公安交通管理部门接到报案后，根据事故情况与医疗急救、消防、环卫、养路等部门联系，并赴现场进行事故救护、勘察及现场活动的指挥，使各项工作有条不紊地进行。

（2）事故救援的设备。道路交通事故救援设备，主要包括交通巡逻车以及破拆救援设备。

交通巡逻车主要负责巡视交通状况和事故报警，并及时处理一些轻度事故。车上人员应进行必要的急救培训，熟悉基本的救援常识；车上应备有基本的救援器械、药品、通信器材等。

（3）事故救援的程序。道路交通事故救援包括以下程序：

1）考察现场情况。救援工作开始之前，急救人员应对事故现场进行考察，现场周围如有损坏的电线或有毒气体等，应先将其排除后再进行救援工作。

2）保护事故现场。在来车方向距事故现场 100 m 处树立警告标志，防止其他车辆进入事故现场。尽快将事故车辆固定下来，在车轮前后放上障碍物或将车轮放气，以保证车轮在救援过程中不能移动。

3）检查和急救受伤人员。救援人员要检查受伤人员的伤势以确定救援工作的速度和方法。如果汽车被撞变形，受伤人员无法移动，应使用专门的救援工具把汽车部件移动或去除，将车中被困人员救出。如果医疗救护人员未到现场，救援人员应对受伤人员进行必要的急救，如包扎伤口、人工呼吸等。

4）拨打紧急救援电话。拨打统一的急救电话，拨打电话的人应说清以下 4 个重要问题：事故地点、事故类型、受伤人数、伤势。

5）清理现场。当交通警察勘察完现场后，救援人员应拖走事故汽车并清扫路面，协助警察恢复正常的交通秩序。

（四）道路安全审计

道路安全审计是从预防道路交通事故、降低事故发生的可能性和严重性入手，对道路项目建设的全过程，即规划、设计、施工和营运期进行全方位的分析，评价道路的安全性能，揭示可能导致道路发生事故的潜在危险因素，提出预防事故的措施。道路安全审计的目标是：确定项目潜在的隐患，确保考虑了合适的安全对策，使隐患得以消除或以较低的代价降低其负面影响，消除道路的事故多发路段，保证道路项目在规划、设计、施工和营运各阶段都考虑了使用者的安全需要。道路安全审计的目的是：保证现已运营或将建设的道路项目都能为使用者提供最高实用标准的交通安全服务。近几年来，我国陆续在有世界组织贷款的建设项目中开展了道路安全审计工作。道路安全审计是保障道路交通安全和对事故高发路段进行综合整治的有效技术方法之一。

四、道路运输安全技术规程、规范与标准

我国的道路交通运输法规主要由三大类组成：一是关于道路管理的法律规定；二是关于驾驶人和车辆管理的法律规定；三是关于运输活动及其安全管理的法律规定。

关于道路管理的法规主要有：《中华人民共和国公路法》、《道路交通标志和标线》、《公路隧道养护技术规范》以及《公路交通安全设施设计规范》和《公路工程竣工验收办法》等。

关于驾驶人和车辆管理的法规主要有：《机动车驾驶证申领和使用规定》、《机动车驾驶员培训管理规定》、《机动车登记规定》、《机动车运行安全技术条件》、《机动车制动检验规范》、《汽车运输业车辆技术管理规定》、《道路交通运输车辆维护管理规定》、《汽车外廓尺寸限界》、《机动车辆允许噪声及测量方法》、《车用点燃式发动机及装用点燃式发动机汽车排气污染物排放限值及测量方法》、《车用压燃式、气体燃料点燃式发动机与汽车排气污染物排放限值及测量方法》等。

关于运输活动及其安全管理的法规主要有三个方向：一是运输法规，如《中华人民共和国道路交通运输条例》、《道路旅客运输及客运站管理规定》、《汽车旅客运输规则》、《道路货物运输及站场管理规定》、《汽车货物运输规则》、《道路危险货物运输管理规定》等；二是行车安全管理法规，如《中华人民共和国道路交通安全法》、《中华人民共和国道路交通安全法实施条例》、《中华人民共和国治安管理处罚条例》等；三是事故处理法规，如《交通事故处理工作规范》、《交通事故处理程序规定》、《最高人民法院、最高人民检察院关于严格依法处理道路交通肇事事件的通知》、《外交部关于外国人在华死亡后的处理程序》等。

第三节　铁路运输安全技术

一、铁路运输安全基础知识

铁路运输安全是铁路运输生产系统运行秩序正常、旅客生命财产平安无险、货物和运输设备完好无损的综合表现，也是铁路运输生产全过程中为达到上述目的而进行的全部生产活动协调运作的结果。铁路运输安全基础知识包括车务安全知识、机务安全知识、车辆安全知识、电务安全知识、工务安全知识和牵引供电安全知识。

（一）车务安全知识

1. 行车工作的基本原则

行车工作必须坚持集中领导、统一指挥、逐级负责的原则。局与局间由铁道部，一个调度区段内由本区段列车调度员统一指挥。

2. 行车基本闭塞法

行车基本闭塞法采用自动闭塞和半自动闭塞两种。电话闭塞法，是当基本闭塞设备不能使用时，根据列车调度员的命令所采用的代用闭塞法。

3. 列车的分类和等级

列车按运输性质可分为旅客列车、混合列车、行包快运专列、军用列车、货物列车、路用列车。每类列车又分不同的等级，如旅客列车分为直达特快旅客列车、快速旅客列车、普通旅客列车等；货物列车分为五定班列、快运货物列车，以及直达、直通、区段、摘挂、超限、重载、保温和小运转列车等。

4. 编组列车的一般要求

列车应按《铁路技术管理规程》（第十版）规定及列车编组计划和列车运行图规定的编挂条件、车组、重量或长度编组。列车重量应根据机车牵引力、区段内线路状况及其设备条件确定；列车长度应根据运行区段内各站到发线的有效长度，并须预留 30 m 的附加制动距离确定。

5. 调车作业的有关规定

车站的调车工作应按车站的技术作业过程及调车作业计划进行，并要固定作业区域、线路使用、调车机车、人员、班次、交接班时间、交接班地点、工具数量及存放地点。车站的调车工作由车站值班员（调度员）统一领导，调车作业由调车长单一指挥。

6．车站接发列车的基本原则和程序

车站应坚持安全、迅速、准确、不间断地接发列车，严格按运行图行车的基本原则。接发列车时，车站值班员应亲自办理闭塞、布置进路、开闭信号、交接凭证、接送列车、指示接车或发车。接发列车应在正线或到发线上办理，并应遵守以下原则：客运列车、挂有超限货物车辆的列车，应接入固定线路；特快旅客列车应在正线通过，其他通过列车原则上应在正线通过；原规定为通过的客运列车由正线变更为到发线，接车及特快旅客列车变更进路时必须经列车调度员准许，并预告司机。

7．各铁路局《行车组织规则》制定的原则

各铁路局应按《铁路技术管理规程》（第十版）规定的原则，结合各铁路局行车设备的实际情况和运营实践经验来制定《行车组织规则》。

（二）机务安全知识

1．机车装设行车安全等设备的规定

电力机车须装设列车运行监控记录装置，其中客运机车还应加装轴温报警装置；牵引特快旅客列车的机车，应分别向车辆的空气制动装置和空气弹簧等其他装置提供风源。

2．《机车乘务员一次乘务作业程序标准》的制定原则

《机车乘务员一次乘务作业程序标准》是规定机车乘务员自待乘、出勤时起，到退勤时止，全过程的程序性作业标准。各铁路局可根据铁道部的有关规定，并结合各局实际情况进行编制。

3．《列车运行监控记录装置》的机车运行资料分析

监控装置记录的运行信息，实行退勤、日常两级分析和运行干部辅助分析。退勤分析由退勤调度员，对乘务员趟车文件中所记录的非常信息进行核对并作好记录；日常分析是按铁道部相关规定，对列车操纵、行车安全、作业标准化等问题进行分析；运行干部的辅助分析，由车队、车间和段技术管理等干部，实行逐级复检、抽查的检索分析。

4．机车“三项设备”运用管理的规定

运行机车上必须安装机车信号、列车无线调度电话、列车运行监控记录装置（简称“三项设备”）。为保证设备的正常使用，各铁路局应根据实际编制《行车安全装备使用、维修管理实施细则》，并建立铁路局和基层单位各级干部的定期检查、抽查制度。

5．机车乘务员待乘休息管理的基本要求

担当夜间乘务工作并一次连续工作时间超过 6 h 的乘务员，必须实行班前待乘休息制度。乘务员待乘卧床休息时间不得少于 4 h，待乘人员必须在规定时间持 IC 卡到达待乘室签到，按指定房间休息；段、车间值班干部每天必须检查乘务员待乘休息情况，铁路局应对管内各待乘室的管理工作进行不定期的抽查。

（三）工务安全知识

1．铁路线路类别

铁路线路分为正线、站线、段管线、岔线及特别用途线。

2．线路标准轨距和曲线线路加宽、超高限度

轨距是钢轨头部踏面下 16 mm 范围内两股钢轨工作边之间的最小距离。直线轨距标准

规定为 1 435 mm。曲线线路轨距加宽限度：300 m≤半径 <350 m，加宽 5 mm；半径 <300 m，加宽 15 mm。曲线地段外轨最大超高，客货共线的双线地段不得超过 150 mm，单线地段不得超过 125mm。

3．机车车辆上部限界最高、最宽的限度

机车车辆无论空、重状态，均不得超出机车车辆限界，其上部高度至钢轨顶面的距离不得超过 4 800 mm；其两侧最大宽度不得超过 3 400 mm。

4．铁路线间距的基本规定

铁路线间距为区间及站内两相邻线路中心线间的标准距离，线间最小距离的基本规定为：线路允许速度不超过 140 km/h 的区段，区间双线为 4 000 mm，站内正线、到发线和与其相邻线间为 5 000 mm；线路允许速度 140 km/h 以上至 160 km/h 的区段，区间双线为 4 200 mm，站内正线与相邻到发线间为 5 000 mm，牵出线与其相邻线为 6 500 mm。

（四）电务安全知识

1．信号机的基本类型

信号机按类型分为色灯信号机、臂板信号机和机车信号机。信号机按用途分为进站、出站、通过、进路、预告、遮断、驼峰、驼峰辅助、复示、调车信号机。

2．联锁设备的基本类型

联锁设备分为集中联锁（继电联锁和计算机联锁）和非集中联锁（臂板电锁器联锁和色灯电锁器联锁）。

3．信号机的显示距离规定

各种信号机及表示器在正常情况下的显示距离：进站、通过、遮断信号机，不得少于 1 000 m；高柱出站、高柱进路信号机，不得少于 800 m；预告、驼峰、驼峰辅助信号机，不得少于 400 m；调车、矮型出站、矮型进路、复示信号机，不得少于 200 m。

4．集中联锁设备应保证的基本条件

集中联锁设备应保证：当进路建立后，该进路上的道岔不可能转换；当道岔区段有车占用时，该区段的道岔不可能转换；列车进路向占用线路上开通时，有关信号机不可能开放（引导信号除外）。同时，集中联锁设备，在控制台上应能监督线路与道岔区段是否占用，进路开通及锁闭，复示有关信号机的显示。

5．道口自动信号的技术要求

道口自动信号应在列车接近道口时，向公路方向显示停止通行信号，并发出音响通知；如附有自动栏杆（门），栏杆（门）应自动关闭。在列车全部通过道口前，道口信号应始终保持停止通行状态，自动栏杆（门）应始终保持关闭状态。

（五）车辆安全知识

1．车辆的基本类型

车辆按用途分为客车、货车及特种用途车（如试验车、发电车、轨道检查车、检衡车、除雪车）等。

2．旅客列车安装轴温报警器的基本规定

编入直达特快旅客列车、特快旅客列车、快速旅客列车、旅客快车的客车应装有轴温报警装置。

3．车辆轮对基本限度

车辆轮对内侧距离为1 353 ±3 mm；车轮轮厚度，客车≥25 mm，货车≥23 mm；车轮轮缘厚度≥23 mm；车轮轮缘垂直磨耗高度≤15 mm；车轮踏面圆周磨耗深度≤8 mm。

4．列车自动制动机试验的基本规定

列车自动制动机试验主要包括：全部试验，简略试验，持续一定时间的全部试验。

5．列车中关门车的限制规定

编入货物列车的关门车数不得超过现车总辆数的6%，超过时要计算每百吨列车质量换算闸瓦压力，不得低于280 kN。列车中关门车不得挂于机车后部3辆之内，在列车中连续连挂不得超过2辆，旅客列车不准编挂关门车。

6．红外线轴温探测设备设置的基本原则

在干线上，应设红外线轴温探测网，轴温探测站的间距一般按30 km设置。

（六）牵引供电安全知识

1．接触网工作电压的限度值

接触网工作电压为27.5 kV，短时最高工作电压为29 kV；最低工作电压为20 kV，非正常情况下，不得低于19 kV。

2．接触网导线最大弛度限度

接触网接触线最大弛度距钢轨顶面的高度不超过6 500 mm；在区间和中间站，不少于5 700 mm；编组站和区段站，不少于6 200 mm；客运专线为5 300 ~5 500 mm。

3．接触网带电部分与固定接地物、机车车辆及货物的距离限度

接触网带电部分至固定接地物的距离不少于300 mm；距机车车辆或装载货物的距离不少于350 mm；跨越电气化铁路的各种建筑物与带电部分最小距离不少于500 mm。

4．电气化铁路道口限界架的高度规定

在电气化铁路上，道口通路两面应设限界架，其通过高度不得超过4.5 m。道口两侧不应设置接触网锚柱。

5．人员与牵引供电设备带电部分的安全距离规定

为保证人身安全，除专业人员执行有关规定外，其他人员（包括所携带的物件）与牵引供电设备带电部分的距离，不得少于2 000 mm。

二、铁路运输安全影响因素

铁路运输安全影响因素包括人员影响因素和设备影响因素两大类。

1．人员影响因素分析

由于人在运输工作中的重要地位，使得人的因素在运输安全中起关键作用。影响铁路运输安全的人员包括运输系统内人员和运输系统外人员。

运输系统内人员主要指车务、机务、工务、电务、车辆、安监、客运、货运等部门的各级管理人员和工作人员，他们是保证运输安全的最关键因素，应具有良好的思想品质、技术水平及心理素质。

运输系统外人员主要指旅客、货主以及铁路沿线居民、机动车驾驶人员等。他们对运输安全的影响主要表现在：旅客携带“三品”上车而酿成事故；货主托运危险品而不如实

申报导致事故；在铁路—公路平交道口，车辆行人强行过道导致事故；铁路沿线人员拆卸铁路设备以及在线路上放置障碍物威胁铁路运输安全。

2. 设备因素分析

铁路运输设备是影响运输安全的重要因素。影响运输安全的铁路运输设备包括运输基础设备和运输安全技术设备两类。

运输基础设备有线路（路基、桥隧建筑物、轨道）、车站、信号设备、机车、车辆、通信设备等；运输安全技术设备包括安全监控设备、检测设备、自然灾害预报与防治设备、事故救援设备等。

三、铁路运输安全技术措施

铁路运输安全技术措施包括铁路运输安全设计技术、铁路运输安全监控与检测技术、铁路运输事故救援技术 3 大类。

（一）铁路运输安全设计技术

通过铁路运输安全设计来消除和控制各种危险，是减少铁路运输人员伤亡和设备损坏的最佳手段。常用的铁路运输安全设计技术方法有强化运输设备的安全性、隔离、闭锁等等。

强化运输设备的安全性是减少铁路运输事故的重要措施，如平交道口改立交，铺设重型钢轨、采用自动闭塞、电气集中、调度集中，增加各类道口信号的装备率等。隔离也是一种常用的安全设计技术，如采用物理分离、护板和栅栏等将已识别的危险与人员和设备隔开以降低危险的影响。闭锁是指防止某事件发生或防止人、物等进入危险区域，如油罐车上的闭锁装置可防止在车体未接地的情况下向车内加注易燃液体。

（二）铁路运输安全监控与检测技术

铁路运输安全监控与检测技术有铁路列车检测、铁路列车超速防护、铁路车辆探测系统等。

1. 铁路列车检测

对列车位置及运行状态的实时精确检测，可以有效地避免和控制运输事故。常见的列车检测技术有轨道电路、查询应答器（通常被安装在轨道上，当列车通过查询应答器时，查询应答器进行识别，并通过无线电把列车的位置回传到信号控制点）、卫星系统，以及车上检测感知器等。

2. 铁路列车超速防护

铁路列车超速防护，是对列车实际速度和最大安全速度进行比较，当出现超速时，实施安全制动。

3. 铁路车辆探测系统

铁路车辆探测系统有轴箱发热探测器、热轮探测器、脱轨/拖挂设备检测器、临界限界检查器等。

轴箱发热探测器是一种地面热传感装置，可检测车轴轴承发热情况。当车辆通过时，探测器测量轴承发射的红外线辐射热，并与同一列车的相邻轴承进行比较，如果记录到一个读数高，则向列车监控中心发出信号，给出怀疑发热轴箱的位置，以便及时做出处理。

热轮探测器用于检测抱闸踏面制动，如果检测到抱闸制动，列车乘务员应请求列车停车，并在抱闸车辆上松开制动器。脱轨或拖挂设备检测器用在桥梁、隧道等处，用来检测车辆是否仍在钢轨上，以及设备是否仍完整无损。临界限界检查器常用在桥梁或隧道入口前，以检验装备或碴石没有超出正前方固定设备围砌的限界之外。

（三）铁路运输事故救援技术

铁路运输事故救援包括事故调查处理与救护救援两部分。

1. 事故调查处理

（1）行车事故的分类等级。按照行车事故的性质、损失及对行车造成的影响，行车事故分为特别重大事故、重大事故、大事故、险性事故和一般事故。

（2）事故报告程序。在区间发生事故时，由运转车长（无运转车长时为司机）立即报告铁路局列车调度员；如不可能，则报告最近车站值班员，转报铁路列车调度员。在站内或段管线内发生事故时，由站、段长直接报告铁路局调度员。

（3）事故调查程序。根据事故性质组成相应的事故调查处理机构，迅速赶赴现场，组织调查：安监部门负责勘察现场和事故调查，工务部门绘制现场示意图，公安部门维护现场秩序、勘察现场、调查取证。例如，线路遭到破坏，则对事故地点前后各 100 m 线路质量进行测量，对事故关系人员分别调查，检查有关技术文件的编制、填写情况，根据调查情况初步确定事故原因和责任。

（4）事故责任判定的基本原则。事故责任依次划分为全部责任、主要责任、次要责任和无责任。重大事故由铁路局调查判定，报铁道部审查批复；大事故由铁路局调查判定，并报告铁道部备案；险性事故和一般事故由发生事故的单位调查判定。

（5）主要行车设备破损鉴定和直接经济损失估算方法。行车事故造成的直接经济损失，系指机车、车辆、线路、桥隧、通信、信号、信息系统、给水、供电等技术设备损失费用及事故救援、伤亡人员处理费用。设备报废时，按报废设备账面价值减除折旧及残值计算；破损的设备按修复费用计算。

（6）事故调查处理报告的编写原则。发生重大、大事故的基层单位，应于事故发生后 7 日内向铁路局提出重大、大事故报告，铁路局接到基层单位重大、大事故报告后 7 日内报送铁道部重大、大事故调查处理报告。险性事故发生后，由主要责任单位在事故发生后 3 日内，向铁路局提出事故处理报告，于 7 日内公布处理结果。一般事故发生后，基层单位必须及时进行调查分析并向铁路局报告，由有任免权的单位对责任人作出处理决定，于 5 日内处理完毕。

2. 事故救护救援

（1）事故救援的基本原则、基本程序和方法

铁路运输事故救援的基本原则是，以最短的时间修复机车车辆，修复线路，保证铁路正线、车站咽喉道岔的迅速开通，使铁路运输畅通，减少事故对整个铁路运输的干扰和影响，将事故损失降低到最低限度。

事故救援的基本程序和方法。行车事故救援实行单一指挥，以救援列车主任或救援队长为事故救援起复指挥人，由指挥人统一组织实施救援起复方案，明确分工，迅速实施；对事故地段设备复旧工作同步实施，事故起复一处，线路、信号等必须立即修复一处；对

机车车辆的复旧，以开通线路为前提，应先行清出线路，抢通线路，随后组织复旧。在救援列车进入事故地点之前，有关部门应积极做好救护伤员，移开其他机车车辆，清出线路等前期工作，为救援列车进入现场提供条件。

（2）应急处理的基本措施

以迅速开通线路为前提，对有条件开通便线行车的，要先期迅速组织拨接便线，改道开通；对少量机车车辆脱轨的，应及时组织机车自救，或组织救援队利用救援起复设备起复，将事故损失和影响降低到最低限度。

（3）救援列车等主要事故救援设备的工作原理

救援列车应编组成出动时不需改编的完整车列并配备一定的人员、器材，经常保持完备状态，随时准备出动。轨道起重机应置于救援列车的一端。轨道起重机是以柴油机为动力的起吊设备，起吊吨位从 60 t 至 160 t 不等，具体作用是将脱轨、颠覆的机车、车辆吊起复位。复轨器是事故救援的基本器具，一般用铸钢制造，其特殊的形状可使脱轨车辆在牵引机等设备的牵拉下，车轮由地面沿复轨器斜坡面滚动升高至钢轨顶部复轨。液压破切设备也是救援列车的基本设备之一。其工作原理是由电动机带动液压泵，产生高压油，驱动液压剪，剪开破损变形的机车、车辆钢板或钢梁，救出被困的受伤人员。柴油发电机组的作用是，在无外接电源的事故现场向各种救援机具提供电源。

四、铁路运输安全技术规程、规范与标准

1.《中华人民共和国铁路法》（简称《铁路法》）

《铁路法》是我国管理铁路的第一部法典，规定了铁路运输安全方面的法律问题，主要内容有：铁路运输设施的安全保障、铁路路基的安全保护、旅客列车和车站的安全保障、铁路行车安全和事故的处理、铁路运输企业对危害铁路行车安全行为的处理、铁路沿线环境保护。《铁路法》针对危害铁路运输安全的违法行为，规定了相应的行政责任、刑事责任和民事责任。

2．国务院颁布的与铁路运输有关的安全法规

国务院颁布的与铁路运输安全及其管理有关的安全法规，是经国务院办公会议通过并以国务院总理令颁发的行政法规。与铁路运输安全有关的法规主要有：

（1）《铁路运输安全保护条例》（国务院令第 430 号）。规定了铁路部门和铁路工作人员对保证运输安全应尽的职责，及对各种扰乱铁路站、车秩序、侵犯旅客和货主权益、危害行车安全、损坏铁路设施行为的禁令和奖惩范围及权限。

（2）《特别重大事故调查程序暂行规定》（国务院令第 34 号）。具体规定了对造成特别重大人身伤亡或巨大经济损失以及性质特别严重、产生重大影响的的特别重大事故调查程序。主要内容包括调查的原则要求，特大事故的现场保护及报告，特大事故的调查办法和处理权限等。

与此有关的法律还有《关于特大安全事故行政责任追究的规定》、《民用爆炸物品管理办法》、《放射性物品管理办法》、《化学危险物品安全管理条例》等，这些都是有关铁路运输安全的法规，都是铁路行车安全管理的法律依据。

3．铁路部门制定的有关规程、规则

(1)《铁路技术管理规程》(简称《技规》)。《技规》是我国铁路技术管理的基本法规。在《技规》中明确了铁路在基本建设、产品制造、验收交接、使用管理及保养维修方面的基本要求和标准;规定了铁路各部门、各单位、各工种在从事运输生产时,必须遵循的基本原则、责任范围、工作方法、作业程序和相互关系;规定了信号的显示方式和执行要求;明确了铁路工作人员的主要职责和必须具备的基本条件。《技规》中还规定了对行车组织的基本要求、编组列车、调车工作、行车闭塞及列车运行的办法和安全作业的规定,是全路行车组织和行车安全管理的基本依据。

(2)《铁路行车组织规则》(简称《行规》)。《行规》是各铁路局根据《技规》的要求,结合本局管内的具体情况制定的,是对《技规》的补充,也是铁路局行车安全管理的准则。其主要内容包括:《技规》中明文规定由《行规》规定的事项,如枢纽地区的列车运行方向、超长列车运行办法等;《技规》中未作统一规定,又不宜由站段等基层单位自行规定的行车方法;根据铁路局管内特殊地段的平纵断面情况,信号、联锁、闭塞设备和机车类型等特点,对行车工作应规定的特殊要求和注意事项;广大职工在生产实践中,创造推广的先进经验和行之有效的安全生产措施等。

(3)《车站行车工作细则》(简称《站细》)。《站细》是车站根据《技规》、《行规》等有关规定,结合本站具体情况编制的,是对《技规》和《行规》的补充,也是车站行车安全管理的细则。主要包括以下内容:车站的性质、等级和任务;车站技术设备的使用和管理;接发列车和调车工作组织;列车在站技术作业过程和时间标准,作业计划的编制、执行制度;车站通过能力和改编能力的计算和确定。

(4)《铁路行车事故处理规则》(简称《事规》)。《事规》是铁道部为了及时处理行车事故,尽快恢复正常的运输秩序,减轻或避免事故损失而制定的,是正确处理各类行车事故的依据。主要内容包括:行车事故处理的原则要求;行车事故及其分类;行车事故的通报、调查和处理;行车事故责任的判定和处理;事故的统计、分析和总结报告等。

(5)《行车安全监察工作规程》。《行车安全监察工作规程》是行车安全监察机构维护铁路行车安全法规的实施,加强行车安全管理,保证运输安全,严格实行监察制度的重要依据。主要内容包括:各级行车安全监察机构的设置、任务、职责及行车安全监察机构职权;行车安全监察机构的组织领导和工作准则;各级行车安全监察人员的行政级别和综合素质要求等。

4. 作业标准和人身安全标准

作业标准是延伸的规章制度,一般是指与重复进行的生产活动直接有关的作业项目和程序,在内容、顺序、时限和操作方法等方面,依据作业规章制度所作的统一规定,是组织现代化大生产的主要手段。作业标准和规章制度二者相辅相成,缺一不可,尤其是对大量重复进行、影响大、安全要求高的铁路接发列车和调车工作更是如此。

(1)接发列车作业标准。接发列车作业标准是铁道部发布的行业标准,包括:《双线半自动闭塞电气集中联锁(设信号员)接发列车作业标准》(TB/T 1502—2003);《双线半自动闭塞电气集中联锁(无信号员)接发列车作业标准》(TB/T 1503—2003);《双线半自动闭塞电锁器联锁接发列车作业标准》(TB/T 1504—2003);《双线电话闭塞无联锁接发列车作业标准》（TB/T 1506—2003）。

（2）调车作业标准。《铁路调车作业标准》（GB/T 7178.1～7178.9—2006）是国家质量技术监督局发布的国家标准，内容包括：铁路调车作业标准基本规定、铁路调车准备作业标准、铁路调车机械化（半自动化）驼峰作业标准、铁路调车简易驼峰作业标准、铁路调车平面牵出线作业标准、铁路调车编组列车作业标准、铁路调车列车摘挂作业标准、铁路调车取送车辆作业标准、铁路调车停留车作业标准。

（3）人身安全标准。《铁路车站行车作业人身安全标准》（TB 1699—1985）是铁道部为保证作业人员自身安全而发布的标准，主要内容有：行车作业人身安全通用标准、接发列车作业人身安全标准、调车作业人身安全标准、扳道（清扫）作业人身安全标准。

（4）电气化铁路有关人员电气安全规则。我国电气化铁路在路网中的比重越来越大，为强化电气化铁路运输安全管理，确保电气化铁路有关人员作业安全，铁道部专门制定了《电气化铁路有关人员电气安全规则》。内容主要有：电气化铁路运输和安全的原则要求，电气化铁路附近有关安全规定，养路工作安全规定，装卸作业和押运人员安全规定，接发列车及调车作业安全规定，机车车辆作业安全规定，通信、信号、电力设备维修安全规定，电气化铁路附近消防安全规定，车辆行人通过道口安全规定。

第四节　航空运输安全技术

一、航空运输安全基础知识

（一）航空安全基础知识

1．保障航空安全的基本要素

保障航空安全的基本要素包括优秀的飞行人员、适航的航空器、安全的交通运行和无暴力干扰的运行环境。

2．航空安全管理与航空系统安全理论

航空安全管理沿用了泰罗的“科学管理”，即按照科学所揭示的客观规律对航空生产安全进行计划、决策和组织，把生产者、生产工具和生产对象有机地组织在一起，从而防止安全事故的发生，确保航空安全和人身财产的安全。航空安全管理的主要措施，一是制订并监督执行各种条例、规范，一是开展旨在预防安全事故的各种活动。

系统安全是现代安全科学的基本理论思想。航空系统安全理论，就是从系统观点出发，采用系统工程方法，分析民用航空系统中影响航空安全的各种因素及其相互联系与结构，研究安全信息的合理流动与充分利用，安全管理的动态过程及其优化等问题，目的是建设安全的民用航空系统，预防航空事故的发生。

3．空防安全

空防安全的主要目的是防止劫机、炸机、防止国家通缉犯罪嫌疑人利用航空器外逃。做好空防工作要从"防、反"两个方面着手，它涉及政府、机场、航空承运人、机组，甚至还关系到旅客的协作配合。

（二）民用航空运行和管理基础知识

1. 民航飞行安全

民航飞行安全，是指航空器在运行中处于一种无危险的状态，也即指民用航空器在运行过程中，不出现由于民用航空器质量和飞行组操纵原因以及其他各种原因而造成民用航空器上的人员伤亡和航空器损坏的事件。

不同国家、不同地区，对于民用航空器飞行安全的运行范围有不同的界定。概括起来有以下几种：

第一种是指航空器从跑道上起飞滑跑开始时起，到航空器在跑道上降落滑跑结束时止的时间内，不出现航空器上的人员伤亡和航空器损坏事件；

第二种是指航空器为了执行飞行任务从停机坪上滑行开始时起，到航空器在停机坪上停止时止的时间内，不出现航空器上的人员伤亡和航空器损坏的事件；

第三种是指航空器为了执行飞行任务从航空器开始启动发动机时起，到航空器结束飞行任务关闭发动机时止的时间内，不出现航空器上的人员伤亡和航空器损坏的事件；

第四种是指航空器为了执行飞行任务从旅客和机组登上航空器时起，到旅客和机组走下航空器时止的时间内，不出现航空器上的人员伤亡和航空器损坏的事件。

2. 民用航空的运行控制

民用航空的运用控制实际是指航空公司的运行控制。其核心本质在于：以科学的管理和先进的技术，控制航空公司中飞机、航班、机组这3种与运行密切相关的动态资源，使航班在整个运行周期内能最安全、最有效地利用资源，以达到提高生产力和降低运行成本的目的。运行控制系统是安全运作的保障，它包括5大功能板块：飞行计划系统、飞行跟踪系统、动态控制系统、载重平衡计划、机组管理。

为保证上述系统的正常运作，除配套的各类信息数据库和辅助系统外，还应将机务、客运、航班、飞行、客舱、货运协调人员和公司值班经理集中办公，实行资源共享，提高效率。

3. 客舱安全管理

客舱安全管理是指在航空器内部（驾驶舱、客舱及货舱内）进行的一种特殊的安全管理，其目的是通过规范驾驶人员、乘务人员和乘机旅客的行为举止，服务技能和程序，共同创造一个航空器正常运行和舒适、和谐的旅行环境。

客舱安全管理应做到：在正常运行状态下，机组能不受干扰，正常履行岗位职责；一旦发生紧急情况，机组能正确处置，使旅客的人身安全得到最大限度的保护；有效防止和制止机内犯罪行为，维护航空器正常运行环境和保证旅客人身安全；防止旅客误动机舱内开关、手柄等禁止动用的装置影响航空器安全运行；能正确识别爆炸物和航空器承运的危险品标识，了解一般处置程序，一旦发现机上有爆炸物或危险品事故发生时，能正确控制和疏散乘机旅客，正确处理事件以减少其可能的危害程度。

在客舱安全管理中，政府、航空营运人和飞行机组成员应明确分工、各尽其责。政府的主要职责是制定航空器客舱的适航标准、审核航空营运人紧急程序及有关应急方面的训练大纲、考核航空营运人等。航空营运人的主要职责是：保证航空器客舱安全设备的持续适航，完成定时检查维修；明确执行飞行任务机组成员在应急处置程序中的分工和职责；保证完成涉及客舱安全的有关人员的应急程序和有关知识的训练；保证落实飞行任务机组人数配额标准规定；必须将其进行国际飞行的飞机携带的应急和救生设备开列清单，以便随时能立即将清单提供给救援协调中心。飞行机组成员的主要职责是：每一机组成员必须明确紧急时或紧急撤离时必须执行的任务、职责以及同其他机组成员间的关系；起飞前检查应急设备处于立即可用状态；机组成员，特别是客舱乘务员配额数要符合紧急撤离时的最低要求；机长必须保证在飞行中有紧急情况时，指示所有机上人员采取适合当时情况的应急措施；客舱乘务员要在航空技术管理规程规定上完成客舱安全所需要的各项“软件”工作。

3．飞行运行管理体系

为进一步完善、规范飞行管理，航空公司要在遵守国家法规条例的条件下，结合自己公司实际情况，进一步细化及制定的各类规定并将其分别纳入相关规范、手册之中。航空公司标准的飞行运行管理体系中的手册系列表2 见图6—1。

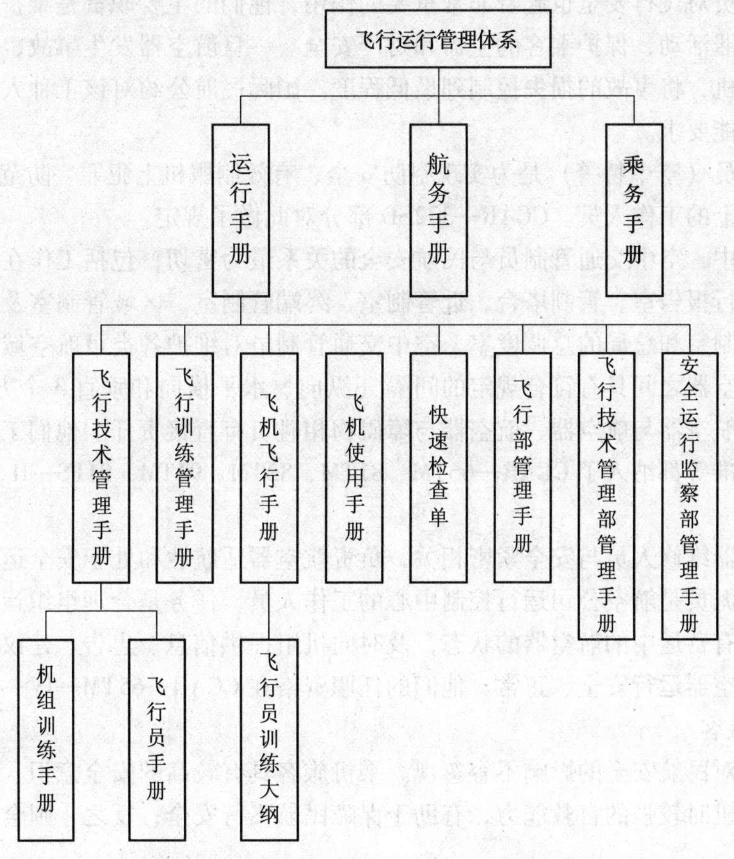

图6—1 飞行运行管理体系的手册系列

二、民航安全影响因素分析

影响民航安全的因素包括3大类：人员因素、设备因素、管理因素。

（一）人员因素

人员是影响民航安全的关键因素，包括飞行人员和乘机旅客。到目前为止，人员因素仍是发生事故的主要因素。

1. 飞行人员

飞行人员即航空人员，分空勤人员和地面人员。空勤人员包括驾驶员、领航员、飞行机械员、飞行通信员、乘务员、航空保安员；地面人员包括民用航空器维修人员、空中交通管制员、飞行签派员、航空电台通信员。

在飞行人员中，驾驶员即机长，与飞行安全的关系最密切也最复杂，负有保证飞机和乘机人员生命、财产安全的法律责任。对他们的任职资格、训练、身体及飞行值勤都作了一系列的法规（详见 CCAR—61FS、62FS、63FS、67FS 和 69FS）。从历次飞行事故的经验看，驾驶员的以下行为均是导致事故的原因：操作或决断错误、疏忽或判断失误、飞行技能不胜任、紧急情况处置不当、违章违规、机组失能、机组资源管理不当。

客舱乘务员对飞行安全也起着非常重要的作用，他们的主要职责是维护客舱安全，有效防止机内犯罪活动，保护乘客的生命和财产安全。一旦航空器发生事故，能及时疏导旅客安全撤离飞机，将事故的损失控制到最低程度。国际民航公约对该工种人员有特定的身体和心理、技能要求。

航空保安员（空中特警）是为实现空防安全、有效制服机上犯罪、防范非法干扰而专门安排在飞机上的工作人员。CCAR—332SD 部分对此做了规定。

地勤人员中，空中交通管制员与民航安全的关系最为密切，包括工作在下列岗位的管制员：机场飞行报告室、管制塔台、近管制室、终端管制室、区域管制室及有中国特色的地区管理局管制室和总局的总调度室。空中交通管制员对维护各类可航空域内的空中交通秩序、保证航空器之间具有符合规定的间隔（纵向、水平横向和垂直3个方位），在机场机动区内防止航空器与航空器、航空器与障碍物相碰负有直接责任。他们工作的职责、规范、秩序、标准等都纳入了CCAR—66TM、81TM、82TM、91TM、91FS—II 直到176TM 等多部章节中。

工作航空器维修人员与安全紧密相关，负责航空器适航性和处于安全运行的技术保障工作。飞行签派员是航空公司运行控制中心的工作人员，任务是合理组织运行计划，不间断监控公司所有营运中的航空器的状态，及时向机组提供信息、忠告、建议，直至传递指令，以维护航空器运行安全、正常。他们的任职资格在 CCAR—65TM—IV—R1 中有规定。

2. 乘机旅客

乘机旅客对民航安全的影响不容忽视。乘机旅客具有较高的安全意识、遵守乘机规章制度、发生危机时较强的自救能力，有助于保障民航飞行安全；反之，则会给民航安全带来不利影响。

（二）设备因素

设备是影响民航安全的第二类关键因素，包括航空器和空港。

1．航空器

航空器的完善设计、优质制造和有效维修并符合国家适航标准才能保证民用航空活动安全，正常地运行。由于航空器故障和缺陷而造成的飞行事故排名第二，仅次于飞行机组原因。其中设计不完善和制造质量差（属初始适航不合格）约占事故原因的50%，维修不良和使用陈旧材料占40%（属持续适航不合格）。

2．空港

空港由飞行区、候机楼区、地面运输区3部分组成，其中飞行区（机场）是航空器起飞和着陆的专用陆地或特定水域，通常设有跑道、滑行道、停机坪等专用建筑。据统计，航空事故的70%发生在起飞和降落的时候，发生地点都在空港附近。跑道道面强度不够、道面打滑、跑道道肩承重不足、净空障碍物等均能导致事故发生。《民用航空法》第六章专门对新建、改建和扩建民用机场的标准进行规定，机场具备法定条件，并取得使用许可证方可对适当机型开放使用。

（三）管理因素

民航主管部门以及航空公司的管理工作也对民航安全起着重要的作用。

民航主管部门在航空安全监督管理方面的主要职责包括：制定当年运输航空和通用航空的安全目标，发展和维护国家为民航系统所制定的法律、法规、条例和标准程序；执行执照人的持续合格审查、航空器持续适航审定及随时现场安全检查；执行事故调查、分析和事故预防监督活动。

航空公司对航空安全的主要职责：制定本企业的安全目标；提供与目标相一致的全部资源——经济、设备、人员和组织机构；招募和训练人员；建立适当的信息系统。

三、民航安全技术措施

民航安全技术措施包括民航安全设计技术、民航安全监控与检测技术、民航安全救援技术和民航安全信息系统等。

（一）民航安全设计技术

民航安全设计技术就是从设计入手达到保障航空安全的技术手段。在航空器制造阶段，应采用先进技术使产品不断改进，符合安全要求，满足航空器适航性，同时应通过事故调查不断改进设计和制造上的失误，使设计更臻完善。另外，在空港设计中，应符合各种设计规范，通过选择恰当的设计方案，使空港运输事故的发生降低到最低。

（二）民航安全监控与检测技术

对民航运输设备进行监控与检测的目的是随时掌握设施设备的运行状态、及时发现飞行中可能出现的影响安全的因素，是实现民航安全的基础。民航安全监控与检测技术措施有空港环境监控与检测系统、近地警告系统、空中交通警戒与防撞系统、黑匣子技术、航空器维修技术和空港维修技术等。

1．空港环境监控与检测系统

空港环境监控与检测系统包括飞行安全监控系统和航站—站坪监控系统。

飞行安全监控系统的任务是对机场空中、地面以及地下实施有效的监控和管理，确保各项设施、标志完善有效，减少异常天气对场道的影响，创造良好的适航环境，保证航空器在机场安全、正常起降。

航站—站坪监控系统包括航站安全监控系统和站坪安全监控系统。航站安全监控系统主要对航站楼消防、廊桥安全、旅客安全、行李安全、设施设备安全等进行监控和管理，其主要目的是确保旅客安全登、离机，货物安全装卸；站坪安全监控系统主要对航空器地面运行、站坪运行秩序、站坪消防等进行监控，目的是确保航空器在机场的安全运行，减少停机坪事故发生。

2．近地警告系统

近地警告系统是一种机载设备，当飞机的飞行状态和离地高度进入近地警告系统的警告方式极限，系统就发出相应的警告或警戒信号，有助于飞机及时排查事故，保持正常的运行状态和离地高度。

3．空中交通警戒与防撞系统

空中警戒与防撞系统也是一种机载设备，它能帮助飞行员监视附近的空域，从而防止空中相撞事故的发生。

4．飞行数据/话音记录器（黑匣子）

飞行记录器的主要功能可以归纳为以下5个方面：

（1）在飞行设计中，可充分利用样机、原理机上所记录的大量数据（如载荷谱、大气状态对飞机性能的影响、故障及应急状态下的飞行规律等）来指导飞机的设计，使飞机有更好的安全性能和经济性能。

（2）在试飞中，可利用记录的数据分析、排除故障，消除飞机上的各种隐患。

（3）在飞行员培训中，可利用记录器所记录的数据来评定飞行员的驾驶技术，确保训练质量。

（4）在航空公司对飞机的使用和维护过程中，可利用飞行记录器所记录的数据，快速准确地判明飞机的故障、飞机性能及发动机性能变化的趋势，以便制定合理地维修周期和维修重点，进行“视情维修”。

（5）一旦发生飞机坠毁，根据所记录的数据分析飞行事故原因。

5．航空器维修技术

航空器维修可分为航线维护、初级维护和高级维修三类。

航线维护是在航站完成，一般只需简单的监测仪器，进行零部件的维修或拆换；初级维护即低级的定期维护，要在维修基地进行；高级维修除前面级别的各种维修项目外，还要对发动机进行大修，对系统结构进行深入检查及改装。

（三）民航事故救援技术

民航事故救援包括事故调查和救护救援两部分。

1．事故调查

（1）航空器事故的分类。航空器事故分航空器飞行事故和航空器地面事故。

航空器飞行事故：从任何人登上航空器准备飞行直至所有这类人员下了航空器为止的时间内，所发生的与航空器运行有关的人员伤亡（10人以上重伤）或航空器损坏（修复费用达到飞机价格5%或10%）称之为航空器飞行事故。依《民用航空器飞行事故等级》（GB 14648－1993），按人员伤亡情况以及对航空器损坏程度，飞行事故分为特别重大飞行事故、重大飞行事故和一般飞行事故三个等级。凡属下列之一者为特别重大飞行事故：人员死亡，死亡人数在40人及以上者；航空器失踪，机上人员在40人以上者。凡属下列之一者为重大飞行事故：人员死亡，死亡人数在39人及其以下者；航空器严重损坏或迫降在无法运出的地方：航空器失踪，机上人员在39人及其以下者。凡属下列之一者为一般飞行事故：人员重伤，重伤人数在10人及其以上者；最大起飞重量5．7 t（含）以下的航空器严重损坏，或迫降在无法运出的地方；最大起飞重量5．7 t~50 t（含）航空器的一般损坏，其修复费用超过事故当时同型或同类可比新航空器价格的10%（含）者：最大起飞重量50 t以上的航空器一般损坏，其修复费用超过事故当时同型或同类可比新航空器价格的5%（含）者。

航空地面事故：在机场活动区内发生航空器、车辆、设备、设施损坏，造成直接经济损失人民币30万（含）以上或导致人员重伤、死亡事件。依据《民用航空器地面事故等级》（GB 18432－2001），按照事故造成的人员伤亡和直接经济损失程度将航空地面事故划分为三类：特别重人航空地面事故、重大航空地面事故和一般航空地面事故。凡属下列情况之一者为特别重大航空地面事故：死亡人数4人（含）以上；直接经济损失500万元（含）以上。凡属下列情况之一者为重大航空地面事故：死亡人数3人（含）以下；直接经济损失100万元（含）~500万元。凡属下列情况之一者为一般航空地面事故：造成人员重伤：直接经济损失30万元(含)~100万。

(2) 通知。依据《民用航空器事故和飞行事故征候调查规定》（CCAR－395－R1），事故发生单位应当在事发后12小时内以书面形式向事发所在地的地区管理局报告，事发所在地的地区管理局应当在事发后24小时内以书面形式向民航局事故调查职能部门报告。民航局事故调查职能部门应当在事故发生后30天内向国际民航组织提交初始报告。

一旦发生飞行事故就要执行如下三个报告制度：初始报告、继续报告和最终报告。

飞行中一旦发生劫机或伤及旅客的紧急情况，事发单位或空中交通管制获得信息时，应立即向民航局报告。

(3) 调查程序和内容。民用航空器事故调查的组织和程序，由国务院规定（详见《民用航空器飞行事故调查程序》和《特别重大事故调查程序暂行规定》）。民航局有责任组织事故调查或参与事故调查。民航各级政府机构中的航空安全管理部门（安监部门）是事故调查的组织部门。

调查组到达现场后，应当立即开展现场调查工作并查明下列有关情况：事发现场勘查：航空器；飞行过程；机组和其他机上人员；空中交通服务：飞行签派；天气；飞行记录器：航空器维修记录；航空器载重情况及装载物；通信、导航、雷达、航行情报、气象、油料、场道、灯光等各种勤务保障工作：事发当事人、见证人、目击者和其他人员的陈述；爆炸物破坏和非法干扰行为；人员伤亡原因；应急救援情况。

2. 事故的救护救援

据统计，航空事故的70%发生在起飞和降落阶段，因此建立机场应急救援系统成为航空事故救援的关键环节。我国《民用运输机场应急救援规则》第七条规定：每个机场应当成立机场应急救援领导小组，并设立机场应急救援指挥中心，作为其常设的办事机构。

（1）机场应急救援的组织与管理。机场应急救援领导小组是机场应急救援工作的最高决策机构，机场应急救援指挥中心负责日常应急救援工作的组织协调。参加应急救援的单位和部门通常包括：空中交通服务部门；救援和消防部门；机场管理部门；机场公安部门和安全保卫部门；医疗急救中心；航空器经营单位；驻机场部队；基地航空公司；协议消防单位；协议医疗单位等。沿海地区还应包括海上救援力量。

各单位对救援人员应进行定期训练，以及对紧急事件时要使用的所有设备是否适用和其状态进行检查。应急程序应随时与公安、消防和救援机构、医疗机构、机场当局、公司及其他有关人士进行协调、修改、补充。

（2）救援设备。救援设备主要是消防车队，包括快速救援救火车、轻型救火车、重型消防车。

快速救援救火车的时速很高，发生事故时能第一个到达现场。它装有1000L浓缩泡沫灭火溶液和急救药物等，它的任务是把指挥人员和第一批急救人员送到现场，保持撤离道路畅通，对要紧急转移和处理的伤员进行处理和安排，然后等待救火主力队伍到达。

轻型救火车装有数百公斤二氧化碳和灭火干粉，对发动机和电器着火最为有效；重型消防车装有成吨的泡沫灭火剂，对控制大面积火势最有效。

（3）应急救援等级。航空事故应急救援等级分为紧急出动、集结待命、原地待命3类。

已发生航空器坠毁、爆炸、起火、严重损坏等紧急事件，各救援单位应当按指令立即出动，以最快速度赶赴事故现场；航空器在空中发生故障，随时有可能发生航空器坠毁、爆炸、起火，或者航空器受到非法干扰等紧急事件，各救援单位应当按指令在指定地点集结；航空器在空中发生故障等紧急事件，但其故障对航空器安全着陆可能造成困难，各救援单位应做好紧急出动的准备。

（四）民航安全信息系统

信息是决策的依据，是做好各项工作的基础。建立完备的安全信息系统，实现信息在航空公司、航空器制造厂和主管当局各部门间的有效流通，有助于尽快排查事故及事故征候的致因因素，防患于未然。

1. 各级部门在信息交换中的职责

航空公司：管理部门应确保主要安全信息反馈到相关工作人员；应将紧急问题向制造厂或当局报告，以便向第三方转达。

航空器制造厂：应确保与所有顾客建立有效的信息交换；与航空器有关的问题和解决办法应让有此航空器的所有单位都了解。

主管当局：检查信息系统的效率；对紧急信息予以评价，以决定是否需要下达权威性指示，修改法规等；负责刊印和发行信息出版物。

2. 民航安全信息管理工作流程

中国民航安全信息系统管理体制暂分三级，即局、地区管理局和基层。目前系统流程为：收集信息——整理上报——调查核实——发布安全信息通告。流程图如图 6—2 所示。

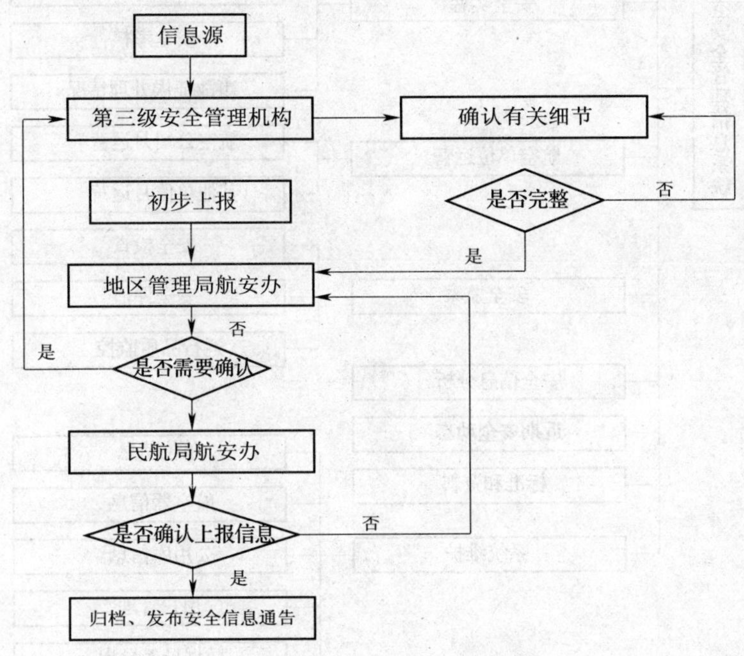

图 6—2　信息管理工作流程图

3. 民航安全管理信息系统的模块结构

民航安全管理信息系统模块结构图，如图 6—3 所示。该系统具有信息录入、修改、查询、查询结果打印、统计分析图表输出、信息上报及接收等功能。

四、民用航空安全技术规程、规范与标准

（一）中国民用航空规章

中国民用航空规章主要由十五编组成：第一编（CCAR—1～CCAR—20）是行政程序规则；第二编（CCAR—21～CCAR—59）是关于航空器的；第三编（CCAR—60～CCAR—70）是关于航空人员的；第四编（CCAR—71～CCAR—120、CCAR—171～CCAR—182）是关于空中交通规则与一般运行规则、导航设施的；第五编（CCAR—121～CCAR—139）是关于民用航空企业合格审定的；第六编（CCAR—140～CCAR—149）是关于学校及其他单位的合格审定的；第七编（CCAR—150～CCAR—170）是关于机场的；

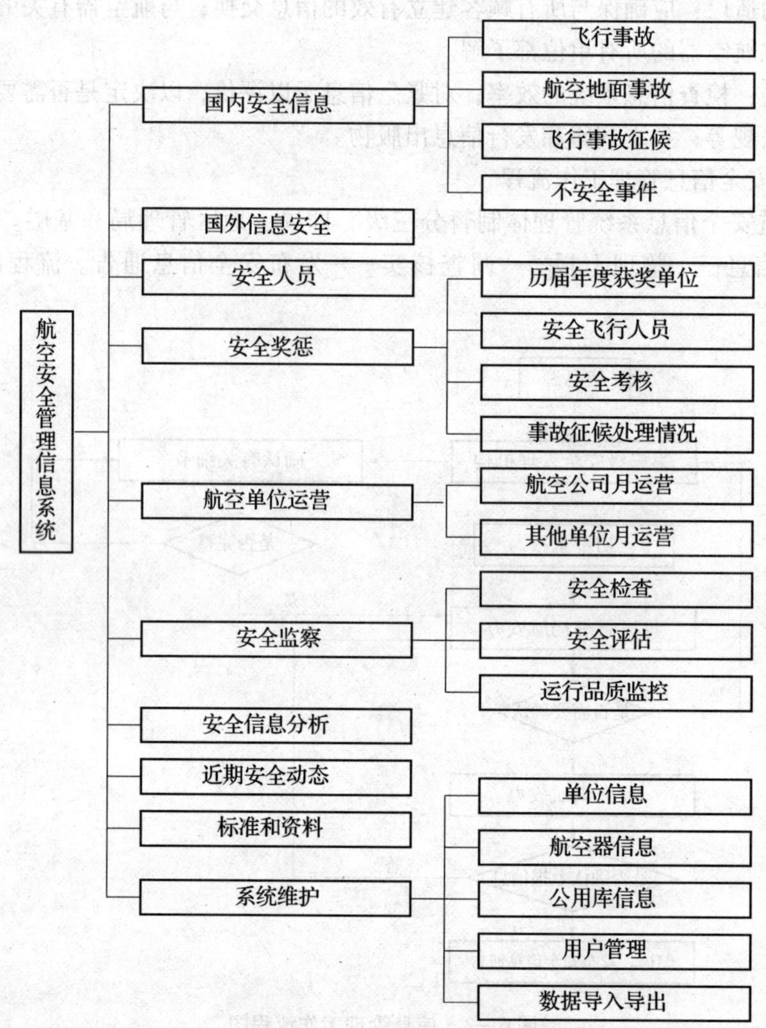

图6—3　系统功能模块结构图

第八编（CCAR—183～CCAR—197）是管理规则；第九编（CCAR—198～CCAR—200）是航空保险；第十编（CCAR—201～CCAR—250）是备用；第十一编（CCAR—251～CCAR—270）是航空基金；第十二编（CCAR—271～CCAR—325）是航空市场管理；第十三编（CCAR—326～CCAR—355）是关于航空保安的；第十四编（CCAR—356～CCAR—390）是科技和计量标准；第十五编（CCAR—391～CCAR—400）是航空器搜寻援救和事故调查。

（二）国际民航公约及其附件

1.《国际民航公约》简介

《国际民航公约》是1944年在美国芝加哥签署的。它包括4个部分，22章，共计96条。

该公约序言中指出签订出该公约的宗旨和目的是：为使国际民航得以按照安全和有秩序的方式发展，并使国际航空运输业务得以建立在机会均等的基础上，健康地和经济地经营，各国议定了若干原则和办法并缔结此公约。

该公约要求，凡是《巴黎公约》或《哈瓦那公约》的缔约国的国家，在《国际民航公约》生效时，立即声明退出上述公约，在各缔约国间，该公约即代替上述两个公约。

各国如在其他协议中承担了与该公约相抵触的义务，应在该公约生效时起终止原协议中承担的义务。

各缔约国可在不违反该公约的情况下，签订新的协议，但应立即向理事会登记。

联合国的成员国可以加入本公约，也可用通知书形式通知本组织退出该公约。

2. 国际民航公约的附属材料介绍

国际民航组织的法规序列是："公约"、"附件"、"附篇"和"指导文件"。

(1)"公约"是由各缔约国批准并承担的义务。公约任何部分的修改，必须经过2/3的缔约国在大会表决同意。

(2)"附件"是从公约正文中分离出来，作为公约的组成部分而作专门详细规定的文件。他们是由理事会，在充分征求各缔约国意见的程序后通过的。目前共有18个附件。

(3)"程序"是对附件的补充，做出更加详细的规定。

(4) 为了促进国际标准和建议措施、服务程序的顺利执行和统一实施，在秘书长授权下编发技术手册或技术指南材料。

第五节　水路运输安全技术

一、水运运输安全基础知识

(一) 水运交通事故的定义

水运交通事故的概念源于"海事"的概念。关于海事的定义有广义和狭义之分。广义上的海事泛指航海、造船、海上事故、海上运输等所有与海有关的事务；狭义上的海事意指"海上事故"或"海上意外事故"，如碰撞、搁浅、进水、沉没、倾覆、船体损坏、火灾、爆炸、主机损坏、货物损坏、船员伤亡、海洋污染等，都属于狭义的海事。

由于我国不但有广阔的海上水域，而且还包括广大的内陆水域，因此，将狭义上的海事概念拓展为水运交通事故，它既包括发生在海上的交通事故，也包括内陆水域的交通事故。由此可见，所谓水运交通事故，是指船舶、浮动设施在海洋、沿海水域和内河通航水域发生的交通事故。

(二) 水运交通事故的等级

根据事故船舶的等级、人员伤亡和造成的直接经济损失情况，可将水运交通事故分为小事故、一般事故、大事故、重大事故、特大事故5个等级。具体分级标准见表6—2，但特大水上交通事故分级按照国务院有关规定执行。

表6—2　　水运交通事故分级标准

船舶种类	重大事故	大事故	一般事故
20 000总吨以上或 14 704 kW以上	1. 死亡3人以上 2. 船舶沉没、全损或无修复价值 3. 直接经济损失150万元以上	1. 死亡1～2人 2. 直接经济损失70万元以上至150万元以下	1. 人员有重伤 2. 直接经济损失20万元以上至70万元以下
10 000总吨以上 20 000总吨以下或 7 352 kW以上 14 704 kW以下	1. 死亡3人以上 2. 船舶沉没、全损或无修复价值 3. 直接经济损失130万元以上	1. 死亡1～2人 2. 直接经济损失50万元以上至130万元以下	1. 人员有重伤 2. 直接经济损失15万元以上至50万元以下
5 000总吨以上 10 000总吨以下或 3 676 kW以上 7 352 kW以下	1. 死亡3人以上 2. 船舶沉没、全损或无修复价值 3. 直接经济损失100万元以上	1. 死亡1～2人 2. 直接经济损失30万元以上至100万元以下	1. 人员有重伤 2. 直接经济损失10万元以上至30万元以下
3 000总吨以上 5 000总吨以下或 2 206 kW以上 3 676 kW以下	1. 死亡3人以上 2. 船舶沉没、全损或无修复价值 3. 直接经济损失75万元以上	1. 死亡1～2人 2. 直接经济损失20万元以上至75万元以下	1. 人员有重伤 2. 直接经济损失8万元以上至20万元以下
1 500总吨以上 3 000总吨以下或 1 103 kW以上 2 206 kW以下	1. 死亡3人以上 2. 船舶沉没、全损或无修复价值 3. 直接经济损失60万元以上	1. 死亡1～2人 2. 直接经济损失15万元以上至60万元以下	1. 人员有重伤 2. 直接经济损失6万元以上至15万元以下
1 000总吨以上 1 500总吨以下或 735 kW以上 1 103 kW以下	1. 死亡3人以上 2. 船舶沉没、全损或无修复价值 3. 直接经济损失50万元以上	1. 死亡1～2人 2. 直接经济损失10万元以上至50万元以下	1. 人员有重伤 2. 直接经济损失4万元以上至10万元以下
500总吨以上 1 000总吨以下或 368 kW以上 735 kW以下	1. 死亡3人以上 2. 船舶沉没、全损或无修复价值 3. 直接经济损失35万元以上	1. 死亡1～2人 2. 直接经济损失8万元以上至35万元以下	1. 人员有重伤 2. 直接经济损失3万元以上至8万元以下

续表

船舶种类	重大事故	大事故	一般事故
300 总吨以上 500 总吨以下或 221 kW 以上 368 kW 以下	1. 死亡 3 人以上 2. 船舶沉没、全损或无修复价值 3. 直接经济损失 25 万元以上	1. 死亡 1 ~2 人 2. 直接经济损失 6 万元以上至 25 万元以下	1. 人员有重伤 2. 直接经济损失 5 万元以上至 6 万元以下
200 总吨以上 300 总吨以下或 147 kW 以上 221 kW 以下	1. 死亡 3 人以上 2. 船舶沉没、全损或无修复价值 3. 直接经济损失 10 万元以上	1. 死亡 1 ~2 人 2. 直接经济损失 1 万元以上至 10 万元以下	1. 人员有重伤 2. 直接经济损失 6 000 元以上至 1 万元以下
20 总吨以上 200 总吨以下或 14 kW 以上 147 kW 以下	1. 死亡 3 人以上 2. 船舶沉没、全损或无修复价值 3. 直接经济损失 3 万元以上	1. 死亡 1 ~2 人 2. 直接经济损失 7 500 元以上至 3 万元以下	1. 人员有重伤 2. 直接经济损失 750 元以上至 7 500 元以下
20 总吨以下或 14 kW 以下	1. 死亡 3 人以上 2. 船舶沉没、全损或无修复价值 3. 直接经济损失 2 万元以上	1. 死亡 1 ~2 人 2. 直接经济损失 7 500 元以上至 2 万元以下	1. 人员有重伤 2. 直接经济损失 450 元以上至 7 500 元以下

注：1. 凡符合表内标准之一的即达到相应的事故等级。

2. 表中的“以上”包括本数或本级；“以下”不包括本数或本级。

3. 船舶等级的划分：拖船按主机额定功率划分，其他船舶按总吨划分，既未核定吨位又无功率的船舶按载重吨比照总吨划分。

国务院于 1989 年 1 月 3 日通过并于同年 3 月 29 日发布施行了《特别重大事故调查程序暂行规定》。该规定所称特别重大事故，是指造成特别重大人身伤亡或巨大经济损失以及性质特别严重、产生重大影响的事故。劳动部根据该规定的授权做出下列解释：水运事故造成一次死亡 50 人及其以上，或一次造成直接经济损失 1 000 万元及其以上的，即为该规定所称的特别重大事故。

此外，1990 年 10 月 20 日交通部交通安全委员会发出《关于报告船舶重大事故隐患的通知》，该通知将船舶重大事故隐患定义为：船舶由于严重违章，操作人员过失，机电设备故障或其他因素等，虽未直接造成伤亡或经济损失，但潜伏着极大险情，严重威胁船舶（旅客、船员、货物）安全及性质严重的重大隐患。该通知将船舶重大事故隐患分为 4 类。

1. 严重违章。严重违反安全航行和防火规定，船舶超载、超速，违章追越，违章抢航，违章抢槽，违章明火作业，违章装载、运输危险货物，违反交通管制规定等。

2. 操作人员过失。在航行、锚泊或靠离泊时，由于操作人员失误，疏忽瞭望，擅离职守，助航设备、通信设备和信号使用不当等。

3. 机电设备故障。船舶主机、辅机、舵机、机件、电器或通信设备、应急设备失灵等故障。

4. 其他因素。《海上交通事故调查处理条例》第34条规定："对违反海上交通安全管理法规进行违章操作，虽未造成直接的交通事故，但构成重大潜在事故隐患的，海事局可以依据本条例进行调查和处罚。"故也可以将船舶重大事故隐患（重大潜在事故隐患）考虑为我国海事分级的最低海事等级。

二、水运交通危险有害因素和隐患分析

水运交通事故有多种多样的形式，但每种事故的出现都是在一定条件因素下形成的。因此有必要分析事故出现的规律和特性，探索事故的发生条件、潜在的险情因素，进而寻找酿成事故的原因，以作为今后防止事故的前车之鉴。

概括起来，水运交通事故的发生，与外界条件、技术（人—机控制）故障、不良的航行条件、导航失误等因素密切相关。

（一）外界条件

1. 视距降低。由于气象条件的影响，如雾、雨雪和夜间引起的视距降低、目测距离的受限，导致船舶发生事故的机率增大。

2. 气象恶劣给船舶带来不可抗拒的自然灾害。热带飓风、台风，中纬气旋和寒潮带来的强风、风浪，均给船舶海上航行造成不可抗拒的自然灾害。

3. 礁石、浅滩及水中障碍物必给船舶航行带来影响。如近年来在我国青岛中沙多次发生搁浅事故，但在加设了航标后，事故已大为减少。

4. 航路的自然条件和交通密度的影响。这主要指狭窄航道和交通密集水域，其航道宽度、弯曲度、深度、危险物的分布、航路标志的设置，船舶活动的密度和频度，船舶遭遇态势（对遇、横交和追越）和机率等因素，均增加了船舶导航的难度。船舶的碰撞事故与这些因素有着很重要的关系。

5. 灯塔、航路标志出现故障、航行资料失效。这主要指灯塔、浮标、岸标等助航设施出故障，如电源中断及遭破坏等，均可导致船舶误航机率增大。

6. 外部因素引起船舶导航设备失效。

（二）技术故障

1. 船舶的动力装置、电力系统技术故障。由于船体强度减弱或船体、机械有严重缺陷，造成船舶航行事故。

2. 操舵及螺旋桨遥控装置失控。由于船桥遥控的舵机和主机系统故障，使得船桥对车、舵的操纵失去控制，导致船舶事故发生。

3. 惰性气体系统故障。主要对油轮而言，在装卸原油或清洗油舱过程中，惰性气体系统对降低原油防爆上限温度及防止油料的爆炸起着重要作用。实践证明，90%以上的油轮爆炸事故是由于未装惰性气体系统或因该系统出故障而发生的。

4. 导航设备故障。因导航设备本身性能不稳定，出现了技术故障，使其失去了导航性能（指向、定位和计程）应有的作用，使航线、船位的准确度和可靠性受到影响。

5. 通信设备故障。因船舶通信设备本身的性能不稳定，出现了技术故障，使船、岸或船与船之间的通信中断，彼此情况不能及时沟通，在港区或不良视距条件下，易造成船舶之间发生碰撞事故。

（三）不良的航行条件

1. 船桥人员配备不齐全、组织混乱。船上值班人员擅离职守，航海驾驶人员工作不认真不严肃，缺乏应有的工作责任心，无视安全航行规章。船长过分依赖引水员，对其错误行动未能及时纠正等。这些不良的人为因素，均是出现海事的主观因素。

2. 人员理论知识和实践经验贫乏。船员航海知识浅薄，技术素质低劣以及海上经验不足，均是导致海损事故发生的因素。对多起海事原因的分析表明，约有2/3以上的海事是由人为因素造成的，说明船员条件是水运安全的直接重要因素。

3. 航海图、资料失效。航海图及资料是保证航行安全的基本工具之一。航海图资料的及时性和完整性是航行安全的起码保证。在使用过程中，未能及时按航行通告、警告修正海图和航海资料，使这些资料陈旧，降低了其实用价值，给航行带来不可估量的损失。

4. 船桥指挥部位工作条件的影响。船桥指挥部位工作条件的优劣，可直接或间接地影响驾驶人员的操作。船桥视野的受限，影响了船上对外界的观察瞭望；内部通信的不畅通可阻碍航行指令及时下达；光线、通风的不充分，都可使船员疲劳和不适。

（四）导航的失误

1. 航行计划不符合“安全”和“经济”的原则。“安全”和“经济”是计划航线的主要原则，两者不能有所偏废。船在起航前，由于对航区海情了解不够、思考不周，忽略了障碍航行的不利因素，制定了不周密的航行计划，进而导致船舶的海事。如在航线设计过程中，片面地为了达到“经济”效益，而将航线设计得距离危险物较近；在转向点处没有设置可供测定船位的物标；没有考虑特殊海区风流对航行的影响；对船上的导航仪表误差估计不足等，都是形成航线设计错误的重要因素。

2. 船舶避让操纵失误。错误的避让行动是造成海事的重要因素之一。在海上遇有可能与他船相碰时，驾驶人员专事于对他船的避让，忽略了对本船位置的掌握，迫使船舶离开了预定航线，错失了避离浅滩或危险障碍物的时机，导致事故的发生。

3. 识别助航标志的失误。驾驶人员因对助航标志或测位物标辨认错误，引起的搁浅、触损事故，在海事案例中占有很大的比例。

4. 导航设备使用失误。准确地推算船位，是保持船舶按预定航线航行的基本保证。驾驶人员在使用导航设备时，不掌握设备的误差及其变化规律，不进行误差校正，不核对船位，就会使推算的船位与实际船位不符。实践中，因电罗经、计程仪、测向仪的误差和无线电导航装置受夜间效应、天波干扰的影响，没有及时地校正，造成推算船位失误的情况很多，它是船舶发生海损事故的重要潜在因素。

5. 他船航行的失误。在航行受限制的水域，因邻近船舶出现操纵上的故障或航行的失误，造成本船错误地评价周围的交通动向，难以及时地采取正确避让措施，也是置本船陷于困境的因素之一。

在进行海事分析时，无论何种航行事故均与上述因素密切相关。海事的出现可能是由上述单一因素造成，但多数是由几种因素交织在一起造成的。在上述诸因素中除外界条件影响属客观原因外，其他各因素都与主观条件有关。在主观条件中起主导作用的就是人的因素。根据国内外海事统计，约有80%以上的海事是由人为因素所造成的，这是一种不可忽视的因素。但是在研究海事原因时，如果只是简单地归咎为船员的过失，忽略了对海事相关联的其他条件的分析，就难以充分地反映海事的本质和规律。对吸取教训和探讨防止海事的有效措施不利。因此，在进行海事分析时，应充分地对发生事故的主观因素和客观因素之间的相互影响和作用给以评价，才能达到防止海事的目的。

三、水运交通安全技术措施

（一）船舶航行定位与避碰

1. 船舶导航与定位

（1）航向。为了保证船舶航行安全，首先要确定船舶的航向与位置。实际航向有3种：首先是罗经航向，它是由罗经直接指示的船首方向。罗经航向经过罗经误差修正后得到正确的船首方向，称为真航向。由于风流的影响，船舶运动的速度是船舶在静水中运动的速度与风流引起的速度的合速度，该合速度的方向是船舶重心轨迹的方向，称为航迹向。

测定船首方向的主要仪器罗经包括磁罗经、陀螺罗经。由于地磁场的南北极与地球的磁罗经南北极不一致，地磁场随地理位置而变化，磁罗经又受周围的铁磁性物质的影响，因此磁罗经的误差变化较大，使用时必须进行误差校正。陀螺罗经是利用绕定点转动的高速旋转陀螺仪的定轴性与进动性，借助于控制系统及阻尼系统使陀螺仪的轴自动指北，并能跟随地球自转，精确跟踪地理子午面的指北仪器。由于陀螺罗经安装时基线与船舶首尾线不一致会造成基线误差，此外由于陀螺罗经的结构以及船舶运动会引起纬度误差、速度误差、冲击误差与摇摆误差等。这些误差通过校正或补偿的方法，一般均可控制在较小的范围之内。

（2）定位。定位方法按照参照目标可分为岸基定位与星基定位。

岸基定位是利用岸上目标定位，如灯标、山头以及导航系统中的信号发射台等都是岸基目标。最普通的岸基定位是用肉眼通过罗经测定灯标、山头等显著物标的方位，或通过六分仪测定目标的距离，然后得出几个目标的方位或距离的位置线，相交求出船位。雷达定位是通过雷达脉冲遇到显著物标反射回来所经过的时间及方向测定物标的距离和方位，得出位置线，相交而定出船位。有些导航系统，如劳兰C，它是利用到两个定点（信号与发射台）的距离差为定值的点的轨迹作为位置线，测定两发射台信号到船舶的传播时间差，而得出双曲线位置线。因而称其为双曲线导航系统。

星基定位是以星体为参照物测定船舶位置的方法。传统的星基定位方法是利用天体，包括太阳、月亮、恒星、行星与船舶的相对位置来确定船舶的位置，称为天文定位。

卫星导航系统是以人造地球卫星为参照目标的位置测定系统。目前使用最广泛的是美国从1973年开始研制到1993年投入使用的全球定位系统（Global Positioning System，GPS）。它包括24颗卫星，分布在6个轨道平面，卫星高度为20~200 km。它是利用已知空间位置的人造卫星发射的电磁波，测定其卫星到接收机天线的距离。若同时测量 3 颗卫星的距离，则可求得接收机的三维位置，即经度、纬度和高度。若同时测量 4 颗卫星的距离，除测定接收机的三维位置外，还可求得接收机的钟差。

为了提高 GPS 的定位精度，目前沿海地区使用最多的是差分 GPS。它是用一台精确位置已知的 GPS 接收机作为基准接收机，测得所在地的各种误差，而附近的 GPS 用户接收机在接收含有各种误差的 GPS 信号的同时，还接收基准台发送的误差信息，经过修正后，得到精确的位置信息。我国在“九五”期间建成沿海无线电指向标差分全球定位系统台链（RBN/DGPS）。

2. 船舶操纵与避碰

控制船舶运动的设备是推进器（车）与舵。在海上航行时一般只用舵控制，当测得船舶位置偏离计划航线，或船首偏离设定航向时，要设法使船舶以最有效的方法回到计划航线与设定航向。控制航向的主要设备是舵，在港内或狭水道，对有双螺旋桨或侧推器的船舶，在用舵的同时也可用双桨配合或侧推器来控制船首向。在狭水道或港内一般由人工操舵，在海上一般采用自动操舵控制航向。自动操舵大致可分为两类：一类称为航向保持系统，另一类称为航迹保持系统。航向保持系统是根据船首向与设定航向的偏差，通过控制系统来控制舵角，使船首回到设定航向。根据控制系统的原理不同分为 PID（比例—积分—微分）自动操舵，自适应自动操舵等。此外，新的自动操舵中还采用模糊控制，多模式控制等先进技术。航迹保持系统是根据定位信息测定航迹偏离程度，通过计算确定出最有效舵角与舵角执行时间，使船舶能最快、最省燃料地回到设定航线上来。

舵用于控制航向，螺旋桨用于推进与制动船舶。要控制船舶的航向、位置、速度、回转角速度等，必须掌握船舶的操纵特性。了解船舶在舵作用下的保向与改向能力，惯性停船冲程及螺旋桨逆转制动冲程等规律。这些规律一般用船舶操纵运动方程式来描述。

根据《国际海上避碰规则》避碰是指航行中各类水上运输工具相互间的避让。一般是通过航行值班人员的瞭望与仪器观测来判断是否有碰撞危险，然后用舵与车来避免本船与他船的碰撞，但至今尚没有一套实用的闭环的自动避碰系统。目前使用最广泛的雷达自动标绘仪（ARPA），是根据雷达的目标回波经过量化、滤波和跟踪处理后得出的目标运动轨迹，在雷达荧光屏显示目标的相对运动矢量或目标的预示危险区（PAD），向驾驶人员提供避碰信息，然后由驾驶人员采取避碰措施。但由于噪声干扰等引起的目标回波误差，本船航向误差，使滤波跟踪后得到的目标轨迹有误差，还会引起跟踪目标丢失或误跟踪。目标船的运动不是本船所能控制的，它有相当的随机性。由于这些原因，使得带 ARPA 的雷达也只能向驾驶人员提供避碰信息，而不能进行自动避碰。

（二）船舶交通管理系统

随着世界外贸海运量的迅速增加，大量船舶频繁活动于港口和海上交通要道，加之船舶向大型化、高速化发展，使港口航道拥挤不堪，导致这些水域的海损事故率逐年增加。国际海事组织对此制定了相应的对策，船舶交通管理系统（亦称船舶交通服务系统，Vessel Traffic Service，VTS）是其中之一。

1. VTS的功能与组成

经过多年的实践与各方面的努力，1995年11月国际海事组织（IMO）通过了A 578（14）号决议，即《船舶交通服务指南》。VTS旨在提高交通安全、交通流效率和保护环境。VTS的功能包括搜集数据、数据评估、信息服务、助航服务、交通组织服务与支持联合行动。VTS由VTS机构、使用VTS的船舶与通信3部分组成。

VTS在其覆盖的水域中搜集两方面数据：一方面是航路的气象、水文数据及助航标志的工作情况；另一方面是航路的交通形势。搜集到数据以后，再用适当的方式显示这些数据，根据国际与当地的船舶交通规则以及有关的决策准则，对交通形势现状与发展趋势进行分析，这就是数据评估。VTS通过发布消息的方式提供服务。发布的消息分3类：①信息——在固定时刻，或在VTS中心认为必要的时刻，或应船舶要求而播发的。它包括有关船舶动态、能见度与他船意图；航行通告、助航设施状况、气象与水文资料；各航行区域的交通状况，各种碍航船舶与障碍物警告，并提供可选择的航线。②建议——VTS通过咨询服务发出的消息，它包括以专门方式影响交通或个别船舶行为的意图。③指示——为交通控制目的而以命令方式发布的消息，它包含了控制交通或个别船舶行为的意图。

2. VTS设备

VTS的设备配置随VTS系统的等级不同而变化，一个完整的VTS系统应配置如下主要设备。

（1）雷达监测系统。按照各VTS的不同任务，要求雷达的分辨率与探测距离不同，配备的雷达从最简单的船用雷达到复杂的、专门设计的岸基雷达。一个较大规模的VTS系统所覆盖的区域，常由几个分散的雷达站构成雷达链。雷达信号通过同轴电缆，微波接力或光导纤维传送到VTS中心。雷达数据处理包括雷达目标自动录取、自动跟踪，以及多雷达跟踪过程中的数据处理。

（2）通信系统。VTS中的通信方式很多，供语音通信使用的频率也很多，但大部分VTS以甚高频无线电话（VHF）为基础。

（3）计算机系统。VTS中的计算机连成一个网络，计算机主要用于雷达数据处理，VHF测向数据处理，船舶数据处理，遥感数据处理及其他非实时的离线操作。船舶数据分为3类：①固定数据，常指在船舶寿命周期内不变的数据，如船名、呼号、船舶尺度等；②变化数据，指一个航次内有效的数据，如驶离港、目的港、货物、吃水等；③动态数据，指连续变化的数据，如船速、航向等。此外还有VHF测向、数据记录设备、闭路电视、遥感装置与助航标志等。

3. VTS对船舶的服务和监管

根据IMO规定，凡使用VTS的船舶应符合《海上人命安全公约》要求。到达实施VTS港口之前应注意做到以下几点：①仔细阅读VTS主管机关印发的出版物，了解当地水上交通规则及其他有关规定；②保证船舶助航与通信设备处于正常工作状态；③注意按照规定收听VTS中心发布的有关消息；④按照VTS主管机关的规定，正确、及时地向VTS中心报告有关信息；⑤一般不改变经船舶与VTS中心双方同意的航行计划；⑥迅速、准确向VTS中心报告意外情况；⑦当到达或离开VTS区域时要向VTS中心进行到达与最终报告。

（三）全球海上遇险与安全系统

全球海上遇险与安全系统（Global Maritime Distress and Safety System，GMDSS）是一个符合《1979 年海上国际搜救公约》规定的全球性通信网络。它应能满足遇险船的可靠报警，对遇险船的识别、定位，救助单位之间的协调通信，救助现场的通信，可靠、及时的预防措施以及日常通信等各项要求。

1. 报警

船对岸报警即遇险船向某一岸上救助协调中心（Rescue Coordination Center，RCC）的报警；船对船报警，即遇险船向附近船舶的报警；岸对船报警，即岸台向遇险船附近的船舶报警。报警信息应包括遇险船舶的识别码（国际统一的一个九位十进制数字识别码）、遇险位置、遇险性质和其他有助于搜救的信息。

2. 通信

通信包括搜救协调中心通过岸台或岸台与遇险船舶、参与救助的船舶、飞机及其他搜救单位之间的双向通信。在搜救现场参与救助的船舶、飞机之间的通信。GMDSS 系统还能进行正常航行时相遇船舶之间的通信和有关的业务通信。

3. 寻位

遇险船舶或救生艇通过应急示位标（Emergency Position Indicating Radio Beacon，EPIRB）或其他设备发出一种无线电信号，便于救助船舶和飞机寻找。

4. 播发海上安全信息

GMDSS 系统能提供手段发布航行警告、气象预报和其他各种紧急信息以保证航行安全。为了实现上述功能，GMDSS 系统采用了两种系统：一是卫星通信系统，二是地面通信系统。

（四）特种货物与危险货物运输管理

1. 重大件货物的装运管理

重大件货物是指质量、体积过大或尺寸超长的货物。按我国规定，远洋运输中，凡单件质量超过 5 t 或长度超过 9 m 的货物；在沿海运输中，单件质量超过 3 t 或长度超过 12 m 的货物，均属重大件货物。按国际标准规定，凡单件质量超过 40 t，或长度超过 12 m，或高度、宽度超过 3 m 的超高或超宽货物，如车辆、大型成套设备、集装箱、快艇等均属重大件货物。由于重大件货物的尺寸与质量过大，在装运过程中，对稳性计算、局部强度计算与加固绑扎有特殊要求。在装运之前一方面要仔细审核重大件货物的件数，单件质量、重心位置、外形、尺寸、包装、吊点位置与装运要求。然后根据本船的重吊负荷、船体结构、货舱空间、舱底或舱盖的局部强度，审查大件货物是否能装，最后编制配载图，吊装方案（包括预算横倾角等），衬垫方案与加固绑扎方案。为了保证在运输过程中船舶和货物的安全，须对装运重大件货物对船舶稳性的影响以及船舶局部受力进行计算。装于船上的重大件货物，由于船舶的纵摇、横摇、波浪引起的船舶升沉以及装于甲板上的大件货物所受的风力以及船舶倾斜面引起货物重心偏移，都使货物受到附加作用力。为了避免航行时货物移动，需要对货物加固绑扎，克服船舶运动时货物受到的上述各种力。

2. 危险货物运输与管理

危险货物指具有爆炸、易燃、毒害、腐蚀、感染与放射等特性的物质，在运输、装卸和存储过程中，容易造成人身伤害、财产毁损或环境污染等需要特别防护的货物。目前国际危险货物海运量约占海运货物总量的50%。国际海事组织依据并为实施1974年《国际海上人命安全公约》(SOLAS)和经1978年议定书修正的1973年《国际防止船舶造成污染公约》(MARPOL73/78)(以下简称《MARPOL公约》)制定了《国际海运危险货物规则》(IMDG Code)。我国交通部根据《国际海运危险货物规则》(以下简称《国际危规》)制定并颁布了《水路危险货物运输规则》的第一部分《水路包装危险货物运输规则》，并于1996年12月1日起在我国实施。

《国际危规》与《水路包装危险货物运输规则》适用于包装危险货物。《MARPOL公约》对油轮运输，散装液体化学品运输的安全问题有具体规定。此外，《国际散装运输危险化学品船舶构造及设备规则》(简称IBC Code)和我国《散装运输危险化学品船舶构造与设备规范》对运输散装液体危险化学品的船舶结构与设备都提出特殊要求。《国际散运液化气船舶构造和设备规则》(简称IGC Code)对运输低温加压而成液态货物的船舶的结构与设备有具体规定。《国际危规》的主要内容包括危险货物的分类与性质、包装与标志以及海上安全运输的要求。《国际危规》根据危险货物的主要特性和运输要求分为9大类：①爆炸品；②气体；③易燃液体；④易燃固体；⑤氧化剂和有机过氧化物；⑥有毒物质和有感染性物质；⑦放射性物质；⑧腐蚀品；⑨杂类危险货物和物品。

根据《国际危规》的要求，危险货物必须按照《国际危规》标准，附带正确耐久的标志。危险货物的标志由标记、图案标志和标牌组成。所有标志均须满足经至少3个月的海水浸泡后，既不脱落又清晰可辨的要求。危险货物的包装分为通用包装与专用包装两类。通用包装适用于第3、4、5类，第6类中的有毒物质类中的大部分货物和第1、8类中的部分货物；其余由于特殊危险性质，需采用专用包装。根据危险程度通用包装分为Ⅰ、Ⅱ、Ⅲ类。Ⅰ类包装，适用于高危险性货物；Ⅱ类包装，适用于中度危险货物；Ⅲ类包装，适用于低危险性货物。

危险货物的合理配载与隔离，对货物的安全运输具有重要意义。易燃易爆货物要远离一切热源、电源及生活居住区。遇水起化学反应者，要安排在干燥货舱。有毒货物与放射性货物应远离生活区。绝大部分危险货物均需远离热源、电源与生活居住区。对互不相容的危险货物要正确隔离，以防止泄漏等引起的各种事故；一旦事故发生后，便于采取各种应急措施，减少损失与危害程度。

四、水路运输安全技术规程、规范与标准

1. 国内法规：《中华人民共和国海上交通安全法》、《中华人民共和国内河交通安全管理条例》、《中华人民共和国对外国籍船舶管理条例》、《中华人民共和国船舶登记条例》、《中华人民共和国国际航行船舶进出中华人民共和国口岸检查办法》、《中华人民共和国船舶安全检查规则》、《老旧船舶管理规定》、《中华人民共和国船舶签证管理规则》、《中华人民共和国最低安全配员规则》、《关于船舶拆解监督管理的暂行办法》、

《中华人民共和国海船船员适任考试、评估和发证的规则》、《中华人民共和国港口法》等。

2. 国际公约：国际社会，特别是联合国及下属机构，也在总结有关水运交通事故的基础上，制定了一些国际公约，各国根据本国的实际情况，承认和加入了一些保障水上人命和财产安全以及保护海洋环境的国际公约，我国也是如此。我国当前涉及的船舶与船员管理的主要国际公约有：《联合国海洋公约法》、《国际海上人命安全公约》、《国际船舶载重线公约》、《国际船舶吨位丈量公约》、《国际海员培训、发证、值班标准公约》、《国际劳工组织商船最低标准公约》。我国加入了上述的前5个公约。

第七章　矿山安全技术

第一节　矿山安全基础知识

一、概述

矿山是开采矿石或生产矿物原料的场所。一般包括一个或几个露天采场、地下矿山和坑口，以及保证生产所需要的各种附属设施（包括选矿厂、尾矿库和排土场等）。

按开采矿种的不同，矿山分为煤矿和金属非金属矿山。煤矿是生产煤炭的矿山，而金属非金属矿山则是开采金属矿石、放射性矿石、建筑材料、辅助原料、耐火材料及其他非金属矿物（煤炭除外）的矿山。按照开采方式的不同，矿山分为露天矿山和地下矿山及两者联合开采矿山。露天矿山是指在地表开挖区通过剥离围岩、表土等，采出矿物的采矿场及其附属设施；地下矿山（井工矿）则是以平硐、斜井、竖井等作为出入口，采出矿物的采矿场及其附属设施。按矿山规模大小，矿山可分为大型矿山，中型矿山和小型矿山。

二、矿山开采技术

矿床开拓就是指按照一定的方式和程序，建立地面与采矿场各工作水平之间的运输通道，以保证矿场正常生产的运输联系，并借助这些通道，及时准备出新的生产水平。露天矿床开拓主要分为铁路运输开拓、公路运输开拓和平硐溜井开拓；地下矿山矿床开拓方法大致可分为单一开拓和联合开拓两大类。

（一）露天开采

用一定的开采工艺，按一定的开采顺序，剥离岩石、采出矿石的方法。即在露天条件下，将埋藏较浅的矿石，从矿坑露天矿、山坡露天矿或剥离露天矿进行开采。包括挖掘一系列顺序的沟槽。

露天开采工艺，按作业的连续性，分间断式、连续式和半连续式。间断式开采工艺适用于各种地质矿岩条件；连续式工艺劳动效率高，易实现生产过程自动化，但只能用于松软矿岩；半连续式工艺兼有以上两者的特点，但在硬岩中，需增加机械破碎岩石的环节。

（二）地下开采矿山

1. 井巷掘进施工方法

根据施工方法及地层赋存条件的不同，井巷（井筒或巷道）施工分为普通施工法与特殊凿井法。普通施工法是在稳定或含水较少的地层中采用钻眼爆破或其他常规手段施工的方法。特殊凿井法是在不稳定或含水量很大的地层中，采用非钻爆法的特殊技术与工艺的凿井方法，通常采用的有冻结法凿井、钻井法凿井、注浆凿井法凿井。

（1）普通施工法。普通施工法一般采用钻眼爆破的方法。在岩体上钻凿一定直径、一定深度及数量的炮眼，并在炮眼中装入炸药，靠炸药爆炸的力量破碎岩体，从而达到井巷掘进的目的。它的优点是操作简单、易于掌握、设备简单、安全可靠，可以根据要求，在岩体中钻爆出不同形状、不同深度的井筒或巷道。

根据炮眼深度与直径的不同，我国矿山将钻眼爆破法分为浅孔爆破法、中深孔爆破法和深孔爆破法。炮眼直径小于 50 mm、深度小于 2 m 时称为浅孔爆破，多用于井巷工程；炮眼直径小于 50 mm、深度 2～4 m 称为中深孔爆破，多用于井筒及大断面硐室掘进；炮眼直径大于 50 mm、深度大于 5 m 则称为深孔爆破，主要用于立井井筒及溜煤眼、大断面硐室以及露天开采的台阶爆破。

（2）特殊凿井法。特殊凿井法是当井筒穿过不稳定含水地层时，用普通施工法无法通过时采用的特殊施工方法，主要有冻结法、钻井法、注浆法。

2. 采矿方法

（1）井工采煤方法。井工煤矿采煤方法虽然种类较多，但归纳起来，基本上可以分为壁式和柱式两大体系。

1）壁式体系采煤法。根据煤层厚度不同，对于薄及中厚煤层，一般采用一次采全厚的单一长壁采煤法；对于厚煤层，一般是将其分成若干中等厚度的分层，采用分层长壁采煤法。按照回采工作面的推进方向与煤层走向的关系，壁式采煤法又可分为走向长壁采煤法和倾斜长壁采煤法两种类型。

缓倾斜及倾斜煤层采用单一长壁采煤法所采用的回采工艺主要有炮采、普通机械化采煤（高档普采）和综合机械化采煤 3 种类型。在选择回采工艺方式时，应结合矿山地质条件、设备供应状况、技术条件以及技术管理水平和采煤系统统一考虑。

炮采工作面回采工序包括破煤、装煤、运煤、推移输送机、工作面支护和顶板控制 6 大工序；普通机械化采煤是用浅截式滚筒采煤机落煤、装煤，利用可弯曲刮板输送机运煤，使用单体液压支柱（或摩擦金属支柱）和铰接顶梁组成的悬臂式支架支护的采煤方法；综合机械化采煤是指采煤的全部生产过程，包括落煤、装煤、运煤、支护、顶板控制以及回采巷道运输等全部实现机械化的采煤方法；综合机械化放顶煤开采技术的实质是沿煤层底部布置一个长壁工作面，用综合机械化方式进行回采，同时充分利用矿山压力作用（特殊情况下辅以人工松动方法），使工作面上方的顶煤破碎，并在支架后方（或上方）放落、运出工作面的一种井工开采方式。

2）柱式体系采煤法。柱式体系采煤法分为 3 种类型：房式、房柱式及巷柱式。房式及房柱式采煤法的实质是在煤层内开掘一些煤房，煤房与煤房之间以联络巷相通。回采在煤房中进行，煤柱可留下不采；或在煤房采完后，再回采煤柱。前者称为房式采煤法，后者称为房柱式采煤法。

（2）金属非金属地下矿山采矿方法。根据矿石回采过程中采场管理方法的不同，金属、非金属的地下采矿方法大致分为以下几类：

1）空场采矿法。空场采矿法在回采过程中，采空区主要依靠暂留或永久残留的矿柱进行支撑，采空区始终是空着的，一般在矿石和围岩很稳固时采用。根据回采时矿块结构的不同与回采作业特点，空场采矿法又可分为全面采矿法、房柱采矿法、留矿采矿法、分段矿房法和阶段矿房法等。

①全面采矿法。在薄和中厚的矿石和围岩均稳固的缓倾斜（倾角一般小于30°）矿体中，应用全面采矿法。该方法的特点是：工作面沿矿体走向或倾向全面推进，在回采过程中将矿体中的夹石或贫矿留下，呈不规则的矿柱以维护采空区，这些矿柱一般作永久损失，不进行回采。

②房柱采矿法。房柱采矿法用于开采水平和倾斜的矿体，在矿块或采空区矿房和矿柱交替布置，回采矿房时，留连续的或间断的规则矿柱，以维护顶块岩石。它比全面采矿法适用范围广，不仅能回采薄矿体，而且可以回采厚和极厚矿体。矿石和围岩均稳固的水平和缓倾斜矿体，是这种采矿方法应用的基本条件。

③留矿采矿法。工人直接在矿房暴露面下的留矿堆上作业，自下而上分层回采，每次采下的矿石靠自重放出1/3左右，其余暂留在矿房中作为继续上采的工作台。矿房全部回采后，暂留在矿房中的矿石再行大量放出，即大量放矿。这种采矿方法适用于开采矿石和围岩稳固、矿石无自燃性、破碎后不结块的急倾斜矿床。

④分阶段矿房法。分阶段矿房法是按矿块的垂直方向，再划分为若干分段；在每个分段水平布置矿房和矿柱，中分段采下的矿石分别从各分段的出矿巷道运出。分段矿房回采结束后，可立即回采本分段的矿柱并同时处理采空区。

⑤阶段矿房法。阶段矿房法是用深孔回采矿房的空场采矿法。根据落矿方式的不同又可分为水平深孔阶段矿房法和垂直深孔阶段矿房法。前者要求在矿房底部进行拉底，后者除拉底外，有的还需在矿房的全高开出垂直切割槽。

2）崩落采矿法。崩落采矿法是以崩落围岩来实现地压管理的采矿方法，即随着崩落矿石，强制（或自然）崩落围岩充填采空区，以控制和管理地压。主要包括单层崩落法、分层崩落法、分段崩落法、阶段崩落法。

①单层崩落法。单层崩落法主要用来开采顶板岩石不稳固、厚度一般小于3 m的缓倾斜矿层。将阶段矿层划分成矿块，矿块回采工作按矿体全厚沿走向推进。当回采工作面推进一定距离后，除保留回采工作所需的空间外，有计划地回收支柱并崩落采空区的顶板，用崩落顶板岩石充填采空区，以控制顶板压力。按工作面形式可分为长壁式崩落法、短壁式崩落法和进路式崩落法。

②分层崩落法。分层崩落法按分层由上向下回采矿块，每个分层矿石采出之后，上面覆盖的崩落岩石下移充填采矿区。分层回采是在人工假顶保护下进行的，将矿石与崩落岩石隔开，从而保证了矿石损失和贫化的最小化。

③有底柱分段崩落法。此法也称有底部结构的分段崩落法，其主要特征是：按分段逐个进行回采；在每个分段下部设有出矿专用的底部结构。分段回采由上向下逐步分段依次进行。该采矿方法又可分为水平深孔落矿有底柱分段崩落法与垂直深孔落矿有底柱分段崩落法。

④无底柱分段崩落法。无底柱分段崩落法中分段下部未设有专用出矿巷道所构成的底部结构；分段的凿岩、崩矿和出矿等工作均在回采巷道中进行。

⑤阶段崩落法。其基本特征是回采高度等于阶段全高。可分为阶段强制崩落法与阶段自然崩落法。阶段强制崩落法又可分为设有补偿空间的阶段强制崩落法和连续回采的阶段强制崩落法。

3）充填采矿法。随着回采工作面的推进，逐步用充填料充填采空区的采矿方法叫充填采矿法。有时还用支架与充填料相配合，以维护采空区。充填采空区的目的，主要是利用所形成的充填体进行地压管理，以控制围岩崩落和地表下沉，并为回采创造安全和便利的条件。有时还用来预防有自燃矿石的内因火灾。按矿块结构和回采工作面推进方向充填采矿法又可分为单层充填采矿法、上向分层充填采矿法、下向分层充填采矿法和分采充填采矿法。按采用的充填料和输出方式不同，又可分为干式充填采矿法、水力充填采矿法、胶结充填采矿法。

①单层充填采矿法。此法适用于缓倾斜薄矿体，在矿块倾斜全长的壁式回采面沿走向方向，一次按矿体全厚回采，随工作面的推进，有计划地用水力或胶结充填采空区，以控制顶板崩落。

②上向水平分层充填采矿法。此法一般将矿块划分为矿房和矿柱，第一步回采矿房，第二步回采矿柱。回采矿房时，自下向上水平分层进行，随着工作面向上推进，逐层充填采空区，并留出继续上采的工作空间。充填体维护两帮围岩，并作为上采的工作平台。崩落的矿石落在充填体的表面上，用机械方法将矿石运至溜井中。矿房采到最上面分层时，进行接顶充填。矿柱则在采完若干矿房或全阶段采空后，再进行回采。矿房的充填方法，可用干式充填、水力充填或胶结充填。

③上向倾斜分层充填采矿法。这种方法与上向水平分层充填法的区别是，用倾斜分层回采，在采场内矿石和充填料的搬动主要靠重力。这种方法只能用干式充填。

④下向分层充填采矿法。这种方法适用于开采矿石很不稳固或矿石和围岩均很不稳固，矿石品位很高或价值很高的有色金属或稀有金属矿体。这种采矿方法的实质是从上往下分层回采和逐层充填，每一分层的回采工作是在上一分层人工假顶的保护下进行。回采分层水平或与水平成4°~10°或10°~15°倾角。倾斜分层主要是为了充填直接顶，同时也有利于矿石运搬，但凿岩和支护作业不如水平分层方便。

⑤分采充填采矿法。当矿脉厚度小于0.3~0.4 m时，必须分别回采矿石和围岩，使采空区达到允许工作的最小高度（0.8~0.9 m），采下的矿石运出采场，而采掘的围岩充填采空区，为继续上采创造条件，这种采矿法就为分采充填法。

⑥方框支架充填采矿法。该方法主要用于矿体厚度较大，矿石和围岩极不稳固，矿体形态极其复杂，矿石贵重的薄矿脉开采。

（3）液体开采。又称特殊采矿法。是从天然卤水里、湖里、海洋里或地下水中提取有用的物质；将有用矿物加以溶解（或热水融化），再将溶液抽至地面后进行提取；用热水驱、气驱或燃烧，把矿物质从一个井孔驱至另一井孔中采出。大多数液体采矿是用钻井法进行的。

三、矿山安全技术规程和规范

1. 金属非金属矿山技术规程

目前，金属非金属矿山技术规程主要有《金属非金属矿山安全规程》、《尾矿库安全技术规程》、《排土场安全生产规则》等，适用于金属非金属矿山开采及附属设施的设计、建设和生产。

2. 煤矿安全规程、规范和规定

煤矿安全规程、规范主要有：

(1)《煤矿安全规程》；

(2)《地下矿山瓦斯抽放管理规范》；

(3)《防治煤与瓦斯突出细则》；

(4)《地下矿山防灭火规范》；

(5)《煤矿粉尘防治规范》。

3. 爆破安全规程

《爆破安全规程》（GB 6722—2003）规定了爆破作业、爆破施工和爆破器材的储存、运输、加工、检验与销毁的安全技术要求及其管理工作要求，适用于各种民用工程爆破和中国人民解放军、武装警察部队从事的非军事目的的工程爆破。《爆破安全规程》的内容包括：爆破作业的基本规定、各类爆破作业的安全规定、安全允许距离与环境影响评价和爆破器材的安全管理等几个部分的内容。

四、矿用爆破器材及安全管理

矿用爆破器材主要包括炸药和起爆器材。

1. 炸药

矿用炸药一般有硝酸铵类炸药、水胶炸药、硝化甘油炸药和乳胶炸药。其中硝酸铵类炸药是我国矿山最广泛使用的工业炸药。硝酸铵类炸药是以硝酸铵为主加有可燃剂或再加敏化剂（硝化甘油除外），可用雷管起爆的混合炸药。该炸药的特点是氧平衡接近于零，有毒气体产生量受到严格限制。硝酸铵炸药均为粉状，用纸包装加工成圆柱形药卷，外涂一层石蜡防水。硝酸铵炸药的储存期为 4 ~6 个月。

水胶炸药是硝酸甲胺的微小液滴分散在以硝酸盐为主的氧化剂水溶液中，经稠化、交联而制成的凝胶状含水炸药。水胶炸药具有抗水性能强、密度高、威力大、安全性好、生产工艺简单、使用方便等特点，无硝酸铵类炸药的主要缺点。

硝化甘油炸药是硝化甘油被可燃剂和（或）氧化剂等吸收后组成的混合炸药。其优点是威力高、耐水（可在水下爆破）、密度大、具有可塑性、爆炸稳定性高。缺点是会“老化”、“渗油”，机械敏度高，生产和使用安全度较差，价格昂贵，已经很少使用。

乳化炸药是通过乳化剂的作用，使以硝酸盐为主的氧化剂水溶液微滴均匀地分散在含有气泡或多孔性物质的油相连续介质中而形成的油包水型膏状含水炸药。

在有瓦斯或煤尘爆炸危险的煤地下矿山下工作面或工作地点应使用经主管部门批准，符合国家安全规程规定的煤矿许用炸药。

2. 起爆器材

起爆器材可分为起爆材料和传爆材料两大类。雷管是爆破工程的主要起爆材料，导火线、导爆管属于传爆材料，继爆管、导爆线既可起起爆作用，又可起传爆作用，是两者的综合。

（1）雷管。雷管由外界能激发，是能可靠地引起其后的起爆材料或各种工业炸药爆轰的起爆材料。雷管有火雷管与电雷管两种，使用导火索引爆的雷管称火雷管，用通电点火引爆的雷管称为电雷管。由于煤地下矿山下存在瓦斯和煤尘，因此，煤地下矿山下禁止使用明火起爆，只能采用电能激发的电雷管。

电雷管可以分成如下几种：激发后瞬时爆炸的称“瞬发电雷管”，隔一定时间爆炸的称“延期电雷管”。按延期间隔时间不同，延期电雷管又可以分为“秒延期电雷管”和“毫秒延期电雷管”。延期电雷管是为了提高爆破效果，加大自由面，使工作面各种炮眼的爆炸有一定的先后顺序。此外，还有抗静电性能的雷管，称“抗静电电雷管”。

（2）导火索。导火索又叫导火线，用于引爆火雷管。由于导火索点燃后，自身是一发火体，因此不能在有瓦斯或矿尘爆炸的场所使用，常用于非煤矿山。

（3）导爆索。导爆索又叫传爆线，是以副爆药为索心，以棉、麻、纤维等为被覆材料，能够传递爆轰波的索状起爆材料。导爆索可用来传递爆轰波并直接引爆炸药或与之相连的另一根导爆索。

（4）继爆管。继爆管是专门与导爆索配合使用的延期起爆器材，借助于继爆管的微差延期继爆作用与导爆索一起实现微差爆破。

（5）导爆管。导爆管是一种非电起爆器材，不能直接起爆炸药，只能传递爆轰波起爆雷管，由雷管引爆炸药。导爆管也不能用于有瓦斯或矿尘爆炸危险的作业场所。

3．爆破材料的安全管理

（1）爆破材料的储存。为防止爆破器材变质、自燃、爆炸、被盗以及有利于收发和管理，《爆破安全规程》规定，爆破器材必须存放在爆破器材库里。爆破器材库由专门存放爆破器材的主要建构筑物和爆破器材的发放、管理、防护和办公等辅助设施组成。爆破器材库按其作用及性质分总库、分库和发放站；按其服务年限分为永久性库和临时性库两大类；按其所处位置分为地面库、永久性硐室库和井下爆破器材库等。

（2）爆破材料的运输。爆破器材运输过程中的主要安全要求是防火、防震、防潮、防冻和防殉爆。爆破材料的运输包括地面运输到用户单位或爆破材料库，以及把爆破材料运输到爆破现场（包括井下运输）。地面运输爆破器材时，必须遵守《中华人民共和国民用爆炸物品管理条例》中有关规定。在井下运输要符合《爆破安全规程》的有关规定。

（3）井下爆破作业的安全要求。井下爆破作业必须使用符合国家标准或行业标准的爆破器材。凡从事爆破工作的人员，都必须经过培训，考试合格并持有合格证。爆破作业必须按爆破设计说明书或爆破说明书进行。禁止进行爆破器材加工和爆破作业的人员穿化纤衣服。

煤矿矿井进行爆破作业必须严格遵守《煤矿安全规程》的相关规定。

第二节　地下矿山灾害及防治技术

一、地下矿山通风技术

（一）地下矿山通风系统

1．地下矿山通风的目的

地下矿山通风的目的有两个：在正常生产时期，保证向地下矿山各用风地点输送足够数量的新鲜空气，用以稀释有毒有害气体，排除矿尘和保持良好的工作环境，确保地下矿山安全生产；在发生灾变时，能有效、及时地控制风向及风量，并与其他措施结合，防止灾害扩大。

2．地下矿山通风系统

地下矿山通风系统是向地下矿山各作业地点供给新鲜空气，排除污浊空气的通风网络、通风动力及其装置和通风控制设施（通风构筑物）的总称。

（1）通风方式。根据进风井和出风井的布置方式，地下矿山通风系统的类型可以分为中央式（中央并列式和中央分列式）、对角式（两翼对角式和分区对角式）和混合式3类。

（2）通风方法。根据主要通风机的工作方法，地下矿山通风方式分为抽出式、压入式和压抽混合式。

3．地下矿山漏风

地下矿山漏风是指通风系统中风流沿某些细小通道与回风巷或地面发生渗漏的短路现象。产生漏风的条件是有漏风通道并在其两端有压力差存在。地下矿山漏风按其地点可分为外部漏风和内部漏风，前者是指地表与井下之间的漏风，后者是指井下各处的漏风。

地下矿山漏风会造成动力的额外消耗；使地下矿山、采区和工作面的有效风量（送达用风地点的风量）减少，造成瓦斯积聚、气温升高等，影响生产和工人身体健康；大量的漏风会使通风系统稳定性降低，风流易紊乱，调风困难，易发生瓦斯事故；会使采空区、被压碎的煤柱和封闭区内的煤炭及可燃物发生氧化自燃，易发生火灾；当地表有塌陷区时，老窑裂隙的漏风会将采空区的有害气体带入井下，使井下环境条件恶化而威胁安全生产。

4．地下矿山反风

地下矿山反风是为防止灾害扩大和抢救人员的需要而采取的迅速倒转风流方向的措施。

（1）全矿性反风。全矿性反风是指井下各主要风道的风流全部反向的反风。

在地下矿山进风井、井底车场、主要进风大巷或中央石门发生火灾时常采用全矿性反风，避免火灾烟流进入人员密集的采掘工作面。《煤矿安全规程》规定：地下矿山主要通风机必须装有反风设施，并能在10 min内改变巷道中风流方向，当风流方向改变后主要风机的供给风量不应小于正常供风量的40%，每年应进行1次反风演习，反风设施至少每季度检查1次。地下矿山通风系统有较大变化时，应进行1次反风演习。

（2）局部反风。在采区内部发生灾害时，维持主要通风机正常运转，主要进风风道风向不变，利用风门开启或关闭造成采区内部风流反向的反风。

（二）地下矿山风量计算及通风参数测定

1．煤矿矿井风量计算

煤矿矿井风量按下列要求分别计算，并选取其中的最大值：

（1）按井下同时工作的最多人数计算，每人每分钟供风量不少于4 m^3；

（2）按采煤、掘进、硐室和其他地点实际需要风量的总和进行计算。各地点的实际需要风量，必须使该地点的风流中的瓦斯、二氧化碳、氢气和其他有害气体的浓度、风速以及温度、每人供风量符合《矿山安全规程》的有关规定。

2．金属非金属地下矿山风量计算

金属非金属地下矿山风量按下列要求分别计算，并选取其中的最大值：

（1）按井下同时工作的最多人数计算，每人每分钟供风量不少于4 m^3。

（2）按排尘风速计算。硐室型采场最低风速不小于0.15m/s，巷道型采场和掘进巷道不小于0.25m/s；电耙道和二次破碎硐室巷道不小于0.5m/s；箕斗硐室、破碎硐室等作业地点，可根据具体条件，在保证作业地点空气中有害物质的接触限值符合《工业场所有害因素职业接触限值》（GBZ 2－2007）的前提下，分别采用计算风量的排尘风速；

（3）有柴油设备运行的地下矿山，按同时作业机台数供风量4 m^3/kW·min计算。

3．通风参数测定

（1）压力。静压是单位体积空气具有的对外做功的机械能所呈现的压力，是风流质点热运动撞压器壁面而呈现的压力，包括绝对静压和相对静压。

位压是单位体积内空气在地球引力作用下，相对于某一基准面产生的重力位能所呈现的压力。水平巷道的风流流动无位压差；在非水平巷道，风流的位压差就是该区段垂直空气柱的重力压强。

动压是单位体积空气风流定向流动具有的动能所呈现的压力，又称为速压。风流动压通常用皮托管配合压差计测定。

全压是单位体积风流具有的（静）压能与动能所呈现的压力之和。

总机械能（总压力）是地下矿山风流在井巷某断面具有的（静）压能、位能和动能的总和。

（2）风速。风速的测定采用风表，风表一般分为高速风表（≥10 m/s）、中速风表（0.5～10 m/s）和微速风表（0.3～0.5 m/s）。

（三）地下矿山通风设备和通风构筑物

1．矿用通风设备

矿用通风设备中最主要的是通风机。通风机按其服务范围的不同，可分为主要通风机、辅助通风机、局部通风机；按通风机的构造和工作原理，可分为离心式通风机和轴流式通风机。

主要通风机是用于全地下矿山或地下矿山某一翼（区）的通风；辅助通风机是用于地下矿山通风网络内的某些分支风路中借以调节其风量、帮助主要通风机工作；局部通风机是用于地下矿山局部地点通风的，它产生的风压几乎全部用于克服它所连接的风筒阻力。

通风机工作基本参数是：风量、风压、效率和功率，它们共同表达通风机的规格和特性。通风机的合理选择是要求预计的工况点在 $H—Q$ 曲线的位置应满足两个条件：

（1）通风机工作时稳定性好，预计工况点的风压不超过 $H—Q$ 曲线驼峰点风压的90%，而且预计工况点更不能落在 $H—Q$ 曲线点以左的非稳定工作区段。

（2）通风机效率要高，最低不应低于60%。

2．通风构筑物

地下矿山通风建（构）筑物是地下矿山通风系统中的风流调控设施，用以保证风流按生产需要的线路流动。地下矿山通风建（构）筑物可分为两大类：一类是通过风流的构筑物，包括主要通风机风硐、反风装置、风桥、导风板、调节风窗和风障；另一类是遮断风流的构筑物，包括风墙和风门等。

（四）局部通风技术

利用局部通风机或主要通风机产生的风压对井下局部地点进行通风的方法称为局部通风。

1．局部通风方法

向井下局部地点进行通风的方法。按通风动力形式的不同，可分为局部通风机通风、地下矿山全风压通风和引射器通风，其中以局部通风机通风最为常用。

（1）局部通风机通风。局部通风机的常用通风方式有压入式、抽出式、压抽混合式。

1）压入式通风。局部通风机及其附属装置安装在距离掘进巷道口10 m以外的进风侧，将新鲜风流经风筒输送到掘进工作面，污风沿掘进巷道排出。

2）抽出式通风。局部通风机安装在距离掘进巷道口10 m以外的回风侧。新鲜风流沿巷道流入，污风通过风筒由局部通风机抽出。

3）混合式通风。混合式通风是压入式和抽出式两种通风方式的联合运用，其中压入式向工作面供新鲜风流，抽出式从工作面抽出污风，其布置方式取决于掘进工作面空气中污染物的空间分布和掘进、装载机的位置。

（2）地下矿山全风压通风。全风压通风是利用地下矿山主要通风机的风压，借助导风设施把新鲜空气引入掘进工作面。其通风量取决于可利用的风压和风路风阻。

（3）引射器通风。利用引射器产生的通风负压，通过风筒导风的通风方法称为引射器通风。引射器通风一般都采用压入式。

2．地下矿山局部通风的安全管理规定

（1）瓦斯喷出和煤（岩）与瓦斯（二氧化碳）突出煤层的掘进通风方式必须采用压入式。

（2）压入式局部通风机和启动装置，必须安装在进风巷道中，距掘进巷道回风口不得小于10 m。

（3）瓦斯喷出区域、高瓦斯地下矿山、煤（岩）与瓦斯（二氧化碳）突出地下矿山中，掘进工作面的局部通风机应采用三专（专用变压器、专用开关、专用线路）供电。

（4）严禁使用3台以上（含3台）的局部通风机同时向1个掘进工作面供风。不得使用1台局部通风机同时向2个掘进工作面供风。

(5) 恢复通风前，必须检查瓦斯。只有在局部通风机及其开关附近10 m以内风流中的瓦斯浓度都不超过0.5%时，方可人工开启局部通风机。

(五) 地下矿山通风系统参数测定

1. 风速测定

(1) 用风表测定风速。常用风表有杯式和翼式两种。

(2) 用热电式风速仪和皮托管压差计测定风速。热电式风速仪分热线和热球式两种，热电式风速仪操作比较方便，但现有的热电式风速仪易于损坏，灰尘和湿度对它都有一定的影响，有待进一步改进以便在矿山广泛使用。

(3) 对很低的风速或者鉴别通风构筑物漏风时，可以采用烟雾法或嗅味法近似测定空气移动速度。

(4) 利用风速传感器测定。常用的风速传感器有：超声波涡街式风速传感器、超声波时差法风速传感器、热效式风速传感器等。

2. 地下矿山通风阻力的测定

地下矿山通风阻力测定的方法一般有以下3种：精密压差计和皮托管的测定法、恒温压差计的测定法和空盒气压计的测定法。

3. 一氧化碳检测

一氧化碳是剧毒性气体，吸入人体后，造成人体组织和细胞缺氧，引起中毒窒息。火灾、瓦斯和煤尘爆炸及爆破作业时都将产生大量的一氧化碳。为了矿工的身体健康，《煤矿安全规程》规定，井下作业场所的一氧化碳浓度应控制在0.0024%以下。矿山常用的一氧化碳检测仪器有电化学式、红外线吸收式、催化氧化式等。

4. 氧气检测

矿山安全规程对地下矿山氧气含量有严格规定。检测氧气常用的方法主要有气相色谱法、电化学法和顺磁法。其中气相色谱仪一般安装在地面，通过人工取样分析地下矿山气体成分浓度。

5. 温度检测

常用的温度传感器有热电偶、热电阻、热敏电阻、半导体PN结、半导体红外热辐射探测器、热噪声、光纤等。热电偶、热电阻原理在工业（地面）上早已得到广泛应用；半导体PN结原理在 -100℃ ~ 6 100℃范围内的应用也很成功。

二、瓦斯及其防治技术

(一) 瓦斯性质及瓦斯参数测定

1. 瓦斯性质

瓦斯是指地下矿山中主要由煤层气构成的以甲烷为主的有害气体，有时单独指甲烷。瓦斯是一种无色、无味、无臭、可以燃烧或爆炸的气体，难溶于水，扩散性较空气高。瓦斯无毒，但浓度很高时，会引起窒息。

2. 煤层瓦斯赋存状态

瓦斯在煤层中的赋存形式主要有两种状态：在渗透空间内的瓦斯主要呈自由气态，称为游离瓦斯或自由瓦斯，这种状态的瓦斯服从理想气体状态方程；另一种称为吸附瓦斯，它主要吸附在煤的微孔表面上和在煤的微粒内部，占据着煤分子结构的空位或煤分子之间的空间。实测表明，在目前开采深度下（1 000 ~2 000 m 以内）煤层吸附瓦斯量占 70% ~95%，而游离瓦斯量占 5% ~30%。

3．煤层瓦斯含量及测定

煤层瓦斯含量是指单位质量煤体中所含瓦斯的体积，单位为 m^3/t。煤层瓦斯含量是确定矿井瓦斯涌出量的基础数据，是地下矿山通风及瓦斯抽放设计的重要参数。煤层在天然条件下，未受采动影响时的瓦斯含量称原始含量；受采动影响，已有部分瓦斯排出后而剩余在煤层中的瓦斯量，称残存瓦斯含量。

影响煤层原始瓦斯含量的因素很多，主要有：煤化程度、煤层赋存条件、围岩性质、地质构造、水文地质条件等。

煤层瓦斯含量测定方法目前主要有地勘钻孔测定法、实验室间接测定法和井下快速直接测定法 3 种。

4．煤层瓦斯压力及测定方法

煤层瓦斯压力是存在于煤层孔隙中的游离瓦斯分子热运动对煤壁所表现的作用力。煤层瓦斯压力是用间接法计算瓦斯含量的基础参数，也是衡量煤层瓦斯突出危险性的重要指标。测定方法主要有直接测定法和间接测压法。

（二）矿井瓦斯涌出及瓦斯等级

1．矿井瓦斯涌出的形式

开采煤层时，煤体受到破坏或采动影响，储存在煤体内的部分瓦斯就会离开煤体而涌入采掘空间，这种现象称为瓦斯涌出。矿井瓦斯涌出形式可分普通涌出和特殊涌出两种。

2．矿井瓦斯涌出量及主要因素

矿井瓦斯涌出量是指开采过程中正常涌入采掘空间的瓦斯数量，瓦斯涌出量的表示方法有两种：绝对瓦斯涌出量，即单位时间涌入采掘空间的瓦斯量，单位为 m^3/min；相对瓦斯涌出量，即单位质量的煤所放出的瓦斯数量，单位为 m^3/t。

影响矿井瓦斯涌出量的因素主要有煤层瓦斯含量、开采规模、开采程序、采煤方法与顶板管理方法、生产工序、地面大气压力的变化、通风方式和采空区管理方法等。

3．矿井瓦斯等级及其鉴定

《煤矿安全规程》规定，一个矿井山中只要有一个煤（岩）层发现瓦斯，该矿井即为瓦斯矿井。瓦斯矿井必须依照地矿井瓦斯等级进行管理。

根据矿井相对瓦斯涌出量、矿井绝对瓦斯涌出量和瓦斯涌出形式矿井划分为：低瓦斯矿井、高瓦斯矿井和煤（岩）与瓦斯（二氧化碳）突出矿井。

低瓦斯矿井：矿井相对瓦斯涌出量小于或等于 10 m^3/t 且矿井绝对瓦斯涌出量小于或等于 40 m^3/min。

高瓦斯矿井：矿井相对瓦斯涌出量大于 10 m^3/t 或矿井绝对瓦斯涌出量大于 40 m^3/min。

煤（岩）与瓦斯（二氧化碳）突出矿井：矿井在采掘过程中，只要发生过一次煤（岩）与瓦斯（二氧化碳）突出，该矿井即定为煤（岩）与瓦斯（二氧化碳）突出矿井。

《煤矿安全规程》规定：每年必须对矿井进行瓦斯等级和二氧化碳涌出量鉴定。

（三）瓦斯喷出及预防

1. 瓦斯喷出

地下矿山瓦斯喷出是指从煤体或岩体裂隙、孔洞或炮眼中大量瓦斯异常涌出的现象。在20 m巷道范围内，涌出瓦斯量大于或等于1.0 m^3/min，且持续时间在8 h以上时，该采掘区域即定为瓦斯喷出危险区域。

瓦斯喷出的预兆：矿压活动显现激烈，煤壁片帮严重、底板突然鼓起、支架承载力加大甚至破坏，煤层变软、潮湿等。

2. 瓦斯喷出的预防

（1）加强地下矿山地质工作，摸清采掘地区的地质构造情况；

（2）在可能发生喷出的地区掘进巷道时，打前探钻孔或抽排钻孔；

（3）加大喷出危险区域的风量；

（4）将喷出的瓦斯直接引入回风巷或抽放瓦斯管路；

（5）掌握喷出的预兆，及时撤离工作人员，并配备自救器，安设压气自救系统；

（6）掌握矿压规律，避免矿压集中，及时处理顶板，以防大面积突然卸压造成瓦斯喷出。

（四）煤（岩）与瓦斯（二氧化碳）突出及预防

煤（岩）与瓦斯（二氧化碳）突出是指在地应力和瓦斯的共同作用下，破碎的煤（岩）和瓦斯（二氧化碳）由煤体或岩体内突然向采掘空间抛出的异常动力现象。煤（岩）与瓦斯（二氧化碳）突出具有突发性、极大破坏性和瞬间携带大量瓦斯（二氧化碳）和煤（岩）冲出等特点，能摧毁井巷设施、破坏通风系统、造成人员窒息，甚至引起瓦斯爆炸和火灾事故，是煤矿最严重的灾害之一。

煤（岩）与瓦斯（二氧化碳）突出的机理有许多种假设，但基本公认的是综合假说，即：煤（岩）与瓦斯（二氧化碳）突出是由地应力、瓦斯和煤的物理力学性质三者综合作用的结果。

1. 煤（岩）与瓦斯（二氧化碳）突出的一般规律

（1）突出危险性随采掘深度的增加而增加；

（2）突出危险性随煤层厚度的增加而增加，尤其是软分层厚度；

（3）石门揭煤工作面平均突出强度最大，煤巷掘进工作面突出次数最多，爆破作业最易引发突出，采煤工作面突出防治技术难度最大；

（4）突出多数发生在构造带、煤层遭受严重破坏的地带、煤层产状发生显著变化的地带、煤层硬度系数小于0.5的软煤层中；

（5）突出发生前通常有地层微破坏、瓦斯涌出变化、煤层层理紊乱、钻孔卡钻夹钻、煤壁温度降低、散发煤油气味、煤层产状发生变化等预兆；

（6）突出按动力源作用特征可分为3种类型：突出、压出和倾出；按突出物分类可分为4种类型：煤与瓦斯突出、煤与二氧化碳突出、岩石与瓦斯突出、岩石与二氧化碳突出。

2. 煤（岩）与瓦斯（二氧化碳）突出预测

我国煤（岩）与瓦斯（二氧化碳）突出预测分为区域性预测和工作面预测两类。

（1）区域性预测。区域性预测的任务是确定井田、煤层和煤层区域的危险性，在地质勘探、新井建设和新水平开拓时进行。区域性预测主要有如下几种方法：

1）单项指标法。采用煤的破坏类型、瓦斯放散初速度、煤的坚固性系数和煤层瓦斯压力作为预测指标，各种指标的突出危险临界值应根据实测资料确定。

2）按照煤的变质程度。煤层的突出危险程度与其挥发分之间是密切相关的：在烟煤的挥发分大于35%和无烟煤的比电阻的对数值小于3.3时，没有突出危险；而挥发分在18%～22%时突出危险最高。

3）地质统计法。根据已开采区域突出点分布与地质构造的关系，然后结合未采区域的地质构造条件来大致预测突出可能发生的范围。

（2）日常预测。日常预测也称工作面预测，其任务是确定工作面附近煤体的突出危险性，即该工作面继续向前推进时有无突出危险。

1）石门揭煤突出危险性预测。石门揭煤突出危险性预测的方法主要有：

①综合指标法。在石门向煤层至少打2个测压孔，测定煤层瓦斯压力，并在打钻过程中采样，测定煤的坚固性系数和瓦斯放散初速度，按综合指标进行预测。

②钻屑指标法。在距煤层最小垂距3～5 m时至少向煤层打2个预测钻孔，用1～3 mm的筛子冲洗液中的钻屑，测定其瓦斯解吸指标。钻屑瓦斯解吸指标的临界值应根据现场实测数据确定。

③钻孔瓦斯涌出初速度结合瓦斯涌出衰减系数。当石门距煤层3 m以外时，至少打2个穿透煤层全厚的预测钻孔，打钻结束后马上用充气式胶囊封孔器封孔，充气压力0.5 MPa。打钻结束到开始测量的时间不应超过5 min。封孔后先测第1 min的瓦斯涌出初速度，第2 min测定解吸瓦斯压力，如果瓦斯涌出初速度超过预定的工作指标，还须测定第5 min的钻孔涌出速度，以便算出瓦斯涌出衰减系数。

2）煤巷突出危险性预测。煤巷突出危险性预测的方法主要有：

①钻孔瓦斯涌出初速度法。在距巷道两帮0.5 m处，各打一个平行于巷道掘进方向的钻孔，用充气式胶囊封孔器封孔，测定钻孔瓦斯涌出初速度，从打钻结束到开始测量的时间不应超过2 min。

②钻屑指标法。在工作面打2个或3个钻孔。钻孔每打1 m测定一次钻屑量，每打2 m测一次钻屑解吸指标。根据每个钻孔沿孔深每米的最大钻屑量和钻屑解吸指标预测工作面突出危险性。

3. 防治煤（岩）与瓦斯（二氧化碳）突出的措施

（1）防治突出的技术措施。防治突出的技术措施主要分为区域性措施和局部性措施两大类。区域性措施是针对大面积范围消除突出危险性的措施，局部性措施主要在采掘工作面执行，针对采掘工作面前方煤岩体一定范围消除突出危险性的措施。目前区域性措施主要有3种，即预留开采保护层、大面积瓦斯预抽放、控制预裂爆破；局部性措施有许多种，如卸压排放钻孔、深孔或浅孔松动爆破、卸压槽、固化剂、水力冲孔等。

（2）“四位一体”综合防治突出措施。所谓“四位一体”综合防治突出措施，就是说首先应对开采煤层及其对开采煤层构成影响的邻近煤层进行突出危险性预测。对确认的突出危险区域，应采取区域性防治突出技术措施，对确认的突出危险工作面，必须采取防治突出技术措施。在采取防治突出技术措施后，必须对防治突出技术措施和消除突出危险性的效果进行检验，如果检验有效，在采取安全防护措施的前提下进行采掘作业；如果检验无效，必须补充防治突出技术措施，直至再次检验为有效时方可在采取安全防护措施前提下进行采掘作业。否则，必须继续补充技术措施。

（3）安全防护措施。安全防护措施是控制突出危害程度的措施，也就是说即使发生突出，也要使突出强度降低，对现场人员进行保护不致危及人身安全。如震动性放炮、远距离放炮、反向防突风门、压风自救器、个体自救器等。

（五）瓦斯爆炸及预防

瓦斯不助燃，但它与空气混合达一定浓度后，遇火能燃烧、爆炸。瓦斯爆炸时会产生3个致命的因素：爆炸火焰、爆炸冲击波和有毒有害气体。瓦斯爆炸不仅造成大量的人员伤亡，而且还会严重摧毁地下矿山设施、中断生产。瓦斯爆炸往往引起煤尘爆炸、火灾、井巷坍塌和顶板冒落等二次灾害。

1. 瓦斯爆炸的条件

引起瓦斯燃烧与爆炸必须具备3个条件：一定浓度的甲烷、一定能量的引火源和足够的氧气。

2. 预防瓦斯爆炸技术措施

预防瓦斯爆炸技术措施包括4个方面：

（1）防止瓦斯积聚和超限；

（2）严格执行瓦斯检查制度；

（3）防止瓦斯引燃的措施；

（4）防止瓦斯爆炸灾害扩大的措施。

（六）瓦斯抽放

1. 瓦斯抽放方法

瓦斯抽放系统主要由瓦斯抽放泵、瓦斯抽放管路（带阀门）、瓦斯抽放钻孔或巷道、钻孔或巷道密封等组成。

根据抽放瓦斯的来源，瓦斯抽放可以分为：本煤层瓦斯预抽、邻近层瓦斯抽放、采空区瓦斯抽放以及几种方法的综合抽放。

2. 瓦斯抽放指标

（1）反映瓦斯抽放难易程度的指标：煤层透气性系数、钻孔瓦斯流量衰减系数、百米钻孔瓦斯涌出量。

（2）反映瓦斯抽放效果的指标：瓦斯抽放量、瓦斯抽放率。

3. 瓦斯抽放主要设备设施

（1）瓦斯抽放泵。瓦斯抽放泵是进行瓦斯抽放最主要的设备。

（2）瓦斯抽放管路。瓦斯抽放管路是进行瓦斯抽放必备也是使用量最大的材料。

（3）瓦斯抽放施工用钻机。绝大多数的瓦斯抽放工程都需要利用钻孔进行瓦斯抽放，因此，钻机是进行瓦斯抽放的地下矿山使用最多的设备。

（4）瓦斯抽放参数测定仪表。煤矿瓦斯流量测定仪表主要有孔板流量计、均速管流量计、皮托管、涡街流量计等。

(5) 瓦斯抽放钻孔的密封。封孔是确保抽放效果的重要环节，采用先进的封孔技术和加强封孔的日常施工管理，是提高封孔质量的主要途径。

(七) 瓦斯检测

瓦斯检测实际上是指甲烷检测，主要检测甲烷在空气中的体积浓度。地下矿山瓦斯检测方法有实验室取样分析法和井下直接测量法两种。使用便携式瓦斯检测报警仪，可随时检测作业场所的瓦斯浓度，也可使用瓦斯传感器连续实时地监测瓦斯浓度。

煤矿常用的瓦斯检测仪器，按检测原理分类有：光学式、催化燃烧式、热导式、气敏半导体式等，可以根据使用场所、测量范围和测量精度等要求，选择不同检测原理的瓦斯检测仪器。

1. 光干涉瓦斯检定器

光干涉瓦斯检定器主要用于检测甲烷和二氧化碳，检测范围为：0～10%、0～40%和0～100%。

2. 热催化瓦斯检测报警仪

热催化瓦斯检测报警仪主要检测低浓度甲烷，检测范围0～5%。

3. 智能式瓦斯检测记录仪

主要检测甲烷浓度，以单片机为核心，以载体催化元件及热导元件为敏感元件，用载体催化元件检测低浓度甲烷、热导元件检测高浓度甲烷，实现0～99% CH_4的全量程测量，并能自动修正误差。

4. 瓦斯、氧气双参数检测仪

瓦斯、氧气双参数检测仪装有检测甲烷和氧气两种敏感元件，同时连续检测甲烷和氧气浓度。最新研制出四参数检测仪，同时测定甲烷、氧气、一氧化碳和温度。一氧化碳测量范围：0～0.0999%；甲烷测量范围：0～4%；氧气检测范围：0～25%；温度检测范围：0～40℃。

5. 瓦斯报警矿灯

在矿灯上附加一瓦斯报警电路，即为瓦斯报警矿灯。仪器以矿灯蓄电池为电源，具有照明和瓦斯超限报警两种功能。现有数十种不同结构形式的产品，从报警电路的部位看，早期产品将电路装于蓄电池内，近期产品则将电路置于头灯或矿帽上。有的装在矿帽前方，有的装在矿帽后部，还有装在矿帽两侧的。一氧化碳检测报警仪，能连续或点测作业环境的一氧化碳浓度，仪器开机即可检测，检测范围：0～0.2%。

(八) 瓦斯、煤尘事故的救护及处理

1. 瓦斯煤尘爆炸事故

发生瓦斯煤尘爆炸事故时，矿山救护队的主要任务是：

(1) 抢救遇险人员；

(2) 对充满爆炸烟气的巷道恢复通风；

(3) 抢救人员时清理堵塞物；

(4) 扑灭因爆炸而产生的火灾。

首先到达事故地下矿山的小队应对灾区进行全面侦察，查清遇险遇难人员数量、地点、倒地方向和姿势，遇险遇难人员伤害类型、部位和程度，并进行现场描述，发现幸存者立即佩戴自救器救出灾区，发现火源要立即扑灭。

2. 煤（岩）与瓦斯（二氧化碳）突出事故的救护及处理

（1）一般原则。发生煤与瓦斯突出事故时，矿山救护队的主要任务是抢救人员和对充满瓦斯的巷道进行通风。

救护队进入灾区侦察时，应查清遇险遇难人员数量、地点、倒地方向和姿势，遇险遇难人员伤害类型、部位和程度，并进行现场描述。

（2）抢救遇险人员方法。采掘工作面发生煤与瓦斯突出事故后，首先到达事故地下矿山的矿山救护队，应派 1 个小队从回风侧，另 1 个小队从进风侧进入事故地点救人。仅有 1 个小队时，如突出事故发生在采煤工作面，应从回风侧进入救人。救护队进入灾区前，应携带足够数量的隔绝式自救器或全面罩氧气呼吸器，以供遇险人员佩戴。

侦察中发现遇险人员应及时抢救，为其佩戴隔绝式自救器或全面罩氧气呼吸器，引导出灾区。对于被突出煤炭堵在里面的人员，应利用压风管路、打钻等输送新鲜空气救人，并组织力量清除阻塞物。如不易清除，可开掘绕道，救出人员。

（3）救护措施

1）发生煤与瓦斯突出事故，不得停风和反风，防止风流紊乱扩大灾情。如果通风系统及设施被破坏，应设置风障、临时风门及安装局部通风机恢复通风。

2）发生煤与瓦斯突出事故时，要根据井下实际情况加强通风，特别要加强电气设备处的通风，做到运行的设备不停电，停运的设备不送电，防止产生火花引起爆炸。

3）瓦斯突出引起火灾时，要采用综合灭火或惰气灭火。

4）小队在处理突出事故时，检查矿灯，要设专人定时定点用 100% 瓦斯测定器检查瓦斯浓度，设立安全岗哨。

5）处理岩石与二氧化碳突出事故时，除严格执行处理煤与瓦斯突出事故各项规定外，还必须对灾区加大风量，迅速抢救遇险人员。矿山救护队进入灾区时，要戴好防护眼镜。

三、矿（地）压灾害及防治技术

（一）矿（地）压灾害的概念及成因

1. 矿（地）压的概念

在矿体没有开采之前，岩体处于平衡状态。当矿体开采后，形成了地下空间，破坏了岩体的原始应力，引起岩体应力重新分布，并一直延续到岩体内形成新的平衡为止。在应力重新分布过程中，使围岩产生变形、移动、破坏，从而对工作面、巷道及围岩产生压力。通常把由开采过程而引起的岩移运动对支架围岩所产生的作用力，称为矿（地）压。

在矿（地）压作用下所引起的一系列力学现象，如顶板下沉和垮落、底板鼓起、片帮、支架变形和损坏、充填物下沉压缩、煤岩层和地表移动、露天矿边坡滑移、冲击地压、煤与瓦斯突出等现象，均称之为矿（地）压显现。因此，矿（地）压显现是矿（地）

压作用的结果和外部表现。

矿（地）压灾害的常见类型主要有采掘工作面或巷道的冒顶片帮、采场（采空区）顶板大范围垮落和冲击地压（岩爆）。

2. 矿（地）压灾害的成因

（1）在采矿生产活动中，采掘工作面或巷道的冒顶片帮、采场（采空区）顶板大范围垮落是最常见的事故，主要原因有：

1）采矿方法不合理和顶板管理不善。采矿方法不合理，采掘顺序、凿岩爆破、支架放顶等作业不妥当，是导致这类事故发生的重要原因。

2）缺乏有效支护。支护方式不当、不及时支护或缺少支架、支护强度不足是造成此类事故的另一重要原因。

3）检查不周和疏忽大意。在顶板事故中，很多事故都是由于事先缺乏认真、全面的检查，疏忽大意，没有认真执行“敲帮问顶”制度等原因造成的。

4）地质条件不好。断层、褶曲等地质构造形成破碎带，或者由于节理、层理发育，破坏了顶板的稳定性，容易发生顶板事故。

5）地压活动。地压活动也是顶板事故的一个重要原因。

6）其他原因。不遵守操作规程、发现问题不及时处理、工作面作业循环不正规、爆破崩倒支架等都容易引起顶板事故。

（二）矿（地）压灾害防治技术

防治采掘工作面或巷道的冒顶片帮、采场（采空区）顶板大范围垮落事故的发生，必须严格遵守安全技术规程，从多方面采取综合预防措施。

1. 井巷支护及维护

井巷支护是掘进工作面和井巷防治地压灾害事故的主要技术手段。井巷支护的方式主要有以下几种：

（1）锚杆支护与锚喷支护

1）锚杆支护。锚杆支护是单独采用锚杆的支护。掘进后即向巷道围岩钻孔，然后在孔中安装锚杆，目的是使锚杆与围岩共同作用进行巷道支护。锚杆支护的作用机理有多种：悬吊作用、组合梁作用及挤压连接、加固拱作用和松动圈支护理论等。

2）锚喷支护。锚喷支护又称喷锚支护，是联合使用锚杆和喷射混凝土或喷浆的支护。从广义上讲可以将除锚杆支护以外的其他与锚杆联合的支护形式都纳入此范围。如喷浆支护、喷混凝土支护、锚网支护、锚喷网支护、锚梁网（喷）支护以及锚索支护等。

（2）混凝土及钢筋混凝土支护。混凝土支护是用预制混凝土块或浇筑混凝土砌筑的支架所进行的支护。钢筋混凝土支护是用预制的钢筋混凝土构件或浇筑的钢筋混凝土砌筑的支架所进行的支护。这两种支护是立井井筒、运输大巷及井底车场所采用的主要支护方式。

（3）棚状支架支护。根据材质的不同，棚状支架支护可以分为木支架支护和金属支架支护。

2. 采场地压事故防治技术

（1）煤矿采场矿山压力控制方法。煤矿采场矿山压力控制主要根据直接顶稳定性和老顶来压强度来选择合理支护方式和支护强度。

直接顶是指直接位于煤层之上的易垮落岩层。煤矿直接顶稳定性分类主要以直接顶初次垮落步距为主要指标，将直接顶分为不稳定、中等稳定、稳定和非常稳定4类。老顶是位于直接顶之上较硬或较厚的岩层。老顶压力显现分为4级，即老顶来压不明显、来压明显、来压强烈和来压极强烈。

回采工作面支架主要有单体摩擦式金属支柱、单体液压支柱和液压自移支架等几种，少数地下矿山也还使用木支柱。

（2）金属非金属矿山采场地压控制方法。选择合理的采矿方法，制定具体的安全技术操作规程，建立正常的生产和作业制度，是防治顶板事故的重要措施。

1）空场采矿法地压控制。空场采矿法藉矿柱控制采场顶板和围岩的暴露面积。根据矿岩的强度，采取合适的矿房和矿柱尺寸，以维护采场的稳定。有时为了提高矿岩的承载能力，除留矿柱外，还可采取木支柱、锚杆支护等辅助性措施，以保证回采工作的安全。

2）充填采矿法地压控制。充填采矿法在回采矿石的同时，用充填材料充填回采空间，实现采场地压控制。充填体限制围岩的位移和变形，减缓围岩移动的危害和降低地表下沉的程度；充填体使矿柱由单向或双向受力状态变为三向受力状态，从而提高了矿柱的强度；回采空间充填后，能降低蓄积在围岩中的弹性应变能，从而提高了地下结构抵抗动荷的能力。

3）崩落采矿法地压控制。随着回采工作面向前推进，顶板岩层中压力波亦向前移动。在回采工作面前后方顶板岩层中形成应力降低区、应力升高区和原始应力区。顶板岩层强度越大，开采深度越深，其应力峰值越高。

采用单层崩落法采矿时，为使工作面附近有一个安全地段，应根据顶板岩石的力学性质，合理确定最大悬顶距。为保证回采工作安全，使作用在工作面上方的压力值较小，必须随回采工作面的进行，工作面向前推进一定距离，在控顶距处架设密集切顶立柱，进行放顶。

采用无底柱分段崩落法采矿时，为维持回采进路良好的稳定性，必须掌握回采进路周围岩体中的应力分布，回采顺序对进路的影响，以便采取相应的维护措施。采用有底柱崩落采矿法的地压控制问题，主要是维护出矿巷道的稳定性。

3．搞好地质调查工作

对于采掘工作面经过区域的地质构造必须调查清楚，通过地质构造带时要采取可靠的安全技术措施。

4．坚持正规循环作业，严格顶板监测制度

顶板事故可以采用简易的方法和仪器进行检查与观测，常用的简易方法有木楔法、标记法、听音判断法、震动法等。还可以采用顶板报警仪、机械测力计、钢弦测压仪、地音仪等观测顶板及地压活动。

5．冲击地压（岩爆）预防技术

（1）冲击地压（岩爆）现象及特点。冲击地压（岩爆）是井卷或工作面周围岩体，由于弹性变形能的瞬时释放而产生的一种以突然、急剧、猛烈的破坏为特征的动力现象。

根据原岩（煤）体应力状态不同，冲击地压（岩爆）可分为3类：重力型冲击地压、构造应力型冲击地压、中间型或重力—构造型冲击地压。

冲击地压（岩爆）的特点：

1）一般没有明显的预兆，难于事先确定发生的时间、地点和冲击强度；

2）发生过程短暂，伴随巨大声响和强烈震动；

3）破坏性很大，有时出现人员伤亡。

（2）冲击地压（岩爆）的预测方法

目前，冲击地压（岩爆）的预测方法主要有以下几种：

1）钻屑法。钻屑法是通过在煤体中打小直径（42～50 mm）钻孔，根据排出的煤粉量及其变化规律以及钻孔过程中的动力现象鉴别冲击危险的一种方法，目前在我国应用较普遍。钻屑法是我国《煤矿安全规程》规定采用的冲击危险程度监测和解危措施效果检验的主要方法。

2）声发射和微震监测方法。声发射监测的过程主要是对冲击地压前兆信息的统计，冲击危险的判别依据是能率、事件频度及其变化规律，单个声发射事件的幅度、延续时间、频率等参数作为判别冲击危险的参考指标。

3）综合指数法。综合指数法是在进行采掘工作前，首先分析影响冲击地压发生的主要地质和开采技术因素，在此基础上确定各个因素对冲击地压的影响程度及其冲击危险指数，然后综合评定冲击地压危险状态的一种区域预测方法。

（3）冲击地压（岩爆）的防治措施。根据发生冲击地压的成因和机理，防治措施分为两大类：一类是防范措施；另一类是解危措施。

1）防范措施。防范措施主要包括：预留开采保护层；尽量少留煤柱和避免孤岛开采；尽量将主要巷道和硐室布置在底板岩层中；回采巷道采用大断面掘进；尽可能避免巷道多处交叉；加强顶板控制；确定合理的开采程序；煤层预注水，以降低煤体的弹性和强度等。

2）解危措施。冲击地压（岩爆）解危措施包括卸载钻孔、卸载爆破、诱发爆破和煤层高压注水等。

（三）地下矿山冒顶事故的救护及处理

1．一般原则

（1）地下矿山发生冒顶事故后，矿山救护队的主要任务是抢救遇险人员和恢复通风。

（2）在处理冒顶事故之前，矿山救护队应向事故附近地区工作的干部和工人了解事故发生原因、冒顶地区顶板特性、事故前人员分布位置、瓦斯浓度等，并实地查看周围支架和顶板情况，必要时加固附近支架，保证退路安全畅通。

（3）抢救人员时，可用呼喊、敲击的方法听取回击声，或用声响接收式和无线电波接收式寻人仪等装置，判断遇险人员的位置，与遇险人员保持联系，鼓励他们配合抢救工作。对于被堵人员，应在支护好顶板的情况下，用掘小巷、绕道通过冒落区或使用矿山救护轻便支架穿越冒落区接近他们。

（4）处理冒顶事故的过程中，矿山救护队始终要有专人检查瓦斯和观察顶板情况，发现异常，立即撤出人员。

(5) 清理堵塞物时，使用工具要小心，防止伤害遇险人员；遇有大块矸石、木柱、金属网、铁架、铁柱等物压人时，可使用千斤顶、液压起重器、液压剪刀等工具进行处理，绝不可用镐刨、锤砸等方法扒人或破岩。

(6) 抢救出的遇险人员，要用毯子保温，并迅速运至安全地点进行创伤检查，在现场开展输氧和人工呼吸、止血、包扎等急救处理，危重伤员要尽快送医院治疗。对长期困在井下的人员，不要用灯光照射眼睛，饮食要由医生决定。

2. 抢救遇险人员方法

(1) 顶板冒落范围不大时，如果遇难人员被大块矸石压住，可采用千斤顶、撬棍等工具把大块岩石顶起，将人迅速救出。

(2) 顶板沿煤壁冒落，矸石块度比较破碎，遇难人员又靠近煤壁位置时，可采用沿煤壁方向掏小洞，架设临时支架维护顶板，边支护边掏洞，直到救出遇难人员。

(3) 如果遇难者位置靠近放顶区，可采用沿放顶区方向掏小洞，架设临时支架，背帮背顶，或用前探棚边支护边掏洞，把遇难人员救出。

(4) 冒落范围较小，矸石块度小，比较破碎，并且继续下落，矸石扒一点、漏一些。在这种情况下处理冒顶和抢救人员时，可采用撞楔法处理，以控制顶板。

(5) 分层开采的工作面发生事故，底板是煤层，遇难人员位于金属网或荆笆假顶下面时，可沿底板煤层掏小洞，边支护边掏洞，接近遇难者后将其救出；如果底板是岩石，遇难者位于金属网或荆笆假顶下面时，可沿煤壁掏小洞，寻找和救出遇难人员。

(6) 冒落范围很大，遇难者位于冒落工作面的中间时，可采用掏小洞和撞楔法处理。当时间长不安全时，也可采取另掘开切眼的方法处理，边掘进边支护。

(7) 如果工作面两端冒落，把人堵在工作面内，采用掏小洞和撞楔法穿不过去，可采取另掘巷道的方法，绕过冒落区或危险区将遇难人员救出。

3. 冒顶事故的处理方法

(1) 局部小冒顶的处理。回采工作面发生冒顶的范围小，顶板没有冒实，而顶板矸石已暂时停止下落，这种局部小冒顶比较容易处理。一般采取掏梁窝、探大梁，使用单腿棚或悬挂金属顶梁处理。

(2) 局部冒顶范围较大的处理。一种是伪顶冒落直接顶未落，一般采取从冒顶两端向中间进行探梁处理；另一种是直接顶冒落，而且冒落区不停地沿煤壁空隙往下淌碎矸石，一般采取打撞楔的办法处理。

(3) 大冒顶的处理。缓倾斜薄煤层和中厚煤层，尤其是中厚煤层处理工作面大冒顶的方法基本上有两种，一是恢复工作面的方法，二是另掘开切眼或局部另掘开切眼的方法。

四、矿山火灾及防治技术

(一) *矿山火灾的分类和特点*

凡是发生在矿山地下采场或地面而威胁到井下安全生产，造成损失的非控制燃烧均称为矿山火灾。矿山火灾的发生具有严重的危害性，可能造成人员伤亡、矿山生产接续紧张、巨大的经济损失、严重的环境污染等。

根据引火源的不同，矿山火灾可分为外因火灾和内因火灾两大类。外因火灾是指由于外来热源，如明火、爆破、瓦斯煤尘爆炸、机械摩擦、电路短路等原因造成的火灾。外因火灾的特点是突然发生，来势凶猛，如不能及时发现，往往可能酿成恶性事故。内因火灾是指煤（岩）层或含硫矿场在一定的条件和环境下自身发生物理化学变化积聚热量导致着火而形成的火灾。内因火灾的特点是发生过程比较长，而且有预兆，易于早期发现，但很难找到火源中心的准确位置，扑灭比较困难。

（二）地下矿山内因火灾防治技术

1．煤炭自燃倾向性

煤炭自燃倾向性是煤的一种自然属性，它取决于煤在常温下的氧化能力，是煤层发生自燃的基本条件。煤的自燃倾向性分为容易自燃、自燃、不易自燃3类。

《煤矿安全规程》规定，新建地下矿山的所有煤层必须由国家授权单位进行自燃倾向性鉴定；生产地下矿山延深新水平时，必须对所有煤层的自燃倾向性进行鉴定。

2．煤炭自燃的预测预报

我国的煤炭自燃的预测预报主要采用气体分析法。

（1）预测预报指标。最新研究成果表明，可以使用一氧化碳、乙烯及乙炔等指标预测预报煤炭自燃情况。煤炭自燃划分为3个阶段，即地下矿山风流中只出现10^{-6}级的一氧化碳时的缓慢氧化阶段；出现10^{-6}级的一氧化碳、乙烯时的加速氧化阶段；出现10^{-6}级的一氧化碳、乙烯及乙炔时的激烈氧化阶段，此时即将出现明火。

（2）束管集中检测系统。束管集中检测系统是基于气体分析的检测系统，与束管集中检测系统相配套的设备包括矿用火灾多参数色谱仪、火灾气体及温度传感器等。该系统由束管将被测气体送至井下分站，由各火灾气体传感器将所测到的电信号参数直接输送至地面监控室，在地面进行集中的实时监控和预报。

3．煤炭自燃的预防技术

煤炭自燃的预防技术包括：惰化、堵漏、降温等，以及它们的组合。

（1）惰化技术防灭火。惰化技术就是将惰性气体或其他惰性物质送入拟处理区，抑制煤炭自燃的技术。主要包括黄泥灌浆、粉煤灰、阻化剂及阻化泥浆和惰气等。

（2）堵漏技术防灭火。堵漏就是采用某些技术措施减少或杜绝向煤柱或采空区的漏风，使煤缺氧而不至于自燃。堵漏技术和材料主要有：抗压水泥泡沫、凝胶堵漏技术、尾矿砂堵漏和均压等。

4．火区封闭、管理和启封

（1）火区封闭。当防治火灾的措施失败或因火势迅猛来不及采取直接灭火措施时，就需要及时封闭火区，防止火灾势态扩大。火区封闭的范围越小，维持燃烧的氧气越少，火区熄灭也就越快，因此火区封闭要尽可能地缩小范围，并尽可能地减少防火墙的数量。

为了便于隔离火区，应首先封闭或关闭进风侧的防火墙，然后再封闭回风侧，同时，还应优先封闭向火区供风的主要通道（或主干风流），然后再封闭那些向火区供风的旁侧风道（或旁侧风流）。

（2）火区管理。火区封闭以后，在火区没有彻底熄灭之前，应加强火区的管理。火区管理技术工作包括对火区所进行的资料分析、整理以及对火区的观测检查等工作。

绘制火区位置关系图，标明所有火区和曾经发火的地点，并注明火区编号、发火时间、地点、主要监测气体成分、浓度等。必须针对每一个火区，都建立火区管理卡片，包括火区登记表、火区灌注灭火材料记录表和防火墙观测记录表等。

（3）煤炭自燃火区启封。只有经取样化验分析证实，同时具备下列条件时，方可认为火区已经熄灭，才准予启封：

1）火区内温度下降到30℃以下，或与火灾发生前该区的空气日常温度相同；

2）火区内的氧气浓度降到5%以下；

3）区内空气中不含有乙烯、乙炔，一氧化碳在封闭期间内逐渐下降，并稳定在0.001%以下；

4）在火区的出水温度低于25℃，或与火灾发生前该区的日常出水温度相同。

以上4项指标持续稳定的时间在1个月以上。

（三）火灾时期救灾技术

1. 地下矿山火灾事故救护原则

处理地下矿山火灾事故时，应遵循以下基本技术原则：控制烟雾的蔓延，不危及井下人员的安全；防止火灾扩大；防止引起瓦斯、煤尘爆炸；防止火风压引起风流逆转而造成危害；保证救灾人员的安全，并有利于抢救遇险人员；创造有利的灭火条件。

2. 风流控制技术

选择合理的通风系统，加强通风管理，减少漏风。

3. 地下矿山反风技术

根据井下火灾具体情况，在保证作业人员和重大设备设施的安全条件下，可采用局部反风或全矿反风方法。

4. 火灾的常用扑救方法

（1）直接灭火方法。用水、惰气、高泡、干粉、砂子（岩粉）等，在火源附近或离火源一定距离直接扑灭地下矿山火灾。

（2）隔绝方法灭火。隔绝灭火就是在通往火区的所有巷道内构筑防火墙，将风流全部隔断，制止空气的供给，使地下矿山火灾逐渐自行熄灭。

（3）综合方法灭火。先用密闭墙将火区大面积封闭；待火势减弱后，再锁风逐步缩小火区范围；然后打开密闭墙用直接灭火方法进行直接灭火。

五、水害及其防治技术

（一）地下矿山突水源及涌水特征

在矿山开采过程中，地下矿山突水水源主要有地表水、溶洞—溶蚀裂隙水、含水层水、断层水、封闭不良的钻孔水、采空区形成的“人工水体”等。

地下矿山水质分析方法有多种，其中用得较多的是重量法、容积法和比色法。重量法主要用于杂质含量较多的水样；容积法适用于中等杂质含量的水样；比色法适用于微量含量的水样。

1．大气降水为主要充水水源的涌水特征

这里主要指直接受大气降水渗入补给的矿床，多属于包气带中、埋藏较浅、充水层裸露、位于分水岭地段的矿床或露天矿区。其充（涌）水特征与降水、地形、岩性和构造等条件有关。

（1）地下矿山涌水动态与当地降水动态相一致，具有明显的季节性和多年周期性的变化规律。

（2）多数矿床随采深增加地下矿山涌水量逐渐减少，其涌水高峰值出现滞后的时间加长。

（3）地下矿山涌水量的大小还与降水性质、强度、连续时间及入渗条件有密切关系。

2．以地表水为主要充水水源的涌水特征

地表水充水矿床的涌水规律有：

（1）地下矿山涌水动态随地表水的丰枯作季节性变化，且其涌水强度与地表水的类型、性质和规模有关。受季节流量变化大的河流补给的矿床，其涌水强度亦呈季节性周期变化，有常年性大水体补给时，可造成定水头补给稳定的大量涌水，并难于疏干。有汇水面积大的地表水补给时，涌水量大且衰减过程长。

（2）地下矿山涌水强度还与井巷到地表水体间的距离、岩性与构造条件有关。一般情况下，其间距愈小，则涌水强度愈大；其间岩层的渗透性愈强，涌水强度愈大。当其间分布有厚度大而完整的隔水层时，则涌水甚微，甚或无影响；其间地层受构造破坏愈严重，井巷涌水强度亦愈大。

（3）采矿方法的影响。依据矿床水文地质条件选用正确的采矿方法，开采近地表水体的矿床，其涌水强度虽会增加，但不会过于影响生产；如选用的方法不当，可造成崩落裂隙与地表水体相通或形成塌陷，发生突水和泥沙冲溃。

3．以地下水为主要充水水源的矿床

能造成井巷涌水的含水层称矿床充水层。当地下水成为主要涌水水源时，有如下规律：

（1）地下矿山涌水强度与充水层的空隙性及其富水程度有关。

（2）地下矿山涌水强度与充水层厚度和分布面积有关。

（3）地下矿山涌水强度及其变化，还与充水层水量组成有关。

4．以老窑水为主要充水水源的矿床

在我国许多老矿区的浅部，老采空区（包括被淹没井巷）星罗棋布，且其中充满大量积水。它们大多积水范围不明，连通复杂，水量大，酸性强，水压高。如现生产井巷接近或崩落带达到老采空区，便会造成突水。

（二）地下矿山导水通道及探测技术

矿体及其周围虽有水存在，但只有通过某种通道，它们才能进入井巷形成涌水或突水。涌水通道可分为地层的空隙、断裂带等自然形成的通道和由于采掘活动等引起的人为涌水通道两类。

1. 自然导水通道

（1）地层的裂隙与断裂带。坚硬岩层中的矿床，其中的节理型裂隙较发育部位彼此连通时可构成裂隙涌水通道。依据勘探及开采资料，我们把断裂带分为两类，即隔水断裂带和透水断裂带。

（2）岩溶通道。岩溶空间极不均一，可以从细小的溶孔直到巨大的溶洞。它们可彼此连通，成为沟通各种水源的通道，也可形成孤立的充水管道。我国许多金属与非金属矿区，都深受其害。欲认识这种通道，关键在于能否确切地掌握矿区的岩溶发育规律和岩溶水的特征。

（3）孔隙通道。孔隙通道主要是指松散层粒间的孔隙输水。它可在开采矿床和开采上覆松散层的深部基岩矿床时遇到。前者多为均匀涌水，仅在大颗粒地段和有丰富水源的矿区才可导致突水；后者多在建井时期造成危害。此类通道可输送本含水层水入井巷，也可成为沟通地表水的通道。

2. 人为导水通道

这类通道是由于不合理勘探或开采造成的，理应杜绝产生此类通道。

（1）顶板冒落裂隙通道。采用崩落法采矿造成的透水裂隙，如抵达上覆水源时，则可导致该水源涌入井巷，造成突水。

（2）底板突破通道。当巷道底板下有间接充水层时，便会在地下水压力和矿山压力作用下，破坏底板隔水层，形成人工裂隙通道，导致下部高压地下水涌入井巷造成突水。

（3）钻孔通道。在各种勘探钻孔施工时均可沟通矿床上、下各含水层或地表水，如在勘探结束后对钻孔封闭不良或未封闭，开采中揭露钻孔时就会造成突水事故。

3. 导水通道探测技术

导水通道的探测分析技术主要有：

（1）用音频电穿透仪探测含水层与导水构造；

（2）用地震勘探仪和组合测井仪探测地质构造；

（3）通过地质构造检测水位；

（4）用同位素质谱仪对矿山地下水中环境放射性同位素^{3}H、^{14}C的能谱进行测定，用以判断地下水年龄；

（5）用离子色谱仪、高压液相色谱仪对矿山地下水中常量、微量的离子进行分析。

（三）地下矿山防治水技术

1. 地表水治理措施

（1）合理确定井口位置。井口标高必须高于当地历史最高洪水位，或修筑坚实的高台，或在井口附近修筑可靠的排水沟和拦洪坝，防止地表水经井筒灌入井下。

（2）填堵通道。为防雨雪水渗入井下，在矿区内采取填坑、补凹、整平地表或建不透水层等措施。

（3）整治河流。①整铺河床。河流的某一段经过矿区，而河床渗透性强，可导致大量河水渗入井下，在漏失地段用黏土、料石或水泥修筑不透水的人工河床，以制止或减少河水渗入井下。②河流改道。如河流流入矿区附近，可选择合适地点修筑水坝，将原河道截断，用人工河道将河水引出矿区以外。

(4) 修筑排（截）水沟。山区降水后以地表水或潜水的形式流入矿区，地表有塌陷裂缝时，会使矿区涌水量大大增加。在这种情况下，可在井田外缘或漏水区的上方迎水流方向修筑排水沟，将水排至影响范围之外。

2. 地下水的排水疏干

在调查和探测到水源后，最安全的方法是预先将地下水源全部或部分疏放出来。疏干方法有3种：地表疏干、井下疏干和井上下相结合疏干。

(1) 地表疏干。在地表向含水层内打钻，并用深井泵或潜水泵从相互沟通的孔中把水抽到地表，使开采地段处于疏干降落漏斗水面之上，达到安全生产的目的。

(2) 井下疏干。当地下水源较深或水量较大时用井下疏干的方法可取得较好的效果。根据不同类型的地下水，有疏放老孔积水和疏放含水层水等方法。

3. 地下水探放

(1) 地下矿山工程地质和水文地质观测工作。水文地质工作是井下水害防治的基础，应查明地下水源及其水力联系。

(2) 超前探放水。在地下矿山生产过程中，必须坚持"有疑必探，先探后掘"的原则，探明水源后制定措施放水。

4. 地下矿山水的隔离与堵截

在探查到水源后，由于条件所限无法放水，或者能放水但不合理，需采取隔离水源和堵截水流的防水措施。

(1) 隔离水源。隔离水源的措施可分为留设隔离煤（岩）柱防水和建立隔水帷幕带防水两类方法。

1) 隔离煤（岩）柱防水。为防止煤（矿）层开采时各种水流进入井下，在受水威胁的地段留一定宽度或厚度的煤（矿）柱。防水煤（矿）柱尺寸的确定应考虑到含水层的水压、水量、所开采煤（矿）的机械强度、厚度等因素及有关规定，并通过实践综合确定。

2) 隔水帷幕带。隔水帷幕带就是将预先制好的浆液通过由井巷向前方所打的具有角度的钻孔，压入岩层的裂缝中，浆液在孔隙中渗透和扩散，再经凝固硬化后形成隔水的帷幕带，起到隔离水源的作用。由于注浆工艺过程和使用的设备都较简单，效果也好，因此国内外均认为它是地下矿山防治水害的有效方法之一。

(2) 地下矿山突水堵截。为预防采掘过程中突然涌水而造成波及全矿的淹井事故，通常在巷道一定的位置设置防水闸门和防水墙。

5. 矿山排水

矿山的排水能力要达到以下要求。

(1) 金属非金属矿山。井下主要排水设备，至少应由同类型的3台泵组成。工作泵应能在20 h内排出一昼夜的正常涌水量；除检修泵外，其他水泵在20 h内排出一昼夜的最大涌水量。井筒内应装备2条相同的排水管，其中1条工作，1条备用。

水仓应由两个独立的巷道系统组成。涌水量大的地下矿山，每个水仓的容积，应能容纳2~4 h井下正常涌水量。一般地下矿山主要水仓总容积，应能容纳6~8 h的正常涌水量。

（2）煤矿。必须有工作、备用和检修的水泵。工作水泵的能力，应能在 20 h 内排出地下矿山 24 h 的正常涌水量（包括充填水和其他用水）。备用水泵的能力应不小于工作水泵能力的 70%。工作水泵和备用水泵的总能力，应能在 20 h 内排出地下矿山 24 h 的最大涌水量。检修水泵的能力应不小于工作水泵能力的 25%。水文地质条件复杂的地下矿山，可在主泵房内预留一定数量的水泵位置。

必须有工作、备用的水管。工作水管的能力应能配合工作水泵在 20 h 内排出地下矿山 24 h 的正常涌水量。工作水管和备用水管的总能力，应能配合工作水泵和备用水泵在 20 h 内排出地下矿山 24 h 的最大涌水量。

主要水仓必须有主仓和副仓，当一个水仓清理时，另一个水仓能正常使用。新建、改扩建或生产地下矿山的新水平，正常涌水量在 1 000 m^3/h 以下时，主要水仓的有效容量应能容纳 8h 的正常涌水量。正常涌水量大于 1 000 m^3/h 的地下矿山，主要水仓有效容量可按下式计算：

$$V = 2(Q + 3\,000)$$

式中　V——主要水仓的有效容积，m^3；

Q——地下矿山每小时正常涌水量，m^3。

但主要水仓的总有效容量不得低于 4 h 的地下矿山正常涌水量。

采区水仓的有效容量应能容纳 4 h 的采区正常涌水量。

（四）地下矿山水灾的预测和突水预兆

1．地下矿山水灾的预测

地下矿山水灾的预测是指在开采前，根据地质勘探的水文地质资料及专门进行的水害调查资料，确定地下矿山水灾的危险程度，并编制地下矿山水灾预测图。

（1）地下矿山水灾危险程度的确定

1）用突水系数来确定地下矿山水害的危险程度。突水系数是含水层中静水压力（kPa）与隔水层厚度（m）的比值，其物理意义是单位隔水层厚度所能承受的极限水压值。

2）按水文地质的影响因素来确定地下矿山水害的危险程度。该方法是按水文地质的复杂程度将矿区的水害危险程度划分为 5 个等级。

（2）地下矿山水灾预测图的编制。根据隔水层厚度和矿区各地段的水压值，计算某开采水平的突水系数，编制相应比例的简单突水预测图，然后根据矿区突水系数的临界值，圈定安全区和危险区。水灾预测图的另一种编制方法是在开采平面图上圈定地下水灾的等级区域，据此制定最佳地下矿山规划和防治水害的措施，加强危险区域的监测，保证安全生产。

2．地下矿山突水预兆

地下矿山突水过程主要决定于地下矿山水文地质及采掘现场条件。一般突水事故可归纳为两种情况：一种是突水水量小于地下矿山最大排水能力，地下水形成稳定的降落漏斗，迫使地下矿山长期大量排水；另一种是突水水量超过地下矿山的最大排水能力，造成整个地下矿山或局部采区淹没。在各类突水事故发生之前，一般均会显示出多种突水预兆。

（1）一般预兆

1）煤层变潮湿、松软；煤帮出现滴水、淋水现象，且淋水由小变大；有时煤帮出现铁锈色水迹；

2）工作面气温降低，或出现雾气或硫化氢气味；

3）有时可听到水的“嘶嘶”声；

4）矿压增大，发生冒顶片帮及底鼓；

（2）工作面底板灰岩含水层突水预兆

1）工作面压力增大，底板鼓起，底鼓量有时可达500 mm以上；

2）工作面底板产生裂隙，并逐渐增大；

3）沿裂隙或煤帮向外渗水，随着裂隙的增大，水量增加。当底板渗水量增大到一定程度时，煤帮渗水可能停止，此时水色时清时浊，底板活动时水变浑浊；底板稳定时水色变清；

4）底板破裂，沿裂缝有高压水喷出，并伴有“嘶嘶”声或刺耳水声；

5）底板发生“底爆”，伴有巨响，地下水大量涌出，水色呈乳白或黄色。

（3）松散孔隙含水层突水预兆

1）突水部位发潮、滴水且滴水现象逐渐增大，仔细观察发现水中含有少量细砂；

2）发生局部冒顶，水量突增并出现流砂，流砂常呈间歇性，水色时清时混，总的趋势是水量、砂量增加，直至流砂大量涌出；

3）顶板发生溃水、溃砂，这种现象可能影响到地表，致使地表出现塌陷坑。

以上预兆是典型的情况，在具体的突水事故过程中，并不一定全部表现出来，所以应该细心观察，认真分析、判断。

（五）地下矿山水灾事故的救灾及处理

（1）井巷发生透水事故时，矿山救护队的任务是抢救受淹和被困人员，防止井巷进一步被淹和恢复井巷通风。

（2）处理地下矿山水灾事故时，矿山救护队到达事故地下矿山后，要了解灾区情况、突水地点、性质、涌水量、水源补给、水位、事故前人员分布、地下矿山具有生存条件的地点及其进入的通道等，并根据被堵人员所在地点的空间、氧气、瓦斯浓度以及救出被困人员所需的大致时间，制定相应的救灾方案。

（3）矿山救护队在侦察时，应判定遇险人员位置，涌水通道、水量、水的流动线路，巷道及水泵设施受水淹程度、巷道冲坏和堵塞情况，有害气体浓度及巷道分布情况和通风情况等。

（4）采掘工作面发生透水事故时，第1个小队一般应进入下部水平救人，第2个小队应进入上部水平救人。

（5）对于被困在井下的人员，其所在地点高于透水后水位时，可利用打钻等方法供给新鲜空气、饮料及食物；如果其所在地点低于透水后水位时，则禁止打钻，防止泄压扩大灾情。

（6）地下矿山透水量超过排水能力，有全矿或水平被淹危险时，应组织人力物力强行排水，在下部水平人员救出后，可向下部水平或采空区放水。如果下部水平人员尚未撤出，主要排水设备受到被淹威胁时，可用装有黏土、砂子的麻袋构筑临时防水墙，堵住泵房口和通往下部水平的巷道。

（7）如果透水威胁水泵安全，在人员撤退的同时要保护泵房不致被淹。

（8）排水过程中要切断电源、保持通风、加强对有毒有害气体的检测，并且要注意观察巷道情况，防止冒顶和掉底。

（六）地下矿山淤泥、黏土和流砂溃决事故的救灾及处理

1．地下矿山溃决事故的类型

（1）岩溶突泥。大量的岩溶充填物（如黄泥等）溃入井巷，威胁地下矿山生产，造成人员伤亡。

（2）地面淤泥从塌陷区裂缝溃入井下。由于采动的影响，采空区冒落造成地表塌陷，导致地面淤泥从裂缝溃入井下，给煤矿的正常生产和人员安全带来威胁。

（3）煤层顶部含水泥砂层溃入。当煤层顶部有含水、含泥沙层，开采后由于顶板冒落不实，黄泥、泥浆从裂隙溃入井巷，形成灾害。

2．处理地下矿山溃决事故的行动准则

（1）处理淤泥、黏土和流砂溃决事故时，矿山救护队的主要任务是救助遇险人员，清除透入井巷中的淤泥、黏土和流砂，加强有毒有害气体检测，恢复通风。

（2）溃出的淤泥、黏土和流砂使遇险矿工被困堵时，在抢救时应首先确定遇险人员所处的位置，并尽快清通淤堵区，向被困堵人员输送新鲜空气、食物和饮料等生活必需品。

（3）当泥砂有溃入下部水平的危险时，应将下部水平人员撤到安全处。

（4）在淤泥已停止流动，寻找和救助人员时，应在铺于淤泥上的木板上行进。

（5）在拆除阻挡淤泥的阻塞物时，可在其中开一些小孔，供淤泥逐渐流出之用。如果阻塞物内的淤泥具有压力，则应在防护墙的掩护下拆除阻塞物。

（6）遇险人员救出后，应将处于淤堵地点附近人员迅速绕过灾区进入安全地带，禁止逆着淤泥蔓延的方向撤运人员。

六、矿山粉尘及其防治技术

矿山粉尘是地下矿山在建设和生产过程中所产生的各种岩矿微粒的总称。矿山生产的主要环节如采矿、掘进、运输、提升的几乎所有作业工序都不同程度地产生粉尘。采掘机械化和开采强度、采矿方法、作业地点的通风状况、地质构造及煤层赋存条件都是影响粉尘产生的因素。

（一）矿山粉尘的性质及危害

1．粉尘的概念

（1）全尘。全尘是指用一般敞口采样器采集到一定时间内悬浮在空气中的全部固体微粒。

（2）呼吸性粉尘。呼吸性粉尘是指能被吸入人体肺部并滞留于肺泡区的浮游粉尘。空气动力直径小于7.07μm的极细微粉尘，是引起尘肺病的主要粉尘。

（3）浮尘和落尘。悬浮于空气的粉尘称浮尘，沉积在巷道顶、帮、底板和物体上的粉尘称为落尘。

2. 粉尘性质

（1）粉尘中游离二氧化硅的含量。粉尘中游离二氧化硅的含量是危害人体的决定因素，含量越高，危害越大。游离二氧化硅是引起矽肺病的主要因素。

（2）粉尘的粒度。粉尘粒度是指粉尘颗粒大小的尺度。一般来说，尘粒越小，对人的危害越大。

（3）粉尘的分散度。粉尘的分散度是指粉尘整体组成中各种粒级的尘粒所占的百分比。粉尘组成中，小于5μm的尘粒所占的百分数越大，对人的危害越大。

（4）粉尘的浓度。粉尘的浓度是指单位体积空气中所含浮尘的数量。粉尘浓度越高，对人体危害越大。

（5）粉尘的吸附性。粉尘的吸附能力与粉尘颗粒的表面积有密切关系，分散度越大，表面积也越大，其吸附能力也增强。主要指标有吸湿性、吸毒性。

（6）粉尘的荷电性。粉尘粒子可以带有电荷，其来源是煤岩在粉碎中因摩擦而带电，或与空气中的离子碰撞而带电，尘粒的电荷量取决于尘粒的大小并与温湿度有关，温度升高时荷电量增多，湿度增高时荷电量降低。

（7）煤尘的燃烧和爆炸性。煤尘在空气中达到一定的浓度时，在外界明火的引燃下能发生燃烧和爆炸。

3. 矿尘的危害性

矿尘的危害性主要表现在以下4个方面：

（1）污染工作场所，危害人体健康，引起职业病；

（2）某些矿尘（如煤尘、硫化尘）在一定条件下可以爆炸；

（3）加速机械磨损，缩短精密仪器使用寿命；

（4）降低工作场所能见度，增加工伤事故的发生。

（二）矿山粉尘防治技术

矿山防尘技术包括风、水、密、净和护等5个方面，并以风、水为主。风就是通风除尘；水是指湿式作业；密是指密闭抽尘；净是净化风流；护是采取个体防护措施。下面分别叙述矿山生产过程中的主要防尘技术。

1. 采煤工作面防尘

（1）煤层注水；

（2）合理选择采煤机截割机构；

（3）喷雾降尘；

（4）采用除尘设备。

2. 掘进工作面防尘

（1）炮掘工作面防尘。风动凿岩机或电煤钻打眼是炮掘工作面持续时间长，产尘量高的工序。一般干打眼工序的产尘量占炮掘工作面总产尘量的80%～90%，湿式打眼时占40%～60%。所以，打眼防尘是炮掘工作面防尘的重点。

1）打眼防尘。打眼防尘的主要技术有湿式凿岩、干式凿岩捕尘等。

风钻湿式凿岩：这是国内外岩巷掘进行之有效的基本防尘方法。

干式凿岩捕尘：在无法实施湿式凿岩时，如岩石遇水会膨胀，岩石裂隙发育，实施湿式作业其防尘效果差等情况下，可用干式孔口捕尘器等干式孔口除尘技术。

煤电钻湿式打眼：在煤巷、半煤巷炮掘中，采用煤电钻湿式打眼能获得良好的降尘效果，降尘率可达75%～90%。

2）放炮防尘。放炮是炮掘工作面产尘最大的工序，采取的防尘措施主要有以下两种：

水炮泥：这是降低放炮时产尘量最有效的措施。

放炮喷雾：这是简单有效的降尘措施，在放炮时进行喷雾可以降低粉尘浓度和炮烟。

（2）机掘工作面通风除尘。掘进工作面虽然采取了相应的防尘措施，但一些细微的粉尘仍然悬浮于空气中，尤其是随着掘进机械化程度的不断提高，产尘强度剧增，机掘工作面的产尘强度就大大高于炮掘工作面，用一般的防尘措施难于控制粉尘，因此国内外研究了通风除尘技术，以便有效控制高浓度尘源。

1）通风除尘系统。合理的通风除尘系统是控制工作面悬浮粉尘运动和扩散的必要条件，主要有3种通风系统在国内外使用：长压短抽通风除尘系统、长抽通风除尘系统和长抽短压通风除尘系统。

2）通风除尘设备。主要设备有湿式除尘风机、湿式除尘器、袋式除尘器以及配套的抽出式伸缩风筒、附壁风筒等。

3）通风工艺的要求。压、抽风筒口相互位置的关系：压抽风量的匹配；局部通风机安装位置；抽出式局部通风机与除尘局部通风机的串联要求。

（3）锚喷支护防尘。锚喷支护技术发展很快，它也是煤矿的主要产尘源之一。锚喷支护的粉尘主要来自打锚杆眼、混合料转运、拌料和上料、喷射混凝土以及喷射机自身等生产工序和设备。

针对这些产尘源，锚喷支护主要采取配制潮料向喷射机上料、双水环加水、加接异径葫芦管、低压近喷、水幕净化和通风除尘等。

3．运输、转载防尘

（1）机械控制自动喷雾降尘装置。该类装置的特点是结构简单、容易制造、使用和维护方便而且降尘效果较好。

（2）电器控制自动喷雾降尘装置。该装置适用于煤矿转载运输系统中不同的尘源，它是靠电器控制实现自动喷雾，有光控、声控、触控、磁控等多种形式。

4．综合防尘措施

综合防尘措施包括湿式钻眼、冲刷井壁巷帮、使用水炮泥、放炮喷雾、装岩（煤）洒水和净化风流等措施。

（三）煤尘爆炸和防、隔爆措施

1．矿山粉尘（煤矿煤尘）爆炸的条件

矿山粉尘（煤矿煤尘）爆炸必须同时具备以下4个条件：粉尘本身具有爆炸性；粉尘悬浮在空气中并达到一定浓度；有足以点燃粉尘的热源；有可供爆炸的助燃剂。

2．煤尘爆炸性评价方法

（1）煤尘爆炸指数。煤尘爆炸指数，也被称作可燃挥发分含量，在煤矿设计时，可作为初步判定煤尘爆炸危险的指标。

（2）煤尘爆炸性鉴定。虽然用煤尘爆炸指数可以判定其爆炸性，但鉴于煤种和煤质的复杂性，爆炸指数只是一个初步判断。还必须按《煤矿安全规程》规定进行煤尘爆炸性鉴定试验。我国标准中规定，采用大管状煤尘爆炸鉴定装置进行试验，并由国家授权单位承担鉴定试验。

3．防止煤尘爆炸的技术措施

煤尘爆炸必须在4个条件同时具备时才可能发生，如果不让这些条件同时存在，或者破坏已经形成的这些条件，就可以防止煤尘爆炸的发生和发展。这是制定各种防止煤尘爆炸措施的出发点和基本原则。

（1）防尘措施。一般情况下，生产场所的浮游煤尘浓度是远低于爆炸下限浓度的。但是，因空气震荡（放炮的冲击波）等原因使沉积煤尘重新飞扬起来，这时的煤尘浓度大大超过爆炸下限浓度。据估算4 m^2断面小巷道的周边上，只要沉积0.04 mm厚的一层煤尘，当它全部飞扬起来，就达到了爆炸下限。实际上，井下的沉积煤尘都超过了这个厚度，所以，减少巷道内的沉积煤尘量并清除出井，是最简单有效的防爆措施。

各生产环节采用有效的防尘，降尘措施，减少煤尘的产生，降低空气中的煤尘浓度，也就降低了沉积煤尘量。因此，综合防尘措施既是减少粉尘危害工人健康的措施，也是防止煤尘爆炸的治本措施。

（2）杜绝着火源。井下能引起煤尘爆炸的着火源有电气火花、摩擦火花、摩擦热、煤自燃而形成的高温点、爆破作业出现的爆燃以及瓦斯爆炸所产生的高温产物等。消除这类着火源的主要技术措施有：保持矿用电气设备完好的防爆性能，加强管理，防止出现电器设备失爆现象；选用非着火性轻合金材料避免产生危险的摩擦火花；胶带、风筒、电缆等常用的非金属材料必须具有阻燃、抗静电性能；采用阻化剂、凝胶或氮气防止煤柱、采空区残留煤发生自燃，同时，加强瓦斯管理防止瓦斯爆炸事故的发生。

（3）撒布岩粉法。由于煤矿自然条件十分复杂，发生煤尘爆炸的随机性很大，除了上述一般性的安全技术措施外，针对煤尘爆炸的特点，各国还研究了防止煤尘爆炸的专门技术，其中使用历史最长、应用面广、简单易行的防止煤尘爆炸技术措施是撒布岩粉法。

这种方法是定期向巷道周边撒布惰性岩粉，用它覆盖沉积在巷道周边上的沉积煤尘。岩粉层在巷道风速很低时，它的黏滞性起到了阻碍沉积煤尘重新飞扬的作用。

当发生瓦斯爆炸等异常情况时，巨大的空气震荡风流把岩粉和沉积煤尘都吹扬起来形成岩粉—煤尘混合尘云。当爆炸火场进入混合尘云区域时，岩粉吸收火焰的热量使系统冷却，同时岩粉粒子还会起到屏蔽作用，阻止火焰或燃烧的煤粒向未着的煤尘粒子传递热量，最终达到阻止煤尘着火的目的。这一措施在英、美、俄等主要产煤国家大量应用，而且效果显著。

4．防止煤尘爆炸传播技术

防止煤尘爆炸传播技术也称为隔绝煤尘爆炸传播技术（以下简称隔爆技术），是指把已经发生的爆炸控制在一定范围内并扑灭，防止爆炸向外传播的技术措施。该技术不仅适于对煤尘爆炸的控制，也适用于对瓦斯爆炸、瓦斯煤尘爆炸的控制。该技术分为两大类，被动式隔爆技术和自动式隔爆技术。

（1）被动式隔爆技术（也称隔爆措施）。发生爆炸的初期，爆炸火焰峰面超前于爆炸压力波向前传播，随着爆炸反应的继续和加强，压力波逐渐赶上并超前于火焰峰面传播，两者之间有一时间差。被动式隔爆技术就是利用这一规律，利用压力波的能量使隔爆措施动作，在巷道内形成扑灭火焰的消焰抑制剂尘云，后续到达的火焰进入抑制剂尘云时被扑灭，阻止了爆炸继续向前传播。被动式隔爆技术主要有：岩粉棚、水槽棚和水袋棚，统称为被动式隔爆棚。

被动式隔爆棚的设置方式有3种形式：集中式布置、分散式布置和集中分散式混合布置。根据隔爆棚在井巷系统中限制煤尘爆炸的作用和保护范围，可将它们分为主要隔爆棚（重型棚）和辅助隔爆棚（轻型棚），重型棚的作用是保护全矿性的安全，设置在地下矿山两翼与井筒相通的主要运输大巷和回风大巷；相邻煤层之间的运输巷和回风石门；相邻采区之间的集中运输巷和回风巷。轻型棚的作用是保护一个采区的安全，在采煤工作面的进风、回风巷，采区内的煤及半煤岩掘进巷道，采用独立通风并有煤尘爆炸危险的其他巷道内设置。

（2）自动隔爆技术。被动式隔爆技术的作用原理决定了该技术措施只能在距爆源60～200 m（岩粉棚300 m）范围内发挥抑制爆炸的作用。因此，在爆炸发生的初期该技术是无效的。此外，在低矮、狭窄和拐弯多的巷道中使用也极其不利，不能发挥抑爆效果。针对这些缺点各国研究并使用了自动隔爆技术。

传感器、控制器和喷洒装置是自动隔爆装置三大组成部分，由若干台自动隔爆装置组成的隔爆系统即为自动式隔爆措施，采用的传感器主要有3类：接受瓦斯煤尘爆炸动力效应的压力传感器，利用爆炸热效应的热电传感器和利用爆炸火焰发出的光效应的光电传感器。控制器是向喷洒抑制剂的执行机构发出动作指令的仪器；喷洒机构一般由执行机构、喷洒器和抑制剂储存容器组成。它的作用是将抑制剂（岩粉、干粉或水）扩散于巷道空间形成粉尘云或水雾带。它的动作应迅速、可靠、能适应爆炸的快速发展。

抑制剂的选择原则是抑制火焰用量少、效果好、价格便宜。虽然岩粉在煤矿应用最广，但是在弱的瓦斯煤尘爆炸条件下以及在剧烈的强爆炸时，它的抑制效果不理想。适用于自动隔爆装置的抑制剂主要有液体抑制剂水、水加卤代烷、粉末无机盐类抑制剂和卤代烷。粉末无机盐类有$NH_4H_2PO_4$、NaCl、KCl、$KHCO_3$、$NaHCO_3$、$CaCO_3$等粉剂。卤代烷有二氟一氯一溴甲烷等，虽然灭火效果好，但它有破坏臭氧层的缺点，已经禁用。

（四）矿山粉尘检测方法

粉尘检测是以科学的方法对生产环境空气中粉尘的含量及其物理化学性状进行测定、分析和检查的工作。从安全和卫生学的角度出发，日常的粉尘检测项目主要是粉尘浓度、粉尘中游离二氧化硅含量和粉尘分散度（也称为粒度分布）。

1．矿山粉尘浓度测定

（1）矿山粉尘浓度标准。我国对作业场所空气中粉尘的允许浓度规定为：岩矿中游离二氧化硅含量大于10%的矿山，粉尘允许浓度为1 mg/m^3；岩矿中游离二氧化硅含量小于10%的矿山，粉尘允许浓度为4 mg/m^3。

（2）粉尘浓度测定。矿的粉尘浓度测定主要有滤膜测尘法和快速直读测尘仪测定法。

1）滤膜采样测尘。测尘原理是用粉尘采样器（或呼吸性粉尘采样器）抽取采集一定体积的含尘空气，含尘空气通过滤膜时，粉尘被捕集在滤膜上，根据滤膜的增重计算出粉尘浓度。

2）快速直读测尘仪。用滤膜采样器测尘是一种间接测量粉尘浓度的方法。由于准备工作、粉尘采样和样品处理时间比较长，不能立即得到结果，在卫生监督和评价防尘措施效果时显得不方便。为了满足实际工作的需要，各国研制开发了可以立即获得粉尘浓度的快速测定仪。

2．粉尘游离二氧化硅的测定

测定方法有焦磷酸质量法和红外分光光度计测定法。呼吸性粉尘中游离二氧化硅含量的测定，煤矿粉尘采用红外光谱法，非煤矿山粉尘采用 X 射线衍射法。

（1）焦磷酸质量法。在 245℃～250℃的温度下，焦磷酸能溶解硅酸盐及金属氧化物，面对游离二氧化硅几乎不溶，因此，用焦磷酸处理粉尘试样后，所得残渣的质量即为游离二氧化硅的量，以百分比表示。为了求得更精确的结果，可将残渣再用氢氟酸处理，经过这一过程所减轻的质量则为游离二氧化硅的含量。

（2）红外分光分析法。当红外光与物质相互作用时，其能量与物质分子的振动或转动能级相当会发生能级的跃迁，即分子电低能级过渡到高能级。其结果是某些波长的红外光被物质分子吸收产生红外吸收光谱。游离二氧化硅的吸收光谱的波长为 12.5μm、12.8μm、14.4μm 。

3．粉尘分散度的测定

粉尘分散度分为数量分散度和质量分散度。前者是针对具有代表性的一定数量的样品逐个测定其粒径的方法，其测定方法主要有显微镜法、光散射法等，测得的是各级粒子的颗粒百分数；后者是以某种手段把粉尘按一定粒径范围分级，然后称取各部分的质量，求其粒径分布，常采用离心、沉降或冲击原理将粉尘按粒径分级，测出的是各级粒子的质量百分数。测定方法很多，其中显微镜法是我国用得最广、使用时间最长的方法。

第三节　露天矿山灾害及防治技术

一、露天边坡灾害及防治技术

露天矿边坡滑坡是指边坡体在较大的范围内沿某一特定的剪切面滑动，一般的滑坡是滑落前在滑体的后缘先出现裂隙，而后缓慢滑动或周期地快慢更迭，最后骤然滑落，从而引起滑坡灾害。

（一）边坡的破坏类型

岩质边坡的破坏方式可分为滑坡、崩塌和滑塌等几种类型。

1．滑坡

滑坡是指岩土体在重力作用下，沿坡内软弱结构面产生的整体滑动。滑坡通常以深层破坏形式出现，其滑动面往往深入坡体内部，甚至延伸到坡脚以下。当滑动面通过塑性较强的土体时，滑速一般比较缓慢；当滑动面通过脆性较强的岩石或者滑面本身具有一定的抗剪强度时，可以积聚较大的下滑势能，滑动具有突发性。根据滑面的形状，其滑坡形式可分为平面剪切滑动和旋转剪切滑动。

2. 崩塌

崩塌是指块状岩体与岩坡分离向前翻滚而下。在崩塌过程中，岩体无明显滑移面，同时下落的岩块或未经阻挡而落于坡脚处，或于斜坡上滚落、滑移、碰撞最后堆积于坡脚处。

3. 滑塌

松散岩土的坡角大于它的内摩擦角时，表层蠕动使它沿着剪切带表现为顺坡滑移、滚动与坐塌，从而重新达到稳定坡角的破坏过程，称为滑塌或称为崩滑。

(二) 边坡滑坡的影响因素

露天矿山边坡的变形、失稳，从根本上说是边坡自身求得稳定状态的自然调整过程，而边坡趋于稳定的作用因素在大的方面与自然因素和人类活动因素有关。

1. 自然因素

(1) 岩层岩性。岩石的物理力学性质及矿物成分，结构与构造，对整体岩层而言，是确定边坡的主要因素之一。相间成层的岩层，其厚度、产状及在边坡内所处的部位不同，稳定状态亦不一样。

(2) 岩体结构。岩体结构面是在地质发展过程中，在岩体内形成具有一定方向、一定规模、一定形态和不同特性的地质分割面，统称为软弱结构面，它具有一定的厚度，常由松散、松软或软弱的物质组成，这些组成物质的密度、强度等物理力学属性较之相邻岩块则差得多。在地下水作用下往往出现崩解、软化、泥化甚至液化的现象，有的还具有溶解和膨胀的特性，具有这样软弱泥化的结构面的存在，就给边坡岩体失稳创造了有利的条件。

(3) 风化程度。岩层的风化程度愈深，则岩层的稳定性愈低，要求的边坡坡度愈缓。例如花岗岩在风化极严重时，其矿物颗粒间失去连接，成为松散的砂粒，则边坡的稳定值近似于砂土所要求的数值。

(4) 水文地质。地下水对边坡稳定的主要影响有：使岩石发生溶蚀、软化，降低岩体特别是滑面岩体的力学强度；地下水的静水压力降低了滑面上的有效法向应力，从而降低了滑面上的抗滑力；产生渗透压力（动水压力）作用于边坡，使岩层裂隙间的摩擦力减小，其稳定性大为降低；在边坡岩体的孔隙和裂隙内运动着的地下水使土体容重增加，增加了坡体的下滑力，使边坡稳定条件恶化。地表水对边坡的影响主要是冲刷、夹带作用对边坡造成侵蚀形成陡峭山崖或冲洪积层，引发牵引式滑坡。

(5) 气候与气象。在渗水性的岩土层中，雨水可下渗浸润岩土体内，加大土、石容重，降低其凝聚力及内摩擦角，使边坡变形。我国大多数滑坡都是以地面大量降雨下渗引起地下水状态的变化为直接诱导因素的。此外，气温、湿度的交替变化，风的吹蚀，雨雪的侵袭、冻融等，可以使边坡岩体发生膨胀、崩解、收缩，改变边坡岩体性质，影响边坡的稳定。

(6) 地震。水平地震力与垂直地震力的叠加，形成一种复杂的地震力，这种地震力可以使边坡作水平、垂直和扭转运动，引发滑坡灾害。地震触发滑坡与地震烈度有关。

2. 人为因素

影响边坡稳定性的人为因素，主要是在自然边坡上进行露天开挖、地下开采、爆破作业、坡顶堆载、疏干排水、地表灌溉、破坏植被等行为。

(1) 坡体开挖形态。露天边坡角设计偏大，或台阶没按设计施工，会显著增加边坡滑坡的风险。发生采动滑坡的坡体几何形态大多有如下特点：从平面形状来看，采动滑坡大多发生在凸形或突出的梁峁坡体上；在竖直剖面上看，采动滑坡或崩塌主滑轴线方向的剖面大多在总体上呈凸形状态，即坡顶比较平缓，坡面外鼓，坡角为陡坎；或坡体的上、下部均成陡坎状，中间有起伏的不规则斜坡或直线斜坡。

(2) 坡体内部或下部开挖扰动。施工对边坡的最大扰动是工程开挖使得岩土体内部应力发生变化，从而导致岩体以位移的形式将积聚的弹性能量释放出来，由此带来了边坡结构的变形破坏现象。尤其是在坡体内部或下部施工，由于地应力的复杂变化，造成的滑坡风险更加难以预测。

(3) 工程爆破。大范围的工程爆破对山体有很大的破坏作用，瞬时激发的强大地震加速度和冲击能量会导致岩层或土层裂隙的增加，使边坡整体稳定性减弱。

(4) 坡顶堆载。在边坡上进行工业活动，将固体废弃物堆放在坡顶，可能导致下滑力增加，当下滑力大于坡体的抗滑力时，会引起边坡失稳。

(5) 降水或排水。由于人为的向边坡灌溉、排放废水、堵塞边坡地下水排泄通道，或破坏防排水设施，使边坡地下水位平衡遭到破坏，进而破坏边坡岩土体的应力平衡，增加岩层容重，增加滑动带孔隙水压力，增大动水压力和下滑力，减小抗滑力，引发滑坡。

(6) 破坏植被。植被可以固定边坡表土，避免水土流失。对边坡上覆植被的破坏，会增大地表水下渗速度，导致下滑力增大，抗滑力减小，诱发滑坡。

(三) 露天边坡事故的原因

露天边坡的主要事故类型是滑坡事故，即露天边坡岩体在较大范围内沿某一特定的剪切面滑动的现象。露天边坡滑坡事故发生的原因主要有：

1. 露天边坡角设计偏大，或台阶没按设计施工；
2. 边坡有大的结构弱面；
3. 自然灾害，如地震、山体滑移等；
4. 滥采乱挖等。

(四) 滑坡事故防治技术

1. 合理确定边坡参数

合理确定台阶高度和平台宽度。合理的台阶高度对露天开采的技术经济指标和作业安全都具有重要意义。平台的宽度不但影响边坡角的大小，也影响边坡的稳定；

正确选择台阶坡面角和最终边坡角。

2. 选择适当的开采技术

选择合理的开采顺序和推进方向。在生产过程中必须采用从上到下的开采顺序，应选用从上盘到下盘的采剥推进方向。

合理进行爆破作业，减少爆破震动对边坡的影响。

3. 制定严格的边坡安全管理制度

合理进行爆破作业必须建立健全边坡管理和检查制度。有变形和滑动迹象的矿山，必须设立专门观测点，定期观测记录变化情况，并采取长锚杆、锚索、抗滑桩等加固措施。露天边坡滑坡事故可以采用位移监测和声发射技术等手段进行监测。

二、排土场灾害及防治技术

排土场又称废石场，是指露天矿山采矿排弃物集中排放的场所。排土场作为矿山接纳废石的场所，是露天矿开采的基本工序之一，是矿山组织生产不可缺少的一项永久性工程建设。当排土场受大气降雨或地表水的浸润作用，排土场内堆积体的稳定状态会迅速恶化，引发滑坡和泥石流等灾害。

（一）排土场事故及原因

排土场事故类型主要有排土场滑坡和泥石流等。排土场变形破坏，产生滑坡和泥石流的影响因素主要是基底的软弱地层、排弃物料中含有大量表土和风化岩石，以及地表汇水和雨水的作用。

1. 排土场滑坡

排土场滑坡类型分为3种：排土场内部滑坡、沿排土场与基底接触面的滑坡和沿基底软弱面的滑坡。

（1）排土场内部滑坡。基底岩层稳固，由于岩土物料的性质、排土工艺及其他外界条件（如外载荷和雨水等）所导致的排土场滑坡，其滑动面露出堆积体。

（2）沿排土场与基底接触面的滑坡。当山坡形排土场的基底倾角较陡，排土场与基底接触面之间的抗剪强度小于排土场的物料本身的抗剪强度时，易产生沿基底接触面的滑坡。

（3）沿基底软弱面的滑坡。当排土场坐落在软弱基底上时，由于基底承载能力低而产生滑移，并牵动排土场的滑坡。

2. 排土场泥石流

排土场泥石流是指排土场大量松散岩土物料充水饱和后，在重力作用下沿陡坡和沟谷快速流动，形成一股能量巨大的特殊洪流。矿山泥石流多数以滑坡和坡面冲刷的形式出现，即滑坡和泥石流相伴而生，迅速转化难于区分，所以又可分为滑坡型泥石流和冲刷型泥石流。

形成泥石流有三个基本条件：第一，泥石流区含有丰富的松散岩土；第二，地形陡峻和较大的沟床纵坡；第三，泥石流区的上中游有较大的汇水面积和充足的水源。

（二）排土场灾害的影响因素

排土场形成滑坡和泥石流灾害主要取决于以下因素：基底承载能力、排土工艺、岩土物理力学性质、地表水和地下水的影响等。

1．基底承载能力

排土场稳定性首先要分析基底岩层构造、地形坡度及其承载能力。一般矿山排土场滑坡中，基底不稳引起滑坡的占32%～40%。当基底坡度较陡，接近或大于排土场物料的内摩擦角时，易产生沿基底接触面的滑坡。如果基底为软弱岩层而且力学性质低于排土场物料的力学性质时，则软弱基底在排土场荷载作用下必产生底鼓或滑动，然后导致排土场滑坡。

2．排土工艺

不同的排土工艺形成不同的排土场台阶，其堆置高度、速度、压力大小对于基底土层孔隙压力的消散和固结都密切相关，对上部各台阶的稳定性起重要作用，是发生排土场滑坡的重要因素。

3．岩土力学性质

当基底稳定时，坚硬岩石的排土场高度等于其自然安息角条件下可以达到的任意高度，但往往受排土场内物料构成的不均匀性和外部荷载的影响，使得排土高度受到限制。排土场堆置的岩土力学属性受容重、块度组成、黏结力、内摩擦角、含水量及垂直荷载等影响。

4．地下水与地表水

排土场物料的力学性质与含水量密切相关。我国露天矿山排土场滑坡及泥石流有50%是由于雨水和地表水作用引起的。

（三）排土场事故防治技术

防治排土场滑坡和泥石流的主要技术措施有：

1．选择最合适的场址建设排土场

要从优选、水文和工程地质条件、植被及周边环境等因素入手，进行合理设计。避开塌方、滑坡、泥石流、地下河，断层、破碎带、软弱基底等不良地质区，避免跨越流水量大的沟谷等不利因素，适当改造环境工程地质条件，使之适应实际需要。

2．改进排土工艺

铁路运输时采用轻便高效的排土设备进行排土，可以增大移道步距，提高排土场的稳定性；合理控制排土顺序，避免形成软弱夹层；将坚硬大块岩石堆置在底层以稳固基底，或大块岩石堆置在最低一个台阶反压坡脚。

3．处理软弱基底

若基底表土或软岩较薄，可在排土之前开挖掉；若基底表土或软岩较厚，开挖掉不经济时，可控制排土强度和一次堆置高度，使基底得到压实和逐步分散基底的承载压力；也可以用爆破法将基底软岩破碎，以增大抗滑能力。

4．疏干排水

在排土场上方山坡没有截洪沟，将水截排至外围的低洼处；将排土场平台修成2%～5%的反坡，使平台水流向坡跟处的排水沟而排出界外；在排土场下有沟谷的收口部位修筑不同形式的拦挡坝，起到拦挡排土场泥石流等作用。

5．修筑护坡挡墙和泥石流消能设施

为了稳固坡脚，防止排土场滑坡，可采用不同形式的护坡挡墙。开挖截水沟、消力池，导流渠，建立废石坝、拦泥坝等配套设施，防止水土流失造成滑坡和泥土流失等灾害的发生，增强排弃场的稳定性。

6. 排土场复垦

在已结束施工的排土场平台和斜坡上进行复垦（植树和种草），可以起到固坡和防止雨水对排土场表面侵蚀和冲刷作用。

第四节 尾矿库灾害及防治技术

一、尾矿库的等别和安全度

尾矿库是指筑坝拦截谷口或围地构成的用以储存金属非金属矿山进行矿石选别后排除尾矿的场所。

尾矿坝是由尾矿堆积而成的坝，它是尾矿库中最主要的构筑物。按照尾矿堆积方式的不同，尾矿坝可分为上游法、中线法、下游法、高浓度尾矿堆积法和水库式尾矿堆积法5种主要形式。其中，上游式堆坝法由于工艺简单、便于管理、经济合理而被广泛采用，我国有85%以上的尾矿库是采用该法堆坝。

（一）*尾矿库的等别*

尾矿库各使用期的设计等别是根据该期的全库容和坝高分别确定的。当两者的等差为一等时，以高者为准；当等差大于一等时，按高者降低一等。尾矿库失事将使下游重要城镇、工矿企业或铁路干线遭受严重灾害时，其设计等别可提高一等。

表7—1 **尾矿库等别**

等别	全库容 $V/10^4\,m^3$	坝高 H/m
一	二等库具备提高等别条件者	
二	$V \geqslant 10000$	$H \geqslant 100$
三	$1000 \leqslant V < 10000$	$60 \leqslant H < 100$
四	$100 \leqslant V < 1000$	$30 \leqslant H < 60$
五	$V < 100$	$H < 30$

（二）*尾矿库安全度的分类*

尾矿库安全度主要根据尾矿库防洪能力和尾矿坝坝体稳定性确定，分为危库、险库、病库和正常库四级。

1. 危库

危库是指安全没有保障，随时可能发生垮坝事故的尾矿库。危库必须停止生产并采取应急措施。

尾矿库有下列工况之一的为危库：

（1）尾矿库调洪库容严重不足，在设计洪水位时，安全超高和最小干滩长度都不满足设计要求，将可能出现洪水漫顶；

（2）排洪系统严重堵塞或坍塌，不能排水或排水能力急剧降低；

（3）排水井显著倾斜，有倒塌的迹象；

（4）坝体出现贯穿性横向裂缝，且出现较大范围管涌、流土变形，坝体出现深层滑动迹象；

（5）经验算，坝体抗滑稳定最小安全系数小于规定值的0.95；

（6）其他严重危及尾矿库安全运行的情况。

2．险库

险库是指安全设施存在严重隐患，若不及时处理将会导致垮坝事故的尾矿库。险库必须立即停产，排除险情。

尾矿库有下列工况之一的为险库：

（1）尾矿库调洪库容不足，在设计洪水位时安全超高和最小干滩长度均不能满足设计要求；

（2）排洪系统部分堵塞或坍塌，排水能力有所降低，达不到设计要求；

（3）排水井有所倾斜；

（4）坝体出现浅层滑动迹象；

（5）经验算，坝体抗滑稳定最小安全系数小于规定值的0.98；

（6）坝体出现大面积纵向裂缝，且出现较大范围渗透水高位出逸，出现大面积沼泽化；

（7）其他危及尾矿库安全运行的情况。

3．病库

病库是指安全设施不符合设计要求，但符合基本安全生产条件的尾矿库。病库应限期整改。

尾矿库有下列工况之一的为病库：

（1）尾矿库调洪库容不足，在设计洪水位时不能同时满足设计规定的安全超高和最小干滩长度的要求；

（2）排洪设施出现不影响安全使用的裂缝、腐蚀或磨损；

（3）经验算，坝体抗滑稳定最小安全系数满足规定值，但部分高程上堆积边坡过陡，可能出现局部失稳；

（4）浸润线位置局部较高，有渗透水出逸，坝面局部出现沼泽化；

（5）坝面局部出现纵向或横向裂缝；

（6）坝面未按设计设置排水沟，冲蚀严重，形成较多或较大的冲沟；

（7）坝端无截水沟，山坡雨水冲刷坝肩；

（8）堆积坝外坡未按设计覆土、植被；

（9）其他不影响尾矿库基本安全生产条件的非正常情况。

4．正常库

同时满足下列工况的为正常库：

（1）尾矿坝的最小安全超高和尾矿库的最小干滩长度均符合设计要求；

（2）排水系统各构筑物符合设计要求，工况正常；

（3）尾矿坝的轮廓尺寸符合设计要求，稳定安全系数及坝体渗流控制满足要求，工况正常。

二、尾矿坝（库）事故的主要类型及防治技术

（一）尾矿坝溃坝事故

尾矿坝溃坝事故的主要原因是尾矿库建设前期对自然条件了解不够，勘察不明、设计不当或施工质量不符合规范要求，生产运行期间对尾矿库的安全管理不到位，缺乏必要的监测、检查、维修措施以及紧急预案等，一旦遇到事故隐患，不能采取正确的方法，导致危险源状态恶化并最终酿成灾难。

可以通过声发射、位移监测等技术手段监测尾矿坝溃坝事故。

（二）边坡失稳事故

尾矿库的稳定性包括坝体的稳定性和天然边坡的稳定性。由于坝体和岩土体的物质组成不同，它们有着不同的结构，工程地质、水文地质及力学特性差异显著，使得力学性能很不相同，它们的变形机理和破坏模式的差别也十分显著。自然边坡的破坏方式可分为崩塌、滑坡和滑塌等几种类型，尾矿坝坝坡除会发生滑坡和滑塌破坏外，还可能发生塌陷、渗漏及管涌溃堤、渗流冲刷造成尾矿堆石坝破坏等事故。

（三）洪水漫顶事故

造成洪水漫顶事故原因包括：

1．设计、施工的防洪标准、设施不符合现行尾矿设施设计施工规范，导致的洪水漫顶、溃坝事故；

2．洪水超过尾矿库设计标准导致的漫顶、溃坝事故；

3．对气候、地质、地形等发生变化而引起的尾矿库最小安全超高和最小干滩长度等发生的不利变化，没有及时采取正确的应对方法所导致的事故；

4．疏于日常管理，对库区、坝体、排洪设施等出现的事故隐患未能采取及时处理措施，导致的洪水漫顶、溃坝；

5．缺乏抗洪准备和防汛应急措施，对洪水可能造成的破坏没有应急预案而造成的事故。

（四）排洪设施破坏

造成排洪构筑物损坏的事故原因包括：

1．构筑物的设计、施工不符合水工构筑物设计规范，在实际生产运营过程中，不能承担排洪作用；

2．疏忽构筑物的日常检查、维修工作，导致漏砂、漂浮杂物沉积并堵塞在进、出水管道，从而影响排洪的功能；

3．临近山坡的溢洪沟（道）、截洪沟等设施，由于气候、地质变化而毁坏，不能满足排洪要求；

4．废弃的排水构筑物未能处理或处理不符合规范，产生事故；

5．暴雨、洪水过后，未能对构筑物全面检查和清理，对已有隐患没有及时修复，在

连续暴雨期内发生事故；

6. 因负重、锈蚀等因素导致排水管道、隧洞破损、断裂、垮塌，地形、地质变化导致构筑物发生变形、沉降，而不能承担防汛功能。

（五）地震液化事故

根据遭受地震破坏的尾矿坝情况分析，地震对尾矿坝的破坏具有下列特点：①尾矿坝的破坏是尾矿的液化引起的；②尾矿坝的破坏形式表现为流滑；③遭受地震破坏的尾矿坝，其坝坡大都在30°~40°。经验表明，影响砂土液化最主要的因素为：土颗粒粒径、砂土密度、上覆土层厚度、地震强度和持续时间、与震源之间的距离及地下水位等。砂土有效粒径愈小、不均匀系数愈小、透水性愈小、孔隙比愈大、受力体积愈大、受力愈猛，则砂土液化可能性愈大。

三、尾矿库安全检查和监测技术

（一）防洪安全检查和监测

防洪安全检查的主要内容包括：防洪标准检查、库水位监测、滩顶高程的测定、干滩长度及坡度测定、防洪能力复核和排洪设施安全检查等。

（二）尾矿坝安全检查和监测

尾矿坝安全检查内容：坝的轮廓尺寸，变形、裂缝、滑坡和渗漏，坝面保护等。

（三）尾矿库库区安全检查

尾矿库库区安全检查的主要内容包括周边山体稳定性，违章建筑、违章施工和违章采选作业等情况。

五、尾矿坝（库）事故处理技术措施

（一）尾矿库溃坝事故

1. 在满足回水水质和水量要求前提下，尽量降低库水位；

2. 水边线应与坝轴线基本保持平行；

3. 尾矿库实际情况与设计要求不符时，应在汛期前进行调洪验算。

（二）尾矿坝滑坡事故

滑坡抢护的基本原则是：上部减载，下部压重，即在主裂缝部位进行削坡，而在坝脚部位进行压坡。尽可能降低库水位，沿滑动体和附近的坡面上开沟导渗，使渗透水很快排出。若滑动裂缝达到坡脚，应该首先采取压重固脚的措施。因土坝渗漏而引起的背水坡滑坡，应同时在迎水坡进行抛土防渗。

因坝身填土碾压不实、浸润线过高而造成的背水坡滑坡，一般应以上游防渗为主，辅以下游压坡、导渗和放缓坝坡，以达到稳定坝坡的目的。对于滑坡体上部已松动的土体，应彻底挖出，然后按坝坡线分层回填夯实，并做好护坡。

坝体有软弱夹层或抗剪强度较低且背水坡较陡而造成的滑坡，首先应降低库水位。如清除夹层有困难时，则以放缓坝坡为主，辅以在坝脚排水压重的方法处理。地基存在淤泥层、湿陷性黄土层或液化等不良地质条件，施工时又没有清除或清除不彻底而引起的滑坡，处理的重点是清除不良的地质条件，并进行固脚防滑。因排水设施堵塞而引起的背水坡滑坡，主要是恢复排水设施效能，筑压重台固脚。

滑坡处理前，应严格防止雨水渗入裂缝内。可用塑料薄膜、沥青油毡或油布等加以覆盖。同时还应在裂缝上方修截水沟，以拦截和引走坝面的积水。

第五节 油气田事故的主要类型

一、石油天然气的危险性

（一）石油

石油是一种黄色乃至黑色、有绿色荧光的稠厚性油状液体。

石油闪点范围较宽，凝固点较高，其蒸气与空气形成爆炸混合物，遇明火、高热能引起燃烧爆炸，与氧化剂能发生强烈反应，遇高热可分解出有毒的烟雾。表7—2列出了石油燃烧爆炸特性参数。

表7—2 石油燃烧爆炸特性参数

物料名称	爆炸极限/%	闪点/℃	自燃温度/℃
原油	1.1～8.7	-6.67～32.22	～350

石油的危险性主要表现在以下几个方面：

1．易燃性

石油闪点较低，介于-6.67℃～32.22℃之间，根据《石油天然气工程设计防火规范》（GB 50183—2004）的规定，石油火灾危险性分类为甲B类。

2．易爆性

当石油蒸气与空气混合，达到爆炸极限时，遇到点火源即可发生爆炸。物质的爆炸极限浓度范围越宽，爆炸极限浓度下限越低，该物质爆炸危险性越大。石油的爆炸下限较低，易发生爆炸。

3．易蒸发性

石油易蒸发。石油蒸发主要有静止蒸发和流动蒸发两种。蒸发的油蒸气密度比较大，不易扩散，往往在储存处或作业场地空间地面弥漫飘荡，在低洼处积聚不散，大大增加了火灾危险程度。

4．静电荷积聚性

石油的电阻率一般在$10^{11}\Omega\cdot cm$～$10^{12}\Omega\cdot cm$左右，在管道输送时，石油与管壁摩擦会产生静电，且不易消除。当静电放电时会产生电火花，其能量达到或大于石油的最小点火能并且石油的蒸气浓度处在爆炸极限范围内时，可立即引起爆炸、燃烧。

5．扩散、流淌性

石油有一定黏度，受热后其黏度会变小，泄漏后可流淌扩散。其蒸气密度比空气大，泄漏后的石油及挥发的蒸气易在地表、地沟、下水道及凹坑等低洼处滞留，并贴地面流动，往往在预想不到的地方遇火源而引起火灾。国内外均发生过泄漏液体沿排水沟扩散遇明火燃烧爆炸的恶性事故。

6. 热膨胀性

石油体积由温度改变引起的变化相对不大。但如着火现场附近的石油受到火焰辐射的高热时，其体积会有较大的增长（由于石油中低沸点组分会膨胀气化），会因膨胀而顶爆固定容积的容器或溢出容器，从而参与燃烧甚至爆炸，酿成更大事故。

7. 易沸溢性

石油容易受热膨胀、沸溢。石油受热膨胀，蒸气压升高，会造成储存容器受压增加。相反，高温油品在储存中冷却，又会造成油品收缩而使储油容器产生负压。当石油含水0.3% ~4%时，遇高热或发生火灾时，容易产生沸溢或喷溅燃烧的油品大量外溢，甚至从罐中喷出，从而造成重大火灾事故。

（二）天然气

天然气是从油气藏中开采出的可燃气体，其主要成分为气体烷烃（C_nH_{2n+2}）；非烷烃气体有氮气、硫化氢、一氧化碳、二氧化碳、水、氧、氢和微量的惰性气体，这些气体与烷烃组成互相不起化学反应的混合物。

天然气中含量最多的成份是甲烷，它是比空气稍轻的无色可燃气体，在20℃标准大气压下甲烷的净热值是32926kJ/m^3。

天然气属易燃、易爆物质，极易引起燃烧和爆炸。逸散的天然气和空气混合，当浓度达到爆炸下限时，如遇明火就会发生爆炸；如果未达到爆炸下限，遇明火则会发生燃烧。天然气主要组分性质见表7—3。

表7—3　　天然气主要组分性质（0℃，101.325 kPa）

组分性质	甲烷	乙烷	丙烷	正丁烷	异丁烷	硫化氢
密度（kg/m^3）	0.72	1.36	2.01	2.71	2.71	1.54
爆炸上限（V%）	15.0	13.0	9.5	8.4	8.4	4.30
爆炸下限（V%）	5.0	2.9	2.1	1.8	1.8	45.5
自燃点（℃）	645	530	510	490	—	290
理论燃烧温度（℃）	1830	2020	2043	2057	2057	—
燃烧气体所需空气量（m^3）	9.54	16.7	23.9	31.02	31.02	1900
最大火焰传播速度（m/s）	0.67	0.86	0.82	0.82	—	7.16

1. 易燃性

根据《石油天然气工程设计防火规范》（GB 50183－2004）中可燃物质火灾危险性分类，天然气火灾危险等级为甲B类。

2. 易爆性

天然气的爆炸极限较宽，爆炸下限较低，泄漏到空气中能形成爆炸性混合物，遇明火、高热极易燃烧爆炸，燃烧分解产物为CO、CO_2。在储运过程中，若遇高热，容器内压增大，有开裂和爆炸的危险。

天然气在大口径输气管线里和空气混合发生爆炸时，出现迅速着火爆燃现象，火焰传播速度将超过音速而达到1 000 m/s～4 000 m/s，局部压力可达到8 MPa，甚至更高。该爆炸现象的产生是由于着火介质中有冲击波产生，并迅速运动，致使介质温度、压力和密度急剧增大，加速了化学反应，使破坏力增强。

3．易扩散性

天然气的密度比空气小，泄漏后不易留在低凹处，有较好的扩散性。

4．焦尔—汤姆逊效应

当天然气在管道中流动时，遇到狭窄的通道，如阀门、孔板等，由于存在摩擦损耗，使压力显著下降，体积膨胀，温度降低，这种现象称为节流效应，也称为焦尔—汤姆逊效应。天然气温度降低可能产生的危害有天然气产生水合物、低温对管材的破坏作用等。

5．水合物

天然气水合物是在高压低温状态下由水和气体组成的冰态物，其结构特点是结晶水晶格的笼形结构气体分子，外形如冰雪状，通常呈白色，结晶体以紧凑的格子构架排列，与冰的结构非常相似。

天然气水合物能堵塞管道，影响生产，引发事故。

天然气水合物的生成主要需要以下3个条件：

（1）天然气与液态水接触。

（2）天然气—液态水体系的温度低于其所在压力下的水合物形成温度。

（3）气体流速、压力的波动以及水合物晶种的存在将加速水合物形成。

6．高压缩性

天然气属于压缩性很强的可压缩流体，在管道发生破裂漏气后泄压速度慢，在管材韧性低的情况下可能导致大范围裂纹扩展。

二、火灾

火灾（燃烧）是可燃物与氧化剂结合，并释放出能量的化学反应，释放出能量中的一部分用来维持其反应。

（一）燃烧的形式

燃烧是可燃物质与氧或氧化剂化合时发生的一种伴有放热和发光的激烈氧化反应。由于可燃物质可以是气体、液体或固体，所以它们的燃烧形式是多种多样的。

按照产生燃烧反应相的不同，可分为均相燃烧和非均相燃烧。均相燃烧是指燃烧反应在同一相中进行，如天然气在空气中燃烧是在同一的气相中进行的，就属于均相燃烧。与此相反的情况则为非均相燃烧，如石油、木材等液体和固体的燃烧就属于非均相燃烧。非均相燃烧较为复杂，必须考虑到可燃液体及固体物质的加热，以及由此而产生的相变化。

1．可燃性气体的燃烧有混合燃烧和扩散燃烧2种形式：

（1）混合燃烧。将可燃性气体预先与空气混合，在这种情况下发生的燃烧成为混合燃烧。混合燃烧反应速度快、温度高，通常的混合气体爆炸就属于这一类。

（2）扩散燃烧。可燃气体从管中喷出，与周围空气接触，边混合边燃烧，这种形式的燃烧称为扩散燃烧。在扩散燃烧中，由于反应不完全，所以经常产生没有完全燃烧的炭黑。

2. 可燃性液体和固体的燃烧分别属于蒸发燃烧、分解燃烧或表面燃烧等3种形式：

(1) 蒸发燃烧。可燃液体燃烧时，通常液体本身并不燃烧，而只是由液体蒸发产生的蒸气进行燃烧，这种形式的燃烧叫做蒸发燃烧。蒸气被点燃起火后，形成的火焰温度进一步加热了可燃液体表面，从而加速易燃液体的蒸发。使燃烧继续蔓延和扩大。汽油、酒精等易燃液体的燃烧就属于蒸发燃烧。

(2) 分解燃烧。很多固体或不挥发性液体，由于受热分解而产生可燃性气体，这种气体的燃烧称为分解燃烧。例如木材和油脂，大多是先分解产生可燃气体再行燃烧，所以是分解燃烧的一种。

(3) 表面燃烧。可燃固体燃烧到后期，分解不出可燃气体，就剩下无定形炭和灰，此时没有可见火焰，燃烧是在高温可燃固体与空气相接触的表面上进行的，这种燃烧称为表面燃烧。金属的燃烧也是另一种表面燃烧，没有汽化过程，燃烧温度较高。

(二) 燃烧条件

燃烧必须同时具备3个条件，即：

(1) 有可燃物质存在；

(2) 有助燃物质存在，常见者为空气、氧气等；

(3) 有能导致燃烧的能源即点火源，如撞击、摩擦、明火、静电火花、雷电等。

可燃物、助燃物和点火源是构成燃烧的三要素，缺少其中任何一个燃烧都不能发生。但是燃烧在可燃物浓度、温度、点火能等方面都存在着极限值。在某些情况下，如可燃性混合物未达到燃烧极限浓度范围之内或不具备足够的点火能量，那么即使具备了上述3个条件，燃烧也不会发生。例如当空气中的含氧量低于14%时，一般可燃物质便不会发生燃烧；又如一根火柴的热量不能点燃一根木柴。对于已经进行着的燃烧，若消除3个条件中的任何一个，燃烧就会终止，这就是灭火的基本原理。

(三) 闪点

可燃液体的表面都有一定量的蒸气存在，蒸气的浓度取决于液体的温度。可燃液体的蒸气与空气所组成的混合物遇明火时产生闪燃，引起闪燃的最低温度称为闪点。闪燃不能使液体燃烧，原因是在闪点温度下，液体蒸发缓慢，可燃液体蒸气与空气的混合物瞬间燃尽，新的可燃蒸气来不及补充，故闪燃瞬间就熄灭。虽然仅是闪燃，但闪点却是衡量石油及油品火灾危险性的主要标志。闪点数据通过标准仪器测定，有开杯式和闭杯式2种。常温下能闪燃的液体常用闭杯闪点仪测定，闪点较高的液体则用开杯容器测定。同系列的可燃液体，其闪点变化规律是：随分子量的增加而增高；随密度的增加而增高；随沸点的增高而增高；随蒸气压的降低而增高。可燃液体混合物的闪点不具有加和性，高闪点液体中即使加入少量低闪点液体也会大大降低闪点，增加火灾危险性。石油的密度比煤油高，但石油的闪点却比煤油低就是一个例子。

(四) 引燃温度

引燃温度是指物质（不论是固态、液态或气态）在没有外部火花或火焰的条件下，能自动引燃和继续燃烧的最低温度。

对石油产品来讲，密度愈大，闪点愈高，而引燃温度却愈低。因此，从引燃温度来说，重质油料比轻质油料的火灾危险性大。

对天然气来讲无闪点数据，但是天然气中气态烃的引燃温度则具有随分子量增加而降低的规律，例如甲烷的引燃温度高于乙烷、丙烷的引燃温度。

（五）石油的燃烧速度

液体燃料的燃烧速度有2种表示方法：①以每平方米面积上1小时烧掉液体的质量表示，称为液体燃烧的质量速度；②以1小时（或1分钟）烧掉液体层的高度来表示，称为液体燃烧的直线速度。

液体燃料燃烧前须先蒸发而后燃烧，故液体燃烧速度取决于液体的蒸发，并且与很多因素有关。例如液体的初温越高，燃烧速度越快；储罐中低液位燃烧比高液位燃烧的速度要快（因为受火焰加热的罐壁可以进一步加速油品的蒸发）；不含水的比含水的石油产品燃烧速度要快；蒸气压高的比蒸气压低的石油产品燃烧速度要快。

油品燃烧时，火焰靠辐射向油品表面传热，使油品液面温度逐渐升高，同时油品蒸发加剧。油品蒸发要吸收大量蒸发热，最后在液面上保持热平衡，液面温度不再升高而维持定值。轻质油品挥发强度大，吸收的蒸发热量多，故液面温度较低。重质油品挥发强度小，液面温度较高。

油品着火后火焰便很快沿油品表面蔓延。火焰沿液面蔓延的速度取决于液体的初温、热容、蒸发热和火焰的辐射能力。此外，风速对火焰蔓延速度也有很大影响。

（六）天然气的燃烧速度

天然气的燃烧不需要像固体、液体那样经过熔化、蒸发等过程，所以燃烧速度很快。气体燃烧分混合燃烧和扩散燃烧，通常情况下混合燃烧速度高于扩散燃烧速度。气体的燃烧速度常用火焰传播速度来衡量，

火焰传播速度在不同直径的管道中测试时其值不同。一般讲火焰传播速度随着管道直径增加而增加，当达到某个直径时速度就不再增加。同样，随着管道直径的减少而减少，当直径小到一定程度时火焰就不再传播而熄灭，这是因为管子直径减小时热损失增加所致，这也就是阻火器的原理。

（七）燃烧温度

燃烧温度实质上就是火焰温度。因为可燃物质燃烧所产生的热量是在火焰燃烧区域内析出的，因而火焰温度也就是燃烧温度。

油品着火燃烧时，火焰的中央部分由于空气供应不足，燃烧不充分，所以温度不高。因此火焰的温度是：在比油面稍高的位置上，火焰温度相当于油品的沸点温度；随着高度增加，火焰温度急剧升高，约距油面1.5 m高度上，火焰温度可达最高值；当高度继续增加，火焰温度有所下降。此外，火焰的高度则取决于燃烧液面直径和燃烧速度。一般说，燃烧速度越快，火焰高度与燃烧液面直径之比值越大。

三、爆炸

爆炸是物质发生非常迅速的物理或化学变化的一种形式。这种变化在瞬间放出大量能量，使其周围压力发生急剧的突变，同时产生巨大的声响。

（一）爆炸极限

可燃气体或液体蒸气与空气的混合物，在一定的浓度范围内，遇有火源才能发生爆炸。这个遇有火源能发生爆炸的浓度范围，称为爆炸浓度极限，通常用体积百分数来表示。其中遇火源能发生爆炸的最低浓度称为爆炸浓度下限，而能够发生爆炸的最高浓度称为爆炸浓度上限。

一切可燃物质与空气所形成的可燃性混合物，从爆炸下限到爆炸上限的所有中间浓度，在遇有引爆源时都有爆炸危险。混合物的浓度低于爆炸下限，既不爆炸也不燃烧，因为空气量过多，可燃物过稀，使反应不能进行下去。混合物浓度高于爆炸上限时，一般也不会爆炸，但能够燃烧。

由于爆炸性混合物的爆炸与可燃性气体的混合燃烧的不同点仅在于爆炸是在瞬间完成的，故一般很难将可燃性混合物与爆炸性混合物加以严格的区别，因此，这两个名词往往也就是指同一事物。同样的道理，爆炸极限与燃烧极限也很相似，一般讲爆炸极限范围在燃烧极限范围之内，即爆炸下限与燃烧下限大体相同。而爆炸上限则比燃烧上限稍低。

几种易燃液体蒸气在空气中的爆炸浓度极限（体积百分数）为：车用汽油 1.58% ~ 6.48%，煤油 1.4% ~7.5%，苯 1.5% ~9.5%，酒精 3.3% ~19.0%。

因为液体的蒸气浓度是在一定温度下形成的，所以可燃液体除了有爆炸浓度极限外，还有一个爆炸温度极限。可燃液体在一定温度下，由于蒸发而形成等于爆炸浓度极限的蒸气浓度，这时的温度称为“爆炸温度极限”。对应于爆炸浓度的上、下限，相应有爆炸温度极限的上、下限。

几种可燃液体的爆炸温度极限为：车用汽油 36℃ ~7℃，煤油 45℃ ~86℃，甲苯 0℃ ~30℃，酒精 11℃ ~40℃。需要指出的是，汽油的爆炸温度极限为 36℃ ~7℃，这个爆炸温度范围在北方冬天是常出现的，这表明汽油罐的爆炸危险性冬天要比夏天大，但是煤油夏天则更易爆炸。

爆炸极限不是一个固定值，它随着各种因素而变化，主要的影响因素有以下几点：

1. 爆炸性混合物的原始温度越高，则爆炸极限范围越大；

2. 爆炸性混合物的原始压力越大，则爆炸极限范围越大；

3. 容器的直径越小爆炸极限范围缩小发生爆炸的危险性降低；

4. 混合物中所含惰性气体（氮、二氧化碳、水蒸气等）的百分数增加，则爆炸极限范围缩小；

5. 火源性质，如电源强度、热表面的面积，火源与混合物的接触时间等也有影响。

（二）爆炸的类型

石油天然气爆炸可分为物理性爆炸和化学性爆炸。

1. 物理性爆炸

物质因状态或压力发生突变等物理变化而引起的爆炸称为物理性爆炸。物理性爆炸前后物质的性质和化学成分不改变。例如锅炉的爆炸，压缩气体、液化石油气超压引起的爆炸，压力容器内液体过热汽化引起的爆炸均属于物理性爆炸。这种爆炸能够间接地造成火灾或促使火势的扩大蔓延。

2. 化学性爆炸

由于物质发生极迅速的化学反应，产生高温、高压而引起的爆炸称为化学性爆炸。化学爆炸前后物质的性质和成分均发生了根本的变化。化学性爆炸按爆炸时所发生的化学变化，可分为：

(1) 简单分解爆炸，如乙炔在压力下的分解爆炸。这种爆炸不一定发生燃烧反应，所需热量由爆炸物质本身分解时产生，受轻微震动即可引爆。

(2) 复杂分解爆炸，如炸药的爆炸。

(3) 爆炸性混合物爆炸，即所有可燃气体、蒸气、雾滴和粉尘与空气混合所形成的混合物的爆炸，包括石油、天然气的爆炸，均属于此类。这类爆炸需要一定条件，如爆炸物质含量、空气含量及激发能源等。其危险性虽较前两类化学性爆炸为低，但很普遍，造成的危害也较大。

(三) 爆炸的过程

爆炸虽然发生于瞬间，但它还是存在一个发生过程。以化学性爆炸中爆炸性混合物爆炸为例，其发生过程大体分为3个阶段：

1. 爆炸性混合物的形成阶段

此时可燃物质与助燃物质相互扩散形成爆炸性混合物，遇明火后，燃爆开始。

2. 连锁反应阶段

爆炸性混合物与点火源接触后便有自由原子或自由基生成而成为连锁反应的作用中心，热和连锁载体向外传播，促使邻近一层爆炸混合物起化学反应，然后这一层又成为热和连锁载体的源泉，而引起另一层爆炸混合物的反应。火焰是以一层层同心圆球面的形式往各方面蔓延。火焰的速度从着火点附近0.5～1 m处的每秒若干米开始，逐渐加速达每秒数百米

(爆炸) 以至数千米 (爆轰)。若在火焰扩散的路程上有遮挡物，燃烧热的积聚导致气体温度上升，连锁反应速度急剧加速引起压力的急剧增加，使爆炸威力升级。

3. 完成爆炸阶段

此时爆炸力造成破坏，甚至是灾难性的破坏。

四、井喷

在我国石油行业中，井喷定义为：地层流体（油、气或水）流入井内并引起井内流体喷出钻台面的现象。井喷不会突然发生，在其最终发生之前往往伴随井喷序列事件发生，通常要经历下面几个阶段：

(一) 溢流阶段

地层中的油气等高压流体侵入井内引起井口返出的钻井液量比泵入量大，或停泵后井口钻井液自动外溢的阶段。实际工作中存在一些井控装置和程序用于控制和安全处置形成的高压流体，通常情况下钻井液的静水压力会阻止地层中的油气进入钻井孔，但当存在一些潜在的危险或威胁时，将会导致油气溢流。例如：钻井泥浆密度不够、突然钻进至未意料到的高压油气层、泥浆循环失效导致静水压头损失、不正确的制动行为、以及可能导致任何威胁的任何阶段的人为失误等。

（二）井涌阶段

溢流的进一步发展到钻井液涌出防溢管口的阶段。在溢流阶段，若井控的装置发生故障或操作程序失误，则未受控制的油气释放将会发生，即井涌阶段。但该流动仍能被井端的阀门或防井喷装置关闭，或者，若井筒虽不能确信被关闭，但其压力没有超过最大允许的封井压力，这时可以将释放的油气排放到确定位置并点火，该阶段可通过使用现场现存的备用装置，使得未受控制的油气释放现象得到迅速的控制。当然，某些井控设备的失效也会导致井喷，如泥浆—气体分离装置失效等，不过这类失效可以通过设备的冗余设计来解决。

（三）井喷阶段

钻井井筒中的流体向大气环境释放的流动完全失去控制的阶段。在井涌阶段，若备用的井控装置故障或操作程序失误，则失去控制的油气释放将会发生，即进入井喷阶段。一旦形成了井喷，为了恢复井控，只有通过安装或用替代的特殊的设备以关闭井口、封井或另钻释放井筒。

第六节　钻井安全技术

钻井作业中，一旦井喷将导致井下情况复杂化，被迫终止正常作业进行压井。井喷后的压井作业将对油气层造成较严重的损害。同时，井喷极易导致失控。井喷失控将使油气资源受到严重破坏，易酿成火灾，造成人员伤亡、设备毁坏、油气井报废和自然环境的污染。井喷失控是钻井工程中性质严重、损失巨大的灾难性事故。全力防止井喷，杜绝井喷失控是钻井安全工程首要解决的问题。

一、井控装置

（一）作用

井控装置是为了实施平衡钻井工艺而装设的。即在钻井中当井内液柱压力与地层压力之间的平衡被破坏时，利用井控装置去及时发现、正确控制和处理溢流，尽快重建井底压力平衡。

（二）井控设备

井控装置，系指实施油气井压力控制技术的所有设备、专用工具和管汇。按井控设备的功能可分为：

1. 监测设备

监测设备对溢流显示能及时、准确地监测和预报，这是实现平衡钻井和实施井控作业的前提。它包括：泥浆池液面监测仪、报警仪等。

2. 控制设备

控制设备对溢流能迅速准确地控制。控制设备配套工作压力应与地层压力基本一致。控制方式应尽可能自动或半自动化，并辅以手动，做到安全可靠。

控制设备包括：各种类型的防喷器，防喷器远程控制台，司钻控制台，各种闸阀，钻具内专用工具（方钻杆上、下旋塞，钻具止回阀）和旁通阀。

3．处理设备

溢流处理设备应配套，适应性要强。处理设备包括：节流管汇及控制系统、压井管汇、放喷管汇、泥浆气体分离器、真空除气器、泥浆罐、自动灌泥浆装置等。处理设备也包括特殊作业设备，如：灭火设备、加压装置、旋转头、自封头等。

（三）闸板防喷器

闸板防喷器按壳体内闸板室的数量，可分为单闸板防喷器、双闸板防喷器、三闸板防喷器。在国内使用最多的是双闸板防喷器。

1．功能

（1）当井内有钻具（或其他管柱时），能封闭套管与钻具之间的环形空间；

（2）当井内无钻具时，能全封闭井口；

（3）在封闭情况下，可通过壳体旁侧出口所连接的管汇，进行泥浆循环、节流放喷、压井作业；

（4）在特殊情况下，可切断钻具，并达到关井的目的；

（5）可悬挂钻具。

2．工作原理

闸板防喷器由壳体、侧门、油缸、活塞、活塞杆、锁紧轴、闸板总成等主要零部件组成。当高压油进人左右油缸关闭腔时，推动活塞、活塞杆，使左右闸板沿着闸板室内导向筋限定的轨道，分别向井口中心移动，达到关井的目的。当高压油进入左右油缸开启腔时，左右两个闸板总成分别向离开井口中心的方向移动，达到开井的目的。闸板开和关的方向是由换向阀控制的。一般在 3～8s 时间内即能关闭，满足钻井工艺的需要。

（四）环形防喷器

环形防喷器具有承压高、密封可靠、操作方便、开关迅速等优点，特别适用于密封各种形状和不同尺寸的管柱，也可全封闭井口。

1．功能

（1）当井内有钻具、油管或套管时，能用一种胶芯封闭各种不同尺寸的环形空间；

（2）当井内无钻具时，能全封闭井口；

（3）在进行钻井、取心、测井等作业过程中发生溢流时，能封闭方钻杆、取心工具、电缆及钢丝绳等与井筒所形成的环形空间；

（4）在使用减压溢流阀或缓冲储能器控制的情况下，能通过 18°无细扣对焊钻杆接头，强行起下钻具。

2．工作原理

环形防喷器形式各不相同，但主要由壳体、顶盖、胶芯及活塞 4 大部分组成。环形防喷器关闭时，高压油从壳体下部油口进入活塞下部关闭腔，推动活塞上行。活塞锥面挤压胶芯，由于顶盖的限制，胶芯不能上行，只能被挤向中心，储备在胶芯支承筋之间的橡胶因支承筋相互靠拢被挤向井口中心，直至抱紧钻具或全封闭井口，实现其封井的目的。

当需要打开井口时，操纵液压系统换向阀，使高压油从壳体上油口进入活塞上部的开启腔，推动活塞下行，消除了在胶芯锥面上的挤压力，胶芯在本身弹性力的作用下逐渐复位，打开井口。

(五) 节流压井装置

1. 用途和适用范围

节流压井装置作为液压防喷器的配套装置是排除溢流、实施油气井压力控制技术的必要设备。在油气钻井中，井筒里的泥浆一旦被地层流体所浸污，就会造成泥浆静液柱压力低于地层压力，导致溢流发生。这时需要关闭防喷器，调节节流阀的开启程度，控制一定的回压，以维持稳定的井底压力，加重泥浆或泵入重泥浆压井。除此之外，节流压井装置还可以用于洗井等作业。

2. 分类

(1) 手动节流压井装置。由压井管汇和只能手动操作的节流管汇组成。

(2) 遥控节流压井装置。由压井管汇、可以遥控操作的节流阀组成的节流管汇和节流管汇控制箱组成。

二、井控装置的安全要求

(一) 防喷器

防喷器安装完毕后，必须校正井口。转盘、天车中心偏差不大于10mm。应用16mm的钢丝绳在井架底座的对角线上绷紧防喷器。

1. 闸板防喷器

(1) 必须装齐闸板手动操纵杆，靠手轮端应支撑牢固，操作杆与锁紧轴中心线的偏斜不大于30°。

(2) 井喷时可用闸板防喷器封闭空井或与闸板尺寸相同的钻具，需长时间关闭时，应手动锁紧闸板。锁紧或解锁手轮均不得强行扳紧，扳到位后回转1/4~1/2圈。

(3) 现场应配备备用闸板，一旦闸板损坏，能及时更换。

(4) 严禁用打开闸板来泄掉井内压力。每次打开闸板前，应检查手动锁紧装置是否解锁（到底）；打开后，要检查闸板是否全开（后退到体内），不得停留在中间位置，以防钻具损坏闸板。

(5) 打开和关闭侧门时应先泄掉控制管汇压力，以防损坏铰链的“O”形圈。侧门螺栓未上好时，不得开关闸板形，以免憋坏闸板、闸板轴或铰链。用旋转式侧门时，不许同时打开两个侧门。

(6) 装有二次密封装置的闸板防喷器，只有在活塞杆密封处严重漏失时，才能注入三次密封膏（EMOS）。注入量不宜过多，止漏即可，以免损坏活塞杆。一有可能就立即更换活塞杆密封，不可长久依赖二次密封装置。

(7) 当井内有钻具时，严禁关闭全封闭闸板。

(8) 进入油气层后，每天应开启闸板1次，检查开关是否灵活，并检查手动锁紧装置是否开关灵活。

(9) 用完后，闸板应处于打开位置。

2. 环形防喷器

(1) 如井内有钻具发生井喷时，可先用环形防喷器控制井口。但尽量不要长时间封闭，避免胶芯过早损坏，或因无锁紧装置在控制压力下降时易封闭失效。非特殊情况不用来封闭空井。

（2）用环形防喷器进行井下作业，必须使用带18°接头的钻具；过接头的时候，起、下钻速度不得大于1 m/s；所有钻具上的胶皮护箍应全部卸掉。

（3）环形防喷器处于关闭状态时，允许有限制地上、下活动钻具，不许旋转钻具和悬挂钻具。

（4）严禁用打开环形防喷器的办法来泄井内压力，以防刺坏胶芯。

（5）每次开启后，必须检查是否全开，以防挂坏胶芯。

（6）进入油气层后，每起下钻2次，要试开关环形防喷器1次，检查封闭效果，发现胶芯失效立即更换。

（二）节流、压井装置和放喷管线

1．平行闸板阀在阀板处于浮动状态时才能密封，因此开或关到底后必须再回转1/4～1/2圈，严禁开关扳死。

2．液动放喷阀作打开放喷管线用，此阀在1～3 s时间内即可开关。严禁在井内有高压的情况下，用液动放喷阀来泄压或节流。进入油气层后每起下钻具1次，可开关活动液动放喷阀1～2次。液动放喷阀应处于常闭状态。

3．平板阀只能作截止阀用，而不能作节流阀用。

4．节流阀只能作节流用，不能作截止阀用。

5．节流、压井管汇的承压能力应与防喷器工作压力相匹配，应能满足反循环、回收钻井液、消防作业和节流压井等要求。

6．压力变送器应垂直安装，在测试压力的管路上应装一截止阀，以便在无气源时，截断压力信号。返回压力表是气液比为1∶200的压力表，不能用普通压力表代替。

三、钻开油气层的防喷

井喷最根本的原因是井内液柱压力低于地层孔隙压力，使井底压力不平衡。防止井喷的关键是及时发现溢流和及时控制溢流。

（一）准确预报地层压力

钻进中要加强地层对比，及时提出地质预告，尤其对异常高压层的盖层预报一定要准确。根据地质资料掌握准确的地层压力，确定合理的钻井液密度。

（二）及时发现溢流

溢流显示，往往有下列表现：

（1）憋跳钻、钻时加快或放空。油气层岩性往往比较疏松，钻速快，可能发生憋钻。当钻进碳酸盐岩裂缝性油气层时，常因裂缝或溶洞发生憋跳钻或放空等情况。

（2）钻井液循环出口流量增大、减少或断流，池液面上升或降低。

（3）泵压上升或下降。当溢流速度快时，会发现钻井液循环出口量剧增。由于流动阻力增大，循环泵压突然上升；当溢流量不大，特别是气体时，由于环形空间钻井液平均密度降低，泵压下降。

（4）钻井液中出现油、气、水显示。当溢流物是石油时，钻井液中有油花或油流，钻井液密度降低、黏度上升。

当溢流是气体时，钻井液密度降低、黏度上升，气泡多，取气样能点燃，出口管返出不均匀，有井涌情况。

（5）悬重变化。当钻进中发生钻时加快或放空时，能使悬重增加，甚至恢复到“原悬重”；当溢流速度很大时，由于循环阻力增加，泵压上升而对钻具“上顶”，使悬重降低，甚至将钻具冲出井口。

溢流、井喷有多种早期显示，其中循环出口流量和池液面变化是发现溢流、井喷的主要依据。因此，必须采用可靠的仪器对循环出口和池液面高度进行自动监测。同时应当固定岗位，定点、定时观察对比，及时发现溢流。

短起下钻是及时发现起钻中溢流的可靠方法。在以下情况下应进行短起下钻：

（1）钻进中发现溢流经循环排除后；

（2）钻进中其他录井（如砂样、钻时录井等）发现有可能钻遇油气层时；

（3）由于各种原因造成钻井液密度下降而未加重时；

（4）正常起钻中发现灌不进钻井液或灌量偏少时。

短起下钻的具体作法是以正常的速度起钻至钻头高于检验的油气层 10 柱钻杆，再下钻过油气层循环一周以上，观察有无溢流发生。

（三）溢流控制

发现溢流后，应尽快关井，将溢流量控制到尽可能小的程度。在条件相同的情况下，溢流量愈大，排除溢流过程中的套压愈高，压井的困难程度愈大。因此，对溢流量应作明确的规定。一般情况下，ϕ152 mm ~ ϕ215 mm 的井眼，溢流量不超过 3 m^3；ϕ311 mm 的井眼，溢流量不超过 5 m^3。

不同的溢流速度会发生不同的地面反应。少量的溢流会发生后效反应，使钻井液气侵、井涌。成段的气柱上升至井口附近时，将其上部钻井液举出地面而形成间隙井喷。大量的溢流能将钻井液呈柱状推出。即使溢流为气体，其产量达 $10^6 m^3/d$ 时，初期也只能看到钻井液循环出口流量突然增大而看不到喷势。只有当井筒液体将要喷空，气体接近井口时，钻井液才能形成冲出转盘面的直立液柱。为了保护防喷器胶芯，在控制溢流时，应先关环封，再关半封。

四、井漏后的防喷

井漏和井喷是井下压力失去平衡的两种极端状况。

井漏后，井内钻井液将降至一个与地层压力相当的静液面。当井内液柱压力与地层压力平衡后，地层流体将以置换、扩散等形式进人井内，气体不断滑脱上窜膨胀，使钻井液气侵，密度降低，体积增加，直至液面上升至井口后外溢。一旦发生外溢，井内钻井液减少，平衡破坏而加剧溢流速度，直至井喷。在井漏以后再进行起下钻作业，会因抽吸、掏空而诱发井喷。因此，发生井漏后，为了防止井喷，应向井内补充液体，使井内始终处于低压头的漏失状态。当反灌补充钻井液的速度使液面保持的高度足以补偿抽吸掏空时，就可以在井漏条件下进行起下钻作业。如起钻后下堵漏管串进行堵漏作业或起钻下油管进行完井作业。

第七节　作业安全技术

一、射开油气层的防喷

（一）一般射孔井的防喷

射孔井的一般施工方式是利用射孔车动力，将电缆连接的射孔枪（含枪身、炮弹）及下井仪器下入套管井内，使射孔枪对准目的层通电引爆射孔弹，射穿套管、水泥环，形成油流孔道。此种射孔工艺一般采用泥浆和清水压井，同时井口装有防喷装置。防喷施工经济、简单、操作方便，是一种正压井的射孔作业。射孔时不具备短时控制高压油气的防喷能力，只适用于一般井液压力与产层压力相近的油井。在防喷工作中要注意以下几个问题：

1. 合理地选择压井液

根据产层压力数据，合理选择压井液，使井液压力大于产层压力（正压），同时又要保证压井液不对产层孔道周围形成二次污染。具体有以下 2 点要求：一是控制压井液化学与机械杂质成分，保证在射后压井液进入射孔孔道时不造成堵塞；二是合理确定压井液密度，使其既能保证射后压住产层，又不将产层压死，二者必须兼顾，做到既控制井喷又保护油层产能。

2. 强化井口防喷措施

根据产层压力，相应选好井口防喷装置。施工前，详细检查各部位性能是否可靠，还必须进行井口装置试压，保证其无泄漏。如在射开油层后发生井喷也能及时关井控制住井喷。

（二）过油管负压射孔井的防喷

过油管负压射孔是指在射孔时保持压井液柱形成的压力小于产层压力，当射开油气层后，如果负压差控制得当，油气能较快地从射孔孔道流向井筒内。该射孔工艺有诱喷作用。在油气流向井筒内时可将射孔弹的残留碎屑及其它他杂质从油管带出井筒，清洗了油流通道，消除了射后对产层的污染，是普遍采用的射孔新工艺。

过油管负压射孔是负压射孔中的一种施工方法。其施工工艺流程是：射孔前井内泥浆以清水或泡沫液替代并进行掏空，使井筒内压力与产层压力形成合理的负压差，然后将油管下入井内距离产层上部 50m 处（预置套管短节位置），同时地面安装采油树与井口密封防喷装置。井口还需接一根通向放喷池的硬管线。管线口要固定牢固。射孔施工时，作业队配备一部与防喷装置连接的注脂泵车。当电缆接上仪器下连过油管射孔枪（枪身内装好须射层厚的射孔弹）通过油管下入套管内目的层，引爆射孔后，在负压差的作用下，高压油气流通过射孔孔道流向井筒内，井口采油树上安装的油、套压力表可以显示井内压力情况。此时可根据压力情况通过注脂泵车打压注入密封脂，以使井口密封防喷装置的密封压力与井内压力达到平衡状态。由于以上施工是在密封情况下进行的，因此可以在井喷时提出电缆、仪器和射孔枪。

过油管负压射孔的地面全套防喷控制系统包括：井口防喷密封装置、油脂打压泵装置、放喷管线。

1. 井口防喷密封装置

由控制头、防喷管、井口采油树3部分自上而下连接组成。

（1）控制头。电缆从其上部控制头橡皮盘根通过，其下部接防喷管、采油树。当射孔后井内压力有升高显示时，油脂泵车通过注脂管线向控制头内流管短节与电缆的间隙加压密封，以确保井液不喷出地面。一般国产控制头耐压指标为35 MPa。

（2）防喷管。上部与控制头连接，下部连接井口采油树。其作用是射孔后射孔枪身和下井仪器起出井口后进入防喷管内，井口才能关闭以保障工作正常进行。防喷管的长度根据射孔枪身和下井仪器的长度确定，其耐压指标为35 MPa。

（3）井口采油树。上部接防喷管、下部与井口四通相连。它直接控制井口油管、套管的各种闸门，并装有油、套压力表。采油树的耐压应与防喷管、控制头的耐压指标相匹配。

2. 油脂打压泵装置

由注脂泵车、手压泵、高压管线3部分组成。

（1）注脂泵车。车内设有储脂罐、空压机、高压泵、操作控制装置及连接各部的管线。当空压机工作后，带压气体进入控制台，经调压后再进入高压油泵，高压油泵通过注脂管线对控制头进行打压注脂。一般油脂泵车的工作压力为35 MPa。

（2）手压泵。为手动操作的小型液压油泵。当井液发生喷溅时，可用手压泵通过管线对控制头打压进行控制。另外在井口起吊枪身、仪器时，也可用它对控制头加压将电缆抱死，以便进行射孔枪的换接工作，手压泵的工作压力为0.15 MPa。

（3）高压管线。系指控制头与注脂泵连接的胶质管线和控制头上的泄流管线。高压管线的耐压性能应与相连接的各部分压力匹配。

3. 放喷管线

是与井口采油树套管闸门相连接的一条硬管线，用来放喷调压。

（三）油管输送负压射孔井的防喷

油管输送负压射孔是最近几年发展完善的一种射孔新工艺。其工作过程是：在套管井内呈负压的状态下，油管柱与射孔枪连接并下到应射孔层位，其深度由放射性测井曲线及磁定位曲线确定。井口装有采油树及油、套压力表。当油管输送的射孔枪到达目的层位后，打开井口采油树闸门向油管柱内投棒，撞击枪身头部的起爆器起爆射孔（或在油管、套管间的环空内加压引爆枪身头部的压力起爆器引爆射孔）。该工艺与其他射孔工艺相比，甩掉了电缆，比较彻底地解决了高压油气层射孔的井喷问题；与过油管负压射孔比较，其施工工艺可靠，是解决射孔防喷的理想工艺，现已在我国各油田推广应用。缺点是射孔后弹渣及枪身留在井中。

该工艺在施工中，产层与井液的负压差的合理选择是防喷工作的关键。选择压差时，要考虑到防喷施工的安全性和可靠性，还要防止产层受到损害。所以要求设计施工人员掌握齐全准确的各项资料，科学合理地选择负压差值。

二、压裂酸化作业安全技术

（一）施工设计的安全要求

1. 压裂施工井场布置原则

（1）井场道路及电力线路的要求。压裂酸化施工井场，要根据施工规模统一规划。施工车辆停放位置距井口要保持一定距离，最少不要小于10 m。施工区内应填平夯实，保持一定坡度，不存积水，不窝车辆。规划时应考虑到在施工过程中拉运支撑剂（或拉运液体）的车辆能顺利出入。进出井场道路的转弯处，应根据施工车辆的转弯半径适当加宽路面，做到不打倒车，进出方便。所有施工车辆和液罐的摆放位置应远离已架高的各种电力线路，更不要摆在其线路下面。横穿道路的电线要在过车前检查，高度不够者应提前加高。

（2）液罐、施工车辆、放喷管线和排污池的规划布局。为了施工安全，所有液罐、施工车辆应摆在井口的上风方向。与施工无直接关系的车辆（如交通车、餐车、救护车等）应停放在井场以外的安全处。排污池应设在井口的下风方向20 m以外。放喷管线用硬管线，并分段固定牢固，两固定点之间距离不能大于10 m。出口端不能接90°弯头。

（3）气井施工过程中对放喷流程的安装布局要求。为了在压裂酸化前后对气井进行试气而在井场安装临时测气流程时，应结合施工进行统一布局。全部流程应避开车辆通过区和压裂设备摆放区。放喷管线和井口出气流程管线应分开，需进哪条管线应可随意用闸门控制。天然气出口点火位置应处于距井口100m以外的下风方向。

2. 井口装置的安全要求

（1）井口装置的选择与试压。井口装置应根据压裂酸化设计的最高施工压力来确定，也就是说所选井口装置的公称压力必须大于或等于施工设计的最高压力。井口装置在安装前必须整体试压，合格后才能上井。属油井的按水密封试压标准试压，属气井者按气密封试压标准试压。

（2）套管短节的检验与安装。压裂井所用套管短节的材质与规范应与井内所连接套管相符，凡退火部分应切除不用，以保证套管短节的强度。所车新扣应光洁无毛刺，经试压合格（试压标准为原厂家试压压力值的80%），在井口用手上紧，应余3～3.5扣（指8扣/英寸的套管），余扣过多或过少都不合格，不能使用。上紧前涂丝扣油，用链钳上紧后应无余扣。

套管短节如漏失，应卸掉更换，不要焊死，因为焊后焊缝两侧的管壁被退火，强度被降低。

（3）井口装置的安装。套管短节、底法兰、套管四通应分段安装，以保护套管丝扣和保证上扣质量。套管四通以上部分的安装可根据施工要求而定。

井口装置的钢圈由低碳钢材料制成，较软，应防止碰坏。注意检查钢圈和钢圈槽，应无损伤、无锈蚀、无泥土，擦洗干净。上紧法兰盘螺栓时应对角上紧，将法兰紧平。安装完后用钢丝绳将井口装置四角平衡崩紧。

3. 油基压裂液施工的安全要求

油基压裂液罐应摆放在距井口较远（最好50 m以外）的地势低洼处。罐与混砂车应保持5 cm以上的距离，中间应设高度不低于0.5 m的防护堤，将罐区与设备区隔开。最好用带有呼吸器的密封液罐。不要在高温天气（尤其是30℃以上天气）施工。进井场车辆排气管要装阻火器，防止火花排出。

4. 压裂酸化施工区内的安全要求

现场应禁绝明火。施工一开始各岗位人员应严守岗位，注意力集中，高压区内人员全部撤离。非施工人员应远离施工现场。大型施工应划出警戒区，派专人负责警戒。在警戒区内禁止闲人停留或穿越。

5. 确定施工压力时应注意的问题

在有关的各种手册中所列出的套管（或油管）各项强度值，是指在单一应力作用下的最小破坏强度。但在井内的套管（或油管）在施工中是受多种应力综合作用的，所以其单项实际强度低于表列数值，这一点要特别注意。

（二）施工设备的安全保障

1. 高压管汇系统的定期监测

高压管汇系统在压裂酸化中是直接承压、受腐蚀的部位，也是最容易出问题的部位，应当引起足够重视。在新投用前就应逐根逐件探伤、测壁厚，将测得结果作为基础资料存档。自投用之日起，应当每年定期探伤、测壁厚1次。如发现异常应增加探伤、测壁厚次数。在探伤中如发现有裂纹管件，该管件应立即报废。同期投用的成套管汇，如发现其中20%以上管件有裂纹者，建议全套管汇报废。

在测壁厚中，如发现管件壁厚变薄，应按最薄处核算管汇内抗压强度。现场施工最高压力应低于核算后的管汇抗压强度。如满足不了现场施工要求，应换掉抗压强度不够的管件。

2. 压裂泵液力端（泵头）的检查与监测

合理使用、精心维护泵头，是延长泵头使用寿命、防止泵头突发事故的重要措施。每次施工完后应认真清洗泵头内腔，以防止酸、碱、盐的腐蚀造成应力集中点，使泵头过早损坏。装有缓冲器的泵头，应每月核对一次缓冲器压力，低于额定压力者应及时充气，如漏气要及时修理。缓冲器是防止高压系统产生水击的主要手段，应当引起足够重视。另外在换凡尔时要认真观察泵头腔内有无裂纹，如发现裂纹应立即更换新的泵头。有些泵头上装有放空闸门，在泵运转时或承压时不要打开此闸门放空，以防止发生事故。

3. 施工压力显示系统的校对与检查

随着压裂酸化设备自动化程度的提高，显示施工压力的部位也在增多，如仪表车自动记录压力、数字显示压力、各压裂车泵压表指示压力等。如各部位压力显示不同，施工时就无所适从。所以整个压力显示系统应当每季度标定一次，与标准压力的误差应小于±2%。

4. 超压保护装置的检查与部件更换

安装超压保护装置的目的主要是为了防止泵压过高，超过承压系统的额定压力，引起机械和人身事故。所以不论原车组配备何种型式的超压保护装置，都必须使用。而且要定期检查，使其性能可靠。

5. 紧急熄火装置的保养与检查

安装紧急熄火装置的主要目的是在特殊情况下，采用正常方法熄火停机无效时，用机械的办法将发动机进气管关死，强制发动机熄火。关闭进气管的动作是通过在进气管中装一可控制的活门来实现的。控制活门动作的方法有：

（1）直接手动控制；

（2）通过连杆机构，连接到便于操作部位，手动控制；

（3）电磁阀控制；

（4）连杆机构和电磁阀配套控制。

这种装置要经常检查维修，电路部分要保持完好、正常；电磁阀要能正常动作；连杆机构要清理注油，防止锈死；操作手柄要能拉到规定位置。建议每半年试用一次，使之经常处于完好状态。这种装置是在紧急情况下使用的，非紧急情况不要使用。一旦使用紧急熄火装置将发动机熄火后，注意要将熄火活门恢复到原来位置，以便下次启动发动机。

6. 对酸化施工设备的配套要求

酸化用的酸液属于强酸类型液体，稍有漏失就直接威胁人身安全、造成环境污染。所以总的要求应当是人不见酸、酸不见天、密闭施工。

推荐按下述要求配套：所用酸液在酸站配好，用酸罐车拉至现场。施工前高低压管汇用无酸液体试压。注酸完后用无酸液体清洗高低压管汇，此清洗液应作为替置液注入井内。

7. 其他安全配套要求

在压裂（酸化）地面管汇中，对应的每台泵车，混砂车、酸泵车的每条进出口管线都应配有单向阀，以备施工中发生问题时便于处理。

8. 施工时消防设备的配备

（1）常规施工按正常规定配备消防设施，并保证性能可靠。

（2）大型施工、高产油气井和在施工中认为应重点防护的井，除常规消防设施外，应加配消防车，至少应有 2 台在现场值班。

（三）施工作业的安全技术

鉴于压裂酸化作业的特殊性，施工时必须有专人统一指挥。为了便于理解和叙述方便，按现场施工操作顺序分述如下。

1. 施工前施工车组不带压试运转的方法及要求

施工流程连接好后，首先要进行不带压试运转（即走泵）。其目的是检查高低压管汇是否畅通，仪表是否工作。同时将流程内的空气用液体全部替出，以免空气与天然气接触而引起爆炸，或因泵内有气体影响泵的正常工作。其方法是将泵注液体通过井口装置的总闸上部生产四通（或三通）进入放喷管线放空。走泵时间的长短以仪表显示正常、各压裂泵的空气排完、上水正常为限。

2. 管汇试压

为防止在施工过程中管汇漏失，致使施工中断，甚至造成不良后果，高低压管汇在正式施工前都应试压。配备有试压泵的车组，应当用试压泵试压。没有配备试压泵的车组，用压裂泵试压时，必须由操作熟练的人员操作。将带泵的发动机油门降到最低位置，挂1挡，单泵试压。在泵压未达到所规定压力前提前摘挡，靠惯性最后达到所试压力。不论何种情况，试压时操作人员都要注意力集中，所有人员全部撤离高压区。

低压管汇所试压力应不低于1 MPa，高压管汇所试压力应高于所施工井的最高施工压力。

3. 循环洗井和试挤的安全技术要求

此处所说的循环洗井，目的不是清理井筒，因为清理井筒的工作在此之前就应当完成，不再赘述。其目的主要是从安全出发，检查井内管柱是否畅通。核对井筒是否已充满液体。所以开始洗井应慢速注入，以返出正常为限。对井内下有封隔器不能洗井的井，应通过试挤查清井下情况。特别是酸化施工井，在洗井后进行注酸之前必须试挤。观察井口是否漏失，地层是否吸收，算出吸水指数后才能向井内注酸。不论上述哪种不正常情况存在，如果注酸过早，都会导致施工失败，使已泵注的酸液无法回收，最后流到地面，造成污染，威胁人身安全。

4. 平稳施工的安全技术要求

平稳施工的核心就是要求排量稳、压力稳，压裂泵车工作时不晃动（不走空泵）且工作平稳。为此，首先供液压力要平稳，加支撑剂速度要平稳，这是确保安全施工的关键。

在实际操作中，开泵时应先开一台，待运转正常排量稳定、压力稳定在允许值以内后，才能开启第二台泵。再加泵也是如此。加挡也是一样，应由低到高、逐步加挡。使压力和排量缓慢平稳上升，一次达到设计值。做到加泵加挡一次成功。尽量避免加上去又减下来，使压力和排量忽高忽低，大起大落。

在压力和排量调整平稳、各泵工作正常后，重要的是防止走空泵（泵不上水）。因为在高压条件下，严重的走空泵可能拉断井口、折断高压管汇、打坏压裂泵，造成重大事故。所以此时要密切注意压力和排量是否稳定，同时供液泵车（混砂车或供酸泵车）要保持足够和稳定的供液压力，以防止压裂泵走空。一但发现压裂泵车晃动严重（即走空泵），要立即采取措施，若措施无效，应马上停泵。如有半数以上走空泵者，应停止施工，查出原因进行处理后才能继续施工。

5. 带酸施工的安全技术

酸液和酸液的各种添加剂，大多数都具有不同程度的毒性，与皮肤接触会发生烧伤。酸液与硫化物的积垢作用可以产生有毒气体硫化氢。所以在对含硫的油气水井进行酸化作业时，施工人员应戴防毒面具。砷化物有毒，不易分解，而且与铝或镁接触会产生三氢化砷有毒气体，故应避免用砷化物作酸液添加剂。施工时应作到：

(1) 严格按照工序进行工作，即走泵—试压—循环洗井—试挤求吸水指数—挤（替）酸。

（2）自井内返出液体应放入坑内。

（3）被酸液污染的衣服应洗净再穿。

6. 人身安全的急救措施

含酸液体和其他对皮肤有烧伤作用或有毒性液体接触到人身时的处理措施：

首先用淡水冲洗，必要时加肥皂清洗，尽快洗去有害物质，以缩短对人身的伤害时间，减轻伤害程度。

如发现有烧伤时，用含量0.85～0.9%的盐水（质量比）浸泡或滴到伤面处。用以止痛和防止组织液析出，避免脱皮。但要注意盐水浓度要掌握准确，过高或过低都不能达到理想效果。

经上述处理后，视轻重程度确定是否送医院治疗。

（四）施工过程中复杂情况的安全处理

1. 高低压管汇或井口漏失的处理

在施工中管汇刺漏，属总管汇者，应停泵放压后处理，属单泵管线应停单泵。不要在停单泵时换单泵管线，因为在高压区工作是危险的。更不要在管汇承高压的情况下砸紧，这种徒劳的作法太危险。

如果是混砂车（或酸泵车）排出管线刺漏，可关闭两端闸门，动用备用管线。是吸入管线刺漏可抢换管线，但要动作迅速。有酸者要注意防护，所换管线注意排出空气后才能使用。井口装置刺漏应停泵放压后处理。

2. 压不开地层的处理

在开始施工时，如一开泵泵压就直线上升，要立即停泵，检查闸门是否倒错。如确认闸门没问题，井筒和井下管柱都是畅通的，泵压达到允许值后，地层仍不吸收液体者，应停止施工。待查清井下原因采取具体措施后再进行施工。如泵压达到允许值后，地层吸收量太小，达不到设计要求者，不要用提高泵压的办法提高排量，这样做是不安全的。正确的办法是在工艺措施上找出路。

3. 施工过程中泵压升高的处理方法

压裂（酸化）施工是一项短时紧张的工作，对指挥员尤其是这样。施工时要密切注意泵压、排量、砂比的显示值，这3项数值是相互影响、可相互调整的。

施工中正常的压力缓慢上升不一定都是坏事。这里要讨论的是在排量和砂比都保持稳定时，泵压突然上升或上升太快。此时如处理稍慢就有可能发生事故。具体如何处理主要靠指挥员的经验，一般采取如下处理方法：

（1）准确掌握支撑剂到达地层的时间，密切注意压力变化。支撑剂进入地层后如泵压很快上升，应酌情停止加支撑剂，泵入替置液，观察情况，再确定能否继续加支撑剂。

（2）如泵压突然升高，接近最高允许压力，要立即停泵，放喷反循环洗井，将井内未进地层的支撑剂洗出，防止沉在井内。

（3）在正常施工中，特别是在压力接近最高允许压力的情况下，泵压突然降低之后又升高，应停泵、反循环洗井，注意验证井下管柱或套管是否断、脱、压破或发生其他情况。

4. 井口放喷的安全技术要求

井口放喷是在压裂施工中，由于各种原因，已无法继续施工的情况下进行的。一般来说这时井口压力较高，所以只有控制压力放喷才能保证地面和井下的安全。

放喷前应查看放喷管线出口处下游，要求杜绝火种，人员离开。放喷管线固定牢靠，出口端不带90°弯头。井口装置要装油管压力表和套管压力表。油套管不能同时放喷。放喷时闸门慢慢打开，注意控制放喷压力。要求上述2个压力表的最大压力差不能大于油管与套管最小抗压强度的50%，以保护油管和套管。同时控制一定压差对防止地层内支撑剂吐出也是有益处的。如条件许可，应采取循环洗井放喷的方法，尽快将井筒洗通，将砂冲出，防止砂卡压裂管柱。

5. 防止砂卡压裂管柱的措施

由于各油田的情况不同，防止砂卡的措施也各有不同，但如下几点要认真作好。

(1) 顶替液量要合适，尽量减少井内沉砂，以杜绝砂卡的可能性。

(2) 循环洗井要彻底（特别是在施工中砂堵的井，能洗井者一定要尽快洗井，防止沉砂），要求洗井液量达到井筒容积后，返出液体不含砂（洗井合格）。

(3) 对预计可能砂卡的井，要立即起油管。

(4) 起油管时如发现遇卡，不要硬拔，应立即加深油管，再上提下放活动解卡。

在下压裂管柱时，要求油管和油管挂之间必须加短节连接，以防止遇卡时提不起来，又放不下去的现象发生。

三、井下作业过程中发生井喷的处理技术

当作业过程中发生井喷时，为减少地下资源的损失和环境污染，保护国家财产和人民群众的生命安全，迅速控制住井喷是一切工作的当务之急。现场各级指挥人员和施工抢险人员要沉着冷静，采取各种手段和有效措施。首先是利用现场所具备的井控和防喷设施关闭井口，及时调配压井液并泵入井内，提高井筒液柱压力来制止井喷，与此同时要搞好现场组织工作，加强安全防范措施，确保抢险工作的顺利进行。

（一）对各种异常情况的处理方法

施工中当出现各种井喷异常情况时（如地层严重漏失，井口外溢量增大，气体增强或油管自动上顶等），当班人员的主要处理方法是：

1. 坚守工作岗位，服从现场指挥，沉着果断地采取各种有效措施，防止井喷的继续发展和扩大。

2. 迅速查明井喷的原因，及时准确地向有关部门汇报，并做好记录。

3. 当井下钻具出现自动上顶时，要尽快座上悬挂器，对角上紧全部顶丝，快速装上井口或防喷装置，做好下步措施的准备工作，泵入适当密度的压井液，提高井筒内液柱压力，待压力平衡稳定后再继续施工。

4. 当射（补）孔中途发现井口有油、气显示快速外溢时，要停止射孔，在允许的条件下，立即提出电缆，注意观察井口变化，如来不及提出时，要迅速截断电缆，抢关防喷装置。

5. 射孔后出现严重漏失的井，要及时向井内灌注压井液，并适当提高其黏度，防止压井液进一步漏失。

6. 当发现井筒内压井液被气侵，密度降低时，要及时替入适当密度的压井液，将原井筒液体全部替净，或用清水循环脱气。

（二）发生井喷后的安全措施

1. 在发生井喷初始，应停止一切施工，抢装井口或关闭防喷井控装置。

2. 一旦井喷失控，应立即切断危险区电源、火源、动力熄火。不准用铁器敲击，以防引起火花。同时布置警戒，严禁一切火种带入危险区。

3. 立即向有关部门报警，消防部门要迅速到井喷现场值班，准备好各种消防器材，严阵以待。

4. 在人烟稠密区或生活区要迅速通知熄灭火种。必要时一切非抢险人员尽快疏散，撤离危险区域。由公安保卫部门组织好警卫、警戒；交通安全部门组织好一切抢险车辆，保证抢险道路车辆畅通，维护好治安秩序和交通秩序。

当井喷失控，短时间内又无有效的抢救措施时，要迅速关闭附近同层位的注水、注蒸汽井。在注入井有控制地放压、降低地层压力。或采取钻救援井的方法控制事故井，以达到尽快制服井喷的目的。

（三）抢救工作的组织及准备

抢救过程中的正确组织和指挥，是制止井喷的关键。各级指挥人员和参加抢救人员，在抢救过程中应坚定沉着，忙而不乱，紧张而有秩序地进行工作。为此，平时就应经常进行以下工作：

1. 增强抢险抢救意识，定期对各有关人员进行防喷抢救知识的培训，以防麻痹大意和临战慌乱。施工大队和小队平时要成立以主要负责人为主的抢救预备队，做到召之即来，来之能战，战之能胜。

2. 以预防为主，认真做好抢救器材、工具的准备。施工大队应备有一台抢险工程车。各种抢救用器材、工具要有专人负责保管，定期检查保养，确保灵活好用，不准随便挪用。

3. 当接到井喷事故报警后，要迅速集合队伍、调集器材到现场。同时，立即成立由工程、地质、交通安全、保卫等人员组成的抢险领导小组并开始工作。

4. 制定抢救方案要从最坏处着眼，向最好处努力。制定多套方案，并向参加抢救的全体人员交底，让每个参战人员都清楚实施步骤和有关注意事项。在实施抢救方案的过程中，指挥人员要在现场指挥并随时掌握进展情况，随时采取应急措施，直至制止住井喷。

（四）井喷后抢救过程中人身安全防护措施

由于抢救工作是在高含油、气危险区进行，随时会发生爆炸、火灾及人员中毒等事故。地层大量油、水、砂的喷出会造成地面下塌等多种危险因素，抢救人员的安全防护措施至关重要。

1. 全体抢救人员要穿戴好各种劳动防护用品，必要时戴上防毒面具、口罩、防震安全帽，系好安全带、安全绳。

2. 消防车及消防设施要严阵以待，随时应付突发事故的发生。

3. 医务抢救人员到现场守侯，做好急救工作的一切准备。

4. 全体抢救人员要服从现场的统一指挥，随时准备好。一旦发生爆炸、火灾、塌陷等意外事故时，人员、设备能迅速撤离现场。

5．在高含油、气区域抢险时间不宜太长，组织救护队随时观察中毒等受伤人员，及时转移到安全区域进行救护。

（五）井喷制止后的善后工作

造成作业过程中的井喷事故，无论大小都要认真分析原因，接受教训，并做好善后工作，以便把损失降至最低限度。

1．井喷制止后要进一步加固井口和防喷装置，泵入适当密度的压井液，重新恢复井筒液柱压力，平衡地层压力。继续按照原施工设计要求继续施工达到作业修井目的。

2．有关部门和施工单位要分析事故原因，总结经验，从中吸取教训，并将事故经过详细记载，以备今后引以为戒。

3．调查因井喷事故造成的地面污染情况：如农田、房屋、树木等的污染面积及数量，设备工具损失情况以及经济损失等；环保部门要积极组织清除地面环境污染，恢复地貌。

4．地质部门要认真分析地下油、气层因井喷带来的新变化，估算喷吐出井外的流体数量（石油、天然气、水、砂量等)，作为以后油田开发的参考资料。

第八节　采油（气）安全技术

一、注蒸汽热力采油安全技术

热力采油就是将热量有计划地注入到油层，或在油层内产生热量，从井里采出原油。它适应于用常规采油方法不能正常开采的稠油油田的开采。主要包括火烧、注蒸汽、注热水和注热气等4种方法。在我国目前较普遍采用的办法是注蒸汽热力采油。

（一）注汽工艺安全技术要求

1．热采井对钻井工程质量的安全技术要求

热力采油是通过热采井将高温高压蒸汽注入油层，加热稠油，降低黏度，使之采出。因此，稠油区钻热采井的工程质量必须符合热力采油工艺的安全技术要求。

（1）应采用7°以上油层套管完井。因为稠油开采井下工艺复杂，只有大井眼、井斜小，才能保证顺利起下热采工具和进行大泵强采，减少井下工程事故。

（2）要保护油层。要求钻井钻到油层顶部时，调整钻井液，用优质低密度钻井液钻开油层，减少对油层的污染和损害。

（3）固井质量合格，耐高温水泥必须返到地面。如果钻井质量不合格，注蒸汽采油时，就容易发生汽窜，影响分层工艺的进行。严重的会导致水泥环碎裂，甚至套管损坏。

（4）套管的材质要能耐高温，一般要求用抗蠕变性强的N80钢级的套管。注汽井要提拉预应力完井。

（5）下套管时，丝扣要上紧。以避免注汽时发生汽窜事故，导致套管变形和损坏。

（6）对出砂的油层，要采取防砂措施。

（7）不允许采用复合套管完井，以免造成热采工具无法通过。

（8）完井时装井口，必须上紧丝扣，以免发生井口套管头漏，给采油和作业带来许多困难。

2. 地面注汽管道工艺的安全技术要求

（1）安全设计要求。地面注汽管道包括固定管线和活动管线。对其设计的安全要求是：

1）管道材质要按全国压力容器标准化技术委员会编制的《钢制石油化工容器设计规定》，选用注汽管道材质按 YB529—70 或 YB800—70 标准选用20号优质碳素钢。

2）注蒸汽地面管道，由设计院按《火力发电厂汽水管道压力计算技术规定》设计。其公称压力定为21.0 MPa，温度定为420℃。

3）为确保工作参数下的管道强度，在设计中对管道管件、阀门等都必须选用专门材料和配件。焊接选用氨弧焊打底焊接工艺，焊口探伤照像合格，经试压合格后，才能交付使用。

4）管道安装，必须要有安全距离。为防止管道在使用中发生爆破事故，危害人和建筑物。管道与建筑物之间要保持一定安全距离。管道走向要考虑交通和其他生产设施的安全，该数据由设计院结合现场实际情况选定。但每40～60 m，必须增加一张力弯，管线本身拐弯时，可适当考虑。

（2）安全使用要求。管道施工验收合格后，交付采油厂使用，采油厂应建立管道档案，对运行时间、运行状况、维修情况、检测结果以及事故等做详细纪录。运行中，使用单位按锅炉出口压力等级操作，注汽时应以小排量（额定排量的30%）低压力（额定压力的30%）热管道30 min，再进行管道整体试压，压力控制在16.0～17.0 MPa，稳定10 min，无渗漏，合格之后，按注汽方案要求，为注汽井供汽。

冬季停炉时，应将管道中的积水排出、防止冻裂管道。

注汽管道上严禁人行走与坐立。严禁车辆辗压管线，或停留在管线旁，以防止管线意外爆破事故发生，造成人身伤亡和设备的损伤。

注汽管道的定期安全检测与注汽过程中的安全检查：

1）注汽管道必须进行定期检测，其检测内容包括管道的壁厚、焊口、保温层、支架、支墩、闸阀等项。检测时间1年进行1次。经检测认定不合格部分，应进行局部或全部整改，以至更换。

2）在注汽过程中，注汽单位要进行安全监测。要监测蒸汽沿管道的压力降、温度降、热流量和热损失的大小。此外还要定期巡线检查，发现有刺漏或事故隐患时，要立即停炉放空进行整改或更换，确保安全生产。例如1988年7月，辽河油田锦45块7号炉注汽时，在巡线中发现注汽活动地面管线有一处刺漏，将卡箍的一条螺栓几乎刺断。由于及时发现处理，避免了一次飞管线事故的发生。

3，停注后的安全要求

（1）当油井注汽达到设计注汽量停炉后，要立即关闭井口的总阀门和生产阀门。在冬季应将总阀门以上的蒸汽冷凝水放掉，以防冻坏井口装置。

（2）停注后要检查地面放空管线是否畅通，处于冬季生产的油田，要特别注意冬季放空管线防冻问题，要求冬季停注后地面管线要放水扫线，防止冻管线。同时要求放空管线要直，不能有大的弯曲。否则在放喷时，由于弯曲处的反作用力，容易造成管线飞起伤人。

4. 隔热井安全技术要求

(1) 注氮气隔热井，必须保证管柱和井口装置严密不漏。套管和套管头严密不漏。套管阀门开关灵活，严密不漏。否则注进套管中的氮气将会漏掉，就达不到隔热的目的。

(2) 从套管阀门一侧接出一根准备注氮气的油管，要求此侧地势要平，氮气车要能靠近井口，能进能出。

(3) 注氮气时操作要平稳，注氮气的压力不超过热采井口的工作压力，以免发生意外事故。

二、气举采油的安全技术

一、高压气源的安全要求

油田一般采用增压气举采油，举升介质工艺气要使用天然气，不能采用空气。通过压缩机多级压缩将低压天然气变为高压天然气作为举升动力。由于天然气是易燃易爆气体，以及压缩机（组）自身的结构和设计要求，安全问题就显得十分重要。在气举采油工程设计时，必须满足以下安全技术要求。

1. 天然气气质

(1) 组分要符合干气标准，即在0.101 MPa和20℃时的1 m^3天然气中，C_5以上的烃液含量低于13.5 cm^2。

(2) 硫和水蒸气的含量均要符合商品天然气的标准。

(3) 如果原动机为天然气发动机，则要保证燃料气中甲烷的含量和气体的热值，并有一个合理的空燃比。

2. 压缩机（组）

(1) 进气压力和排气压力均要易于调节，并保证机组在额定功率下正常运行。

进入机组的低压气和经机组压缩输出的高压气，既能以单机供气又能并联供气，以便于计量、操作、维修和管理，同时也有助于控制压力波动，保证安全生产。

(2) 排气量不应低于实际用气量的1.1～1.2倍，并能在要求的范围内自动调节。当超压或超流量而需外排时，外排气要能自动返流进入低压供气管线中。

(3) 各级缸的进、排气温度不能超过其额定值。

(4) 润滑油量和牌号要与压缩机（组）的要求一致，要有润滑油量显示和调节装置。

(5) 每级缸前分离器内的液位要能自控或手控。

(6) 压缩机不能超振。

(7) 整个机组要有自动补偿和报警系统。

3. 发动机

(1) 发动机的功率必须与压缩机匹配，并依转速与功率之间的关系，找出安全满负荷时的最佳工作转速。

(2) 各缸温度及缸间温差不能超过设计值。

（3）发动机不能超振

（4）工作不正常时，要能自动停机和报警。

4. 高压容器

（1）要根据工艺要求选择工作压力等级，并装安全阀。

（2）要有油和污水排放系统，分离器要能自动排液，并有液位显示和超液位报警装置。

5. 地面流程

（1）整个系统的运行工况要能自动联锁控制和报警。

（2）天然气增压系统必须是一个全密闭系统。既要严防空气进入天然气供气管线中，又要严防管线中的天然气外漏。

（3）油气分离器要适应气举井采油时气油比较大和回压较高的特点，使油、气有效分离。

（4）油、气计量系统要准确。

（5）压气站、配气站和计量仪表间要保持空气流通，并安装可燃性气体检测报警装置；高压注气分配阀组不得漏气；安全阀要灵敏可靠。

（6）对气举管线要防腐和保温，易冻部位要有加热措施。

（7）要有吹扫、清洗和解堵管线的措施。

（8）要有防火、防爆、防毒、报警和紧急放空等设施。

（二）气举井作业的安全技术

1. 起管柱

（1）仔细检查各级气举阀，观察有无损伤或堵塞，尤其对不正常井更要注意。

（2）起出的气举阀要送回室内检验和维修，并作好记录，妥善保存，以备再用。

2. 下管柱

（1）如果已压井，管柱下井后应首先采用清水洗井，以免油层污染和气举阀堵塞。

（2）若为投捞式气举阀，下井前要在室内投入工作筒内经密封性试验合格。

（3）用油管规通油管，变形或弯曲油管不要下井。油管本体和丝扣要干净。

（4）按照施工设计书丈量油管，配好管柱。

（5）撕去气举阀注气孔处的胶布，并注意阀的下入方向、级数和深度。方向不要颠倒，级数不能弄错，阀深误差不得大于 ±10 m。

（6）油管要用管钳而非拉毛绳上紧，以确保作业安全和油管密封。

3. 气举投捞作业

三、储运安全技术

（一）管道线路的布置及水工保护

输油气管道路由的选择，应结合沿线城市、村镇、工矿企业、交通、电力、水利等建设的现状与规划，以及沿线地区的地形、地貌、地质、水文、气象、地震等自然条件，并考虑到施工和日后管道管理维护的方便，确定线路合理走向。输油气管道不得通过城市水源地、飞机场、军事设施、车站、码头。因条件限制无法避开时，应采取必要的保护措施并经国家有关部门批准。输油气管道管理单位应设专人定期对管道进行巡线检查，及时处理输油气管道沿线的异常情况。

埋地输油气管道与地面建（构）筑物的最小间距应符合《输气管道工程设计规范》（GB 50251—2003）和《输油管道工程设计规范》（GB 50253—2003）规定。

埋地输油气管道与高压输电线平行或交叉敷设时，其安全间距应符合《66 kV 及以下架空电力线路设计规范》（GB 50061—2010）、《输油管道工程设计规范》（GB 50253—2003）；与高压输电线铁塔避雷接地体安全距离不应小于 20 m，因条件限制无法满足要求时，应对管道采取相应的防雷保护措施，且防雷保护措施不应影响管道的阴级保护效果和管道的维修；与高压输电线交叉敷设时，距输电线 20 m 范围内不应设置阀室及可能发生油气泄漏的装置。

埋地输油气管道与通信电缆平行敷设时，其安全间距不宜小于10 m；特殊地带达不到要求的，应采取相应的保护措施；交叉时，二者净空间距应不小于0.5 m。且后建工程应从先建工程下方穿过。

埋地输油气管道与其他管道平行敷设时，其安全间距不宜小于10 m；特殊地带达不到要求的，应采取相应的保护措施，且应保持两管道间有足够的维修、抢修间距；交叉时，二者净空间距应不小于0.5 m，且后建工程应从先建工程下方穿过。

输油气管道沿线应设置里程桩、转角桩、标志桩。里程桩宜设置在管道的整数里程处，每千米一个，且与阴极保护测试桩合用。输油气管道采用地上敷设时，应在人员活动较多和易遭车辆、外来物撞击的地段，采取保护措施并设置明显的警示标志。

根据现场实际情况实施管道水工保护。管道水工保护形式应因地制宜、合理选用；定期对管道水工保护设施进行检查，发现问题应及时采取相应措施。

（二）线路截断阀

输油、气管道应设置线路截断阀，天然气管道截断阀附设的放空管接地应定期检测。定期对截断阀进行巡检。有条件的管道宜设数据远传、控制及报警功能。天然气管道线路截断阀的取样引压管应装根部截断阀。

（三）管道穿跨越

输油气管道通过河流时，应根据河流的水文、地质、水势、地形、地貌、地震等自然条件，及两岸的村镇、交通等现状，并考虑到管道的总体走向、日后管道管理维护的方便，选择合理的穿跨越位置。考虑到输油气管道的安全性，管道通过河流、公路、铁路时宜采用穿越方式。

输油气管道跨越河流的防洪安全要求，应根据跨越工程的等级、规模及当地的水文气象资料等，合理选择设计洪水频率。位于水库下游 20 km 范围内的管道穿跨越工程防洪安全要求，应根据地形条件、水库容量等进行防洪设计。管道穿跨越工程上游 20 km 范围内若需新建水库，水库建设单位应对管道穿跨越工程采取相应安全措施。输油气管道穿跨越河流、公路、铁路的钢管、结构、材料应符合国家现行的原油和天然气输送管道穿跨越工程设计规范的有关规定。管道跨越河流的钢管、塔架、构件、缆索应选择耐大气环境腐蚀、耐紫外线、耐气候老化的材料做好防腐。管道管理单位应根据防腐材料老化情况，制定跨越河流管道的维修计划和措施。管道穿越河流时与桥梁、码头应有足够的间距。穿越河流管段的埋深应在冲刷层以下，并留有充足的安全余量。采用挖沟埋设的管道，应根据工程等级与冲刷情况的要求确定其埋深。穿越河流管段防漂管的配重块、石笼在施工时，应对防腐层有可靠的保护措施。每年的汛期前后，输油气管道的管理单位应对穿跨越河流管段进行安全检查，对不满足防洪要求的穿跨越河流管段应及时进行加固或敷设备用管段，对穿跨越河流管段采用石笼保护时，石笼不应直接压在管道上方，宜排布在距穿越管段下游 10 m 左右的位置。

管道穿公路、铁路的位置，应避开公路或铁路站场、有职守道口、隧道，并应在管道穿公路、铁路的位置设立警示标志。输油气管道穿越公路、铁路应尽量垂直交叉，因条件限制无法垂直交叉时，最小夹角不小于30°，并避开岩石和低洼地带。

输油气管道穿跨越河流上游如有水库，管道管理企业应与水利、水库单位取得联系，了解洪水情况，采取防洪措施。水利、水库单位应将泄洪计划至少提前两天告知管道管理企业，且应避免大量泄洪冲毁管道。

（三）输油站

1. 输油站的选址

应满足管道工程线路走向的需要，满足工艺设计的要求；应符合国家现行的安全防火、环境保护、工业卫生等法律法规的规定；应满足居民点、工矿企业、铁路、公路等的相关要求。

应贯彻节约用地的基本国策，合理利用土地，不占或少占良田、耕地，努力扩大土地利用率，贯彻保护环境和水土保持等相关法律法规。

站场址应选定在地势平缓、开阔、避开人工填土、地震断裂带，具有良好的地形、地貌、工程和水文地质条件并且交通连接便捷、供电、供水、排水及职工生活社会依托均较方便的地方。

站场选址应避开低洼易积水和江河的干涸滞洪区以及有内涝威胁的地段；在山区，应避开山洪及泥石流对站场造成威胁的地段，应避开窝风地段；在山地、丘陵地区采用开山填沟营造人工场地时，应避开山洪流经的沟谷，防止回填土石方塌方、流失，确保站场地基的稳定；应避开洪水、潮水或浪涌威胁的地带。

2. 输油站场的消防

石油天然气站场消防设施的设置，应根据其规模、油品性质、存储方式、储存温度及所在区域消防站布局及外部协作条件等综合因素确定。油罐区应有完备的消防系统或消防设备；罐区场地夜间应进行照明，照明应符合安全技术标准和消防标准。应按要求配备可燃气体检测仪和消防器材；站场消防设施应定期进行试运行和维护。

3. 输油站的防雷、防静电

站场内建筑物、构筑物的防雷分类及防雷措施，应按《建筑物防雷设计规范》（GB 50057—2000）的有关规定执行；装置内露天布置的塔、容器等，当顶板厚度等于或大于4 mm 时，可不设避雷针保护，但应设防雷接地。设备应按规定进行接地，接地电阻应符合要求并定期检测；工艺管网、设备、自动控制仪表系统应按标准安装防雷、防静电接地设施，并定期进行检查和检测。

4. 输油站场工艺设备安全要求

工艺管道与设备投用前应进行强度试压和严密性试验，管线设备、阀件应严密无泄漏；设备运行不应超温、超压、超速、超负荷运行，主要设备应有安全保护装置；输油泵机组应有安全自动保护装置，并明确操作控制参数；定期对原油加热炉炉体、炉管进行检测，间接加热炉还应定期检测热媒性能，加热炉应有相应措施，减少对环境造成污染的装置与措施；储油罐的安装、位置和间距应该符合设计标准；对调节阀、减压阀、安全阀、高（低）压泄压阀等主要阀门应按相应运行和维护规程进行操作和维护，并按规定定期校验；管道的自动化运行应满足工艺控制和管道设备的保护要求；应定时记录设备的运转状况，定期分析输油泵机组、加热设备、储油罐等主要设备的运行状态，并进行评价；管网和钢质设备应采取防腐保护措施；根据运行压力对管道和设备配置安全泄放装置，并定期进行校验；定期测试压力调节器、限压安全切断阀、线路减压阀和安全泄放阀设定参数；定期对自动化仪表进行检测和校验。

（四）输气站

1．输气站的选址

输气站应选择在地势平缓、开阔，且避开山洪、滑坡、地震断裂带等不良工程地质地段；站的区域布置、总平面布置应符合《石油天然气工程设计防火规范》（GB 50183—2004）和《输气管道工程设计规范》（GB 50251—2003）的规定，并满足输送工艺的要求。

2．输气站场设备

进、出站端应设置截断阀，且压气站的截断阀应有自动切断功能，进站端的截断阀前应设泄压放空阀；压缩机房的每一操作层及其高出地面 3 m 以上的操作平台（不包括单独的发动机平台），应至少有两个安全出口及通向地面的梯子，操作平台的任意点沿通道中心线与安全出口之间的最大距离不得大于 25 m，安全出口和通往安全地带的通道，应畅通无阻；工艺管道投用前应进行强度试压和严密性试验；输气站宜设置清管设施，并采用不停输密闭清管流程；含硫天然气管道，清管器收筒应设水喷淋装置，收清管器作业时应先减压后向收筒注水；站内管道应采用地上或地下敷设，不宜采用管沟敷设；清管作业清除的液体和污物应进行收集处理，不应随意排放。

3 输气站场的消防

天然气压缩机厂房的设置应符合《石油天然气工程设计防火规范》（GB 50183—2004）和《输气管道工程设计规范》（GB 50251—2003）的规定；气体压缩机厂房和其他建筑面积大于等于 150 m^2 的可能产生可燃气体的火灾危险性厂房内，应设可燃气体检测报警装置；站场内建（构）筑物应配置灭火器，其配置类型和数量符合《建筑灭火器配置设计规范》（GB 50140—2005）；站内不应使用明火作业和取暖，确须明火作业应制定相应事故预案并按规定办理动火审批手续。

4．输气站场的防雷、防静电

输气站场内建（构）筑物的防雷分类及防雷措施符合《建筑物防雷设计规范》（GB 50057—2000）；工艺装置内露天布置的塔、容器等，当顶板厚度等于或大于 4 mm 时，可不设避雷针保护，但应设防雷接地；可燃气体、天然气凝液的钢罐应设防雷接地；防雷接地装置冲击接地电阻不应大于 10 Ω，仅做防感应雷接地时，冲击接地电阻不应大于 30 Ω；

对爆炸、火灾危险场所内可能产生静电的设备和管道，均应采取防静电措施；每组专设的防静电接地装置的接地电阻不宜大于 100 Ω。

5. 泄压保护设施

对存在超压可能的承压设备和容器，应设置安全阀；安全阀、调压阀、ESD 系统等安全保护设施及报警装置应完好使用，并应定期进行检测和调试；安全阀的定压应小于或等于承压管道、设备、容器的设计压力；压缩机组的安全保护应符合《输气管道工程设计规范》（GB 50251—2003）的有关规定。

（五）防腐绝缘与阴极保护

埋地输油气管道应设计有符合现行国家标准的防腐绝缘与阴极保护措施。

在输油气管道选择路由时，应避开有地下杂散电流干扰大的区域。电气化铁路与输油气管道平行时，应保持一定距离。管道因地下杂散电流干扰阴级保护时，应采取排流措施。输油气管道全线阴级保护电位应达到或低于 -0.85 V（相对 $Cu/CuSO_4$ 电极）但最低电位不超过 -1.50 V。管道的管理单位应定期检测管道防腐绝缘与阴级保护情况。及时修补损坏的防腐层，调整阴级保护参数在最佳状态。管道阴级保护电位达不到规定要求的，经检测确认防腐层发生老化时，应及时安排防腐层大修。

输油气站的进出站两端管道，应采取防雷击感应电流的措施，保护站内设备和作业人员安全。防雷击接地措施不应影响管道阴级保护效果。埋地输油管道需要加保温层时，在钢管的表面应涂敷良好的防腐绝缘层。在保温层外有良好的防水层。裸露或架空的管道应有良好的防腐绝缘层。带保温层的，应有良好的防水措施。大型跨越管段的入土端与埋地管道之间要采取绝缘措施。对输油气站内的油罐、埋地管道，应实施区域性阴级保护，且外表面涂刷颜色和标记应符合相应的标准规定。

（六）管道清管

管道清管应制定科学合理的清管周期，对于首次清管或较长时间没有清管的管道，清管前应制定清管方案。对于结蜡严重的原油管道，应在清管前适当提高管道运行温度和输量，从管道的末站端开始逐段清管。

根据管道输送介质不同，控制清管器在管道中合理的运行速度，并做好相应的清管器跟踪工作。发送清管器前，应检查本站及下站的清管器通过指示器。清管器在管道内运行时，应保持运行参数稳定，及时分析清管器的运行情况，对异常情况应采取相应措施。无特殊情况，不宜在清管器运行中途停输。进行收发清管器作业时，操作人员不应正面对盲板进行操作。从收球筒中取出清管器和排除筒内污油、污物、残液时，应考虑风向。

（七）管道检测

应按照国家有关规定对管道进行检测，根据检测结果和管道运行安全状况以及有关标准规范规定，确定管道检测周期。实施管道内检测的管道，收发球筒的尺寸在满足相应技术规范的基础上，还应满足内检测器安全运行的技术要求。管道及其三通、弯头、阀门、运行参数等应符合有关技术规范并满足内检测器的通过要求。

发送管道内检测器前，应对管道进行清管和测径。检测器应携带定位跟踪装置。检测器发送前应调试运转正常，投运期间应进行跟踪和设标。由于条件限制，无法实施内检测的管道，应采用其他方法进行管道的检测。应结合管道检测结果，对管道使用年限、压力等级、泄漏历史、阴极保护、涂层状况、输送介质、环境因素的影响等进行综合评价，确定管道修理方法和合理的工艺运行参数。对存在缺陷的部位应采取相应措施。

第九节 相关的安全技术标准

一、石油天然气安全规程

《石油天然气安全规程》（AQ 2012—2007）是国家安全生产监督管理总局于2007年1月4日发布的，2007年4月1日正式实施。其中，第五章对陆上钻井、井下作业和注气等提出了安全技术要求。

二、石油天然气设计防火规范

《石油天然气设计防火规范》（GB 50183—2007）是国家建设部于2004年11月4日发布的，2005年3月1日起实施。其中，第四章对区域布置第九章对电气安全提出了安全技术要求。

第八章　建筑施工安全技术

第一节　建筑施工安全专业知识

一、建筑施工的特点及伤亡事故类别

建筑业事故的特点是由建筑施工的特点决定的。

（一）建筑施工的特点

1. 产品固定，人员流动

建筑施工最大的特点就是产品固定，人员流动。任何一栋建筑物、构筑物等一经选定了地址，破土动工兴建后就固定不动了，但生产人员要围绕着它上上下下地进行生产活动。建筑产品体积大、生产周期长，有的持续几个月或一年，有的需要三五年或更长的时间。这就形成了在有限的场地上集中了大量的操作人员、施工机具、建筑材料等进行作业，这与其他产业的人员固定、产品流动的生产特点截然不同。

建筑施工人员流动性大，不仅体现在一项工程中，当一座厂房、一栋楼房完成后，施工队伍就要转移到新的地点去建设新的厂房或住宅。这些新的工程可能在同一个街区，也可能在不同的街区，甚至是在另一个城市内，施工队伍就要相应在街区、城市内或者地区间流动。改革开放以来，由于用工制度的改革，施工队伍中绝大多数施工人员是来自农村的农民工，他们不但要随工程流动，而且还要根据季节的变化进行流动，给安全管理带来很大的困难。

2. 露天高处作业多，手工操作，繁重体力劳动

建筑施工绝大多数为露天作业，一栋建筑物从基础、主体结构、屋面工程到室外装修等，露天作业约占整个工程的70%。建筑物都是由低到高构建起来的，以民用住宅每层高2.9 m计算，两层就是5.8 m，现在一般都是七层以上，甚至是十几层几十层的住宅，施工人员都要在十几米、几十米甚至百米以上的高空从事露天作业，工作条件差。

我国建筑业虽然有了很大发展，但至今大多数工种仍然没有改变，如抹灰工、瓦工、混凝土工、架子工等仍以手工操作为主。劳动繁重、体力消耗大，加上作业环境恶劣，如光线、雨雪、风霜、雷电等影响，导致操作人员注意力不集中或由于心情烦躁违章操作的现象十分普遍。

3. 建筑施工变化大，规则性差，不安全因素随着形象进度的变化而改变

每栋建筑物由于用途不同、结构不同、施工方法不同等，危险有害因素不相同；同样类型的建筑物，因工艺和施工方法不同，危险有害因素也不同；在一栋建筑物中，从基础、主体到装修，每道工序不同，危险有害因素也不同；同一道工序，由于工艺和施工方

法不同，危险有害因素也不相同。因此，建筑施工变化大，规则性差。施工现场的危险有害因素，随着工程形象进度的变化而不断变化，每个月、每天，甚至每个小时都在变化，给安全防护带来诸多困难。

从上述的特点可以看出，在施工现场必须随着工程形象进度的发展，及时调整和补充各项防护设施，才能消除隐患，保证安全。

（二）易发和多发事故的类别

从建筑物的建造过程以及建筑施工的特点可以看出，施工现场的操作人员随着从基础→主体→屋面等分项工程的施工，要从地面到地下，再回到地面，再上到高空。经常处在露天、高处和交叉作业的环境中。建筑施工的高处坠落、物体打击、触电和机械伤害等4个类别的伤亡事故多年来一直居高不下，被称为四大伤害。随着建筑物的高度从高层到超高层，其地下室亦从地下一层到地下二层或地下三层，土方坍塌事故增多，特别是在城市里拆除工程增多，因此，在四大伤害的基础上增加了坍塌事故，建筑施工也就从四大伤害变成了五大伤害。据2007年全国建筑施工伤亡事故分析，2007年全国共发生房屋建筑和市政工程建筑施工事故859起，死亡1012人。事故类别是高处坠落、坍塌、物体打击、触电、起重伤害等。这5类事故的死亡人数共915人，分别占全部事故死亡人数的45.45%、20.36%、11.56%、6.62%、6.42%，总计占全部事故死亡人数的90.42%。

（三）建筑施工中危险源的识别

下列5类事故发生的主要部位就是建筑施工中的危险源。

1. 高处坠落。人员从临边、洞口，包括屋面边、楼板边、阳台边、预留洞口、电梯井口、楼梯口等处坠落；从脚手架上坠落；龙门架（井字架）物料提升机和塔吊在安装、拆除过程坠落；安装、拆除模板时坠落；结构和设备吊装时坠落。

2. 触电。对经过或靠近施工现场的外电线路没有或缺少防护，在搭设钢管架、绑扎钢筋或起重吊装过程中，碰触这些线路造成触电；使用各类电器设备触电；因电线破皮、老化，又无开关箱等触电。

3. 物体打击。人员受到同一垂直作业面的交叉作业中和通道口处坠落物体的打击。

4. 机械伤害。主要是垂直运输机械设备、吊装设备、各类桩机等对人的伤害。

5. 坍塌。施工中发生的坍塌事故主要是：现浇混凝土梁、板的模板支撑失稳倒塌、基坑边坡失稳引起土石方坍塌、拆除工程中的坍塌、施工现场的围墙及在建工程屋面板质量低劣坍落。

二、施工组织设计及安全技术措施

（一）建筑工程施工组织设计

一栋建筑物或者一个建筑群体的施工是在有限的场地和空间集中大量的人、机、物来完成的。施工过程中可以采用不同的方法和不同的机具；而建筑物或建筑群体的施工顺序，也可以有不同的安排；工程开工以前所必须完成的一系列准备工作也可以采用不同的方法。总之，不论在技术方面或在组织方面，通常都有许多可行的方案供施工人员选择。怎样结合工程的性质、规模、工期、机械、材料、构件、运输、地质、气候等各项具体的条件，从经济、技术、质量、安全的全局出发，在众多的方案中选定最合理的方案，是施工人员在开始施工之前就必须解决的问题。在做出合理的决定之后，施工人员就可以对施工的各项活动做出全面的部署，编制出指导施工准备和施工全过程的技术经济文件，这就是施工组织设计。

施工组织设计是在国家和行业的法律、法规、标准的指导下，从施工的全局出发，根据各种具体条件，拟定工程施工方案、施工程序、施工流向、施工顺序、施工方法、劳动组织、技术措施、施工进度、材料供应、运输道路、场地利用、水电能源保证等现场设施的布置和建设做出规划，以便对施工中的各种需要及其变化，做好事前准备，使施工建立在科学合理的基础上，从而做到高速度地取得最好的经济效益和社会效益。

建筑工程施工组织设计是指导全局、统筹规划建筑工程施工活动全过程的组织、技术、经济文件。因此，从工程施工招投标、申报施工许可证和进行施工等活动都必须有工程施工组织设计作为指导。

施工组织设计一般分为施工组织总设计、单位工程施工组织设计和专项施工方案 3 类。

1. 施工组织总设计是以建设项目或群体工程为对象进行编制，对其进行统筹规划，指导全局的施工组织设计。一般在初步设计、技术设计或扩大设计批准后，即可进行编制施工组织总设计。由于大、中型建设项目施工工期需多年，因此，施工组织总设计又是编制施工企业年度施工计划的依据。

2. 单位工程施工组织设计是以一个单位工程或一个交工的系统工程为对象而编制的，在施工组织总设计的总体规范和控制下，进行较具体、详细的施工安排，也是施工组织总设计的具体化，是指导本工程项目施工生产活动的文件，也是编制本工程项目季、月度施工计划的依据。

单位工程施工组织设计是在全套施工图设计完成并进行会审、交底后，由直接组织施工的单位组织编制。并经本单位的计划、技术、质量、安全、动力、材料、财务、劳资等部门审核，由企业的技术负责人（总工程师）审批，签字后生效的技术文件。

3. 分部（分项）工程施工组织设计也称为专项施工方案，它的编制对象是危险性较大、技术复杂的分部分项工程或新技术项目，用来具体指导分部分项工程的施工。该施工组织设计的主要内容包括：施工方案、进度计划、技术组织措施等。

（二）施工安全技术措施

1. 施工安全技术措施是施工组织设计中的重要组成部分，它是具体安排和指导工程安全施工的安全管理与技术文件。是针对每项工程在施工过程中可能发生的事故隐患和可能发生安全问题的环节进行预测，从而在技术上和管理上采取措施，消除或控制施工过程中的不安全因素，防范发生事故。

建筑施工企业在编制施工组织设计时，应当根据建筑工程的特点制定相应的安全技术措施。因此，施工安全技术措施是工程施工中安全生产的指令性文件，在施工现场管理中具有安全生产法规的作用，必须认真编制和贯彻执行。

2. 施工安全技术措施主要包括：

（1）进入施工现场的安全规定；

（2）地面及深坑作业的防护；

（3）高处及立体交叉作业的防护；

（4）施工用电安；

（5）机械设备的安全使用；

（6）为确保安全，对于采用的新工艺、新材料、新技术和新结构，制定有针对性的、行之有效的专门安全技术措施；

（7）预防因自然灾害（防台风、防雷击、防洪水、防地震、防暑降温、防冻、防寒、防滑等）促成事故的措施；

（8）防火防爆措施。

（三）专项安全施工组织设计的要点

专项安全施工组织设计也称分部分项工程安全施工组织设计。《建筑法》第三十八条规定，对专业性较强的工程项目，应当编制专项安全施工组织设计。《建设工程安全生产管理条例》第二十六条规定，对专业性较强的，达到一定规模的危险性较大的分部分项工程，如：基坑支护与降水工程、土方开挖工程、模板工程、起重吊装工程、脚手架工程、拆除、爆破工程应编制专项施工方案。

根据这个规定，除必须在施工组织设计中编制施工安全技术措施外，还应编制分部分项工程，如：脚手架、塔吊安拆、临时用电、爆破工程等的专项安全施工方案或者称为施工安全技术措施，详细地制定施工程序、方法及防护措施，确保该分部分项工程的安全施工。

施工安全技术措施内容必须符合现行安全生产法律、法规和安全技术规范、标准。

编制专项施工方案的要求和程序。

1．基坑（槽）土方开挖及降水工程

（1）土方开挖

1）应针对土质的类别、基坑的深度、地下水位、施工季节、周围环境、拟采用的机具来确定开挖方案。

2）开挖的基坑（槽）设计深度如比邻近建筑物、构筑物的基础深时，应采取边坡支撑加固措施，并在施工中进行沉降和位移动态观测。

3）根据基坑的深度、土质的特性和周围环境确定对基坑的支护方案。

4）根据选定的基坑支护方案进行设计和验算。

5）根据所采用的开挖方案编制操作程序和规程。

6）绘制施工图。

7）制定回填方案。

（2）降水工程

1）根据基坑的开挖深度、地下水位的标高、土质的特性及周围环境，确定降水方案。

2）设计和验算降水方案的可靠性。

3）编制降水的程序、操作规定、管理制度。

4）绘制施工图。

2．临时用电（也称施工用电）工程

（1）现场勘测，确定变电所、配电室、总配电箱、分配电箱、开关箱及电线线路走向。

（2）负荷计算，根据用电设备等计算，确定电气设备及电线规格。

(3) 变电所设计。
(4) 配电线路设计。
(5) 配电装置设计。
(6) 接地设计。
(7) 防雷。
(8) 外电防护措施。
(9) 安全用电及防火。
(10) 用电工程设计施工图。

3. 脚手架工程

(1) 确定脚手架的种类、搭设方式和形状、使用功能。
(2) 设计计算。
(3) 绘制施工详图。
(4) 编制搭设和拆除方案。
(5) 交接验收、自检、互检、使用、维护、保养等的措施。

4. 模板工程

(1) 确定现浇混凝土梁、板、柱等采用的模板的种类及支撑材料。
(2) 设计计算模板面和支撑体系的强度和变形。
(3) 绘制平面、立面、剖面的构造详图。
(4) 编制安装、拆除方案。
(5) 制定检查、验收、使用等的措施。

5. 高处作业工程

(1) 确定对“四口”(楼梯口、电梯井口、预留口、通道口)临边、登高、悬空及交叉作业的防护方案。
(2) 设计计算所选择的防护设施的可靠性能。
(3) 绘制防护设施施工图。
(4) 安装、拆除的规定。
(5) 使用、管理、维护等的措施。

6. 起重吊装工程

(1) 根据构件或设备的形状、位置、质量、环境制定吊装方案。
(2) 选择吊装机具。
(3) 绘制吊装机位、路线等实施图。
(4) 编制操作、防护及管理措施。

7. 塔式起重机

(1) 根据塔式起重机的产品性能及安全使用规程,编制安装及拆除的方案。
(2) 设计轨道或塔式起重机基础及附墙装置。
(3) 制定检查、验收、使用、维修、保养等措施。

(四) 危险性较大的分部分项工程安全管理

2009 年 5 月,住房和城乡建设部为加强对危险性较大的分部分项工程安全管理,明确安全专项施工方案编制内容，规范专家论证程序，确保安全专项施工方案实施，积极防范和遏制建筑施工生产安全事故的发生，依据《建设工程安全生产管理条例》及相关安全生产法律法规制度，制定并下发了《危险性较大的分部分项工程安全管理办法》；对应制定专项方案的危险性较大的分部分项工程和应组织专家对方案进行论证的超过一定规模的危险性较大的分部分项工程的范围做出了详细的规定。

1. 危险性较大的分部分项工程范围

（1）基坑支护、降水工程

开挖深度超过3 m（含3 m）或虽未超过3 m但地质条件和周边环境复杂的基坑（槽）支护、降水工程。

（2）土方开挖工程

开挖深度超过3 m（含3 m）的基坑（槽）的土方开挖工程。

（3）模板工程及支撑体系

1）各类工具式模板工程。包括大模板、滑模、爬模、飞模等工程。

2）混凝土模板支撑工程。搭设高度5 m及以上；搭设跨度10 m及以上；施工总荷载10 kN/m^2及以上；集中线荷载15 kN/m及以上；高度大于支撑水平投影宽度且相对独立无联系构件的混凝土模板支撑工程。

3）承重支撑体系。用于钢结构安装等满堂支撑体系。

（4）起重吊装及安装拆卸工程

1）采用非常规起重设备、方法，且单件起吊质量在10kN及以上的起重吊装工程。

2）采用起重机械进行安装的工程。

3）起重机械设备自身的安装、拆卸。

（5）脚手架工程

1）搭设高度24 m及以上的落地式钢管脚手架工程。

2）附着式整体和分片提升脚手架工程。

3）悬挑式脚手架工程。

4）吊篮脚手架工程。

5）自制卸料平台、移动操作平台工程。

6）新型及异型脚手架工程。

（6）拆除、爆破工程

1）建筑物、构筑物拆除工程。

2）采用爆破拆除的工程。

（7）其他

1）建筑幕墙安装工程。

2）钢结构、网架和索膜结构安装工程。

3）人工挖扩孔桩工程。

4）地下暗挖、顶管及水下作业工程。

5）预应力工程。

6）采用新技术、新工艺、新材料、新设备及尚无相关技术标准的危险性较大的分部分项工程。

2. 超过一定规模的危险性较大的分部分项工程范围

（1）深基坑工程

1）开挖深度超过5 m（含5 m）的基坑（槽）的土方开挖、支护、降水工程。

2）开挖深度虽未超过5 m，但地质条件、周围环境和地下管线复杂，或影响毗邻建筑（构筑）物安全的基坑（槽）的土方开挖、支护、降水工程。

（2）模板工程及支撑体系

1）工具式模板工程。包括滑模、爬模、飞模工程。

2）混凝土模板支撑工程。搭设高度8 m及以上；搭设跨度18 m及以上，施工总荷载15 kN/m^2及以上；集中线荷载20 kN/m及以上。

3）承重支撑体系。用于钢结构安装等满堂支撑体系，承受单点集中荷载700 kg以上。

（3）起重吊装及安装拆卸工程

1）采用非常规起重设备、方法，且单件起吊质量在100 kN及以上的起重吊装工程。

2）起重量300 kN及以上的起重设备安装工程；高度200 m及以上内爬起重设备的拆除工程。

（4）脚手架工程

1）搭设高度50 m及以上落地式钢管脚手架工程。

2）提升高度150 m及以上附着式整体和分片提升脚手架工程。

3）架体高度20 m及以上悬挑式脚手架工程。

（5）拆除、爆破工程

1）采用爆破拆除的工程。

2）码头、桥梁、高架、烟囱、水塔或拆除中容易引起有毒有害气（液）体或粉尘扩散、易燃易爆事故发生的特殊建、构筑物的拆除工程。

3）可能影响行人、交通、电力设施、通讯设施或其他建、构筑物安全的拆除工程。

4）文物保护建筑、优秀历史建筑或历史文化风貌区控制范围的拆除工程。

（6）其他

1）施工高度50 m及以上的建筑幕墙安装工程。

2）跨度大于36 m及以上的钢结构安装工程；跨度大于60 m及以上的网架和索膜结构安装工程。

3）开挖深度超过16 m的人工挖孔桩工程。

4）地下暗挖工程、顶管工程、水下作业工程。

5）采用新技术、新工艺、新材料、新设备及尚无相关技术标准的危险性较大的分部分项工程。

三、施工现场安全知识

（一）施工现场安全规定

施工现场是建筑行业生产产品的场所，为了保证施工过程中施工人员的安全和健康，应建立施工现场安全规定。

1. 悬挂标牌与安全标志。施工现场的入口处应当设置“一图五牌”，即：工程总平面布置图和工程概况牌、管理人员及监督电话牌、安全生产规定牌、消防保卫牌、文明施工管理制度牌，以接受群众监督。在场区有高处坠落、触电、物体打击等危险部分应悬挂安全标志牌。

2. 施工现场四周用硬质材料进行围挡封闭，在市区内其高度不得低于1.8 m。场内的地坪应当做硬化处理，道路应当坚实畅通。施工现场应当保持排水系统畅通，不得随意排放。各种设施和材料的存放应当符合安全规定和施工总平面图的要求。

3. 施工现场的孔、洞、口、沟、坎、井以及建筑物临边，应当设置围挡、盖板和警示标志，夜间应当设置警示灯。

4. 施工现场的各类脚手架（包括操作平台及模板支撑）应当按照标准进行设计，采取符合规定的工具和器具，按专项安全施工组织设计搭设，并用绿色密目式安全网全封闭。

5. 施工现场的用电线路、用电设施的安装和使用应当符合临时用电规范和安全操作规程，并按照施工组织设计进行架设，严禁任意拉线接电。

6. 施工单位应当采取措施控制污染，做好施工现场的环境保护工作。

7. 施工现场应当设置必要的生活设施，并符合国家卫生有关规定要求。应当做到生活区与施工区、加工区的分离。

8. 进入施工现场必须配戴安全帽；攀登与独立悬空作业配挂安全带。

（二）施工过程中的安全操作知识

施工现场的施工队伍中有两类人员参加施工，一类是管理人员，包括项目经理、施工员、技术员、质监员、安全员等；另一类是操作人员，包括瓦工、木工、钢筋工等各工种。施工管理人员是指挥、指导、管理施工的人员，在任何情况下，不应为了抢进度，而忽视安全规定，指挥工人冒险作业。操作人员应通过三级教育、安全技术交底和每日的班前活动，掌握保护自己生命安全和健康的知识和技能，杜绝冒险蛮干，做到不伤害自己、不伤害别人，也不被别人伤害。各类人员除了做到不违章指挥不违章作业以外，还应熟悉以下建筑施工安全的特点。

1. 安全防护措施和设施需要不断地补充和完善。随着建筑物从基础到主体结构的施工，不安全因素和安全隐患也在不断地变化和增加，这就需要及时地针对变化了的情况和新出现的隐患采取措施进行防护，确保安全生产。

2. 在有限的空间交叉作业，危险因素多。在施工现场的有限空间里集中了大量的机械、设施、材料和人。随着在建工程形象进度的不断变化，机械与人、人与人之间的交叉作业就会越来越频繁，因此，受到伤害的机会是很多的，这就需要建筑工人增强安全意识，掌握安全生产方面的法律、法规、规范、标准知识，杜绝违章施工、冒险作业。

（三）施工现场安全措施

1. 安全目标管理

安全目标管理的主要内容如下：

(1) 控制伤亡事故指标。

（2）施工现场安全达标。在施工期间内都必须达到《建筑施工安全检查标准》的合格以上要求。

（3）文明施工。要制定施工现场全工期内总体和分阶段的目标，并要进行责任分解落实到人，制定考评办法，奖优罚劣。

2．文明施工

根据住房和城乡建设部《建筑施工安全检查标准》的规定：在工程施工期间内，施工现场都能做到地坪硬化、场区绿化、五小设施（办公室、宿舍、食堂、厕所、浴室）卫生化、材料堆放标准化等文明施工的标准。

3．安全技术交底

任何一项分部分项工程在施工前，工程技术人员都应根据施工组织设计的要求，编写有针对性的安全技术交底书，由施工员对班组工人进行交底。接受交底的工人，听过交底后，应在交底书上签字。

4．安全标志

在危险处如：起重机械、临时用电设施、脚手架、出入通道口、楼梯口、电梯井口、孔洞口、桥梁口、隧道口、基坑边沿、爆破物及有害危险气体和液体存放处等，都必须按《安全色》、《安全标志》和《工作场所职业病危害警示标识》的规定悬挂醒目的安全标志牌。

5．季节性施工

建筑施工是露天作业，受到天气变化的影响很大，因此，在施工中要针对季节的变化制定相应施工措施，主要包括雨季施工和冬季施工。高温天气应采取防暑降温措施。

6．尘毒防治

建筑施工中主要有水泥粉尘、电焊锰尘及油漆涂料等有毒气体的危害，随着工艺的改革，有些尘毒危害已经消除。如实施商品混凝土以后，水泥污染正在消除。其他的尘毒应采取措施治理。施工单位应向作业人员提供安全防护用具和安全防护服装，并书面告知危险岗位的操作规程和违章操作的危害。作业人员应当遵守安全施工的强制性标准、规章制度和操作规程。

（四）建筑施工安全“三宝”安全帽、安全带、安全网的正确使用

1．安全帽

安全帽被广大建筑工人称为安全“三宝”之一，是建筑工人保护头部，防止和减轻头部伤害，保证生命安全的重要的个人防护用品。

凡进入施工现场的所有人员，都必须正确戴好安全帽。作业中不得将安全帽脱下，搁置一旁，或当坐垫使用。施工现场发生的物体打击事故表明：凡是正确戴好安全帽，就会减轻或避免事故的后果；如果未正确戴好安全帽，就会失去它保护头部的防护作用，使人受到严重伤害。

要正确地使用安全帽，必须做到以下4点：

（1）帽衬顶端与帽壳内顶，必须保持25～50 mm的空间，有了这个空间，才能够成一个能量吸收系统，才能使冲击分部在头盖骨的整个面积上，减轻对头部伤害；

（2）必须系好下颌带，戴安全帽如果不系下颌带，一旦发生高处坠落，安全帽将被甩掉离开头部造成严重后果；

（3）安全帽必须戴正、戴稳，如果帽子歪戴着，一旦头部受到打击，就不能减轻对头部的伤害。

（4）安全帽在使用过程中会逐渐损坏、要定期不定期进行检查，如果发现开裂、下凹、老化、裂痕和磨损等情况，就要及时更换，确保使用安全。

2．安全带

安全带是防止高处作业人员发生坠落或发生坠落后将作业人员安全悬挂个人防护装备，被广大建筑工人誉为"救命带"。

安全带可分为：围杆作业安全带、区域限制安全带和坠落悬挂安全带。建筑、安装施工中大多使用的是坠落悬挂安全带。

安全带的正确使用方法：坠落悬挂安全带使用时应高挂低用，注意防止摆动碰撞。若安全带低挂高用，一旦发生坠落，将增加冲击力，带来危险。新使用的安全带必须有产品检验合格证，无证明不准使用。

3．安全网

安全网是用来防止人员、物体坠落，或用来避免、减轻坠落及物体打击伤害的网具。根据安装形式和使用目的不同，安全网可分为平网和立网两类。安装平面垂直于水平面，主要用来接住坠落的人和物的安全网称为平网。安装平面不垂直于水平面，主要用来防止人或物坠落的安全网称为立网。

安全网的使用规则和支搭方法如下：

（1）新网必须有产品质量检验合格证，旧网必须有允许使用的证明书或合格的检验记录。

（2）安装时，在每个系结点上，边绳应与支撑物（架）靠紧，并用一根独立的系绳连接，系接点沿网边均匀分布，其距离不得大于75 cm。系结点应符合打结方便、连接牢固、且容易解开，受力后又不会散脱的原则。有筋绳的网在安装时，也必须把筋绳连接在支撑物（架）上。

（3）多张网连接使用时，相邻部分应靠紧或重叠，连接绳材料应与网绳相同，强力不得低于其网绳强力。

（4）安装平网时，除按上述要求外，还要遵守支搭安全网的三要素即：负载高度、网的宽度和缓冲的距离。

负载高度：两层平网间距离不得超过10 m；因施工需要，如高层外装饰施工支设的首层安全平网，应采用附加钢丝绳的缓冲安全措施。

网的宽度：应符合国家标准《高处作业分级》（GB/T 3608—2008）的规定。如基础高度用 h 表示，可能坠落范围的半径用 R 表示，R 值与 h 值的关系如下：

当高度 h 为2至5 m时，半径 R 为3 m；

当高度 h 为5 m以上至15 m，半径 R 为4 m；

当高度 h 为1 5 m以上至30 m时，半径 R 为5 m；

当高度 h 为30 m以上时，半径 R 为6 m。

缓冲距离：3 m宽的水平安全网，网底距下方物体的表面不得小于3 m；6 m宽的水平安全网，网底距下方物体表面不得小于5 m。安全网下边不得堆物。

安全网支搭标准还规定：在施工工程的电梯井、采光井、螺旋式楼梯口，除必须设防护门（栏）外，还应在井口内首层，并每隔四层固定一道安全网；烟囱、水塔等独立体建筑物施工时，要在里、外脚手架的外围固定一道 6 m 宽的双层安全网，井内应设一道安全网。

(5) 安装立网时，除必须满足以上 1、2、3 的要求外，安装平面应与水平面垂直、立网底部必须与脚手架全部系牢封严。

(6) 要保证安全网受力均匀。必须经常清理网上落物，网内不得有积物。

(7) 安全网安装后，必须设专人检查验收，合格签字方可使用。

(8) 拆除安全网必须在有经验的人员严密监督下进行。拆网应自上而下，同时要采取防坠落措施。

第二节　建筑施工安全技术

一、土方工程

土方工程施工中安全是一个很突出的问题，因土方坍塌造成的事故占每年工程死亡人数的比例逐年上升，成为建筑业五大伤害之一。

（一）土的分类与性质

1. 根据土的颗粒级配或塑性指数可分为碎石类土、砂土和黏性土。

2. 根据土的沉积年代，黏性土又可分为：老黏性土、一般黏性土和新近沉积黏性土。见表 8—1。

表 8—1　　土的野外鉴别法

项目	黏土	亚黏土	轻亚黏土	砂土
湿润时用刀切	切面光滑，有黏刀阻力	稍有光滑面，切面平整	无光滑面，切面稍粗糙	无光滑面，切面粗糙
湿土用手捻摸时的感觉	有滑腻感，感觉不到有砂粒，水分较大时很黏手	稍有滑腻感，有黏滞感，感觉到有少量砂粒	有轻微黏滞感或无黏滞感，感觉到砂粒较多、粗糙	无黏滞感，感觉到全是砂粒、粗糙
干土	土块坚硬，用锤才能打碎	土块用力可压碎	土块用手捏或抛扔时易碎	松散
湿土	易黏着物体，干燥后不易剥去	能黏着物体，干燥后较易剥去	不易黏着物体，干燥后一碰就掉	不能黏着物体
湿土搓条情况	塑性较大，能搓成直径小于0.5 mm 的长条（长度不短于手掌），手持一端不易断裂	有塑性，能搓成直径0.5～2 mm 的土条	塑性小，能搓成直径 2～3 mm 的短条	无塑性，不能搓成土条

3. 根据土的工程特性，还可分出特殊性土如软土、人工填土、素填土、杂填土等。在野外主要采用湿润时用刀切、用手捻摸时的感觉、湿土搓条等方法来鉴别土的性质，以便采取支护措施。

（二）边坡稳定因素及基坑支护的种类

1. 影响边坡稳定的因素

基坑开挖后，其边坡失稳坍塌的实质是边坡土体中的剪应力大于土的抗剪强度。而土体的抗剪强度又是来源于土体的内摩阻力和内聚力。因此，凡是能影响土体中剪应力、内摩阻力和内聚力的，都能影响边坡的稳定。

（1）土类别的影响。不同类别的土，其土体的内摩阻力和内聚力不同。例如砂土的内聚力为零，只有内摩阻力，靠内摩阻力来保持边坡的稳定平衡。而黏性土则同时存在内摩阻力和内聚力，因此，对于不同类别的土能保持其边坡稳定的最大坡度也不同。

（2）土湿化程度的影响。土内含水愈多，湿化程度越高，使土壤颗粒之间产生滑润作用，内摩阻力和内聚力均降低。其土的抗剪强度降低，边坡容易失去稳定。同时含水量增加，使土的自重增加，裂缝中产生静水压力，增加了土体内剪应力。

（3）气候的影响。气候使土质松软或变硬，如冬季冻融又风化，也可降低土体抗剪强度。

（4）基坑边坡上面附加荷载或外力的影响，能使土体中剪应力大大增加，甚至超过土体的抗剪强度，使边坡失去稳定而塌方。

2. 土方边坡最陡坡度

为了防止坍方，保证施工安全，当土方挖到一定深度时，边坡均应做成一定的坡度。

土方边坡的坡度以其高度 H 与底宽度 B 之比表示，即土方边坡坡度的大小与土质、开挖深度、开挖方法、边坡留置时间的长短、排水情况、附近堆积荷载等有关。开挖的深度愈深，留置时间越长，边坡应设计得平缓一些，反之则可陡一些，用井点降水时边坡可陡一些。边坡可以做成斜坡式，根据施工需要亦可做成踏步式，地下水位低于基坑（槽）或管沟底面标高时，挖方深度在 5 m 以内，不加支撑的边坡的最陡坡度应符合表 8—2 的规定。

表 8—2　土方边坡坡度规定

土的类别	边坡坡度（高:宽）		
	坡顶无荷载	坡顶有静荷载	坡顶有动荷载
中密的砂土	1:1.00	1:1.25	1:1.50
中密的碎石类、土（充填物黏性土）	1:0.75	1:1.00	1:1.25
硬塑的轻亚黏土	1:0.67	1:0.75	1:1.00
中密的碎石类土（充填物为黏性土）	1:0.50	1:0.67	1:0.75
硬塑的亚黏土、黏土	1:0.33	1:0.50	1:0.67
老黄土	1:0.10	1:0.25	1:0.33
软土（经井点降水后）	1:1.00	–	

注：静载指堆土或材料等，动载指机械挖土或汽车运输作业等。在挖方边坡上侧堆土或材料以及移动施工机械时，应与挖方边缘保持一定距离，以保证边坡的稳定，当土质良好时，堆土或材料距挖方边缘 0.8 m 以外，高度不宜超过 1.5 m。

3．挖方直壁不加支撑的允许深度

土质均匀且地下水位低于基坑（槽）或管沟底面标高时，其挖方边坡可做成直立壁不加支撑，挖方深度应根据土质确定，但不宜超过表 8—3 的规定。

表 8—3　基坑（槽）做成直立壁不加支撑的深度规定

土的类别	挖方深度/m
密实、中密的砂土和碎石类土（填充物为砂土）	1
硬塑、可塑的轻亚黏土及亚黏土	1.25
硬塑、可塑的黏土和碎石类土（填充物为黏性土）	1.50
坚硬的黏土	2

采用直立壁挖土的基坑（槽）或管沟挖好后，应及时进行地下结构和安装工程施工，在施工过程中，应经常检查坑壁的稳定情况。

挖方深度若超过表 8—3 规定，应按表 8—2 规定，放坡或直立壁加支撑。

4．基坑和管沟常用的支护方法

在基坑或管沟开挖时，常因受场地的限制不能放坡，或者为了减少挖填的土方量，缩短工期以及防止地下水渗入基坑等要求，可采用设置支撑与护壁桩的方法。表 8—4 介绍了常用的一些基坑与管沟的支撑方法。

表 8—4　常用的一些基坑与管沟的支撑方法

支撑名称	适用范围	支撑名称	适用范围
间断式水平支撑	能保持直立的干土或天然湿度的黏土类土，深度在 2 m 以内	断续式水平支撑	挖掘湿度小的黏性土及挖土深度小于 3 m 时
连续式水平支撑	挖掘较潮湿的或散粒的土及挖土深度小于 5 m	连续式垂直支撑	挖掘松散的或湿度很高的土（挖土深度不限）
锚拉支撑	开挖较大基坑或使用较大型的机械挖土，而不能安装横撑对	斜柱支撑	开挖较大基坑或使用较大型的机械挖土，而不能采用锚拉支撑中
短桩隔断支撑	开挖宽度大的基坑，当部分地段下部放坡不足时	临时挡土墙支撑	开挖宽度较大的基坑当部分地段下部放坡不足时
混凝土或钢筋混凝土支护	天然湿度的黏土类土中，地下水较少，地面荷载较大，深度 6 ~ 30 m 的圆形结构护壁或人工挖孔桩护壁用	钢构架支护	在软弱土层中开挖较大，较深基坑，而不能用一般支护方法时
地下连续墙支护	开挖较大较深，周围有建筑物、公路的基坑，作为复合结构的一部分，或用于高层建筑的逆作法施工，作为结构的地下外墙	地下连续墙锚杆支护	开挖较大较深（＞10 m）的大型基坑，周围有高层建筑物，不允许支护有较大变形，采用机械挖土，不允许内部设支撑时
挡土护坡桩支撑	开挖较大较深（＞6 m）基坑，临近有建筑，不允许支撑有较大变形时	挡土护坡桩与锚杆结合支撑	大型较深基坑开挖，临近有高层建筑物建筑，不允许支护有较大变形时

（三）土方开挖及基坑和边坡施工的安全防护措施

1．土方开挖准备

（1）勘查现场，清除地面及地上障碍物。

（2）做好施工场地防洪排水工作，场地周围设置必要的截水沟、排水沟。

（3）保护测量基准桩，以保证土方开挖标高位置与尺寸准确无误。

（4）备好施工用电、用水、道路及其他设施。

（5）对于深基坑，要先做好挡土桩。

2．土方开挖

（1）根据土方开挖的深度和工程量的大小，选择机械和人工挖土或机械挖土的方案。

（2）如开挖的基坑（槽）比邻近建筑物基础深时，开挖应保持一定的距离和坡度，以免在施工时影响邻近建筑物的稳定，如不能满足要求，应采取边坡支撑加固措施。并在施工中进行沉降和位移观测。

（3）弃土应及时运出，如需要临时堆土，或留作回填土，堆土坡脚至坑边距离应按挖坑深度、边坡坡度和土的类别确定，在边坡支护设计时应考虑堆土附加的侧压力。

（4）为防止基坑底的土被扰动，基坑挖好后要尽量减少暴露时间，及时进行下一道工序的施工。如不能立即进行下一道工序，要预留 15～30 cm 厚覆盖土层，待基础施工时再挖去。

3．土方开挖的安全措施

（1）每项工程施工时，都要编制土方工程施工方案，其内容包括施工准备、开挖方法、放坡、排水、边坡支护等，边坡支护应根据有关规范要求进行设计，并有设计计算书。

（2）人工挖基坑时，操作人员之间要保持安全距离，一般大于 2.5 m；多台机械开挖，挖土机间距应大于10 m，挖土要自上而下，逐层进行，严禁先挖坡脚的危险作业。

（3）挖土方前对周围环境要认真检查，不能在危险岩石或建筑物下面进行作业。

（4）基坑开挖应严格按要求放坡，操作时应随时注意边坡的稳定情况，发现问题时及时加固处理。

（5）机械挖土，多台机同时开挖土方时，应验算边坡的稳定。根据规定和计算确定挖土机离边坡的安全距离。

（6）深基坑四周设防护栏杆，人员上下要有专用爬梯。

（7）运土道路的坡度、转弯半径要符合有关规定。

（8）土方爆破时要遵守爆破作业的有关规定。

二、模板工程

模板工程，就其材料用量、人工、费用及工期来说，在混凝土结构工程施工中是十分重要的组成部分，在建筑施工中也占有相当重要的位置。据统计每平方米竣工面积需要配置0.15 m^2模板。模板工程的劳动用工约占混凝土工程总用工的 1/3。特别是近年来城市建设高层建筑增多，现浇钢筋混凝土结构数量增加，据测算约占全部混凝土工程的70%以上，模板工程的重要性更为突出。

（一）模板的分类及作用

模板按其功能分类，常用的模板主要有 5 大类。

1．定型组合模板

定型组合模板包括定型组合钢模板、钢木定型组合模板、组合铝模板以及定型木模板。目前我国推广应用量较大的是定型组合钢模板。

2．墙体大模板

大模板有钢制大模板、钢木组合大模板以及由大模板组合而成的筒子模等。

3．飞模（台模）

飞模是用于楼盖结构混凝土浇注的整体式工具式模板，具有支拆方便、周转快、文明施工的特点。飞模有铝合金桁架与木（竹）胶合板面组成的铝合金飞模，有轻钢桁架与木（竹）胶合板面组成的轻钢飞模，也有用门式钢脚手架或扣件钢管脚手架与胶合板或定型模板面组成的脚手架飞模，还有将楼面与墙体模板连成整体的工具式模板—隧道模。

4．滑升模板

滑升模板是整体现浇混凝土结构施工的一项新工艺。广泛应用于工业建筑的烟囱、水塔、筒仓、竖井和民用高层建筑剪力墙、框剪、框架结构施工。

滑升模板主要由模板面、围圈、提升架、液压千斤顶、操作平台、支承杆等组成，滑升模板一般采用钢模板面，也可用木或木（竹）胶合板面。围圈、提升架、操作平台一般为钢结构，支承杆一般用直径 25 mm 的圆钢或螺纹钢制成。

5．一般木模板

一般木模板板面采用木板或木胶合板，支承结构采用木龙骨、木立柱，连接件采用螺栓或铁钉。

（二）模板的构造和使用材料的性能

一般模板通常由 3 部分组成：模板面、支撑结构（包括水平支承结构，如龙骨、桁架、小梁等，以及垂直支承结构，如立柱、格构柱等）和连接配件（包括穿墙螺栓、模板面连结卡扣、模板面与支承构件以及支承构件之间连接零配件等）。

模板的结构设计，必须能承受作用于模板结构上的所有垂直荷载和水平荷载（包括混凝土的侧压力、振捣和倾倒混凝土产生的侧压力、风力等）。在所有可能产生的荷载中要选择最不利的组合验算模板整体结构和构件及配件的强度、稳定性和刚度。当然首先在模板结构设计上必须保证模板支撑系统形成空间稳定的结构体系。

模板工程所使用的材料，可以是钢材、木材和铝合金等。下面分别介绍这些材料的规格和性能。

1．钢材

采用平炉或氧气转炉 3 号钢（沸腾钢或镇静钢）、16 Mn 钢、16 Mnq 钢。

钢材质量应符合现行国家标准《碳素结构钢》（GB/T 700—2006）的规定。

钢管应符合现行国家标准《直缝电焊钢管》（GB/T 13793—2008）或《低压流体输送用焊接钢管》（GB/T 3091—2008）中规定的 3 号普通钢管，其质量应符合现行国家标准《碳素结构钢》（GB/T 700—2006）中 Q235A 级钢的规定。有严重锈蚀、弯曲、压扁及裂纹等疵病的不得使用。

钢铸件应符合现行国家标准《一般工程用铸造碳钢件》（GB/T 11352—2009）的规定。

组合钢模板及配件制作质量应符合现行国家标准《组合钢模板技术规范》（GB 50214—2001）的规定。

模板支架的材料宜优先选用钢材。

2．木材

木材的树种可根据各地区实际情况选用，材质不宜低于Ⅲ等材。有腐朽、折裂、枯节等疵病的木材不得使用。

木材选材时，应根据模板构件受力种类，按表8—5选用适当等级的木材。

表8—5　　不同受力木构件材质选择等级

构件受力种类	材质等级
受拉或拉弯构件	Ⅰ等材
受弯或压弯构件	Ⅱ等材
受压构件	Ⅲ等材

3．铝合金材

建筑模板结构若采用铝合金材时，应采用纯铝加入锰、镁等合金元素后的铝合金型材。

4．面板材料

面板除采用钢、木外，可采用胶合板、复合纤维板、塑料板、玻璃钢板等。其中胶合板应符合《混凝土模板用胶合板》（GB/T 17656－2008）的有关规定。

（1）覆面木胶合板的规格和技术性能应符合下列规定：

1）厚度应采用12～18 mm的板材；

2）其剪切强度应符合下列要求：

不浸泡，不蒸煮　　1.4～1.8 N/mm^2

室温水浸泡　　1.2～1.8 N/mm^2

沸水煮　　24 h1.2～1.8 N/mm^2

含水率　　5%～13%

密度　　4.5～8.8 kN/m^3

（2）覆面竹胶合板应符合下列规定：表面应平整光滑，具有防水、耐磨、耐酸碱的保护膜，厚度不小于15 mm。

（3）复合纤维板应符合下列规定：

1）表面应平整光滑不变形，厚度应采用12 mm及以上板材；

2）技术性能应符合下列要求：

72 h吸水率　　<5%

72 h吸水膨胀率　　<4%

耐酸碱腐蚀性　　在1%苛性钠中浸泡24 h，无软化及腐蚀现象

耐水汽性能　　在水蒸气中喷蒸24 h，表面无软化及明显膨胀

（三）荷载规定

设计模板首先要确定模板应承受的荷载。荷载分为：

1. 荷载标准值

（1）恒荷载标准值。包括模板及其支架自重标准值、新浇筑混凝土自重标准值、钢筋自重标准值当采用内部振捣器时，新浇筑的混凝土作用于模板的最大侧压力标准值的确定方法及计算公式。

（2）活荷载标准值。包括施工人员及设备荷载标准值。

（3）风荷载标准值。

2. 荷载设计值

计算模板及支架结构或构件的强度、稳定性和连接的强度时，应采用荷载设计值（荷载标准值乘以荷载分项系数）。计算正常使用极限状态的变形时，应采用荷载标准值。

荷载分项系数：永久荷载为1.2，活荷载为1.4。

钢模板及其支架的荷载设计值可乘以系数0.95予以折减。采用冷弯薄壁型钢，其荷载设计值不应折减。

3. 荷载组合

按极限状态设计时，其荷载组合应按两种情况分别选派：

（1）对于承载能力极限状态，应按荷载效应的基本组合采用。

（2）对于正常使用极限状态应采用标准组合。模板及其支架荷载效应组合的各项荷载分别按平板和薄壳的模板及支架、梁和拱模板的底板及支架、梁、拱、柱、墙的侧模等分别选取。

变形值的规定。当验算模板及其支架的刚度时，其最大变形值不得超过下列容许值：

对结构表面外露的模板，为模板构件计算跨度的1/400；

对结构表面隐蔽的模板，为模板构件计算跨度的1/250；

支架的压缩变形或弹性挠度，为相应的结构计算跨度的1/1000。

（四）设计计算

1. 一般规定

模板及其支架的设计应根据工程结构形式、荷载大小、地基土类别、施工设备和材料供应等条件进行。

（1）模板及其支架的设计应符合的要求

1）应具有足够的承载能力、刚度和稳定性，应能可靠地承受新浇混凝土的自重、侧压力和施工过程中所产生的荷载及风荷载。

2）构造应简单，装拆方便，便于钢筋的绑扎、安装和混凝土的浇筑、养护等要求。

（2）模板设计应包括的内容

1）根据混凝土的施工工艺和季节性施工措施，确定其构造和所承受的荷载。

2）绘制配板设计图、支撑设计布置图、细部构造和异型模板大样图。

3）按模板承受荷载的最不利组合对模板进行验算。

4）制定模板安装及拆除的程序和方法。

5）编制模板及配件的规格、数量汇总表和周转使用计划。

6）编制模板施工安全、防火技术措施及设计、施工说明书。

2. 钢模板及其支撑的设计

钢模板及其支撑的设计应符合现行国家标准《钢结构设计规范》（GB 50017—2001）的规定，其截面塑性发展系数取1.0。组合钢模板、大模板、滑升模板等的设计还应符合国家现行标准《组合钢模板技术规范》（GB 50214—2001）、《大模板多层住宅结构设计与施工规程》（JGJ 20—1984）和《液压滑动模板施工技术规范》（GBJ 113—1987）的相应规定。

3. 木模板及其支架的设计

应符合现行国家标准《木结构设计规范》（GB 50005—2003）的规定，其中受压立杆除满足计算需要外，其梢径不得小于60 mm。

4. 模板结构构件的长细比规定

模板结构构件的长细比应符合下列规定：

(1) 受压构件长细比：支架立柱及桁架不应大于150；拉条、缀条、斜撑等联系构件不应大于200。

(2) 受拉构件长细比：钢杆件不应大于350，木杆件不应大于250。

5. 用扣件式钢管脚手架等作支架立柱规定

用扣件式钢管脚手架作支架柱时应符合下列规定：

(1) 连接扣件和钢管立杆底座应符合现行国家标准《钢管脚手架扣件》（GB 15831—2006）的规定。

(2) 采用四柱形，并于四面两横杆间设有斜缀条时，可按格构式柱计算，否则应按单立杆计算，其荷载应直接作用于四角立杆的轴线上。

(3) 支架立柱为群柱架时，高宽比不应大于5，否则应架设抛撑或缆风绳，保证该方向的稳定。

6. 用门式钢管脚手架作支架立柱规定

用门式钢管脚手架作支架立柱时应符合下列规定：

(1) 几种门架混合使用时，必须取支承力最小的门架作为设计依据。

(2) 荷载宜直接作用在门架两边立杆的轴线上，必要时可设横梁将荷载传于两立杆顶端，且应按单榀门架进行承力计算。

7. 支承楞梁计算

次楞一般为两跨以上连续楞梁，当跨度不等时，应按不等跨连续楞梁或悬臂楞梁设计；主楞可根据实际情况按连续梁、简支梁或悬臂梁设计；同时主次楞梁均应进行最不利抗弯强度与挠度验算。

8. 柱箍

柱箍用于直接支承和夹紧柱模板，应用扁钢、角钢、槽钢和木楞制成，其受力状态为拉弯杆件，按拉弯杆件计算。

9. 钢、木支柱应承受模板结构的垂直荷载

当支柱上下端之间不设纵横向水平拉条或设有构造拉条时，按两端铰接的轴心受压杆

件计算，其计算长度 $L_0 = L$（支柱长度）；当支柱上下端之间设有多层不小于 40 mm×50 mm 的方木或脚手架钢管的纵横向水平拉条时，仍按两端铰接轴心受压杆件计算，其计算长度 L_0应取支柱上多层纵横向水平拉条之间最大的长度。当多层纵横向水平拉条之间的间距相等时，应取底层。

（五）模板的安装

1. 模板安装的规定

（1）对模板施工队进行全面的安全技术交底，施工队应是具有资质的队伍。

（2）挑选合格的模板和配件。

（3）模板安装应按设计与施工说明书循序拼装。

（4）竖向模板和支架支承部分安装在基土上时，应加设垫板，如钢管垫板上应加底座。垫板应有足够强度和支承面积，且应中心承载。基土应坚实，并有排水措施。对湿陷性黄土应有防水措施；对特别重要的结构工程可采用混凝土、打桩等措施防止支架柱下沉。对冻胀性土应有防冻融措施。

（5）模板及其支架在安装过程中，必须设置有效防倾覆的临时固定设施。

（6）现浇钢筋混凝土梁、板，当跨度大于 4 m 时，模板应起拱；当设计无具体要求时，起拱高度宜为全跨长度的 1/1 000～3/1 000。

（7）现浇多层或高层房屋和构筑物，安装上层模板及其支架应符合下列规定：

1）下层楼板应具有承受上层荷载的承载能力或加设支架支撑。

2）上层支架立柱应对准下层支架立柱，并于立柱底铺设垫板。

3）当采用悬臂吊模板、桁架支模方法时，其支撑结构的承载能力和刚度必须符合要求。

（8）当层间高度大于 5 m 时，宜选用桁架支模或多层支架支模。当采用多层支架支模时，支架的横垫板应平整，支柱应垂直，上下层支柱应在同一竖向中心线上，且其支柱不得超过二层，并必须待下层形成整体空间后，方允许支安上层支架。

（9）模板安装作业高度超过 2.0 m 时，必须搭设脚手架或平台。

（10）模板安装时，上下应有人接应，随装随运，严禁抛掷。且不得将模板支搭在门窗框上，也不得将脚手板支搭在模板上，并严禁将模板与井字架脚手架或操作平台连成一体。

（11）五级风及其以上应停止一切吊运作业。

（12）拼装高度为 2 m 以上的竖向模板，不得站在下层模板上拼装上层模板。安装过程中应设置足够的临时固定设施。

（13）当支撑成一定角度倾斜，或其支撑的表面倾斜时，应采取可靠措施确保支点稳定，支撑底脚必须有防滑移的措施。

（14）除设计图另有规定者外，所有垂直支架柱应保证其垂直。其垂直允许偏差，当层高不大于 5 m 时为 6 mm，当层高大于 5 m 时为 8 mm。

（15）已安装好的模板上的实际荷载不得超过设计值。已承受荷载的支架和附件，不得随意拆除或移动。

2. 单立柱做支撑要求

单立柱做支撑应符合下列要求：

（1）木立柱宜选用整料，当不能满足要求时，立柱的接头不宜超过两个，并应采用对接夹板接头方式。立柱底部可采用垫块垫高，但不得采用单码砖垫高。

（2）立柱支撑群（或称满堂架）应沿纵、横向设水平拉杆，其间距按设计规定；立杆上、下两端20 cm处设纵、横向扫地杆；架体外侧每隔6 m设置一道剪刀撑，并沿竖向连续设置，剪刀撑与地面的夹角应为45°～60°。当楼层高超过10 m时，还应设置水平方向剪刀撑。拉杆和剪刀撑必须与立柱牢固连接。

（3）单立柱支撑的所有底座板或支撑顶端都应与底座和顶部模板紧密接触，支撑头不得承受偏心荷载。

（4）采用扣件式钢管脚手架作立柱支撑时，立杆接长必须采用对接，主立杆间距不得大于1 m，纵横杆步距不应大于1.2 m。

（5）门式钢管脚手架（简称门架）作支撑时，跨距和间距宜小于1.2 m；支撑架底部垫木上应设固定底座或可调底座。支撑宽度为4跨以上或5个间距及以上时，应在周边底层、顶层、中间每5列、5排于每门架立杆根部设$\phi 48\times 3.5$通长水平加固杆，并应用扣件与门架立杆扣牢。

支撑高度超过10 m时，应在外侧周边和内部每隔15 m间距设置剪刀撑，剪刀撑不应大于4个间距，与水平夹角应为45°～60°，沿竖向应连续设置，并用扣件与门架立杆扣牢。

3. 柱模板安装要求

柱模板的安装应符合下列要求：

（1）现场拼装柱模时，应设临时支撑固定，斜撑与地面的倾角宜为60°，严禁将大片模板系于柱子钢筋上。

（2）若为整体组合柱模，吊装时应采用卡环和柱模连接。

（3）当高度超过4 m时，应群体或成列同时支模，并应将支撑连成一体，形成整体框架体系。

（六）模板拆除

拆模时，下方不能有人，拆模区应设警戒线，以防有人误入被砸伤。拆模施工应符合以下规定：

1. 拆模申请要求

拆模之前必须有拆模申请，并根据同条件养护试块强度记录达到规定时，技术负责人方可批准拆模。

2. 拆模顺序和方法的确定

各类模板拆除的顺序和方法，应根据模板设计的规定进行。如果模板设计无规定时，可按先支的后拆，后支的先拆顺序进行。先拆非承重的模板，后拆承重的模板及支架。

3. 拆模时混凝土强度

拆模时混凝土的强度，应符合设计要求；当设计无要求时，应符合下列规定：

（1）不承重的侧模板，包括梁、柱、墙的侧模板，只要混凝土强度能保证其表面及棱角不因拆除模板而受损坏，即可拆除。一般墙体大模板在常温条件下，混凝土强度达到1

N/mm^{2}即可拆除。

（2）承重模板，包括梁、板等水平结构构件的底模，应根据与结构同条件养护的试块强度达到规定，方可拆除。

（3）在拆模过程中，如发现实际结构混凝土强度并未达到要求，有影响结构安全的质量问题，应暂停拆模，经妥当处理，实际强度达到要求后，方可继续拆除。

（4）已拆除模板及其支架的混凝土结构，应在混凝土强度达到设计的混凝土强度标准值后，才允许承受全部设计的使用荷载。

4. 现浇楼盖及框架结构拆模

一般现浇楼盖及框架结构的拆模顺序如下：拆柱模斜撑与柱箍→拆柱侧模→拆楼板底模→拆梁侧模→拆梁底模。

楼板小钢模的拆除，应设置供拆模人员站立的平台或架子，还必须将洞口和临边进行封闭后，才能开始工作，拆除时先拆除钩头螺栓和内外钢楞，然后拆下U形卡、L形插销，再用钢钎轻轻撬动钢模板，用木锤或带胶皮垫的铁锤轻击钢模板，把第一块钢模板拆下，然后将钢模逐块拆除。拆下的钢模板不准随意向下抛掷，要向下传递至地面。

多层楼板模板支柱的拆除，下面应保留几层楼板的支柱，应根据施工速度、混凝土强度增长的情况、结构设计荷载与支模施工荷载的差距通过计算确定。

5. 现浇柱模板拆除

柱模板拆除顺序如下：拆除斜撑或拉杆（或钢拉条）→自上而下拆除柱箍或横楞→拆除竖楞并由上向下拆除模板连接件、模板面。

三、建筑构件及设备吊装工程

建筑构配件及设备的安装，也称为起重吊装工程。以下介绍常用的起重工具和起重机械。

（一）千斤顶

千斤顶又叫举重器，在起重工作中应用很广。它用很小的力就能顶高很重的机械设备，还能校正设备安装的偏差和构件的变形等。千斤顶的顶升高度一般为100～400 mm，最大起重量可达500 t。

1. 千斤顶的种类和特点

千斤顶按其构造工作原理分为齿条式、螺旋式和液压式3种。

（1）齿条式千斤顶起重能力较小，一般为3～5 t，最大的起重量约为15 t。

（2）螺旋式千斤顶起重量较大，可达5 t，它和齿条式千斤顶都能在水平方向操作使用。

（3）油压千斤顶具有起重量大、操作省力、上升平稳、安全可靠等优点，但它的上升速度比齿条式、螺旋式千斤顶要慢，一般的不能在水平方向操作使用，油压千斤顶的起重量为5～30 t，最大可达500 t；起升的高度为100～200 mm。油压千斤顶有手动和电动的两种。

2. 千斤顶的使用

（1）千斤顶应放在干燥无尘土的地方，不可日晒雨淋，使用时应擦洗干净，各部件灵活无损。

(2) 使用时应放平，并在顶端和底脚部分加垫木板。

(3) 千斤顶不要超负荷使用，顶升的高度不得超过活塞上的标志线。

(4) 顶升时要随着物体的升高，在其下面用枕木垫好，以防千斤顶倾斜或回油而引起活塞突然下降。

(5) 有几个千斤顶联合使用时，应设置同步升降装置，并且每个千斤顶的起重能力不能小于计算荷载的1.2倍。

(二) 倒链

倒链又叫手拉葫芦或神仙葫芦，可用来起吊轻型构件、拉紧扒杆的缆风绳，及用在构件或设备运输时拉紧捆绑的绳索。它适用于小型设备和重物的短距离吊装，一般的起重量为0.5~1 t，最大可达2 t。

倒链的使用:

1. 使用前需检查确认各部位灵敏无损。

2. 起重时，不能超出起重能力，在任何方向使用时，拉链方向应与链轮方向相同，要注意防止手拉链脱槽，拉链子的力量要均匀，不能过快过猛。

3. 要根据倒链的起重能力决定拉链的人数。如拉不动时，应查明原因再拉。

4. 起吊重物中途停止时，要将手拉小链栓在起重链轮的大链上，以防时间过长而自锁失灵。

(三) 卡环

卡环又名卸甲，用于绳扣（千斤绳、钢丝绳）和绳扣，或绳扣与构件吊环之间的连接。它是在起重作业中用的较广的连接工具。卡环由弯环与销子两部分组成，按弯环的形式分为直形和马蹄形两种；按销子与弯环的连接形式分，有螺栓式和抽销式卡环及半自动卡环。

1. 卡环允许荷载的估算

卡环各部强度及刚度的计算比较复杂，在现场使用时很难进行精确的计算。为使用方便，现场施工可按下列的近似公式进行卡环的允许荷载计算：

$$P \approx 3.5 \times d^2$$

式中 d—销子的直径，mm；

P—允许荷载，kg。

2. 卡环的使用

(1) 卡环必须是锻造的，一般是用20号钢锻造后经过热处理而制成的。不能使用铸造的和补焊的卡环。

(2) 在使用时不得超过规定的荷载，并应使卡环销子与环底受力（即于高度方向），不能横向受力，横向使用卡环会造成弯环变形，尤其是在采用抽销卡环时，弯环的变形会使销子脱离销孔，钢丝绳扣柱易从弯环中滑脱出来。

(3) 抽销卡环经常用于柱子的吊装，它可以在柱子就位固定后，可在地面上用事先系在销子尾部的棕绳，将销子拉出，解开吊索，避免了摘扣时的高空作业，减少了不安全因素，提高了吊装效率。但在柱子的质量较大时，为提高安全度，须用螺栓式卡环。

(四) 绳卡

钢丝绳的绳卡主要用于钢丝绳的临时连接和钢丝绳穿绕滑车组时后手绳的固定，以及扒杆上缆风绳绳头的固定等。它是起重吊装作业中用的较广的钢丝绳夹具。通常用的钢丝绳卡子，有骑马式、拳握式和压板式 3 种。其中骑马式卡是连接力最强的标准钢丝绳卡子，应用最广。

绳卡的使用要注意以下事项：

1. 卡子的大小要适合钢丝绳的粗细，U 形环的内侧净距要比钢丝绳直径大 1 ~ 3 mm，净距太大不易卡紧绳子。

2. 使用时，要把 U 形螺栓拧紧，直到钢丝绳被压扁 1/3 左右为止。由于钢丝绳在受力后产生变形，绳卡在钢丝绳受力后要进行第二次拧紧，以保证接头的牢靠。如需检查钢丝绳在受力后绳卡是否滑动，可采取附加一安全绳卡来进行。安全绳卡安装在距最后一个绳卡约 500 mm 左右，将绳头放出一段安全弯后再与主绳夹紧，这样如卡子有滑动现象，安全弯将会被拉直，便于随时发现和及时加固。

3. 绳卡之间的排列间距一般为钢丝绳直径的 6 ~ 8 倍左右，绳卡要一顺排列，应将 U 形环部分卡在绳头的一面，压板放在主绳的一面。

(五) 吊钩

吊钩根据外形的不同，分单钩和双钩两种。单钩一般在中小型的起重机上用，也是常用的起重工具之一。在使用上单钩较双钩简便，且受力条件没有双钩好，所以起重量大的起重机用双钩较多。双钩多用在桥式机门座式的起重机上。

吊钩按锻造的方法分锻造钩和板钩。锻造钩采用 20 号优质碳素钢，经过锻造和冲压，进行退火热处理，以消除残余的内应力，增加其韧性。要求硬度达到 HB = 75 ~ 135，再进行机加工。板钩是由 30 mm 厚的钢板片铆合制成的，有单钩和双钩，在重型起重机上多用双钩。

1. 一般吊钩是用整块钢材锻制的，表面应光滑，不得有裂纹、刻痕、剥裂、锐角等缺陷，并不准对磨损或有裂缝的吊钩进行补焊修理。

2. 吊钩上应注有载重能力，如没有标记，在使用前应经过计算，确定载荷质量，并作动静载荷试验，在试验中经检查无变形、裂纹等现象后方可使用。

3. 在起重机上用吊钩，应设有防止脱钩的吊钩保险装置。

(六) 手扳葫芦

手扳葫芦是一种轻巧简便的手动牵引机械。它具有结构紧凑、体积小、自重轻、携带方便、性能稳定等特点。其工作原理是由两对平滑自锁的夹钳，像两只钢爪一样交替夹紧钢丝绳，作直线往复运动，从而达到牵引作用。它能在各种工程中担任牵引、卷扬、起重等作业。

使用手扳葫芦时，起重量不准超过允许荷载，要按照标记的起重量使用；不能任意加长手柄，应用钢心的钢丝绳作业。

(七) 绞磨

绞磨是一种使用较普遍的人力牵引工具，主要用于起重速度不快、没有电动卷扬机、亦没有电源的偏僻地区及牵引力不大的施工作业。

绞磨是由卷绕钢丝绳的磨心、连接杆、磨杆及支承磨心和连接杆的磨架等主要部分组成。

绞磨的使用场地要平整宽敞，绞杠有足够的回转余地。绞磨前面第一个导向滑轮应与绞磨的磨心中心基本在同一水平线上；钢丝绳在磨心缠绕的圈数不得少于3圈；绞磨要与地锚拉接牢固，磨架不得倾斜或悬空。

绞磨的绳扣与索具包括：

1. 棕绳

棕绳具有使用轻便、质软、携带方便、易于绑扎、结扣等优点，但它的强度低、易磨损和腐烂，只能用于辅助性作业，如溜绳、捆绑绳和受力不大的缆风绳等，不适用在荷载大及有冲击荷载的机动机械工作中。

2. 钢丝绳

钢丝绳具有强度高、弹性大、韧性好、耐磨并能承受冲击荷载等特点。它破断前有断丝现象的预兆，容易检查，便于预防事故，因此，在起重作业中广泛应用，是吊装中的主要绳索。

3. 绳扣（千斤绳、带子绳、吊索）

绳扣是把钢丝绳插在两头带有套鼻或编插成环状的绳索，是用来连接重物与吊钩的吊装专用工具。它使用方便，应用极广。

绳扣多是用人工编插的，也有用特制金属卡套压制而成的，人工插接的绳扣其编结部分的长度不得小于钢丝绳直径的15倍，并且不得短于300 mm。

（八）滑车和滑车组

滑车和滑车组是起重吊装、搬运作业中较常用的起重工具。滑车是由吊钩链环、滑轮、轴、轴套和夹板等组成。

1. 滑车

滑车按轮数的多少分为单门、双门和多门滑车。按滑车与吊物的连接方式可分为吊钩式、链环式、吊环式和吊梁式4种。一般中小型的滑车多属于吊钩式、链环式和吊环式，而大型滑车采用吊环式和吊梁式。按轮和轴的接触不同可分为轮轴间装滑动轴承及滚动轴承两种。按夹板是否可以打开来分，有开口滑车和闭口滑车。开口滑车的夹板是可以打开的，便于装绳索，一般的都是单门滑车，它常用于扒杆底脚处作导向滑车用。滑车按使用的方式不同又分为定滑车和动滑车。

2. 滑车组

滑车组是由一定数量的定滑车和动滑车及绳索组成，因在吊重物时，不仅要改变力的方向，而且还要省力，这样单用定滑车或动滑车都不能解决问题。如果把定、动滑车连在一起组成滑车组，既能省力又能改变力的方向。如果用多门定滑车和动滑车连结在一起，组成多门滑车组，能达到用较小的力来起吊重的物体，只要采用0.5～15 t的卷扬机牵引滑车组的出端头，就能吊起几吨或几百吨的物件。因此，滑车组是起重工作中使用较广的起重工具。

（九）构件的吊装

构件吊装要编制专项施工方案，它也是施工组织设计的组成部分。施工方案中应根据吊装构件的质量、用途、形状和施工条件、环境选择吊装方法和吊装的设备；吊装人员的组成；吊装的顺序；构件校正、临时固定的方式；悬空作业的防护等。

1. 柱子的吊装

柱子的类型很多，质量的差异也很悬殊，小柱子只有 2 ~ 3 t，而大柱子达 50 ~ 60 t，在大型的重工业厂房中柱子质量可达 100 t 以上。柱子按截面形式分有矩形柱、工字形柱、管形柱和双肢柱等。

柱子吊装时的安全：

（1）起吊时要观察卡环的方位与绳扣的变化情况，发现有异常现象时要采取有效的措施，保证吊装的安全。

（2）吊装前要检查柱脚或杯底的平直度，如误差较大造成点接触或线接触时，应预先剔平或抹平，以保柱子的稳定。

（3）柱子临时固定用的楔子，每边不少于 2 个，在脱钩前要检查柱脚是否落至杯底，防止在校正过程中，因柱脚悬空，在松动楔子时柱子突然下落发生倾倒。

（4）无论是有缆风绳或无缆风绳校正，都应在吊装完后，立即进行，其间隔不得过长，更不能过夜，防止刮大风发生事故。

2. 行车梁、屋架的吊装

（1）行车梁的吊装要在柱子杯口二次灌缝的混凝土强度达到 70% 以后进行。

（2）吊装前要搭设操作平台或脚手架，操作人员应在架子上操作，不可站在柱顶或牛腿上，以及不牢固的地方安装构件。构件的两端要有专人用溜绳来控制梁的方向，防止碰撞构件或挤伤人。由地面到高空的往返要走马道梯子等，禁止用起重机将人和构件一起升降。

（3）屋架吊装前要挂好安全网，安全网要随吊装面移动而增加。

3. 设备吊装

设备的装、运、安等各项工作中，不论是采用扒杆起吊或是机械吊装都应注意以下几点：

（1）在安装过程中，如发现问题应及时采取措施，处理后再继续起吊。

（2）用扒杆吊装大型设备时多台卷扬机联合操作时，各卷扬机的卷扬速度应相同，要保证设备上各吊点受力大致趋于均匀，避免设备变形。

（3）采用回转法或扳倒法吊装塔罐时，塔体底部安装的铰腕必须具有抵抗起吊过程中所产生水平推力的能力，起吊过程中塔体的左右溜绳必须牢靠，塔体回转就位高度时，使其慢慢落入基础，避免发生意外和变形。

（4）在架体上或建筑物上安装设备时，其强度和稳定性要达到安装条件的要求。在设备安装定位后，要按图样的要求连接紧固或焊接，满足了设计要求的强度和具有稳固性后，才能脱钩，否则要进行临时的固定。

四、拆除工程

随着城市建设规模的不断扩大，一些旧建筑物、构筑物就要被拆除。近几年，有些地区拆除工程管理失控，从业主出资雇用队伍来拆除，变成了由包工队将建筑物拆除后还要付给业主一部分材料费的做法。因此，为了抢进度、多赚钱，承担建筑物拆除的队伍，在拆除中违反安全规程，曾发生过多起拆除中的事故。

（一）拆除工程施工常用的方法和施工准备

对于建筑物和构筑物拆除的方法很多，主要有3类。一是人工拆除，二是机械拆除，三是爆破拆除。无论采用哪种拆除方法，都应遵守安全生产法律法规和安全技术规程。

《建设工程安全生产管理条例》规定，建设单位在拆除工程施工15日前，将有关资料报拆除工程所在地县级以上建设行政主管部门或其他部门备案。提供的资料包括：施工单位资质等级证明材料，拟拆除建筑物、构筑物及可能危及比邻建筑物的说明，拆除工程的施工组织设计或方案，堆放、清除废弃物的措施。

（二）拆除工程施工安全规定

拆除工程施工组织设计或方案应针对拟拆除的建筑物、构筑物的周围环境；建筑物、构筑物结构类型；各部构件受力状况；水、电、暖、燃气布置情况；以及采取拆除施工方法等进行编制。施工组织设计的主要内容如下：

1. 现场安全监护人员名单及职责。

2. 有工程作业区周边的安全围挡及警示标牌设置要求。

3. 切断原给排水、电、暖、燃气等源头和拆除各种管道、线网的安全要求。拆除工程施工所需要的水、电应另行设计专用的临时配电线路、供水管道。

4. 根据采用的拆除方法（人工拆除或机械拆除、爆破拆除）制定有针对性的安全作业措施。

5. 高处拆除作业应设计搭设专用的脚手架或作业平台。若作业人员站在（包括电焊机、氧气瓶等设备）拟拆除的建筑物结构、部分上操作，必须确定其结构是稳固的。

6. 拆除建（构）筑物，应按自上而下对称顺序进行，先拆除非承重结构，再拆除承重的部分。不得数层同时拆除。当拆除一部分时，另与之相关联的其他部位应采取临时加固稳定措施，防止发生坍塌。

承重结构件要等待它所承担的全部结构和荷重拆除后再进行拆除。

7. 拆除作业要设置溜放槽，将拆下的散碎材料顺槽溜下，较大的承重材料，应用绳或起重机吊下或运走，严禁向下抛掷。

8. 拆除石棉瓦及轻型材料屋面工程时，严禁拆除作业人员直接踩踏在石棉瓦及其他轻型板材上作业。必须使用移动板梯，同时板梯上端必须挂牢，防止发生高处坠落事故。

9. 遇有六级强风、大雨、大雾等恶劣天气，应暂停高处拆除工程作业。强风、雨后应检查高处作业安全设施的安全性，冬季应清除登高通道和作业面的雪、霜、冰块后再进行登高作业。

（三）采用控制爆破拆除工程的规定

采用控制爆破拆除工程时必须遵守以下规定：

1. 必须经过爆破设计，对起爆点、引爆物、用药量和爆破程序进行严格计算。

2. 爆破材料严格分类存放在安全的库房内。

3. 要严格进行保管、领取、使用爆炸材料登记手续。

(四) 有关措施的执行

经批准的拆除工程施工组织设计和安全技术措施必须认真执行，遇到工程设计或施工组织设计有变更，或施工条件等有变化，必须及时相应变更或补充有针对性的安全技术措施内容，并按规定办理变更审批手续。

(五) 安全技术交底

1. 应建立和坚持在工程开工前进行层层安全技术交底制度。安全技术交底要有书面材料，并进行详细讲解说明后，由交底人和被交底人双方签字确认。

2. 安全技术交底要求

(1) 施工安全技术总措施，应由组织编制该措施的技术负责人向项目工程施工负责人、施工技术负责人及施工管理人员进行安全技术交底。

(2) 单位工程施工安全技术措施，应由组织编制该措施的负责人向各工种施工负责人、作业班组长进行安全技术交底。

各工种施工负责人在安排布置各作业班组施工任务时，应同时向作业班组的全体人员进行安全技术交底。

(3) 专项施工安全技术措施应由项目工程技术负责人向专业施工队伍（班组）全体作业人员进行安全技术交底。

(4) 各级专职安全管理人员应参加安全技术交底会，并监证。

3. 安全技术措施的实施。安全技术措施中的各种安全设施、安全防护设备都应列入任务单，责任落实到班组、个人。工程项目安全管理人员应进行督查，并实行验收制度。

各级施工管理人员在检查生产的同时应检查安全和安全技术措施落实情况，及时纠正不符合安全要求的状况，切实做到防患于未然。

所有安全设施、防护装置不得随意变动、拆除，如果确因生产作业需要将其暂时移位或拆除，必须向项目施工技术人员报告，并还应采取相应的暂时安全防范措施，作业完成后应立即复原。

各种安全设施、防护装置如有损坏的，必须及时整改，确保使用安全的可靠性。安全设施的拆除必须经项目工程技术负责人确认其已完成其防护作用并批准后，方可拆除。

五、建筑施工机械

建筑机械是指用于各种建筑工程施工的工程机械、筑路机械和运输机械等有关的机械设备的统称。

下述9类产品统称为建筑机械：挖掘机械、起重机械、铲土运输机械、压实机械、路面机械、桩工机械、混凝土机械、钢筋加工机械、装修机械。

中小型机械主要是指建筑工地上使用的混凝土搅拌机、砂浆搅拌机、卷扬机、机动翻斗车、蛙式打夯机、磨石机、混凝土振捣器等。这些机械设备数量多、分布广，常因使用维修保养不当而发生事故。

(一) 混凝土搅拌机

混凝土搅拌机是由搅拌筒、上料机构、搅拌机构、配水系统出料机构、传动机构和动力部分组成。动力有电动机和内燃机两种。

1. 混凝土搅拌机的类型

按混凝土搅拌方式分，有自落式和强制式。

自落式搅拌机，按其搅拌罐的形状和出料方法又可分为鼓形、锥形反转出料和锥形倾翻出料3种。

各型搅拌机容量，以出料容量并经捣实后的每罐新鲜混凝土体积（m^3）作为额定容量（即出料容量为 $m^3 \times 1\ 000$ 确定，如 JG—750 型，表示出料容量为 0.75 m^3）。各型代号：J—搅拌机；G—鼓形；Z—锥形反转出料；E—锥形倾翻出料；Q—强制式；R—内燃式。

鼓形搅拌机的滚筒外形呈鼓形，靠4个托轮支承，保持水平，中心转动。滚筒后面进料，前面出料，是国内建筑施工中应用最广泛的一种。

2. 混凝土搅拌机的使用与管理

（1）固定式的搅拌机要有可靠的基础，操作台面牢固，便于操作，操作人员应能看到各工作部位情况；移动式的应在平坦坚实的地面上支架牢靠，不准以轮胎代替支撑，使用时间较长的（一般超过3个月的），应将轮胎卸下妥善保管。

（2）使用前要空车运转，检查各机构的离合器及制动装置情况，不得在运行中做注油保养。

（3）作业中严禁将头或手伸进料斗内，也不得贴近机架察看，运转出料时，严禁用工具或手进入搅拌筒内扒动。

（4）运转中途不准停机也不得在满载时启动搅拌机。

（5）作业中发生故障时，应立即切断电源，将搅拌筒内的混凝土清理干净，然后再进行检修，检修过程中电源处应设专人监护（或挂牌）并拴牢上料斗的摇把，以防误动摇把，使料斗提升，发生挤伤事故。

（6）作业后，要进行全面冲洗，筒内料出净，料斗降落到最低处坑内，如需升起放置时，必须用链条将料斗扣牢。料斗升起挂牢后，坑内才准下人。

（二）砂浆搅拌机

砂浆搅拌机是根据强制搅拌的原理设计的，在搅拌时，拌筒一般固定不动，以筒内带条形拌叶的转轴来搅拌物料。其卸料方式有两种：一种是使拌筒倾翻，筒口朝下出料；另一种是拌筒不动，底部有出料口出料。后者出料虽方便，但有时因出料口处门关不严而漏浆，故一般多使用倾翻式出料。

（三）卷扬机

1. 卷扬机的性能

卷扬机在建筑施工中使用广泛，它可以单独使用，也可以作为其他起重机械的卷扬机构。其种类按动力分有手动、电动、蒸汽、内燃等；按卷筒数分有单筒、双筒、多筒；按速度分有快速、慢速。常用形式为电动单筒和电动双筒卷扬机。

卷扬机的标准传动形式是卷筒通过离合器而连接于原动机，其上配有制动器，原动机始终按同一方向转动。提升时，靠上离合器；下降时，离合器打开，卷扬机卷筒由于载荷重力的作用而反转，重物下降，其转动速度用制动器控制。另一种卷扬机是由电动机、齿轮减速机、卷筒、制动器等构成，载荷的提升和下降均为一种速度，由电机的正反转控制，电机正转时物料上升，反转时下降。

2. 安全使用要点

(1) 安装位置

1）视野良好，施工过程中不影响司机对操作范围内全过程的监视。

2）地基坚固，防止卷扬机移动和倾覆。

3）从卷筒到第一个导向滑轮的距离，按规定：带槽卷筒应大于卷筒宽度的15倍，无槽卷筒应大于20倍。

4）搭设操作棚和给操作人员创造一个安全作业条件。

(2) 卷扬机司机应经专业培训持证上岗。

(3) 留在卷筒上的钢丝绳最少应保留3~5圈。

(4) 钢丝绳要定期涂油并要放在专用的槽道里，以防碾压倾扎，破坏钢丝绳的强度。

(四) 机动翻斗车

机动翻斗车是一种方便灵活的水平运输机械，在建筑施工中常用于运输砂浆、混凝土熟料以及散装物料等。各地大都使用的是载重量1t的翻斗车，该车采用前轴驱动，后轮转向，整车无拖挂装置。前桥与车架成刚性连接，后桥用销轴与车架铰接，能绕销轴转动，确保在不平整的道路上正常行驶。使用方便，效率高。

使用要点：

1. 机动翻斗车属厂内运输车辆，司机按有关规定培训考核，持证上岗。

2. 车上除司机外不得带人行驶。

(五) 蛙式打夯机

蛙式打夯机是建筑施工中常见的小型压实机械，虽有不同形式，但构造基本相同，主要由机械结构和电器控制两部分组成。

机械结构部分由拖盘、传动机构、前轴装置、夯头架、操纵手柄组成；电器控制部分包括电动机、开关控制及胶皮电缆。夯头架上的偏心块与皮带松紧度可以调整，因偏心块的旋转使蛙夯跳动、冲击、夯实土壤。

蛙式打夯机的使用要点：

1. 蛙式打夯机只适用于夯实灰土、素土地基以及场地平整工作，不能用于夯实坚硬或软硬不均相差较大的地面，更不得夯打混有碎石、碎砖的杂土。

2. 凡需搬运蛙式打夯机必须切断电源，不准带电搬运。

3. 蛙式打夯机操作必须有两个人，一人扶夯，一人提电线，操作人员应穿戴好绝缘用品。

4. 两台以上蛙式打夯机同时作业时，左右间距不小于5 m，前后不小于10 m。相互间的胶皮电缆不要缠绕交叉，并远离夯头。

(六) 钢筋加工机械

钢筋加工机械主要有：冷拉机、冷拔机、调直剪切机、切断机、弯曲机及焊接机械等。

1. 冷拉机

冷拉机主要由卷扬机、地锚、夹具、定滑轮、动滑轮及测力装置组成。通过对钢筋的冷拉，既提高了强度，又节约了材料。

冷拉机的操作要点：

(1) 操作时应控制冷拉值，不准超载；

(2) 拉直钢筋的两端要有防护措施，防止钢筋拉断或滑离夹具伤人；

(3) 工作中禁止人员站在冷拉线的两端，或跨越冷拉中的钢筋；

(4) 用配重控制的设备，工作前要检查配重块与设计要求是否一致，并设有起落标记；用延伸率控制的装置，必须有明显标记。

2. 冷拔机（拔丝机）

冷拔机是在强拉力作用下，钢筋通过一个小于其直径的模孔，经过冷拔，以提高其使用强度，也称拔丝机。拔丝机有立式和卧式两种，操作时应注意以下事项：

(1) 拔丝机由两人操作，相互配合，启动前要进行检查，启动后先空车运转；

(2) 运转中不准将手伸入卷筒作清理工作，也不准进行维修；

(3) 操作人员佩戴防护眼镜，扎紧袖口，防止烫伤。

3. 调直剪切机

调直剪切机可以自动地将钢筋调直和切断，按切断机构不同，分下切式剪刀和旋切式剪刀两种，其操作应注意以下事项：

(1) 按钢筋的直径选用适当的调直块及传动速度，在调直块未固定、防护罩未盖好之前，不得送料；

(2) 送料前，应切去不直的料头。上盘条穿丝、引头切断，均应停机进行；

(3) 调直短盘钢筋时，应手持套管护送到导向器，防止钢筋甩动伤人事故。

4. 切断机

有手动切断机、电动切断机和液压切断机，操作时应注意以下事项：

(1) 钢筋必须在调直后切断。钢筋要平直进入刀口，与刀口成垂直状态；

(2) 不得超出机械铭牌规定的钢筋直径和强度，一次切断多根钢筋时，其总截面应在规定范围内；

(3) 手与切刀间应保持距离大于15 cm。料长度小于40 cm时，应用套管或夹具将短钢筋头夹牢。

5. 弯曲机

弯曲机可将切断调直配好的钢筋，弯曲成所需要的形状。分手动、电动和液压3种。操作时应注意：①工作台和弯曲机台面要在同一水平面上；②按加工钢筋的直径和弯曲半径装好心轴（心轴直径应为钢筋直径的2.5倍）。

(七) 木工机械

施工现场中常见的木工机械主要是圆盘锯和平面刨（手压刨），这两种机械也是木工机械中发生事故较多的机械。

1. 圆盘锯

(1) 锯片必须平整牢固，锯齿尖锐有适当锯路（否则易发生夹锯），锯片不能有连续缺齿，不得使用有裂纹的锯片。

（2）安全防护装置要齐全完整。分料刀的厚薄适度，位置合适，锯长料时不产生夹锯；锯盘护罩的位置应固定在锯盘上方，不得在使用中随意转动；操作者的位置与锯片之间应装置挡网，防止破料时遇节疤和铁钉时弹回伤人，挡网应有能防止木料弹回的刚度，同时又能不遮挡操作人员的视线，以看清锯木料的墨线。

（3）应有能够防止因误碰开机的开关控制，闸箱距设备距离不大于 2 m，以便在发生故障时，迅速切断电源。

（4）木料较长时，两人配合操作。操作中，下手必须待木料超过锯片 20 cm 以外时，方可接料。接料后不要猛拉，应与送料配合。需要回料时，木料要完全离开锯片以后再送回，操作时不能过早过快，防止木料碰锯片。

（5）截断木料和锯短料时，应用推棍，不准用手直接进料，进料速度不能过快。下手接料必须用刨钩。木料长度不足 50 cm 的短料，禁止上锯。

2. 平面刨（手压刨）

（1）应明确规定，除专业木工外，其他工种人员不可操作。

（2）应装开关箱，开关箱距设备不大于 3 m，便于发生故障时，迅速切断电源。

（3）使用前，应空转运行，转速正常无故障时，才可进行操作。刨料时，应双手持料，按料时应该使用工具，不要用手直接按料，防止木料移动手按空发生事故。

（4）短于 20 cm 的木料不得使用机械。长度超过 2 m 的木料，应由两人配合操作。

（5）刨料前要仔细检查木料，有铁钉、灰浆等物要先清除，遇木节、逆茬时，要适当减慢推进速度。

（6）必须装设灵敏可靠的护手装置。目前各地使用的防护装置不一，但不管何种形式，必须灵敏可靠，经试验认定确实可以起到防护作用。

防护装置安装后，必须专人负责管理，不能以各种理由拆掉，发生故障时，机械不能继续使用，必须待装置维修试验合格后，方可再用。

（八）水泵

水泵的种类很多，建筑施工中主要使用的是离心式水泵。离心式水泵中又以单级单吸式离心水泵为最多。

“单级”是指叶轮为一个，“单吸”是指进水口为一面。泵主要由泵座、泵壳、叶轮、轴承盒、进水口、出水口、泵轴、叶轮组成。

操作要点：

1. 水泵的安装应牢固、平稳，有防雨、防冻措施。多台水泵并列安装时，间距不小于 80 cm，管径较大的进出水管，须用支架支撑，转动部分要有防护装置。

2. 电动机轴应与水泵轴同心，螺栓要紧固，管路密封，接口严密，吸水管阀无堵塞，无漏水。

3. 升降吸水管时，要站到有防护栏杆的平台上操作。

六、垂直运输机械

当前，在施工现场用于垂直运输的机械主要有 3 种：塔式起重机、龙门架（井字架）物料提升机和外用电梯。

（一）塔式起重机

塔式起重机（简称塔吊），在建筑施工中已经得到广泛的应用，成为建筑安装施工中不可缺少的建筑机械。

由于塔吊的起重臂与塔身可成相互垂直的外形，故可把起重机靠近施工的建筑物安装，塔吊的有效工作幅度优越于履带、轮胎式起重机，其工作高度可达100～160 m。塔吊操作方便、变幅简单等特点，是建筑业起重、运输、吊装作业的主导机械。

1. 塔吊分类

（1）按工作方法分类

1）固定式塔吊。塔身不移动，工作范围靠塔臂的转动和小车变幅完成，多用于高层建筑、构筑物、高炉安装工程。

2）运行式塔吊。可由一个工作地点移到另一工作地点，如轨道式塔吊，可以带负荷运行，在建筑群中使用可以不用拆卸，通过轨道直接开进新的工程幢号施工。

（2）按旋转方式分类

1）上旋式：塔身上旋转，在塔顶上安装可旋转的起重臂。

2）下旋式：塔身与起重臂共同旋转。这种塔吊的起重臂与塔顶固定，平衡重和旋转支承装置布置在塔身下部。

（3）按变幅方法分类

1）动臂变幅：这种起重机变换工作半径是依靠变化起重臂的角度来实现的。

2）小车运行变幅：这种起重机的起重臂仰角固定，不能上升、下降，工作半径是依靠起重臂上的载重小车运行来完成的。

（4）按起重性能分类

1）轻型塔吊：起重量在0.5～3 t，适用于五层以下砖混结构施工。

2）中型塔吊：起重量在3～15 t，适用于工业建筑综合吊装和高层建筑施工。

3）重型塔吊：适用于多层工业厂房以及高炉设备安装。

2. 基本参数

起重机的基本参数有6项：即起重力矩、起重量、最大起重量、工作幅度、起升高度和轨距，其中起重力矩确定为主要参数。

（1）起重力矩（t·m）。起重力矩是衡量塔吊起重能力的主要参数。起重力矩＝起重量×工作幅度选用塔吊，不仅考虑起重量，而且还应考虑工作幅度。

（2）起重量（t）。起重量是以起重吊钩上所悬挂的索具与重物的质量之和计算的。

关于起重量应考虑两层含义：最大工作幅度时的起重量、最大额定起重量。在选择机型时，应按其说明书使用。因动臂式塔吊的工作幅度有限制范围，所以若以力矩值除以工作幅度，反算所得值并不准确。

（3）工作幅度。工作幅度也称回转半径，是起重吊钩中心到塔吊回转中心线之间的水平距离（m），它是以建筑物尺寸和施工工艺的要求而确定的。

（4）起升高度。起升高度是在最大工作幅度时，吊钩中心线至轨顶面（轮胎式、履带式至地面）的垂直距离（m），该值的确定是以建筑物尺寸和施工工艺的要求而确定的。

（5）轨距。轨距值（m）是根据塔吊的整体稳定性和经济效果而定的。

3. 技术性能

按照关系式：起重力矩=起重量×工作幅度。那么，当起重力矩确定后：①已知起重量即可求出工作幅度；②已知工作幅度即可求出起重量。

小车运行式变幅塔吊，以QTZ—200型自升塔吊为例说明。此种塔吊是一种采用小车变幅、爬升套架、塔身接高的三用自升式塔吊。这种塔吊通过更换或增加一些辅助装置，可分别用作轨道式塔吊、附着式塔吊、固定式塔吊。此种塔吊采用液压顶升系统，塔身可随建筑物升高而升高，司机室设在塔最上部，视野开阔。

（1）主要结构。金属结构包括底架、塔身、顶升套架、顶底及过渡节、转台、起重臂、平衡臂、塔帽、附着装置等部件。

1）塔身。它是由第一节、第二节、4个增强节和22个标准节构成。每节高2.5 m。轨道式其臂根铰点最大高度55.396 m，增加附着后可达80.396 m。

每台塔机配3套附着装置，其安装间隔，不同塔吊间隔也不同。QTZ—200塔吊规定间隔一般在16~20 m，最下一道附着装置，距塔身底架不大于60 m（轨道式最大臂根铰点高度55 m）。各道附着装置的撑杆应交错布置，附着框架要固定牢靠，用高标号砂浆灌实，不许有任何滑动。

附着是为减小塔身的自由高度，改善塔身的受力情况，提高塔吊的使用高度而增加的受力装置。主要是把塔身的水平分力，通过此装置传递给建筑结构部分，附着点的位置和作法，要在施工组织设计中予以考虑。

2）起重臂。此种塔吊不同于动臂式塔吊，起重臂为受弯构件，其断面呈空间三角形或四边形，载重小车沿起重臂移动实现变幅（回转半径的变化），起重臂的下弦杆安装有小车轨道。

3）平衡臂。全长20 m，平衡重由4个平衡重块、8个悬接体组成，且有8个滚轮和牵引机构。移动平衡重的位置，以改善塔身所受的弯矩，增加塔吊的稳定性。

4）顶升套架。顶升套架是用无缝钢管焊成的格构形桁架，其一侧开有门洞，并有引进轨道和摆渡小车，供引进塔身标准节用。

5）过渡节。顶升套架以上是过渡节及回转机构，塔身增高时，由过渡节承座架承受以上全部结构质量，通过定位销固定在塔身上，然后引进接高塔身的标准节。

（2）工作机构和安全装置

1）行走机构。大车行走机构由底架、4个支腿和4个台车组成。轨道端头附近设行程限位开关。

2）起升机构。起升卷扬机由两台45 kW电机驱动，起升卷扬机上装有吊钩上升限位器。

3）变幅机构。起重臂根部和头部装有缓冲块和限位开关，以限定载重小车行程。

4）回转机构。它由两台5 kW电机驱动。塔帽回转设有手动液压制动机构，防止起重臂定位后因大风吹动臂杆，影响就位。

5）平衡重牵引。平衡重牵引是由3 kW电机驱动，平衡臂的两端设有缓冲块和限位开关。

6）顶升液压系统。

（3）基础。QTZ—200 塔吊有轨道式和固定式两种，地耐力要求 20 t/m^2。

1）轨道式基础。轨距 6.5 m，两端设止档和行程极限拨杆。

2）固定式基础。按说明书配筋，浇混凝土。

4. 安全操作注意事项

（1）塔吊司机和信号人员，必须经专门培训持证上岗。

（2）实行专人专机管理，机长负责制，严格交接班制度。

（3）新安装的或经大修后的塔吊，必须按说明书要求进行整机试运转。

（4）塔吊距架空输电线路应保持安全距离。

（5）司机室内应配备适用的灭火器材。

（6）提升重物前，要确认重物的真实质量，要做到不超过规定的荷载，不得超载作业。

（7）两台塔吊在同一条轨道作业时，应保持安全距离。

两台同样高度的塔吊，其起重臂端部之间，应大于 4 m。两台塔吊同时作业，其吊物间距不得小于 2 m。

（8）轨道行走的塔吊，处于 90°弯道上，禁止起吊重物。

（9）操作中遇大风（六级以上）等恶劣气候，应停止作业，将吊钩升起，夹好轨钳。当风力达十级以上时，吊钩落下钩住轨道，并在塔身结构架上拉四根钢丝绳，固定在附近的建筑物上。

（二）龙门架（井字架）物料提升机

龙门架、井字架都是用做施工中的物料垂直运输。龙门架、井字架是因架体的外形结构而得名。

龙门架由天梁及两立柱组成，形如门框；井架由四边的杆件组成，形如“井”字的截面架体，提升货物的吊笼在架体中间上下运行。

龙门架（井字架）物料升降机在现场使用，也应编制专项施工方案。

1. 构造

升降机架体的主要构件有立柱、天梁、上料吊篮、导轨及底盘。架体的固定方法可采用在架体上拴缆风绳，其另一端固定在地锚处；或沿架体每隔一定高度，设一道附墙杆件，与建筑物的结构部位连接牢固，从而保持架体的稳定。提升机宜选用可逆式卷扬机，高架提升机不得选用摩擦式卷扬机。

2. 安全防护装置

（1）停靠装置。吊篮到位停靠后，当工人进入吊篮内作业时，由于卷扬机抱闸失灵或钢丝绳突然断裂，吊篮不会坠落以保人员安全。

（2）断绳保护装置。当钢丝绳突然断开时，此装置即弹出，两端将吊篮卡在架体上，阻止吊篮坠落。

（3）吊篮安全门。即当吊篮落地时，安全门自动开启，吊篮上升时，安全门自行关闭。

（4）楼层口停靠栏杆。升降机与各层进料口的结合处搭设了运料通道，通道处应设防护栏杆。

(5) 上料口防护棚。升降机地面进料口搭设的防护棚。

(6) 超高限位装置。防止吊篮失控上升与天梁碰撞的装置。

(7) 下极限限位装置。主要用于高架升降机，为防止吊笼下行时不停机，压迫缓冲装置造成事故。

(8) 超载限位器。为防止装料过多而设置。

(9) 通信装置。升降时联络信号。

3. 基础、附墙架、缆风绳及地锚

(1) 基础。依据升降机的类型及土质情况确定基础的作法。

(2) 附墙架。每间隔一定高度必须设一道附墙杆件与建筑结构部分进行连接，从而确保架体的自身稳定。

(3) 缆风绳。当升降机无条件设置附墙架时，应采用缆风绳固定架体。

第一道缆风绳的位置可以设置在距地面 20 m 高处，架体高度超过 20 m 以上，每增高 10 m 就要增加一组缆风绳；每组（或每道）缆风绳不应少于 4 根，沿架体平面 360°范围内布局；按照缆风绳的受力情况应采用直径不小于 9.3 mm 的钢丝绳。

(4) 地锚。要视其土质情况，决定地锚的形式和作法。

4. 安装与拆除

龙门架（井字架）物料提升机的安装与拆除必须编制专项施工方案。并应由有资质的队伍施工。

(1) 升降机应有专职机构和专职人员管理。司机应经专业培训，持证上岗。

(2) 组装后应进行验收，并进行空载、动载和超载试验。

(3) 严禁载人升降和禁止攀登架体及从架体下面穿越。

(三) 外用电梯

建筑施工外用电梯又称附壁式升降机，是一种垂直井架（立柱）导轨式外用笼式电梯。主要用于工业、民用高层建筑的施工，桥梁、矿井、水塔的高层物料和人员的垂直运输。

升降机的构造原理是将运载梯笼和平衡重之间，用钢丝绳悬挂在立柱顶端的定滑轮上，立柱与建筑结构进行刚性连接。梯笼内以电力驱动齿轮，凭借立柱上固定齿条的反作用力，梯笼沿立柱导轨作垂直运动。

外用电梯由于结构坚固，拆装方便，不用另设机房，应用较广泛。其立柱制成一定长度的标准节，上下各节可以互换，根据需要的高度到施工现场进行组装，一般架设高度可达 100 m，用于超高层建筑施工时可达 200 m。电梯可借助本身安装在顶部的电动吊杆组装，也可利用施工现场的塔吊等起重设备组装。另外梯笼和平衡重的对称布置，故倾覆力矩很小，立柱又通过附壁架与建筑结构牢固连接（不需缆风绳），所以受力合理可靠。为保证使用安全，外用电梯本身设置了必要的安全装置，这些装置应该经常保持良好状态，防止意外事故。

七、脚手架工程

脚手架是建筑施工中必不可少的临时设施。比如砌筑砖墙，浇筑混凝土、墙面的抹灰、装饰和粉刷、结构构件的安装等，都需要在其近旁搭设脚手架，以便在其上进行施工操作、堆放施工用料和必要时的短距离水平运输。

脚手架虽然是随着工程进度而搭设，工程完毕就拆除，但它对建筑施工速度、工作效率、工程质量以及工人的人身安全有着直接的影响，如果脚手架搭设不及时，势必会拖延工程进度；脚手架搭设不符合施工需要，工人操作就不方便，质量得不到保证，工效也提不高；脚手架搭设不牢固，不稳定，就容易造成施工中的伤亡事故。因此，对脚手架的选型、构造、搭设质量等决不可疏忽大意、轻率处理。

（一）脚手架种类

随着建筑施工技术的发展，脚手架的种类也愈来愈多。从搭设材质上说，不仅有传统的竹、木脚手架，而且还有钢管脚手架。钢管脚手架中又分扣件式、碗扣式、门式、工具式；按搭设的立杆排数，又可分单排架、双排架和满堂架。按搭设的用途，又可分为砌筑架、装修架；按搭设的位置可分为外脚手架和内脚手架。

1. 外脚手架

搭设在建筑物或构筑物的外围的脚手架称为外脚手架。外脚手架应从地面搭起，所以，也叫底撑式脚手架，一般来讲建筑物多高，其架子就要搭多高。

（1）单排脚手架：它由落地的许多单排立杆与大、小横杆绑扎或扣接而成。

（2）双排脚手架：它由落地的许多里、外两排立杆与大、小横杆绑扎或扣接而成。

2. 内脚手架

搭设在建筑物或构筑物内的脚手架称为内脚手架。主要有：①马凳式内脚手架；②支柱式内脚手架。

3. 工具式脚手架

（1）悬挑脚手架。它不直接从地面搭设，而是采用在楼板墙面或框架柱上以悬挑形式搭设。按悬挑杆件的不同种类可分为两种：一种是用 $\phi 48.3\ mm \times 3.6\ mm$ 的钢管，一端固定在楼板上，另一端悬出在外面，在这个悬挑杆上搭设脚手架，它的高度应不超过 6 步架；另一种是用型钢做悬挑杆件，搭设高度不超过 20 步架（总高 20 ~ 30 m）。

（2）吊篮脚手架。它的基本构件是用 $\phi 50\ mm \times 3\ mm$ 的钢管焊成矩形框架，并以 3 ~ 4 榀框架为一组，在屋面上设置吊点，用钢丝绳吊挂框架，它主要适用于外装修工程。

（3）附着式升降脚手架。附着在建筑物的外围，可以自行升降的脚手架称为附着式升降脚手架。

（4）挂脚手架。它是将脚手架挂在墙上或柱上预埋的挂钩上，在挂架上铺以脚手板而成。

（5）门式钢管脚手架。

（二）脚手架的作用及基本要求

1. 脚手架的作用

脚手架既要满足施工需要，且又要为保证工程质量和提高工效创造条件，同时还应为组织快速施工提供工作面，确保施工人员的人身安全。

2. 脚手架的基本要求

脚手架要有足够的牢固性和稳定性，保证在施工期间对所规定的荷载或在气候条件的影响下不变形、不摇晃、不倾斜，能确保作业人员的人身安全；要有足够的面积满足堆料、运输、操作和行走的要求；构造要简单，搭设、拆除和搬运要方便，使用要安全。

（三）脚手架的材质与规格

1．木质材料的材质和规格

木杆常用剥皮杉杆或落叶松。

立杆和斜杆（包括斜撑、抛撑、剪刀撑等）的小头直径一般不小于70 mm；大横杆、小横杆的小头一般不小于80 mm；脚手板的厚度一般不小于50 mm，应符合木质二等材。

2．竹质材料的材质和规格

竹竿一般采用4年以上生长期的楠竹。青嫩、枯黄、黑斑、虫蛀以及裂纹连通二节以上的竹竿都不能用。轻度裂纹的竹竿可用14～16号铁丝加箍后使用。

使用竹竿搭设脚手架时，其立杆、斜杆、顶撑、大横杆的小头一般不小于75 mm，小横杆的小头不小于90 mm。

3．钢管的材质和规格

钢管应采用符合现行国家标准《直缝电焊钢管》（GB/T 13793—2008）或《低压流体输送用焊接钢管》（GB/T 3091—2008）中规定的3号普通钢管。其质量应符合国家标准《碳素结构钢》（GB/T 700—2006）中Q 235—A级钢的规定。钢管的尺寸应按标准选用，每根钢管的最大质量不应大于25 kg，钢管的尺寸为ϕ48 mm×3.5 mm和ϕ51 mm×3 mm，最好采用ϕ48 mm×3.5 mm的钢管。

4．扣件

扣件式钢管脚手架的扣件，应是采用可锻铸铁制作的扣件，其材质应符合现行国家标准《钢管脚手架扣件》（GB 15831—2006）的规定。采用其他材料制作的扣件，应经试验证明其质量符合该标准的规定后，才能使用。扣件的螺杆拧紧扭力矩达到65 N·m时不得发生破坏，使用时扭力矩应在40～65 N·m之间。

5．钢脚手板

材质应符合现行国家标准《碳素结构钢》（GB/T 700—2006）中Q 235—A级钢的规定。

6．绑扎材料的材质和规格

（1）铁丝的材质和规格。绑扎木脚手架一般采用8号镀锌铁丝。

（2）竹篾的材质和规格要求。竹脚手架一般来说应采用竹篾绑扎。竹篾用水竹或慈竹劈成，要求质地新鲜，坚韧带青，使用前须提前一天用水浸泡。三个月要更换一次。

（3）塑料篾的材质和规格要求。它是由塑料纤维编织而成带状，在竹脚手架中用以代替竹篾的一种绑扎材料。

（四）脚手架的设计

所谓脚手架的设计即是根据脚手架的用途（承重、装修），在建工程的高度、外形及尺寸等的要求，而设计立杆的间距，大横杆的间距连墙件的位置等，并且计算各杆件的应力在这种设计情况下能否满足要求，如不满足，可再调整立杆间距，大横杆间距和连墙件的位置设置等。

本节主要讲述扣件式钢管脚手架的设计计算。

荷载规定：脚手架上的施工荷载一般情况下是通过脚手板传递给小横杆，由小横杆传递给大横杆，再由大横杆通过绑扎（或扣结）点传递给立杆，最后通过立杆底部传递到地基上。

但是，使用竹笆脚手板，则是将施工荷载通过竹笆板传递给大横杆（或搁栅），由大横杆传递给靠近立杆的小横杆，再由小横杆通过绑扎点传给立杆，最后由立杆传递到地基上。

1．施工荷载值

（1）承重架（包括砌筑、浇混凝土和安装用架）定为3 000 N/m^{2}或3.0 kN/m^2。

（2）装修架为2 000 N/m^{2}或2.0 kN/m^2。

2．恒、活荷载

（1）恒载（永久荷载）。主要系指脚手架结构自重，包括立杆、大横杆、小横杆、斜撑（或剪刀撑）、扣件、脚手板、安全网和栏杆等各构件的自重。

（2）施工时的活载（可变荷载）主要指脚手板上的堆砖（或混凝土、模板和安装件等）、运输车辆（包括所装物件）和作业人员等荷载，以及风荷载。

（五）扣件式钢管脚手架的设计计算

1．荷载

荷载包含3个内容：荷载分类、荷载取值、荷载组合，下面分别介绍。

（1）荷载分类。对脚手架的计算基本依据是现行国家标准《冷弯薄壁型钢结构技术规范》（GB 50018—2002）和《建筑结构荷载规范》（GB 50009—2001），即对脚手架构件的计算采用了和GB 50018—2002、GB 50009—2001相同的计算表达式、相同的荷载分项系数和有关设计指标。根据上述国标要求，对作用于脚手架上的荷载分为永久荷载（恒荷）和可变荷载（活载）。计算构件的内力（轴力）、弯矩、剪力等时要区别这两种荷载，要采用不同的荷载分项系数，永久荷载分项系数取1.2；可变荷载分项系数取1.4。

（2）荷载取值

1）永久荷载。永久荷载标准值按每米立杆承受的结构自重标准值；冲压钢脚手板、木脚手板与竹串片脚手板自重标准值；栏杆与挡脚板自重标准值；脚手架上吊挂的安全设施（安全网、竹笆等）的荷载应按实际情况采用。

2）施工荷载。根据脚手架的不同用途，确定装修、结构两种施工均布荷载（kN/m^2）。装修脚手架为2 kN/m^2，结构施工脚手架为3 kN/m^2。

3）风荷载

（3）荷载组合。设计脚手架的承重构件时，应根据使用过程中可能出现的荷载取其最不利组合进行计算。

钢管脚手架的荷载由小横杆、大横杆和立杆组成的承载力构架承受，并通过立杆传给基础。剪刀撑、斜撑和连墙杆主要是保证脚手架的整体刚度和稳定性，增加抵抗垂直和水平力作用的能力。连墙杆则承受全部的风荷载。扣件则是架子组成整体的连结件和传力件。

1）扣件式钢管脚手架的荷载传递路线。作用于脚手架上的荷载可归纳为两大类：竖向荷载和水平荷载，它们的传递路线如下：

作用于脚手架上的全部竖向荷载和水平荷载最终都是通过立杆传递的；由竖向和水平荷载产生的竖向力由立杆传给基础；水平力则由立杆通过连墙件传给建筑物。分清组成脚手架的各构件各自传递哪些荷载，从而明确哪些构件是主要传力构件，各属于何种受力构件，以便按力学、结构知识对它们进行计算。

2）组成扣件式钢管脚手架的杆件受力分析。由荷载传递路线的途径可知，立杆是传递全部竖向和水平荷载的最重要构件，它主要承受压力计算忽略扣件连接偏心以及施工荷载作用产生的弯矩。当不组合风荷载时，简化为轴压杆以便于计算。当组合风荷载时则为压弯构件。大、小横杆（纵向、横向水平杆）是受弯构件。连墙件也是最终将脚手架水平力传给建筑物的最重要构件，一般为偏心受压（刚性连墙件）构件，因偏心不大，本规范简化为轴心受压构件计算。

纵向或横向水平杆是靠扣件连接将施工荷载、脚手板自重传给立杆的，当连墙件采用扣件连接时，要靠扣件连接将脚手架的水平力由立杆传递到建筑物上。扣件连接是以扣件与钢管之间的摩擦力传递竖向力或水平力的，因此规范规定要对扣件进行抗滑计算。

连墙件主要承受风荷载和脚手架平面外变形产生的轴向力，它对脚手架的稳定和强度起着重要的作用。

连墙件的强度、稳定性和连接强度应按现行国家标准《冷弯薄壁型钢结构技术规范》（GB 50018—2002）、《钢结构设计规范》（GB 50017—2003）、《混凝土结构设计规范》（GB 50010—2002）等的规定计算。

立杆地基承载力计算：将脚手架的荷载传递到地面，那么，立杆基础底面的平均压力应大于立杆传下来的轴向力。

2．扣件式钢管脚手架的构造

（1）基本构造。扣件式钢管脚手架由钢管和扣件组成，它的基本构造形式与木脚手架基本相同，有单排架和双排架两种。

在立杆、大横杆、小横杆三杆的交叉点称为主节点。主节点处立杆和大横杆的连接扣件与大横杆与小横杆的连接扣件的间距应小于 15 cm。在脚手架使用期间，主节点处的大、小横杆，纵横向扫地杆及连墙件不能拆除。

（2）大横杆、小横杆、脚手板

1）大横杆

①大横杆可用于设置在立杆内侧，其长度不能小于 3 跨，大于和等于 6 m 长。

②大横杆用对接扣件接长，也可采用搭接。

大横杆的对接、搭接应符合下列规定：

大横杆的对接扣件应交错布置。两根相邻大横杆的接头不宜设置在同步或同跨内；不同步不同跨两相邻接头在水平方向错开的距离不应小于 500 mm；各接头中心至最近主节点的距离不宜大于纵距的 1/3。

搭接长度不应小于 1 m，应等间距设置 3 个旋转扣件固定，端部扣件盖板边缘至大横杆端部的距离不应小于 100 mm。

当使用冲压钢脚手板、木脚手板、竹串片脚手板时，大横杆应作为小横杆的支座，用直角扣件固定在立杆上；当使用竹笆脚手板时，大横杆应采用直角扣件固定在小横杆上，并应等间距设置，间距不应大于 400 mm。

2）小横杆。小横杆的构造应符合下列规定：

主节点处必须设置一根小横杆，用直角扣件扣接且严禁拆除。

作业层上非主节点处的小横杆，宜根据支承脚手架的需要等间距设置，最大间距不应大于纵距的 1/2。

3）脚手板。当使用冲压钢脚手板、木脚手板、竹串片脚手板时，双排脚手架的横向水平杆两端均采用直角扣件固定在大横杆上；单排脚手架的小横杆的一端，应用直角扣件固定在大横杆上，另一端应插入墙内，插入长度不应小于 180 mm。

使用竹笆脚手板时，双排脚手架的小横杆两端，应用直角扣件固定在立杆上；单排脚手架的小横杆一端，应用直角扣件固定在立杆上，另一端插入墙内，插入长度不应小于 180 mm。

脚手板的设置应符合下列规定：作业层脚手板应铺满、铺稳；冲压钢脚手板、木脚手板、竹串片脚手板等，应设置在三根小横杆上。当脚手板长度小于 2 m 时，可采用两根小横杆支承，但应将脚手板两端与其可靠固定，严防倾翻。此三种脚手板的铺设可采用对接平铺，亦可采用搭接铺设。脚手板对接平铺时，接头处必须设两根小横杆，脚手板外伸长应取 130 ~ 150 mm，两块脚手板外伸长度的和不应大于 300 mm，脚手板搭接铺设时，接头必须支在小横杆上，搭接长度应大于 200 mm，其伸出小横杆的长度不应小于 100 mm。

竹笆脚手板应按其主筋垂直于纵向水平杆方向铺设，且采用对接平铺，四个角应用直径 1.2 mm 的镀锌钢丝固定在纵向水平杆（大横杆）上。

作业层端部脚手板探头长度应取 150 mm，其板长两端均应与支承杆可靠地固定。

（3）立杆。每根立杆底部应设置底座，座下再设垫板。

1）脚手架必须设置纵、横向扫地杆。纵向扫地杆应采用直角扣件固定在距离底座上皮不大于 200 mm 处的立杆上。横向扫地杆亦应采用直角扣件固定在紧靠纵向扫地杆上。当立杆基础在不同一高度上时，必须将高处的纵向扫地杆向低处延长两跨与立杆固定，高低差不应大于 1 m。靠边坡上方的立杆轴线到边坡的距离不应小于 500 mm。

2）脚手架底层步距不应大于 2 m。

3）立杆必须用连墙件与建筑物可靠连接。

4）立杆接长除顶层顶部可采用搭接外，其余各层必须采用对接扣件连接。

5）立杆上的搭接扣件应交错布置：两根相邻立杆的接头不应设置在同步内，同步内隔一根立杆的两个相隔接头在高度方向错开的距离不宜小于 500 mm；各接头中心至主节点的距离不宜大于步距的 1/3。

6）搭接长度不应小于 1 m，应采用不小于两个旋转扣件固定，端部扣件盖板的边缘至杆端距离不应小于 100 mm。

（4）连墙件。连墙件数量的设置除应满足设计计算要求外，尚应符合表 8—6 的规定。

表 8—6　　连墙件布置最大间距

脚手架高度		竖向间距	水平间距	每根连墙件覆盖面积/m^2
双排	≤50 m	$3h$	$3l_a$	≤40
	>50 m	$2h$	$3l_a$	≤27
单排	≤24 m	$3h$	$3l_a$	≤40

注：h—步距；l_a—纵距。

1）宜靠近主节点设置，偏离主节点的距离不应大于 300 mm；

2）连墙件应从底层第一步大横杆处开始设置，当该处设置有困难时，应采用其他可靠措施固定。

（六）脚手架的使用与管理

1．设置供操作人员上下使用的安全扶梯、爬梯或斜道。

2．搭设完毕后应进行检查验收，经检查合格后才准使用。特别是高层脚手架和满堂脚手架更应进行检查验收后才能使用。

3．在脚手架上同时进行多层作业的情况下，各作业层之间应设置可靠的防护棚，以防止上层坠物伤及下层作业人员。

4．维修、加固。脚手架专项施工方案中，应包括脚手架拆除的方案和措施，拆除时应严格遵守。

八、高处作业工程

凡在坠落高度基准面 2 m 以上（含 2 m）有可能坠落的高处进行的作业称为高处作业。作业高度分为 2 ~5 m、5 ~15 m、15 ~30 m 及 30 m 以上 4 个区域。

在建筑施工中，高处作业主要有临边作业、洞口作业及独立悬空作业等，进行高处作业必须做好必要的安全防护技术措施。

（一）临边作业

在施工现场，当工作面的边沿并无围护设施，使人与物有各种坠落可能的高处作业，属于临边作业。

1．临边作业的防护主要为设置防护栏杆，并有其他防护措施。设置防护栏杆为临边防护所采用的主要方式。栏杆应由上、下两道横杆及栏杆柱构成。横杆离地高度，规定为上杆 1.0 ~1.2 m，下杆 0.5 ~0.6 m，即位于中间。

2．防护栏杆的受力性能和力学计算。防护栏杆的整体构造，应使栏杆上杆能承受来自任何方向的 1000 N 的外力。通常，可从简按容许应力法进行计算其弯矩、受弯正应力；需要控制变形时，计算挠度。

3．用绿色密目式安全网全封闭。在建工程的外侧周边，如无外脚手架应用密目式安全网全封闭。如有外脚手架在脚手架的外侧也要用密目式安全网全封闭。

4．装设安全防护门。

（二）洞口作业

建筑物或构筑物在施工过程中，常会出现各种预留洞口、通道口、上料口、楼梯口、电梯井口，在其附近工作，称为洞口作业。

各种板与墙的孔口和洞口，各种预留洞口，桩孔上口，杯形、条形基础上口，电梯井口必须视具体情况分别设置牢固的盖板、防护栏杆、密目式安全网或其他防护坠落的设施。

防护栏杆的受力性能和力学计算与临边作业的防护栏杆相同。

（三）悬空作业的安全防护

施工现场，在周边临空的状态下进行作业时，高度在 2 m 及 2 m 以上，属于悬空高处作业。悬空高处作业的法定定义是：“在无立足点或无牢靠立足点的条件下，进行的高处作业统称为悬空高处作业”，因此，悬空作业尚无立足点，必须适当地建立牢靠的立足点，如搭设操作平台、脚手架或吊篮等等，方可进行施工。

（四）交叉作业的安全防护

进行交叉作业时，不得在同一垂直方向上下同时操作下层作业的位置，必须处于依上层高度确定的可能坠落范围半径之外。不符合此条件，中间应设置安全防护层。

九、施工现场临时用电工程

（一）施工现场临时用电的组织设计

1. 临时用电的施工组织设计

按照《施工现场临时用电安全技术规范》（JGJ 46—2005）的规定：“临时用电设备在 5 台及 5 台以上或设备总容量在 50 kW 及 50 kW 以上者，应编制临时用电施工组织设计。”编制临时用电施工组织设计是施工现场临时用电管理的主要技术文件。

2. 主要技术内容

一个完整的施工用电组织设计应包括现场勘测、负荷计算、变电所设计、配电线路设计、配电装置设计、接地设计、防雷设计、外电防护措施、安全用电与电气防火措施、施工用电工程设计施工图等。

（二）施工现场对外电线路的安全距离及防护

1. 外电线路的安全距离

外电线路的安全距离是指带电导体与其附近接地的物体以及人体之间必须保持的最小空间距离或最小空气间隙。

在施工现场中，安全距离问题主要是指在建工程（含脚手架具）的外侧边缘与外电架空线路的边线之间的最小安全操作距离和施工现场的机动车道与外电架空线路交叉时的最小安全垂直距离。对此，《施工现场临时用电安全技术规范》（JGJ 46—2005）已经作了具体的规定。

2. 外电线路的防护

为了确保施工安全，则必须采取设置防护性遮栏、栅栏，以及悬挂警告标志牌等防护措施。如无法设置遮栏则应采取停电、迁移外电线路或改变工程位置等，否则不得强行施工。

（三）施工现场临时用电的接地与防雷

在施工现场，由于现场环境、条件的影响，间接触电现象往往比直接触电现象更普遍，危害也更大。所以，除了应采取防止直接触电的安全措施以外，还必须采取防止间接触电的安全技术措施。

1. 接地

设备与大地作金属性连接称为接地。接地通常是用接地体与土壤相接触实现的。金属导体或导体系统埋入地内土壤中，就构成一个接地体。接地体与接地线的总和称为接地装置。

在电气工程上，接地主要有4种基本类别：工作接地、保护接地、重复接地、防雷接地。

2. 施工现场建筑机械设备的防雷

施工现场建筑机械是参照第3类工业建（构）筑物的防雷规定设置防雷装置。被保护物的高度系指最高点的高度，被保护物必须完全处在保护范围内方能确保安全。在《施工现场临时用电安全技术规范》（JGJ 46—2005）中，规定接闪器的保护范围按滚球法确定。

（四）施工现场的配电室及自备电源

1. 配电室的位置及布置

（1）通常配电室的选择应根据现场负荷的类型、大小和分布特点、环境特征等进行全面考虑。

（2）配电室应尽量靠近负荷中心，以减少配电线路的长度和减小导线截面，提高配电质量，同时还能使配电线路清晰，便于维护。

（3）配电室内的配电屏是经常带电的配电装置，为了保障其运行安全和检查、维修安全，这些装置之间以及这些装置与配电室棚顶、墙壁、地面之间必须保持电气安全距离。

（4）配电室建筑物的耐火等级应不低于三级，室内不得存放易燃、易爆物品，并应配备砂箱、灭火器等灭火器材。配电室的屋面应该有隔层及防水、排水措施，并应有自然通风和采光，还须有避免小动物进入的措施。

2. 自备电源

施工现场临时用电工程一般是由外电线路供电的。常因外电线路电力供应不足或其他原因而停止供电，使施工受到影响。所以，为了保证施工不因停电而中断，有的施工现场备有发电机组，作为外电线路停止供电时的接续供电电源，这就是所谓自备电源。自备发配电系统也应采用具有专用保护零线的、中性点直接接地的三相四线制供配电系统。但该系统运行必须与外电线路电源（例如电力变压）部分在电气上安全隔离，独立设置。

（五）临时用电的负荷计算

在建筑施工中用电设备繁多，如塔式起重机、外用电梯、搅拌机、振捣器、电焊机、钢筋加工机械、木工加工机械、照明器以及各种电动工具。这些用电设备运行中的电流或功率，统称为用电设备的电力负荷或负载。为了使这些用电设备在正常情况下能够安全、可靠地获得其运行所需要的电力，而在故障情况下又能安全、可靠地得到保护，需要借助合理选择的配电线路、配电装置对电力进行传输、分配和控制。

负荷是电力负荷的简称。负荷计算就是按照一定方法计算出各种电气装置的计算电流或计算功率。

负荷计算通常是从用电设备开始的，逐级往上进行，直至电力变压器。

（六）施工现场的配电线路

施工现场的配电线路包括室外线路和室内线路。其敷设方式：室外线路主要有绝缘导线架空敷设（架空线路）和绝缘电缆埋地敷设（电缆线路）两种，也有电缆线路架空明敷设的；室内线路通常有绝缘导线和电缆的明敷设和暗敷设两种。

1. 架空线的选择

（1）导线种类的选择。按照施工现场对架空线路敷设的要求，架空线必须采用绝缘导线。或者为绝缘铜线，或者为绝缘铝线，但一般应优先选择绝缘铜线。

（2）导线截面的选择。导线截面的选择主要是依据负荷计算结果，按其允许温升初选导线截面，然后按线路电压损失和机械强度校验，最后确定导线截面。

2. 架空线路的安全要求

（1）架空线必须采用绝缘导线。

（2）架空线的档距与弧垂：档距为不得大于35 m；线间距不得小于30 mm，低于架空线的最大弧垂处与地面的最小垂直距离，施工现场一般场所4 m、机动车道6 m、铁路轨道7.5 m。

（3）架空导线的最小截面：铝绞线截面不得小于16 mm^2；铜线截面不得小于10 mm^2。

（4）架空导线的相序排列：

1）工作零线与相线在一个横担架设时，导线相序排列是：面向负荷从左侧起为A、N、B、C。

2）和保护零线在同一横担架设时，导线相序排列是：面向负荷从左侧起为A、N、B、C、PE。

3）动力线、照明线在两个横担上分别架设时，上层横担，面向负荷从左侧起为A、B、C；下层横担，面向负荷从左侧起为A或B或C、N、PE。在两个以上横担上架设时，最下层横担面向负荷，最右边的导线为保护零线PE。

3. 电缆线路的安全要求

室外电缆的敷设分为埋地和架空两种方式，以埋地敷设为宜。

室外电缆埋地：安全可靠，人身危害大量减少；维修量大大减少；线路不易受雷电袭击。

室内外电缆的敷设：应以经济、方便、安全、可靠为依据；电缆直接埋地的深度应不小于0.6 m，并在电缆上下各均匀铺设不小于50 mm厚的细沙，然后覆盖砖等硬质保护层；电缆穿越易受机械损伤的场所时应加防护套管；橡皮电缆架空敷设时，应沿墙壁或电杆设置；在建高层建筑内，可采用铝芯塑料电缆垂直敷设。

（七）施工现场的配电箱和开关箱

1. 配电箱与开关箱的设置

（1）设置原则。现场应设总配电箱（或配电室），总配电箱以下设分配电箱，分配电箱以下设开关箱，开关箱以下就是用电设备。

施工现场的照明配电宜与动力配电分别设置，各自自成独立配电系统，以不致因动力停电或电气故障而影响照明。

（2）位置选择与环境条件。总配电箱是施工现场配电系统的总枢纽，其装设位置应考虑便于电源引入、靠近负荷中心、减少配电线路、缩短配电距离等因素综合确定。

分配电箱则应设置负荷相对集中的地区。

开关箱与所控制的用电设备的距离应不大于 3 m。

配电箱、开关箱的周围环境应保障箱内开关电器正常、可靠地工作。

除此以外，配电箱、开关箱周围的空间条件，则应保证足够的工作场地和通道，不应放置有碍操作、维修和对电气线路有操作损伤的杂物，不应有灌木、杂草。

2. 配电箱与开关箱的电器选择

配电箱、开关箱内的开关电器应能保证在正常或故障情况下可靠地分断电路，在漏电的情况下可靠地使漏电设备脱离电源，在维修时有明确可见的电源分断点。为此，配电箱和开关箱的电器选择应遵循下述各项原则。

（1）所有开关电器必须是合格产品。不论是选用新电器，还是使用旧电器，必须完整、无损、动作可靠、绝缘良好，严禁使用破、损电器。

（2）装有隔离电源的开关电器。

（3）配电箱内的开关电器应与配电线路一一对应配合，作分路设置。

（4）开关箱与用电设备之间应实行“一机一闸一漏一箱”制。

（5）配电箱、开关箱内应设置漏电保护器，其额定漏电动作电流和额定漏电动作时间应安全可靠（一般额定漏电动作电流≤30 mA，额定漏电动作时间 <0.1 s），并有合适的分级配合。但总配电箱（或配电室）内的漏电保护器其额定漏电动作电流与额定漏电动作时间的乘积最高应限制在 30 mA · s 以下。

（八）施工现场的照明

在施工现场的电气设备中，照明装置与人的接触最为经常和普遍。为了从技术上保证现场工作人员免受发生在照明装置上的触电伤害，照明装置必须采取如下技术措施：

1. 照明开关箱中的所有正常不带电的金属部件都必须作保护接零；所有灯具的金属外壳必须作保护接零。

2. 照明开关箱（板）应装设漏电保护器。

3. 照明线路的相线必须经过开关才能进入照明器，不得直接进入照明器。

4. 灯具的安装高度既要符合施工现场实际，又要符合安装要求。室外灯具距地不得低于 3 m；室内灯具距地不得低于 2.5 m。

5. 对下列特殊场所使用的照明器应使用安全电压：

（1）隧道、人防工程、高温、有导电灰尘或灯具离地面高度低于 2.5 m 等场所的照明，电源电压不应大于 36 V。

（2）在潮湿和易触及带电体场所的照明电源电压不得大于 24 V。

（3）在特别潮湿的场所、导电良好的地面、锅炉或金属容器内工作的照明，电源电压不得大于 12 V。

（4）移动式照明器（如行灯）的照明电源电压不得大于 36 V。

（九）手持电动工具绝缘等级分类及使用要求

1. 手持电动工具的分类

手持电动工具按触电保护可分为以下 3 类：

Ⅰ类工具。工具在防止触电的保护方面不仅依靠基本绝缘，而且它还包含一个附加安全预防措施。

Ⅱ类工具。工具在防止触电的保护方面不仅依靠基本绝缘，而且它还提供双重绝缘或加强绝缘的附加安全预防措施和设有保护接地或依赖安装条件的安全措施。

Ⅲ类工具。工具在防止触电的保护方面依靠由安全电压供电和在工具内部不会产生比安全电压高的电压。

2. 手持电动工具的使用要求

（1）空气湿度小于75%的一般场所可选用Ⅰ类或Ⅱ类手持式电动工具，相关开关箱中漏电保护器的额定漏电动作电流不应大于15 mA，额定动作时间不应大于0.1 s。

（2）在潮湿场所或金属架上操作时，必须选用Ⅱ类或由安全隔离变压器供电的Ⅲ类手持式电动工具。

（3）狭窄场所必须选用由安全隔离变压器供电的Ⅲ类手持式电动工具，其开关箱和安全隔离变压器均应设置在狭窄场所外面，并连接PE线。操作过程中，应有人在外面监护。

（4）手持式电动工具的负荷线应采用耐气候型的橡皮护套铜芯软电缆，并不得有接头。

（5）手持式电动工具的外壳、手柄、插头、开关、负荷线等必须完好无损，使用前必须做绝缘检查和空载检查，在绝缘合格、空载运行正常后方可使用。

（6）使用手持式电动工具时，必须按规定穿、戴绝缘防护用品。

十、焊接工程

现代焊接技术中，利用电能转换为热能来加热金属的焊接方法，得到了最大的普及。电能加热的热源形式很多，如电弧热、等离子弧热、电阻热和电子冲击工件表面放出的热等。手工电弧焊就是利用电弧放电时产生的热量，熔化焊接材料和被焊接工件，从而获得牢固接头的焊接过程。

（一）电弧的焊接性质

电弧是两电极间持久有力的一种放电现象。放电的同时产生高热（温度可达6 000℃左右）和强烈弧光。电弧产生的热，可以用来焊接、切割等；电弧产生的强烈弧光，可用以照明（如探照灯）等。

为了使电弧在焊条与焊件之间保持连续稳定的燃烧，电焊机空载电压较高，工作电压较低。按照焊接电源的不同，可分交流焊机和直流焊机两类。焊接设备包括焊接电源、控制箱及调节机构等。

（二）电焊操作的不安全因素

1. 触电机会多

（1）焊工接触电的机会最多，如接触焊件、焊枪、焊钳、砂轮机、工作台等。还有调节电流和换焊条等经常性的带电作业。有时还要站在焊件上操作，可以说，电就在焊工的手上、脚下及周围。

（2）电气装置有毛病，一次电源绝缘损坏，防护用品有缺陷或违反操作规程等都可能发生触电事故。

(3) 尤其是在容器、管道、船舱、锅炉内或钢构架上操作时，触电的危险性更大。

2. 易发生电气火灾、爆炸和灼烫事故

电焊操作过程中，会发生电气火灾、爆炸和灼烫事故。短路或超负荷工作，都可引起电气火灾；周围有易燃易爆物品时，由于电火花和火星飞溅，会引起火灾和爆炸，如压缩钢瓶的爆炸。特别是燃料容器（如油罐、气罐等）和管道的焊补，焊前必须制定严密的防爆措施，否则将会发生严重的火灾和爆炸事故。火灾、爆炸和操作中的火花飞溅，都会造成灼烫伤亡事故。

3. 易发生因触电造成的二次事故

电焊高处操作较多，除直接从高处坠落的危险外，还可能发生因触电失控，从高处坠落的二次事故。

4. 机械性伤害

焊接笨重构件可能会发生挤伤、压伤和砸伤等事故。

(三) 安全操作

为了防止触电事故的发生，除按规定穿戴防护工作服、防护手套和绝缘鞋外，还应保持干燥和清洁。操作过程应遵守下面的要求：

1. 每台电焊机都应设置单独的开关箱，箱中装有电源侧的和把线侧（二次侧）的漏电开关，当焊接过程中或电焊机空载时，有漏电现象时，都能防止触电事故。

2. 焊接工作开始前，应首先检查焊机和工具是否完好和安全可靠，如焊钳和焊接电缆的绝缘是否有损坏的地方，焊机的外壳接地和焊机的各接线点接触是否良好。不允许未进行安全检查就开始操作。

3. 在狭小空间、船舱、容器和管道内工作时，为防止触电，必须穿绝缘鞋，脚下垫有橡胶板或其他绝缘衬垫；最好两人轮换工作，以便互相照看，否则就需有一名监护人员，随时注意操作人的安全情况，一遇有危险情况，就可立即切断电源进行抢救。

4. 身体出汗后，衣服潮湿时，切勿靠在带电的钢板或工件上，以防触电。

5. 工作地点潮湿时，地面应铺有橡胶板或其他绝缘材料。

6. 更换焊条一定要戴皮手套，不要赤手操作。

7. 在带电情况下，焊钳不得夹在腋下去搬被焊工件或将焊接电缆挂在脖颈上。

8. 推拉闸刀开关时，脸部不允许直对电闸，以防止短路造成的火花烧伤面部。

9. 下列操作，必须切断电源才能进行：改变焊机接头时；更换焊件需要改接二次回路时；更换保险装置时；焊机发生故障需进行检修时；转移工作地点搬动焊机时；工作完毕或临时离开工作现场时。

(四) 气焊与气割

1. 气焊是将化学能转变为热能的一种熔化焊方法，它是利用可燃气体与氧气混合燃烧的火焰加热金属的。气焊应用的设备主要有氧气瓶、乙炔发生器（或乙炔瓶）；应用的器具包括焊矩、减压器及胶管等。气焊时，焊缝的填充焊丝，可根据被焊金属材料来选择，如碳钢焊丝、铸铁焊丝、黄铜焊丝、青铜焊丝、铝焊丝等。气焊主要应用于薄钢板、有色金属、铸铁件、刀具的焊接，硬质合金等材料的推焊，以及磨损、报废零部件的焊补。

2. 气割是利用可燃气体与氧气混合燃烧的预热火焰，将金属加热到燃烧点，并在氧气射流中剧烈燃烧而将金属分开的加工方法。可燃气体与氧气混合以及切割氧流的喷射是通过割炬来完成的。切割所用的可燃气体主要是乙炔和丙烷。

3. 气焊、气割与安全。火灾和爆炸是气焊与气割的主要危险。气焊与气割所用的乙炔、液化石油气、氧气等都是易燃易爆气体；氧气瓶、乙炔发生器、乙炔瓶和液化石油气瓶等都属于压力容器。而在焊补燃料容器和管道时，还会遇到其他许多可燃易爆气体和各种压力容器。气焊与气割操作中需与危险物品和压力容器接触，同时又使用明火，如果焊接设备或安全装置有问题，或者违反安全操作规程，就容易造成火灾和爆炸事故。由此可见，防火与防爆是气焊与气割安全的工作重点。

在气焊火焰作用下，尤其是气割时氧气射流的喷射，使火星、铁成熔珠和熔渣等四处飞溅，容易造成灼烫伤事故。而且较大的熔珠、火星和熔渣等，能飞溅到距操作点 5 m 以外的地方，引燃工作地周围的可燃物和易爆物品，而发生火灾和爆炸。

(五) 气瓶

用于气焊与气割的氧气瓶属于压缩气瓶，乙炔瓶属于溶解气瓶，液化石油气属于液化气瓶，使用时，应根据各类气瓶的不同特点，来采取相应的安全措施。

十一、建筑施工防火安全

(一) 建筑材料燃烧性能基础知识

建筑构件和建筑材料的防火性能是建筑构件的耐火极限和建筑材料的燃烧性能的综合表述。

建筑构件是指用于组成建筑物的梁、板、柱、墙、楼梯、屋顶承重构件、吊顶等。建筑构件的燃烧性能，是由构成建筑构件的材料的燃烧性能来决定的。我国将建筑构件按其燃烧性能划分为 3 类：不燃烧体、难燃烧体、燃烧体。建筑物的耐火能力取决于建筑构件的耐火性能，它是以耐火极限来衡量的。在建筑施工中这部分内容应是由监理工程师和工程质量监督人员掌握的。

建筑材料按其使用功能，有建筑装修装饰材料、保温隔声材料、管道材料以及施工材料等。建筑材料的防火性能一般用建筑材料的燃烧性能来表述。建筑材料的燃烧性能是指其燃烧或遇火时所发生的一切物理和化学变化。我国国家标准《建筑材料及制品燃烧性能分级》(GB 8624—2006) 将建筑材料按其燃烧性能划分为四级：A 级表示是不燃性建筑材料；B1 级表示是难燃性建筑材料；B2 级表示是可燃性建筑材料；B3 级表示是易燃性建筑材料。

(二) 建筑施工引起火灾和爆炸的原因

建筑施工中发生火灾和爆炸事故，主要发生在储存、运输及施工（加工）过程中。有间接原因也有直接原因。

1. 间接原因

间接原因可认为是由基础原因诱发出来的原因，可归纳为以下几种：

(1) 技术原因。储存材料的仓库等的设计及布置不符合防火规范要求；在制定施工方案时对易燃材料、易燃化学品认识不足，编制的防火防爆安全措施不够全面。

（2）管理原因。安全生产责任制不落实，施工管理人员疏于管理；消防安全制度执行不力，动火作业督促检查不到位，不能及时发现或消除火灾隐患；施工人员缺乏防火安全思想和技术教育，对消防安全知识欠缺；未编制防火防爆应急救援预案或应急救援预案未进行演练。

2. 直接原因

建筑施工中引发火灾和爆炸事故的直接原因可归纳为如下4个方面：

（1）现场的设施不符合消防安全的要求，如仓库防火性能低、库内照明不足、通风不良、易燃易爆材料混放；现场内在高压线下设置临时设施和堆放易燃材料；在易燃易爆材料堆放处实施动火作业。

（2）缺少防火、防爆安全装置和设施，如消防、疏散、急救设施不全，或设置不当等。

（3）在高处实施电焊、气割作业时，对作业的周围和下方缺少防护遮挡。

（4）雷击、地震、大风、洪水等天灾；雷暴区季节性施工避雷设施失效。

3. 灾害扩大的原因

初期火灾和爆炸事故如果控制不及时，扑救不得力，便会发展扩大成为灾害。灾害扩大的主要原因是：

（1）作业人员对异常情况不能正确判断、及时报告处理。

（2）现场消防制度不落实，措施不落实，无灭火器材或灭火剂失效。

（3）延误报火警，消防人员未能及时到达火场灭火。

（4）因防火间距不足，可燃物质数量多，大风天气等而无法短时间灭火。

在生产加工和储存运输过程中，应全面地系统地分析造成火灾爆炸事故的各种原因，有效地采取相应的防火技术措施和管理措施，达到预防事故的目的。

（三）防火防爆措施

为了预防火灾和爆炸，重要的是对危险物质和点火源进行严格管理。

1. 引起火灾爆炸的点火源

在建筑施工过程中，引起火灾爆炸的点火源主要有：

（1）明火。如喷灯、火炉、火柴、锅炉房或食堂烟筒、烟道喷出火星。

（2）电火花。如高电压的火花放电、短路和开闭电闸时的弧光放电、接点上的微弱火花等。

（3）电焊、气焊和气割的焊渣。

2. 预防火灾的措施

施工现场合理的平面布置是达到安全防火要求的重要措施之一。工程技术人员在编制施工组织设计或施工方案时，必须综合考虑防火要求、建筑物的性质、施工现场的周围环境等因素。进行施工现场的平面布置设计时应注意以下几点：

（1）要明确划分出禁火作业区（易燃、可燃材料的堆放场地）、仓库区（易燃废料的堆放区）和现场的生活区，各区域之间要按规定保持如下防火安全距离：

1）禁火作业区距离生活区不小于15 m，距离其他区域不小于25 m。

2）易燃、可燃材料堆料场及仓库与在建工程和其他区域的距离应不小于20 m。

3）易燃的废品集中场地与在建工程和其他区域的距离应不小于30 m。

4）防火间距内，不应堆放易燃和可燃材料。

（2）在一、二级动火区域施工，施工单位必须认真遵守消防法律法规，建立防火安全规章制度。在生产或者储存易燃易爆品的场区施工，施工单位应当与相关单位建立动火信息通报制度，自觉遵守相关单位消防管理制度，共同防范火灾。在施工现场禁火区域内施工，动火作业前必须申请办理动火证，动火证必须注明动火地点、动火时间、动火人、现场监护人、批准人和防火措施。动火证由安全生产管理部门负责管理，施工现场动火证的审批工作由工程项目负责人组织办理。动火作业没经过审批的，一律不得实施动火作业。

对易引起火灾的仓库，应将库房内、外按500 m^2的区域分段设立防火墙，把建筑平面划分为若干个防火单元。储量大的易燃仓库，仓库应设两个以上的大门，大门应向外开启。固体易燃物品应当与易燃易爆的液体分间存放，不得在一个仓库内混合储存不同性质的物品。仓库应设在下风方向，保证消防水源充足和消防车辆通道的畅通。

（3）电气防火防爆措施。严格按照建设部行业标准《建筑施工现场临时用电安全技术规范》（JGJ 46—2005）的要求，编制临时用电专项施工方案和设置临时用电系统，以避免引起电气火灾。

（4）焊接、切割中防火防爆措施。对焊、割构件和焊、割场所，可采取以下措施：

1）转移。在易燃、易爆场所和禁火区域内，应把需要焊、割的构件拆下来，转移到安全地带实施焊、割。

2）隔离。对确实无法拆卸的焊、割构件，可把焊、割的部位或设备与其他易燃易爆物质进行隔离。高处实施电焊、气割作业部位要采取围挡措施，防止焊渣大面积散落地面。

3）置换。对可燃气体的容器、管道进行焊、割时，可将惰性气体（如氮气、二氧化碳）、蒸气或水注入焊、割的容器、管道内，把残存在里面的可燃气体置换出来。

4）清洗。对储存过易燃液体的设备和管道进行焊、割前，应先用热水、蒸汽或酸液、碱液把残存在里面的易燃液体清洗掉。对无法溶解的污染物，应先铲除干净，然后再进行清洗。

5）移去危险品。把作业现场的危险物品搬走。

6）加强通风。在易燃、易爆、有毒气体的室内作业时，应进行通风，待室内的易燃、易爆和有毒气体排至室外后，才能进行焊、割。

7）提高湿度，进行冷却。作业点附近的可燃物无法搬移时，可采用喷水的办法，把可燃物浇湿，进行冷却，增加它们的耐火能力。

8）备好灭火器材。针对不同的作业现场和焊、割对象，配备一定数量的灭火器材，对大型工程项目禁火区域的动火施工，以及当作业现场环境比较复杂时，可以将消防车开至现场，铺设好水带，随时做好灭火准备。

焊、割作业中的火灾事故，有些往往是工程的结尾阶段，或在焊、割作业结束后，因焊、割结束后、留下的火种没有熄灭造成。因此，焊、割作业结束后，必须及时彻底清理现场，清除遗留下来的火种，关闭电源、气源，把焊、割炬放置在安全的地方。

（5）其他的防火防爆措施

1）对于储存易燃物品的仓库，应有醒目的“禁止烟火”等安全标志，严禁吸烟、入库人员严禁带入火柴、打火机等火种。

2）烘烤、熬炼使用明火或加热炉时，应用砖砌实体墙完全隔开。烟道、烟囱等部位与可燃建筑结构应用耐火材料隔离，操作人员应随时监督。

3）办公室、食堂、宿舍等临时设施不得乱拉乱扯电线，不得使用电炉子，取暖炉具应当符合防火要求，要由专人管理。

4）施工现场内严禁焚烧建筑垃圾和用明火取暖。

5）未经批准，严禁动火；没有消防措施、无人监护，严禁动火。

第三节　建筑施工安全法规与标准

1.《建设工程安全生产管理条例》（国务院令第 393 号）
2.《建筑施工高处作业安全技术规范》（JGJ 80—1991）
3.《建筑施工安全检查标准》（JGJ 59—1999）
4.《建筑施工机械使用安全技术规程》（JGJ 33—2001）
5.《建筑施工扣件式钢管脚手架安全技术规范》（JGJ 130—2001）
6.《施工企业安全生产评价标准》（JGJ/T 77—2003）
7.《建筑拆除工程安全技术规范》（JGJ 147—2004）
8.《施工现场临时用电安全技术规范》（JGJ 46—2005）
9.《高处作业分级》（GBT 3608—2008）
10.《危险性较大的分部分项工程安全管理办法》（建质［2009］87 号）
11.《龙门架及井架物料提升机安全技术规范》（JGJ 88—2010）
12.《建筑施工门式钢管脚手架安全技术规范》（JGJ 128—2010 ）
13.《机关、团体、企业、事业单位消防安全管理规定》（公安部第 61 号令）

第九章　危险化学品安全技术

第一节　危险化学品安全基础知识

一、危险化学品概念及类别划分

1．危险化学品的概念

危险化学品是指具有爆炸、易燃、毒害、腐蚀、放射性等性质，在生产、经营、储存、运输、使用和废弃物处置过程中，容易造成人身伤亡和财产损毁而需要特别防护的化学品。

2．化学品危险性类别的划分

《化学品分类和危险性公示 通则》（GB 13690—2009）将危险化学品分为3大类。第1大类含爆炸物等16类；第2大类，含急性毒性等10类；第3大类，含危害水生环境等7类。

二、危险化学品的主要危险特性

1．燃烧性

爆炸品、压缩气体和液化气体中的可燃性气体、易燃液体、易燃固体、自燃物品、遇湿易燃物品、有机过氧化物等，在条件具备时均可能发生燃烧。

2．爆炸性

爆炸品、压缩气体和液化气体、易燃液体、易燃固体、自燃物品、遇湿易燃物品、氧化剂和有机过氧化物等危险化学品均可能由于其化学活性或易燃性引发爆炸事故。

3．毒害性

许多危险化学品可通过一种或多种途径进入人体和动物体内，当其在人体累积到一定量时，便会扰乱或破坏肌体的正常生理功能，引起暂时性或持久性的病理改变，甚至危及生命。

4．腐蚀性

强酸、强碱等物质能对人体组织、金属等物品造成损坏，接触人的皮肤、眼睛或肺部、食道等时，会引起表皮组织坏死而造成灼伤。内部器官被灼伤后可引起炎症，甚至会造成死亡。

5．放射性

放射性危险化学品通过放出的射线可阻碍和伤害人体细胞活动机能并导致细胞死亡。

三、部分常见危险化学品的危险特性

见表9—1。

表9—1　部分常见危险化学品危险特性表

物质名称	闪点/℃	燃点/℃	爆炸极限/%	最小点火能/mJ	容许浓度/（$mg\cdot m^{-3}$）	说　明
乙炔		305	2.5～80	0.019		
铝粉		645		20	3（TWA） 4（STEL）	
氨		651	15～28		20（TWA） 30（STEL）	
苯	-11	562	1.3～8	0.022	6（TWA） 10（STEL）	
一氧化碳		609	12.5～74.2		20（TWA） 30（STEL）	非高原
氯					1（MAC）	
氯乙烯	-78	472	5.6～33		10（TWA） 25（STEL）	
乙醇	13	443	4.7～19			
乙烯		450	2.7～36			
甲醛	50	430	7～73		0.5（MAC）	
汽油	-43	280～456	1.4～7.6			
氢气		500	4.1～74.2	0.0018		
氰化氢	-18	538	5.6～40		1（MAC）	
硫化氢		260	4～46		10（MAC）	
甲烷		537	5.3～15	0.02		
光气					0.5（MAC）	
黄磷		30			0.05（TWA） 0.1（STEL）	遇撞击、摩擦、氧化剂可燃爆
氯酸钾						遇撞击可燃爆，强氧化剂
丙烷		450	2.9～9.5	0.26		
硫酸						强腐蚀性
硝酸						强腐蚀性
氢氧化钠						强腐蚀性

注：表中容许浓度一列中MAC指最高容许浓度，TWA指时间加权平均容许浓度，STEL指短时间接触容许浓度。

四、化学品安全技术说明书和安全标签的内容及要求

（一）化学品安全技术说明书

化学品安全技术说明书，国际上称作化学品安全信息卡，简称 CSDS（Chemical Safety Data Sheet）或 MSDS（Material Safety Data Sheet），是一份关于化学品燃爆、毒性和环境危害以及安全使用、泄漏应急处置、主要理化参数、法律法规等方面信息的综合性文件。

作为最基础的技术文件，化学品安全技术说明书的主要用途是传递安全信息，其主要作用体现在：

（1）是化学品安全生产、安全流通、安全使用的指导性文件；

（2）是应急作业人员进行应急作业时的技术指南；

（3）为危险化学品生产、处置、储存和使用各环节制订安全操作规程提供技术信息；

（4）为危害控制和预防措施的设计提供技术依据；

（5）是企业安全教育的主要内容。

根据国家标准《化学品安全技术说明书内容和项目顺序》（GB 16483—2008）要求，化学品安全技术说明书包括 16 大项近 70 个小项的安全信息内容，具体项目如下：

（1）化学品及企业标识。主要标明化学品名称，生产企业名称、地址、邮编、电话、应急电话、传真和电子邮件地址等信息。

（2）危险性概述。简要概述该化学品最重要的危害和效应，主要包括：危险类别、侵入途径、健康危害、环境危害、燃爆危险等信息。

（3）成分/组成信息。标明该化学品是纯化学品还是混合物。纯化学品，应给出其化学品名称、通用名和商品名、分子式、相对分子质量、浓度以及化学文摘索引登记号（CAS 号）。混合物，应给出每种组分及其比例，尤其要给出危害性组分的浓度或浓度范围。

（4）急救措施。主要指现场作业人员受到意外伤害时，所需采取的自救或互救的简要处理方法，包括：眼睛接触、皮肤接触、吸入、食入的急救措施。

（5）消防措施。说明合适的灭火剂及灭火方法和因安全原因禁止使用的灭火剂，以及消防员的特殊防护用品；并提供有关火灾时化学品的性能、燃烧分解产物以及应采取的预防措施等资料。

（6）泄漏应急处理。指化学品泄漏后现场可采用的简单有效的应急措施、注意事项和消除方法，包括：应急行动、应急人员防护、环保措施、消除方法等内容。

（7）操作处置与储存。主要指化学品操作处理和安全储存方面的信息资料，包括：操作处置作业中的安全注意事项、安全储存条件和注意事项。

（8）接触控制/个体防护。主要指为保护作业人员免受化学品危害而采用的防护方法和手段，包括：最高容许浓度、工程控制、呼吸系统防护、眼睛防护、身体防护、手防护、其他防护要求。

（9）理化特性。主要描述化学品的外观及理化性质等方面的信息。

(10) 稳定性和反应活性。主要叙述化学品的稳定性和反应活性方面的信息。

(11) 毒理学资料。主要提供化学品的毒性、刺激性、致癌性等信息。

(12) 生态学信息。主要叙述化学品的环境生态效应和行为，包括迁移性、降解性、生物累积性和生态毒性等。

(13) 废弃处置。提供化学品和可能装有有害化学品残余的污染包装的安全处置方法及要求。

(14) 运输信息。主要是指国内、国际化学品包装与运输的要求及运输规定的分类和编号，包括：危险货物编号、包装类别、包装标志、包装方法、UN 编号及运输注意事项等。

(15) 法规信息。主要是化学品管理方面的法律条款和标准。

(16) 其他信息。主要提供其他对安全有重要意义的信息，包括：参考文献、填表时间、填表部门、填表人、数据审核单位等。

化学品安全技术说明书由化学品生产供应企业编印，在交付商品时提供给用户；化学品的用户在接收、使用化学品时，要认真阅读技术说明书，了解和掌握化学品危险性，并根据使用的情形制订安全操作规程，选用合适的防护器具，培训作业人员。

化学品安全技术说明书的内容，从制作之日算起，每 5 年更新一次，要不断补充信息资料，若发现新的危害性，在有关信息发布后的半年内，生产企业必须对技术说明书的内容进行修订。

(二) 危险化学品安全标签

危险化学品安全标签是用文字、图形符号和编码的组合形式表示化学品所具有的危险性和安全注意事项。图 9—1 是危险化学品安全标签的样例。

《化学品安全标签编写规定》(GB 15258—2009) 规定了危险化学品安全标签的内容、格式和制作等事项，具体内容如下：

(1) 名称。用中英文分别标明危险化学品的通用名称。名称要求醒目清晰，位于标签的正上方。

(2) 分子式。可用元素符号和数字表示分子中各原子数，居名称的下方。若是混合物此项可略。

(3) 化学成分及组成。标出化学品的主要成分和含有的有害组分、含量或浓度。

(4) 编号。应标明联合国危险货物运输编号和中国危险货物运输编号，分别用 UN No. 和 CN No. 表示。

(5) 标志。采用联合国《关于危险货物运输的建议书》和《常用危险化学品的分类及标志》(GB 13690—2009) 规定的符号。每种化学品最多可选用两个标志。标志符号居标签右边。

(6) 警示词。根据化学品的危险程度，分别用“危险”、“警告”、“注意”三个词进行危害程度的警示。当某种化学品具有两种及两种以上的危险性时，用危险性最大的警示词。警示词一般位于化学品名称下方，要求醒目、清晰。警示词应用的一般原则参见表 9-2：

图 9—1 危险化学品安全标签样例

表 9—2 **警示词与化学品危险性类别的对应关系**

警示词	化学品危险性类别
危险	爆炸品、易燃气体、有毒气体、低闪点液体、一级自燃物品、一级遇湿易燃物品、一级氧化剂、有机过氧化物、剧毒品、一级酸性腐蚀品
警告	不燃气体、中闪点液体、一级易燃固体、二级自燃物品、二级遇湿易燃物品、二级氧化剂、有毒品、二级酸性腐蚀品、一级碱性腐蚀品
注意	高闪点液体、二级易燃固体、有害品、二级碱性腐蚀品、其他腐蚀品

(7) 危险性概述。简要概述化学品燃烧爆炸危险特性、健康危害和环境危害。说明要与安全技术说明书的内容相一致。居于警示词下方。

(8) 安全措施。表述化学品在其处置、搬运、储存和使用作业中所必须注意的事项和发生意外时简单有效的救护措施等，要求内容简明扼要、重点突出。

(9) 灭火。若化学品为易（可）燃或助燃物质，应提示有效的灭火剂和禁用的灭火剂以及灭火注意事项。

(10) 批号。注明生产日期和生产班次。

(11) 提示向生产销售企业索取安全技术说明书。

(12) 生产企业名称、地址、邮编、电话。

(13) 应急咨询电话。填写化学品生产企业的应急咨询电话和国家化学事故应急咨询电话。

在使用危险化学品安全标签时，应注意以下事项：

(1) 安全标签应由生产企业在货物出厂前粘贴、挂拴、印刷。出厂后若要改换包装，则由改换包装单位重新粘贴、挂拴、印刷标签。

（2）安全标签应粘贴、挂拴、印刷在危险化学品容器或包装的明显位置；粘贴、挂拴、印刷应牢固，以便在运输、储存期间不会脱落。

（3）盛装危险化学品的容器或包装，在经过处理并确认其危险性完全消除之后，方可撕下标签，否则不能撕下相应的标签。

（4）当某种化学品有新的信息发现时，标签应及时修订、更改。在正常情况下，标签的更新时间应与安全技术说明书相同，不得超过5年。

五、危险化学品的燃烧爆炸类型和过程

1. 燃烧爆炸分类

危险化学品的燃烧按其要素构成的条件和瞬间发生的特点，可分为闪燃、着火和自燃3种类型。危险化学品的爆炸可按爆炸反应物质分为简单分解爆炸、复杂分解爆炸和爆炸性混合物爆炸。

（1）简单分解爆炸。引起简单分解的爆炸物，在爆炸时并不一定发生燃烧反应，其爆炸所需要的热量是由爆炸物本身分解产生的。属于这一类的有乙炔银、叠氮铅等，这类物质受轻微震动即可能引起爆炸，十分危险。此外，还有些可爆气体在一定条件下，特别是在受压情况下，能发生简单分解爆炸。例如乙炔、环氧乙烷等在压力下的分解爆炸。

（2）复杂分解爆炸。这类可爆物的危险性较简单分解爆炸物稍低。其爆炸时伴有燃烧现象，燃烧所需的氧由本身分解产生。例如梯恩梯、黑索金等。

（3）爆炸性混合物爆炸。所有可燃性气体、蒸气、液体雾滴及粉尘与空气（氧）的混合物发生的爆炸均属此类。这类混合物的爆炸需要一定的条件，如混合物中可燃物浓度、含氧量及点火能量等。实际上，这类爆炸就是可燃物与助燃物按一定比例混合后遇点火源发生的带有冲击力的快速燃烧。

2. 燃烧爆炸过程

（1）燃烧。除了一些熔点较高的无机固体外，可燃物质的燃烧一般是在气相中进行的。由于可燃物质的状态不同，其燃烧过程也不相同。

相对于可燃固体和液体，可燃气体最易燃烧，燃烧所需要的热量只用于本身的氧化分解，并使其达到着火点。气体在极短的时间内就能全部燃尽。

液体在点火源作用下，先蒸发成蒸气，而后氧化分解进行燃烧。

固体燃烧一般有两种情况：对于硫、磷等简单物质，受热时首先熔化，而后蒸发为蒸气进行燃烧，无分解过程；对于复合物质，受热时可能首先分解成其组成部分，生成气态和液态产物，而后气态产物和液态产物蒸气着火燃烧。

（2）分解爆炸性气体爆炸。某些单一成分的气体，在一定的温度下对其施加一定压力时则会产生分解爆炸。这主要是由于物质的分解热的产生而引起的，产生分解爆炸并不需要助燃性气体存在。在高压下容易产生分解爆炸的气体，当压力低于某数值时则不会发生分解爆炸，这个压力称为分解爆炸的临界压力。各种具有分解爆炸特性气体的临界压力是不同的，如乙炔分解爆炸的临界压力是1.4 MPa，其反应式如下：

$$C_2H_2 \longrightarrow 2C\text{（固）} + H_2 + 226\ \text{kJ}$$

(3) 粉尘爆炸。粉尘爆炸是悬浮在空气中的可燃性固体微粒接触到火焰（明火）或电火花等点火源时发生的爆炸现象。金属粉尘、煤粉、塑料粉尘、有机物粉尘、纤维粉尘及农副产品谷物面粉等都可能造成粉尘爆炸事故。

1）粉尘空气混合物产生爆炸的过程

①热能加在粒子表面，使温度逐渐上升；

②粒子表面的分子发生热分解或干馏作用，在粒子周围产生气体；

③产生的可燃气体与空气混合形成爆炸性混合气体，同时发生燃烧；

④由燃烧产生的热进一步促进粉尘分解，燃烧连续传播，在适合条件下发生爆炸。

上述过程是在瞬间完成的。

2）粉尘爆炸的特点

①粉尘爆炸的燃烧速度、爆炸压力均比混合气体爆炸小。

②粉尘爆炸多数为不完全燃烧，所以产生的一氧化碳等有毒物质也相当多。

③可产生爆炸的粉尘颗粒非常小，可作为气溶胶状态分散悬浮在空气中，不产生下沉。堆积的可燃性粉尘通常不会爆炸。但由于局部的爆炸、爆炸波的传播使堆积的粉尘受到扰动而飞扬，形成粉尘雾，从而产生二次、三次爆炸。

(4) 蒸气云爆炸

可燃气体遇点火源被点燃后，若发生层流或近似层流燃烧，速度太低，不足以产生显著的爆炸超压，在这种条件下蒸气云仅仅是燃烧，在燃烧传播过程中，由于遇到障碍物或受到局部约束，引起局部紊流，火焰与火焰相互作用产生更高的体积燃烧速率，使膨胀流加剧，而这又使紊流更强烈，从而又能导致更高的体积燃烧速率，结果火焰传播速度不断提高，可达层流燃烧的十几倍乃至几十倍，发生爆炸。

一般要发生带破坏性超压的蒸气云爆炸应具备以下几个条件：

1）泄漏物必须可燃且具备适当的温度和压力条件。

2）必须在点燃之前即扩散阶段形成一个足够大的云团，如果在一个工艺区域内发生泄漏，经过一段延迟时间形成云团后再点燃，则往往会产生剧烈的爆炸。

3）产生的足够数量的云团处于该物质的爆炸极限范围内才能产生显著的爆炸超压。蒸气云团可分为3个区域，分别是：泄漏点周围是富集区，云团边缘是贫集区，介于二者之间的区域内的云团处于爆炸极限范围内。这部分蒸气云所占的比例取决于多个因素，包括泄漏物的种类和数量，泄漏时的压力，泄漏孔径的大小，云团受约束程度，以及风速、湿度和其他环境条件。

六、化学品燃烧爆炸事故对人员和环境的危害

火灾与爆炸都会造成生产设施的重大破坏和人员伤亡，但两者的发展过程显著不同。火灾是在起火后火场逐渐蔓延扩大，随着时间的延续，损失程度迅速增长，损失大约与时间的平方成比例，如火灾时间延长一倍，损失可能增加4倍。爆炸则是猝不及防，往往仅在瞬间爆炸过程已经结束，并造成设备损坏、厂房倒塌、人员伤亡等损失。

危险化学品的燃烧爆炸事故通常伴随发热、发光、压力上升真空和电离等现象，具有很强的破坏作用，其与危险化学品的数量和性质、燃烧爆炸时的条件以及位置等因素有

关。主要破坏形式有以下几种：

（一）高温的破坏作用

燃烧爆炸时产生的高温，爆炸后建筑物内遗留大量的热或残余火苗，会把从破坏的设备内部不断喷出的可燃气体、易燃或可燃液体的蒸气点燃，也可能把其他易燃物点燃引起火灾。当盛装易燃物的容器、管道发生爆炸时，爆炸抛出的易燃物有可能引起大面积火灾，这种情况在油罐、液化气瓶爆破后最易发生。正在运行的燃烧设备或高温的化工设备被破坏时，其灼热的碎片可能飞出，点燃附近储存的燃料或其他可燃物，引起火灾。此外，高温辐射还可能使附近人员受到严重灼烫伤害甚至死亡。

（二）爆炸的破坏作用

1．爆炸碎片的破坏作用

机械设备、装置、容器等爆炸后产生许多碎片，飞出后会在相当大的范围内造成危害。一般碎片在 100～500 m 内飞散。

2．爆炸冲击波的破坏作用

物质爆炸时，产生的高温、高压气体以极高的速度膨胀，像活塞一样挤压周围空气，把爆炸反应释放出的部分能量传递给压缩的空气层，空气受冲击而发生扰动，使其压力、密度等产生突变，这种扰动在空气中传播就称为冲击波。冲击波的传播速度极快，在传播过程中，可以对周围环境中的机械设备和建筑物产生破坏作用，使人员伤亡。冲击波还可以在作用区域内产生震荡作用，使物体因震荡而松散，甚至破坏。冲击波的破坏作用主要是由其波阵面上的超压引起的。在爆炸中心附近，空气冲击波波阵面上的超压可达几个甚至十几个大气压，在这样高的超压作用下，建筑物被摧毁，机械设备、管道等也会受到严重破坏。当冲击波大面积作用于建筑物时，波阵面超压在 20～30 kPa 内，就足以使大部分砖木结构建筑物受到严重破坏。超压在 100 kPa 以上时，除坚固的钢筋混凝土建筑外，其余部分将全部破坏。

（三）造成中毒和环境污染

在实际生产中，许多物质不仅是可燃的，而且是有毒的，发生爆炸事故时，会使大量有毒物质外泄，造成人员中毒和环境污染。此外，有些物质本身毒性不强，但燃烧过程中可能释放出大量有毒气体和烟雾，造成人员中毒和环境污染。例如 2005 年 11 月 13 日某石化公司双苯厂发生爆炸事故，造成大量苯类污染物进入松花江水体，引发了重大水环境污染事件，波及中俄两国。

七、危险化学品事故的控制和防护措施

（一）危险化学品中毒、污染事故预防控制措施

目前采取的主要措施是替代、变更工艺、隔离、通风、个体防护和保持卫生。

1．替代

控制、预防化学品危害最理想的方法是不使用有毒有害和易燃、易爆的化学品，但这很难做到，通常的做法是选用无毒或低毒的化学品替代已有的有毒有害化学品。例如，用甲苯替代喷漆和涂漆中用的苯，用脂肪烃替代胶水或黏合剂中的芳烃等。

2．变更工艺

虽然替代是控制化学品危害的首选方案，但是目前可供选择的替代品往往是很有限的，特别是因技术和经济方面的原因，不可避免地要生产、使用有害化学品。这时可通过变更工艺消除或降低化学品危害。如以往用乙炔制乙醛，采用汞做催化剂，现在发展为用乙烯为原料，通过氧化或氧氯化制乙醛，不需用汞做催化剂。通过变更工艺，彻底消除了汞害。

3. 隔离

隔离就是通过封闭、设置屏障等措施，避免作业人员直接暴露于有害环境中。最常用的隔离方法是将生产或使用的设备完全封闭起来，使工人在操作中不接触化学品。

隔离操作是另一种常用的隔离方法，简单地说，就是把生产设备与操作室隔离开。最简单的形式就是把生产设备的管线阀门、电控开关放在与生产地点完全隔离的操作室内。

4. 通风

通风是控制作业场所中有害气体、蒸气或粉尘最有效的措施之一。借助于有效的通风，使作业场所空气中有害气体、蒸气或粉尘的浓度低于规定浓度，保证工人的身体健康，防止火灾、爆炸事故的发生。

通风分局部排风和全面通风两种。局部排风是把污染源罩起来，抽出污染空气，所需风量小，经济有效，并便于净化回收。全面通风则是用新鲜空气将作业场所中的污染物稀释到安全浓度以下，所需风量大，不能净化回收。

对于点式扩散源，可使用局部排风。使用局部排风时，应使污染源处于通风罩控制范围内。为了确保通风系统的高效率，通风系统设计的合理性十分重要。对于已安装的通风系统，要经常加以维护和保养，使其有效地发挥作用。

对于面式扩散源，要使用全面通风。全面通风亦称稀释通风，其原理是向作业场所提供新鲜空气，抽出污染空气，进而稀释有害气体、蒸气或粉尘，从而降低其浓度。采用全面通风时，在厂房设计阶段就要考虑空气流向等因素。因为全面通风的目的不是消除污染物，而是将污染物分散稀释，所以全面通风仅适合于低毒性作业场所，不适合于污染物量大的作业场所。

像实验室中的通风橱，焊接室或喷漆室可移动的通风管和导管都是局部排风设备。在冶炼厂，熔化的物质从一端流向另一端时散发出有毒的烟和气，两种通风系统都要使用。

5. 个体防护

当作业场所中有害化学品的浓度超标时，工人就必须使用合适的个体防护用品。个体防护用品不能降低作业场所中有害化学品的浓度，它仅仅是一道阻止有害物进入人体的屏障。防护用品本身的失效就意味着保护屏障的消失，因此个体防护不能被视为控制危害的主要手段，而只能作为一种辅助性措施。

防护用品主要有头部防护器具、呼吸防护器具、眼防护器具、躯干防护用品、手足防护用品等。

6. 保持卫生

保持卫生包括保持作业场所清洁和作业人员的个人卫生两个方面。经常清洗作业场所，对废弃物、溢出物加以适当处置，保持作业场所清洁，也能有效地预防和控制化学品危害。作业人员应养成良好的卫生习惯，防止有害物附着在皮肤上，防止有害物通过皮肤渗入体内。

（二）危险化学品火灾、爆炸事故的预防

从理论上讲，防止火灾、爆炸事故发生的基本原则主要有以下三点：

1. 防止燃烧、爆炸系统的形成

（1）替代。

（2）密闭。

（3）惰性气体保护。

（4）通风置换。

（5）安全监测及连锁。

2. 消除点火源

能引发事故的点火源有明火、高温表面、冲击、摩擦、自燃、发热、电气火花、静电火花、化学反应热、光线照射等。具体的做法有：

（1）控制明火和高温表面。

（2）防止摩擦和撞击产生火花。

（3）火灾爆炸危险场所采用防爆电气设备避免电气火花。

3. 限制火灾、爆炸蔓延扩散的措施

限制火灾、爆炸蔓延扩散的措施包括阻火装置、防爆泄压装置及防火防爆分隔等。

八、危险化学品的储存与运输安全

（一）危险化学品运输安全技术与要求

化学品在运输中发生事故的情况比较常见，全面了解并掌握有关化学品的安全运输规定，对降低运输事故具有重要意义。

1. 国家对危险化学品的运输实行资质认定制度，未经资质认定，不得运输危险化学品。

2. 托运危险物品必须出示有关证明，在指定的铁路、公路交通、航运等部门办理手续。托运物品必须与托运单上所列的品名相符。

3. 危险物品的装卸人员，应按装运危险物品的性质，佩戴相应的劳动防护用品，装卸时必须轻装轻卸，严禁摔拖、重压和摩擦，不得损毁包装容器，并注意标志，堆放稳妥。

4. 危险物品装卸前，应对车（船）搬运工具进行必要的通风和清扫，不得留有残渣，对装有剧毒物品的车（船），卸车（船）后必须洗刷干净。

5. 装运爆炸、剧毒、放射性、易燃液体、可燃气体等物品，必须使用符合安全要求的运输工具；禁忌物料不得混运；禁止用电瓶车、翻斗车、铲车、自行车等运输爆炸物品。运输强氧化剂、爆炸品及用铁桶包装的一级易燃液体时，没有采取可靠的安全措施时，不得用铁底板车及汽车挂车；禁止用叉车、铲车、翻斗车搬运易燃、易爆液化气体等危险物品；温度较高地区装运液化气体和易燃液体等危险物品，要有防晒设施；放射性物品应用专用运输搬运车和抬架搬运，装卸机械应按规定负荷降低25%的装卸量；遇水燃烧物品及有毒物品，禁止用小型机帆船、小木船和水泥船承运。

6．运输爆炸、剧毒和放射性物品，应指派专人押运，押运人员不得少于2人。

7．运输危险物品的车辆，必须保持安全车速，保持车距，严禁超车、超速和强行会车。运输危险物品的行车路线，必须事先经当地公安交通部门批准，按指定的路线和时间运输，不可在繁华街道行驶和停留。

8．运输易燃、易爆物品的机动车，其排气管应装阻火器，并悬挂“危险品”标志。

9．运输散装固体危险物品，应根据性质，采取防火、防爆、防水、防粉尘飞扬和遮阳等措施。

10．禁止利用内河以及其他封闭水域运输剧毒化学品。通过公路运输剧毒化学品的，托运人应当向目的地的县级人民政府公安部门申请办理剧毒化学品公路运输通行证。办理剧毒化学品公路运输通行证时，托运人应当向公安部门提交有关危险化学品的品名、数量、运输始发地和目的地、运输路线、运输单位、驾驶人员、押运人员、经营单位和购买单位资质情况的材料。

11．运输危险化学品需要添加抑制剂或者稳定剂的，托运人交付托运时应当添加抑制剂或者稳定剂，并告知承运人。

12．危险化学品运输企业，应当对其驾驶员、船员、装卸管理人员、押运人员进行有关安全知识培训。驾驶员、装卸管理人员、押运人员必须掌握危险化学品运输的安全知识，并经所在地设区的市级人民政府交通部门考核合格，船员经海事管理机构考核合格，取得上岗资格证，方可上岗作业。

（二）危险化学品储存的基本要求

根据《常用化学危险品储存通则》（GB 15603—1995）的规定，储存危险化学品基本安全要求是：

1．储存危险化学品必须遵照国家法律、法规和其他有关的规定。

2．危险化学品必须储存在经公安部门批准设置的专门的危险化学品仓库中，经销部门自管仓库储存危险化学品及储存数量必须经公安部门批准。未经批准不得随意设置危险化学品储存仓库。

3．危险化学品露天堆放，应符合防火、防爆的安全要求；爆炸物品、一级易燃物品、遇湿燃烧物品、剧毒物品不得露天堆放。

4．储存危险化学品的仓库必须配备有专业知识的技术人员，其库房及场所应设专人管理，管理人员必须配备可靠的个人安全防护用品。

5．储存的危险化学品应有明显的标志，标志应符合《危险货物包装标志》（GB 190—2009）的规定。同一区域储存两种或两种以上不同级别的危险化学品时，应按最高等级危险化学品的性能标志。

6．危险化学品储存方式分为3种：隔离储存，隔开储存，分离储存。

7．根据危险化学品性能分区、分类、分库储存。各类危险化学品不得与禁忌物料混合储存。

8. 储存危险化学品的建筑物、区域内严禁吸烟和使用明火。

（三）危险化学品分类储存的安全技术

《常用化学危险品贮存通则》（GB 15603—1995）、《易燃易爆性商品储藏养护技术条件》（GB 17914—1999）、《腐蚀性商品储藏养护技术条件》（GB 17915—1999）、《毒害性商品储藏养护技术条件》（GB 17916—1999）等标准分别规定了危险化学品储存场所的要求、储量的限制以及不同类别危险化学品的储存要求。

（四）危险化学品包装安全要求

《危险货物的运输包装通用技术条件》（GB 12463—2009）把危险货物包装分成3类：

1. Ⅰ类包装：货物具有较大危险性，包装强度要求高。

2. Ⅱ类包装：货物具有中等危险性，包装强度要求较高。

3. Ⅲ类包装：货物具有的危险性小，包装强度要求一般。

标准里还规定了这些包装的基本要求、性能试验和检验方法等，也规定了包装容器的类型和标记代号。

《危险货物运输包装类别划分原则》（GB/T 15098—1994）规定了划分各类危险化学品运输包装类别的基本原则。

（五）接触和混合储运的危险性

某些化学品接触或混合时其危险性增加。有些化学品接触或混合易燃烧，还有些接触或混合易发生爆炸。还有些化学品在发生事故时，所使用的灭火方法不同。《常用化学危险品贮存通则》（GB 15603—1995）、《易燃易爆性商品储藏养护技术条件》（GB 17914—1999）、《腐蚀性商品储藏养护技术条件》（GB 17915—1999）、《毒害性商品储藏养护技术条件》（GB 17916—1999）等标准的附录中均附有危险化学品混存性能互抵表。必须掌握危险化学品之间的抵触和不相容性，避免将禁忌物料混储混运，以便保证储运安全。

九、危险化学品经营的安全要求

《危险化学品安全管理条例》在第四章中对危险化学品的经营作了专项规定。

《危险化学品安全管理条例》第三十三条规定：国家对危险化学品经营销售实行许可制度。未经许可，任何单位和个人都不得经营销售危险化学品。

《危险化学品安全管理条例》第三十五条明确了办理经营许可证的程序：

一是申请：从事剧毒化学品、易制爆危险化学品经营的企业，应当向所在地设区的市级人民政府安全生产监督管理部门提出申请，从事其他危险化学品经营的企业，应当向所在地县级人民政府安全生产监督管理部门提出申请（有储存设施的，应当向所在地设区的市级人民政府安全生产监督管理部门提出申请）。申请人应当提交其符合本条例第三十四条规定条件的证明材料。

二是审查：设区的市级人民政府安全生产监督管理部门或者县级人民政府安全生产监督管理部门应当依法进行审查，并对申请人的经营场所、储存设施进行现场核查，自收到证明材料之日起30日内作出批准或者不予批准的决定。予以批准的，颁发危险化学品经营许可证；不予批准的，书面通知申请人并说明理由。

三是发证：经审查，符合条件的，颁发危险化学品经营许可证，并将颁发危险化学品经营许可证的情况通报同级环境保护主管部门和公安机关。对不符合条件的，书面通知申请人并说明理由。

四是登记注册：申请人凭危险化学品经营许可证向工商行政管理部门办理登记注册手续。

目前，危险化学品经营许可的相关职能由国家安全生产监督管理总局履行。

（一）危险化学品经营企业的条件和要求

《危险化学品安全管理条例》第三十四条规定，危险化学品经营企业，必须具备下列条件：

（一）有符合国家标准、行业标准的经营场所，储存危险化学品的，还应当有符合国家标准、行业标准的储存设施；

（二）从业人员经过专业技术培训并经考核合格；

（三）有健全的安全管理规章制度；

（四）有专职安全管理人员；

（五）有符合国家规定的危险化学品事故应急预案和必要的应急救援器材、设备；

（六）法律、法规规定的其他条件。

1. 经营场所和储存设施符合国家标准

《危险化学品经营企业开业条件和技术要求》（GB 18265—2000）规定：

（1）危险化学品经营企业的经营场所应坐落在交通便利、便于疏散处。

（2）危险化学品经营企业的经营场所的建筑物应符合《建筑设计防火规范_ 附条文说明》（GB 50016—2006）的要求。

（3）从事危险化学品批发业务的企业，应具备经县级以上（含县级）公安、消防部门批准的专用危险化学品仓库（自有或租用）。所经营的危险化学品不得存放在业务经营场所。

（4）零售业务的店面应与繁华商业区或居住人口稠密区保持500 m以上距离。

（5）零售业务的店面经营面积（不含库房）应不小于60 m^2，其店面内不得设有生活设施。

（6）零售业务的店面内只许存放民用小包装的危险化学品，其存放总质量不得超过1 t。

（7）零售业务的店面内危险化学品的摆放应布局合理，禁忌物料不能混放。综合性商场（含建材市场）所经营的危险化学品应有专柜存放。

（8）零售业务的店面与存放危险化学品的库房（或罩棚）应有实墙相隔。单一品种存放量不能超过500 kg，总质量不能超过2 t。

（9）零售店面备货库房应根据危险化学品的性质与禁忌分别采用隔离储存、隔开储存或分离储存等不同方式进行储存。

2. 主管人员和业务人员经过专业培训，并取得上岗资格

《危险化学品经营企业开业条件和技术要求》（GB 18265—2000）要求危险化学品经营企业的法定代表人或经理应经过国家授权部门的专业培训，取得合格证书方能

从事经营活动。企业业务经营人员应通过国家授权部门的专业培训，取得合格证书方能上岗。

3. 有健全的安全管理制度

一般要有危险化学品购销管理制度；剧毒物品购销管理制度；危险化学品经营手续环节交接责任管理制度；危险化学品运输管理制度；经营人员岗位责任制；商品储存保管管理制度等。

4. 符合法律、法规规定和国家标准要求的其他条件

《危险化学品经营企业开业条件和技术要求》（GB 18265—2000）规定了零售业务的范围。零售业务只许经营除爆炸品、放射性物品、剧毒物品以外的危险化学品。

(1) 零售业务的店面内显著位置应设有“禁止明火”等警示标志。

(2) 零售业务的店面内应放置有效的消防、急救安全设施。

(3) 零售业务的店面备货库房应报公安、消防部门批准。

(4) 运输危险化学品的车辆应专车专用。按照《危险化学品安全管理条例》只能委托有危险化学品运输资质的运输企业承运并有明显标志。

《危险化学品安全管理条例》第三十七条规定：经营危险化学品，不得有下列行为：

危险化学品经营企业不得向未经许可从事危险化学品生产、经营活动的企业采购危险化学品，不得经营没有化学品安全技术说明书或者化学品安全标签的危险化学品。

销售没有化学品安全技术说明书和化学品安全标签的危险化学品。

《危险化学品安全管理条例》第三十八条规定：危险化学品生产企业不得向未取得危险化学品经营许可证的单位或者个人销售危险化学品。

《危险化学品安全管理条例》第三十六条规定：危险化学品经营企业储存危险化学品，应当遵守第二章的有关规定。危险化学品商店内只能存放民用小包装的危险化学品。

（二）剧毒品的经营

经营剧毒化学品的企业要申领经营许可证，经营剧毒品要设专人。

《危险化学品经营企业开业条件和技术要求》（GB 18265—2000）要求经营剧毒物品企业的人员，除要达到经国家授权部门的专业培训，取得合格证书方能上岗的条件外，还应经过县级以上（含县级）公安部门的专门培训，取得合格证书后方可上岗。

《危险化学品安全管理条例》第四十一条规定：危险化学品生产企业、经营企业销售剧毒化学品、易制爆危险化学品，应当如实记录购买单位的名称、地址、经办人的姓名、身份证号码以及所购买的剧毒化学品、易制爆危险化学品的品种、数量、用途。销售记录以及经办人的身分证明复印件、相关许可证件复印件或者证明文件的保存期限不得少于1年。

剧毒化学品、易制爆危险化学品的销售企业、购买单位应当在销售、购买后5日内，将所销售、购买的剧毒化学品、易制爆危险化学品的品种、数量以及流向信息报所在地县级人民政府公安机关备案，并输入计算机系统。

十、泄漏控制与销毁处置技术

(一) 泄漏处理及火灾控制

1. 泄漏处理

(1) 泄漏源控制。利用截止阀切断泄漏源，在线堵漏减少泄漏量或利用备用泄料装置使其安全释放。

(2) 泄漏物处理。现场泄漏物要及时地进行覆盖、收容、稀释、处理。在处理时，还应按照危险化学品特性，采用合适的方法处理。

2. 火灾控制

(1) 灭火一般注意事项

1) 正确选择灭火剂并充分发挥其效能。常用的灭火剂有水、蒸汽、二氧化碳、干粉和泡沫等。由于灭火剂的种类较多，效能各不相同，所以在扑救火灾时，一定要根据燃烧物料的性质、设备设施的特点、火源点部位（高、低）及其火势等情况，要选择冷却、灭火效能特别高的灭火剂扑救火灾，充分发挥灭火剂各自的冷却与灭火的最大效能。

2) 注意保护重点部位。例如，当某个区域内有大量易燃易爆或毒性化学物质时，就应该把这个部位作为重点保护对象，在实施冷却保护的同时，要尽快地组织力量消灭其周围的火源点，以防灾情扩大。

3) 防止复燃复爆。将火灾消灭以后，要留有必要数量的灭火力量继续冷却燃烧区内的设备、设施、建（构）筑物等，消除着火源，同时将泄漏出的危险化学品及时处理。对可以用水灭火的场所要尽量使用蒸汽或喷雾水流稀释，排除空间内残存的可燃气体或蒸气，以防止复燃复爆。

4) 防止高温危害。火场上高温的存在不仅造成火势蔓延扩大，也会威胁灭火人员安全。可以使用喷水降温、利用掩体保护、穿隔热服装保护、定时组织换班等方法避免高温危害。

5) 防止毒害危害。发生火灾时，可能出现一氧化碳、二氧化碳、二氧化硫、光气等有毒物质。在扑救时，应当设置警戒区，进入警戒区的抢险人员应当佩戴个体防护装备，并采取适当的手段消除毒物。

(2) 几种特殊化学品火灾扑救注意事项

1) 扑救气体类火灾时，切忌盲目扑灭火焰，在没有采取堵漏措施的情况下，必须保持稳定燃烧。否则，大量可燃气体泄漏出来与空气混合，遇点火源就会发生爆炸，造成严重后果。

2) 扑救爆炸物品火灾时，切忌用沙土盖压，以免增强爆炸物品的爆炸威力；另外扑救爆炸物品堆垛火灾时，水流应采用吊射，避免强力水流直接冲击堆垛，以免堆垛倒塌引起再次爆炸。

3) 扑救遇湿易燃物品火灾时，绝对禁止用水、泡沫、酸碱等湿性灭火剂扑救。一般可使用干粉、二氧化碳、卤代烷扑救，但钾、钠、铝、镁等物品用二氧化碳、卤代烷无效。固体遇湿易燃物品应使用水泥、干砂、干粉、硅藻土等覆盖。对镁粉、铝粉等粉尘，切忌喷射有压力的灭火剂，以防止将粉尘吹扬起来，引起粉尘爆炸。

4）扑救易燃液体火灾时，比水轻又不溶于水的液体用直流水、雾状水灭火往往无效，可用普通蛋白泡沫或轻泡沫扑救；水溶性液体最好用抗溶性泡沫扑救。

5）扑救毒害和腐蚀品的火灾时，应尽量使用低压水流或雾状水，避免腐蚀品、毒害品溅出；遇酸类或碱类腐蚀品最好调制相应的中和剂稀释中和。

6）易燃固体、自燃物品火灾一般可用水和泡沫扑救，只要控制住燃烧范围，逐步扑灭即可。但有少数易燃固体、自燃物品的扑救方法比较特殊。如2，4—二硝基苯甲醚、二硝基萘、萘等是易升华的易燃固体，受热放出易燃蒸气，能与空气形成爆炸性混合物，尤其是在室内，易发生爆炸。在扑救过程中应不时向燃烧区域上空及周围喷射雾状水，并消除周围一切点火源。

（二）废弃物销毁

1. 固体废弃物的处置

（1）危险废弃物。使危险废弃物无害化采用的方法是使它们变成高度不溶性的物质，也就是固化／稳定化的方法。

目前常用的固化／稳定化方法有：水泥固化、石灰固化、塑性材料固化、有机聚合物固化、自凝胶固化、熔融固化和陶瓷固化。

（2）工业固体废弃物。工业固体废弃物是指在工业、交通等生产过程中产生的固体废弃物。

一般工业废弃物可以直接进入填埋场进行填埋。对于粒度很小的固体废弃物，为了防止填埋过程中引起粉尘污染，可装入编织袋后填埋。

2. 爆炸性物品的销毁

凡确认不能使用的爆炸性物品，必须予以销毁，在销毁以前应报告当地公安部门，选择适当的地点、时间及销毁方法。一般可采用以下4种方法：爆炸法、烧毁法、溶解法、化学分解法。

3. 有机过氧化物废弃物处理

有机过氧化物是一种易燃、易爆品。其废弃物应从作业场所清除并销毁，其方法主要取决于该过氧化物的物化性质，根据其特性选择合适的方法处理，以免发生意外事故。处理方法主要有：分解，烧毁，填埋。

十一、危险化学品对人体的侵入途径、危害、抢救及防护用品选用原则

（一）毒性危险化学品

毒性危险化学品通过一定途径进入人体，在体内积蓄到一定剂量后，就会表现出慢性中毒症状。所谓慢性中毒就是毒性危险化学品长时期、小剂量进入人体所引起的中毒；若在较短时间（一般为3～6个月）有较大剂量毒性危险化学品进入体内所引起的中毒称为亚急性中毒；若毒性危险化学品一次或短时间内大量进入体内所引起的中毒称为急性中毒。

毒性危险化学品在体内的毒性与毒性危险化学品的化学结构、理化性质、生产环境、劳动强度、个体因素以及几种毒性危险化学品的联合作用有关。

1. 毒性危险化学品侵入人体的途径

毒性危险化学品可经呼吸道、消化道和皮肤进入人体。在工业生产中，毒性危险化学品主要经呼吸道和皮肤进入体内，有时也可经消化道进入。

(1) 呼吸道。工业生产中毒性危险化学品进入人体的最重要的途径是呼吸道。凡是以气体、蒸气、雾、烟、粉尘形式存在的毒性危险化学品，均可经呼吸道侵入体内。呼吸道吸收程度与其在空气中的浓度密切相关，浓度越高，吸收越快。

(2) 皮肤。工业生产中，毒性危险化学品经皮肤吸收引起中毒也比较常见。脂溶性毒性危险化学品经表皮吸收后，还需有水溶性，才能进一步扩散和吸收，所以水、脂皆溶的物质（如苯胺）易被皮肤吸收。

(3) 消化道。工业生产中，毒性危险化学品经消化道吸收多半是由于个人卫生习惯不良，手沾染的毒性危险化学品随进食、饮水或吸烟等途径而进入消化道。误食也是进入消化道的途径，如将亚硝酸钠当食用盐用引起中毒。进入呼吸道的难溶性毒性危险化学品，可经由咽部被咽下而进入消化道。

2. 工业毒性危险化学品对人体的危害

(1) 刺激。刺激说明身体已与有毒化学品有了相当的接触，一般受刺激的部位为皮肤、眼睛和呼吸系统。

许多化学品和皮肤接触时，能引起不同程度的皮肤炎症；与眼睛接触轻则导致轻微的、暂时性的不适，重则导致永久性的伤残。

一些刺激性气体、尘雾可引起气管炎，甚至严重损害气管和肺组织，如二氧化硫、氯气、石棉尘。一些化学物质将会渗透到肺泡区，引起强烈的刺激。

(2) 过敏。某些化学品可引起皮肤或呼吸系统过敏，如出现皮疹或水疱等症状，这种症状不一定在接触的部位出现，而可能在身体的其他部位出现，引起这种症状的化学品有很多，如环氧树脂、胶类硬化剂、偶氮染料、煤焦油衍生物和铬酸等。

呼吸系统过敏可引起职业性哮喘，这种症状的反应一般包括咳嗽，特别是夜间，以及呼吸困难。引起这种反应的化学品有甲苯、聚氨酯、福尔马林等。

(3) 窒息。窒息涉及对身体组织氧化作用的干扰。这种症状分为3种：

1) 单纯窒息。在空间有限的工作场所，氧气被氮气、二氧化碳、甲烷、氢气、氦气等气体所代替，空气中氧浓度降到17%以下，致使机体组织的供氧不足，就会引起头晕、恶心、调节功能紊乱等症状。缺氧严重时导致昏迷，甚至死亡。

2) 血液窒息。毒性化学物质影响机体传送氧的能力。典型的血液窒息性物质就是一氧化碳。空气中一氧化碳含量达到0.05%时就会导致血液携氧能力严重下降。

3) 细胞内窒息。毒性化学物质影响机体和氧结合的能力。如氰化氢、硫化氢等物质影响细胞和氧的结合能力，尽管血液中含氧充足。

(4) 麻醉和昏迷。接触高浓度的某些化学品，有类似醉酒的作用。如乙醇、丙醇、丙酮、丁酮、乙炔、烃类、乙醚、异丙醚会导致中枢神经抑制。这些化学品一次大量接触可导致昏迷甚至死亡。

(5) 中毒。人体由许多系统组成，所谓全身中毒是指化学物质引起的对一个或多个系统产生有害影响并扩展到全身的现象，这种作用不局限于身体的某一点或某一区域。

肝脏的作用就是净化血液中的有毒性危险化学品，并将其转化成无害的和水溶性的物质。然而有一些物质对肝脏有害，例如溶剂酒精、氯仿、四氯化碳、三氯乙烯等。根据接触的剂量和频率，反复损害肝脏组织可能造成伤害并引起病变（肝硬化）和降低肝脏的功能，有时被误认为病毒性肝炎，因为这些化学物质引起肝损伤的症状（黄皮肤、黄眼睛）类似于病毒性肝炎。

不少生产性毒性危险化学品对肾有毒性，尤以重金属和卤代烃最为突出。如汞、铅、铊、镉、四氯化碳、氯仿、六氟丙烯、二氯乙烷、溴甲烷、溴乙烷、碘乙烷等。长期接触一些有机溶剂会引起疲劳、失眠、头痛、恶心，更严重的将导致运动神经障碍、瘫痪、感觉神经障碍。如神经末梢失能与接触己烷、锰和铅有关，导致腕垂病；接触有机磷酸盐化合物可能导致神经系统失去功能；接触二硫化碳，可引起精神紊乱（精神病）。

（6）致癌。长期接触一定的化学物质可能引起细胞的无节制生长，形成恶性肿瘤。这些肿瘤可能在第一次接触这些物质的许多年以后才表现出来，潜伏期一般为4~40年。造成职业肿瘤的部位是变化多样的，并不局限于接触区域。如砷、石棉、铬、镍等物质可能导致肺癌；鼻腔癌和鼻窦癌是由铬、镍、木材、皮革粉尘等引起的；膀胱癌与接触联苯胺、萘胺、皮革粉尘等有关；皮肤癌与接触砷、煤焦油和石油产品等有关；接触氯乙烯单体可引起肝癌；接触苯可引起再生障碍性贫血等等。

（7）致畸。接触化学物质可能对未出生胎儿造成危害，干扰胎儿的正常发育。在怀孕的前三个月，胎儿的脑、心脏、胳膊和腿等重要器官正在发育，一些研究表明化学物质可能干扰正常的细胞分裂过程，如麻醉性气体、水银和有机溶剂，从而导致胎儿畸形。

（8）致突变。某些化学品对人的遗传基因的影响可能导致后代发生异常，实验结果表明80%~85%的致癌化学物质对后代有影响。

（9）尘肺。尘肺是由于在肺的换气区域发生了小尘粒的沉积以及肺组织对这些沉积物的反应，尘肺病患者肺的换气功能下降，在紧张活动时将发生呼吸短促症状，这种作用是不可逆的，一般很难在早期发现肺的变化。当X射线检查发现这些变化时，病情已较重了。能引起尘肺病的物质有石英晶体、石棉、滑石粉、煤粉和铍等。

化学毒性危险化学品引起的中毒往往是多器官、多系统的损害。如常见毒性危险化学品铅，可引起神经系统、消化系统、造血系统及肾脏损害；三硝基甲苯中毒可出现白内障、中毒性肝病、贫血、高铁血红蛋白血症等。同一种毒性危险化学品引起的急性和慢性中毒，其损害的器官及表现也有很大差别。例如，苯急性中毒主要表现为对中枢神经系统的麻醉作用，而慢性中毒主要为造血系统的损害。这在有毒化学品对机体的危害作用中是一种很常见的现象。

总之，机体与有毒化学品之间的相互作用是一个复杂的过程，中毒后症状也不一样。

3. 急性中毒的现场抢救

（1）救护者现场准备。急性中毒发生时，毒性危险化学品大多是由呼吸系统或皮肤进入体内。因此，救护人员在救护之前应做好自身呼吸系统皮肤的防护。如穿好防护衣，佩戴供氧式防毒面具或氧气呼吸器。否则，不但中毒者不能获救，救护者也会中毒，使中毒事故扩大。

(2) 切断毒性危险化学品来源。救护人员应迅速将中毒者移至空气新鲜、通风良好的地方。在抢救抬运过程中，不能强拖硬拉以防造成外伤，使病情加重，应松开患者衣服、腰带并使其仰卧，以保持呼吸道通畅。同时要注意保暖。救护人员进入现场后，除对中毒者进行抢救外，还应认真查看，并采取有力措施，如关闭泄漏管道阀门、堵塞设备泄漏处、停止输送物料等以切断毒性危险化学品来源。对于已经泄漏出来的有毒气体或蒸气，应迅速启动通风排毒设施或打开门窗，或者进行中和处理，降低毒性危险化学品在空气中的浓度，为抢救工作创造有利条件。

(3) 迅速脱去被毒性危险化学品污染的衣服、鞋袜、手套等，并用大量清水或解毒液彻底清洗被毒性危险化学品污染的皮肤。要注意防止清洗剂促进毒性危险化学品的吸收，以及清洗剂本身所致的呼吸中毒。对于黏稠性毒性危险化学品，可以用大量肥皂水冲洗（敌白虫不能用碱性液冲洗），尤其要注意皮肤褶皱、毛发和指甲内的污染，对于水溶性毒性危险化学品，应先用棉絮、干布擦掉毒性危险化学品，再用清水冲洗。

(4) 若毒性危险化学品经口引起急性中毒，对于非腐蚀性毒性危险化学品，应迅速用1/5 000的高锰酸钾溶液或1%~2%的碳酸氢钠溶液洗胃，然后用硫酸镁溶液导泻。对于腐蚀性毒性危险化学品，一般不宜洗胃，可用蛋清、牛奶或氢氧化铝凝胶灌服，以保护胃黏膜。

(5) 令中毒患者呼吸氧气。若患者呼吸停止或心跳骤停，应立即施行复苏术。

在采取现场抢救措施的同时，应准备车辆或担架，以便将中毒者及时送往医院救治。

4. 一些毒性物质污染的处理

清除有毒化学品污染的措施，主要是用有一定压力的水进行喷射冲洗，或用热水冲洗，也可用蒸气熏蒸，或用药物进行中和、氧化或还原，以破坏或减弱其危害性。对黏稠状的污染物，如油漆等不易冲洗时，可用沙搓和铲除。对渗透污染物，如联苯胺、煤焦油等，经洗刷后再用蒸气促其蒸发来清除污染。

(1) 对氰化钠、氰化钾及其他氰化物的污染，可用硫代硫酸钠的水溶液浇在污染处，因为硫代硫酸钠与氰化物反应，可以生成毒性低的硫氰酸盐。然后用热水冲洗，再用冷水冲洗干净。也可用硫酸亚铁、高锰酸钾、次氯酸钠代替硫代硫酸钠。

(2) 对硫、磷及其他有机磷剧毒农药，如苯硫磷、敌死通等首先用生石灰将泄漏的药液吸干，然后用碱水湿透污染处，用热水冲洗后再用冷水冲洗干净。因为有机磷农药属于磷酸酶类、硫代磷酸酶类、氟代磷酸酯类毒性危险化学品，在碱性溶液中会迅速分解破坏而失去毒性。

(3) 硫酸二甲酯泄漏后，先将氨水洒在污染处进行中和，也可用漂白粉或5倍水浸湿污染处，再用碱水浸湿，最后用热水和冷水各冲洗一次。

(4) 甲醛泄漏后，可用漂白粉加5倍水浸湿污染处，因为甲醛可以被漂白粉氧化成甲酸，然后再用水冲洗干净。

(5) 苯胺泄漏后，可用稀盐酸或稀硫酸溶液浸湿污染处，再用水冲洗。因为苯胺呈碱性，能与盐酸反应生成盐酸盐。如与硫酸化合，可生成硫酸盐。

(6) 汞泄漏后可先行收集，然后在污染处用硫磺粉覆盖，因汞挥发出来的蒸气遇硫磺生成硫化汞而不致逸出，最后冲洗干净。

（7）磷容器破裂失去水保护将会产生燃烧，此时应先戴好防毒面具，用工具将黄磷移放到完好的盛器中，切勿用手接触。污染处用石灰乳浸湿，再用水冲洗。被黄磷污染的用具，可用5%硫酸铜溶液冲洗。

（8）砷泄漏后可用碱水和氢氧化铁解毒，再用水冲洗。

（9）溴泄漏后可用氨水使生成铵盐，再用水冲洗。

（二）腐蚀性危险化学品

腐蚀性物品接触人的皮肤、眼睛、肺部、食道等，会引起表皮细胞组织发生破坏作用而造成灼伤，而且被腐蚀性物品灼伤的伤口不易愈合。内部器官被灼伤时，严重的会引起炎症，如肺炎，甚至会造成死亡。特别是接触氢氟酸时，能发生剧痛，使组织坏死，如不及时治疗，会导致严重后果。

（三）放射性危险化学品的危险特性

具有放射性的危险化学品能从原子核内部，自行不断放出有穿透力、为人们肉眼不可见的射线（α射线、β射线、γ射线和中子流）。放射性危险化学品的主要危险特性在于它的放射性。其放射性强度越大，危险性就越大。人体组织在受到射线照射时，能发生电离，如果人体受到过量射线的照射，就会产生不同程度的损伤。在极高剂量的放射线作用下，能造成3种类型的放射伤害：

1．对中枢神经和大脑系统的伤害。这种伤害主要表现为虚弱、倦怠、嗜睡、昏迷、震颤、痉挛，可在两天内死亡。

2．对肠胃的伤害。这种伤害主要表现为恶心、呕吐、腹泻、虚弱和虚脱，症状消失后可出现急性昏迷，通常可在两周内死亡。

3．对造血系统的伤害。这种伤害主要表现为恶心、呕吐、腹泻，但很快能好转，经过约2~3周无症状之后，出现脱发、经常性流鼻血，再出现腹泻，极度憔悴，通常在2~6周后死亡。

（四）劳动防护用品选用原则

一般来讲，在安全技术措施中，改善劳动条件，排除危害因素是根本性的措施，但在一定条件下，如事故救援和抢修过程中，个人劳动防护用品就成为人身安全的主要手段。从危险化学品对人体的侵入途径着眼，劳动防护用品应防止其由呼吸道、暴露部位、消化道等侵入人体。如前所述，因工业生产中毒性危险化学品进入人体的最重要的途径是呼吸道，所以主要介绍呼吸道防毒劳动防护用具的选用原则，见表9—3。

表9—3　　呼吸道防毒面具选用表

<table>
<tr><th colspan="4">品　类</th><th>使用范围</th></tr>
<tr><td rowspan="6">过滤式</td><td rowspan="3">全面罩式</td><td colspan="2">头罩式面具</td><td rowspan="6">毒性气体的体积浓度低，一般不高于1%，具体选择按《呼吸防护　自吸过滤式防毒面具》（GB 2890—2009）进行</td></tr>
<tr><td rowspan="2">面罩式面具</td><td>导管式</td></tr>
<tr><td>直接式</td></tr>
<tr><td rowspan="3">半面罩式</td><td colspan="2">双罐式防毒口罩</td></tr>
<tr><td colspan="2">单罐式防毒口罩</td></tr>
<tr><td colspan="2">简易式防毒口罩</td></tr>
</table>

续表

<table>
<tr><th colspan="4">品　类</th><th>使用范围</th></tr>
<tr><td rowspan="7">隔离式</td><td rowspan="4">自给式</td><td rowspan="2">供氧（气）式</td><td>氧气呼吸器</td><td rowspan="3">毒性气体浓度高，毒性不明或缺氧的可移动性作业</td></tr>
<tr><td>空气呼吸器</td></tr>
<tr><td rowspan="2">生氧式</td><td>生氧面具</td></tr>
<tr><td>自救器</td><td>上述情况短暂时间事故自救用</td></tr>
<tr><td rowspan="3">隔离式</td><td rowspan="2">送风长管式</td><td>电动式</td><td rowspan="2">毒性气体浓度高、缺氧的固定作业</td></tr>
<tr><td>人工式</td></tr>
<tr><td colspan="2">自吸长管式</td><td>同上，导管限长 <10 m，管内径 >18 mm</td></tr>
</table>

第二节　化工事故主要类型

化工安全技术与化工工艺直接相关，物料的物理处理过程和化学反应合成工序是化工工艺的两大部分，主要危险集中在化学反应合成工序，该工序的典型化学反应有氧化反应、还原反应、硝化反应、聚合反应、裂化反应等，这些反应的危险性分析是化工安全技术的基础。

一、典型化学反应危险性

（一）氧化反应

1. 氧化反应的主要危险性

（1）氧化反应需要加热，同时绝大多数反应又是放热反应，因此，反应热如不及时移去，将会造成反应失控，甚至发生爆炸。

（2）氧化反应中被氧化的物质大部分是易燃、易爆物质，如乙烯氧化制取环氧乙烷、甲醇氧化制取甲醛、甲苯氧化制取苯甲酸中，乙烯是可燃气体，甲苯和甲醇是易燃液体。

（3）氧化反应中的有些氧化剂本身是强氧化剂，如高锰酸钾、氯酸钾、过氧化氢、过氧化苯甲酰等，具有很大的危险性，如受高温、撞击、摩擦或与有机物、酸类接触，易引起燃烧或爆炸。

（4）许多氧化反应是易燃、易爆物质与空气或氧气反应，反应投料比接近爆炸极限，如果物料配比或反应温度控制不当，极易发生燃烧爆炸。

（5）氧化反应的产品也具有火灾、爆炸危险性。如环氧乙烷、36.7% 的甲醛水溶液等。

（6）某些氧化反应能生成过氧化物副产物，它们的稳定性差，遇高温或受撞击、摩擦易分解，造成燃烧或爆炸。如乙醛氧化制取醋酸过程中生成过醋酸。

2. 氧化过程的安全措施

（1）在氧化反应中，一定要严格控制氧化剂的投料比，当以空气或氧气为氧化剂时，反应投料比应严格控制在爆炸范围以外。

（2）氧化剂的加料速度不宜过快，防止多加、错加。反应过程应有良好的搅拌和冷却装置，严格控制反应温度、流量，防止超温、超压。

（3）防止因设备、物料含有杂质为氧化剂提供催化剂，例如有些氧化剂遇金属杂质会引起分解。空气进入反应器前一定要净化，除掉灰尘、水分、油污以及可使催化剂活性降低或中毒的杂质，减少着火和爆炸的危险。

（4）反应器和管道上应安装阻火器，以阻止火焰蔓延，防止回火。接触器应有泄压装置，并尽可能采用自动控制、报警联锁装置。

（5）在设备系统中宜设置氮气、水蒸气灭火装置，以便及时扑灭火灾。

（二）还原反应

1. 还原反应的主要危险性

（1）许多还原反应都是在氢气存在条件下，并在高温、高压下进行，如果因操作失误或设备缺陷发生氢气泄漏，极易发生爆炸。

（2）还原反应中使用的催化剂，如雷内镍、钯碳等，在空气中吸湿后有自燃危险，在没有点火源存在的条件下，也能把氢气和空气的混合物引燃。

（3）还原反应中使用的固体还原剂，如保险粉、氢化铝锂、硼氢化钾等，都是遇湿易燃危险品。

（4）还原反应的中间体，特别是硝基化合物还原反应的中间体，也有一定的火灾危险，例如，邻硝基苯甲醚还原为邻氨基苯甲醚过程中，产生150℃下可自燃的氧化偶氮苯甲醚。苯胺在生产过程中如果反应条件控制不好，可生成爆炸危险性很大的环己胺。

（5）高温、高压下的氢对金属有脱碳作用，易造成氢腐蚀。

2. 还原反应过程的安全措施

（1）操作过程中一定要严格控制温度、压力、流量等各种反应参数和反应条件。

（2）注意催化剂的正确使用和处置。雷内镍、钯碳等催化剂平时不能暴露在空气中，要浸在酒精中。反应前必须用氮气置换反应器内的全部空气，经测定确认氧含量符合要求后，方可通入氢气。反应结束后，应先用氮气把氢气置换掉，才可出料，以免空气与反应器内的氢气混合，在催化剂自燃的情况下发生爆炸。

（3）注意还原剂的正确使用和处置。例如，氢化铝锂应浸没在煤油中储存。使用时应先用氮气置换干净，在氮气保护下投料和反应。

（4）对设备和管道的选材要符合要求，并定期检测，以防止因氢腐蚀造成事故。

（5）车间内的电气设备必须符合防爆要求，厂房通风要好，且应采用轻质屋顶，设置天窗或风帽，使氢气易于逸出，尾气排放管要高出屋脊 2 m 以上并设阻火器。

（三）硝化反应

有机化合物分子中引入硝基取代氢原子而生成硝基化合物的反应，称为硝化。用硝酸根取代有机化合物中的羟基的化学反应，则是另一种类型的硝化反应，产物称为硝酸酯。硝化反应是生产染料、药物及某些炸药的重要反应。

硝化过程常用的硝化剂是浓硝酸或浓硝酸和浓硫酸配制的混合酸。此外，硝酸盐和氧化氮也可做硝化剂。一般的硝化反应是先把硝酸和硫酸配制成混酸，然后在严格控制温度的条件下将混酸滴入反应器，进行硝化反应。

1. 硝化反应的主要危险性

(1) 硝化反应是放热反应，温度越高，硝化反应的速度越快，放出的热量越多，极易造成温度失控而爆炸。

(2) 被硝化的物质大多为易燃物质，有的兼具毒性，如苯、甲苯、脱脂棉等，使用或储存不当时，易造成火灾。

(3) 混酸具有强烈的氧化性和腐蚀性，与有机物特别是不饱和有机物接触即能引起燃烧。硝化反应的腐蚀性很强，会导致设备的强烈腐蚀。混酸在制备时，若温度过高或落入少量水，会促使硝酸的大量分解，引起突沸冲料或爆炸。

(4) 硝化产品大都具有火灾、爆炸危险性，尤其是多硝基化合物和硝酸酯，受热、摩擦、撞击或接触点火源，极易爆炸或着火。

2. 硝化反应过程的安全措施

(1) 制备混酸时，应严格控制温度和酸的配比，并保证充分的搅拌和冷却条件，严防因温度猛升而造成的冲料或爆炸。不能把未经稀释的浓硫酸与硝酸混合。稀释浓硫酸时，不可将水注入酸中。

(2) 必须严格防止混酸与纸、棉、布、稻草等有机物接触，避免因强烈氧化而发生燃烧爆炸。

(3) 应仔细配制反应混合物并除去其中易氧化的组分，不得有油类、酐类、甘油、醇类等有机物杂质，含水也不能过高；否则，此类杂质与酸作用易引发爆炸事故。

(4) 硝化过程应严格控制加料速度，控制硝化反应温度。硝化反应器应有良好的搅拌和冷却装置，不得中途停水断电及搅拌系统发生故障。硝化器应安装严格的温度自动调节、报警及自动连锁装置，当超温或搅拌故障时，能自动报警并停止加料。硝化器应设有泄爆管和紧急排放系统，一旦温度失控，紧急排放到安全地点。

(5) 处理硝化产物时，应格外小心，避免摩擦、撞击、高温、日晒，不能接触明火、酸、碱等。管道堵塞时，应用蒸气加温疏通，不得用金属棒敲打或明火加热。

(6) 要注意设备和管道的防腐，确保严密不漏。

(四) 聚合反应

由低分子单体合成聚合物的反应称为聚合反应。聚合反应的类型很多，按聚合物单体元素组成和结构的不同，分为加成聚合和缩合聚合两大类。聚合过程在工业上的应用十分广泛，如聚氯乙烯、聚乙烯、聚丙烯等塑料，聚丁二烯、顺丁、丁腈等橡胶以及尼龙纤维等，都是通过小分子单体聚合的方法得到的。

1. 聚合反应的主要危险性

(1) 聚合反应中使用的单体、溶剂、引发剂、催化剂等大多是易燃、易爆物质，使用或储存不当时，易造成火灾、爆炸。如聚乙烯的单体乙烯是可燃气体，顺丁橡胶生产中的溶剂苯是易燃液体，引发剂金属钠属遇湿易燃危险品。

(2) 许多聚合反应在高压条件下进行，单体在压缩过程中或在高压系统中易泄漏，发生火灾、爆炸。例如，乙烯在 130 ~ 300 MPa 的压力下聚合合成聚乙烯。

(3) 聚合反应中加入的引发剂都是化学活性很强的过氧化物，一旦配料比控制不当，容易引起爆聚，反应器压力骤增，易引起爆炸。

（4）聚合物分子量高，黏度大，聚合反应热不易导出，一旦遇到停水、停电、搅拌故障时，容易挂壁和堵塞，造成局部过热或反应釜升温，发生爆炸。

2．聚合反应过程的安全措施

（1）应设置可燃气体检测报警器，一旦发现设备、管道有可燃气体泄漏，将自动停车。

（2）反应釜的搅拌和温度应有检测和联锁装置，发现异常能自动停止进料。

（3）高压分离系统应设置爆破片、导爆管，并有良好的静电接地系统，一旦出现异常，及时泄压。

（4）对催化剂、引发剂等要加强储存、运输、调配、注入等工序的严格管理。

（5）注意防止爆聚现象的发生。

（6）注意防止黏壁和堵塞现象的发生。

（五）裂化反应

裂化有时又称为裂解，是指有机化合物在高温下分子发生分解的反应过程。而石油产品的裂化主要是以重油为原料，在加热、加压或催化剂作用下，分子量较高的烃类发生分解反应生成分子量较小的烃类，再经分馏而得到裂化气、汽油、煤油和残油等产品。裂化可分为热裂化、催化裂化、加氢裂化3种类型。

1．热裂化

热裂化在加热和加压下进行，根据所用压力的不同分为高压热裂化和低压热裂化。产品有裂化气体、汽油、煤油、残油和石油焦。热裂化装置的主要设备有管式加热炉、分馏塔、反应塔等。

（1）热裂化的主要危险性。热裂化在高温、高压下进行，装置内的油品温度一般超过其自燃点，漏出会立即着火。热裂化过程产生大量的裂化气，如泄漏会形成爆炸性气体混合物，遇加热炉等明火，会发生爆炸。

（2）热裂化反应过程的安全措施

1）要严格遵守操作规程，严格控制温度和压力；

2）由于热裂化的管式炉经常在高温下运转，要采用高镍铬合金钢制造；

3）裂解炉炉体应设有防爆门，备有蒸汽吹扫管线和其他灭火管线，以防炉体爆炸和用于应急灭火。设置紧急放空管和放空罐，以防止因阀门不严或设备漏气造成事故；

4）设备系统应有完善的消除静电和避雷措施。高压容器、分离塔等设备均应安装安全阀和事故放空装置。低压系统和高压系统之间应有止逆阀。配备固定的氮气装置、蒸汽灭火装置；

5）应备有双路电源和水源，保证高温裂解气直接喷水急冷时的用水用电，防止烧坏设备。发现停水或气压大于水压时，要紧急放空；

6）应注意检查、维修、除焦，避免炉管结焦，使加热炉效率下降，出现局部过热，甚至烧穿。

2．催化裂化

催化裂化在高温和催化剂的作用下进行，用于由重油生产轻油的工艺。催化裂解装置主要由反应再生系统、分馏系统、吸收稳定系统组成。

（1）催化裂化的主要危险性。催化裂化在460℃～520℃的高温和0.1～0.2 MPa的压力下进行，火灾、爆炸的危险性也较大。操作不当时，再生器内的空气和火焰可进入反应器，引起恶性爆炸事故。U形管上的小设备和阀门较多，易漏油着火。裂化过程中，会产生易燃的裂化气。活化催化剂不正常时，可能出现可燃的一氧化碳气体。

（2）催化裂化过程的安全措施

1）保持反应器与再生器压差的稳定，是催化裂化反应中最重要的安全问题。

2）分馏系统要保持塔底油浆经常循环，防止催化剂从油气管线进入分馏塔，造成塔盘堵塞。要防止回流过多或太少造成的憋压和冲塔现象。

3）再生器应防止稀相层发生二次燃烧，损坏设备。

4）应备有单独的供水系统。降温循环水应充足，同时应注意防止冷却水量突然增大，因急冷损坏设备；

5）关键设备应备有两路以上的供电。

3. 加氢裂化

加氢裂化是在催化剂及氢存在条件下，使重质油发生催化裂化反应，同时伴有烃类加氢、异构化等反应，从而转化为质量较好的汽油、煤油和柴油等轻质油的过程。加氢裂化是20世纪60年代发展起来的新工艺。

加氢裂化装置类型很多，按反应器中催化剂放置方式的不同，可分为固定床、沸腾床等。

（1）加氢裂化的主要危险性。加氢裂化在高温、高压下进行，且需要大量氢气，一旦油品和氢气泄漏，极易发生火灾或爆炸。加氢是强烈的放热反应。氢气在高压下与钢接触，钢材内的碳分子易与氢气发生反应生成碳氢化合物，使钢的强度降低，产生氢脆。

（2）加氢裂化过程的安全措施

1）要加强对设备的检查，定期更换管道、设备，防止氢脆造成事故；

2）加热炉要平稳操作，防止局部过热，防止炉管烧穿；

3）反应器必须通冷氢以控制温度。

二、爆炸危险环境分类

1. 气体、蒸气爆炸危险环境

0区　指爆炸气体环境连续出现或长时间存在的场所。

1区　指正常运行时可能出现爆炸性气体可能出现的场所。

2区　指正常运行时不可能出现爆炸性气体环境，如果出现也是偶然发生并且是短时间存在的场所。

2. 粉尘、纤维爆炸危险环境

10区（10级危险区域）　指正常运行时连续或长时间或短时间频繁出现爆炸性粉尘、纤维的区域。

11区（11级危险区域）　指正常运行时不出现，仅在不正常运行时短时间偶然出现爆炸性粉尘、纤维的区域。

3. 火灾危险环境

有可燃物能构成火灾但不致引起爆炸的区域。按照《爆炸和火灾危险境电力装置设计规范》（GB 50058—1992），火灾危险环境分为 3 种区域。

21 区——有液体可燃物

22 区——有粉尘、纤维可燃物

23 区——有固体可燃物

4. 可燃气体的火灾危险性分类

表 9—4

类别	可燃气体与空气混合物的爆炸下限
甲	<10%（体积）
乙	≥10%（体积）

三、雷击

（一）直击雷

每次雷击有三、四个至数几十个冲击。第一个冲击的先导放电是跳跃式先驱放电，第二个以后的先导放电是箭形先驱放电。

（二）静电感应雷

静电感应雷是由于带电积云接近地面，在架空线路导线或其他导电凸出物顶部感应出大量电荷引起的。在带电积云与其他客体放电后，架空线路导线或导电凸出物顶部的电荷失去束缚，形成以大电流、高电压冲击波的雷电冲击波。

（三）电磁感应雷

电磁感应雷是由于雷电放电时巨大的冲击电流在周围空间产生迅速变化的强磁场引起的。这种迅速变化的磁场能在邻近的导体上感应出很高的电动势。如系开口环状导体，开口处可能发生二次放电；如系闭合导体环路，环路内将产生很大的冲击电流。

（四）球雷

球雷是雷电放电时形成的发红光、橙光、白光或其他颜色光的火球。出现的概率约为雷电放电次数的 2%。其直径多为 20 cm 左右；其运动速度约为 2 m/s 或更高一些；其存在时间为数秒钟到数分钟。球雷是一团处在特殊状态下的带电气体。球雷可能从门、窗、烟囱等通道侵入室内。球雷可能无声地消失，也可能发出丝丝的声音，也可能发生剧烈的爆炸。

（五）雷电的特点

1. 雷电流幅值很大。雷电流幅值可高达数十至数百千安。雷电流幅值越大者出现的概率越小。100 kA 的雷电流幅值对应的概率约为 12%。

2. 冲击过电压很高。直击雷冲击过电压可高达数千千伏、感应雷冲击过电压可高达数百千伏。

3．冲击性强。雷电放电时间极短，从而表现出很强的冲击性。

4．雷电流陡度大，有高频特征。

（六）雷电的危害

1．爆炸和火灾；

2．电击；

3．毁坏设备和设施；

4．大规模停电。

四、静电

生产过程中产生的静电除可能给人以电击和妨碍生产外，在化工行业静电是引起爆炸的重要原因。有关静电的问题详见本书第二章。

五、中毒

化工生产中常见 H_2S 中毒，炼油化工装置内 H_2S 中毒事故的危险源（点）在于：①瓦斯、液态烃脱硫装置的富液闪蒸塔及其塔顶冷凝冷却器、酸性气分液罐等部位及其相应的人工采样点；②硫磺回收装置的酸性气分液罐、焚烧炉、尾气排放口及相应的人工采样点；③酸性水汽提装置的原料水罐，H_2S 汽提塔及其塔顶冷却器、酸性气分液罐等部位及其相应的人工采样点；④催化裂化、催化重整、加氢裂化、热裂化、延迟焦化、汽、煤、柴油加氢精制等二次加工装置产生的未脱硫瓦斯的冷却器、分液罐、循环氢等部位及其相应的人工采样点；⑤系统酸性气管线的沿途切水罐、切水排空点；⑥系统高、中、低压瓦斯管线的沿途切水罐、切水排空点；⑦瓦斯回收系统、天然气制氢装置的压缩机进出口分液罐、气柜及相应的人工采样点、切水排空点；⑧瓦斯火炬或烟囱底分液罐、火炬头或烟囱排空口；⑨粗汽油罐、轻污油罐、高硫原油罐等储罐的罐顶采样、测温、检尺及脱水；⑩生产厂区含油污水、工业废水、含酸污水、含碱污水等下水道及其系统。

H_2S 在炼油装置中的分布区域以及分布特点见表 9—5。

表 9—5　　H_2S 在炼油装置中的分布

序号	装置名称	分布区域	分布特点
1	常减压蒸馏	①塔及塔顶回流罐； ②加热炉用瓦斯罐区； ③电脱盐排水口。	H_2S 主要集中在初顶、常顶、减顶的气体中以及溶解在塔顶冷凝污水里，油品中的 H_2S 含硫较低。
2	催化裂化	①分馏区； ②吸收稳定区； ③脱硫区（液化气脱硫和汽油脱硫醇）。	在反应过程中，原料中的硫化物转化为 H_2S。因此裂化油含有一定量的 H_2S。富气、干气、液化气中 H_2S 含量较高，油品中的 H_2S 含量较低。

续表

序号	装置名称	分布区域	分布特点
3	重整装置	①原料预处理部分； ②高、低分离器； ③循环氢压缩机； ④汽提塔顶回流罐。	预分馏塔顶气体含一定量的 H_2S。预加氢后的汽提塔顶气体中 H_2S 含量较高，而精制油中硫含量很低。
4	延迟焦化	①汽油回流罐区； ②加热炉用瓦斯罐区； ③压缩机房。	焦化气中 H_2S 含量较高，汽油中也含有一定量的 H_2S。
5	加氢精制	①高、低分离器； ②分馏塔顶回流罐； ③循环氢压缩机； ④酸性水系统。	馏份油或渣油加氢精制，生成油中都含有较多的 H_2S。各分离器中的气体以及分馏塔顶的气体含有较高的 H_2S。同时酸性水的 H_2S 含量也较高。
6	加氢裂化	①高、低分离器； ②分馏塔顶回流罐； ③循环氢压缩机； ④酸性水系统。	加氢裂化有较高的脱硫率，因此反应生成油中 H_2S 含量较多。各分离器中的气体以及分馏塔顶的气体 H_2S 含量较高。酸性水的 H_2S 含量也很高。
7	气体脱硫	①吸收塔； ②再生塔； ③硫回收区； ④排污放空区。	各炼厂气（包括液化气）的 H_2S 含量都很高，经脱硫处理后一般 H_2S 含硫 $\leq 20 \times 10^6$，湿式脱硫中的富液含有较高的 H_2S。
8	污水汽提	①原料水罐； ②汽提塔及其塔顶冷却器； ③酸性气分液罐。	含硫污水的硫主要以 NH_4HS 及 $(NH_4)_2S$ 的形式存在。一般来说，加氢裂化、加氢精制以及重油催化的污水含硫较高。处理含硫油的蒸馏污水含硫也较高。
9	硫磺回收及尾气处理	①酸性气分液罐； ②焚烧炉； ③尾气排放口。	从气体脱硫装置和污水汽提装置来的酸性气原料，其 H_2S 浓度很高，经硫磺回收后的尾气含 H_2S 亦相当高，因此有些厂往往将尾气加氢还原循环回收硫磺。尾气经灼烧后，H_2S 变成了 SO_2。
10	瓦斯系统	①压缩机进出口分液罐； ②气柜及相应的人工采样点、切水排空点。	瓦斯系统由气柜、压缩机、火炬和各压力等级的瓦斯管网组成。一般经脱硫处理后的瓦斯，其 H_2S 含量在 100×10^6 以下。但目前我国一些炼厂火炬和气柜气体组分相当复杂，且变化无常，因此，其 H_2S 含量可能会很高，足以致人死亡。

续表

序号	装置名称	分布区域	分布特点
11	轻油罐区	①罐顶采样口； ②测温口； ③检尺部位； ④脱水口；	轻油中间罐区，尤其是焦化、裂化等汽油罐顶的不凝气中可能含有较高的 H_2S。
12	其它系统	①下水道； ②循环水系统；	下水道及循环水系统也可能串有很高的 H_2S。

H_2S 在化工装置中的分布区域以及分布特点见表 9－6。

表 9—6　H_2S 在化工装置中的分布

序号	装置名称	分布区域	分布特点
1	乙烯装置	①水汽综合池； ②压缩区碱洗系统； ③废碱液区。	H_2S 主要存在于碱洗系统。
2	天然气制氢	①压缩机进出口分液罐； ②尾气排放口。	H_2S 主要存在于液态烃及尾气中。

H_2S 为无色气体，具有臭鸡蛋气味。分子量 34. 08。相对密度 1. 19。易溶于水，亦溶于醇类、石油溶剂和原油中。接触 H_2S 的主要途径是吸入，H_2S 经黏膜吸收快，皮肤吸收甚少。误服含硫盐类与胃酸作用后产生 H_2S 可经肠道吸收而引起中毒。

H_2S 是一种神经毒剂，亦为窒息性和刺激性气体。其毒作用的主要靶器是中枢神经系统和呼吸系统，亦可伴有心脏等多个器官损害，对毒作用最敏感的组织是脑和黏膜接触部位。

H_2S 在体内大部分经氧化代谢形成硫代硫酸盐和硫酸盐而解毒，在代谢过程中谷胱甘肽可能起激发作用；少部分可经甲基化代谢而形成毒性较低的甲硫醇和甲硫醚，但高浓度甲硫醇对中枢神经系统有麻醉作用。体内代谢产物可在 24 小时内随尿排出，部分随粪排出，少部分以原形经肺呼出。在体内无蓄积。

H_2S 的急性毒作用器官和中毒机制可因其不同的浓度和接触时间而异。浓度越高则中枢神经抑制作用越明显，浓度相对较低时黏膜刺激作用明显。

不同浓度 H_2S 对人体危害见表 9—7。

表 9—7　不同浓度 H_2S 对人体危害表

空气中的含量	危害后果
$<1.5\ mg/m^3$	有明显臭鸡蛋味
$15\ mg/m^3$	发出难闻的气味，刺激眼睛，ACGIH 引进阈限值 TLV—TWA。
$22\ mg/m^3$	ACGIH TLV SYEL 平均在 15 分钟以上。

续表

空气中的含量	危害后果
30 mg/m^3	一个小时或更长时间后，会引起眼部灼伤感，刺激呼吸道
75 mg/m^3	约 15 分钟或更长时间后，嗅觉丧失。一个多小时后，可能引起头疼、头晕，和/或行动不稳。长时间处在 >50 ppm 的环境里，会导致肺部积水。
150 mg/m^3	3 到 15 分钟引起咳嗽，眼部不适，嗅觉丧失。15 到 20 分钟呼吸困难，眼睛疼痛，身感疲倦。一小时后会感到喉部不适。继续处在这种环境里，这些症状会逐渐加重。
300 mg/m^3	嗅觉将迅速丧失，刺激眼睛和喉咙。更长时间（20 到 30 分钟）处于这种环境会导致肺部积水不断增加，不可治愈。
450 mg/m^3	导致严重的结膜炎和呼吸道不适。这个量可立即危害健康和生命。
750 mg/m^3	短时间内察觉不到而没能立刻处理，会导致呼吸停止。或者头晕，丧失思维和平衡能力。出现这种症状，应立即进行人工通风和/或心肺复生（CPR）。
1 050 mg/m^3	很快失去知觉。如果没被及时抢救，呼吸将会停止，死亡将会到来。必须立即进行人工通风和/或心肺复生（CPR）。
>1 500 mg/m^3	立即失去知觉。可能导致永久性的脑损伤或死亡。应立即进行救助并采用人工通风和/或心肺复生（CPR）。

注：以上资料摘自美国石油学会的 API RP 55。

短时间接触浓度超过 750 mg/m^3 的 H_2S 会在没有任何危险征兆的情况下迅速失去知觉，无论时间长短都可能是致命的，在随后的几秒钟内会由于呼吸中断而死亡，除非及时的将受害人移至安全场所并实施人工呼吸。如果能够幸存，受害者大部分能够痊愈。

接触浓度为 300 mg/m^{3}或 300 mg/m^{3}以上的 H_2S 超过 30 min 会引起肺水肿。浓度超过 150 mg/m^{3}的 H_2S 会刺激眼睛、鼻腔黏膜、喉咙或肺。在低浓度下，H_2S 有臭鸡蛋味。必须强调的是 H_2S 的臭鸡蛋味在浓度为 0.03 mg/m^{3}时也可以嗅到，但在浓度超过 150 mg/m^{3}时由于嗅觉迅速消失而无法闻到。

从上面的分析可以看出发生 H_2S 中毒的特点：

①H_2S 最主要的危险是意外接触能导致电击式快速死亡。

②不能根据臭味来判断危险场所 H_2S 的浓度。

第三节　化工设计安全技术

一、化工厂选址的安全问题

工厂选址是工厂相对于其环境的定位问题。化工厂对其所在的社区可能会有多种危险，从工厂飘逸出的有毒或有害气体会进入居民区或其他人口稠密的地区；易燃气体会飘过如其他工厂的锻烧炉之类的火源；冷却塔的烟雾会飘过交通繁忙的高速公路或道路等。拉开距离，把厂址选择在一个孤立地区可以解决上述问题。如果客观条件不允许，可以依据主导风的风向，把工厂置于社区的下风区域。虽然风并不总是沿着主导的方向吹，但这在一定程度上可以部分改善上述危险状态。

工厂高构筑物可能的坍塌是对社区的另一种潜在的危险。在许多城市，建筑法规要求，高建筑物或构筑物都要留有一定的间距，防止落体砸伤行人、汽车司乘人员或砸坏邻近的设施。

工厂会产生需要排除的废液。应该确保预期的排污方法不会污染社区的饮用水。特别是对于渔业，对海洋生物的毒性作用会成为严重问题。可能含有爆炸混合物的日常排污管道务必不可穿越公共的或私人的地界。

工厂主要进出口的选择应考虑周边环境。上下班时进出厂的交通车量剧增，如果不适当安排或疏散，会引起严重的交通事故。如果工厂邻近高速公路，会有车辆离开公路冲入工厂的危险。

毗邻的工厂可能会释放出毒性或易燃气体飘入工厂，会引起人员中毒或产生火花、加热而起火。在这种情况下，如果可能，最好是把工厂建于上风区，或是隔开一定的距离。

充足的水源可增强灭火能力。最好工厂附近有河流或湖泊可用作灭火水源。还要考虑地方城市供水系统用作灭火水源的可能性。

地形也是一个要考虑的因素。厂区应是一片平地。厂区内不应该有洼地，否则可能会形成毒性或易燃蒸气或液体的积聚。相对于周围地区，厂区最好地势较高而不应是低洼地。

综上可以看出，工厂的选址应综合评定所有潜在的危险，择优确定较佳的方案。

二、化工厂布局的安全问题

工厂布局是工厂内部组件之间相对位置的定位问题。其基本任务是结合厂区的内外条件确定生产过程中各种机器设备的空间位置，获得最合理的物料和人员的流动路线。化工厂布局普遍采用留有一定间距的区块化的方法。工厂厂区一般可划分为以下6个区块：工艺装置区、罐区、公用设施区、运输装卸区、辅助生产区和管理区。对各个区块的安全要求如下。

（一）工艺装置区

加工单元可能是工厂中最危险的区域。首先应该列出这个区域的一级危险，找出毒性或易燃物质、高温、高压、火源等。这个区安装有很多设备，容易发生故障，加上人员的失误而容易发生危险。这个区里的加工单元人员通常较少。

装置区应该离开工厂边界一定的距离，而且应该集中分布。考虑易燃或毒性物质扩散的可能性，应选择在主要火源或主要人口居住区的下风侧。装置区应与罐区保持安全距离。

不同单元之间应保持一定距离。特别是对于加工相对独立的单元，可能在一部分运行情况下，另一部分在停车大修，从而使潜在危险增加。危险区的火源、大型作业、机器的移动、人员的密集等都是应该特别注意的因素。

在化学工业中，过程单元间的间距是安全评价的重要内容。对于过程单元本身的安全评价，比较重要的因素有：①操作温度；③操作压力；③单元中物料的类型；④单元中物料的量；⑤单元中设备的类型；⑥单元的相对投资额；⑦救火或其他紧急操作需要的空间。

（二）罐区

储存容器，比如储罐，是需要特别重视的装置。每个这样的容器都是巨大的能量或毒性物质的储存器。在人员、操作单元与储罐之间应保持尽可能远的距离。由于这样的容器可能释放出大量的毒性或易燃性的物质，务必将其置于工厂的下风区域。储罐应该安置在工厂中的专用区域，并加强其作为危险区的标识，使通过该区域的无关车辆降至最低限度。罐区的布局有以下 3 个基本问题：

（1）罐与罐之间的间距；

（2）罐与其他装置的间距；

（3）设置拦液堤所需要的面积。

与以上 3 个问题有密切关系的是储罐的两个重要的危险，一个是罐壳可能破裂，很快释放出全部内容物；另一个是当含有水层的储罐加热到超过水的沸点时会引起物料过沸。

罐区与办公室、辅助生产区之间要保持足够的安全距离。罐区与工艺装置区、公路之间要留出有效的间距。罐区应设在地势比工艺装置区略低的区域，决不能设在高坡上。还有通路问题。每一罐体至少可以在一边有通路到达，最好是在相反的两边有通路到达。

（三）公用设施区

公用设施区应该远离工艺装置区、罐区和其他危险区，以便遇到紧急情况时仍能保证水、电、汽等的正常供应。由厂外进入厂区的，不应该通过危险区。如果难以避免，则应该采取必要的保护措施。工厂布局应该尽量减少地面管线穿越道路。管线配置的特点是在一些装置中配置回路管线。回路系统的任何一点出现故障时应可关闭阀门将其隔离开，并把装置与系统的其余部分接通。要做到这一点，就必须保证这些装置至少能从两个方向接近工厂的关节点。为了加强安全，消防用水、电力或加热用蒸汽等的传输必须构成回路。

锅炉设备和配电设备可能会成为引火源，应该设置在易燃液体设备的上风区域。锅炉房和泵站应该设置在工厂中其他设施的火灾或爆炸不会危及的地区。管线在道路上方穿过时，高架的间隙应留有如起重机等重型设备的方便通路，减少碰撞的危险。最后，管路一定不能穿过围堰区，围堰区的火灾有可能毁坏管路。

冷却塔释放出的烟雾会影响人的视线，冷却塔不宜靠近铁路、公路或其他公用设施。大型冷却塔会产生很大噪声，应该与居民区有较大的距离。

（四）运输装卸区

良好的工厂布局不允许铁路支线通过厂区。可以把铁路支线规划在工厂边远地区。对于罐车和罐车的装卸设施常做类似的考虑。在装卸台上可能会发生毒性或易燃物的溅洒，装卸设施应该设置在工厂的下风区或边缘地区。

原料库、成品库和装卸站等机动车辆进出频繁的设施，不得设在必须通过工艺装置区和罐区的地带，与居民区、公路和铁路要保持一定的安全距离。

（五）辅助生产区

维修车间和研究室要远离工艺装置区和罐区。维修车间是重要的火源，同时人员密集，应该置于工厂的上风区域。研究室按照职能的需要一般是与其他管理机构毗邻，但研究室偶尔会有少量毒性或易燃物释放进入其他管理机构，所以两者之间直接连接是不恰当的。

废水处理装置是工厂各处流出的毒性或易燃物汇集的终点，应该置于工厂的下风远程区域。

高温煅烧炉作为火源，应将其置于工厂的上风区，但是严重的操作失误会使煅烧炉喷射出易燃物，这又要求将其置于工厂的下风区。作为折中方案，可以把煅烧炉置于工厂的侧面风区域。与其他设施隔开一定的距离也是可行的方案。

（六）管理区

每个工厂都需要一些管理机构。出于安全考虑，主要办事机构应该设置在工厂的边缘区域，并尽可能与工厂的危险区隔离。这样做的理由是：首先，销售和供应人员以及必须到工厂办理业务的其他人员，没有必要进入厂区。因为这些人员不熟悉工厂危险的性质和区域，他们的普通习惯，如在危险区无意中吸烟，就有可能危及工厂的安全。其次，办公室人员的密度在全厂可能是最大的，把这些人员与危险分开会改善工厂的安全状况。

在工厂布局中，并不总是有理想的平地，有时工厂不得不建在丘陵地区。应当注意，从火险考虑液体或蒸气易燃物的源头不应设置在坡上；低洼地有可能积水，锅炉房、变电站、泵站等应该设置在高地，因为在紧急状态下，如泛洪期，这些装置连续运转是必不可少的；储罐在洪水中易受损坏，空罐在很低水位中就能漂浮，从而使罐的连接管线断裂，造成大量泄漏，有时需要考虑设置物理屏障系统，阻止液体流动或火险从一个区扩散至另一个厂区

三、车间设备布置的安全分析

（一）设备布置

车间设备布置是确定各个设备在车间中的位置；确定场地与建筑物的尺寸；确定管理、生产仪表管线、采暖通风管线的走向和位置。

最佳的设备布置应做到：经济合理，节约投资，操作维修方便、安全，设备排列紧凑，整齐美观。

设备布置一般采用流程式布置，以满足工艺流程路径，保证工艺流程在水平和垂直方向的连续性。在不影响工艺流程路径的原则下，将同类型的设备或操作性质相似的有关设备集中布置，可以有效地利用建筑面积，便于管理、操作与维修。还可以减少备用设备或互为备用。如塔体集中布置在塔架上，换热器、泵布置在一处等。充分利用位能，尽可能使物料自动流送，一般可将计量设备、高位槽布置在最高层，主要设备（如反应器等）布置在中层，储槽、传动设备等布置在底层。考虑合适的设备间距。设备间距过大会增加建筑面积，拉长管道，从而增加建筑和管道投资；设备间距过小导致操作、安装与维修的困难，甚至发生事故。设备间距的确定主要取决于设备管道的安装、检修、安全生产以及节约投资等几个因素。

（二）设备布置的安全技术要求

设备布置应尽量做到人工背光操作，高大设备避免靠近窗户布置，以免影响门窗的开

启、通风与采光。

有爆炸危险的设备应露天或半露天布置，室内布置时要加强通风，防止爆炸性气体的聚集；危险等级相同的设备或厂房应集中在一个区域，这样可以减少防爆电器的数量和减少防火、防爆建筑的面积；将有爆炸危险的设备布置在单层厂房或多层厂房的顶层或厂房的边沿都有利于防爆泄压和消防。

加热炉、明火设备与产生易燃易爆气体的设备应保持一定的距离（一般不小于 18 m），易燃易爆车间要采取防止引起静电现象和着火的措施。

处理酸碱等腐蚀性介质的设备，如泵、池、罐等分别集中布置在底层有耐蚀铺砌的围堤中，不宜放在地下室或楼上。

产生有毒气体的设备应布置在下风向，存储有毒物料的设备不能放在厂房的死角处；有毒、有粉尘和有气体腐蚀的设备要集中布置并做通风、排毒或防腐处理，通风措施应根据生产过程中有害物质、易燃易爆气体的浓度和爆炸极限及厂房的温度而定。

笨重设备或运转时产生很大振动的设备，如压缩机、离心机、真空泵等，应尽可能布置在厂房底层，以减少厂房的荷载与振动。有剧烈振动的设备，其操作台和基础不得与建筑物的柱、墙连在一起，以免影响建筑物的安全。厂房内操作平台必须统一考虑，以免平台支柱零乱重复。

（三）典型设备的布置

1．塔

塔的布置形式很多，常在室外集中布置，在满足工艺流程的前提下，可把高度相近的塔相邻布置。

单塔或特别高大的塔可采用独立布置，利用塔身设操作平台，供工作人员进出人孔、操作、维修仪表及阀门之用。塔或塔群布置在设备区外侧，其操作侧面对道路，配管侧面对管廊，以便施工安装、维修与配管。塔顶部常设有吊杆，用以吊装塔盘等零件。填料塔常在装料人孔的上方设吊车梁，供吊装填料。

将几个塔的中心排列一条直线，高度相近的塔相邻布置，通过适当调整安装高度和操作点就可以采用联合平台，既方便操作，又节省投资。采用联合平台时应考虑各塔有不同的伸长量，以防止拉坏平台。相邻小塔间的距离一般为塔径的 3 ~4 倍。

数量不多、结构与大小相似的塔可成组布置，将四个塔合为一个整体，利用操作台集中布置。如果塔的高度不同，只要求将第一层操作平台取齐，其他各层可另行考虑。这样，几个塔组成一个空间体系，增加了塔群的刚度，塔的壁厚就可适当降低。

塔通常安装在高位换热器和容器的建筑物或框架旁，利用容器或换热器的平台作为塔的人孔、仪表和阀门的操作与维修的通道。将细而高的或负压塔的侧面固定在建筑物或框架的适当高度，这样可以增加刚度，减少壁厚。

直径较小（1 m 以下）的塔常安装在室内或框架中，平台和管道都支承在建筑物上，冷凝器可装在屋顶上或吊在屋顶梁下，利用位差重力回流。

2．换热器

换热器的热量平衡由于涉及到传热效果，换热面积、流动温差、流动强度等一系列问题，因此，换热器在运行过程中由于热量积累、局部过热、流体结焦或气化而引起的事故比较多。

化工厂中使用最多的是列管换热器和再沸器，其布置原理也适用于其他形式的换热器。

设备布置的主要任务是将换热器布置在适当的位置，确定支座、安装结构和管口方位等。必要时在不影响工艺要求的前提下调整原换热器的尺寸及安装方式（立式或卧式）。

换热器的布置原则是顺应流程和缩小管道长度，其位置取决于它密切联系的设备布置。塔的再沸器及冷凝器因与塔以大口径的管道连接，故应采取近塔布置，通常将它们布置在塔的两侧。热虹吸式再沸器直接固定在塔上，还要靠近回流罐和回流泵。自容器（或塔底）经换热器抽出液体时，换热器要靠近容器（或塔底），使泵的吸入管道最短，以改善吸入条件。

3．容器（罐，槽）

容器按用途可以分为原料储罐、中间储罐和成品储罐；按安装形式可以分为立式和卧式。容器布置时一般要注意以下事项。

立式储罐布置时，按罐外壁取齐，卧式储罐按封头切线取齐。在室外布置易挥发液体储罐时，应设置喷淋冷却设施；易燃、可燃液体储罐周围应按规定设置防火堤坝；储存腐蚀性物料罐区除设围堰外，其地坪应作防腐处理。液位计、进出料接管、仪表尽可能集中在储罐的一侧，另一侧供通道与检修用。罐与罐之间的距离应符合国家标准的有关规定，以便操作、安装与检修。储罐的安装高度应根据安管需要和输送泵的净正吸入压头的要求决定。同时，多台大小不同的卧式储罐，其底部宜布置在同一标高上。原料储罐和成品储罐一般集中布置在储罐区，而中间储罐要按流程顺序布置在有关设备附近或厂房附近。

4．反应器

反应器形式很多，可以根据结构形式按类似的设备布置。塔式反应器可按塔的方式布置；固定床催化反应器与容器相类似；火焰加热的反应器则近似于工业炉；搅拌釜式反应器实质上是设有搅拌器和传热夹套的立式容器。

釜式反应器一般用挂耳支承在建（构）筑物上或操作台的梁上；对于体积大、质量大或振动大的设备，要用文脚直接支承在地面或楼板上。两台以上相同的反应器应尽可能排成一直线。反应器之间的距离，根据设备的大小、附属设备和管道具体情况而定。管道阀门应尽可能集中布置在反应器一侧，以便操作。

间歇操作的釜式反应器布置时要考虑便于加料和出料。液体物料通常是经高位槽计量后靠压差加入釜中；固体物料大多是用吊车从人孔或加料口加入釜内，因此，人孔或加料口离地面、楼面或操作平台面的高度以 800 mm 为宜。

因多数釜式反应器带有搅拌器，所以上部要设置安装及检修用的起吊设备，并考虑足够的高度，以便抽出搅拌器轴等。

连接操作釜式反应器有单台和多台串联式，布置时除考虑前述要求外，由于进料、出料都是连接的，因此在多台串联时必须特别注意物料进、出口间的压差和流体流动的阻力损失。

5. 泵与压缩机

泵应尽量靠近供料设备以保证良好的吸入条件。它们常集中布置在室外、建筑物底层或泵房。室外布置的泵一般在路旁或管廊下排成一行或两行，电机端对齐排在中心通道两侧，吸入与排出端对着工艺罐。泵的排列次序由相关的设备与管道的布置所决定。当面积受限制或泵较小时，可成对布置，使两泵共用一个基础，在一根支柱上装两个开关。

离心压缩机的布置原理与离心泵相似，但较为庞大、复杂，特别是一些附属设备（润滑油与密封油槽、控制台、冷却器等）要占据很大的空间。

管道从顶部连接的压缩机可以安装在接近地面的基础上，在拆卸上盖时要同时拆去上部接管。管道从底部连接的压缩机拆卸上盖时比较方便，这种压缩机要装在抬高的框架上，支柱靠近机器，环绕机器设悬壁平台，压缩机的基础要与建筑物的基础分离。离心压缩机常布置在敞开式的框架结构（有顶）或压缩机室内，顶部要设吊车梁或行车以供检修时起吊零部件。

往复压缩机的工作原理与往复泵相似，但机器复杂很多，振动及噪声都很大。往复式压缩机结构复杂、拆装时间长，所以都布置在压缩机室内，并配有起重装置，其周围要留出足够大的空地。

四、典型设备工艺安全分析

设备运行设计的基本内容主要是在满足安全运行的条件下，对定型（或标准）设备的选择和非定型（非标准）设备的工艺计算等。定型设备的选择除了要符合基本要求外，还要注意根据设计项目规定的生产能力和生产周期确定设备的台数。运转设备要按其负荷和规定的工艺条件进行选型；静止设备则要计算其主要参数，如传热面积、蒸发面积等，再结合工艺条件进行选型。

（一）泵

泵是化学工业等流程工业运行中的主要流体机械。泵的安全运行涉及流体的平衡、压力的平衡和物系的正常流动。选用泵要依据流体的物理化学特性，一般溶液可选用任何类型泵输送；悬浮液可选用隔膜式往复泵或离心泵输送；黏度大的液体、胶体溶液、膏状物和糊状物时可选用齿轮泵、螺杆泵或高黏度泵；毒性或腐蚀性较强的可选用屏蔽泵；输送易燃易爆的有机液体可选用防爆型电机驱动的离心式油泵等。

（二）换热器

换热器的运行涉及工艺过程中的热量交换、热量传递和热量变化，过程中如果热量积累，造成超温就会发生事故。化工生产中换热器是应用最广泛的设备之一。选择换热器形式时，要根据热负荷、流量的大小，流体的流动特性和污浊程度，操作压力和温度，允许的压力损失等因素，结合各种换热器的特征与使用场所的客观条件来合理选择。

目前，国内使用的管壳式换热器系列标准有：固定管板式换热器、立式热虹吸式再沸器、钢制固定式薄管板列管换热器、浮头式换热器、冷凝器、U形管式换热器。

（三）精蒸馏塔

精馏过程涉及热源加热、液体沸腾、气液分离、冷却冷凝等过程，热平衡安全问题和相态变化安全问题是精馏过程安全的关键。

精馏设备是应用最广泛的非定型设备。由于用途不同，操作原理不同，所以塔的结构形式、操作条件差异很大。精馏设备的安全运行主要决定于精馏过程的加热载体、热量平衡、气液平衡、压力平衡以及被分离物料的热稳定性以及填料选择的安全性。精馏设备的形式很多，按塔内部主要部件不同可以分为板式塔与填料塔两大类型。板式塔又有筛板塔、浮阀塔、泡罩塔、浮动喷射塔等多种形式，而填料塔也有多种填料方式。在精馏设备选型时应满足生产能力大，分离效率高，体积小，可靠性高，满足工艺要求，结构简单，塔板压力较小的要求。

（四）反应器

反应器的安全问题最为复杂，涉及反应器物系配置、投料速度、投料量、升温冷却系统、检测、显示、控制系统以及反应器结构、搅拌、安全装置、泄压系统等。反应器是化工生产中的关键设备，合理选择设计好的反应器能够有效利用原料，提高效率，减少分离装置的负荷，节省分离所需的能量。

反应器应该满足反应动力学要求、热量传递的要求、质量传递过程与流体动力学过程的要求、工程控制的要求、机械工程的要求、安全运行要求。

反应器的种类很多，按基本结构可分为：管式反应器、釜式反应器、固定床反应器和流化床反应器。

（五）搅拌器

搅拌器的安全可靠是许多放热反应、聚合过程等安全运行的必需条件。搅拌器的中断或突然失效可以造成物料反应停滞、分层、局部过热等。搅拌器的形式有桨式、涡轮式、推进式、框式（或锚式）、螺杆式及螺带式等。选择时，首先根据搅拌器形式与釜内物料容积及黏度的关系进行大致的选择，搅拌器的材质可根据物料的腐蚀性、黏度及转数等确定。

（六）轴密封装置

防止反应釜的跑、冒、滴、漏，特别是防止有毒害、易燃介质的泄漏，选择合理的密封装置非常重要。密封填料选择错误，可能与反应物反应导致反应器爆炸；机械密封由于安装缺陷，可能导致大量溶剂泄漏发生爆炸。密封装置主要有如下两种。

1. 填料密封

优点是结构简单，填料拆装方便，造价低。但使用寿命短，密封可靠性差。

2. 机械密封

优点是密封可靠，使用寿命长，适用范围广、功率消耗少。但其造价高，安装精度要求高。

（七）蒸发设备

蒸发设备的选型主要考虑被蒸发溶液的性质，如黏度、发泡性、腐蚀性、热敏性和是否容易结晶或析出结晶等因素。

蒸发热敏性物料时，应选用膜式蒸发器，以防止物料分解；蒸发黏度大的溶液，为保证物料流速应选用强制循环回转薄膜式或降膜式蒸发器；蒸发易结垢或析出结晶的物料，可采用标准式或悬筐式蒸发器或管外沸腾式和强制循环型蒸发器；蒸发发泡性溶液时，应选用强制循环型和长管薄膜式蒸发器；蒸发腐蚀性物料时应考虑设备用材；如蒸发废酸等物料应选用浸没燃烧蒸发器；处理量小的或采用间歇操作时，可选用夹套或锅炉蒸发器，以便制造、操作和节约投资。

（八）存储设备

化工生产中需要存储的有原料、中间产品、成品、副产品以及废液和废气等。常见的存储设备有罐、桶、池等。有敞口的也有密封的；有常压的也有高压的；可根据存储物的性质，数量和工艺要求选用。

一般固体物料，不受天气影响的，可以露天存放。大量液体的存储一般使用圆形或球形储槽；易挥发的液体，为防物料挥发损失，而选用浮顶储罐；蒸气压高于大气压的液体，要视其蒸气压大小专门设计储槽；可燃液体的存储，要在存储设备的开口处设置防火装置。容易液化的气体，一般经过加压液化后存储于压力储罐或承压钢瓶中，近些年，用低温法将液化后的物料储存于常压低温储罐中也得到了应用；难于液化的气体，大多数经过加压后存储于气柜、高压球形储槽或柱形容器中。易受空气和湿度影响的物料应存储于密闭的容器内。

五、化工生产管路与管系安全技术

化工管路主要由管子、管件和阀件构成，也包括一些附属于管路的管架、管卡、管撑等辅件。化工生产中输送的流体是多种多样的，化工管路也各不相同，以适应不同输送任务的要求。管路及管件的标志是管系安全生产的基本条件。化工管路的标准化是指制定化工管路主要构件，包括管子、管件、阀件（门）、法兰、垫片等的结构、尺寸、连接、压力等的标准并实施的过程。其中，压力标准与直径标准是制定其他标准的依据，也是选择管子、管件、阀件（门）、法兰、垫片等附件的依据，已由国家标准详细规定。管子标准的参数包括压力标准（又分公称压力、试验压力和工作压力）、直径（口径）标准（也称公称直径或通称直径）。

（一）化工管路布置的原则

1．应合理安排管路，使管路与墙壁、柱子、场地、其他管路等之间应有适当的距离，并尽量采用标准件，以便于安装、操作、巡查与检修。

管道尽量架空敷设，平行成列走直线，少拐弯、少交叉以减少管架的数量；并列管线上的阀门应尽量错开排列；从主管上引出支管时，气体管从上方引出，液体管从下方引出。

2．输送有毒或有腐蚀性介质的管道，不得在人行道上空设置阀体、伸缩器、法兰等，若与其他管道并列时应在外侧或下方安装；输送易燃、易爆介质的管道不应敷设在生活间、楼梯和走廊等处；配置安全阀、防爆膜、阻火器、水封等防火防爆安全装置，并应采取可靠的接地措施；易燃易爆及有毒介质的放空管应引至室外指定地点或高出层面2 m以上。

3．管道敷设应有坡度，以免管内或设备内积液，坡度方向要根据介质流动方向和生产工艺特点确定。

4．对于温度变化较大的管路要采取热补偿措施，有凝液的管路要安排凝液排出装置，有气体积聚的管路要设置气体排放装置。长距离输送蒸气的管道要在一定距离处安装疏水阀，以排除冷凝水。

（二）化工管路的连接

管子与管子、管子与管件、管子与阀件、管子与设备之间连接的方式主要有4种，即螺纹连接、法兰连接、承插式连接及焊接。

（三）管路的热补偿

化工管路的两端是固定的，当温度发生较大的变化时，管路就会因管材的热胀冷缩而承受压力或拉力，严重时将造成管子弯曲、断裂或接头松脱。因此必须采取措施消除这种应力，这就是管路的热补偿。热补偿的主要方法有两种：其一是依靠弯管的自然补偿，通常当管路转角不大于150°时，均能起到一定的补偿作用；其二是利用补偿器进行补偿，主要有方形、波形及填料3种补偿器。

（四）化工管路的试压与吹扫

化工管路在投入运行之前，必须保证其强度与严密性符合设计要求。因此，当管路安装完毕后，必须进行压力试验，称为试压，试压主要采用液压试验。少数特殊的也可以采用气压试验。另外，为了保证管路系统内部的清洁，必须对管路系统进行吹扫与清洗，以除去铁锈、焊渣、土及其他污物，称为吹洗. 管路吹洗根据被输送介质不同，有水冲洗、空气吹扫、蒸汽吹洗、酸洗、油清洗和脱脂等。

（五）化工管路的防静电措施

当粉尘、液体和气体电解质在管路中流动，或从容器中抽出或注入容器时，都会产生静电。这些静电如不及时消除，很容易产生电火花而引起火灾或爆炸。管路的抗静电措施主要是静电接地和控制流体的流速。

（六）管道标志

化工厂中的管路是很多的，为了方便操作者区别各种类型的管路，常常在管外（保护层外或保温层外）涂上不同的颜色，称为管路的涂色。有两种方法，其一是整个管路均涂上一种颜色（涂单色），其二是在底色上每间隔2 m涂上一个50～100 mm的色圈。常见化工管路的颜色可参阅相关手册。如给水管为绿色，饱和蒸汽为红色。

第四节　典型化工过程安全技术

一、非均相分离

化工生产中的原料、半成品、排放的废物等大多为混合物，为了进行加工，得到纯度较高的产品以及环保的需要等，常常要对混合物进行分离。混合物可分为均相（混合）物系和非均相（混合）物系。非均相物系中，有一相处于分散状态，称为分散相，如雾中的小水滴、烟尘中的尘粒、悬浮液中的固体颗粒、乳浊液中分散成小液滴的液相；另一相处于连续状态，称为连续相（或分散介质），如雾和烟尘中的气相、悬浮液中的液相、乳浊液中处于连续状态的液相。从有毒有害物质处理的角度，非均相分离过程就是这些物质的净化过程、吸收过程或浓缩分离过程。工业生产中多采用机械方法对两相进行分离，常见的有沉降分离、过滤分离、静电分离和湿洗分离等，此外，还有音波除尘和热除尘等方法。

过滤过程安全措施：

1. 若加压过滤时能散发易燃、易爆、有害气体，则应采用密闭过滤机，并应用压缩空气或惰性气体保持压力。取滤渣时，应先释放压力。

2. 在存在火灾、爆炸危险的工艺中，不宜采用离心过滤机，宜采用转鼓式或带式等真空过滤机。如必须采用离心过滤机时，应严格控制电机安装质量，安装限速装置。注意不要选择临界速度操作。

3. 离心过滤机应注意选材和焊接质量，转鼓、外壳、盖子及底座等应用韧性金属制造。

二、加热及传热

传热在化工生产过程中的应用主要有创造并维持化学反应需要的温度条件、创造并维持单元操作过程需要的温度条件、热能综合和回收、隔热与限热。

热量传递有热传导、热对流和热辐射 3 种基本方式。实际上，传热过程往往不是以某种传热方式单独出现，而是以 2 种或 3 种传热方式的组合。化工生产中的换热通常在两流体之间进行，换热的目的是将工艺流体加热（汽化），或是将工艺流体冷却（冷凝）。

加热过程安全分析：

加热过程危险性较大。装置加热方法一般为蒸汽或热水加热、载热体加热以及电加热等。

1. 采用水蒸气或热水加热时，应定期检查蒸汽夹套和管道的耐压强度，并应装设压力计和安全阀。与水会发生反应的物料，不宜采用水蒸气或热水加热。

2. 采用充油夹套加热时，需将加热炉门与反应设备用砖墙隔绝，或将加热炉设于车间外面。油循环系统应严格密闭，不准热油泄漏。

3. 为了提高电感加热设备的安全可靠程度，可采用较大截面的导线，以防过负荷；采用防潮、防腐蚀、耐高温的绝缘，增加绝缘层厚度，添加绝缘保护层等措施。电感应线圈应密封起来，防止与可燃物接触。

4. 电加热器的电炉丝与被加热设备的器壁之间应有良好的绝缘，以防短路引起电火花，将器壁击穿，使设备内的易燃物质或漏出的气体和蒸气发生燃烧或爆炸。在加热或烘干易燃物质，以及受热能挥发可燃气体或蒸气的物质，应采用封闭式电加热器。电加热器不能安放在易燃物质附近。导线的负荷能力应能满足加热器的要求，应采用插头向插座上连接方式。工业上用的电加热器，在任何情况下都要设置单独的电路，并要安装适合的熔断器。

5. 在采用直接用火加热工艺过程时，加热炉门与加热设备间应用砖墙完全隔离，不使厂房内存在明火。加热锅内残渣应经常清除以免局部过热引起锅底破裂。以煤粉为燃料时，料斗应保持一定存量，不许倒空，避免空气进入，防止煤粉爆炸；制粉系统应安装爆破片。以气体、液体为燃料时，点火前应吹扫炉膛，排除积存的爆炸性混合气体，防止点火时发生爆炸。当加热温度接近或超过物料的自燃点时，应采用惰性气体保护。

三、蒸馏及精馏

化工生产中常常要将混合物进行分离，以实现产品的提纯和回收或原料的精制。对于均相液体混合物，最常用的分离方法是蒸馏。要实现混合液的高纯度分离，需采用精馏操作。

蒸馏过程危险性分析：

在常压蒸馏中应注意易燃液体的蒸馏热源不能采用明火，而采用水蒸气或过热水蒸气加热较安全。蒸馏腐蚀性液体，应防止塔壁、塔盘腐蚀，造成易燃液体或蒸气逸出，遇明火或灼热的炉壁而产生燃烧。蒸馏自燃点很低的液体，应注意蒸馏系统的密闭，防止因高温泄漏遇空气自燃。对于高温的蒸馏系统，应防止冷却水突然漏入塔内，这将会使水迅速汽化，塔内压力突然增高而将物料冲出或发生爆炸。启动前应将塔内和蒸汽管道内的冷凝水放空，然后使用。在常压蒸馏过程中，还应注意防止管道、阀门被凝固点较高的物质凝结堵塞，导致塔内压力升高而引起爆炸。在用直接火加热蒸馏高沸点物料时（如苯二甲酸酐），应防止产生自燃点很低的树脂油状物遇空气而自燃。同时，应防止蒸干，使残渣焦化结垢，引起局部过热而着火爆炸。油焦和残渣应经常清除。冷凝系统的冷却水或冷冻盐水不能中断，否则未冷凝的易燃蒸气逸出使局部吸收系统温度增高，或窜出遇明火而引燃。

真空蒸馏（减压蒸馏）是一种比较安全的蒸馏方法。对于沸点较高、在高温下蒸馏时能引起分解、爆炸和聚合的物质，采用真空蒸馏较为合适。如硝基甲苯在高温下分解爆炸、苯乙烯在高温下易聚合，类似这类物质的蒸馏必须采用真空蒸馏的方法以降低流体的沸点，借以降低蒸馏的温度，确保其安全。

四、气体吸收与解吸

气体吸收按溶质与溶剂是否发生显著的化学反应可分为物理吸收和化学吸收；按被吸收组分的不同，可分为单组分吸收和多组分吸收；按吸收体系（主要是液相）的温度是否显著变化，可分为等温吸收和非等温吸收。在选择吸收剂时，应注意溶解度、选择性、挥发度、黏度。工业生产中使用的吸收塔的主要类型有板式塔、填料塔、湍球塔、喷洒塔和喷射式吸收器等。

解吸又称脱吸，是脱除吸收剂中已被吸收的溶质，而使溶质从液相逸出到气相的过程。在生产中解吸过程用来获得所需较纯的气体溶质，使溶剂得以再生，返回吸收塔循环使用。工业上常采用的解吸方法有加热解吸、减压解吸、在惰性气体中解吸、精馏方法。

五、干燥

干燥按其热量供给湿物料的方式，可分为传导干燥、对流干燥、辐射干燥和介电加热干燥。干燥按操作压强可分为常压干燥和减压干燥；按操作方式可分为间歇式干燥与连续式干燥。常用的干燥设备有厢式干燥器、转筒干燥器、气流干燥器、沸腾床干燥器、喷雾干燥器。为防止火灾、爆炸、中毒事故的发生，干燥过程要采取以下安全措施：

1. 当干燥物料中含有自燃点很低或含有其他有害杂质时必须在烘干前彻底清除掉，

干燥室内也不得放置容易自燃的物质。

2. 干燥室与生产车间应用防火墙隔绝，并安装良好的通风设备，电气设备应防爆或将开关安装在室外。在干燥室或干燥箱内操作时，应防止可燃的干燥物直接接触热源，以免引起燃烧。

3. 干燥易燃易爆物质，应采用蒸汽加热的真空干燥箱，当烘干结束后，去除真空时，一定要等到温度降低后才能放进空气；对易燃易爆物质采用流速较大的热空气干燥时，排气用的设备和电动机应采用防爆的；在用电烘箱烘烤能够蒸发易燃蒸气的物质时，电炉丝应完全封闭，箱上应加防爆门；利用烟道气直接加热可燃物时，在滚筒或干燥器上应安装防爆片，以防烟道气混入一氧化碳而引起爆炸。

4. 间歇式干燥，物料大部分靠人力输送，热源采用热空气自然循环或鼓风机强制循环，温度较难控制，易造成局部过热，引起物料分解造成火灾或爆炸。因此，在干燥过程中，应严格控制温度。

5. 在采用洞道式、滚筒式干燥器干燥时，主要是防止机械伤害。在气流干燥、喷雾干燥、沸腾床干燥以及滚筒式干燥中，多以烟道气、热空气为干燥热源。

6. 干燥过程中所产生的易燃气体和粉尘同空气混合易达到爆炸极限。在气流干燥中，物料由于迅速运动相互激烈碰撞、摩擦易产生静电；滚筒干燥过程中，刮刀有时和滚筒壁摩擦产生火花，因此，应该严格控制干燥气流风速，并将设备接地；对于滚筒干燥，应适当调整刮刀与筒壁间隙，并将刮刀牢牢固定，或采用有色金属材料制造刮刀，以防产生火花。用烟道气加热的滚筒式干燥器，应注意加热均匀，不可断料，滚筒不可中途停止运转。斗口有断料或停转应切断烟道气并通氮。干燥设备上应安装爆破片。

六、蒸发

蒸发按其采用的压力可以为常压蒸发、加压蒸发和减压蒸发（真空蒸发）。按其蒸发所需热量的利用次数可分为单效蒸发和多效蒸发。蒸发过程要注意如下问题：

1. 蒸发器的选择应考虑蒸发溶液的性质，如溶液的黏度、发泡性、腐蚀性、热敏性，以及是否容易结垢、结晶等情况。

2. 在蒸发操作中，管内壁出现结垢现象是不可避免的，尤其当处理易结晶和腐蚀性物料时，使传热量下降。在这些蒸发操作中，一方面应定期停车清洗、除垢；另一方面改进蒸发器的结构，如把蒸发器的加热管加工光滑些，使污垢不易生成，即使生成也易清洗，提高溶液循环的速度，从而可降低污垢生成的速度。

七、结晶

结晶是固体物质以晶体状态从蒸气、溶液或熔融物中析出的过程。结晶是一个重要的化工单元操作，主要用于制备产品与中间产品、获得高纯度的纯净固体物料。

结晶过程常采用搅拌装置。搅动液体使之发生某种方式的循环流动，从而使物料混合均匀或促使物理、化学过程加速操作。

结晶过程的搅拌器要注意如下安全问题：

1. 当结晶设备内存在易燃液体蒸气和空气的爆炸性混合物时，要防止产生静电，避免火灾和爆炸事故的发生。

2. 避免搅拌轴的填料函漏油，因为填料函中的油漏入反应器会发生危险。例如硝化反应时，反应器内有浓硝酸，如有润滑油漏入，则油在浓硝酸的作用下氧化发热，使反应物料温度升高，可能发生冲料和燃烧爆炸。当反应器内有强氧化剂存在时，也有类似危险。

3. 对于危险易燃物料不得中途停止搅拌，因为搅拌停止时，物料不能充分混匀，反应不良，且大量积聚；而当搅拌恢复时，则大量未反应的物料迅速混合，反应剧烈，往往造成冲料，有燃烧、爆炸危险。如因故障而导致搅拌停止时，应立即停止加料，迅速冷却；恢复搅拌时，必须待温度平稳、反应正常后方可继续加料，恢复正常操作。

4. 搅拌器应定期维修，严防搅拌器断落造成物料混合不匀，最后突然反应而发生猛烈冲料，甚至爆炸起火，搅拌器应灵活，防止卡死引起电动机温升过高而起火。搅拌器应有足够的机械强度，以防止因变形而与反应器器壁摩擦造成事故。

八、萃取

萃取时溶剂的选择是萃取操作的关键，萃取剂的性质决定了萃取过程的危险性大小和特点。萃取剂的选择性、物理性质（密度、界面张力、黏度）、化学性质（稳定性、热稳定性和抗氧化稳定性）、萃取剂回收的难易和萃取的安全问题（毒性、易燃性、易爆性）是选择萃取剂时需要特别考虑的问题。工业生产中所采用的萃取流程有多种，主要有单级和多级之分。

萃取设备的主要性能是能为两液相提供充分混合与充分分离的条件，使两液相之间具有很大的接触面积，这种界面通常是将一种液相分散在另一种液相中所形成，两相流体在萃取设备内以逆流流动方式进行操作。萃取的设备有填料萃取塔、筛板萃取塔、转盘萃取塔、往复振动筛板塔和脉冲萃取塔。

九、制冷

冷却与冷凝的主要区别在于被冷却的物料是否发生相的改变，若发生相变则成为冷凝，如无相变只是温度降低则为冷却。冷却、冷凝操作在化工生产中十分重要，它不仅涉及到生产，而且也严重影响防火安全，反应设备和物料由于未能及时得到应有的冷却或冷凝，常是导致火灾、爆炸的原因。在工业生产过程中，蒸气、气体的液化，某些组分的低温分离，以及某些物品的输送、储藏等，常需将物料降到比水或周围空气更低的温度，这种操作称为冷冻或制冷。

冷冻操作的实质是利用冷冻剂自身通过压缩—冷却—蒸发（或节流、膨胀）的循环过程，不断地由被冷冻物体取出热量（一般通过冷载体盐水溶液传递热量），并传给高温物质（水或空气），以使被冷冻物体温度降低。一般说来，冷冻程度与冷冻操作技术有关，凡冷冻范围在 -100℃以内的称冷冻；而在 -100℃ ~ -200℃或更低的，则称为深度冷冻或简称深冷。

冷却（凝）及冷冻过程的主要危险及控制如下：

1. 冷却过程的危险控制要点

（1）应根据被冷却物料的温度、压力、理化性质以及所要求冷却的工艺条件，正确选用冷却设备和冷却剂。忌水物料的冷却不宜采用水做冷却剂，必需时应采取特别措施。

（2）应严格注意冷却设备的密闭性，防止物料进入冷却剂中或冷却剂进入物料中。

（3）冷却操作过程中，冷却介质不能中断，否则会造成积热，使反应异常，系统温度、压力升高，引起火灾或爆炸。因此，冷却介质温度控制最好采用自动调节装置。

（4）开车前，首先应清除冷凝器中的积液；开车时，应先通入冷却介质，然后通入高温物料；停车时，应先停物料，后停冷却系统。

（5）为保证不凝可燃气体安全排空，可充氮进行保护。

（6）高凝固点物料，冷却后易变得黏稠或凝固，在冷却时要注意控制温度，防止物料卡住搅拌器或堵塞设备及管道。

2. 冷冻过程的安全措施

（1）对于制冷系统的压缩机、冷凝器、蒸发器以及管路系统，应注意耐压等级和气密性，防止设备、管路产生裂纹、泄漏。此外，应加强压力表、安全阀等的检查和维护。

（2）对于低温部分，应注意其低温材质的选择，防止低温脆裂发生。

（3）当制冷系统发生事故或紧急停车时，应注意被冷冻物料的紧急处置。

（4）对于氨压缩机，应采用不发火花的电气设备；压缩机应选用低温下不冻结且不与制冷剂发生化学反应的润滑油，且油分离器应设于室外。

（5）注意冷载体盐水系统的防腐蚀。

十、筛分与过滤

（一）筛分

在工业生产中，为满足生产工艺的要求，常常需将固体原料、产品进行筛选，以选取符合工艺要求的粒度，这一操作过程称为筛分。筛分分为人工筛分和机械筛分。筛分所用的设备称为筛子，通过筛网孔眼控制物料的粒度。按筛网的形状可分为转动式和平板式两类。

筛分过程的危险控制要点。在筛分可燃物时，应采取防碰撞打火和消除静电措施，防止因碰撞和静电引起粉尘爆炸和火灾事故。

（二）过滤

过滤是使悬浮液在重力、真空、加压及离心的作用下，通过细孔物体，将固体悬浮微粒截留进行分离的操作。按操作方法，过滤分为间歇过滤和连续过滤两种；按推动力分为重力过滤、加压过滤、真空过滤和离心过滤。过滤采用的设备为过滤机。

十一、物料输送

在工业生产过程中，经常需要将各种原材料、中间体、产品以及副产品和废弃物从一个地方输送到另一个地方，这些输送过程就是物料输送。在现代化工业企业中，物料输送是借助于各种输送机械设备实现的。由于所输送的物料形态不同（块状、粉态、液态、气态等），所采取的输送设备也各异。

(一) 液态物料输送

液态物料可借其位能沿管道向低处输送。而将其由低处输往高处或由一地输往另一地(水平输送),或由低压处输往高压处,以及为保证一定流量克服阻力所需要的压头,则需要依靠泵来完成。泵的种类较多,通常有往复泵、离心泵、旋转泵、流体作用泵等四类。

液态物料输送危险控制要点如下:

1. 输送易燃液体宜采用蒸气往复泵。如采用离心泵,则泵的叶轮应用有色金属制造,以防撞击产生火花。设备和管道均应有良好的接地,以防静电引起火灾。由于采用虹吸和自流的输送方法较为安全,故应优先选择。

2. 对于易燃液体,不可采用压缩空气压送,因为空气与易燃液体蒸气混合,可形成爆炸性混合物,且有产生静电的可能。对于闪点很低的可燃液体,应用氮气或二氧化碳等惰性气体压送。闪点较高及沸点在130℃以上的可燃液体,如有良好的接地装置,可用空气压送。

3. 临时输送可燃液体的泵和管道(胶管)连接处必须紧密、牢固,以免输送过程中管道受压脱落漏料而引起火灾。

4. 用各种泵类输送可燃液体时,其管道内流速不应超过安全速度,且管道应有可靠的接地措施,以防静电聚集。同时要避免吸入口产生负压,以防空气进入系统导致爆炸或抽瘪设备。

(二) 气态物料输送

气体物料的输送采用压缩机。按气体的运动方式,压缩机可分为往复压缩机和旋转压缩机两类。

气态物料输送危险控制要点如下:

1. 输送液化可燃气体宜采用液环泵,因液环泵比较安全。但在抽送或压送可燃气体时,进气入口应该保持一定余压,以免造成负压吸入空气形成爆炸性混合物。

2. 为避免压缩机气缸、储气罐以及输送管路因压力增高而引起爆炸,要求这些部分要有足够的强度。此外,要安装经核验准确可靠的压力表和安全阀(或爆破片)。安全阀泄压应将危险气体导至安全的地点。还可安装压力超高报警器、自动调节装置或压力超高自动停车装置。

3. 压缩机在运行中不能中断润滑油和冷却水,并注意冷却水不能进入气缸,以防发生水锤现象。

4. 气体抽送、压缩设备上的垫圈易损坏漏气,应注意经常检查及时换修。

5. 压送特殊气体的压缩机,应根据所压送气体物料的化学性质,采取相应的防火措施。如乙炔压缩机同乙炔接触的部件不允许用铜来制造,以防产生具有爆炸危险的乙炔铜。

6. 可燃气体的管道应经常保持正压,并根据实际需要安装逆止阀、水封和阻火器等安全装置,管内流速不应过高。管道应有良好的接地装置,以防静电聚集放电引起火灾。

7. 可燃气体和易燃蒸气的抽送、压缩设备的电机部分,应为符合防爆等级要求的电气设备,否则,应穿墙隔离设置。

8. 当输送可燃气体的管道着火时,应及时采取灭火措施。管径在150 mm以下的管道,一般可直接关闭闸阀熄火;管径在150 mm以上的管道着火时,不可直接关闭闸阀熄火，应采取逐渐降低气压，通入大量水蒸气或氮气灭火的措施。但气体压力不得低于50～100 Pa。严禁突然关闭闸阀或水封，以防回火爆炸。当着火管道被烧红时，不得用水骤然冷却。

第五节　检修安全

石油、化工生产的性质决定了检修工作具有频繁、复杂、危险性大的特点。

一、检修前的准备

准备工作主要包括：

1. 设置检修指挥部。
2. 制定检修方案。
3. 检修前的安全教育。
4. 检修前检查。

二、装置停车的安全处理

（一）停车操作及注意事项

停车方案一经确定，应严格按停车方案确定的停车时间、停车程序以及各项安全措施有秩序地进行。停车操作应注意的问题如下：

1. 卸压

系统卸压要缓慢由高压降至低压，但压力不得降至零，更不能造成负压，一般要求系统内保持微正压。在未作好卸压前，不得拆动设备。

2. 降温

降温应按规定的降温速率进行降温，需保证达到规定要求。高温设备不能急骤降温，避免造成设备损伤，以切断热源后强制通风或自然冷却为宜，一般要求设备内介质温度要低于60℃。

3. 排净

排净生产系统（设备、管道）内储存的气、液、固体物料。如物料确实不能完全排净，应在安全检修交接书中详细记录，并进一步采取安全措施，排放残留物必须严格按规定地点和方法进行，不得随意放空或排入下水道，以免污染环境或发生事故。

停车操作期间，装置周围应杜绝一切点火源。

停车过程中，对发生的异常情况和处理方法，要随时作好记录；对关键装置和要害部位的关键性操作，要采取监护制度。

（二）停车后的安全处理

主要步骤有：隔绝、置换、吹扫与清洗，以及检修前生产部门与检修部门应严格办理安全检修交接手续等。

1. 隔绝

由于隔绝不可靠，致使有毒、易燃、易爆、腐蚀、窒息或高温介质进入检修设备而造成的重大事故时有发生，因此，检修设备必须进行可靠隔绝。

视具体情况，最安全可靠的隔绝办法是拆除部分管线或插入盲板。拆除部分管线是将与检修设备相连接的管道、阀门、伸缩接头等可拆卸部分拆下，然后在管路侧的法兰上装置盲板。如果无可拆卸部分或拆卸十分困难，则应关严阀门，并且在与检修设备相连的管道法兰连接处插入盲板，这种方法操作方便，安全可靠，经常采用。抽插盲板属于危险作业，应办理“抽插盲板作业许可证”，同时落实如下各项安全措施：

（1）绘制抽插盲板作业图，按图进行抽插作业，并做好记录和检查。加入盲板的部位要有明显的挂牌标志，严防漏插漏抽。拆除法兰螺栓时要逐步缓慢松开，防止管道内余压或残余物料喷出，发生意外事故。加盲板的位置一般在来料阀后部法兰处，盲板两侧均应加垫片并用螺栓紧固，做到无泄漏。

（2）盲板必须符合安全要求并进行编号。根据现场实际情况制作合适的盲板：盲板的尺寸应符合阀门或管道的口径；盲板的厚度需通过计算确定，原则上盲板厚度不得低于管壁厚度。盲板及垫片的材质，要根据介质特性、温度、压力选定。盲板应有大的突耳并涂上特别颜色，用于挂牌编号和识别。

（3）抽插盲板现场安全措施。确认系统物料排尽，压力、温度降至规定要求；要注意防火、防爆，凡在禁火区或抽插易燃、易爆介质管道盲板时，应使用防爆工具和防爆灯具，在规定范围内严禁用火，作业中应有专人巡回检查及监护；在室内抽插盲板时，必须打开窗户或采用符合安全要求的通风设备强制通风；抽插有毒介质管路盲板时，作业人员应按规定佩戴合适的个体防护用品，防止中毒；在高处抽插盲板作业时，应同时满足高处作业安全要求，并佩戴安全帽、安全带；危险性特别大的作业，应有抢救后备措施及气防站，医务人员、救护车应在现场；抽插盲板连续作业时间不宜过长，应轮换休息。

2. 置换、吹扫与清洗

（1）置换。为保证检修动火和进设备内作业安全，在检修范围内的所有设备和管线中的易燃、易爆、有毒有害气体应进行置换。对易燃、有毒气体的置换，大多采用蒸汽、氮气等惰性气体作为置换介质，也可采用注水排气法，将易燃、有毒气体排出。设备经置换后，若需要进入其内部工作还必须再用空气置换惰性气体，以防发生窒息。

置换作业安全注意事项：

1）被置换的设备、管道等必须与系统进行可靠隔绝。

2）置换前应制定置换方案，绘制置换流程图，根据置换和被置换介质密度不同，合理选择置换介质入口、被置换介质排出口及取样部位，防止出现死角。若置换介质的密度大于被置换介质的密度时，应由设备或管道最低点送入置换介质，由最高点排出被置换介质，取样点宜在顶部位置及宜产生死角的部位；反之，置换介质的密度比被置换介质小时，从设备最高点送入置换介质，由最低点排出被置换介质，取样分析点宜放在设备的底部位置和可能成为死角的位置，保证置换彻底。

3）置换要求用水作为置换介质时，一定要保证设备内注满水，且在设备顶部最高处溢流口有水溢出，并持续一段时间，严禁注水未满。用惰性气体作置换介质时，必须保证惰性气体用量（一般为被置换介质容积的3倍以上）。但是，置换是否彻底，置换作业是否已符合安全要求，不能只根据置换时间的长短或置换介质的用量，而应根据取样分析是否合格为准。置换作业排出的气体应引入安全场所。如需检修动火，置换用惰性气体中氧含量一般小于1%～2%（体积百分浓度）。

4）按置换流程图规定的取样点取样分析达到合格。

（2）吹扫。对设备和管道内没有排净的易燃、有毒液体，一般采用以蒸汽或惰性气体进行吹扫的方法清除。

吹扫作业安全注意事项如下：

1）吹扫作业应该根据停车方案中规定的吹扫流程图，按管段号和设备位号逐一进行，并填写登记表。在登记表上注明管段号、设备位号、吹扫压力、进气点、排气点、负责人等。

2）吹扫结束时应先关闭物料闸再停气，以防管路系统介质倒流。

3）吹扫结束应取样分析，合格后及时与运行系统隔绝。

（3）清洗和铲除。对置换和吹扫都无法清除的黏结在设备内壁的易燃、有毒物质的沉积物及结垢等，还必须采用清洗和铲除的办法进行处理。以避免因为动火时沉积物或结垢遇高温迅速分解或挥发，使空气中可燃物质或有毒有害物质浓度大大增加而发生燃烧、爆炸或中毒事故。

清洗一般有蒸煮和化学清洗两种。

（1）蒸煮。一般说来，较大的设备和容器在清除物料后，都应用蒸汽、高压热水喷扫或用碱液（氢氧化钠溶液）通入蒸汽煮沸，采用蒸汽宜用低压饱和蒸汽；被喷扫设备应有静电接地，防止产生静电火花引起燃烧、爆炸事故，防止烫伤及碱液灼伤。

（2）化学清洗。常用碱洗法、酸洗法、碱洗与酸洗交替使用等方法。碱洗和酸洗交替使用法适于单纯对设备内氧化铁沉积物的清洗，若设备内有油垢，应先用碱洗去油垢，然后清水洗涤，接着进行酸洗，氧化铁沉积即溶解。若沉积物中除氧化铁外还有铜、氧化铜等物质，仅用酸洗法不能清除，应先用氨溶液除去沉积物中的铜分，然后进行酸洗。因为铜和铜的氧化物污垢和铁的氧化物大都呈现迭状积附，故交替使用氨水和酸类进行清洗；如果铜及铜的氧化物污垢附着较多，在酸洗时一定要添加铜离子封闭剂，以防因铜离子的电极沉积引起腐蚀。

采用化学清洗后的废液应予以处理后方可排放。一般将废液进行稀释沉淀、过滤等，或采用化学药品中和、氧化、还原、凝聚、吸附，以离子交换等方法处理，使之符合排放标准后排放。

对某些设备内的沉积物，也可用人工铲刮的方法予以清除。进行此项作业时，应符合进入设备作业安全规定，设备内氧及可燃气体、有毒气体含量必须符合要求。特别应注意的是，对于可燃物的沉积物的铲刮应使用铜质、木质等不产生火花的工具，并对铲刮下来的沉积物妥善处理。

3．其他

（1）清理检修现场和通道。检修现场应根据《安全标志及其使用导则》（GB 2894—2008）的规定，设立相应的安全标志，并且检修现场应有专人负责监护；与检修无关人员禁止入内；在易燃、易爆和有毒物品输送管道附近不得设临时检修办公室、休息室、仓库、施工棚等建筑物；影响检修安全的坑、井、洼、沟、陡坡等均应填平或铺设与地面平齐的盖板，或设置围栏和危险标志，夜间应设危险信号灯；检修现场必须保持排水通畅，不得有积水，检修现场应保持道路通畅，路面平整，路基牢固及良好的照明措施；检修现场道路应设置交通安全标志，其设置地点、形状、尺寸和颜色应符合《道路交通标志和标线 第一部分：总则》（GB 5768.1—2009）的规定；检修或施工需要占用道路，影响消防通道时，必需办理审批手续等等。总之，检修现场和通道应满足安全要求。

（2）切断待检设备的电源，并经启动复查确认无电后，在电源开关处挂上“禁止启动”的安全标志并加锁。

（3）及时与公用工程系统（水、电、气、汽）联系并妥善处置。

（4）安全交接。生产部门与检修部门应严格办理安全检修交接手续，交接双方按上述要求进行认真检查和确认，符合安全检修交接条件后，双方负责人在安全交接书上签字认可。生产车间在不停车情况下进行检修或抢修，也应详细填写安全交接书。

三、检修阶段的安全要求

检修阶段，常常涉及电工作业、拆除作业、动火作业、动土作业、高处作业、焊接作业、吊装作业、进入设备内作业等及各种作业票证。应严格执行各有关规定，以保证检修工作顺利进行。以下介绍动火作业和进入设备内作业。

（一）动火作业

1．动火作业及分类

在禁火区进行焊接与切割作业及在易燃、易爆场所使用喷灯、电钻、砂轮等进行可能产生火焰、火花或炽热表面的临时性作业均属动火作业。

动火作业一般分特殊动火、一级动火和二级动火3类。

动火作业必须经动火分析并合格后方可进行。

2．动火安全作业证制度

（1）在禁火区进行动火作业应办理动火安全作业证，严格履行申请、审核和批准手续。动火安全作业证上应清楚标明动火等级、动火有效日期、动火详细位置、工作内容（含动火手段）、安全防火、动火监护人措施以及动火分析的取样时间、地点、结果及隔绝措施等，审批签发动火证负责人必须确认无误方可签字。

（2）动火作业人员在接到动火证后，要详细核对各项内容，如发现不符合动火安全规定，有权拒绝动火，并向单位防火部门报告。动火人要随身携带动火证，严禁无证作业及手续不全作业。

（3）动火前，动火作业人员应将动火证交现场负责人检查，确认安全措施已落实无误后，方可按规定时间、地点、内容进行动火作业。

（4）动火地点或作业内容变更时，应重新办理审证手续，否则不得动火。

（5）高处进行动火作业和设备内动火作业时，除办理动火安全作业证外，还必须办理高处安全作业证和设备内安全作业证。

3．动火分析及标准

动火作业必须经动火分析并合格后方可进行。动火分析应符合下列规定：

（1）取样要有代表性，特殊动火的分析样品要保留到动火作业结束。

（2）取样时间与动火作业的时间不得超过 30 min，如超过此间隔时间或动火停歇时间为 30 min 以上时，必须重新取样分析。

（3）动火分析标准：若使用测爆仪时，被测对象的气体或蒸汽的浓度应小于或等于爆炸下限的20%（体积比，下同）；若使用其他化学分析手段时，当被测气体或蒸汽的爆炸下限大于或等于10%时，其浓度应小于1%；当爆炸下限小于10%、大于或等于4%时，其浓度应小于0.5%；当爆炸下限小于4%、大于或等于1%时，其浓度应小于0.2%。若有两种以上的混合可燃气体，应以爆炸下限低者为准。

（4）进入设备内动火，同时还需分析测定空气中有毒有害气体和氧含量，有毒有害气体含量不得超过《工业企业设计卫生标准》（GBZ 1—2010）规定的最高容许浓度，氧含量应为18%～22%。

（二）设备内作业

1. 设备内作业及其危险性

凡进入石油及化工生产区域的罐、塔、釜、槽、球、炉膛、锅筒、管道、容器等以及地下室、阴井、地坑、下水道或其他封闭场所内进行的作业称为设备内作业。

2. 设备内作业安全要点

（1）设备内作业必须办理设备内安全作业证，并要严格履行审批手续。

（2）进设备内作业前，必须将该设备与其他设备进行安全隔离（加盲板或拆除一段管线，不允许采用其他方法代替），并清洗、置换干净。

（3）在进入设备前 30 min 必须取样分析，严格控制可燃气体、有毒气体浓度及氧含量在安全指标范围内，分析合格后才允许进入设备内作业。如在设备内作业时间长，至少每隔 2 h 分析一次，如发现超标，应立即停止作业，迅速撤出人员。

（4）采取适当的通风措施，确保设备内空气良好流通。

（5）应有足够的照明，设备内照明电压应不大于 36 V。在潮湿或狭小容器内作业应小于等于 12 V，所用灯具及电动工具必须符合防潮、防爆等安全要求。

（6）进入有腐蚀、窒息、易燃、易爆、有毒物料的设备内作业时，必须按规定佩戴适用的个体防护用品、器具。

（7）在设备内动火，必须按规定同时办理动火证和履行规定的手续。

（8）设备内作业必须设专人监护，并与设备内作业人员保持有效的联系。

（9）在检修作业条件发生变化，并有可能危及作业人员安全时，必须立即撤出；若需继续作业，必须重新办理进入设备内作业审批手续。

（10）作业完工后，经检修人、监护人与使用部门负责人共同检查设备内部，确认设备内无人员和工具、杂物后，方可封闭设备孔。

四、检修完工后处理

检修完工后应认真进行检查，确认无误后对设备等进行试压、试漏，调校安全阀、仪表和联锁装置等，对检修的设备进行单体和联动试车，验收交接。

第六节　安全检测技术

石油化工企业有毒有害、易燃、易爆物质种类繁多，对作业环境的有害物质进行准确、及时的检测，是预防和控制石油化工企业中毒及火灾、爆炸事故的有效手段。下面仅对石油化工企业常见的几种危险化学品的检测技术进行介绍。

一、可燃气体的检测

对环境空气中可燃气的监测，常常直接给出可燃气环境危险度，即该可燃气在空气中的含量与其爆炸下限的百分比［%LEL］。所以，这种监测有时也被称作“测爆”，所用的监测仪器也称“测爆仪”。

可燃气环境爆炸危险度具体的计算公式为：

$$\text{可燃气环境爆炸危险度（\%）}=\frac{\text{环境空气中可燃气含量}}{\text{该可燃气爆炸下限值}}\times 100\%$$

空气中可燃气体浓度达到其爆炸下限值时，我们称这个场所可燃气环境爆炸危险度为100%，即100% LEL。如果可燃气体含量只达到其爆炸下限的10%，我们称这个场所此时的可燃气环境爆炸危险度为10%。

二、有毒气体的检测

对车间空气中的有毒物浓度应进行检测，以保证符合国家的容许浓度等有关规定。毒性危险较大的地方要进行有毒气体自动监测，在达到致人中毒的浓度前即可发出警报，以便采取相应对策。另外，进入设备检修，或进入隔离生产间、地沟、地下室、储存室等容易产生有毒气体的地方操作时，对有毒气体的监测是必不可少的安全措施。

（一）苯

1．理化性质

（1）无色透明液体，有强烈芳香味。

（2）溶解性：不溶于水，溶于醇、醚、丙酮等多数有机溶剂。

（3）相对密度：0.88（水=1），2.77（空气=1）。

（4）闪点（℃）：-11；爆炸极限（%）：1.2~8.0。

2．检测方法

用大注射器采集空气中的苯直接进样，经聚乙二醇6 000柱分离后，用氢焰离子化检测器检测，以保留时间定性，峰高定量。

3．技术手段

仪器：

气相色谱仪（氢焰离子化检测器）；

色谱柱：2 m×4 mm不锈钢柱，聚乙二醇6 000:6 201担体=5:100。

柱温：90℃；

检测室温度：120℃；

汽化室温度：150℃；

载气（氮气）：69 mL/min；

标样：苯，色谱纯。

取一定量的苯绘制标准曲线、采样、样品分析。

（二）硫化氢

1．理化性质

（1）无色有恶臭的气体。

（2）溶解性：溶于水、乙醇。

（3）相对密度（空气 =1）：1.19。

（4）闪点（℃）：无意义。

（5）爆炸极限（V/V%）：4.0～46.0。

2．检测方法

硝酸银比色法：硫化氢与硝酸银作用形成黄褐色硫化银胶体溶液，比色定量。

3．技术手段

配制硫代硫酸钠标准溶液作为吸收液，装入多孔玻板吸收管中，抽取一定量空气。采样后取样品溶液放入比色管，并用定量的硫化氢溶液与吸收液配制一系列标准管。向样品管及标准管中加入定量淀粉溶液及硝酸银溶液，摇匀、静置后目视比色。

（三）一氧化碳

1．理化性质

（1）无色无臭气体。

（2）溶解性：微溶于水，溶于乙醇、苯等多数有机溶剂。

（3）闪点（℃）：－50。

2．检测方法

一氧化碳于氢气流中经分子筛与碳多孔小球串联柱分离后，通过镍催化剂转化成甲烷，用氢焰离子化检测器检测，以保留时间定性，峰高定量。

3．技术手段

仪器：气相色谱仪（带一氧化碳转化炉、氢焰离子化检测器）；色谱柱：1.2 m×3 mm；5A 分子筛与 0.8 mm×3 mm 碳多孔小球柱串联。柱温 60℃；检测室温度 130℃；转化室温度 380℃；载气（氢气）55 mL/min；标样：一氧化碳标准气。

取一定量的标准气绘制标准曲线、采样、样品分析。

三、氧气含量的检测

空气中缺氧会对人体产生影响，到一定程度时还可能导致窒息死亡事故；当可燃气或易燃液体的蒸气中氧含量过高，易引起爆炸。因此，应对以下情况监测氧含量。

1．空气中缺氧监测。在一些可能产生缺氧的场所，特别是人员进入设备作业时，必须进行氧含量的监测，氧含量低于 18% 时，严禁入内，以免造成缺氧窒息事故。

2．可燃气中氧含量的监测。由于密闭失效或控制失误，会使可燃气或易燃液体的蒸气中空气（氧气）含量过高，当达到一定浓度时，就可能发生爆炸，所以对可燃气中的氧含量进行监测报警，是重要的安全措施。

第七节　相关的安全技术标准

《石油化工企业设计防火规范》（GB　50160—2008）是建设部于 2008 年 12 月 30 日发布的，2009 年 7 月 1 日正式实施。其中，第四章对区域规划，第九章对电气安全提出了安全技术要求。

其他相关的安全技术标准有：

1.《职业性接触毒物危害程度分级》（GBZ 230—2010）

2.《危险货物分类和品名编号》（GB 6944—2005）

3.《氯气安全规程》（GB 11984—2008）

4.《危险货物的运输包装通用技术条件》（GB 12463—1990）

5.《危险货物运输包装类别划分原则》（GB 15098—1994）

6.《化学品安全标签编写规定》（GB 15258—1999）

7.《常用化学危险品储存通则》（GB 15603—1995）

8.《化学品安全技术说明书编写规定》（GB 16483—2000）

9.《易燃易爆性商品储藏养护技术条件》（GB 17914—1999）

10.《腐蚀性商品储藏养护技术条件》（GB 17915—1999）

11.《毒害性商品储藏养护技术条件》（GB 17916—1999）

12.《危险化学品重大危险源辨识》（GB　18218—2009）

13.《危险化学品经营企业开业条件和技术要求》（GB 18265—2000）

参考文献

1. 孙林岩主编. 人因工程. 北京市：中国科学技术出版社，2001

2. 郭伏，杨学涵编著. 人因工程学. 第2版. 沈阳市：东北大学出版社

3. 李红杰，鲁顺清主编. 安全人机工程学. 武汉市：中国地质大学出版社，2006

4. 朱序璋主编. 人机工程学. 西安市：西安电子科技大学出版社，1999

5. 袁修干，庄达民编著. 人机工程. 北京市：北京航空航天大学出版社，2002

6. 谢庆森，王秉权主编. 安全人机工程. 天津市：天津大学出版社，1999

7. 廖可兵，张力主编. 安全人机工程. 徐州市：中国矿业大学出版社，2009

8. 孙林岩主编. 人因工程. 北京市：高等教育出版社，2008

9. 王保国等编著. 安全人机工程学. 北京市：机械工业出版社，2007

10. 欧阳文昭，廖可兵主编；高等院校安全工程专业教学指导委员会编. 安全人机工程学. 北京市：煤炭工业出版社，2002

11. 吴宗之，安全生产技术. 第2版. 北京：中国大百科全书出版社，2008

12. 钱江. 安全生产技术. 北京：中国电力出版社，2008

13. 孟超. 全国注册安全工程师执业资格考试必读必做，安全生产管理知识 安全生产技术. 北京：中国劳动社会保障出版社，2008

14. 钮英建. 安全生产技术. 第2版. 北京：化学工业出版社，2006

15. 盘点式考试复习方法研究组组织编写. 全国注册安全工程师执业资格考试考点分级精解与习题库. 北京：中国水利水电出版社，2008

16. 朱亚威. 安全生产技术. 北京：气象出版社，2010

17. 王贵生. 安全生产技术答疑精讲与试题精练. 北京：中国电力出版社，2008

18. 谢燮正，赵树智主编. 人类工程学. 杭州市：浙江教育出版社，1987

19. GB 3869—1997《体力劳动强度分级》标准

20. 钮英建. 电气安全工程［M］. 北京：中国劳动社会保障出版社，2009

21. 李世林. 电气装置和安全防护手册［M］. 北京：中国标准出版社，2006

22. 刘尚合，武占成等. 静电放电及危害防护［M］. 北京：北京邮电大学出版社，2004

23. 虞昊. 现代防雷技术基础（第二版）［M］. 北京：清华大学出版社，2005

24. 全国注册安全工程师执业资格考试辅导教材编审委员会. “全国注册安全工程师执业资格考试辅导教材”，《安全生产技术》. 北京：中国大百科全书出版社，2008

25. 杨泗霖.《防火防爆技术》. 北京：中国劳动社会保障出版社，2007

26. 霍然，杨振宏，柳静献.《火灾爆炸预防控制工程学》. 北京：机械工业出版社，2007

27. 陈莹.《工业火灾与爆炸事故预防》. 北京：化学工业出版社，2010

28. 徐厚生，赵双其.《防火防爆》. 北京：化学工业出版社，2004

29. 崔政斌，石跃武.《防火防爆技术》. 北京：化学工业出版社，2010
30. 张凤娥，杨建青.《消防应用技术》. 北京：中国石化出版社，2006
31. 盛建.《火灾自动报警消防系统》. 天津：天津大学出版社，1997
32. 陈宝智.《安全原理》. 北京：冶金工业出版社，2002
32. 吴龙标，袁宏永.《火灾探测与控制工程》. 合肥：中国科技大学出版社，1999
33. 徐晓楠.《灭火剂与应用》. 北京：化学工业出版社，2006
34. 张元祥，王忠，信永忠.《消防管理与消防技术（上册）》. 北京：原子能出版社，2005
35. 黄庆华，魏海凡，范世宾.《消防管理与消防技术（下册）》. 北京：原子能出版社，2005
36. 潘功配.《高等烟火学》. 哈尔滨：哈尔滨工程大学出版社，2005
37. 苏建中，林述书.《烟花爆竹生产工人安全技术》. 北京：化学工业出版社，2005
38. 李秀琴.《烟花爆竹安全与管理》. 北京：化学工业出版社，2007
39. 周豪，赵正宏.《烟花爆竹安全生产销售必读》. 北京：中国石化出版社，2006
40. 国家安全生产监督管理总局培训中心.《烟花爆竹安全生产监管工作手册》. 北京：化学工业出版社，2008
41. 张国顺.《民用爆炸物品及安全》. 北京：国防工业出版社，2007
42.《民用爆炸物品安全管理条例释义》编写组.《民用爆炸物品安全管理条例释义》. 北京：中国法制出版社，2006

后 记

在“全国注册安全工程师执业资格考试辅导教材”的编写过程中，隋鹏程、孙连捷、郑希文、崔慕晶、高广伟、张宏波、陈国新、张海峰、李仲刚、吴苏江、胡千庭、褚家成、彭怀生、黎竹勋、谢振华、陈志刚、袁化临、杨泗霖、何勇、魏利军、多英全、马世海、张宏元、胡福静、边卫华、高进东、赵阳、谢英晖、钟茂华、管坚、金龙哲、邢娟娟、江志强、杨有启、李传贵、金雅静、张志刚、庄欣正、孙世国、沈平、周敏、高泉、杜红岩等专家对书稿进行了认真的审校，提出了许多宝贵意见和建议，在此对他们的辛勤劳动表示深深的谢意！

读者在阅读过程中，若对教材有任何意见和建议，请通过电子邮件的形式反馈。

E – mail：zhuanshi@ chinasafety. ac. cn